기출에 변형까지 더하다

“내신1등급을 결정짓는 고난도 [illegible] 비서”

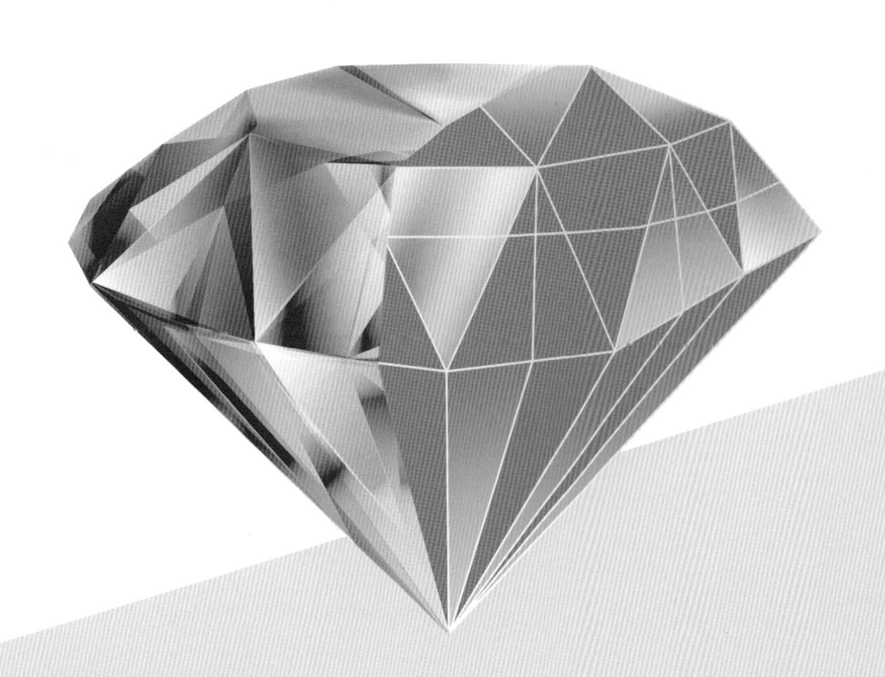

HIGH-END

내신 하이엔드

1등급을 위한 고난도 유형 공략서

HIGH-END

내신 하이엔드

지은이

NE능률 수학교육연구소
NE능률 수학교육연구소는 혁신적이며 효율적인 수학 교재를 개발하고
수학 학습의 질을 한 단계 높이고자 노력하는 NE능률의 연구 조직입니다.

조정묵 신도림고등학교 교사
남선주 경기고등학교 교사
김상훈 신도림고등학교 교사
김형균 중산고등학교 교사
김용환 세종과학고등학교 교사
최원숙 신도고등학교 교사
박상훈 중동고등학교 교사
최종민 중동고등학교 교사
이경진 중동고등학교 교사
이승철 서울과학고등학교 교사
박현수 현대고등학교 교사
김상우 신도고등학교 교사
김근민 세종과학고등학교 교사

검토진

강석모 (신수학학원)
김도완 (너희들의 수학학원)
김원일 (부평여고)
김혜진 (그리핀수학학원)
박성일 (숭덕여고)
신동식 (EM학원)
오광재 (미퍼스트학원)
이병진 (인일여고)
임용원 (군포중앙고)
정은성 (EM챔피언스쿨)
최민석 (구월유투엠)
강수아 (휘경여고)
김동범 (김환철수학)
김정회 (뉴fine수학)
김환철 (김환철수학)
박연숙 (KSM매탄)
신범수 (둔산시그마학원)
오현석 (신현고)
이봉주 (성지학원)
장전원 (김앤장영어수학학원)
정일순 (가우스수학)
최순학 (수본학원)
고은하 (고강학원)
김동춘 (신정고)
김지만 (대성고)
문준후 (수학의문)
박용우 (신등용문학원)
신지예 (신지예수학)
유성규 (청라현수학)
이재영 (하늘수학연구소)
전승환 (공즐학원)
정효석 (최상위학원)
최정희 (세화고)
곽민수 (청라현수학)
김만기 (광명고)
김진미 (대치개념폴리아)
박민경 (THE채움수학교습소)
박지연 (온탑학원)
양범석 (한스영수학원)
윤재필 (메가스터디러셀)
이진섭 (이진섭수학학원)
정관진 (연수고)
차상엽 (평촌다수인수학학원)
하태훈 (평촌바른길수학학원)
권치영 (지오학원)
김용백 (서울대가는수학)
김채화 (화명채움수학)
박상필 (산본하이츠학원)
박희영 (지인학원)
양지희 (전주한일고)
이병도 (컬럼비아수학학원)
이흥식 (흥샘수학)
정석 (정석수학전문학원)
최득재 (깊은생각본원)
황상인 (바이써클수학학원)

1등급을 위한 고난도 유형 공략서

HIGH-END

내신 하이엔드

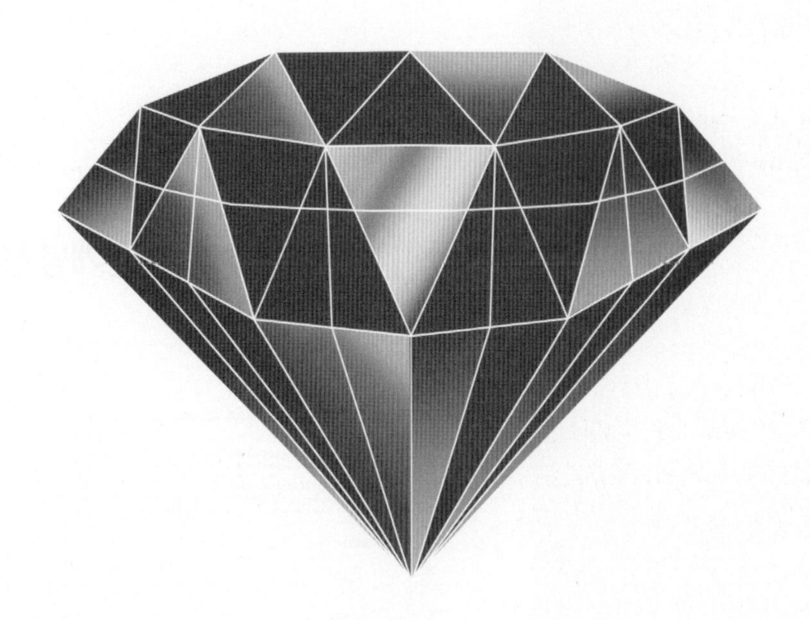

고등수학 하

CONTENTS 차례

STRUCTURE 구성과 특징

기출에 변형까지 더하다!

1등급 완전 정복 프로젝트

- 출제율 높은 고난도 문제만 엄선
- 실력을 키우는 고난도 유형만 공략
- "기출-변형-예상" 3단계 문제 훈련

1 1등급을 위한 실전 개념 정리

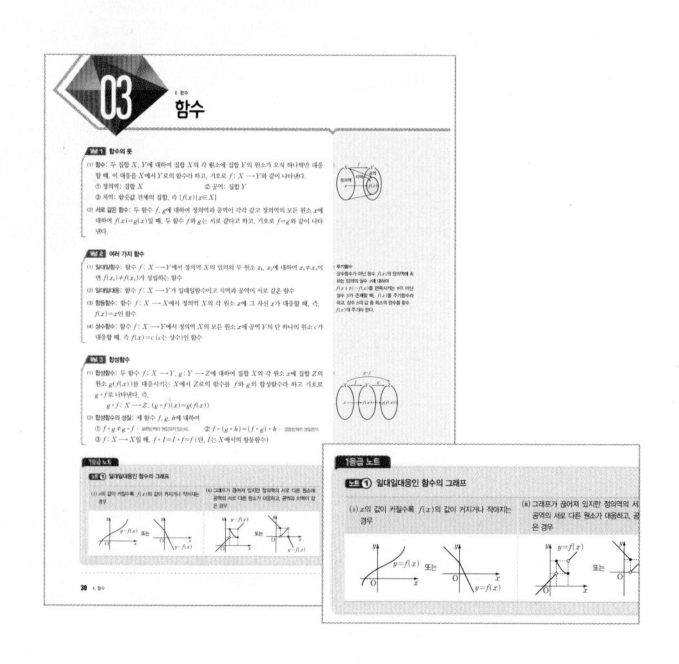

- 꼭 필요한 교과서 핵심 개념을 압축하여 정리하였습니다. 단원별 중요 개념을 한눈에 파악할 수 있습니다.
- 문제 풀이에 유용한 심화 개념을 1등급 노트로 제시하였습니다. 1등급을 위한 심화 개념을 실전에서 활용할 수 있습니다.

2 1등급 완성 3 step 문제 연습

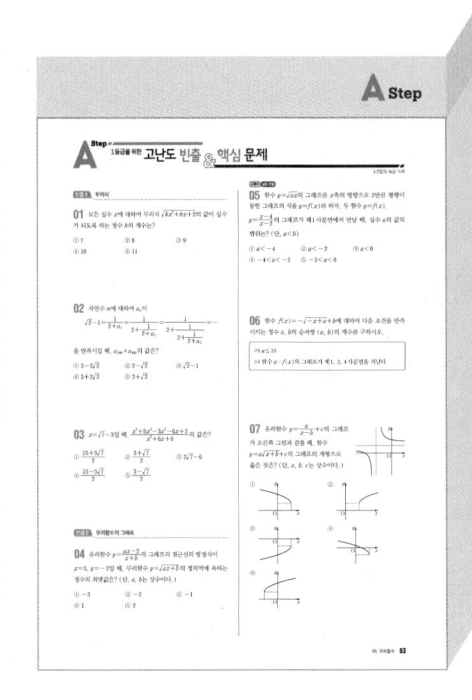

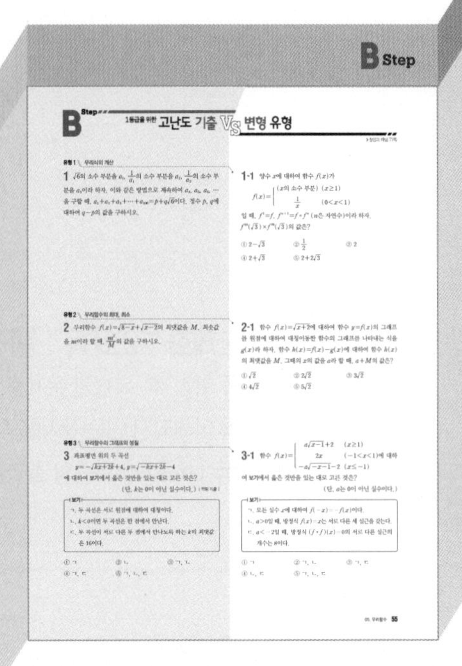

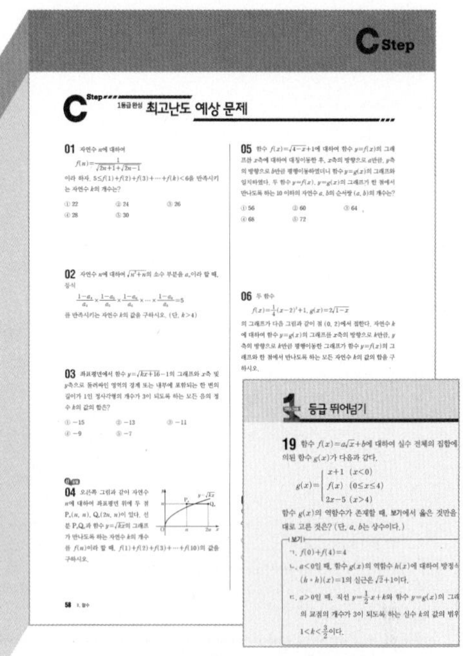

고난도 빈출 & 핵심 문제로 실력 점검

- 출제율 70 % 이상의 빈출 문제를 주제별로 구성하였습니다. 단원의 대표 기출 문제를 학습함으로써 1등급을 준비할 수 있습니다. 또한, 교과서 고난도 문항에서 선정한 교과서 심화 변형 문제를 수록하였습니다.

고난도 기출 VS 변형 문제로 1:1 집중 공략

- 고난도 내신 기출뿐 아니라 모의고사 기출 문제 중 빈출, 오답 유형을 선정하여 [기출 문제 VS. 변형 문제]를 1 : 1로 구성하였습니다.
- 기출 VS. 변형의 1 : 1 구성을 통해 고난도 기출 유형을 확실히 이해하고, 개념의 확장 또는 조건의 변형 등과 같은 응용 문제에 완벽히 대비할 수 있습니다.

최고난도 예상 문제로 1등급 뛰어넘기

- 1등급을 결정하는 변별력 있는 고난도 문제를 종합적으로 제시하였습니다.
- 사고력 통합 문제와 최고난도 문제까지 학습할 수 있는 1등급 뛰어넘기 문제를 수록하였습니다.
- 쉽게 접하지 못했던 신 유형 문제로 응용력을 키울 수 있습니다.

3 전략이 있는 정답과 해설

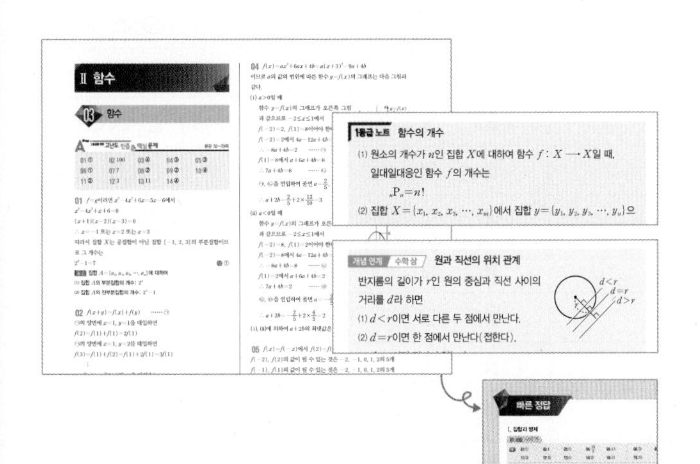

- 문제 해결의 실마리를 풀이와 함께 제시하였습니다.
- 자세하고 친절한 해설을 제시하고, 빠른 풀이, 다른 풀이 등 다양한 풀이 방법을 제공하였습니다.
  또한, 주의, 참고, 예 등의 첨삭도 제공하여 명쾌한 이해를 돕습니다.
- **1등급 노트** 1등급을 위한 확장 개념을 설명하였습니다.
- **개념 연계** 타교과 연계 개념을 제시하였습니다.
- **빠른 정답** 문제를 풀어 본 후, 정답을 빠르게 확인할 수 있습니다.

STUDY PLAN
학습 계획표

고난도 체화 "2회독" 활용법

❶ **1회독** 학습 후, 복습할 문제를 표시한다.

❷ **2회독** 이해되지 않는 문제를 다시 학습한다. 추가로 복습할 문제를 표시한다.

❸ **성취도** 1회독과 2회독의 결과를 비교하고, 스스로 성취도를 평가한다.

구분			1회독		2회독		성취도
단원	단계	쪽수	학습일	복습할 문제	학습일	복습할 문제	
01. 집합	A Step	7~8	월/ 일		월/ 일		○ △ ×
	B Step	9~11	월/ 일		월/ 일		○ △ ×
	C Step	12~15	월/ 일		월/ 일		○ △ ×
02. 명제	A Step	18~19	월/ 일		월/ 일		○ △ ×
	B Step	20~23	월/ 일		월/ 일		○ △ ×
	C Step	24~27	월/ 일		월/ 일		○ △ ×
03. 함수	A Step	32~33	월/ 일		월/ 일		○ △ ×
	B Step	34~37	월/ 일		월/ 일		○ △ ×
	C Step	38~41	월/ 일		월/ 일		○ △ ×
04. 유리함수	A Step	43~44	월/ 일		월/ 일		○ △ ×
	B Step	45~47	월/ 일		월/ 일		○ △ ×
	C Step	48~51	월/ 일		월/ 일		○ △ ×
05. 무리함수	A Step	53~54	월/ 일		월/ 일		○ △ ×
	B Step	55~57	월/ 일		월/ 일		○ △ ×
	C Step	58~61	월/ 일		월/ 일		○ △ ×
06. 순열	A Step	65	월/ 일		월/ 일		○ △ ×
	B Step	66~67	월/ 일		월/ 일		○ △ ×
	C Step	68~71	월/ 일		월/ 일		○ △ ×
07. 조합	A Step	72	월/ 일		월/ 일		○ △ ×
	B Step	73~75	월/ 일		월/ 일		○ △ ×
	C Step	76~78	월/ 일		월/ 일		○ △ ×

I

집합과 명제

I. 집합과 명제

집합

개념 1 부분집합

(1) 부분집합: 집합 A의 모든 원소가 집합 B에 속할 때, 집합 A를 집합 B의 부분집합이라 하고, 기호로 $A\subset B$와 같이 나타낸다.

(2) 부분집합의 성질

① $\varnothing\subset A$, $A\subset A$, $A\subset U$ (단, U는 전체집합)

② $A\subset B$이고 $B\subset C$이면 $A\subset C$

(3) 부분집합의 개수: 집합 $A=\{a_1, a_2, a_3, \cdots, a_n\}$에 대하여 집합 A의

① 부분집합의 개수: 2^n

② 진부분집합의 개수: 2^n-1

③ 집합 A의 특정한 원소 k $(k<n)$개를 반드시 원소로 갖는 부분집합의 개수: 2^{n-k}

④ 집합 A의 특정한 원소 l $(l<n)$개를 원소로 갖지 않는 부분집합의 개수: 2^{n-l}

▸ $A\subset B$와 같은 표현

전체집합 U의 두 부분집합 A, B에 대하여

(1) $A\cup B=B$ (2) $A\cap B=A$

(3) $A-B=\varnothing$ (4) $A\cap B^C=\varnothing$

(5) $A^C\cup B=U$ (6) $B^C\subset A^C$

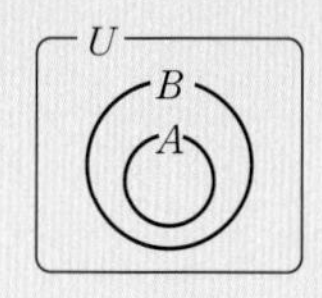

개념 2 집합의 연산

(1) 집합의 연산에 대한 성질: 전체집합 U의 두 부분집합 A, B에 대하여

① $A\cup\varnothing=A$, $A\cap\varnothing=\varnothing$ ② $A\cup U=U$, $A\cap U=A$

③ $A\cup A^C=U$, $A\cap A^C=\varnothing$ ④ $U^C=\varnothing$, $\varnothing^C=U$

⑤ $(A^C)^C=A$ ⑥ $A-B=A\cap B^C$

(2) 집합의 연산 법칙: 전체집합 U의 세 부분집합 A, B, C에 대하여

① 교환법칙: $A\cup B=B\cup A$, $A\cap B=B\cap A$

② 결합법칙: $(A\cup B)\cup C=A\cup(B\cup C)$, $(A\cap B)\cap C=A\cap(B\cap C)$

③ 분배법칙: $A\cap(B\cup C)=(A\cap B)\cup(A\cap C)$, $A\cup(B\cap C)=(A\cup B)\cap(A\cup C)$

④ 드모르간의 법칙: $(A\cap B)^C=A^C\cup B^C$, $(A\cup B)^C=A^C\cap B^C$

▸ 서로소

두 집합 A, B에서 공통인 원소가 하나도 없을 때, 즉 $A\cap B=\varnothing$일 때

$\Rightarrow$ A와 B는 서로소

▸ 대칭차집합

두 집합 A, B에 대하여 차집합 $A-B$와 $B-A$의 합집합을 대칭차집합이라 한다.

$(A-B)\cup(B-A)$
$=(A\cup B)-(A\cap B)$
$=(A\cup B)\cap(A\cap B)^C$

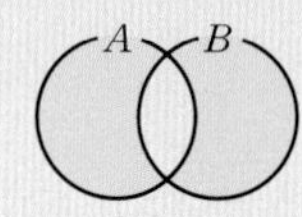

개념 3 유한집합의 원소의 개수

전체집합 U의 세 부분집합 A, B, C가 유한집합일 때

(1) $n(A\cup B)=n(A)+n(B)-n(A\cap B)$

(2) $n(A\cup B\cup C)$

$=n(A)+n(B)+n(C)-n(A\cap B)-n(B\cap C)-n(C\cap A)+n(A\cap B\cap C)$

(3) $n(A^C)=n(U)-n(A)$

(4) $n(A-B)=n(A)-n(A\cap B)=n(A\cup B)-n(B)$

▸ 두 집합 A, B가 서로소이면

$n(A\cup B)=n(A)+n(B)$

1등급 노트

노트 ① 유한집합의 원소의 개수의 최댓값과 최솟값

전체집합 U의 두 부분집합 A, B에 대하여 $n(B)<n(A)$일 때

(1) $n(A\cap B)$가 최대가 될 때 $\Rightarrow$ $n(A\cup B)$가 최소가 되므로 $B\subset A$

(2) $n(A\cap B)$가 최소가 될 때 $\Rightarrow$ $n(A\cup B)$가 최대가 되므로 $A\cup B=U$

정답과 해설 4쪽

빈출 1 집합과 원소, 부분집합

01 전체집합 $U=\{1, 2, 3, \cdots, 50\}$의 부분집합 중에서 다음 조건을 만족시키면서 원소의 개수가 가장 적은 집합 A에 대하여 $n(A)$의 값은?

> (가) $7 \in A$
> (나) $a \in A$, $b \in A$이고 $(a+b) \in U$이면 $(a+b) \in A$이다.

① 7　② 8　③ 9　④ 10　⑤ 11

02 자연수를 원소로 갖는 집합 A에 대하여

$x \in A$이면 $(10-x) \in A$

일 때, $n(A)=3$을 만족시키는 집합 A의 개수를 구하시오.

03 두 집합 $A=\{1, k\}$, $B=\{-2, 1-k, k^2-3\}$에 대하여 $A \subset B$일 때, 실수 k의 값은?

① -2　② -1　③ 0　④ 1　⑤ 2

04 세 집합

$X=\{5\}$, $Y=\{a, ab\}$, $Z=\{a^2-4, 2b\}$

에 대하여 $X \subset Y$이고 $X \subset Z$일 때, $a+b$의 최댓값을 구하시오.

빈출 2 부분집합의 개수

05 자연수 k에 대하여 집합 $A=\{x \mid x$는 k 이하의 자연수$\}$의 부분집합 중에서 1, 2, 3은 반드시 원소로 갖고 4, 5, 6은 원소로 갖지 않는 부분집합의 개수가 128일 때, k의 값을 구하시오.

교과서 심화 변형

06 집합 $X=\{1, 2, 3, \cdots, 10\}$의 두 부분집합

$A=\{1, 3, 5, 6\}$, $B=\{3, 6, 9, 10\}$

에 대하여 $A \cup C = B \cup C$를 만족시키는 X의 부분집합 C의 개수는?

① 16　② 32　③ 64　④ 128　⑤ 256

07 전체집합 $U=\{1, 2, 3, \cdots, 8\}$의 두 부분집합

$A=\{4, 8\}$, $B=\{2, 4, 5, 7\}$

에 대하여 U의 부분집합 X가 다음 조건을 만족시킬 때, 집합 X의 개수를 구하시오.

> (가) $A \cup X = X$
> (나) $(B-A) \cap X = \{2, 7\}$

08 집합 $A=\{x \mid x$는 10보다 작은 자연수$\}$의 부분집합 중에서 짝수인 원소가 k개인 부분집합의 개수를 n_k라 할 때, n_3의 값은?

① 16　② 32　③ 64　④ 128　⑤ 256

빈출 3 집합의 연산

09 전체집합 U의 두 부분집합 A, B에 대하여

$$(A\cap B^C)\cup(A\cup B^C)^C=\varnothing$$

일 때, 다음 중 항상 옳은 것은?

① $n(A)<n(B)$ ② $A=B$ ③ $B-A\neq\varnothing$
④ $A^C\cap B^C=\varnothing$ ⑤ $A-B=A$

교과서 심화 변형

10 두 집합 $A=\{2,\ 3-a,\ a^2+1\}$, $B=\{1,\ 2,\ a-2\}$에 대하여 $(A-B)\cup(B-A)=\{0,\ 5\}$일 때, 집합 A의 원소 중 가장 큰 값은 b이다. $a+b$의 값을 구하시오. (단, a는 상수이다.)

11 전체집합 $U=\{1,\ 2,\ 3,\ 4,\ 5,\ 6,\ 7\}$의 두 부분집합 A, B에 대하여

$$A^C\cap B^C=\{2\},$$
$$A\cap(A^C\cup B)=\{5\},$$
$$(A^C\cup B)\cap\{B\cap(A^C\cup B^C)\}=\{1,\ 3\}$$

일 때, 집합 A의 모든 원소의 합은?

① 20 ② 21 ③ 22
④ 23 ⑤ 24

12 자연수 m, n에 대하여 m의 양의 배수의 집합을 A_m, n의 양의 약수의 집합을 B_n이라 하자.

$$(A_{12}\cup A_{18})\subset A_p,\ B_q\subset(B_8\cap B_{24})$$

를 만족시키는 자연수 p, q에 대하여 $p+q$의 최댓값은?

① 10 ② 11 ③ 12
④ 13 ⑤ 14

13 전체집합 U의 두 부분집합 A, B에 대하여 연산 ◎을

$$A◎B=(A-B)\cup(B-A)$$

로 정의할 때, 보기에서 옳은 것만을 있는 대로 고른 것은?

보기
ㄱ. $A◎B=(A^C\cup B)^C\cup(B^C\cup A)^C$
ㄴ. A, B가 서로소이면 $A◎B=\varnothing$이다.
ㄷ. $A◎B=A$이면 $A=\varnothing$이다.
ㄹ. $(A◎B)◎A=(A◎B)◎B$

① ㄱ ② ㄹ ③ ㄱ, ㄴ
④ ㄱ, ㄷ ⑤ ㄱ, ㄹ

빈출 4 유한집합의 원소의 개수

14 비가 온 어느 날에 수진이네 반에서 우산을 가져온 학생이 전체의 40 %, 장화를 신고 온 학생이 전체의 50 %, 우산도 가져오고 장화도 신고 온 학생이 전체의 10 %, 우산도 가져오지 않고 장화도 신고 오지 않은 학생이 4명이었다. 수진이네 반 학생 수는?

① 16 ② 20 ③ 24
④ 25 ⑤ 30

15 50명의 학생을 대상으로 세 개의 문제 A, B, C를 풀게 하였더니 맞힌 학생은 각각 20명, 17명, 26명이고 세 문제를 모두 맞힌 학생은 5명, 세 문제를 모두 틀린 학생은 3명이었다. 이때 세 문제 중 두 문제 이상 맞힌 학생 수를 구하시오.

교과서 심화 변형

16 영주네 반 학생 40명을 대상으로 축제에서 할 행사를 선정하기 위하여 합창과 전시회에 대한 선호도 조사를 하였더니 합창을 택한 학생은 23명, 전시회를 택한 학생은 29명이었다. 합창과 전시회를 모두 택한 학생 수의 최댓값을 M, 최솟값을 m이라 할 때, $M+m$의 값을 구하시오.

B Step 1등급을 위한 고난도 기출 VS 변형 유형

정답과 해설 6쪽

유형 1 집합과 원소

1 집합 A는 서로 다른 세 자연수를 원소로 갖고, 집합 B는

$B=\{pq \mid p\in A,\ q\in A\}$

이다. 집합 B의 원소 중 가장 작은 값이 4, 가장 큰 값이 64이고 $n(B)=5$일 때, 집합 A의 모든 원소의 합은?

① 8 ② 10 ③ 12 ④ 14 ⑤ 16

1-1 전체집합 $U=\{x \mid x$는 12 이하의 자연수$\}$의 두 부분집합 $A=\{1, 3, 5\}$, $B=\{a, b, c\}$에 대하여 U의 부분집합 $C=\{x_1+x_2 \mid x_1\in A,\ x_2\in B\}$가 다음 조건을 만족시킨다.

> (가) 집합 C의 원소 중 가장 작은 값은 3, 가장 큰 값은 12이다.
> (나) 집합 C의 모든 원소의 합은 54이다.
> (다) $n(C)=7$

이때 집합 B의 모든 원소의 합을 구하시오.

유형 2 조건을 만족시키는 집합의 추론

2 집합 $A=\{x \mid x$는 10 이하의 자연수$\}$의 부분집합 X가 다음 조건을 만족시킬 때, 집합 X의 개수는?

> (가) 집합 X의 모든 원소의 곱은 홀수이다.
> (나) 5 이하의 자연수 k에 대하여 $k\in X$이면 $k+4\in X$이다.

① 10 ② 11 ③ 12 ④ 13 ⑤ 14

2-1 전체집합 $U=\{x \mid x$는 12 이하의 자연수$\}$의 두 부분집합 A, B가 다음 조건을 만족시킨다.

> (가) $a\in A$이면 $\frac{12}{a}\in A$이다.
> (나) 집합 B의 임의의 두 원소 x_1, x_2에 대하여 $|x_1-x_2|>2$이다.

$A\subset B$일 때, 집합 B의 모든 원소의 합의 최댓값을 구하시오.

유형 3 약수와 배수의 집합의 포함 관계

3 자연수 n에 대하여 n의 양의 약수 전체의 집합을 A_n이라 하자. 예를 들면 $n=6$일 때, $A_6=\{1, 2, 3, 6\}$이다. 두 자연수 m, n에 대하여 **보기** 중 옳은 것을 모두 고른 것은? | 학평 기출 |

> **보기**
> ㄱ. m, n이 서로소이면 $A_m\cap A_n=\varnothing$
> ㄴ. n이 m의 배수이면 $A_m\subset A_n$
> ㄷ. $(A_m\cap A_n)\subset A_{m+n}$

① ㄱ ② ㄴ ③ ㄱ, ㄴ ④ ㄱ, ㄷ ⑤ ㄴ, ㄷ

3-1 자연수 전체의 집합의 두 부분집합 A_k, B가

$A_k=\{x \mid x$는 k의 배수$\}$, $B=\{2, 3, 4, 6\}$

일 때, 다음 조건을 만족시키는 순서쌍 (a, b, c)의 개수는?

> (가) $a\in B$, $b\in B$, $c\in B$이고 $c\le a\le b$이다.
> (나) $(A_a\cup A_b)\subset A_c$

① 8 ② 9 ③ 10 ④ 11 ⑤ 12

유형 4 부분집합의 개수(1)

4 전체집합 $U=\{x|x$는 7 이하의 자연수$\}$의 두 부분집합 A, B가 다음 조건을 만족시킬 때, 집합 A, B의 순서쌍 (A, B)의 개수는?

(가) $n(A\cap B)=1$
(나) $(A\cup B)\subset\{1, 2, 3, 4, 5\}$

① 385 ② 390 ③ 395
④ 400 ⑤ 405

4-1 전체집합 $U=\{1, 2, 3, 4\}$의 세 부분집합 A, B, C가 다음 조건을 만족시킨다.

(가) $(A-B)\cup(A-C)=\varnothing$
(나) $B\cup C=U$
(다) $A\cap\{1, 3\}\neq\varnothing$

$n(A)=2$일 때, 집합 A, B, C의 순서쌍 (A, B, C)의 개수를 구하시오.

유형 5 부분집합의 개수(2)

5 전체집합 $U=\{x|x$는 50 이하의 자연수$\}$의 두 부분집합

$A=\{x|x$는 10과 서로소$\}$, $B=\{x|x$는 9의 배수$\}$

에 대하여 다음 조건을 만족시키는 U의 부분집합을 X라 할 때, 집합 X의 개수는?

(가) $\{(A\cup B)\cup X\}\cap\{(A\cup B)^C\cup X^C\}=(A\cup B)\cap X^C$
(나) $A-(B\cup X)=\varnothing$

① 8 ② 16 ③ 32
④ 64 ⑤ 128

5-1 전체집합 $U=\{x|x$는 12 이하의 자연수$\}$의 공집합이 아닌 서로 다른 세 부분집합 $A=\{x|x$는 짝수$\}$, B, C에 대하여

$(A\cup B)-(A\cap B)=A-B$,
$(B\cap C)^C-(A\cup B)^C=A-C$

를 만족시키는 집합 B의 개수가 14일 때, 집합 C의 모든 원소의 곱의 최댓값은? (단, $C\subset A$)

① 12 ② 24 ③ 120
④ 960 ⑤ 5760

유형 6 부분집합의 개수(3)

6 집합 $X=\{x|x$는 10 이하의 자연수$\}$의 원소 n에 대하여 X의 부분집합 중 n을 최소의 원소로 갖는 모든 집합의 개수를 $f(n)$이라 하자. 보기에서 옳은 것만을 있는 대로 고른 것은?

| 학평 기출 |

보기
ㄱ. $f(8)=4$
ㄴ. $a\in X$, $b\in X$일 때, $a<b$이면 $f(a)<f(b)$
ㄷ. $f(1)+f(3)+f(5)+f(7)+f(9)=682$

① ㄱ ② ㄱ, ㄴ ③ ㄱ, ㄷ
④ ㄴ, ㄷ ⑤ ㄱ, ㄴ, ㄷ

6-1 집합 $X=\{1, 2, 3, 6, a, b\}$의 원소 k에 대하여 X의 부분집합 중 k를 최대의 원소로 갖는 모든 집합의 개수를 $f(k)$라 하자. $f(b)=2f(a)$를 만족시키는 10 이하의 자연수 a, b의 순서쌍 (a, b)의 개수는? (단, $n(X)=6$)

① 6 ② 7 ③ 8
④ 9 ⑤ 10

› 정답과 해설 8쪽

유형 7 대칭차집합

7 두 집합 A, B에 대하여 연산 $\triangle$, ◉를

$A\triangle B=(A-B)\cup(B-A)$,

$A◉B=(A\cap B)\cup(A\cup B)^C$

으로 정의할 때, 보기에서 옳은 것만을 있는 대로 고른 것은?

(단, A, B, C는 모두 전체집합 U의 부분집합이다.)

보기

ㄱ. $(A◉B)◉C=A◉(B◉C)$

ㄴ. $(A\triangle B)\cap(A◉B)=\varnothing$

ㄷ. $A\triangle(B◉C)=(A\triangle B)◉(A\triangle C)$

① ㄱ ② ㄱ, ㄴ ③ ㄱ, ㄷ
④ ㄴ, ㄷ ⑤ ㄱ, ㄴ, ㄷ

7-1 전체집합 $U=\{x|x$는 10 이하의 자연수$\}$의 두 부분집합 $A=\{x|x$는 10 이하의 소수$\}$, B에 대하여 연산 $\triangle$를

$A\triangle B=(A-B)\cup(B-A)$

로 정의하자. $A^C\triangle B=\{3, 5, 6, 9, 10\}$일 때, 집합 B의 모든 원소의 합은?

① 21 ② 23 ③ 25
④ 27 ⑤ 29

유형 8 집합의 연산과 집합의 원소의 합

8 집합 X의 모든 원소의 합을 $S(X)$라 할 때, 실수 전체의 집합의 두 부분집합

$A=\{a, b, c, d, e\}$, $B=\{a+k, b+k, c+k, d+k, e+k\}$

에 대하여 다음 조건을 만족시키는 상수 k의 값은? | 학평 기출 |

(가) $S(A)=37$
(나) $A-B=\{2, 4, 9\}$
(다) $S(A\cup B)=92$

① 6 ② 7 ③ 8
④ 9 ⑤ 10

8-1 집합 X의 모든 원소의 합을 $S(X)$라 할 때, 자연수 전체의 집합의 두 부분집합 $A=\{7, 8, 11, a, b\}$, $B=\{x+k|x\in A\}$가 다음 조건을 만족시킨다.

(가) $S(A)=40$
(나) $S(A\cap B)=13$
(다) $S(A\cup B)=52$

집합 $B-A$의 모든 원소의 곱을 구하시오.

(단, a, b, k는 상수이다.)

유형 9 유한집합의 원소의 개수의 최대, 최소

9 100명의 학생을 대상으로 세 문제 a, b, c를 풀게 하였다. 문제 a를 맞힌 학생의 집합을 A, 문제 b를 맞힌 학생의 집합을 B, 문제 c를 맞힌 학생의 집합을 C라 할 때,

$n(A)=40$, $n(B)=35$, $n(C)=52$,

$n(A\cap B)=15$, $n(A\cap C)=10$, $n(A^C\cap B^C\cap C^C)=7$

이다. 세 문제 중 두 문제 이상을 맞힌 학생 수의 최솟값은?

| 학평 기출 |

① 18 ② 20 ③ 22
④ 24 ⑤ 26

9-1 세 집합 A, B, C에 대하여

$n(A)=13$, $n(B)=10$, $n(C)=15$,

$n(B\cap C)=5$, $n(A\cap B\cap C)=3$

일 때, $n(A\cup B\cup C)$의 최솟값은?

① 15 ② 20 ③ 25
④ 30 ⑤ 35

C Step

1등급 완성 **최고난도 예상 문제**

01 두 집합 $A=\{-1, 0, 1\}$, $B=\{z|z=i^n, n$은 자연수$\}$에 대하여 집합 C가

$C=\{z_1+z_2|z_1^2+z_2^2=0, z_1\in A, z_2\in B\}$

일 때, 집합 C의 모든 원소의 곱은?

① i ② 2 ③ $2+i$
④ 4 ⑤ $4+i$

02 실수 전체의 집합의 두 부분집합

$A=\{x|x(x^2-2x-3)=0\}$,
$B=\{x|x^2-4x+a\le 0\}$

에 대하여 $A\subset B$이기 위한 실수 a의 최댓값은?

① -5 ② -4 ③ -3
④ -2 ⑤ -1

03 실수 전체의 집합의 세 부분집합 A, B, C에 대하여

$A=\{x|x^2-2x-3<0\}$, $B=\{x|x^2-13x+40\le 0\}$

일 때, 집합 $C=\{x|x^2-2(a+1)x+a^2+2a<0\}$이 두 집합 A, B와 각각 서로소가 되도록 하는 10 이하의 자연수 a의 개수는?

① 2 ② 3 ③ 4
④ 5 ⑤ 6

04 전체집합 $U=\{x|x$는 10 이하의 자연수$\}$의 세 부분집합 $A=\{1, 2, 3, 5, 7, 8\}$, B, C가 다음 조건을 만족시킬 때, 집합 B, C의 순서쌍 (B, C)의 개수는?

(가) $C\cap A=C\cup B^C$	(나) $n(A\cap B^C)=2$

① 192 ② 208 ③ 224
④ 240 ⑤ 256

신유형

05 좌표평면 위의 점의 좌표를 원소로 갖는 전체집합 U의 두 부분집합

$A=\{(a, b)|1\le a\le 3, 1\le b\le 3, a, b$는 정수$\}$,
$B=\{(3, c)|1\le c\le 3, c$는 정수$\}$

에 대하여 다음 조건을 만족시키는 U의 부분집합 X의 개수는?

(가) $A\cap X=X$, $B\cup X=X$
(나) 집합 X에 속하는 임의의 두 점 P, Q에 대하여 선분 PQ의 길이의 최댓값이 $2\sqrt{2}$이다.

① 32 ② 40 ③ 48
④ 56 ⑤ 64

06 자연수 n에 대하여 전체집합 $U=\{x|x$는 20 이하의 자연수$\}$의 부분집합 A_n이

$A_n=\{x|x$는 n과 서로소인 자연수$\}$

일 때, 다음 조건을 만족시키는 U의 공집합이 아닌 부분집합 X의 개수를 구하시오.

(가) $X\subset(A_7-A_3)$	(나) $A_4\cap X\ne\varnothing$

07 자연수 전체의 집합의 세 부분집합 A, B, C가

$A=\{x|1\le x\le 11\}$,

$B=\{x|x$는 12의 약수$\}$,

$C=\{x|x$는 10 이하의 3의 배수$\}$

에 대하여 $(A\cap B)\cup X=(A\cap C)\cup X$를 만족시키는 집합 A의 부분집합 X의 개수는?

① 16　② 32　③ 64　④ 128　⑤ 256

08 전체집합 U의 두 부분집합 A, B에 대하여

$A^C\cup B=\{1, 2, 3, 4, 5, 6, 8, 10\}$,

$(A\cap B)^C=\{4, 5, 8, 9, 10, 12\}$

일 때, 집합 B의 개수를 구하시오.

09 전체집합 $U=\{x|x$는 12 이하의 자연수$\}$의 두 부분집합 $A=\{1, 2, 4\}$, $B=\{6, 10, 12\}$에 대하여 U의 부분집합 X가 다음 조건을 만족시킨다.

(가) $X-A=X-B$	(나) $n(X)=3$

집합 X의 모든 원소의 합의 최댓값을 M, 최솟값을 m이라 할 때, $M+m$의 값을 구하시오.

10 전체집합 $U=\{(x, y)|x, y$는 실수$\}$의 두 부분집합

$A=\{(x, y)|x^2+y^2=k^2\}$, $B=\{(x, y)|x+y=5\}$

에 대하여 $n(A-(A-B))=2$가 되도록 하는 자연수 k의 최솟값을 구하시오.

11 전체집합 $U=\{x|x$는 10 이하의 자연수$\}$의 두 부분집합 $A=\{x|x$는 10의 약수$\}$, $B=\{x|x$는 6의 약수$\}$에 대하여 연산 △를

$A\triangle B=(A\cup B)-(A\cap B)$

로 정의할 때, $(A\triangle C)\subset(B\triangle C)$를 만족시키는 U의 부분집합 C의 개수는?

① 32　② 40　③ 48　④ 56　⑤ 64

12 전체집합 $U=\{1, 2, 3, 4, 5, 6, 7, 8\}$의 두 부분집합 A, B에 대하여 연산 ◎를 $A◎B=(A\cup B)\cap(A\cap B)^C$으로 정의하자.

$A◎B^C=\{1, 2, 5, 7\}$, $n(A\cap B)=2$

를 만족시키는 두 집합 A, B의 순서쌍 (A, B)의 개수는?

① 48　② 64　③ 80　④ 96　⑤ 112

13 전체집합 $U=\{1, 3, 5, 7, 9, 11\}$의 공집합이 아닌 두 부분집합 A, B가

$A\cup B=U$, $A\cap B=\varnothing$

을 만족시킨다. 집합 X의 모든 원소의 합을 $f(X)$라 할 때, $f(A)\times f(B)=320$을 만족시키는 집합 A, B의 순서쌍 (A, B)의 개수를 구하시오.

14 전체집합 $U=\{x|x$는 10 이하의 자연수$\}$의 두 부분집합 A, B가 다음 조건을 만족시킨다.

> (가) 집합 A의 모든 원소에 대하여 $k\in A$이면 $2k\notin A$이다.
> (나) $n(A\cup B)=9$

집합 A의 모든 원소의 합이 최대일 때, 그 합을 a, 이때 가능한 집합 B의 개수를 b라 할 때, $a+b$의 값은?

① 42 ② 64 ③ 128
④ 256 ⑤ 298

15 전체집합 $U=\{x|x$는 100 이하의 자연수$\}$의 두 부분집합 A, B가

$A=\{2, 3, 4, 5\}$, $B=\{x|x$는 k의 약수$\}$

일 때, 보기에서 옳은 것만을 있는 대로 고른 것은?
(단, k는 자연수이다.)

> 보기
> ㄱ. $k=10$일 때, $n(A\cap B)=2$이다.
> ㄴ. $A\subset B$가 되도록 하는 k의 값은 60이다.
> ㄷ. $n(A\cap B^C)=1$이 되도록 하는 k의 개수는 13이다.

① ㄱ ② ㄱ, ㄴ ③ ㄱ, ㄷ
④ ㄴ, ㄷ ⑤ ㄱ, ㄴ, ㄷ

16 두 집합 $A=\{1, 2, 3, 4, 6, 12\}$, $B=\{2, 4, a\}$에 대하여 집합 $A\times B$가

$A\times B=\{(x, y)|x\in A, y\in B\}$

일 때, $n((A\times B)\cup(B\times A))=27$이 되도록 하는 모든 자연수 a의 값의 합을 구하시오. (단, $a\neq 2$, $a\neq 4$)

17 어느 반 학생 35명을 대상으로 방과 후 체육활동에 대한 선호도를 조사하였더니 배드민턴을 선호하는 학생은 23명이고 축구를 선호하는 학생은 18명이었다. 이때 배드민턴은 선호하지만 축구는 선호하지 않는 학생 수의 최댓값과 최솟값의 합은?

① 18 ② 20 ③ 22
④ 24 ⑤ 26

18 어느 고등학교 1학년 학생 전체를 대상으로 학교 축제에서 공연 발표제와 학술 발표제 중 어느 활동에 참가할 것인지를 조사하였다. 그 결과 공연 발표제와 학술 발표제 참가를 신청한 학생은 각각 1학년 전체 학생의 $\frac{5}{9}$, $\frac{1}{2}$이었고, 공연 발표제와 학술 발표제 참가에 모두 신청한 학생은 1학년 전체 학생의 $\frac{1}{5}$이었다. 공연 발표제와 학술 발표제 중 어느 것에도 참가를 신청하지 않은 학생이 26명일 때, 이 고등학교 1학년 학생 중 학술 발표제만 참가를 신청한 학생 수는?

① 50 ② 52 ③ 54
④ 56 ⑤ 58

신유형
19 전체집합 $U=\{x|x$는 10 이하의 자연수$\}$의 두 부분집합 X, Y에 대하여 $S(X, Y)=n(X^C\cup Y^C)$이라 하자. 전체집합 U의 세 부분집합 A, B, C에 대하여 다음 조건을 만족시키는 집합 A의 개수는?

> (가) $S(A, B)=S(A, C)=5$
> (나) $A\cap B\cap C=\{2, 3, 5, 7\}$

① 120 ② 240 ③ 384
④ 480 ⑤ 960

20 전체집합 $U=\{x|x$는 18 이하의 자연수$\}$의 두 부분집합

$A_k=\{x|x(y-k)=24,\ y\in U\}$,

$B=\{2^n|n$은 4보다 작은 자연수$\}$

에 대하여 $B\subset A_k$가 되도록 하는 모든 자연수 k의 값의 합은?

① 6　② 10　③ 15
④ 21　⑤ 29

21 전체집합 $U=\{x|x$는 10 이하의 자연수$\}$의 두 부분집합 X, Y에 대하여 연산 $*$를 $X*Y=X^C\cap Y^C$으로 정의하자. 전체집합 U의 세 부분집합 $A=\{1,\ 2,\ 4,\ 8\}$, B, C에 대하여

$(A*B)*C=A*(B*C)$

를 만족시키는 집합 A, B, C의 순서쌍 $(A,\ B,\ C)$의 개수를 구하시오.

22 전체집합 $U=\{x|x$는 10 이하의 홀수$\}$의 공집합이 아닌 부분집합 X에 대하여 $f(X)$를 X에 속하는 모든 원소의 합이라 하자. 전체집합 U의 두 부분집합 A, B에 대하여 다음 조건을 만족시키는 집합 A, B의 순서쌍 $(A,\ B)$의 개수는?

(단, $A=\varnothing$이면 $f(A)=0$이다.)

(가) $f(A)=10$
(나) $f(A-B)\ge f(B-A)$

① 24　② 25　③ 26
④ 27　⑤ 28

23 전체집합 U의 두 부분집합 X, Y에 대하여 연산 $\triangledown$를 $X\triangledown Y=(X\cap Y)\cup(X\cup Y)^C$으로 정의하자. 전체집합 U의 세 부분집합 A, B, C에 대하여

$n(U)=40$, $n(A\triangledown B)=25$,

$n(B\triangledown C)=18$, $n(C\triangledown A)=21$

일 때, $n(A\cap B\cap C)$의 최댓값은?

① 10　② 11　③ 12
④ 13　⑤ 14

02

I. 집합과 명제

명제

개념 1 명제와 조건, 진리집합

(1) 명제: 참 또는 거짓을 판별할 수 있는 문장 또는 식

(2) 조건: 문자를 포함하며 그 문자의 값에 따라 참, 거짓을 판별할 수 있는 문장이나 식

(3) 진리집합: 전체집합 U의 원소 중에서 어떤 조건을 참이 되게 하는 모든 원소의 집합

개념 2 명제와 조건의 부정

(1) 명제나 조건 p에 대하여 'p가 아니다.'를 명제나 조건 p의 부정이라 하고, 기호로 $\sim p$와 같이 나타낸다.

참고 명제 p가 참이면 $\sim p$는 거짓이고, 명제 p가 거짓이면 $\sim p$는 참이다.

(2) 두 조건 p, q에 대하여

① 'p 또는 q'의 부정 ⇨ '$\sim p$ 그리고 $\sim q$'

② 'p 그리고 q'의 부정 ⇨ '$\sim p$ 또는 $\sim q$'

(3) 조건 p의 진리집합을 P라 할 때, $\sim p$의 진리집합은 P^C이다.

(4) '모든' 또는 '어떤'을 포함한 명제의 부정

① '모든 x에 대하여 p'의 부정은 '어떤 x에 대하여 $\sim p$'이다.

② '어떤 x에 대하여 p'의 부정은 '모든 x에 대하여 $\sim p$'이다.

여러 가지 명제와 조건의 부정

① 모든 $\xleftrightarrow{\text{부정}}$ 어떤

② 적어도 하나는 ~이다. $\xleftrightarrow{\text{부정}}$ 모두 ~가 아니다.

③ 음의 정수 $\xleftrightarrow{\text{부정}}$ 음이 아닌 정수

④ $x=y=z$ $\xleftrightarrow{\text{부정}}$ $x\neq y$ 또는 $y\neq z$ 또는 $z\neq x$

⑤ $<(>)$ $\xleftrightarrow{\text{부정}}$ $\geq(\leq)$

'p 또는 q'의 부정의 진리집합은 $(P\cup Q)^C=P^C\cap Q^C$

'p 그리고 q'의 부정의 진리집합은 $(P\cap Q)^C=P^C\cup Q^C$

개념 3 명제의 참, 거짓

(1) 명제 $p \longrightarrow q$의 참, 거짓

두 조건 p, q의 진리집합을 각각 P, Q라 할 때

① 명제 $p \longrightarrow q$가 참이면 $P\subset Q$이고, $P\subset Q$이면 명제 $p \longrightarrow q$는 참이다.

② 명제 $p \longrightarrow q$가 거짓이면 $P\not\subset Q$이고, $P\not\subset Q$이면 명제 $p \longrightarrow q$는 거짓이다.

(2) '모든' 또는 '어떤'을 포함한 명제의 참, 거짓

전체집합 U에 대하여 조건 p의 진리집합을 P라 할 때

① '모든 x에 대하여 p이다.'는 $P=U$이면 참이고, $P\neq U$이면 거짓이다.

② '어떤 x에 대하여 p이다.'는 $P\neq\varnothing$이면 참이고, $P=\varnothing$이면 거짓이다.

참고 명제 $p \longrightarrow q$가 거짓임을 보이려면 가정 p는 만족시키지만 결론 q는 만족시키지 않는 예가 하나라도 있음을 보이면 된다. 이와 같은 예를 반례라 한다.

개념 4 명제의 역, 대우

명제 $p \longrightarrow q$에 대하여

(1) 명제 $q \longrightarrow p$를 역, 명제 $\sim q \longrightarrow \sim p$를 대우라 한다.

(2) 명제 $p \longrightarrow q$와 그 대우 $\sim q \longrightarrow \sim p$의 참, 거짓은 항상 일치한다.

$p\rightarrow q$ ←역→ $q\rightarrow p$

대우

$\sim p\rightarrow \sim q$ ←역→ $\sim q\rightarrow \sim p$

주의 어떤 명제가 참이라고 해서 그 역이 반드시 참인 것은 아니다.

개념 5 명제의 증명

(1) 대우를 이용한 증명: 명제 $p \longrightarrow q$가 참임을 보일 때, 그 대우 $\sim q \longrightarrow \sim p$가 참임을 보이는 방법

(2) 귀류법: 명제 p에 대하여 명제의 부정 $\sim p$가 거짓이면 명제 p가 참임을 이용하여 명제 또는 명제의 결론을 부정한 다음 모순이 생기는 것을 보여 원래의 명제가 참임을 보이는 방법

(3) 삼단논법: 명제 $p \longrightarrow q$와 명제 $q \longrightarrow r$가 참이면 명제 $p \longrightarrow r$도 참이다.

대우를 이용한 명제의 증명은 명제 $p \longrightarrow q$가 참임을 직접 증명하는 것보다 대우 $\sim q \longrightarrow \sim p$가 참임을 증명하는 것이 쉬울 때 사용한다.

개념 6 충분조건, 필요조건, 필요충분조건

(1) 충분조건과 필요조건

명제 $p \longrightarrow q$가 참일 때, 이것을 기호로 $p \Longrightarrow q$와 같이 나타낸다.

이때 p는 q이기 위한 충분조건, q는 p이기 위한 필요조건이라 한다.

(2) 필요충분조건

$p \Longrightarrow q$이고 $q \Longrightarrow p$일 때, p는 q이기 위한 필요충분조건이라 하고, 기호로 $p \Longleftrightarrow q$와 같이 나타낸다.

(3) 충분조건, 필요조건과 진리집합 사이의 관계

두 조건 p, q의 진리집합을 각각 P, Q라 할 때

① $P \subset Q$이면 p는 q이기 위한 충분조건, q는 p이기 위한 필요조건이다.

② $P=Q$이면 p와 q는 서로 필요충분조건이다.

개념 7 절대부등식

(1) 절대부등식: 문자를 포함한 부등식에서 그 문자에 어떤 실수를 대입하여도 항상 성립하는 부등식

(2) 여러 가지 절대부등식

a, b, c가 실수일 때

① $a^2-2ab+b^2 \geq 0$ (단, 등호는 $a=b$일 때 성립)

② $a^2+b^2+c^2-ab-bc-ca \geq 0$ (단, 등호는 $a=b=c$일 때 성립)

③ $|a|+|b| \geq |a+b|$ (단, 등호는 $ab \geq 0$일 때 성립)

④ $|a+b| \geq |a|-|b|$ (단, 등호는 $ab \leq 0$일 때 성립)

(3) 산술평균과 기하평균의 관계

$a>0$, $b>0$일 때, $\frac{a+b}{2} \geq \sqrt{ab}$ (단, 등호는 $a=b$일 때 성립)

($\frac{a+b}{2}$: a와 b의 산술평균, $\sqrt{ab}$: a와 b의 기하평균)

(4) 코시-슈바르츠의 부등식

a, b, x, y가 실수일 때,

$$(a^2+b^2)(x^2+y^2) \geq (ax+by)^2 \left(\text{단, 등호는 } \frac{x}{a}=\frac{y}{b}\text{일 때 성립}\right)$$

절대부등식을 증명할 때 이용되는 실수의 성질

① $a>b \Longleftrightarrow a-b>0$

② $a^2 \geq 0$, $a^2+b^2 \geq 0$

③ $a^2+b^2=0 \Longleftrightarrow a=0, b=0$

④ $|a|^2=a^2$, $|ab|=|a||b|$

⑤ $a>0$, $b>0$일 때, $a>b \Longleftrightarrow a^2>b^2$

산술평균과 기하평균의 관계의 활용

① 합이 일정할 때, 곱의 최댓값을 구하는 경우에 이용한다.

② 곱이 일정할 때, 합의 최솟값을 구하는 경우에 이용한다.

A Step 1등급을 위한 고난도 빈출 & 핵심 문제

빈출 1. 명제의 참과 거짓

01 다음 명제 중 참인 것은?

① 실수 x, y에 대하여 $xy=0$이면 $x^2+y^2=0$이다.
② x, y가 모두 무리수이면 $x+y$도 무리수이다.
③ $x^2+y^2>0$이면 $x\neq0$, $y\neq0$이다.
④ 모든 실수 x에 대하여 $x^2+4x+4>0$이다.
⑤ 어떤 실수 x에 대하여 $x^2+2x=0$이다.

02 두 조건 p: $x^2-ax-2x+2a=0$, q: $|x-a|\leq3$에 대하여 명제 $p \longrightarrow q$가 참이 되도록 하는 정수 a의 개수는?

① 5　② 6　③ 7　④ 9　⑤ 10

빈출 2. 명제의 역과 대우

03 보기에서 역과 대우가 모두 참인 명제만을 있는 대로 고른 것은?

보기
ㄱ. x, y가 모두 짝수이면 xy는 짝수이다.
ㄴ. x, y가 실수일 때, $x^2+y^2=0$이면 $|x|+|y|=0$이다.
ㄷ. 두 집합 A, B에 대하여 $A\subset B$이면 $A\cup B=B$이다.

① ㄱ　② ㄱ, ㄴ　③ ㄱ, ㄷ　④ ㄴ, ㄷ　⑤ ㄱ, ㄴ, ㄷ

교과서 심화 변형

04 두 조건 p: $x^2+x>6$, q: $|x-1|>a$에 대하여 명제 $p \longrightarrow q$의 역이 참이 되도록 하는 양수 a의 최솟값을 구하시오.

05 네 조건 p, q, r, s에 대하여 두 명제

$p \longrightarrow \sim q$, $\sim s \longrightarrow r$

가 모두 참일 때, 다음 중 명제 $p \longrightarrow s$가 참임을 보이기 위해 필요한 참인 명제는?

① $p \longrightarrow q$　② $q \longrightarrow s$　③ $r \longrightarrow q$　④ $\sim r \longrightarrow \sim q$　⑤ $s \longrightarrow \sim q$

빈출 3. 필요조건, 충분조건, 필요충분조건

06 두 조건 p, q에 대하여 보기에서 p가 q이기 위한 충분조건이지만 필요조건이 아닌 것만을 있는 대로 고른 것은? (단, x, y, z는 실수이다.)

보기
ㄱ. p: $|x|=|y|$　q: $|x+y|=|x|+|y|$
ㄴ. p: $x=y=0$　q: $x^2+xy+y^2=0$
ㄷ. p: $x>y>z$　q: $(x-y)(y-z)(z-x)<0$

① ㄱ　② ㄷ　③ ㄱ, ㄴ　④ ㄴ, ㄷ　⑤ ㄱ, ㄴ, ㄷ

07 전체집합 U의 세 부분집합 P, Q, R가 각각 세 조건 p, q, r의 진리집합이고

$\{P\cap(R\cup Q^C)\}\cup\{R\cap(Q\cup R^C)\}=\varnothing$

을 만족시킬 때, 다음 중 옳지 않은 것은?

① p는 q이기 위한 충분조건이다.
② p는 $\sim r$이기 위한 충분조건이다.
③ q는 $\sim r$이기 위한 필요조건이다.
④ $\sim p$는 r이기 위한 필요조건이다.
⑤ $\sim q$는 r이기 위한 필요조건이다.

교과서 심화 변형

08 세 조건 p, q, r가

p: $x^2-10x+24<0$, q: $x<k$, r : $x^2-2x<0$

일 때, p는 $\sim q$이기 위한 충분조건이고 q는 r이기 위한 필요조건이 되도록 하는 실수 k의 최댓값을 구하시오.

빈출 4 명제의 증명

09 다음은 명제 '두 자연수 a, b에 대하여 a^2+b^2이 홀수이면 ab는 짝수이다.'가 참임을 증명한 것이다.

증명

주어진 명제의 [(가)]는 '두 자연수 a, b에 대하여 ab가 [(나)]이면 a^2+b^2은 [(다)]이다.'이다.
ab가 [(나)]이려면 a, b가 모두 [(나)]이어야 하므로
$a=2m-1$, $b=$[(라)] (m, n은 자연수)로 놓으면
$a^2+b^2=2($[(마)]$)$이므로 a^2+b^2도 [(다)]이다.
따라서 주어진 명제의 [(가)]가 참이므로 주어진 명제도 참이다.

위의 (가)~(마)에 알맞은 것은?

① (가) 역　② (나) 짝수　③ (다) 홀수
④ (라) $2n-1$　⑤ (마) $2m^2+2n^2+1$

10 다음은 자연수 n에 대하여 $\sqrt{n^2+1}$이 무리수임을 증명한 것이다.

증명

$\sqrt{n^2+1}$이 유리수라고 가정하면
$\sqrt{n^2+1}=\frac{q}{p}$ (p, q는 서로소인 자연수)로 놓을 수 있다.
이 식의 양변을 제곱하여 정리하면 $p^2(n^2+1)=q^2$이다.
p는 q^2의 약수이고 p, q는 서로소인 자연수이므로
$n^2=$[(가)]
자연수 k에 대하여
(i) $q=2k$일 때
$(2k-1)^2<n^2<$[(나)]을 만족시키는 자연수 n은 존재하지 않는다.
(ii) $q=2k-1$일 때
$(2k-2)^2<n^2<$[(다)]을 만족시키는 자연수 n은 존재하지 않는다.
(i), (ii)에 의하여 $\sqrt{n^2+1}=\frac{q}{p}$ (p, q는 서로소인 자연수)를 만족시키는 자연수 n이 존재하지 않으므로 $\sqrt{n^2+1}$이 유리수라는 가정에 모순이다.
따라서 $\sqrt{n^2+1}$은 무리수이다.

위의 (가), (나), (다)에 알맞은 식을 각각 $f(q)$, $g(k)$, $h(k)$라 할 때, $f(3)+g(3)+h(3)$의 값을 구하시오.

빈출 5 절대부등식

11 실수 a, b, c에 대하여 보기에서 옳은 것만을 있는 대로 고른 것은?

보기

ㄱ. $\sqrt{a}+\sqrt{b}>\sqrt{a+b}$ (단, $a>0$, $b>0$)
ㄴ. $a^2+b^2+c^2\geq ab+bc+ca$
ㄷ. $|a|-|b|\leq|a-b|$

① ㄱ　② ㄴ　③ ㄱ, ㄴ
④ ㄱ, ㄷ　⑤ ㄱ, ㄴ, ㄷ

12 $x>1$일 때, $\frac{2x^2+x-1}{x-1}$의 최솟값을 a라 하고 그때의 x의 값을 b라 할 때, $a+b$의 값을 구하시오.

13 오른쪽 그림과 같이 점 A$(4, 6)$을 지나고 기울기가 음수인 직선과 x축, y축으로 둘러싸인 삼각형의 넓이의 최솟값은?

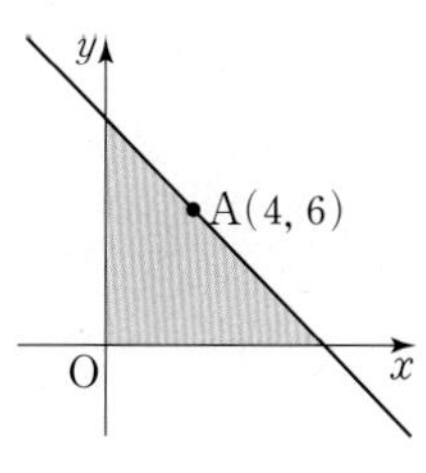

① 6　② 12
③ 24　④ 48
⑤ 96

14 오른쪽 그림과 같이 대각선의 길이가 $4\sqrt{2}$인 직사각형의 둘레의 길이의 최댓값은?

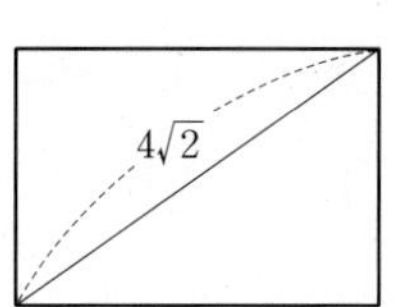

① 12　② 16
③ 18　④ 20
⑤ 24

B Step 1등급을 위한 고난도 기출 VS 변형 유형

유형 1 명제가 참이 되도록 하는 미지수의 값 구하기

1 전체집합 U가 실수 전체의 집합일 때, 실수 x에 대한 두 조건 p, q가

p: $a(x+2)(x+4)\geq 0$, q: $|x|\geq b$

이다. 두 조건 p, q의 진리집합을 각각 P, Q라 할 때, 보기에서 옳은 것만을 있는 대로 고른 것은? (단, $b>0$)

보기
ㄱ. $a=0$일 때, $P=U$이다.
ㄴ. $a>0$일 때, $P\cup Q=U$가 되도록 하는 b의 최댓값은 2이다.
ㄷ. $a<0$일 때, 명제 'p이면 $\sim q$이다.'는 참이 되도록 하는 정수 b의 최솟값은 4이다.

① ㄱ ② ㄴ ③ ㄱ, ㄴ
④ ㄴ, ㄷ ⑤ ㄱ, ㄴ, ㄷ

1-1 실수 x에 대한 두 조건

p: $x^2-3(a-1)x+2a^2-5a+2\geq 0$, q: $x^2-2x-3<0$

이 모두 참이 되도록 하는 정수 x가 오직 하나 존재할 때, 정수 a의 값은?

① -2 ② -1 ③ 1
④ 2 ⑤ 3

유형 2 명제의 대우와 삼단논법

2 전체집합 U의 공집합이 아닌 세 부분집합 P, Q, R가 각각 세 조건 p, q, r의 진리집합이라 하자. 세 명제

$\sim p \longrightarrow r$, $r \longrightarrow \sim q$, $\sim r \longrightarrow q$

가 모두 참일 때, 보기에서 옳은 것만을 있는 대로 고른 것은?

| 학평 기출 |

보기
ㄱ. $P^C\subset R$ ㄴ. $P\subset Q$ ㄷ. $P\cap Q=R^C$

① ㄱ ② ㄴ ③ ㄱ, ㄷ
④ ㄴ, ㄷ ⑤ ㄱ, ㄴ, ㄷ

2-1 전체집합 U에서 세 조건 p, q, r의 진리집합을 각각 P, Q, R라 하자. 서로 다른 세 집합 P, Q, R에 대하여

$P-Q^C=\varnothing$, $Q\cap R=R$

일 때, 보기에서 참인 명제만을 있는 대로 고른 것은?

보기
ㄱ. $p \longrightarrow \sim q$ ㄴ. $q \longrightarrow r$ ㄷ. $r \longrightarrow \sim p$

① ㄱ ② ㄴ ③ ㄱ, ㄴ
④ ㄱ, ㄷ ⑤ ㄱ, ㄴ, ㄷ

유형 3 진리집합의 포함 관계

3 전체집합 $U=\{x|x$는 8 이하의 자연수$\}$에 대하여 조건 p: $x^2\leq 2x+8$의 진리집합을 P, 두 조건 q, r의 진리집합을 각각 Q, R라 하자. 두 명제 $p \longrightarrow q$와 $\sim p \longrightarrow r$가 모두 참일 때, 두 집합 Q, R의 순서쌍 (Q, R)의 개수를 구하시오. | 학평 기출 |

3-1 전체집합 $U=\{x|-10\leq x\leq 10$인 정수$\}$에 대하여 조건 p: $|x|\leq n$의 진리집합을 P, 조건 q: $|x-4|\geq 2$의 진리집합을 Q, 조건 r의 진리집합을 R라 하자. 명제 $p \longrightarrow r$의 역이 참이고 명제 $\sim q \longrightarrow r$의 대우가 참이 되도록 하는 집합 R의 개수가 256일 때, 10 이하의 자연수 n의 값을 구하시오.

유형 4 거짓임을 보일 수 있는 원소

4 전체집합 U의 두 부분집합 A, B에 대하여 연산 ◈을

$A◈B=(A\cup B)\cap(A\cap B)^C$

으로 정의하자. 다음 벤다이어그램에서 조건 p, q의 진리집합을 각각 $A◈B$, B라 할 때, $\sim q \longrightarrow \sim p$가 거짓임을 보일 수 있는 모든 원소의 합을 구하시오.

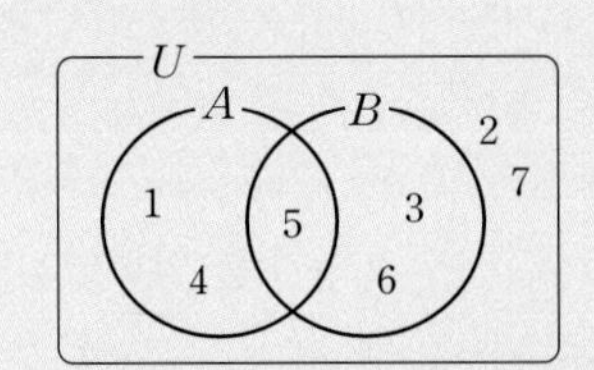

4-1 전체집합 $U=\{x\,|\,x$는 20 이하의 자연수$\}$에 대하여 세 조건 p, q, r는 다음과 같다.

p: x는 소수이다.
q: x는 짝수이다.
r: x는 3의 배수이다.

명제 ($\sim p$이고 q) $\longrightarrow r$가 거짓임을 보이는 원소 중에서 최댓값과 최솟값의 합은?

① 12 ② 16 ③ 20
④ 24 ⑤ 28

유형 5 '모든' 또는 '어떤'을 포함한 명제

5 명제 '$k-1\le x\le k+3$인 어떤 실수 x에 대하여 $0\le x\le 2$이다.'가 참이 되도록 하는 정수 k의 개수는? | 학평 기출 |

① 4 ② 5 ③ 6
④ 7 ⑤ 8

5-1 실수 x에 대하여 두 조건 p, q가

p: $\left|x-\dfrac{k}{2}\right|>5$, q: $x^2-2kx+k^2-1>0$

일 때, 명제 '모든 x에 대하여 p 또는 q이다.'가 거짓이 되도록 하는 자연수 k의 개수는?

① 11 ② 12 ③ 13
④ 14 ⑤ 15

유형 6 충분조건, 필요조건이 되도록 하는 미지수의 값 구하기

6 전체집합 $U=\{x\,|\,x$는 실수$\}$에 대하여 두 조건 p, q는

p: $x^2-3ax+2a^2>0$, q: $-8<x\le 18$

이다. $\sim p$는 q이기 위한 충분조건일 때, 정수 a의 개수를 구하시오. | 학평 기출 |

6-1 x에 대한 이차방정식

$(ak+1)x^2-(3k^2+b^2k+1)x-(ak^2+7k+b)=0$

이 k의 값에 관계없이 항상 $x=-1$을 근으로 갖는다. 이 이차방정식의 또 다른 한 근이 $x=\alpha$일 때 $x\le\alpha$는 부등식 $x\le m$이기 위한 충분조건이고, 부등식 $-1\le x\le 3$이기 위한 필요조건이다. $m+k$의 최솟값을 구하시오.

(단, a, b는 상수이고, k는 임의의 실수이다.)

유형7 삼단논법의 활용

7 네 학생 A, B, C, D가 빨간색 공, 파란색 공, 노란색 공, 초록색 공 중 서로 다른 색의 공 1개를 들고 있다. 다음은 네 학생이 가지고 있는 공의 색에 대한 설명이다.

> (가) A는 노란색 공을 들고 있지 않다.
> (나) A가 빨간색 공을 들고 있다면 B는 파란색 공을 들고 있다.
> (다) B가 파란색 공을 들고 있지 않으면 A는 초록색 공을 들고 있지 않다.
> (라) C가 노란색 공을 들고 있으면 B는 초록색 공을 들고 있다.
> (마) D가 초록색 공을 들고 있지 않으면 B는 파란색 공을 들고 있다.
> (바) D가 파란색 공을 들고 있지 않으면 B는 노란색 공을 들고 있다.

두 학생 C, D가 들고 있는 공의 색을 차례대로 나열한 것은?

① 빨간색, 파란색 ② 빨간색, 초록색
③ 노란색, 파란색 ④ 파란색, 초록색
⑤ 초록색, 노란색

7-1 어느 학교의 체육대회에서 서진, 종영, 지율, 성주가 팔씨름 선수로 참가하였다. 팔씨름을 응원한 세 명의 학생 A, B, C에게 경기 결과를 물어보았더니 다음과 같이 말하였다.

> A: 서진이가 1등, 성주가 2등을 했어요.
> B: 종영이가 2등, 지율이가 4등을 했어요.
> C: 서진이가 3등, 종영이가 4등을 했어요.

세 명의 학생 모두 두 선수의 등수를 말하였지만, 두 선수의 등수에 대한 것 중 하나는 맞고 하나는 틀리다고 한다. 2등을 한 선수와 3등을 한 선수를 차례대로 나열한 것은?
(단, 같은 등수의 선수는 없다.)

① 성주, 서진 ② 서진, 성주 ③ 종영, 지율
④ 성주, 종영 ⑤ 지율, 성주

유형8 절대부등식

8 a, b가 실수일 때, 보기에서 옳은 것만을 있는 대로 고른 것은?

> 보기
> ㄱ. $|a|+|b|\ge|a-b|$는 절대부등식이다.
> ㄴ. $x^2+ax+b>0$이 절대부등식이면 모든 실수를 해로 가진다.
> ㄷ. $x^2+ax+b>0$이 절대부등식이면 방정식 $x^2+ax+b=0$은 서로 다른 두 허근을 갖는다.

① ㄱ ② ㄱ, ㄴ ③ ㄱ, ㄷ
④ ㄴ, ㄷ ⑤ ㄱ, ㄴ, ㄷ

8-1 모든 양수 x에 대하여 부등식 $\sqrt{\dfrac{x+k}{4}}\ge\dfrac{\sqrt{x}+4}{4}$가 성립하도록 하는 자연수 k의 최솟값은?

① 2 ② 4 ③ 6
④ 8 ⑤ 10

유형9 산술평균과 기하평균의 관계(1)

9 두 양수 x, y가 $x+y=4$를 만족시킬 때, $\dfrac{x}{1+y}+\dfrac{y}{1+x}$의 최솟값은?

① $\dfrac{2}{3}$ ② $\dfrac{4}{3}$ ③ 2
④ $\dfrac{8}{3}$ ⑤ $\dfrac{10}{3}$

9-1 점 $\mathrm{P}(a, b)$가 직선 $3x+2y=12$ 위의 제1사분면의 점일 때, $6\left(\dfrac{2}{a}+\dfrac{3}{b}\right)$의 최솟값을 m이라 하고, 그때의 점 P의 좌표를 (α, β)라 하자. $m+\alpha+\beta$의 값을 구하시오.

유형 10 산술평균과 기하평균의 관계(2)

10 $x>3$일 때, $\frac{x^2-9}{x^4-6x^2+22}$가 $x=a$에서 최댓값 M을 갖는다. $13aM$의 값을 구하시오.

10-1 최고차항의 계수가 1인 이차식 $f(x)$가 다음 조건을 만족시킨다.

> (가) $f(x)$는 $x-1$로 나누어떨어진다.
> (나) $f(x)$를 $x-2$로 나누었을 때, 나머지가 5이다.

$x>1$일 때, $\frac{f(x)+1}{x-1}$은 $x=a$에서 최솟값 m을 갖는다. $a+m$의 값을 구하시오.

유형 11 산술평균과 기하평균의 관계의 활용

11 그림과 같이 $\overline{AB}=2$, $\overline{AC}=3$, $A=30°$인 삼각형 ABC의 변 BC 위의 점 P에서 두 직선 AB, AC 위에 내린 수선의 발을 각각 M, N이라 하자. $\frac{\overline{AB}}{\overline{PM}}+\frac{\overline{AC}}{\overline{PN}}$의 최솟값이 $\frac{q}{p}$일 때, $p+q$의 값을 구하시오.

(단, p와 q는 서로소인 자연수이다.) | 학평 기출 |

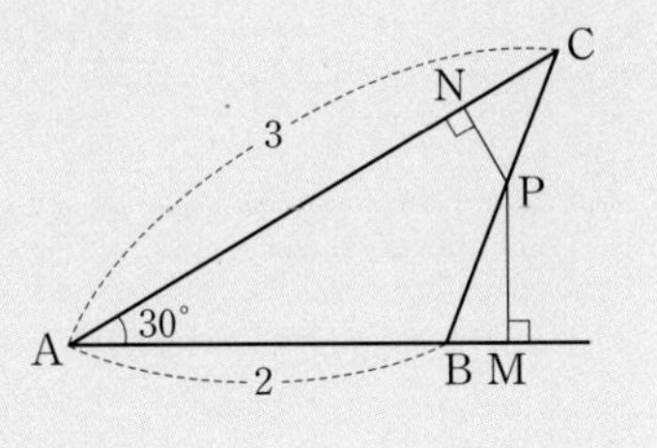

11-1 오른쪽 그림과 같이 좌표평면 위의 점 P(2, 1)을 x축의 양의 방향으로 a $(0<a<6)$만큼 평행이동시킨 점을 Q, y축의 양의 방향으로 b만큼 평행이동시킨 점을 R라 하자. 삼각형 OQR의 넓이가 3일 때, $a+b$의 최솟값은? (단, O는 원점이다.)

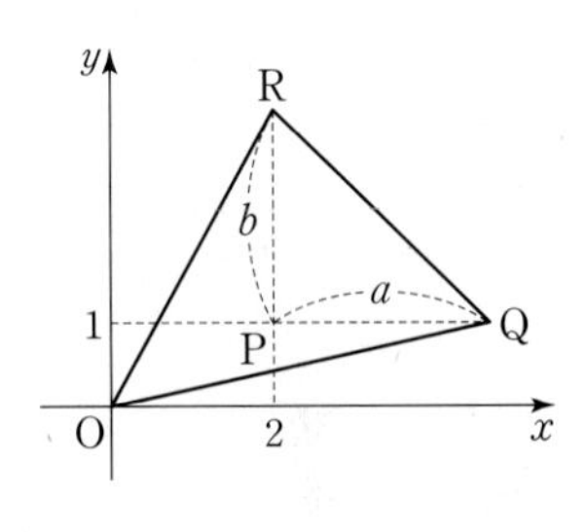

① $2\sqrt{2}-2$ ② $2\sqrt{2}-1$ ③ $3\sqrt{2}-2$
④ $4\sqrt{2}-3$ ⑤ $4\sqrt{2}-2$

유형 12 코시-슈바르츠의 부등식의 활용

12 [그림 1]과 같이 길이가 40인 직사각형 모양의 종이띠 ABCD를 변 AB와 변 DC가 서로 맞닿도록 [그림 2]와 같은 모양으로 접어 붙였다.

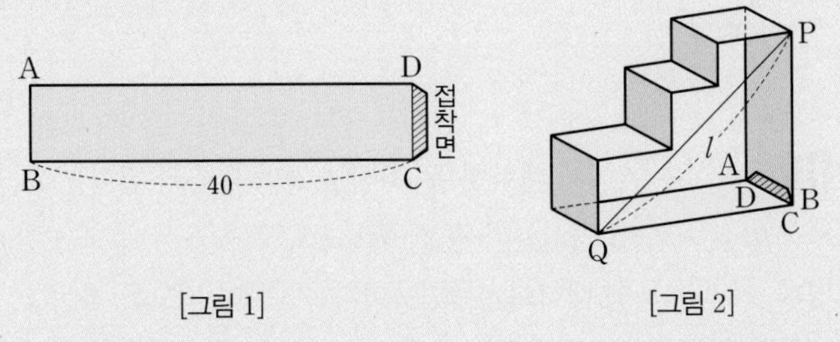

[그림 1] [그림 2]

[그림 2]에서 꼭짓점 P와 꼭짓점 Q 사이의 거리를 l이라 할 때, l^2의 최솟값을 구하시오. (단, [그림 2]의 모든 면은 서로 수직이거나 평행이다.) | 학평 기출 |

12-1 세 실수 x, y, z에 대하여 등식

$$x+y+z=3,\ x^2+y^2+z^2=9$$

가 성립할 때, x의 최댓값을 M, 최솟값을 m이라 하자. M^2+m^2의 값을 구하시오.

C Step 1등급 완성 최고난도 예상 문제

01 실수 x에 대한 조건

p: $|x-n| \geq \frac{k}{3}$

에 대하여 조건 $\sim p$의 진리집합에 포함되는 모든 자연수의 합이 15일 때, 자연수 n, k의 순서쌍 (n, k)의 개수는?

① 3 ② 6 ③ 9
④ 12 ⑤ 15

02 전체집합 $U=\{x|x$는 10 이하의 자연수$\}$에 대하여 세 조건 p, q, r가 다음과 같다.

p: $x^2-(\alpha+\beta)x+\alpha\beta \leq 0$
q: $x^2-6x+8 \leq 0$
r: $|x-9|=1$

두 명제 $q \longrightarrow p$, $r \longrightarrow \sim p$가 모두 참일 때, 자연수 α, β의 순서쌍 (α, β)의 개수는?

① 20 ② 16 ③ 12
④ 8 ⑤ 4

03 전체집합 $U=\{1, 2, 3, 4, 5\}$에 대하여 조건 p: $x^2-x-2 \leq 0$의 진리집합을 P, 두 조건 q, r의 진리집합을 각각 Q, R라 하자. $P \cup R = R-Q$일 때, 명제 $q \longrightarrow r$가 참이 되도록 하는 집합 R의 개수는?

① 4 ② 5 ③ 6
④ 7 ⑤ 8

04 전체집합 $U=\{x|x$는 10 이하의 자연수$\}$의 세 부분집합 A, B, C에 대하여

$A=\{x|x$는 6의 약수$\}$, $B=\{x|x$는 소수$\}$,
$C=\{x|x$의 양의 약수의 개수는 3이다.$\}$

에 대하여 연산 △를

$A \triangle B=(A-B) \cup (B-A)$

로 정의하자. 조건 p의 진리집합을 $A \triangle B$, 조건 q의 진리집합을 $B \triangle C^C$이라 할 때, 명제 $p \longrightarrow q$가 거짓임을 보일 수 있는 모든 원소의 합을 구하시오.

05 전체집합 $U=\{1, 2, 3, 4, 5, 6\}$의 공집합이 아닌 부분집합 X에 대하여 명제

'집합 X의 모든 원소 x에 대하여 $x^3-7x^2+14x-8=0$이다.'

의 부정이 참이 되도록 하는 집합 X의 개수는?

① 28 ② 35 ③ 42
④ 49 ⑤ 56

06 두 실수 x, y에 대하여 두 조건 p, q가 다음과 같다.

p: $y=x^2+1$, q: $y=-(x-k)^2+3$

명제 '어떤 x, y에 대하여 p이면 q이다.'가 참이 되도록 하는 x, y의 순서쌍 (x, y)의 개수가 1일 때, 모든 실수 k의 값의 곱은?

① -4 ② -2 ③ -1
④ 2 ⑤ 4

› 정답과 해설 27쪽

07 좌표평면 위에 두 점 A$(-1, 2)$, B$(1, -2)$와 직선 l: $2x-y+k=0$이 있다. 명제

'직선 l 위의 어떤 점 P에 대하여 $\angle$APB$=90°$이다.'

가 참이 되도록 하는 정수 k의 개수는?

① 10 ② 11 ③ 12
④ 13 ⑤ 14

08 삼각형의 세 변의 길이를 a, b, c라 할 때, 두 조건 p, q가 다음과 같다.

p: $a^3-a^2b+(b^2-c^2)a+bc^2-b^3=0$

q: $a^2+b^2-6a-8b+25=0$

명제 $p \longrightarrow q$의 역이 참일 때, 삼각형의 넓이를 구하시오.

09 두 조건 p, q에 대하여 $f(p, q)$를

$$f(p, q)=\begin{cases} 1 & (\text{명제 } p \longrightarrow q\text{와 역이 모두 참일 때}) \\ -1 & (\text{명제 } p \longrightarrow q \text{ 또는 역 중 하나만 참일 때}) \end{cases}$$

이라 할 때, 보기에서 옳은 것만을 있는 대로 고른 것은? (단, a, b는 실수이다.)

보기
ㄱ. p: $a^2+b^2=0$, q: $\frac{1}{2}a^2-ab+b^2=0$일 때, $f(p, q)=1$이다.
ㄴ. $f(p, \sim q)=-1$이면 $f(q, \sim p)=-1$이다.
ㄷ. 조건 r에 대하여 $f(p, q)\times f(q, r)=-1$일 때, 명제 $p \longrightarrow r$가 참이다.

① ㄱ ② ㄴ ③ ㄱ, ㄴ
④ ㄴ, ㄷ ⑤ ㄱ, ㄴ, ㄷ

10 세 실수 x, y, z에 대하여 보기에서 p가 q이기 위한 충분조건이지만 필요조건이 아닌 것만을 있는 대로 고른 것은?

보기
ㄱ. p: $0<y<x$ q: $x^2y^3<x^3y^2$
ㄴ. p: $xy<0$ q: $|x|+|y|>|x+y|$
ㄷ. p: $x<y<z$ q: $|x-y|<|x-z|$

① ㄱ ② ㄴ ③ ㄷ
④ ㄱ, ㄴ ⑤ ㄱ, ㄷ

11 전체집합 U의 세 부분집합 A, B, C에 대하여 보기에서 옳은 것만을 있는 대로 고른 것은?

보기
ㄱ. $A\cap B=A$는 $A\subset B$이기 위한 필요충분조건이다.
ㄴ. $A\cup B=A\cup C$는 $B=C$이기 위한 충분조건이지만 필요조건은 아니다.
ㄷ. $B\subset A$일 때, $B\subset C^C$은 $A\cap C=\varnothing$이기 위한 필요조건이지만 충분조건은 아니다.

① ㄱ ② ㄴ ③ ㄱ, ㄷ
④ ㄴ, ㄷ ⑤ ㄱ, ㄴ, ㄷ

신유형

12 이차함수 $f(x)=2x^2-4x+5$와 기울기가 1인 직선 $y=g(x)$에 대하여 두 조건 p, q가 다음과 같다.

p: $|x|<2$, q: $f(x)<g(x)$

p는 q이기 위한 충분조건일 때, $g(3)$의 최솟값을 구하시오.

13 100 이하의 자연수 N에 대하여 집합
$A=\{x|x$는 N 이하의 자연수$\}$의 부분집합 B가 다음 조건을 만족시킨다.

> 자연수 b에 대하여 $\frac{N}{b}\in B$인 것은 $b\in B$이기 위한 필요조건이다.

$n(B)=10$일 때, 가능한 자연수 N의 개수는?

① 4 ② 5 ③ 6
④ 7 ⑤ 8

14 1보다 큰 자연수 n에 대하여 $\sqrt{n^2-1}$이 무리수임을 이용하여 명제 '자연수 n에 대하여 $\sqrt{n-1}+\sqrt{n+1}$이 무리수이다.'가 참임을 증명하시오.

15 0이 아닌 세 실수 a, b, c에 대하여
$$A=a^2b^2+b^2c^2+c^2a^2,\ B=abc(a+b+c)$$
일 때, 부등식 $A\le B$가 성립하기 위한 필요충분조건은?

① $a+b+c=0$ ② $a+b<c$ ③ $b+c<a$
④ $a=b=c$ ⑤ $a=b$ 또는 $b=c$ 또는 $c=a$

16 두 실수 x, y에 대하여 $x>0$, $y>0$일 때, $(x+y)\left(\frac{9}{x}+\frac{25}{y}\right)$의 최솟값은 a이고, $2x^2+y^2-2x+\frac{4}{x^2+y^2+1}$는 $x=b$, $y=c$일 때 최솟값을 갖는다. 실수 a, b, c에 대하여 $a-b+c$의 값을 구하시오.

신유형

17 제1사분면 위의 점 $\mathrm{P}\left(\frac{1}{a},\ a\right)$와 두 점 $\mathrm{A}(-5,\ 2)$, $\mathrm{B}(3,\ -4)$에 대하여 삼각형 PAB의 넓이가 최소가 되도록 하는 실수 a의 값은?

① $\frac{1}{2}$ ② $\frac{\sqrt{2}}{2}$ ③ $\frac{\sqrt{3}}{2}$
④ 1 ⑤ $\frac{\sqrt{5}}{2}$

18 다음 그림과 같이 $\overline{\mathrm{AB}}=6$, $\overline{\mathrm{AC}}=4$, $\angle\mathrm{BAC}=60^\circ$인 삼각형 ABC가 있다. 변 BC 위의 점 P에서 두 선분 AB, AC에 내린 수선의 발을 각각 Q, R라 할 때, $\overline{\mathrm{PQ}}^2+\overline{\mathrm{PR}}^2$의 최솟값이 $\frac{q}{p}$일 때, $p+q$의 값을 구하시오.

(단, p와 q는 서로소인 자연수이다.)

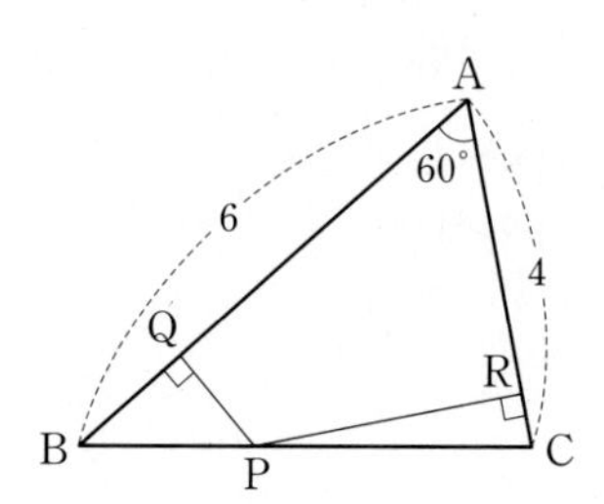

19 실수 x에 대한 두 조건

p: $x^3-(2a-5)x^2+(2a+3)x-9=0$

q: $|x-1|\le 1$

에 대하여 명제 $p \longrightarrow q$가 참이 되도록 하는 모든 정수 a의 값의 합을 구하시오.

20 실수 x에 대한 두 조건

p: $x^2-2(k+1)x+(k-1)(k+3)<0$

q: $\left|\dfrac{x-2}{2}\right|<k$

에 대하여 명제 $p \longrightarrow q$가 거짓임을 보일 수 있는 정수인 원소의 개수가 1이 되도록 하는 양수 k의 값의 범위는 $\alpha<k<\beta$이다. $10(\alpha+\beta)$의 값을 구하시오.

21 오른쪽 그림과 같이 함수 $f(x)=x^2-2x+4$ $(x>0)$에 대하여 함수 $y=f(x)$의 그래프 위의 점 P에서 x축에 내린 수선의 발을 H라 할 때, $\dfrac{\overline{\mathrm{OH}}}{\overline{\mathrm{OP}}}$의 최댓값은? (단, O는 원점이다.)

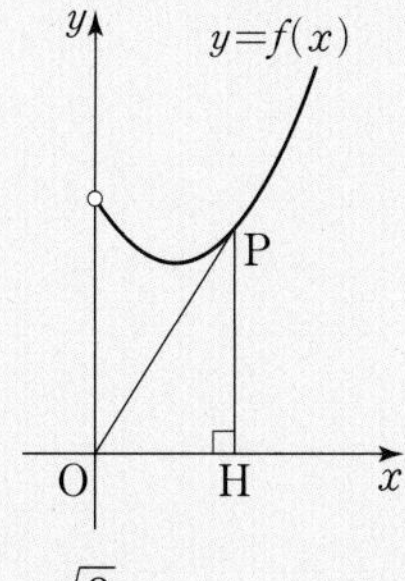

① $\dfrac{\sqrt{5}}{5}$　② $\dfrac{1}{2}$　③ $\dfrac{\sqrt{3}}{3}$　④ $\dfrac{\sqrt{2}}{2}$　⑤ 1

22 $a^2+8b^2=8$인 두 양수 a, b와 두 양수 x, y에 대하여 $\left(x+\dfrac{a}{y}\right)\left(y+\dfrac{b}{x}\right)$의 최솟값을 $m(a, b)$라 하자. 다음은 $m(a, b)$의 최댓값을 구하는 과정이다.

> 산술평균과 기하평균의 관계에 의하여
>
> $$\left(x+\frac{a}{y}\right)\left(y+\frac{b}{x}\right)=xy+\frac{ab}{xy}+a+b$$
> $$\ge 2\sqrt{xy\times\frac{ab}{xy}}+a+b$$
> $$=(\sqrt{a}+\sqrt{b})^2\ \left(\text{등호는 } xy=\frac{ab}{xy}\text{일 때 성립}\right)$$
>
> 이므로 $m(a, b)=(\sqrt{a}+\sqrt{b})^2$
>
> 실수 p, q, r, s에 대하여
>
> $(p^2+q^2)(r^2+s^2)\ge(pr+qs)^2$ $\left(\text{등호는 } \dfrac{r}{p}=\dfrac{s}{q}\text{일 때 성립}\right)$
>
> 이므로
>
> $(\sqrt{a}+\sqrt{b})^2\le$ (가) $(a^2+8b^2)=8($ (가) $)$ …… ㉠
>
> 이때 등호가 성립하도록 하는 a, b의 값을 ㉠에 대입하면 (나) 이다.
>
> 따라서 $m(a, b)$의 최댓값은 (나) 이다.

위의 (가)에 알맞은 식을 $f(a, b)$, (나)에 알맞은 수를 α라 할 때, $f\left(\alpha, \dfrac{\alpha}{3}\right)$의 값은?

① $\dfrac{11\sqrt{3}}{72}$　② $\dfrac{\sqrt{3}}{6}$　③ $\dfrac{13\sqrt{3}}{72}$　④ $\dfrac{7\sqrt{3}}{36}$　⑤ $\dfrac{5\sqrt{3}}{24}$

힘이 되는 한마디

나는 유별나게 머리가 똑똑하지 않다.

특별한 지혜가 많은 것도 아니다.

다만 나는 변화하고자 하는 마음을 생각으로 옮겼을 뿐이다.

- 빌 게이츠

(미국의 마이크로소프트 설립자)

Ⅱ

함수

03. 함수
04. 유리함수
05. 무리함수

Ⅱ. 함수

함수

개념 1 함수의 뜻

(1) 함수: 두 집합 X, Y에 대하여 집합 X의 각 원소에 집합 Y의 원소가 오직 하나씩만 대응할 때, 이 대응을 X에서 Y로의 함수라 하고, 기호로 $f: X \longrightarrow Y$와 같이 나타낸다.

① 정의역: 집합 X ② 공역: 집합 Y

③ 치역: 함숫값 전체의 집합, 즉 $\{f(x) \mid x \in X\}$

(2) 서로 같은 함수: 두 함수 f, g에 대하여 정의역과 공역이 각각 같고 정의역의 모든 원소 x에 대하여 $f(x)=g(x)$일 때, 두 함수 f와 g는 서로 같다고 하고, 기호로 $f=g$와 같이 나타낸다.

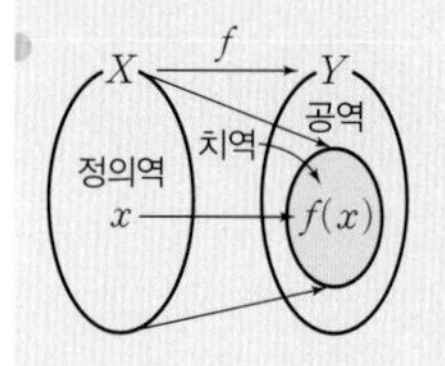

개념 2 여러 가지 함수

(1) 일대일함수: 함수 $f: X \longrightarrow Y$에서 정의역 X의 임의의 두 원소 x_1, x_2에 대하여 $x_1 \neq x_2$이면 $f(x_1) \neq f(x_2)$가 성립하는 함수

(2) 일대일대응: 함수 $f: X \longrightarrow Y$가 일대일함수이고 치역과 공역이 서로 같은 함수

(3) 항등함수: 함수 $f: X \longrightarrow X$에서 정의역 X의 각 원소 x에 그 자신 x가 대응할 때, 즉, $f(x)=x$인 함수

(4) 상수함수: 함수 $f: X \longrightarrow Y$에서 정의역 X의 모든 원소 x에 공역 Y의 단 하나의 원소 c가 대응할 때, 즉 $f(x)=c$ (c는 상수)인 함수

주기함수
상수함수가 아닌 함수 $f(x)$의 정의역에 속하는 임의의 실수 x에 대하여 $f(x+p)=f(x)$를 만족시키는 0이 아닌 실수 p가 존재할 때, $f(x)$를 주기함수라 하고, 상수 p의 값 중 최소의 양수를 함수 $f(x)$의 주기라 한다.

개념 3 합성함수

(1) 합성함수: 두 함수 $f: X \longrightarrow Y$, $g: Y \longrightarrow Z$에 대하여 집합 X의 각 원소 x에 집합 Z의 원소 $g(f(x))$를 대응시키는 X에서 Z로의 함수를 f와 g의 합성함수라 하고 기호로 $g \circ f$로 나타낸다. 즉,

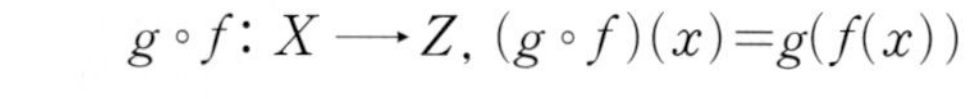

$$g \circ f: X \longrightarrow Z,\ (g \circ f)(x)=g(f(x))$$

(2) 합성함수의 성질: 세 함수 f, g, h에 대하여

① $f \circ g \neq g \circ f$ ← 교환법칙이 성립하지 않는다. ② $f \circ (g \circ h)=(f \circ g) \circ h$ ← 결합법칙이 성립한다.

③ $f: X \longrightarrow X$일 때, $f \circ I=I \circ f=f$ (단, I는 X에서의 항등함수)

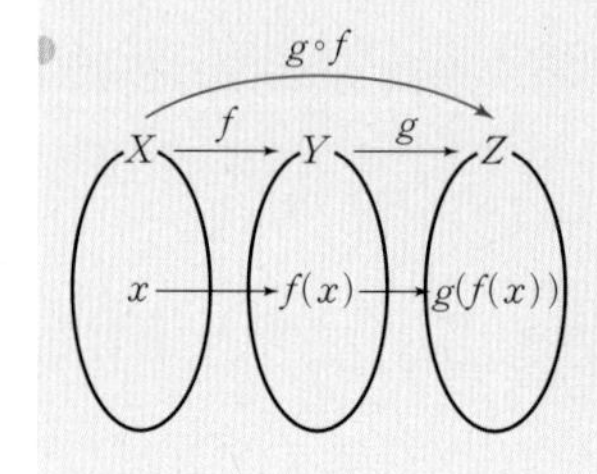

1등급 노트

노트 ① 일대일대응인 함수의 그래프

(i) x의 값이 커질수록 $f(x)$의 값이 커지거나 작아지는 경우	(ii) 그래프가 끊어져 있지만 정의역의 서로 다른 원소에 공역의 서로 다른 원소가 대응하고, 공역과 치역이 같은 경우
또는 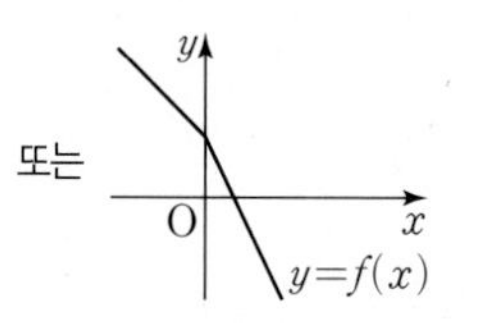	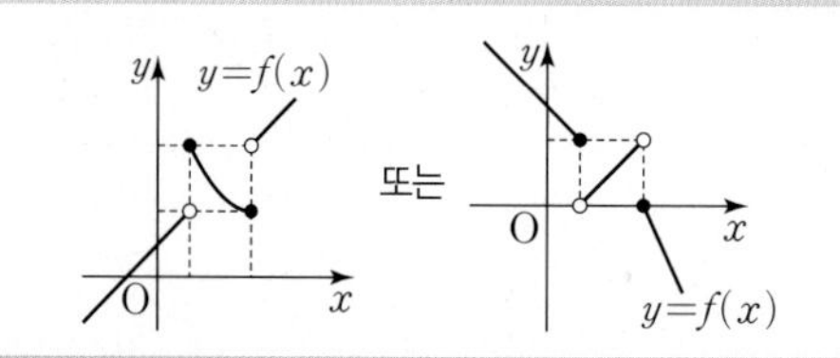

실수 전체의 집합에서 정의된 함수 f가 일대일대응이 되려면 정의역의 서로 다른 원소에 공역의 서로 다른 원소가 대응하여야 하고, 공역과 치역이 같아야 한다.

개념 4 역함수

(1) 역함수: 함수 $f: X \longrightarrow Y$가 일대일대응일 때, 집합 Y의 각 원소 y에 $f(x)=y$인 집합 X의 원소 x를 대응시키는 함수를 f의 역함수라 하고, 기호로 f^{-1}와 같이 나타낸다. 즉,

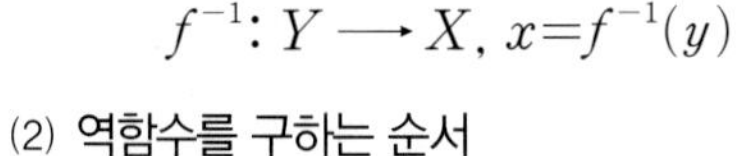

$$f^{-1}: Y \longrightarrow X,\ x=f^{-1}(y)$$

(2) 역함수를 구하는 순서

(i) 주어진 함수 $y=f(x)$가 일대일대응인지 확인한다.

(ii) $y=f(x)$를 x에 대하여 푼다. $\leftarrow x=f^{-1}(y)$

(iii) x와 y를 서로 바꾼다. $\leftarrow y=f^{-1}(x)$

(iv) 함수 $y=f(x)$의 치역을 역함수의 정의역으로 한다.

(3) 역함수의 성질: 두 함수 f, g가 일대일대응일 때, 즉 역함수가 존재할 때, 두 함수의 역함수를 각각 f^{-1}, g^{-1}라 하면

① $f(a)=b \Longleftrightarrow f^{-1}(b)=a$

② $(f^{-1})^{-1}=f$

③ $(f \circ g)^{-1}=g^{-1} \circ f^{-1}$

④ $(f \circ f)(x)=x$이면 $f \circ f=I$이므로 $f=f^{-1}$ (단, I는 항등함수)

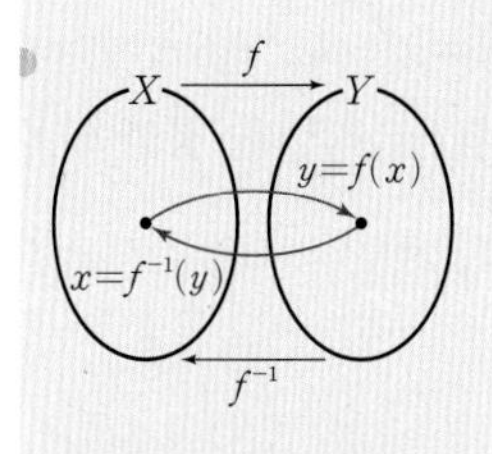

▸ 역함수가 존재할 조건
함수 $y=f(x)$의 역함수가 존재한다.
$\Longleftrightarrow$ 함수 $y=f(x)$는 일대일대응이다.

▸ 역함수의 정의역과 치역
(역함수 f^{-1}의 정의역)=(함수 f의 치역)
(역함수 f^{-1}의 치역)=(함수 f의 정의역)

개념 5 역함수의 그래프의 성질

(1) 함수 $y=f(x)$의 그래프가 점 (a, b)를 지나면 역함수의 그래프는 점 (b, a)를 지나므로 $y=f(x)$의 그래프와 그 역함수 $y=f^{-1}(x)$의 그래프는 직선 $y=x$에 대하여 대칭이다.

(2) 함수 $y=f(x)$의 그래프와 직선 $y=x$의 교점은 모두 함수 $y=f(x)$와 그 역함수 $y=f^{-1}(x)$의 그래프의 교점이다.

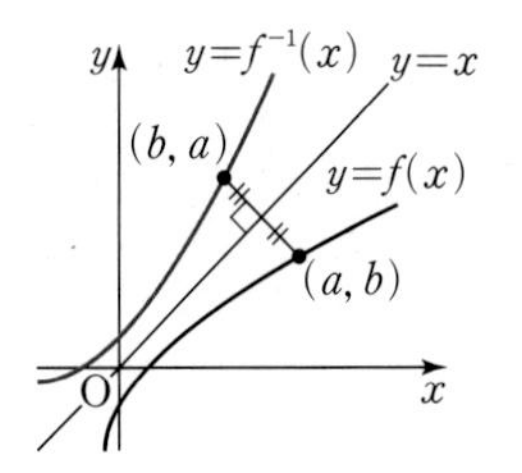

▸ 함수 $y=f(x)$의 그래프와 역함수 $y=f^{-1}(x)$의 그래프의 교점이 반드시 존재하는 것은 아니다.

▸ (2)의 역은 성립하지 않는다.

개념 6 절댓값 기호를 포함한 함수의 그래프

(1) $y=|f(x)|$의 그래프: $y=f(x)$의 그래프를 그린 후 $y \geq 0$인 부분은 그대로 두고, $y<0$인 부분을 x축에 대하여 대칭이동한다.

(2) $y=f(|x|)$의 그래프: $y=f(x)$의 그래프를 그린 후 $x \geq 0$인 부분만 남기고, $x<0$인 부분은 $x \geq 0$인 부분을 y축에 대하여 대칭이동한다.

(3) $|y|=f(x)$의 그래프: $y=f(x)$의 그래프를 그린 후 $y \geq 0$인 부분만 남기고, $y<0$인 부분은 $y \geq 0$인 부분을 x축에 대하여 대칭이동한다.

(4) $|y|=f(|x|)$의 그래프: $y=f(x)$의 그래프를 그린 후 $x \geq 0$, $y \geq 0$인 부분만 남기고, 이 그래프를 x축, y축, 원점에 대하여 각각 대칭이동한다.

예 $y=-x+1$	(1) $y=\lvert -x+1 \rvert$	(2) $y=-\lvert x \rvert+1$	(3) $\lvert y \rvert=-x+1$	(4) $\lvert y \rvert=-\lvert x \rvert+1$
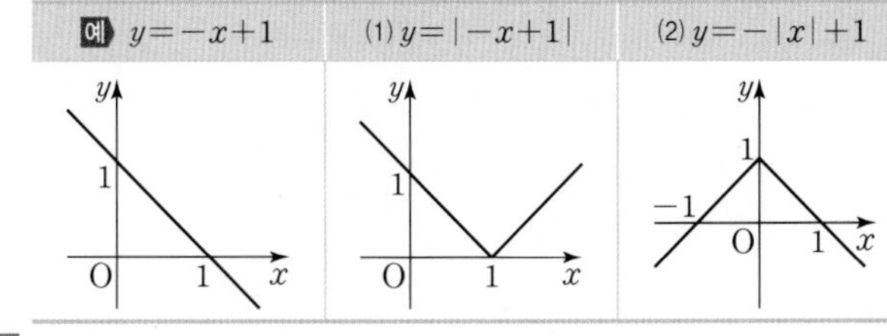		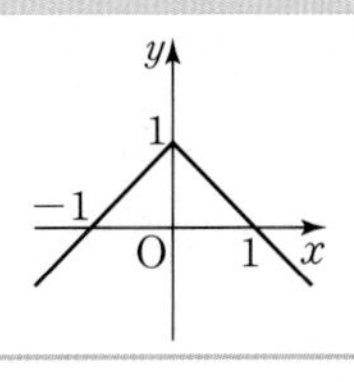	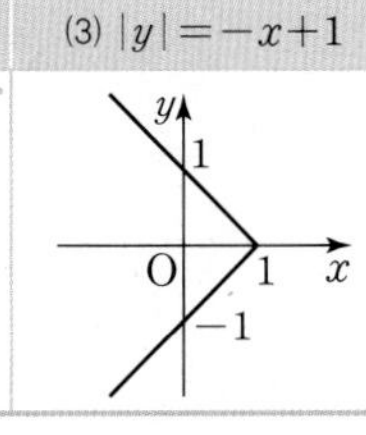	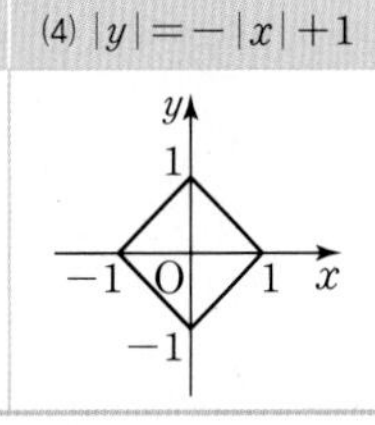

▸ 절댓값 기호를 포함한 함수의 그래프를 그리는 순서
(i) 절댓값 기호 안의 식의 값을 0으로 하는 x 또는 y의 값을 구한다.
(ii) (i)에서 구한 값을 경계로 구간을 나누어 식을 구한다.
(iii) 각 구간에서 (ii)의 그래프를 그린다.

1등급을 위한 고난도 빈출 & 핵심 문제

빈출 1 함수의 뜻

01 공집합이 아닌 집합 X를 정의역으로 하는 두 함수

$f(x)=x^3-4x^2+6x$, $g(x)=5x-6$

에 대하여 $f=g$일 때, 정의역 X의 개수는?

① 7 ② 8 ③ 9
④ 10 ⑤ 11

02 임의의 실수 x, y에 대하여 함수 f가

$f(x+y)=f(x)+f(y)$

를 만족시킨다. $f(1)+f(3)+f(5)=45$일 때, $f(20)$의 값을 구하시오.

빈출 2 여러 가지 함수

03 집합 $X=\{1, 2, 3\}$에 대하여 X에서 X로의 세 함수 f, g, h가 각각 상수함수, 항등함수, 일대일대응이고

$f(2)=g(2)=h(2)$, $f(1)+g(1)=h(1)$

을 만족시킬 때, $f(3)+g(3)+h(3)$의 값은?

① 3 ② 4 ③ 5
④ 6 ⑤ 7

교과서 심화 변형

04 두 집합 $X=\{x|-2\le x\le 1\}$, $Y=\{y|2\le y\le 8\}$에 대하여 X에서 Y로의 함수 $f(x)=ax^2+6ax+4b$가 일대일대응일 때, 상수 a, b에 대하여 $a+2b$의 최댓값은?

① 1 ② 2 ③ 3
④ 4 ⑤ 5

05 집합 $X=\{-2, -1, 0, 1, 2\}$에 대하여 X에서 X로의 함수 f 중에서 $f(x)=f(-x)$를 만족시키는 함수의 개수는?

① 25 ② 100 ③ 125
④ 400 ⑤ 625

빈출 3 합성함수와 그 성질

교과서 심화 변형

06 집합 $X=\{x|0\le x\le 2\}$에서 X로의 두 함수 $y=f(x)$, $y=g(x)$의 그래프가 다음 그림과 같을 때, 함수 $y=(f\circ g)(x)$의 그래프는?

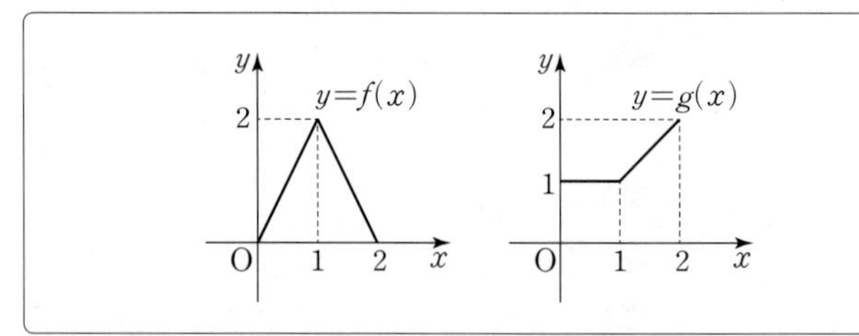

①

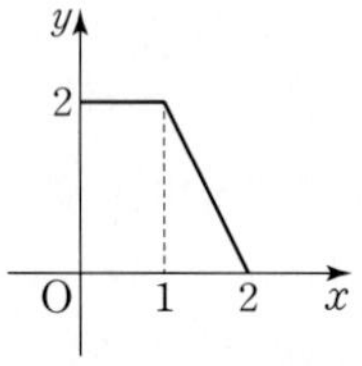

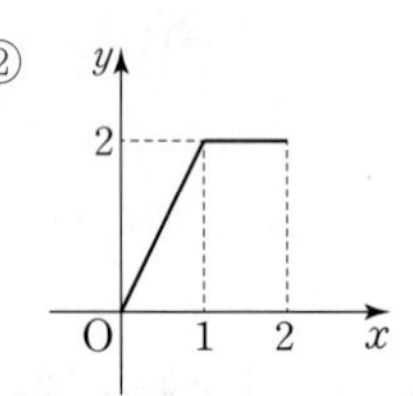

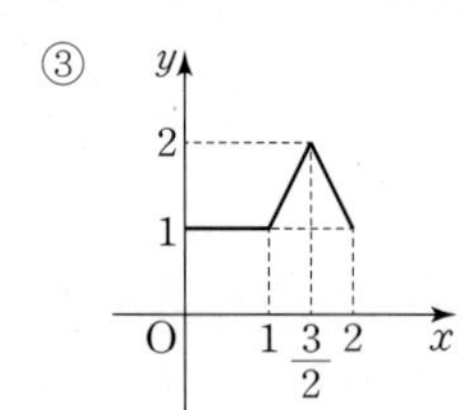

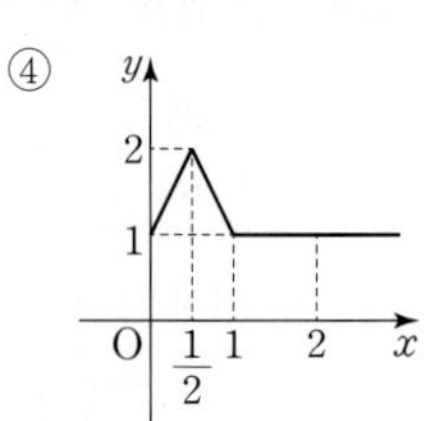

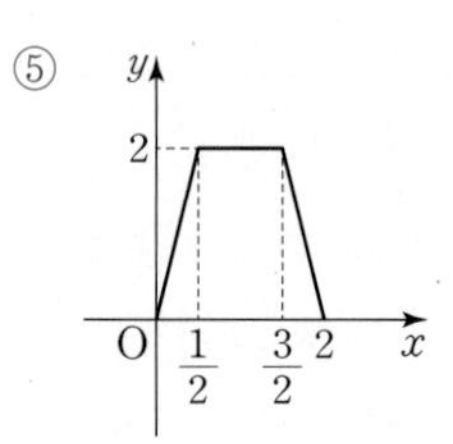

07 자연수 전체의 집합에서 정의된 함수 $f(x)$가

$$f(x)=\begin{cases} \dfrac{x}{2} & (x\text{는 짝수}) \\ \dfrac{x+3}{2} & (x\text{는 홀수}) \end{cases}$$

이고 $f^1=f$, $f^{n+1}=f\circ f^n$으로 정의할 때, $f^n(77)=1$을 만족시키는 자연수 n의 최솟값을 구하시오.

빈출 4 역함수와 그 성질

08 실수 전체의 집합에서 정의된 함수 $f(x)$가

$$f(x)=\begin{cases} x^2+4x+3 & (x>-2) \\ ax+3 & (x\le -2) \end{cases}$$

이고 $f(x)$의 역함수가 존재할 때, $(f^{-1}\circ f^{-1})(-3)$의 값은? (단, a는 상수이다.)

① -5 ② -3 ③ -1
④ 1 ⑤ 3

교과서 심화 변형

09 $x>0$에서 정의된 두 함수 $y=f(x)$, $y=g(x)$의 그래프와 직선 $y=x$가 오른쪽 그림과 같다. $(g\circ f^{-1})(k)=d$를 만족시키는 k의 값은? (단, 모든 점선은 x축 또는 y축에 평행하다.)

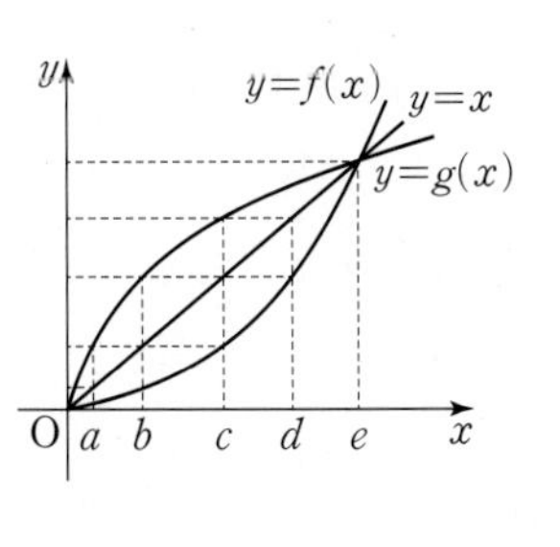

① a ② b ③ c
④ d ⑤ e

10 함수 $f(x)=x^2-4x+k\ (x\ge 2)$의 그래프와 그 역함수 $y=f^{-1}(x)$의 그래프가 서로 다른 두 점에서 만나도록 하는 실수 k의 값의 범위는?

① $2\le k<\dfrac{9}{4}$ ② $2\le k<6$ ③ $k\le 2$
④ $6\le k<\dfrac{25}{4}$ ⑤ $k>\dfrac{25}{4}$

빈출 5 절댓값 기호를 포함한 함수

11 함수 $y=|x-2|-3$의 그래프와 직선 $y=a$로 둘러싸인 도형의 넓이가 25일 때, 양수 a의 값은?

① 1 ② 2 ③ 3
④ 4 ⑤ 5

12 $0<a<3$인 실수 a에 대하여 함수 $f(x)$가

$$f(x)=|x|+|x-a|+|x-3|\ (0\le x\le 3)$$

일 때, 함수 $f(x)$의 최솟값을 구하시오.

빈출 6 가우스 기호를 포함한 함수

13 함수 $f_n(x)=nx-[nx]$ (n은 자연수)에 대하여 집합 A_n을 $A_n=\{x\,|\,f_n(x)=0,\ 0<x<1\}$로 정의할 때, 집합 $A_4\cup A_{12}$의 원소의 개수를 구하시오.
(단, $[x]$는 x보다 크지 않은 최대의 정수이다.)

14 실수 전체의 집합에서 정의된 함수 $f(x)=x-[x]$와 자연수 n에 대하여 함수 $y=f(x)$의 그래프와 직선 $y=\dfrac{1}{n}x$의 교점의 개수를 $A(n)$이라 할 때, $A(2)+A(3)+A(4)$의 값은?
(단, $[x]$는 x보다 크지 않은 최대의 정수이다.)

① 3 ② 4 ③ 5
④ 6 ⑤ 7

B Step 1등급을 위한 고난도 기출 Vs 변형 유형

유형 1 조건을 만족시키는 함수의 함숫값

1 집합 $X=\{1, 2, 3, 4, 5, 6, 7, 8\}$에 대하여 함수 $f: X \longrightarrow X$가 다음 조건을 만족시킨다.

> (가) 함수 f의 치역의 원소의 개수는 7이다.
> (나) $f(1)+f(2)+f(3)+f(4)+f(5)+f(6)+f(7)+f(8)=42$
> (다) 함수 f의 치역의 원소 중 최댓값과 최솟값의 차는 6이다.

집합 X의 어떤 두 원소 a, b에 대하여 $f(a)=f(b)=n$을 만족시키는 자연수 n의 값을 구하시오. (단, $a \neq b$) | 학평 기출 |

1-1 집합 $X=\{1, 2, 3, 4, 5, 6\}$에 대하여 X에서 X로의 함수 f가 다음 조건을 만족시킨다.

> (가) $f(2)f(3)f(4)=12$
> (나) 함수 f의 치역의 원소의 개수는 3이다.
> (다) 집합 X의 임의의 두 원소 x_1, x_2에 대하여 $x_1 < x_2$이면 $f(x_1) \leq f(x_2)$이다.

$f(5)+f(6)$의 값으로 가능한 것의 개수는?

① 6 ② 8 ③ 10 ④ 12 ⑤ 14

유형 2 일대일대응이 되기 위한 조건

2 두 함수

$$f(x)=(a+b+1)\left(\frac{1}{2a+1}+\frac{1}{2b+1}\right)x,$$
$$g(x)=-(x-a)^2+4$$

에 대하여 함수 $h(x)=\begin{cases} f(x) & (x \geq 2) \\ g(x) & (x<2) \end{cases}$라 하자. 실수 전체의 집합 R에 대하여 함수 $h: R \longrightarrow R$가 일대일대응이 될 때, 상수 a, b에 대하여 ab의 값을 구하시오. (단, $a>0$, $b>0$)

2-1 실수 전체의 집합 R에서 R로의 함수 $f(x)$가

$$f(x)=\begin{cases} a|x+2|-2x & (x \leq 2) \\ -x^2+bx-6 & (x>2) \end{cases}$$

일 때, 함수 $f(x)$가 일대일대응이 되도록 하는 정수 a, b에 대하여 $a+b$의 최솟값은?

① -6 ② -3 ③ 0 ④ 3 ⑤ 6

유형 3 일대일대응과 함숫값

3 집합 $X=\{3, 4, 5, 6, 7\}$에 대하여 함수 $f: X \longrightarrow X$는 일대일대응이다. $3 \leq n \leq 5$인 모든 자연수 n에 대하여 $f(n)f(n+2)$의 값이 짝수일 때, $f(3)+f(7)$의 최댓값을 구하시오. | 학평 기출 |

3-1 집합 $X=\{1, 2, 3, 4, 5, 6\}$에 대하여 X에서 X로의 함수 f가 다음 조건을 만족시킨다.

> (가) 함수 f는 일대일대응이다.
> (나) 3 이하의 모든 자연수 n에 대하여 $\frac{f(n)+f(2n)}{2}$의 값은 자연수이다.

$f(5)f(6)$의 최댓값을 구하시오.

유형4 합성함수의 규칙성

4 오른쪽 그림과 같이 점 O를 중심으로 하고 각각의 꼭짓점에 1부터 6까지 숫자를 대응시킨 정육각형이 있다. 꼭짓점에 대응하는 숫자를 점 O를 중심으로 시계 반대 방향의 이웃하는 꼭짓점에 대응하는 숫자로 바꾸는 함수를 f라 하고, 점 O에 대하여 대칭인 꼭짓점에 대응하는 숫자로 바꾸는 함수를 g라 하자. 예를 들어 $f(1)=2$, $f(2)=3$, $g(1)=4$, $g(2)=5$이다. $(f^2\circ g)^{3640}(6)$의 값은?

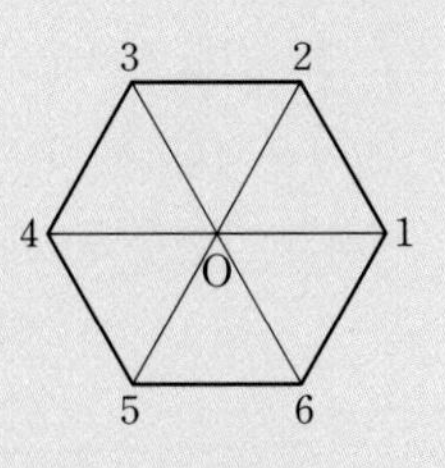

(단, $f^1=f$이고, 모든 자연수 n에 대하여 $f^{n+1}=f\circ f^n$이다.)

① 1 ② 2 ③ 3
④ 4 ⑤ 5

4-1 집합 $X=\{1, 2, 3, 4\}$에 대하여 함수 $f: X \longrightarrow X$가 오른쪽 그림과 같다. $g: X \longrightarrow X$가 다음 두 조건을 만족시킬 때, $g^{50}(2)+(f\circ g)^{50}(3)$의 값을 구하시오.

X → X (f): 1→2, 2→3, 3→4, 4→1

(단, $f^1=f$이고, 모든 자연수 n에 대하여 $f^{n+1}=f\circ f^n$이다.)

> (가) $g(1)=3$
> (나) $f\circ g=g\circ f$

유형5 합성함수와 방정식의 실근

5 두 이차함수 $f(x)=x^2-2x-3$, $g(x)=x^2+2x+a$가 있다. x에 대한 방정식 $f(g(x))=f(x)$의 서로 다른 실근의 개수가 2가 되도록 하는 정수 a의 개수는? | 학평 기출 |

① 1 ② 2 ③ 3
④ 4 ⑤ 5

5-1 두 함수

$$f(x)=x^2-4x,\ g(x)=|x-2|$$

에 대하여 방정식 $f(g(x))=g(x)$의 모든 실근의 합은?

① 2 ② 4 ③ 6
④ 8 ⑤ 10

유형6 역함수가 존재할 조건(1)

6 정수 a, b에 대하여 함수

$$f(x)=\begin{cases} a(x-2)^2+b & (x<2) \\ -2x+10 & (x\ge 2) \end{cases}$$

는 실수 전체의 집합에서 정의된 역함수를 갖는다. $a+b$의 최솟값은? | 학평 기출 |

① 1 ② 3 ③ 5
④ 7 ⑤ 9

6-1 두 집합 $X=\{x|-1\le x\le 2\}$, $Y=\{y|0\le y\le 3\}$에 대하여 X에서 Y로의 함수 $f(x)$가

$$f(x)=\begin{cases} ax+1 & (-1\le x<0) \\ bx+c & (0\le x\le 2) \end{cases}$$

이다. 함수 $f(x)$의 역함수가 존재할 때, 상수 a, b, c에 대하여 $a+b+c$의 값으로 가능한 것들의 합은?

① $\frac{1}{2}$ ② 1 ③ $\frac{3}{2}$
④ 2 ⑤ $\frac{5}{2}$

유형 7 역함수가 존재할 조건(2)

7 집합 $S=\{n|1\le n\le 60,\ n$은 7의 배수$\}$의 공집합이 아닌 부분집합 X와 두 집합 $Y=\{0,\ 1,\ 2,\ 3,\ 4\}$, $Z=\{0,\ 1,\ 2,\ 3\}$에 대하여 각각 함수 $f:X\longrightarrow Y$를 $f(n)$은 'n을 5로 나눈 나머지'로, 함수 $g:Y\longrightarrow Z$를 $g(n)$은 'n을 4로 나눈 나머지'로 정의하자. 함수 $g\circ f$의 역함수가 존재하도록 하는 집합 X의 개수를 구하시오.

7-1 집합 $U=\{n|1\le n\le 10,\ n$은 자연수$\}$의 공집합이 아닌 두 부분집합 X, Y에 대하여 함수 $f:X\longrightarrow Y$를 $f(n)$은 'n 이하의 자연수 중 n과 서로소인 자연수의 개수'로 정의하자. 다음 조건을 만족시키는 두 집합 X, Y의 순서쌍 $(X,\ Y)$의 개수를 구하시오.

> (가) $n(Y)=3$
> (나) 함수 f의 역함수가 존재한다.

유형 8 역함수의 그래프의 활용

8 정의역이 $\{x|x$는 $x\ge k$인 모든 실수$\}$이고, 공역이 $\{y|y$는 $y\ge 1$인 모든 실수$\}$인 함수

$$f(x)=x^2-2kx+k^2+1$$

에 대하여 함수 $f(x)$의 역함수를 $g(x)$라 하자. 두 함수 $y=f(x)$와 $y=g(x)$의 그래프가 서로 다른 두 점에서 만나도록 하는 실수 k의 최댓값은? | 학평 기출 |

① $\frac{7}{8}$　② 1　③ $\frac{9}{8}$　④ $\frac{5}{4}$　⑤ $\frac{11}{8}$

8-1 함수 $f(x)=\frac{x^2-12}{4}\ (x\ge 0)$에 대하여 함수 $f(x)$의 역함수를 $g(x)$라 하자. 함수 $h(x)=-x+k$에 대하여 집합 A를

$$A=\{x|f(x)=h(x)\text{ 또는 }g(x)=h(x)\}$$

라 할 때, $n(A)=2$가 되도록 하는 실수 k의 값의 범위는?

① $k<-3$　② $k<-3$ 또는 $k>12$　③ $-3\le k<12$　④ $k>12$　⑤ $-3\le k<12$ 또는 $k>12$

유형 9 합성함수와 역함수의 활용(1)

9 집합 $X=\{1,\ 2,\ 3,\ 4,\ 5,\ 6,\ 7\}$에 대하여 함수 $f:X\longrightarrow X$가 역함수가 존재하고, 다음 조건을 만족시킨다.

> (가) $x=1,\ 2,\ 6$일 때 $(f\circ f)(x)+f^{-1}(x)=2x$이다.
> (나) $f(3)+f(5)=10$

$f(6)\ne 6$일 때, $f(4)\times\{f(6)+f(7)\}$의 값을 구하시오. | 학평 기출 |

9-1 집합 $X=\{1,\ 2,\ 3,\ 4,\ 5\}$에 대하여 X에서 X로의 두 함수 $f(x)$, $g(x)$가 일대일대응이고, 함수 $f(x)$가

$$f(x)=\begin{cases}2x\text{를 5로 나눈 나머지} & (x=1,\ 2,\ 3,\ 4)\\ 5 & (x=5)\end{cases}$$

이다. 함수 $(f\circ g)(x)$의 대응 관계 중 일부가 오른쪽 그림과 같을 때, $g(3)+(g\circ f)^{-1}(3)$의 값을 구하시오. (단, $g(3)>g(4)$)

유형 10 합성함수와 역함수의 활용(2)

10 함수 $f(x)=\begin{cases} x^2+1 & (x<0) \\ 1-x & (x\geq 0) \end{cases}$에 대하여 함수 $g(x)$가 $f\circ g=f^{-1}$를 만족시킬 때, 함수 $y=g(x)$의 그래프와 직선 $y=mx$가 서로 다른 세 점에서 만나도록 하는 실수 m의 최댓값은?

① $\frac{1-\sqrt{2}}{2}$ ② $\frac{1+\sqrt{2}}{2}$ ③ 1
④ $\frac{3+\sqrt{2}}{2}$ ⑤ $1+\sqrt{2}$

10-1 두 함수

$$f(x)=\begin{cases} \frac{1}{2}x & (x\leq 2) \\ \frac{1}{4}x^2 & (x>2) \end{cases},\ g(x)=\begin{cases} -x^2 & (x\leq 1) \\ x-2 & (x>1) \end{cases}$$

에 대하여 함수 $h(x)$가 $h\circ f^{-1}=g$를 만족시킬 때, 방정식 $\{h(x)\}^2=1$의 모든 실근의 제곱의 합을 구하시오.

유형 11 절댓값 기호를 포함한 함수의 그래프의 활용(1)

11 함수 $y=f(x)$의 그래프가 오른쪽 그림과 같을 때, $|y|=f(|x|)$의 그래프가 $(x^2-y-10)(y+1)=0$의 그래프와 만나는 점의 개수는?

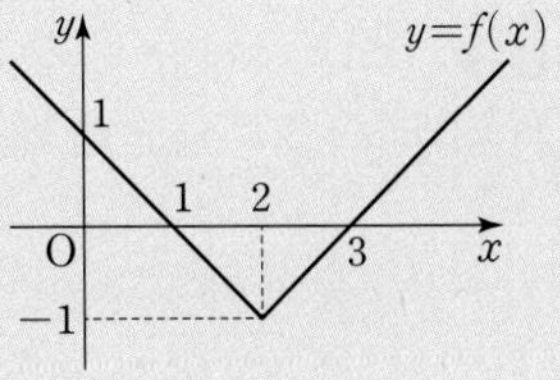

y=f(x)
y
1
1 2
O 3 x
−1

① 7 ② 8 ③ 9
④ 10 ⑤ 11

11-1 함수 $f(x)=x^2-4x+3$에 대하여 함수 $y=f(|x|)$의 그래프와 함수 $y=m|x|-6$의 그래프가 만나기 위한 양수 m의 최솟값은?

① 1 ② 2 ③ 3
④ 4 ⑤ 5

유형 12 절댓값 기호를 포함한 함수의 그래프의 활용(2)

12 함수 $f(x)=|x-2|$에 대하여 등식 $(f\circ f)(x)=(f\circ f\circ f)(x)$를 만족시키는 모든 실수 x의 값의 합은 α이고, 가능한 모든 x의 값의 개수는 β일 때, $\alpha+\beta$의 값은?

① 4 ② 8 ③ 12
④ 16 ⑤ 20

12-1 함수 $f(x)=|2x-1|$에 대하여 방정식 $(f\circ f)(x)=kx$의 서로 다른 실근의 개수가 3이 되도록 하는 양수 k의 값을 구하시오.

C Step 1등급 완성 최고난도 예상 문제

01 임의의 실수 x, y에 대하여 함수 f가

$$f(x+y)=f(x)+f(y)-2$$

를 만족시킬 때, 보기에서 옳은 것만을 있는 대로 고른 것은?

보기
ㄱ. $f(0)=2$
ㄴ. 모든 실수 x에 대하여 $f(x)+f(-x)=2$이다.
ㄷ. $f(-1)=3$이면 $f(10)=-8$이다.

① ㄱ ② ㄱ, ㄴ ③ ㄱ, ㄷ
④ ㄴ, ㄷ ⑤ ㄱ, ㄴ, ㄷ

02 정의역이 자연수 전체의 집합이고 공역이 실수 전체의 집합인 함수 f가 다음 조건을 만족시킨다.

(가) p가 소수이면 $f(p)=2p$
(나) 임의의 자연수 a, b에 대하여 $f(ab)=f(a)+f(b)$

$f(864)$의 값을 구하시오.

03 이차방정식 $x^2+x+1=0$의 서로 다른 두 근 α, β에 대하여 정의역이 자연수 전체의 집합이고, 공역이 실수 전체의 집합인 함수 f를 $f(n)=\alpha^n+\beta^n$으로 정의하자. 보기에서 옳은 것만을 있는 대로 고른 것은?

보기
ㄱ. $f(1)=f(2)$
ㄴ. 치역의 모든 원소의 합은 2이다.
ㄷ. $f(a)=-1$을 만족시키는 100 이하의 자연수 a의 개수는 66이다.

① ㄱ ② ㄱ, ㄴ ③ ㄱ, ㄷ
④ ㄴ, ㄷ ⑤ ㄱ, ㄴ, ㄷ

04 실수 x에 대하여 두 조건

$$p: x^2-4x-12\le 0,\ q: |x-3|>4$$

의 진리집합을 각각 P, Q라 할 때, 두 함수 f, g를 다음과 같이 정의하자.

$$f(x)=\begin{cases} 1 & (x\in P) \\ -1 & (x\notin P) \end{cases},\ g(x)=\begin{cases} 1 & (x\in Q) \\ -1 & (x\notin Q) \end{cases}$$

방정식 $f(x)g(x)=1$을 만족시키는 모든 정수 x의 값의 합을 구하시오.

05 집합 $X=\{0,\ 1,\ 2,\ 3\}$에 대하여 다음 조건을 만족시키는 함수 $f: X \longrightarrow X$의 개수는?

(가) 집합 X의 어떤 두 원소 x, y에 대하여
$f(x)+f(y)=f(x)f(y)$ (단, $x\neq y$)
(나) 함수 f의 치역의 원소의 개수는 2이다.

① 42 ② 48 ③ 54
④ 60 ⑤ 66

06 두 집합 $X=\{x\,|\,0\le x\le 3\}$, $Y=\{y\,|\,1\le y\le 4\}$에 대하여 X에서 Y로의 두 함수 f, g가

$$f(x)=\frac{1}{4}x^2-x+a,\ g(x)=\frac{1}{2}x+b$$

이다. 함수 $g\circ f$가 정의되도록 하는 정수 a, b의 순서쌍 $(a,\ b)$의 개수를 구하시오.

07 집합 $X=\{1, 2, 3, 4, 5\}$에 대하여 X에서 X로의 함수 f가

$$f(x)=\begin{cases} \dfrac{x}{2} & (x\text{는 짝수}) \\ \dfrac{x+5}{2} & (x\text{는 홀수}) \end{cases}$$

이다. 전체집합 $U=\{x|x$는 10 이하의 자연수$\}$의 부분집합 A가

$A=\{n|f^n(x)=x, x\in X\}$

일 때, 집합 A의 모든 원소의 합을 구하시오.

(단, $f^1=f$, 자연수 n에 대하여 $f^{n+1}=f\circ f^n$이다.)

08 집합 $X=\{1, 2, 3, 4\}$에 대하여 X에서 X로의 함수 f가 다음 그림과 같다.

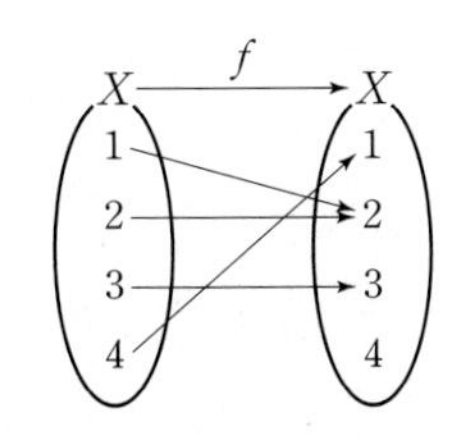

함수 $g: X \longrightarrow X$에 대하여 함수 $g\circ f: X \longrightarrow X$의 치역의 원소의 개수가 2가 되도록 하는 함수 g의 개수는?

① 120 ② 132 ③ 144
④ 156 ⑤ 168

09 집합 $A=\{1, 2, 3, 4, 5\}$에 대하여 A에서 A로의 함수 f가

$f(x)=(x$의 양의 약수의 개수$)$

일 때, 보기에서 옳은 것만을 있는 대로 고른 것은?

보기
ㄱ. $f(x)=2$인 x의 개수는 3이다.
ㄴ. 함수 $f\circ f$의 치역의 원소의 개수는 2이다.
ㄷ. 함수 $g: A \longrightarrow A$에 대하여 함수 $f\circ g$가 상수함수가 되도록 하는 함수 g의 개수는 245이다.

① ㄱ ② ㄱ, ㄴ ③ ㄱ, ㄷ
④ ㄴ, ㄷ ⑤ ㄱ, ㄴ, ㄷ

10 두 함수

$$f(x)=x^2-1,\ g(x)=\begin{cases} -x-2 & (x<-1) \\ -1 & (-1\le x\le 1) \\ x-2 & (x>1) \end{cases}$$

에 대하여 방정식 $(f\circ g)(x)=mx$가 서로 다른 세 실근을 갖기 위한 실수 m의 값을 α, β라 할 때, $\alpha\beta=a+b\sqrt{3}$이다. 상수 a, b에 대하여 $|a+b|$의 값을 구하시오.

신유형

11 오른쪽 그림은 집합 $X=\{x|-2\le x\le 2\}$에 대하여 X에서 X로의 함수 $y=f(x)$의 그래프를 나타낸 것이다.

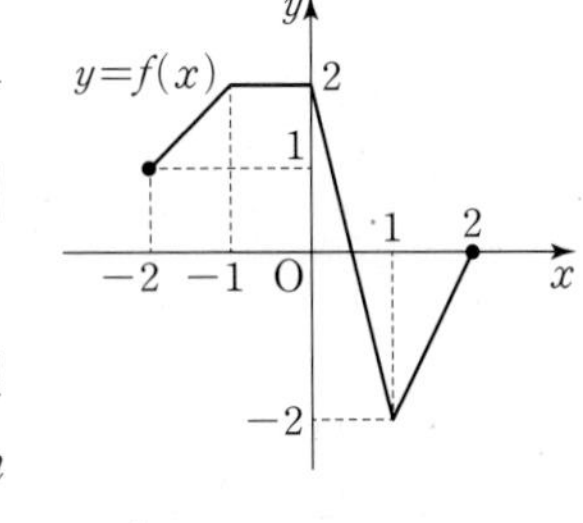

$(f\circ f)(a)=2$를 만족시키는 실수 a의 최댓값을 M, 최솟값을 m이라 할 때, $M+m$의 값은? (단, $a\in X$)

① $\frac{1}{2}$ ② 1 ③ $\frac{3}{2}$
④ 2 ⑤ $\frac{5}{2}$

12 두 함수

$f(x)=(x-2)^2\ (x\ge a)$, $g(x)=x^2+2x-1\ (x\ge b)$

에 대하여 함수 $f\circ g$의 역함수가 존재하도록 하는 실수 a, b의 합 $a+b$의 최솟값을 구하시오.

13 집합 $X=\{1, 2, 3, 4, 5\}$에 대하여 일대일대응인 함수 $f: X \longrightarrow X$가 다음 조건을 만족시킨다.

(가) $f(1)=4$, $f(2)=2$
(나) $f\circ f\circ f=I$ (단, I는 항등함수)

함수 f의 역함수를 g라 할 때, $(g\circ g)(1)$의 값을 구하시오.

14 함수

$$f(x)=\begin{cases} -2x+a & (x\le 1) \\ bx+\frac{3}{2} & (x>1) \end{cases}$$

이 모든 실수 x에 대하여 $f(x)=f^{-1}(x)$를 만족시킬 때, 함수 $y=f(x)$의 그래프와 x축 및 y축으로 둘러싸인 도형의 넓이는?

(단, a, b는 상수이다.)

① 3 ② $\frac{7}{2}$ ③ 4 ④ $\frac{9}{2}$ ⑤ 5

15 함수

$$f(x)=\begin{cases} \frac{1}{3}x-\frac{4}{3} & (x<1) \\ 2x-3 & (x\ge 1) \end{cases}$$

에 대하여 방정식 $\{f(x)\}^2=f(x)f^{-1}(x)$의 모든 실근의 합은?

① $\frac{5}{2}$ ② $\frac{7}{2}$ ③ $\frac{9}{2}$ ④ $\frac{11}{2}$ ⑤ $\frac{13}{2}$

신유형

16 오른쪽 그림과 같이 원점을 지나는 일차함수 $y=f(x)$의 그래프와 직선 $y=x$가 이루는 예각의 크기는 30°이다. 함수 f의 역함수를 g라 할 때, 양수 k에 대하여 직선 $y=g(x-k)+k$가 두 직선 $y=x$, $y=f(x)$와 만나는 점을 각각 A, B라 하자. 삼각형 OAB의 넓이가 $4\sqrt{3}$일 때, k^2의 값을 구하시오.

(단, O는 원점이다.)

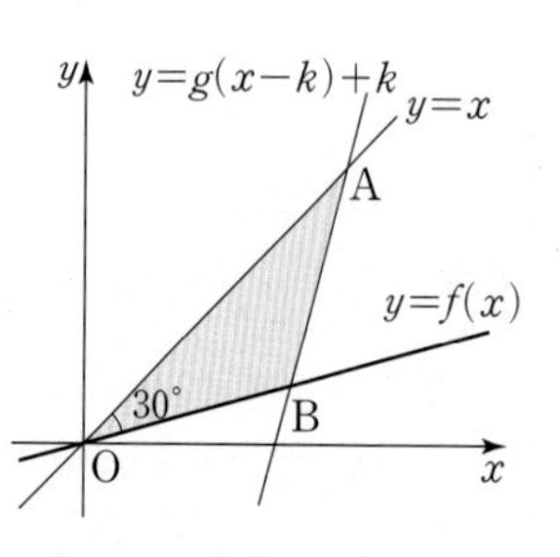

17 양수 k에 대하여 두 함수

$$f(x)=-|x-k|+1,\ g(x)=|x|+k-1$$

일 때, 두 함수 $y=f(x)$, $y=g(x)$의 그래프와 y축 및 직선 $x=k$로 둘러싸인 도형이 사각형이 되도록 하는 모든 k의 값의 범위는 $0<k<a$이고, 사각형의 넓이의 최댓값은 M이다. $a+M$의 값은?

① $\frac{1}{2}$ ② $\frac{3}{4}$ ③ 1 ④ $\frac{5}{4}$ ⑤ $\frac{3}{2}$

18 세 함수

$$f(x)=x^2-3,\ g(x)=|x-1|,\ h(x)=[x]$$

에 대하여 방정식 $(h\circ g\circ f)(x)=-x^2+a$의 서로 다른 실근의 개수가 8이 되도록 하는 실수 a의 값의 범위가 $\alpha<a<\beta$일 때, $\alpha+\beta$의 값은?

(단, $[x]$는 x보다 크지 않은 최대의 정수이다.)

① 5 ② 6 ③ 7 ④ 8 ⑤ 9

19 실수 m에 대하여 직선 $y=mx+2$와 함수 $y=2x-2[x]$의 그래프의 교점의 개수를 $f(m)$이라 할 때, 보기에서 옳은 것만을 있는 대로 고른 것은?

(단, $[x]$는 x보다 크지 않은 최대의 정수이다.)

보기

ㄱ. $f(0)=0$

ㄴ. 모든 실수 m에 대하여 $f(-m)=f(m)$이다.

ㄷ. $m>0$일 때 $f(m)=5$를 만족시키는 m의 최댓값은 $\frac{1}{3}$이다.

① ㄱ ② ㄱ, ㄴ ③ ㄱ, ㄷ ④ ㄴ, ㄷ ⑤ ㄱ, ㄴ, ㄷ

20 집합 $X=\{1, 2, 3, 4\}$에 대하여 두 함수 $f: X \longrightarrow X$, $g: X \longrightarrow X$가 있고, 함수 f가 다음 그림과 같다.

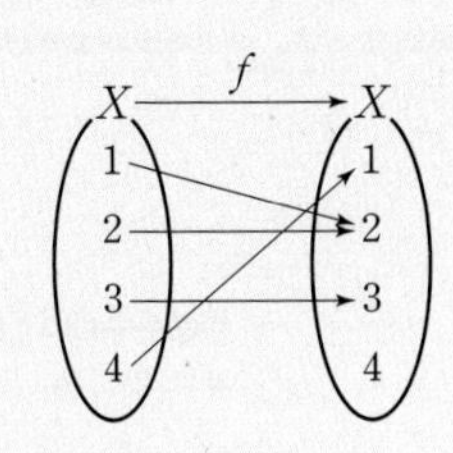

두 함수 $f(x)$, $g(x)$에 대하여 함수 $h: X \longrightarrow X$를

$$h(x)=\begin{cases} f(x) & (f(x) \geq g(x)) \\ g(x) & (g(x) > f(x)) \end{cases}$$

로 정의하자. 두 함수 $g(x)$, $h(x)$가 다음 조건을 만족시킬 때, $g(1)+h(4)$의 값은?

(가) $g(2)=3$
(나) 두 함수 $g(x)$, $h(x)$는 일대일대응이다.

① 3 ② 4 ③ 5
④ 6 ⑤ 7

21 $0 \leq x \leq 3$에서 정의된 함수

$$f(x)=\begin{cases} 2x^2-4x+3 & (0 \leq x \leq 2) \\ -3x+9 & (2 < x \leq 3) \end{cases}$$

에 대하여 방정식 $f(x)+(f \circ f)(x)=3$의 서로 다른 모든 실근의 합은?

① $\frac{11}{2}$ ② $\frac{13}{2}$ ③ $\frac{15}{2}$
④ $\frac{17}{2}$ ⑤ $\frac{19}{2}$

22 함수 $f(x)$가 $x \geq 0$에서 $f(x)=|x^2-4x|$이고, 모든 실수 x에 대하여 $f(-x)=-f(x)$일 때, 다음 조건을 만족시키는 집합 $X=\{a, b\}$의 개수를 구하시오. (단, $a<b$)

X에서 X로의 함수 $g(x)=f(f(x))$가 존재하고 $g(a)=f(a)$, $g(b)=f(b)$를 만족시킨다.

23 함수 $f(x)$가 $-2 \leq x \leq 2$에서

$$f(x)=\begin{cases} x^2+2x & (-2 \leq x < 0) \\ -x^2+2x & (0 < x \leq 2) \end{cases}$$

이고, 모든 실수 x에 대하여 $f(x)=f(x+4)$를 만족시킨다. 실수 m에 대하여 방정식 $f(x)=mx$의 서로 다른 실근의 개수를 $g(m)$이라 할 때, 보기에서 옳은 것만을 있는 대로 고른 것은?

보기
ㄱ. $g(1)=3$
ㄴ. $g(m)=1$이 되도록 하는 양수 m의 최솟값은 2이다.
ㄷ. 자연수 n에 대하여 $g\left(\frac{1}{2n}\right)=27$을 만족시키는 모든 자연수 n의 값의 합은 27이다.

① ㄱ ② ㄱ, ㄴ ③ ㄱ, ㄷ
④ ㄴ, ㄷ ⑤ ㄱ, ㄴ, ㄷ

Ⅱ. 함수

04 유리함수

개념 1 유리식의 계산

네 다항식 A, B, C, D ($C\neq0$, $D\neq0$)에 대하여

(1) $\frac{A}{C}+\frac{B}{C}=\frac{A+B}{C}$

(2) $\frac{A}{C}-\frac{B}{C}=\frac{A-B}{C}$ (단, $C\neq0$)

(3) $\frac{A}{B}\times\frac{C}{D}=\frac{AC}{BD}$ (단, $BD\neq0$)

(4) $\frac{A}{B}\div\frac{C}{D}=\frac{A}{B}\times\frac{D}{C}=\frac{AD}{BC}$ (단, $BCD\neq0$)

부분분수로의 변형
두 다항식 A, B에 대하여
$\frac{1}{AB}=\frac{1}{B-A}\left(\frac{1}{A}-\frac{1}{B}\right)$
(단, $A\neq B$)

개념 2 유리함수

(1) 유리함수: 함수 $y=f(x)$에서 $f(x)$가 x에 대한 유리식인 함수

(2) 유리함수에서 정의역이 주어지지 않은 경우에는 분모가 0이 되지 않도록 하는 실수 전체의 집합을 정의역으로 한다.

특히, $f(x)$가 x에 대한 다항식일 때, 이 함수를 다항함수라 한다.

개념 3 유리함수 $y=\frac{k}{x}$ $(k\neq0)$의 그래프

(1) 정의역과 치역은 0이 아닌 실수 전체의 집합이다.

(2) 점근선은 x축, y축이다.

(3) 원점에 대하여 대칭이다.

(4) $k>0$이면 그래프는 제1, 3사분면에 있고,
$k<0$이면 그래프는 제2, 4사분면에 있다.

(5) 그래프는 원점과 두 직선 $y=x$, $y=-x$에 대하여 대칭이다.

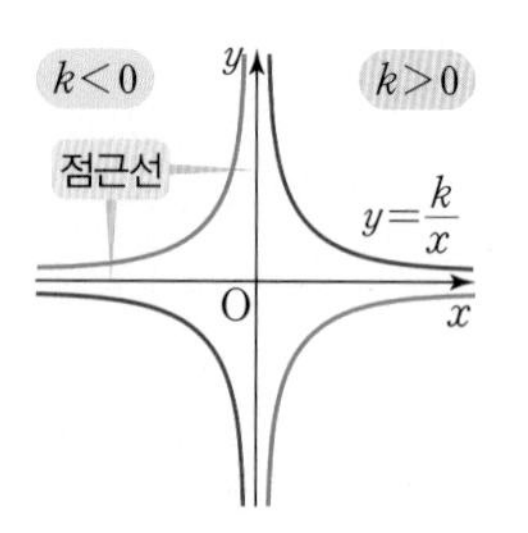

$y=\frac{k}{x}$ $(k\neq0)$의 그래프는 $|k|$의 값이 커질수록 원점에서 멀어진다.

개념 4 유리함수 $y=\frac{k}{x-p}+q$ $(k\neq0)$의 그래프

(1) 유리함수 $y=\frac{k}{x}$의 그래프를 x축의 방향으로 p만큼, y축의 방향으로 q만큼 평행이동한 것이다.

(2) 정의역은 $\{x|x\neq p$인 실수$\}$이고 치역은 $\{y|y\neq q$인 실수$\}$이다.

(3) 점근선은 두 직선 $x=p$, $y=q$이다.

(4) 그래프는 점 (p, q)와 두 직선 $y=x-p+q$, $y=-x+p+q$에 대하여 대칭이다.

참고 $p=q$이면 직선 $y=x$에 대하여 대칭이고, $p=-q$이면 직선 $y=-x$에 대하여 대칭이다.

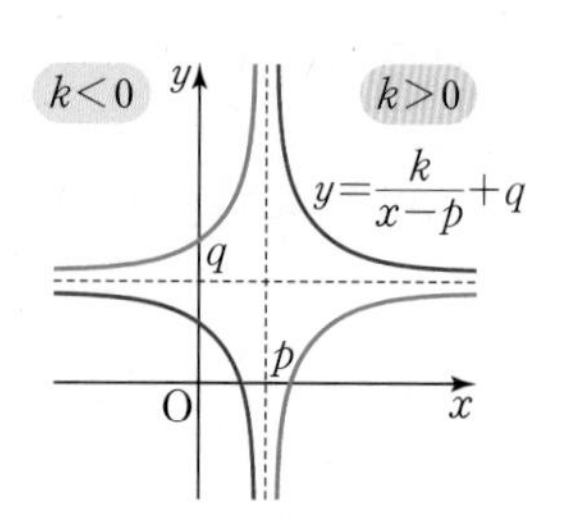

함수 $y=\frac{ax+b}{cx+d}$ ($c\neq0$, $ad-bc\neq0$)의 그래프는 $y=\frac{k}{x-m}+n$ $(k\neq0)$ 꼴로 변형하여 그린다.
이때 점근선의 방정식은 $x=-\frac{d}{c}$, $y=\frac{a}{c}$이다.

개념 5 유리함수의 역함수

(1) $y=\frac{ax+b}{cx+d}$를 x에 대하여 정리한 후, x와 y를 서로 바꾸어 역함수를 구할 수 있다.

(2) 함수 $y=\frac{k}{x-m}+n$의 그래프가 점 (m, n)에 대하여 대칭이므로 그 역함수의 그래프는 (n, m)에 대하여 대칭이다.

함수 $y=\frac{ax+b}{cx+d}$의 역함수는
$y=\frac{-dx+b}{cx-a}$

A Step 1등급을 위한 고난도 빈출 & 핵심 문제

> 정답과 해설 54쪽

빈출 1 유리식

01 $x\neq1$인 모든 실수 x에 대하여

$$\frac{a_1}{x-1}+\frac{a_2}{(x-1)^2}+\cdots+\frac{a_9}{(x-1)^9}=\frac{x^9+1}{(x-1)^{10}}$$

이 성립할 때, $a_1-a_2+a_3-a_4+\cdots-a_8+a_9$의 값은?

① -3 ② -2 ③ -1
④ 1 ⑤ 2

02 $x^2+5x+1=0$일 때, $x+4x^2+x^3+\frac{1}{x}+\frac{4}{x^2}+\frac{1}{x^3}$의 값은?

① -25 ② -23 ③ -21
④ -19 ⑤ -17

빈출 2 유리함수의 그래프

03 함수 $y=\frac{2x+5}{x-1}$의 치역이 $\left\{y\,\middle|\,y\leq-\frac{3}{2}\text{ 또는 }y\geq3\right\}$일 때, 정의역에 속하는 모든 정수 x의 개수는?

① 6 ② 7 ③ 8
④ 9 ⑤ 10

04 함수 $y=\frac{3x}{x+2}$의 그래프를 x축의 방향으로 a만큼, y축의 방향으로 b만큼 평행이동한 그래프가 점 $(0, 1)$을 지날 때, 가능한 정수 a, b의 순서쌍 (a, b)의 개수는?

① 2 ② 4 ③ 6
④ 8 ⑤ 10

05 두 유리함수 $y=\frac{2x+1}{x-k}$, $y=\frac{kx-1}{x+1}$의 그래프의 점근선으로 둘러싸인 부분의 넓이가 18일 때, 양수 k의 값을 구하시오.

06 유리함수 $y=\frac{ax+a-2}{x+1}$의 그래프가 좌표평면 위의 모든 사분면을 지나도록 하는 실수 a의 값의 범위는?

① $0\leq a\leq2$ ② $0<a\leq2$ ③ $a>2$
④ $0\leq a<2$ ⑤ $0<a<2$

교과서 심화 변형

07 원 $(x+2)^2+(y-1)^2=r$가 곡선 $y=\frac{x-3}{x+2}$과 서로 다른 네 점에서 만날 때, 네 교점의 y좌표를 각각 y_1, y_2, y_3, y_4라 하자. 이때 $y_1+y_2+y_3+y_4$의 값은? (단, $r>\sqrt{10}$)

① 1 ② 2 ③ 3
④ 4 ⑤ 5

교과서 심화 변형

08 함수 $y=\frac{3x-2}{x-2}$ $(x>2)$의 그래프 위의 점 P에서 두 점근선에 내린 수선의 발을 각각 Q, R라 할 때, $\overline{PQ}+\overline{PR}$의 최솟값을 구하시오.

빈출 3 유리함수의 그래프와 직선

09 유리함수 $y=\dfrac{-x-1}{x-1}$의 그래프와 직선 $y=mx-1$이 한 점에서 만날 때, 양수 m의 값은?

① 4 ② 5 ③ 6
④ 7 ⑤ 8

교과서 심화 변형

10 $3\le x\le 4$에서 부등식

$$ax+3\le \frac{3x-5}{x-2}\le bx+3$$

이 항상 성립할 때, 실수 a, b에 대하여 $a-b$의 최댓값은?

① $-\dfrac{1}{24}$ ② $-\dfrac{1}{8}$ ③ $-\dfrac{5}{24}$
④ $-\dfrac{7}{24}$ ⑤ $-\dfrac{3}{8}$

11 함수 $y=\left|\dfrac{x+3}{x-2}\right|$의 그래프와 직선 $y=k$ (k는 실수)의 교점의 개수를 $f(k)$라 할 때, $f(1)+f(2)+f(3)$의 값을 구하시오.

12 유리함수 $y=\dfrac{2}{x}$ $(x>0)$의 그래프 위의 점 $\mathrm{P}(a,\ b)$와 직선 $y=-x$ 사이의 거리가 $2\sqrt{2}$일 때, a^2+ab+b^2의 값은?

① 10 ② 11 ③ 12
④ 13 ⑤ 14

빈출 4 유리함수의 합성함수와 역함수

13 유리함수 $y=f(x)$의 그래프가 오른쪽 그림과 같고, 자연수 n에 대하여

$$f^1=f,\ f^{n+1}=f\circ f^n$$

일 때, $f^{2020}(2)$의 값을 구하시오.

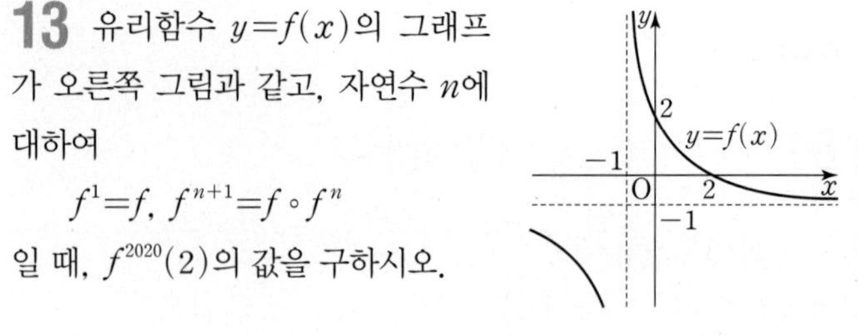

교과서 심화 변형

14 $x\ne 2$, $x\ne -1$인 모든 실수 x에 대하여 두 함수 $f(x)=\dfrac{3-2x}{2x-4}$, $g(x)$가 $(f\circ g)(x)=x$를 만족시킨다. 이때 함수 $y=g(x)$의 그래프의 두 점근선 및 x축, y축으로 둘러싸인 도형의 넓이를 구하시오.

15 유리함수 $f(x)=\dfrac{2x-b}{x-a}$의 그래프와 그 역함수의 그래프가 모두 점 $(4,\ 3)$을 지날 때, 상수 a, b에 대하여 ab의 값을 구하시오.

16 유리함수 $f(x)=\dfrac{ax+b}{x-1}$에 대하여 함수

$$g(x)=f(x-3)+1$$

이 $g(3)=2$, $g=g^{-1}$를 만족시킬 때, 상수 a, b에 대하여 $a+b$의 값은?

① -2 ② -1 ③ 0
④ 1 ⑤ 2

B Step 1등급을 위한 고난도 기출 VS 변형 유형

> 정답과 해설 58쪽

유형 1 유리식의 성질

1 n이 자연수일 때, $f(n)=\dfrac{1}{(x-n)(x-n+1)(x-n-1)}$
이라 하면 등식

$$f(2)+f(3)+f(4)+\cdots+f(9)$$
$$=\frac{1}{a_1}\left(\frac{1}{x-a_2}-\frac{1}{x-a_3}-\frac{1}{x-a_4}+\frac{1}{x-a_5}\right)$$

이 분모를 0으로 만들지 않는 모든 실수 x에 대하여 성립한다. $a_2<a_3<a_4<a_5$일 때, $a_1-a_2+a_3+a_4-a_5$의 값을 구하시오.

1-1 다음 식의 분모를 0으로 하지 않는 모든 실수 x에 대하여 등식

$$\frac{1}{x^2-1}+\frac{2}{x^2-4}+\frac{3}{x^2-9}+\cdots+\frac{10}{x^2-100}$$
$$=k\left\{\frac{1}{(x-1)(x+10)}+\frac{1}{(x-2)(x+9)}+\cdots+\frac{1}{(x-10)(x+1)}\right\}$$

이 성립할 때, 상수 k의 값은?

① 5 ② $\frac{11}{2}$ ③ 6
④ $\frac{13}{2}$ ⑤ 7

유형 2 유리함수의 그래프가 지나는 사분면

2 함수 $y=\dfrac{k-2}{x+4}+\dfrac{1}{3}$의 그래프는 모든 사분면을 지나고, 함수 $y=\dfrac{2x+k}{x+1}$의 그래프는 제4사분면을 지나지 않도록 하는 실수 k의 값의 범위는? (단, $k\neq2$)

① $0\le k<\frac{2}{3}$ ② $0\le k<\frac{4}{3}$ ③ $0\le k<2$
④ $\frac{2}{3}\le k<2$ ⑤ $\frac{4}{3}\le k<2$

2-1 함수 $f(x)=\dfrac{kx+k-9}{x-2}$의 그래프에 대하여 보기에서 옳은 것만을 있는 대로 고른 것은?

보기

ㄱ. $k=3$이면 함수 $f(x)$는 상수함수이다.
ㄴ. 함수 $y=f(x)$의 그래프는 k의 값에 관계없이 제1, 4사분면을 지난다.
ㄷ. 함수 $y=f(x)$의 그래프가 제3사분면을 지나지 않는 자연수 k의 값의 합은 42이다.

① ㄱ ② ㄴ ③ ㄷ
④ ㄱ, ㄴ ⑤ ㄴ, ㄷ

유형 3 유리함수의 그래프의 대칭성

3 $x\neq a$인 모든 실수 x에 대하여 유리함수 $f(x)=\dfrac{bx+4}{x-a}$가 $f(1-x)+f(1+x)=4$를 만족시킨다. 함수 $y=f(x)$의 그래프의 두 점근선의 교점을 A, 함수 $y=f(x)$의 그래프가 x축, y축과 만나는 점을 각각 B, C라 할 때, 삼각형 ABC의 넓이는?
(단, a, b는 상수이다.)

① 6 ② 7 ③ 8
④ 9 ⑤ 10

3-1 유리함수 $y=f(x)$의 그래프가 두 직선 $y=x+3$과 $y=-x-1$에 대하여 각각 대칭일 때,
$f\left(-\frac{7}{2}\right)+f\left(-\frac{5}{2}\right)+f\left(-\frac{3}{2}\right)+f\left(-\frac{1}{2}\right)$의 값은?

① 2 ② 3 ③ 4
④ 5 ⑤ 6

유형 4 유리함수의 그래프와 도형의 활용(1)

4 그림과 같이 유리함수 $y=\frac{k}{x}$ $(k>0)$의 그래프가 직선 $y=-x+6$과 두 점 P, Q에서 만난다. 삼각형 OPQ의 넓이가 14일 때, 상수 k의 값은? (단, O는 원점이다.) | 학평 기출 |

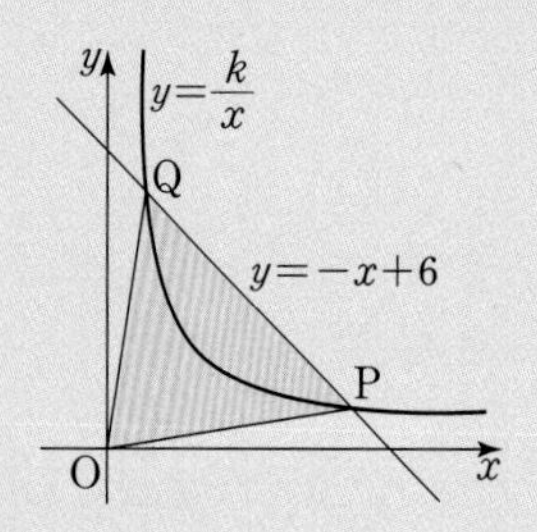

① $\frac{32}{9}$ ② $\frac{34}{9}$ ③ 4
④ $\frac{38}{9}$ ⑤ $\frac{40}{9}$

4-1 오른쪽 그림과 같은 곡선 $y=\frac{6}{x}$ 위의 네 점 A, B, C, D가 다음 조건을 만족시킨다. 점 A의 좌표를 (α, β)라 할 때, $\frac{1}{\alpha^2}-\frac{1}{\beta^2}$의 값은? (단, $0<\alpha<\beta$)

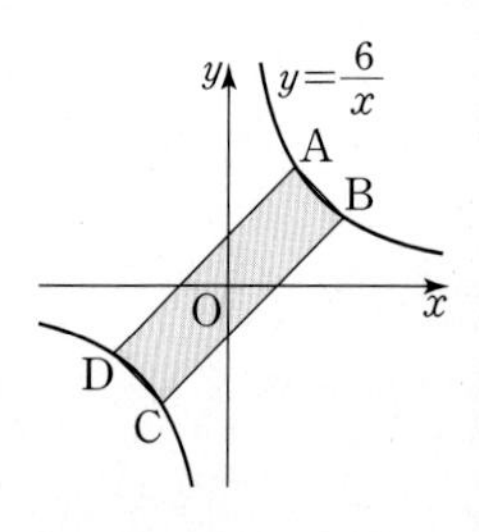

> (가) 두 점 A, B와 두 점 C, D는 각각 직선 $y=x$에 대하여 대칭이다.
> (나) 사각형 ABCD는 직사각형이고, 그 넓이는 5이다.

① $\frac{5}{6}$ ② $\frac{5}{12}$ ③ $\frac{5}{36}$
④ $\frac{5}{72}$ ⑤ $\frac{5}{144}$

유형 5 유리함수의 그래프와 도형의 활용(2)

5 좌표평면 위에 함수 $f(x)=\begin{cases} \frac{3}{x} & (x>0) \\ \frac{12}{x} & (x<0) \end{cases}$ 의 그래프와 직선 $y=-x$가 있다. 함수 $y=f(x)$의 그래프 위의 점 P를 지나고 x축에 수직인 직선이 직선 $y=-x$와 만나는 점을 Q, 점 Q를 지나고 y축에 수직인 직선이 $y=f(x)$와 만나는 점을 R라 할 때, 선분 PQ와 선분 QR의 길이의 곱 $\overline{PQ}\times\overline{QR}$의 최솟값을 구하시오. | 학평 기출 |

5-1 $x>1$에서 곡선 $y=\frac{4x}{x-1}$ 위의 점을 P라 하고, 직선 $y=-x-2$가 x축, y축과 만나는 점을 각각 A, B라 할 때, 삼각형 PAB의 넓이의 최솟값은?

① 11 ② 12 ③ 13
④ 14 ⑤ 15

유형 6 유리함수의 그래프와 직선의 위치 관계(1)

6 유리함수 $f(x)=\left|\frac{-2x+3}{x-1}\right|$에 대하여 함수 $y=f(x)$의 그래프와 직선 $y=mx+m$이 한 점에서 만나도록 하는 음이 아닌 정수 m의 개수는?

① 1 ② 2 ③ 3
④ 4 ⑤ 5

6-1 함수 $f(x)=\frac{bx+7}{x+a}$이 다음 조건을 만족시킨다.

> (가) 함수 $y=f(x)$의 그래프가 직선 $y=x+11$에 대하여 대칭이다.
> (나) $f(0)=7$

방정식 $|f(x)|=n$이 서로 다른 부호의 두 실근을 갖도록 하는 모든 자연수 n의 값의 합을 구하시오.

유형 7 유리함수의 그래프와 직선의 위치 관계 (2)

7 함수 $f(x)$는 다음 조건을 만족시킨다.

> (가) $-2 \le x \le 2$에서 $f(x)=x^2+2$이다.
> (나) 모든 실수 x에 대하여 $f(x)=f(x+4)$이다.

두 함수 $y=f(x)$, $y=\frac{ax}{x+2}$의 그래프가 무수히 많은 점에서 만나도록 하는 정수 a의 값의 합은? | 학평 기출 |

① 14 ② 16 ③ 18
④ 20 ⑤ 22

7-1 함수 $f(x)$는 다음 조건을 만족시킨다.

> (가) $0 \le x < 2$에서 $f(x)=\frac{k}{x+1}-1$ (k는 정수)이다.
> (나) 모든 실수 x에 대하여 $f(x)=f(x+2)$이다.

함수 $f(x)$의 치역이 $\{y \mid 0 < y \le 2\}$일 때, 양수 m에 대하여 직선 $y=mx$가 함수 $y=f(x)$의 그래프와 만나는 교점의 개수를 $g(m)$이라 하자. 부등식 $|g(m)-5| \le 2$를 만족시키는 m의 값의 범위가 $\alpha < m \le \beta$일 때, $\alpha+\beta$의 값은? (단, k는 상수이다.)

① $\frac{5}{14}$ ② $\frac{5}{12}$ ③ $\frac{1}{2}$
④ $\frac{7}{12}$ ⑤ $\frac{9}{14}$

유형 8 유리함수의 합성함수

8 유리함수 $y=f(x)$의 그래프가 오른쪽 그림과 같고, 자연수 n에 대하여 $f^1=f$, $f^{n+1}=f \circ f^n$으로 정의할 때, $f^{50}(x)=\frac{1}{3}$이 되도록 하는 x의 값은?

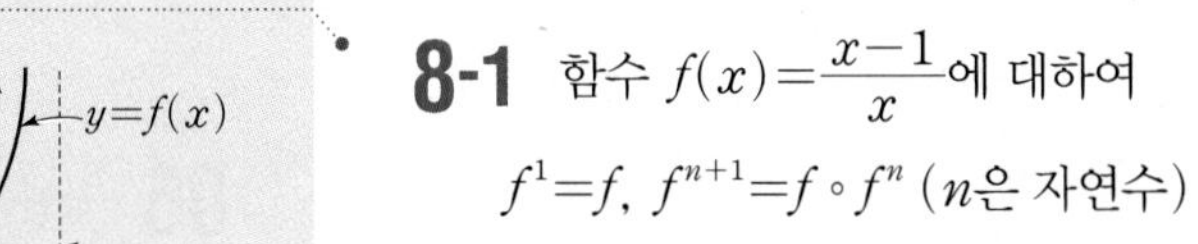

① -3 ② $-\frac{1}{2}$ ③ $\frac{1}{3}$
④ $\frac{3}{2}$ ⑤ 2

8-1 함수 $f(x)=\frac{x-1}{x}$에 대하여

$f^1=f$, $f^{n+1}=f \circ f^n$ (n은 자연수)

으로 정의할 때, 이차방정식 $x^2-f^n(2)x+\frac{1}{4}=0$의 서로 다른 실근의 개수를 $g(n)$이라 하자.
$g(1)+g(2)+g(3)+\cdots+g(10)$의 값은?

① 6 ② 7 ③ 8
④ 9 ⑤ 10

유형 9 유리함수의 역함수

9 함수 $f(x)=\frac{2x-1}{x+a}$에 대하여 $(f \circ f)(k)=k$를 만족시키는 실수 k가 오직 하나 존재하도록 하는 양수 a의 값은?

① 1 ② 2 ③ 3
④ 4 ⑤ 5

9-1 함수 $f(x)=\frac{ax+b}{x-2}$가 다음 조건을 만족시킨다.

> (가) $x \ne 2$인 모든 실수 x에 대하여 $f(f(x))=x$이다.
> (나) 함수 $y=f(x)$의 그래프와 직선 $y=x$가 만나는 두 점 사이의 거리는 $2\sqrt{6}$이다.

$f(3)$의 값을 구하시오. (단, a, b는 상수이다.)

C Step 1등급 완성 최고난도 예상 문제

01 세 실수 x, y, z에 대하여 $\frac{2z}{x+y}=\frac{2x}{y+z}=\frac{2y}{z+x}$일 때, $A=\frac{(x+y+2z)(2x+y+z)(x+2y+z)}{(x+y)(y+z)(z+x)}$라 하자. 가능한 모든 A의 값의 합을 구하시오.

02 함수 $y=\frac{7x+k^2-2k-15}{x-1}$의 그래프가 모든 사분면을 지나도록 하는 10 이하의 모든 자연수 k의 값의 합은?

① 32 ② 34 ③ 36
④ 38 ⑤ 40

03 좌표평면에서 함수 $y=\frac{k}{x+2}-2$의 그래프와 x축, y축으로 둘러싸인 영역의 경계 및 내부에 포함되고 x좌표와 y좌표가 모두 정수인 점의 개수가 5일 때, 자연수 k의 값을 구하시오. (단, $k>4$)

04 함수 $y=\frac{bx+c}{x-a}$의 그래프가 세 직선 $x=-3$, $y=2$, $y=2x+8$ 중 어느 것과도 만나지 않도록 세 수 a, b, c의 값을 정할 때, 자연수 c의 최댓값은? (단, $ab\neq c$)

① 1 ② 3 ③ 5
④ 7 ⑤ 9

05 함수 $f(x)=\frac{bx+c}{x+a}$의 그래프가 다음 조건을 만족시킨다.

> (가) 직선 $x=-1$과 만나지 않는다.
> (나) 직선 $y=x+3$에 대하여 대칭이다.
> (다) 함수 $y=f(x)$의 그래프가 x축, y축과 만나는 점을 각각 A, B, 두 점근선의 교점을 C라 할 때, 세 점 A, B, C는 일직선 위에 있다.

선분 AB의 길이는? (단, a, b, c는 상수이다.)

① 2 ② $2\sqrt{2}$ ③ $2\sqrt{3}$
④ 4 ⑤ $2\sqrt{5}$

06 집합 $X=\{x|x>1\}$에 대하여 함수 $f: X \longrightarrow X$가

$$f(x)=\begin{cases} \frac{-2x+6}{x-1} & (1<x\le 2) \\ \frac{ax+b}{x+1} & (x>2) \end{cases}$$

이다. 함수 f가 일대일대응일 때, 상수 a, b에 대하여 $a+b$의 값을 구하시오. (단, $a>b$)

07 $x\neq -a$인 모든 실수 x에 대하여 유리함수 $f(x)=\frac{bx+c}{x+a}$가 $f(2+x)+f(2-x)=0$을 만족시킨다. $3\le x\le 5$에서 함수 $f(x)$의 최댓값이 4, 최솟값이 m일 때, m의 값은? (단, a, b, c는 상수이다.)

① $\frac{2}{3}$ ② $\frac{4}{3}$ ③ 2
④ $\frac{8}{3}$ ⑤ $\frac{10}{3}$

08 오른쪽 그림과 같이 1보다 큰 실수 m에 대하여 직선 $y=mx$가 함수 $y=\frac{4}{x}$의 그래프와 만나는 두 점을 A, B라 하고, 직선 $y=\frac{1}{m}x$가 함수 $y=\frac{4}{x}$의 그래프와 만나는 두 점을 C, D라 하자. 네 점 A, B, C, D에서 x축에 내린 수선의 발을 각각 A′, B′, C′, D′이라 할 때, $\overline{\text{D'B'}}=\overline{\text{B'A'}}=\overline{\text{A'C'}}$이다. 상수 m의 값을 구하시오.

(단, 두 점 A, C는 제1사분면에 있다.)

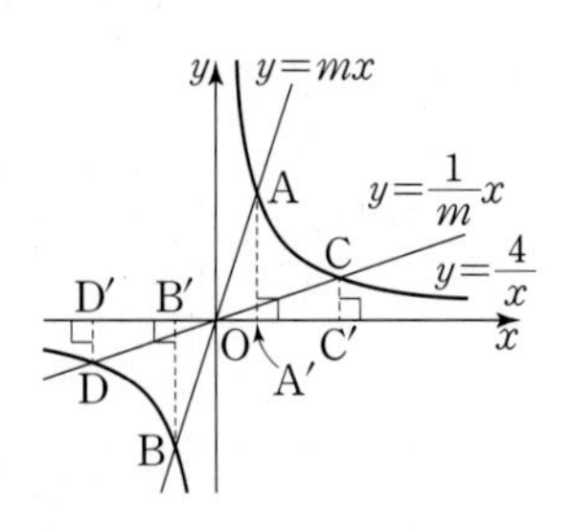

09 오른쪽 그림과 같이 곡선 $y=\frac{1}{x}\ (x>0)$ 위의 점 P와 곡선 $y=-\frac{4}{x}\ (x<0)$ 위의 점 Q에 대하여 삼각형 OPQ의 넓이의 최솟값은?

(단, O는 원점이다.)

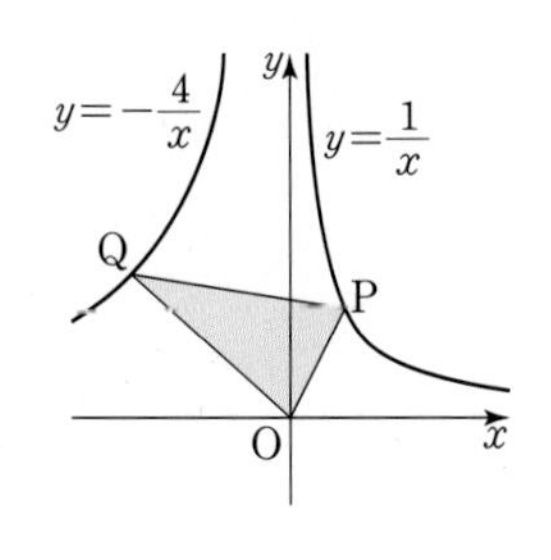

① 1 ② $\frac{3}{2}$ ③ 2 ④ $\frac{5}{2}$ ⑤ 3

10 좌표평면 위의 점 A(1, −2)를 중심으로 하고 함수 $y=\frac{3-2x}{x-1}$의 그래프 위의 점 P를 지나는 원의 반지름의 길이의 최솟값은?

① 1 ② $\sqrt{2}$ ③ $\sqrt{3}$ ④ 2 ⑤ $\sqrt{5}$

신유형

11 $n\neq4$인 모든 자연수 n에 대하여 함수 $f(x)$가

$$f(x)=\frac{2x+n}{x+2}$$

일 때, 직선 $y=x$가 함수 $y=f(x)$의 그래프와 만나는 두 점을 각각 A, B라 하고, 함수 $y=f(x)$의 그래프의 두 점근선의 교점을 C라 하자. $\angle\text{ACB}=120°$일 때, 자연수 n의 값을 구하시오. (단, 점 A의 x좌표가 점 B의 x좌표보다 작다.)

신유형

12 함수 $f(x)=\frac{bx+c}{x+a}$의 그래프가 오른쪽 그림과 같고, 함수 $y=f(x)$의 그래프 위의 점 A에서 직선 $y=2$에 내린 수선의 발을 B라 하자. 선분 AB를 한 변으로 하는 정사각형의 두 대각선의 교점이 함수 $y=f(x)$의 그래프 위에 있을 때, 이 정사각형의 넓이를 구하시오.

(단, a, b, c는 상수이고, 점 A의 x좌표는 1보다 크다.)

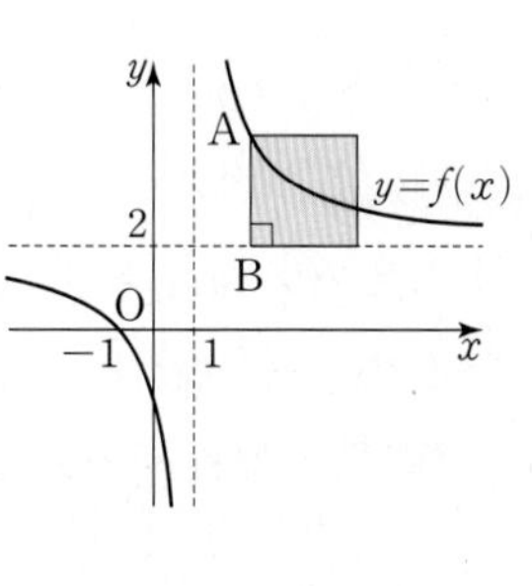

13 $x>-3$인 모든 실수 x에 대하여 정의된 두 집합 A, B가 다음과 같다.

$$A=\{(x, y)\mid mx-y+3m=0,\ m\text{은 실수}\}$$

$$B=\left\{(x, y)\,\middle|\, y=\frac{3x+5}{x+3}\right\}$$

$n(A\cap B)\geq1$이 되도록 하는 양수 m의 최댓값은?

① $\frac{1}{2}$ ② $\frac{9}{16}$ ③ $\frac{5}{8}$ ④ $\frac{11}{16}$ ⑤ $\frac{3}{4}$

14 오른쪽 그림과 같이 곡선 $y=\frac{9}{x}\ (x>0)$에 접하고 기울기가 -1인 직선이 곡선 $y=\frac{k}{x}\ (k<0,\ x<0)$와 만나는 점을 A, x축과 만나는 점을 B라 하자. $\angle\mathrm{BAO}=30^{\circ}$일 때, 상수 k의 값을 구하시오. (단, O는 원점이다.)

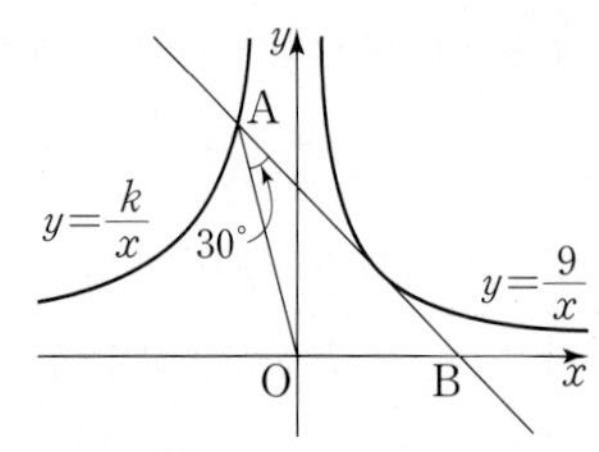

15 실수 k에 대하여 함수 $f(x)$가

$$f(x)=\left|\frac{k}{x+1}-2\right|\quad(x>-1)$$

일 때, 양수 t에 대하여 방정식 $f(x)=t$의 실근의 개수를 $g(t)$라 하자. 두 함수 $f(x)$, $g(t)$에 대하여 보기에서 옳은 것만을 있는 대로 고른 것은?

보기

ㄱ. $k>0$일 때, 함수 $y=f(x)$의 그래프는 x축과 한 점에서 만난다.

ㄴ. $k<0$일 때, $g(t)=0$을 만족시키는 자연수 t는 오직 한 개 존재한다.

ㄷ. $g(1)=2$일 때, 방정식 $f(x)=1$의 서로 다른 두 실근 α, β에 대하여 $\alpha\beta<0$이다.

① ㄱ ② ㄱ, ㄴ ③ ㄱ, ㄷ
④ ㄴ, ㄷ ⑤ ㄱ, ㄴ, ㄷ

16 유리함수 $f(x)=\frac{2x}{x+3}$에 대하여 방정식 $|f(x)|=m(x+3)$의 서로 다른 실근의 개수를 $g(m)$이라 할 때, $g\left(\frac{1}{8}\right)+g\left(\frac{1}{6}\right)+g\left(\frac{1}{4}\right)$의 값은?

① 3 ② 4 ③ 5
④ 6 ⑤ 7

17 함수 $f(x)=|2x-4|$에 대하여

$$f^{1}=f,\ f^{n+1}=f\circ f^{n}\ (n\text{은 자연수})$$

으로 정의하자. 함수 $y=f^{n}(x)$의 그래프와 함수 $y=\frac{6x}{x+2}$의 그래프가 만나는 점의 개수를 $g(n)$이라 할 때, $g(k)=65$를 만족시키는 자연수 k의 값을 구하시오.

18 함수 $f(x)=\frac{6x}{x+1}\ (x>-1)$에 대하여 두 곡선 $y=f(x)$와 $y=f^{-1}(x)$로 둘러싸인 영역의 경계 및 내부에 포함되고 x좌표와 y좌표가 모두 정수인 점의 개수는?

① 12 ② 14 ③ 16
④ 18 ⑤ 20

19 오른쪽 그림과 같이 $\overline{\mathrm{AB}}=\overline{\mathrm{AC}}=6$, $\overline{\mathrm{BC}}=4$인 이등변삼각형 ABC에서 변 AB를 $2:1$로 내분하는 점을 D라 하고, 점 D에서 선분 BC에 평행하게 그은 직선이 선분 AC와 만나는 점을 E라 하자. 선분 DE 위를 움직이는 점 P에 대하여 선분 CP의 연장선이 선분 AB와 만나는 점을 Q라 할 때, 선분 PE의 길이를 x, 선분 AQ의 길이를 y라 하면 $y=\frac{bx}{3x+a}\left(0<x<\frac{8}{3}\right)$인 관계식이 성립한다. 정수 a, b에 대하여 $a+b$의 값은?

① 20 ② 22 ③ 24
④ 26 ⑤ 28

20 함수 $f(x)=\frac{ax+b}{x-2}$가 다음 조건을 만족시킨다.

(가) $f(0)=-3$
(나) 방정식 $|f(x)|=2$는 오직 한 개의 음의 실근만 갖는다.

방정식 $|f(x)|=\alpha$가 서로 다른 두 양의 실근 β, γ $(\beta<\gamma$, β는 정수)를 가질 때, $\alpha+\beta+3\gamma$의 값을 구하시오.

21 좌표평면 위에 네 점 A$(-2, 2)$, B$(-2, -2)$, C$(2, -2)$, D$(2, 2)$가 있다. 실수 a에 대하여 함수 $f(x)=\frac{1}{x-a}+a$의 그래프가 정사각형 ABCD와 만나는 서로 다른 점의 개수를 $g(a)$라 할 때, 보기에서 옳은 것만을 있는 대로 고른 것은?

보기
ㄱ. 함수 $y=f(x)$의 그래프는 직선 $y=x$에 대하여 대칭이다.
ㄴ. 함수 $g(a)$의 모든 치역의 원소의 개수는 5이다.
ㄷ. 두 정수 p, q에 대하여 $g(p)+g(q)=5$가 되도록 하는 순서쌍 (p, q)의 개수는 14이다.

① ㄱ ② ㄱ, ㄴ ③ ㄱ, ㄷ
④ ㄴ, ㄷ ⑤ ㄱ, ㄴ, ㄷ

22 함수 $f(x)=\frac{2x}{x+2}$에 대하여 다음 그림과 같이 함수 $y=|f(x)|$의 그래프와 원 $x^2+y^2=r^2$이 세 점에서 만난다. 이 세 점을 x좌표가 작은 점부터 차례대로 A, B, C라 할 때, 선분 BC의 길이를 구하시오.

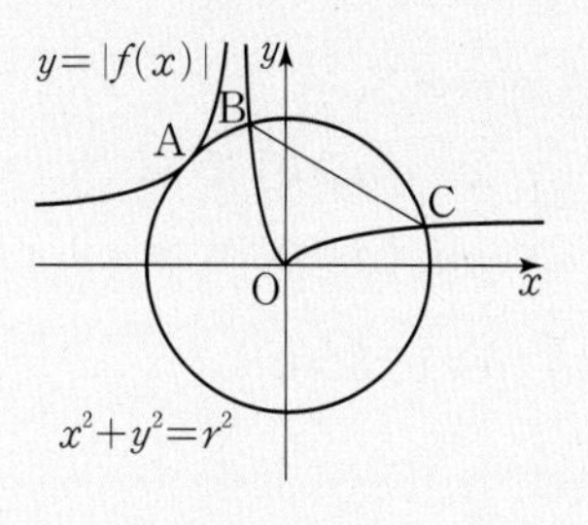

23 함수 $f(x)=\begin{cases} -x^2+ax & (x\le 2) \\ \frac{k}{x-2}+1 & (x>2) \end{cases}$ $(a<0, k>0)$에 대하여 방정식 $(f\circ f)(x)=f(x)$의 모든 실근을 작은 수부터 크기 순으로 나열한 것이 x_1, x_2, x_3, x_4, x_5, 4일 때, $k^2+{x_1}^2+{x_2}^2+{x_3}^2+{x_4}^2+{x_5}^2$의 값을 구하시오.

Ⅱ. 함수

무리함수

개념 1 무리식의 계산

두 실수 a, b에 대하여

(1) $\sqrt{a^2}=|a|=\begin{cases} a & (a\geq 0) \\ -a & (a<0) \end{cases}$

(2) $(\sqrt{a})^2=a\ (a\geq 0)$

(3) $\sqrt{a}\sqrt{b}=\sqrt{ab}\ (a>0,\ b>0)$

(4) $\dfrac{\sqrt{a}}{\sqrt{b}}=\sqrt{\dfrac{a}{b}}\ (a>0,\ b>0)$

무리식을 계산할 때,
(근호 안의 식의 값) ≥ 0, (분모) $\neq 0$
이 되는 문자의 값의 범위에서만 생각한다.

분모의 유리화: $a>0$, $b>0$ $(a\neq b)$일 때

① $\dfrac{b}{\sqrt{a}}=\dfrac{b\sqrt{a}}{\sqrt{a}\sqrt{a}}=\dfrac{b\sqrt{a}}{a}$

② $\dfrac{c}{\sqrt{a}\pm\sqrt{b}}=\dfrac{c(\sqrt{a}\mp\sqrt{b})}{(\sqrt{a}\pm\sqrt{b})(\sqrt{a}\mp\sqrt{b})}$
$=\dfrac{c(\sqrt{a}\mp\sqrt{b})}{a-b}$ (복호동순)

개념 2 무리함수

(1) 무리함수: 함수 $y=f(x)$에서 $f(x)$가 x에 대한 무리식인 함수

(2) 무리함수에서 정의역이 주어지지 않은 경우에는 근호 안의 식의 값이 0 이상이 되도록 하는 실수 전체의 집합을 정의역으로 한다.

개념 3 무리함수 $y=\sqrt{ax}\ (a\neq 0)$의 그래프

(1) $a>0$일 때, 정의역은 $\{x|x\geq 0\}$, 치역은 $\{y|y\geq 0\}$이다.
$a<0$일 때, 정의역은 $\{x|x\leq 0\}$, 치역은 $\{y|y\geq 0\}$이다.

(2) 함수 $y=-\sqrt{ax}\ (a\neq 0)$의 그래프는 함수 $y=\sqrt{ax}$의 그래프와 x축에 대하여 대칭이다.

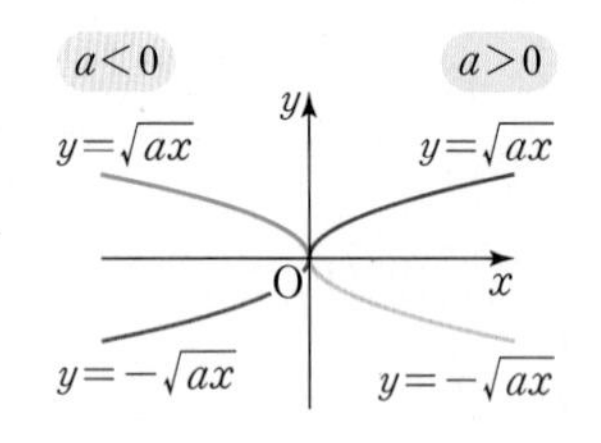

$y=\pm\sqrt{ax}\ (a\neq 0)$의 그래프는 $|a|$의 값이 커질수록 x축에서 멀어진다.

개념 4 무리함수 $y=\sqrt{a(x-p)}+q$의 그래프

(1) 무리함수 $y=\sqrt{a(x-p)}+q$의 그래프는 함수 $y=\sqrt{ax}\ (a\neq 0)$의 그래프를 x축의 방향으로 p만큼, y축의 방향으로 q만큼 평행이동한 것이다.

(2) $a>0$일 때, 정의역은 $\{x|x\geq p\}$, 치역은 $\{y|y\geq q\}$이다.
$a<0$일 때, 정의역은 $\{x|x\leq p\}$, 치역은 $\{y|y\geq q\}$이다.

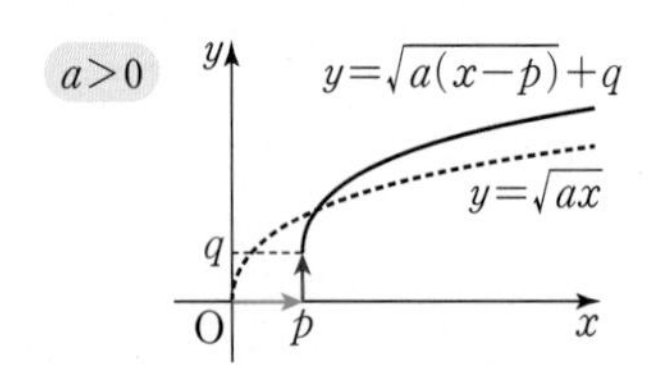

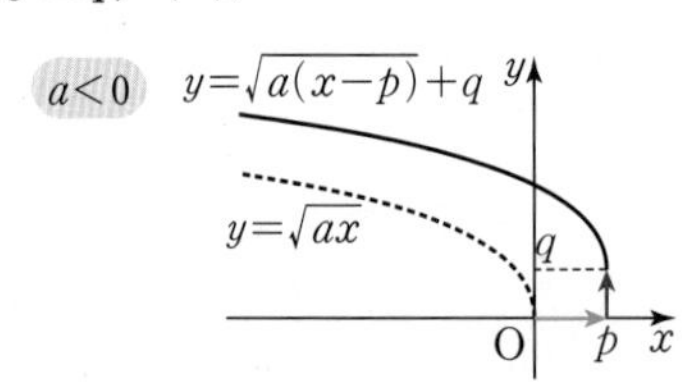

무리함수 $y=\sqrt{ax+b}+c$의 그래프는 $y=\sqrt{a(x-p)}+q$ 꼴로 변형하여 그린다.

개념 5 무리함수의 역함수

(1) 무리함수 $y=\sqrt{ax}\ (a\neq 0)$의 역함수는 $y=\dfrac{x^2}{a}\ (x\geq 0)$이다.

(2) 두 함수 $y=\sqrt{ax}\ (a\neq 0)$, $y=\dfrac{x^2}{a}\ (x\geq 0)$의 그래프는 직선 $y=x$에 대하여 대칭이다.

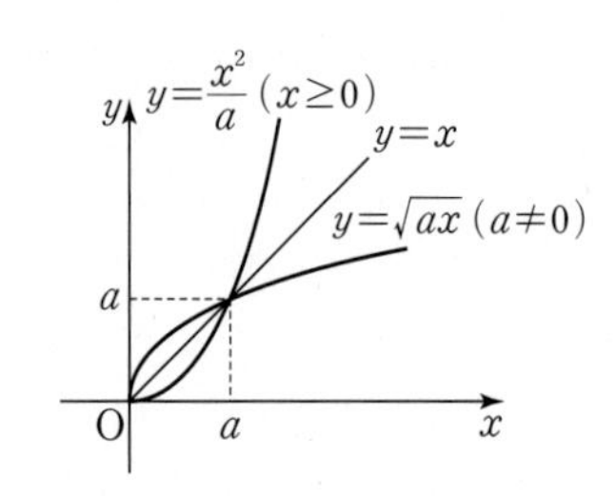

1등급을 위한 고난도 빈출 & 핵심 문제

> 정답과 해설 74쪽

빈출 1. 무리식

01 모든 실수 x에 대하여 무리식 $\sqrt{kx^2+kx+2}$의 값이 실수가 되도록 하는 정수 k의 개수는?

① 7　② 8　③ 9
④ 10　⑤ 11

02 자연수 n에 대하여 a_n이

$$\sqrt{2}-1=\frac{1}{2+a_1}=\frac{1}{2+\frac{1}{2+a_2}}=\frac{1}{2+\frac{1}{2+\frac{1}{2+a_3}}}=\cdots$$

을 만족시킬 때, $a_{100}\times a_{101}$의 값은?

① $3-2\sqrt{2}$　② $2-\sqrt{2}$　③ $\sqrt{2}-1$
④ $3+2\sqrt{2}$　⑤ $2+\sqrt{2}$

03 $x=\sqrt{7}-3$일 때, $\frac{x^4+5x^3-3x^2-6x+2}{x^2+6x+6}$의 값은?

① $\frac{15+5\sqrt{7}}{2}$　② $\frac{3+\sqrt{7}}{2}$　③ $2\sqrt{7}-6$
④ $\frac{15-5\sqrt{7}}{2}$　⑤ $\frac{3-\sqrt{7}}{2}$

빈출 2. 무리함수의 그래프

04 유리함수 $y=\frac{ax-2}{x+b}$의 그래프의 점근선의 방정식이 $x=3$, $y=-2$일 때, 무리함수 $y=\sqrt{ax+b}$의 정의역에 속하는 정수의 최댓값은? (단, a, b는 상수이다.)

① -3　② -2　③ -1
④ 1　⑤ 2

교과서 심화 변형

05 함수 $y=\sqrt{ax}$의 그래프를 x축의 방향으로 2만큼 평행이동한 그래프의 식을 $y=f(x)$라 하자. 두 함수 $y=f(x)$, $y=\frac{x-4}{x-2}$의 그래프가 제1사분면에서 만날 때, 실수 a의 값의 범위는? (단, $a<0$)

① $a<-4$　② $a<-2$　③ $a<0$
④ $-4<a<-2$　⑤ $-2<a<0$

06 함수 $f(x)=-\sqrt{-x+a}+b$에 대하여 다음 조건을 만족시키는 정수 a, b의 순서쌍 (a, b)의 개수를 구하시오.

> (가) $a\le 10$
> (나) 함수 $y=f(x)$의 그래프가 제1, 3, 4사분면을 지난다.

07 유리함수 $y=\frac{a}{x-b}+c$의 그래프가 오른쪽 그림과 같을 때, 함수 $y=a\sqrt{x+b}+c$의 그래프의 개형으로 옳은 것은? (단, a, b, c는 상수이다.)

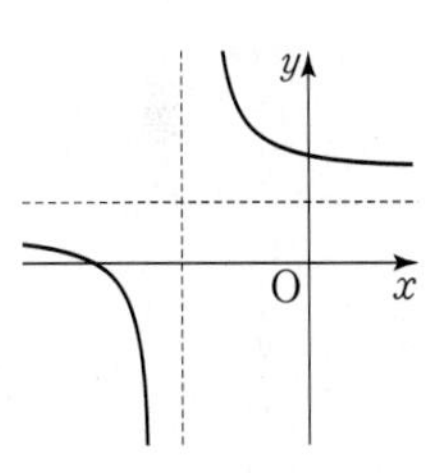

①
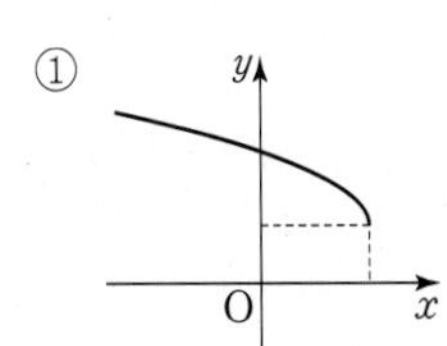

②
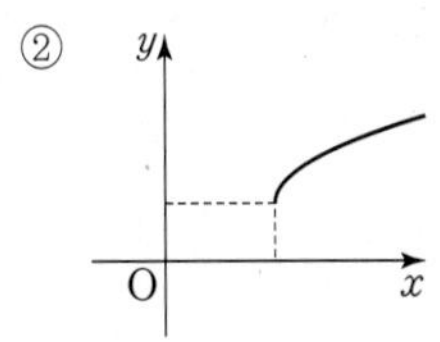

③
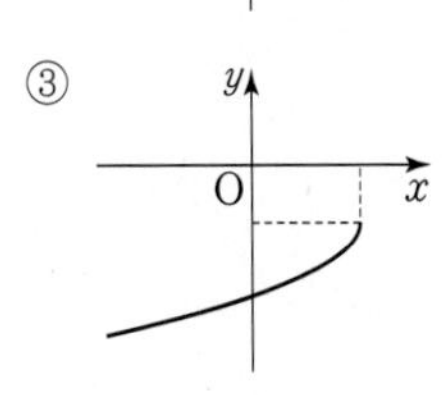

④
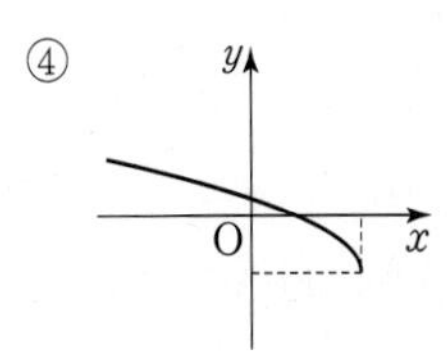

⑤
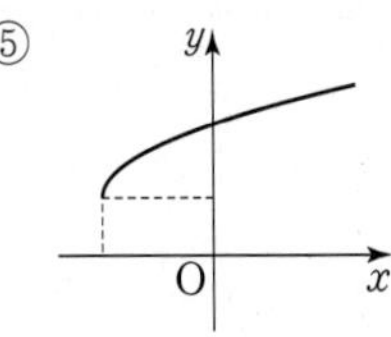

> 정답과 해설 75쪽

빈출 3 무리함수의 그래프와 직선

교과서 심화 변형

08 무리함수 $y=-\sqrt{x-3}+4$의 그래프와 직선 $y=mx+1$이 만나지 않도록 하는 자연수 m의 최솟값은?

① 1 ② 2 ③ 3
④ 4 ⑤ 5

09 좌표평면 위의 두 점 A(3, 4), B(4, 1)에 대하여 선분 AB와 무리함수 $f(x)=\sqrt{m(x-1)}$의 그래프가 만날 때, 자연수 m의 최댓값과 최솟값의 합을 구하시오.

10 함수 $y=\sqrt{|x|-x}$의 그래프와 직선 $y=-x+k$의 교점의 개수를 $f(k)$라 할 때, $f(k)=3$을 만족시키는 실수 k의 값의 범위는?

① $k<0$ ② $0<k<\frac{1}{2}$ ③ $k<\frac{1}{2}$
④ $k>\frac{1}{2}$ ⑤ $\frac{1}{2}<k<2$

11 오른쪽 그림과 같이 함수 $y=\sqrt{4x}$의 그래프 위의 점 P가 두 점 O(0, 0), A(4, 4) 사이를 움직일 때, 삼각형 OAP의 넓이의 최댓값은?

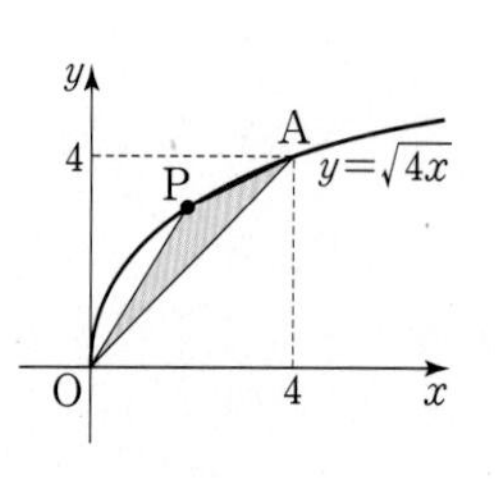

① $\sqrt{2}$ ② 2
③ $2\sqrt{2}$ ④ 4
⑤ $4\sqrt{2}$

빈출 4 무리함수의 합성함수와 역함수

교과서 심화 변형

12 무리함수 $f(x)=\sqrt{x-2}+k$의 그래프와 그 역함수 $y=f^{-1}(x)$의 그래프가 접하도록 하는 실수 k에 대하여 $100k$의 값을 구하시오.

13 무리함수 $f(x)=\sqrt{x+a}-1$의 그래프와 그 역함수 $y=f^{-1}(x)$의 그래프의 두 교점 사이의 거리가 $3\sqrt{2}$일 때, 양수 a의 값은?

① 1 ② 2 ③ 3
④ 4 ⑤ 5

14 무리함수 $f(x)=\sqrt{a(x+b)}+c$의 역함수 $y=f^{-1}(x)$의 그래프가 오른쪽 그림과 같을 때, abc의 값은?
(단, a, b, c는 상수이다.)

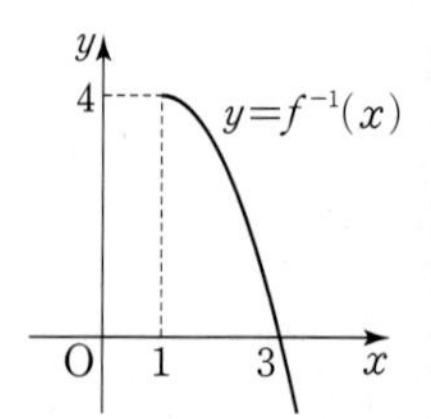

① −4 ② −2
③ 2 ④ 4
⑤ 8

15 역함수가 존재하는 함수 $f(x)$가

$$f(x)=\begin{cases} \dfrac{4-x}{x-1} & (x\geq 2) \\ \sqrt{2-x}+k & (x<2) \end{cases}$$

이고 $(f^{-1}\circ f^{-1})(a)=1$일 때, 상수 a의 값은?
(단, k는 실수이다.)

① $\frac{1}{2}$ ② 1 ③ $\frac{3}{2}$
④ 2 ⑤ $\frac{5}{2}$

B Step 1등급을 위한 고난도 기출 VS 변형 유형

> 정답과 해설 77쪽

유형 1 무리식의 계산

1 $\sqrt{6}$의 소수부분을 a_1, $\frac{1}{a_1}$의 소수부분을 a_2, $\frac{1}{a_2}$의 소수부분을 a_3이라 하자. 이와 같은 방법으로 계속하여 a_4, a_5, a_6, …을 구할 때, $a_1+a_2+a_3+\cdots+a_{100}=p+q\sqrt{6}$이다. 정수 p, q에 대하여 $q-p$의 값을 구하시오.

1-1 양수 x에 대하여 함수 $f(x)$가

$$f(x)=\begin{cases} (x\text{의 소수부분}) & (x\ge 1) \\ \frac{1}{x} & (0<x<1) \end{cases}$$

일 때, $f^1=f$, $f^{n+1}=f\circ f^n$ (n은 자연수)이라 하자. $f^{10}(\sqrt{3})\times f^{20}(\sqrt{3})$의 값은?

① $2-\sqrt{3}$　② $\frac{1}{2}$　③ 2
④ $2+\sqrt{3}$　⑤ $2+2\sqrt{3}$

유형 2 무리함수의 최대, 최소

2 무리함수 $f(x)=\sqrt{8-x}+\sqrt{x-2}$의 최댓값을 M, 최솟값을 m이라 할 때, $\frac{m^2}{M}$의 값을 구하시오.

2-1 함수 $f(x)=\sqrt{x+2}$에 대하여 함수 $y=f(x)$의 그래프를 원점에 대하여 대칭이동한 함수의 그래프를 나타내는 식을 $g(x)$라 하자. 함수 $h(x)=f(x)-g(x)$에 대하여 함수 $h(x)$의 최댓값을 M, 그때의 x의 값을 a라 할 때, $a+M$의 값은?

① $\sqrt{2}$　② $2\sqrt{2}$　③ $3\sqrt{2}$
④ $4\sqrt{2}$　⑤ $5\sqrt{2}$

유형 3 무리함수의 그래프의 성질

3 좌표평면 위의 두 곡선

$y=-\sqrt{kx+2k}+4$, $y=\sqrt{-kx+2k}-4$

에 대하여 보기에서 옳은 것만을 있는 대로 고른 것은?
(단, k는 0이 아닌 실수이다.) | 학평 기출 |

보기
ㄱ. 두 곡선은 서로 원점에 대하여 대칭이다.
ㄴ. $k<0$이면 두 곡선은 한 점에서 만난다.
ㄷ. 두 곡선이 서로 다른 두 점에서 만나도록 하는 k의 최댓값은 16이다.

① ㄱ　② ㄴ　③ ㄱ, ㄴ
④ ㄱ, ㄷ　⑤ ㄱ, ㄴ, ㄷ

3-1 함수 $f(x)=\begin{cases} a\sqrt{x-1}+2 & (x\ge 1) \\ 2x & (-1<x<1) \\ -a\sqrt{-x-1}-2 & (x\le -1) \end{cases}$에 대하여 보기에서 옳은 것만을 있는 대로 고른 것은?
(단, a는 0이 아닌 실수이다.)

보기
ㄱ. 모든 실수 x에 대하여 $f(-x)=-f(x)$이다.
ㄴ. $a>0$일 때, 방정식 $f(x)=x$는 서로 다른 세 실근을 갖는다.
ㄷ. $a<-2$일 때, 방정식 $(f\circ f)(x)=0$의 서로 다른 실근의 개수는 8이다.

① ㄱ　② ㄱ, ㄴ　③ ㄱ, ㄷ
④ ㄴ, ㄷ　⑤ ㄱ, ㄴ, ㄷ

유형 4 \ 절댓값 기호를 포함한 무리함수의 그래프

4 두 집합

$A=\{(x, y)\,|\,y=\sqrt{|x+1|}\}$, $B=\{(x, y)\,|\,y=ax\}$

에 대하여 $n(A\cap B)=3$을 만족시키는 실수 a의 값의 범위는?

① $a<-\frac{1}{2}$ ② $a<\frac{1}{2}$ ③ $-\frac{1}{2}<a<0$
④ $0<a<\frac{1}{2}$ ⑤ $-\frac{1}{2}<a<\frac{1}{2}$

4-1 함수 $f(x)=\sqrt{|x|-1}-2$의 그래프가 직선 $y=|x|+k$와 서로 다른 네 점에서 만나도록 하는 실수 k의 값의 범위가 $\alpha\le k<\beta$일 때, $\beta-\alpha$의 값은?

① $\frac{1}{4}$ ② $\frac{1}{2}$ ③ $\frac{3}{4}$
④ 1 ⑤ $\frac{5}{4}$

유형 5 \ 무리함수의 그래프와 직선의 위치 관계

5 실수 전체의 집합에서 정의된 함수 f가 다음 조건을 만족시킨다.

> (가) $-1\le x\le 3$에서 $y=\sqrt{x+1}$
> (나) $f(x+4)=f(x)+2$

함수 $y=f(x)$의 그래프가 직선 $y=ax+1$과 서로 다른 다섯 점에서 만나도록 하는 실수 a의 값이 $\frac{q}{p}$일 때, $p+q$의 값은?

(단, $a>\frac{1}{2}$이고, p와 q는 서로소인 자연수이다.)

① 4 ② 8 ③ 10
④ 14 ⑤ 16

5-1 실수 전체의 집합에서 정의된 함수 f가 다음 조건을 만족시킨다.

> (가) $f(x)=\begin{cases} 2-\sqrt{2x} & (0\le x\le 2) \\ \sqrt{2x-4} & (2\le x\le 4)\end{cases}$
> (나) $f(x+4)=f(x)$

자연수 n에 대하여 직선 $y=\frac{1}{n}x$가 함수 $y=f(x)$의 그래프와 만나는 교점의 개수를 $g(n)$이라 할 때, 집합 $A=\{a+b\,|\,g(a)g(b)=12\}$의 모든 원소의 합을 구하시오.

유형 6 \ 무리함수의 그래프의 활용

6 함수 $f(x)=\begin{cases} \sqrt{x} & (x\ge 0) \\ x^2 & (x<0)\end{cases}$의 그래프와 직선 $x+3y-10=0$이 두 점 A$(-2, 4)$, B$(4, 2)$에서 만난다. 그림과 같이 주어진 함수 $f(x)$의 그래프와 직선으로 둘러싸인 부분의 넓이를 구하시오. (단, O는 원점이다.) | 학평 기출 |

6-1 두 함수 $f(x)=x^2+1$, $g(x)=\sqrt{x-1}$에 대하여 오른쪽 그림과 같이 원점 O에서 함수 $y=f(x)$의 그래프에 그은 접선 중 기울기가 음수인 직선이 함수 $y=f(x)$의 그래프와 만나는 점을 A, 원점 O에서 함수 $y=g(x)$의 그래프에 그은 접선이 함수 $y=g(x)$의 그래프와 만나는 점을 B라 할 때, 삼각형 OAB의 넓이를 구하시오.

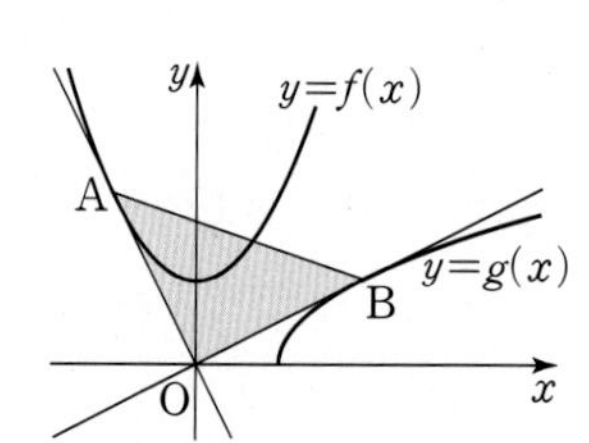

유형 7 무리함수와 그 역함수의 교점

7 두 함수 $f(x)=\frac{1}{5}x^2+\frac{1}{5}k\ (x\geq 0)$, $g(x)=\sqrt{5x-k}$에 대하여 $y=f(x)$, $y=g(x)$의 그래프가 서로 다른 두 점에서 만나도록 하는 모든 정수 k의 개수는? | 학평 기출 |

① 5 ② 7 ③ 9
④ 11 ⑤ 13

7-1 함수 $f(x)=2\sqrt{x-3}+k$의 역함수를 $g(x)$라 하자. 두 함수 $y=f(x)$, $y=g(x)$의 그래프가 서로 다른 두 점 A, B에서 만날 때, 선분 AB의 길이의 최댓값은? (단, k는 상수이다.)

① $2\sqrt{2}$ ② 4 ③ $4\sqrt{2}$
④ 8 ⑤ $8\sqrt{2}$

유형 8 무리함수의 합성함수와 역함수

8 두 함수 $f(x)=|x+2|-|x-1|$, $g(x)=\sqrt{x+3}-1$에 대하여 함수 $y=(f\circ g^{-1})(x)$의 그래프의 개형은?

①
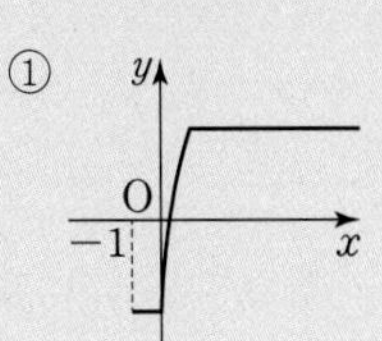

②
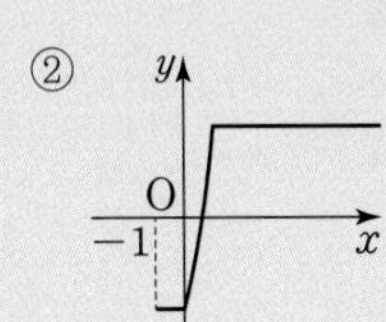

③
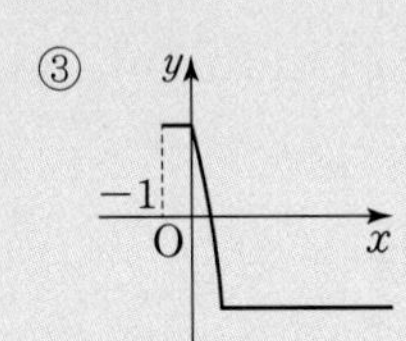

④
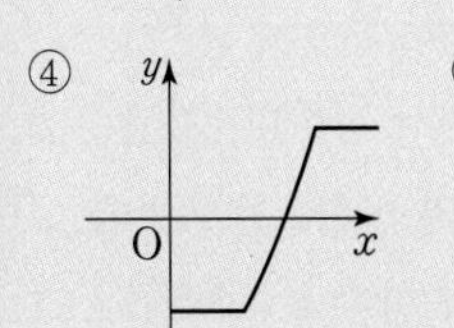

⑤
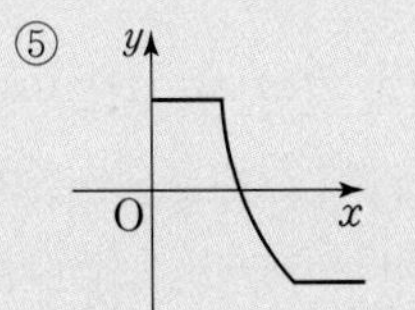

8-1 양수 a에 대하여 함수 $f(x)=\begin{cases} a|x| & (|x|\leq 2) \\ 2a & (|x|>2) \end{cases}$이고, $g(x)=4-\sqrt{x}$일 때, 합성함수 $g^{-1}\circ f$가 정의되기 위한 a의 최댓값을 M이라 하자. $a=M$일 때, 합성함수 $y=(g^{-1}\circ f)(x)$의 그래프와 x축으로 둘러싸인 부분의 내부에 속하는 점 중 x좌표와 y좌표가 모두 정수인 점의 개수를 구하시오.
(단, 경계에 있는 점은 포함하지 않는다.)

유형 9 유리함수와 무리함수의 그래프의 활용

9 실수 전체의 집합에서 정의된 함수 f가

$$f(x)=\begin{cases} \dfrac{2x+3}{x-2} & (x>3) \\ \sqrt{3-x}+a & (x\leq 3) \end{cases}$$

일 때, 함수 f는 다음 조건을 만족시킨다.

> (가) 함수 f의 치역은 $\{y|y>2\}$이다.
> (나) 임의의 두 실수 x_1, x_2에 대하여 $x_1\neq x_2$이면 $f(x_1)\neq f(x_2)$이다.

$f(2)f(k)=40$일 때, 상수 k의 값은? (단, a는 상수이다.)
| 학평 기출 |

① $\frac{3}{2}$ ② $\frac{5}{2}$ ③ $\frac{7}{2}$
④ $\frac{9}{2}$ ⑤ $\frac{11}{2}$

9-1 실수 전체의 집합에서 정의된 함수 f가

$$f(x)=\begin{cases} 2\sqrt{x+1}+1 & (x\geq -1) \\ \dfrac{ax+b}{x-1} & (x<-1) \end{cases}$$

일 때, 함수 f는 다음 조건을 만족시킨다.

> (가) 임의의 두 실수 x_1, x_2에 대하여 $x_1\neq x_2$이면 $f(x_1)\neq f(x_2)$이다.
> (나) 함수 $y=|f(x)|$의 그래프와 직선 $y=t$가 서로 다른 두 점에서 만나도록 하는 실수 t의 값의 범위는 $0<t<3$이다.

방정식 $|f(x)|=2$의 모든 실근의 합을 구하시오.
(단, a, b는 상수이다.)

C Step 1등급 완성 최고난도 예상 문제

01 자연수 n에 대하여

$$f(n)=\frac{1}{\sqrt{2n+1}+\sqrt{2n-1}}$$

이라 하자. $5\le f(1)+f(2)+f(3)+\cdots+f(k)<6$을 만족시키는 자연수 k의 개수는?

① 22 ② 24 ③ 26
④ 28 ⑤ 30

02 자연수 n에 대하여 $\sqrt{n^2+n}$의 소수부분을 a_n이라 할 때, 등식

$$\frac{1-a_4}{a_4}\times\frac{1-a_5}{a_5}\times\frac{1-a_6}{a_6}\times\cdots\times\frac{1-a_k}{a_k}=5$$

를 만족시키는 자연수 k의 값을 구하시오. (단, $k>4$)

03 좌표평면에서 함수 $y=\sqrt{kx+16}-1$의 그래프와 x축 및 y축으로 둘러싸인 영역의 경계 또는 내부에 포함되는 한 변의 길이가 1인 정사각형의 개수가 3이 되도록 하는 모든 음의 정수 k의 값의 합은?

① -15 ② -13 ③ -11
④ -9 ⑤ -7

신유형

04 오른쪽 그림과 같이 자연수 n에 대하여 좌표평면 위에 두 점 $\mathrm{P}_n(n,\ n)$, $\mathrm{Q}_n(2n,\ n)$이 있다. 선분 $\mathrm{P}_n\mathrm{Q}_n$과 함수 $y=\sqrt{kx}$의 그래프가 만나도록 하는 자연수 k의 개수를 $f(n)$이라 할 때, $f(1)+f(2)+f(3)+\cdots+f(10)$의 값을 구하시오.

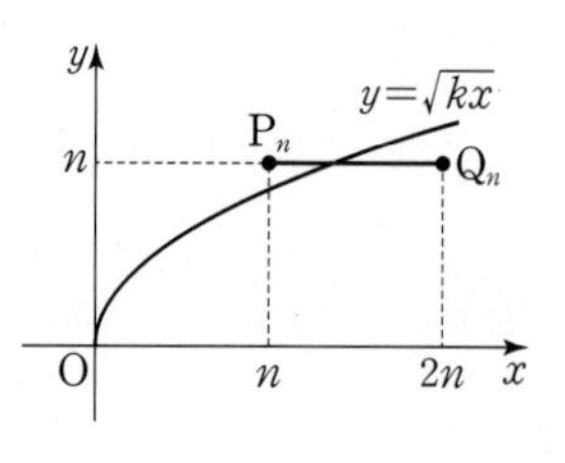

05 함수 $f(x)=\sqrt{4-x}+1$에 대하여 함수 $y=f(x)$의 그래프를 x축에 대하여 대칭이동한 후, x축의 방향으로 a만큼, y축의 방향으로 b만큼 평행이동하였더니 함수 $y=g(x)$의 그래프와 일치하였다. 두 함수 $y=f(x)$, $y=g(x)$의 그래프가 한 점에서 만나도록 하는 10 이하의 자연수 a, b의 순서쌍 $(a,\ b)$의 개수는?

① 56 ② 60 ③ 64
④ 68 ⑤ 72

06 두 함수

$$f(x)=\frac{1}{4}(x-2)^2+1,\ g(x)=2\sqrt{1-x}$$

의 그래프가 다음 그림과 같이 점 $(0,\ 2)$에서 접한다. 자연수 k에 대하여 함수 $y=g(x)$의 그래프를 x축의 방향으로 k만큼, y축의 방향으로 k만큼 평행이동한 그래프가 함수 $y=f(x)$의 그래프와 한 점에서 만나도록 하는 모든 자연수 k의 값의 합을 구하시오.

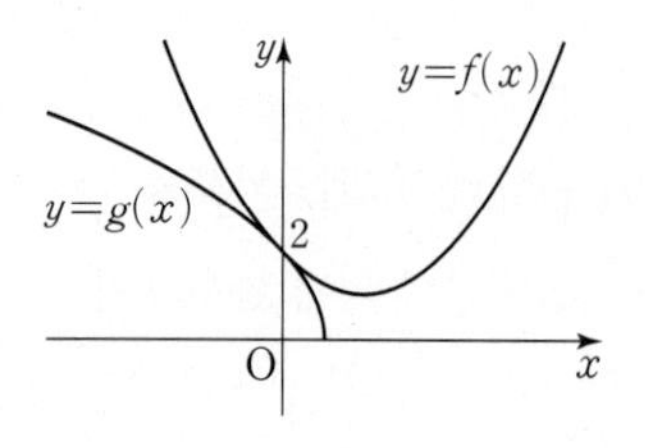

07 함수 $y=\sqrt{x+|x|}$의 그래프와 직선 $y=mx+1$이 서로 다른 세 점에서 만나도록 하는 실수 m의 값의 범위는 $\alpha<m<\beta$이다. 상수 α, β에 대하여 $\alpha+\beta$의 값은?

① $\frac{1}{5}$ ② $\frac{1}{4}$ ③ $\frac{1}{3}$
④ $\frac{1}{2}$ ⑤ 1

08 $0\le x\le 2$에서 정의된 함수 $y=f(x)$의 그래프가 오른쪽 그림과 같다. 함수 $y=\sqrt{x+1}+k$의 그래프가 함수 $y=(f\circ f)(x)$의 그래프와 서로 다른 세 점에서 만나도록 하는 정수 k의 개수는? (단, 함수 $y=f(x)$의 그래프는 모두 선분이다.)

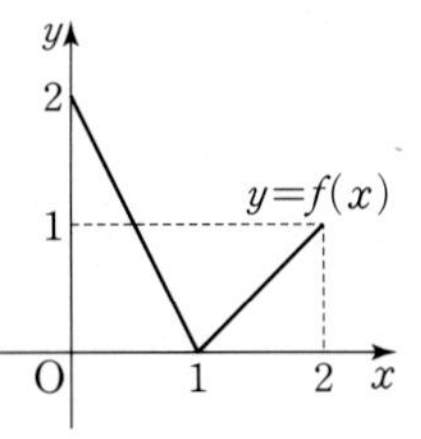

① 1 ② 2 ③ 3
④ 4 ⑤ 5

09 오른쪽 그림과 같이 직선 $y=-x+4$가 두 함수 $y=\sqrt{2x}$, $y=\sqrt{kx}$의 그래프와 제1사분면에서 만나는 점을 각각 A, B라 하고, 두 점 A, B에서 x축에 내린 수선의 발을 각각 C, D라 하자. 점 D가 선분 OC의 중점일 때, 상수 k의 값을 구하시오. (단, $k>2$이고, O는 원점이다.)

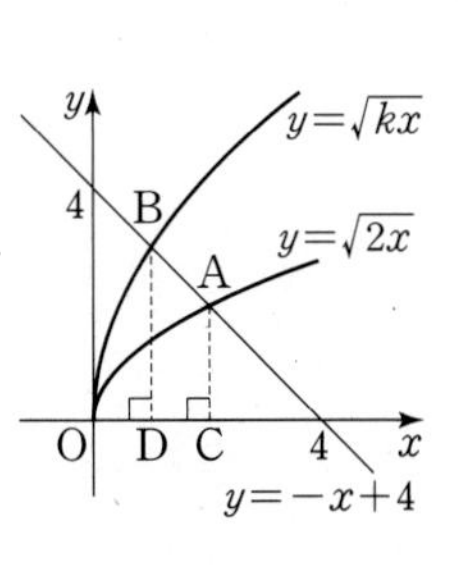

10 다음 그림과 같이 두 함수 $y=\sqrt{x}$, $y=\sqrt{8-x}$의 그래프가 만나는 점을 A, 점 A에서 x축에 내린 수선의 발을 H, 직선 $y=k$ $(0<k<2)$가 두 함수 $y=\sqrt{x}$, $y=\sqrt{8-x}$의 그래프와 만나는 점을 각각 P, Q라 하자. 삼각형 PQH가 정삼각형일 때, 삼각형 PQH의 넓이는?

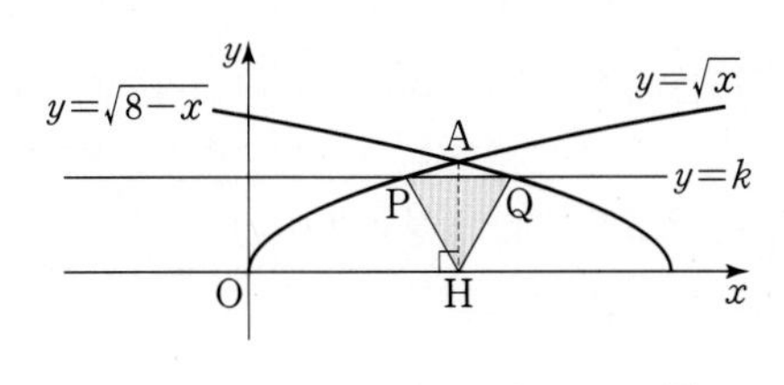

① $\sqrt{3}$ ② 2 ③ $\sqrt{6}$
④ 3 ⑤ $2\sqrt{3}$

신유형

11 다음 그림과 같이 함수 $y=\sqrt{x-1}$ 위의 점 A에 대하여 점 A에서 x축에 평행하게 그은 직선이 직선 $y=2x$와 만나는 점을 B, 점 A에서 y축에 평행하게 그은 직선이 직선 $y=2x$와 만나는 점을 C라 하자. 삼각형 ABC의 넓이가 최소일 때, 점 A의 좌표는 (p, q)이다. $p+q$의 값은? (단, O는 원점이다.)

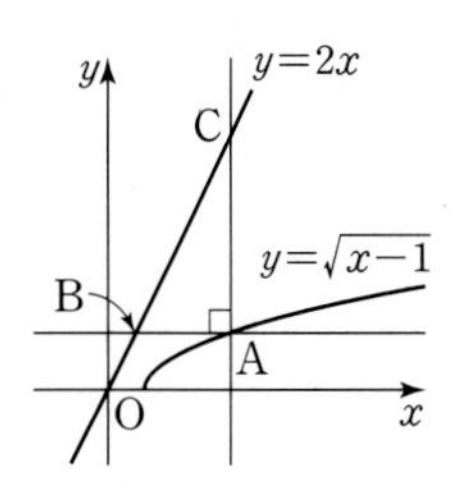

① $\frac{5}{4}$ ② $\frac{21}{16}$ ③ $\frac{11}{8}$
④ $\frac{23}{16}$ ⑤ $\frac{3}{2}$

12 그림과 같이 두 함수 $y=\sqrt{x}$, $y=\sqrt{ax}$ $(a>1)$의 그래프와 점 A$(2, 0)$이 있다. 함수 $y=\sqrt{x}$의 그래프 위의 두 점 P, Q와 함수 $y=\sqrt{ax}$의 그래프 위의 점 R가 다음 조건을 만족시킬 때, 상수 a의 값은?

(단, 점 P의 x좌표가 점 Q의 x좌표보다 작다.)

(가) 사각형 PAQR는 직사각형이다.
(나) 두 점 P, Q의 x좌표의 곱은 4이다.

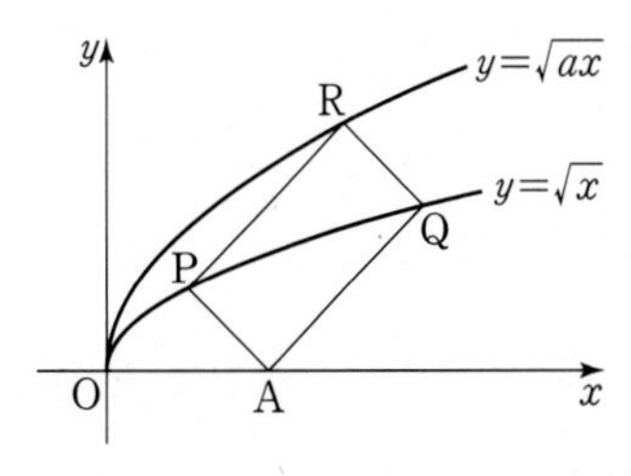

① $\frac{5}{2}$ ② 3 ③ $\frac{7}{2}$
④ 4 ⑤ $\frac{9}{2}$

13 실수 전체의 집합에서 정의된 함수 $f(x)$가

$$f(x)=\begin{cases} -\sqrt{x+3}+k^2 & (x\geq 1) \\ kx+10 & (x<1) \end{cases}$$

일 때, 함수 $f(x)$의 역함수가 존재하도록 하는 상수 k에 대하여 $f(-2)\times f(6)$의 값은?

① 12 ② 24 ③ 48
④ 96 ⑤ 192

14 $0\leq x\leq 4$에서 정의된 함수 $f(x)=\sqrt{x}+2$의 역함수를 $g(x)$라 하자. 오른쪽 그림과 같이 함수 $y=f(x)$의 그래프 위의 점을 P, 점 P를 지나고 기울기가 -1인 직선이 함수 $y=g(x)$의 그래프와 만나는 점을 Q라 할 때, 선분 PQ의 길이의 최댓값은?

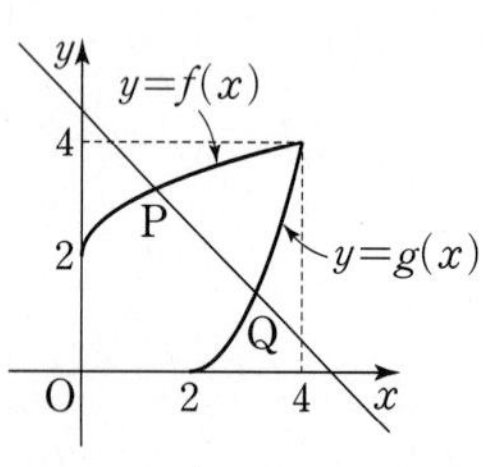

① $\frac{3\sqrt{2}}{2}$ ② $\frac{9\sqrt{2}}{4}$ ③ $3\sqrt{2}$
④ $\frac{15\sqrt{2}}{4}$ ⑤ $\frac{9\sqrt{2}}{2}$

15 함수 $f(x)=2\sqrt{x-2}$의 역함수를 $g(x)$라 하자. $x\geq 2$인 모든 실수 x에 대하여 부등식

$$f(x)\leq 2x+k\leq g(x)$$

가 성립하도록 하는 실수 k의 최댓값을 M, 최솟값을 m이라 할 때, $M-m$의 값은?

① $\frac{1}{2}$ ② $\frac{3}{2}$ ③ $\frac{5}{2}$
④ $\frac{7}{2}$ ⑤ $\frac{9}{2}$

16 함수 $y=\frac{2x}{x-1}$의 그래프와 함수 $y=\sqrt{x-2a}-a$의 그래프가 서로 다른 두 점에서 만날 때, 실수 a의 최댓값을 M, 최솟값을 m이라 하자. M^2+m^2의 값은?

① $\frac{3}{2}$ ② $\frac{7}{4}$ ③ 2
④ $\frac{9}{4}$ ⑤ $\frac{5}{2}$

신유형

17 실수 전체의 집합에서 정의된 함수

$$f(x)=\begin{cases} a\sqrt{x}+b & (x\geq 1) \\ \frac{x}{x-1} & (x<1) \end{cases}$$

가 다음 조건을 만족시킨다.

> (가) 함수 $f(x)$는 일대일대응이다.
> (나) 함수 $y=f(x)$의 그래프와 직선 $y=mx+1$의 교점의 개수가 2인 양수 m의 값은 1뿐이다.

$f(4)$의 값을 구하시오. (단, a, b는 상수이다.)

18 실수 전체의 집합에서 정의된 함수 $f(x)$가 다음과 같다.

$$f(x)=\begin{cases} -\sqrt{3x+b}+5 & (x\geq 1) \\ \frac{2x+a}{x-2} & (x<1) \end{cases}$$

실수 t에 대하여 방정식 $f(x)=t$의 실근의 개수를 $g(t)$라 할 때, 두 함수 $f(x)$, $g(t)$가 다음 조건을 만족시킨다.

> (가) 함수 $f(x)$의 치역은 $\{y\,|\,y\leq 4\}$이다.
> (나) $t\leq 2$인 모든 실수 t에 대하여 $g(t)=1$이다.

실수 a의 값이 최소일 때, 방정식 $|f(x)-2|=1$의 모든 실근의 합은? (단, b는 상수이다.)

① 4 ② 5 ③ 6
④ 7 ⑤ 8

19 함수 $f(x)=a\sqrt{x}+b$에 대하여 실수 전체의 집합에서 정의된 함수 $g(x)$가 다음과 같다.

$$g(x)=\begin{cases} x+1 & (x<0) \\ f(x) & (0\le x\le 4) \\ 2x-5 & (x>4) \end{cases}$$

함수 $g(x)$의 역함수가 존재할 때, **보기**에서 옳은 것만을 있는 대로 고른 것은? (단, a, b는 상수이다.)

보기

ㄱ. $f(0)+f(4)=4$

ㄴ. $a<0$일 때, 함수 $g(x)$의 역함수 $h(x)$에 대하여 방정식 $(h\circ h)(x)=1$의 실근은 $\sqrt{2}+1$이다.

ㄷ. $a>0$일 때, 직선 $y=\frac{1}{2}x+k$와 함수 $y=g(x)$의 그래프의 교점의 개수가 3이 되도록 하는 실수 k의 값의 범위는 $1<k<\frac{3}{2}$이다.

① ㄱ ② ㄴ ③ ㄱ, ㄴ ④ ㄱ, ㄷ ⑤ ㄱ, ㄴ, ㄷ

20 함수 $f(x)=2\sqrt{x+1}+1$의 역함수를 $g(x)$라 하자. 실수 전체의 집합에서 정의된 함수 $h(x)$가

$$h(x)=\begin{cases} f(x) & (x\ge -1) \\ g(-x-a)+b & (x<-1) \end{cases} \ (a,\ b\text{는 상수})$$

일 때, 함수 $h(x)$가 다음 조건을 만족시킨다.

(가) 함수 $h(x)$의 치역이 $\{y|y\ge 1\}$이다.
(나) $t>1$인 모든 실수 t에 대하여 방정식 $h(x)=t$의 서로 다른 실근의 개수는 2이다.

a의 값이 최대일 때의 방정식 $h(x)=5$의 두 실근을 α, β라 할 때, $\alpha^2+\beta^2$의 값을 구하시오.

21 좌표평면에서 두 함수 $y=|x^2-4|$ $(x\ge 0)$, $y=\sqrt{x+4}$의 그래프가 만나는 두 점 중 x좌표가 작은 점을 $P(x_1,\ y_1)$이라 하고, 두 함수 $y=|x^2-4|$ $(x\ge 0)$, $y=\sqrt{4-x}$의 그래프가 만나는 두 점을 $Q(x_2,\ y_2)$, $R(x_3,\ y_3)$ $(x_2<x_3)$이라 하자. **보기**에서 옳은 것만을 있는 대로 고른 것은?

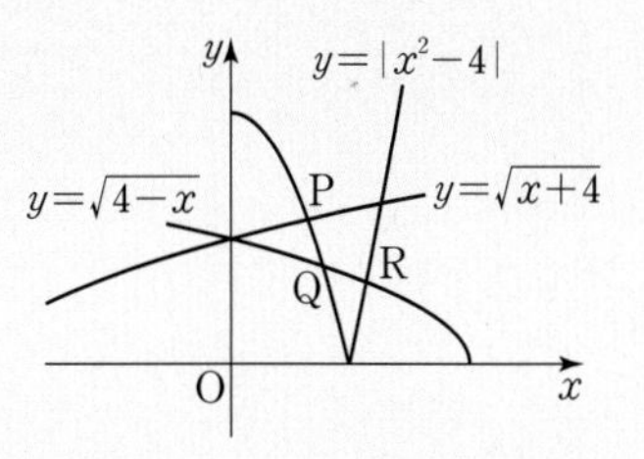

보기

ㄱ. $2<x_2y_2<4$

ㄴ. $x_1+y_1=x_3+y_3$

ㄷ. $x_1(4-y_3)<x_3(4-y_1)$

① ㄱ ② ㄱ, ㄴ ③ ㄱ, ㄷ ④ ㄴ, ㄷ ⑤ ㄱ, ㄴ, ㄷ

22 다음 그림과 같이 원점 O를 지나고 x축의 양의 방향과 이루는 각의 크기가 $30°$인 직선 l_1이 함수 $y=\sqrt{x}$의 그래프와 만나는 점 중 원점이 아닌 점을 A, 점 A를 지나고 직선 l_1에 수직인 직선 l_2가 함수 $y=-\sqrt{x}$의 그래프와 만나는 점을 B, 점 B를 지나고 직선 l_2에 수직인 직선 l_3이 x축과 만나는 점을 C라 하자. 직선 l_2가 x축과 만나는 점 D에 대하여 두 삼각형 AOD, BCD의 넓이를 각각 S_1, S_2라 할 때, $\frac{S_2}{S_1}=\frac{q}{p}$이다. $p+q$의 값을 구하시오. (단, p와 q는 서로소인 자연수이다.)

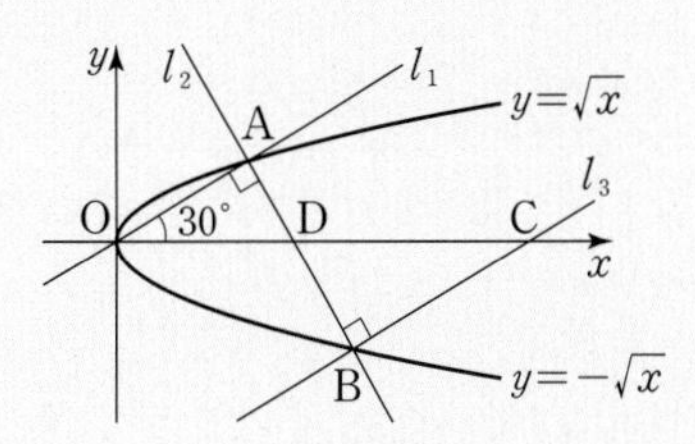

힘이 되는 한마디

배우나 생각하지 않으면 공허하고,

생각하나 배우지 않으면 위험하다.

– 공자

(춘추전국시대의 유학자)

순열과 조합

순열

개념 1 합의 법칙과 곱의 법칙

(1) 합의 법칙

두 사건 A, B가 동시에 일어나지 않을 때, 사건 A, B가 일어나는 경우의 수가 각각 m, n이면

(사건 A 또는 사건 B가 일어나는 경우의 수)$=m+n$

(2) 곱의 법칙

두 사건 A, B에 대하여 사건 A가 일어나는 경우의 수가 m이고, 이 각각에 대하여 사건 B가 일어나는 경우의 수가 n이면

(두 사건 A, B가 동시에 일어나는 경우의 수)$=mn$

→ 곱의 법칙은 두 사건이 잇달아 일어나는 경우에도 성립한다.

▶ 두 사건 A, B가 일어나는 사건을 원소로 하는 집합을 각각 A, B라 할 때
① $A\cap B=\varnothing$, 즉 동시에 일어나는 경우가 없을 때
$n(A\cup B)=n(A)+n(B)$
② $A\cap B\neq\varnothing$, 즉 동시에 일어나는 경우가 있을 때
$n(A\cup B)$
$=n(A)+n(B)-n(A\cap B)$

개념 2 순열

(1) 순열

서로 다른 n개에서 r $(0<r\le n)$개를 택하여 일렬로 나열하는 것을 n개에서 r개를 택하는 순열이라 하고, 이 순열의 수를 기호로 ${}_n\mathrm{P}_r$와 같이 나타낸다.

${}_n\mathrm{P}_r$
서로 다른 것의 개수 (n)
순서를 생각하여 택하는 것의 개수 (r)

(2) 순열의 수

① ${}_n\mathrm{P}_r=\underbrace{n(n-1)(n-2)\cdots(n-r+1)}_{r개}$ (단, $0<r\le n$)

② ${}_n\mathrm{P}_r=\dfrac{n!}{(n-r)!}$ (단, $0\le r\le n$)

③ ${}_n\mathrm{P}_n=n(n-1)(n-2)\times\cdots\times3\times2\times1=n!$

④ $0!=1$, ${}_n\mathrm{P}_0=1$

▶ $n!$을 n의 계승이라 한다.

개념 3 여러 가지 순열

(1) 특정한 자리 조건이 주어진 순열의 수

특정한 자리에 오는 것의 위치를 고정시킨 후, 나머지를 나열한다.

(2) 이웃하는 순열의 수

(i) 이웃하는 것을 한 묶음으로 생각하여 전체를 일렬로 나열하는 순열의 수를 구한다.

(ii) 묶음 안에서의 순열의 수를 구하여 (i)의 결과에 곱한다.

(3) 이웃하지 않는 순열의 수

(i) 이웃해도 되는 것을 일렬로 나열하는 순열의 수를 구한다.

(ii) (i)에서 나열한 것 사이사이와 양 끝에 이웃하지 않는 것을 나열하는 경우의 수를 구하여 (i)의 결과에 곱한다.

(4) '적어도 ~'의 조건을 포함한 순열의 수

(i) 반대의 경우에 해당하는 경우의 수를 구한다.

(ii) 전체 경우의 수에서 (i)의 결과를 뺀다.

▶ **일대일대응의 개수**
집합 $X=\{1, 2, 3, \cdots, n\}$에 대하여 함수 $f: X\longrightarrow X$ 중 일대일대응의 개수는
${}_n\mathrm{P}_n=n!$

Step A 1등급을 위한 고난도 빈출 & 핵심 문제

> 정답과 해설 91쪽

빈출 1 경우의 수

01 서로 다른 3개의 주사위를 던져서 나오는 눈의 수를 각각 a, b, c라 할 때, $a+b+c$의 값이 홀수인 경우의 수는?

① 27 ② 54 ③ 81
④ 108 ⑤ 135

02 10원짜리 동전 3개, 50원짜리 동전 5개, 100원짜리 동전 1개가 있다. 이 동전의 일부 또는 전부를 사용하여 지불할 수 있는 방법의 수는 a, 지불할 수 있는 금액의 수는 b일 때, $a+b$의 값을 구하시오. (단, 0원을 지불하는 경우는 제외한다.)

교과서 심화 변형

03 오른쪽 그림의 5개의 영역 A, B, C, D, E를 서로 다른 5가지 색의 일부 또는 전부를 사용하여 칠하려고 한다. 같은 색을 중복하여 사용해도 좋으나 인접한 영역은 서로 다른 색으로 칠할 때, 칠하는 경우의 수를 구하시오.

(단, 한 영역에는 한 가지 색만 칠한다.)

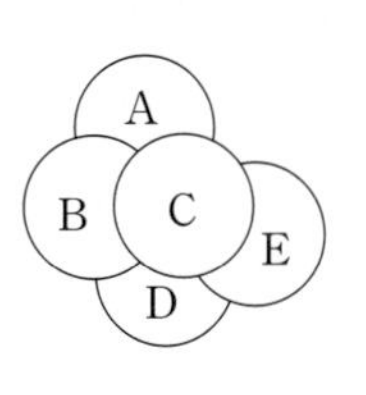

빈출 2 순열의 수

04 오른쪽 그림과 같이 9대를 주차할 수 있는 일렬로 된 빈 주차장에 서로 다른 4대의 차가 들어왔다. 이 차들이 서로 이웃하지 않도록 주차 공간에 주차하는 경우의 수는? (단, 차를 주차할 때에는 반드시 주차 공간에 맞게 주차한다.)

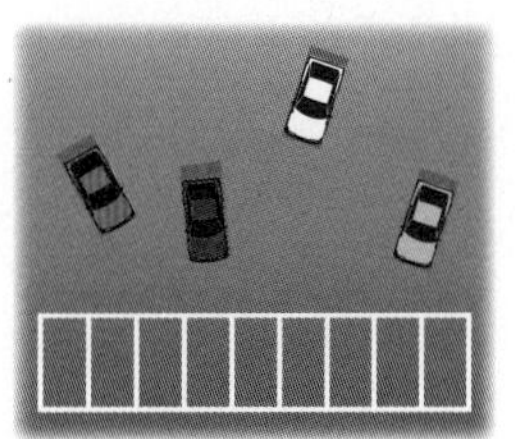

① 180 ② 360 ③ 540
④ 720 ⑤ 900

05 다섯 개의 숫자 1, 2, 4, 5, 6에서 서로 다른 3개의 숫자를 사용하여 세 자리 자연수를 만들 때, 3의 배수의 개수는?

① 6 ② 9 ③ 12
④ 18 ⑤ 24

06 다섯 개의 문자 a, b, c, d, e를 $abcde$에서 $edcba$까지 사전식으로 배열할 때, 77번째에 오는 문자열은?

① $cedba$ ② $daceb$ ③ $daebc$
④ $daecb$ ⑤ $eabcd$

빈출 3 '적어도~'의 조건을 포함하는 순열의 수

07 남학생 4명과 여학생 4명을 모두 일렬로 세우려고 한다. 적어도 한쪽 끝에 남학생을 세우는 경우의 수는?

① $44\times6!$ ② $42\times6!$ ③ $40\times6!$
④ $38\times6!$ ⑤ $36\times6!$

교과서 심화 변형

08 다음 그림과 같이 6개의 의자가 일렬로 놓여 있다. 두 명의 학생이 서로 다른 의자에 앉을 때, 두 명 사이에 빈 의자가 적어도 하나 있도록 앉는 경우의 수는?

① 15 ② 16 ③ 18
④ 20 ⑤ 24

B Step 1등급을 위한 고난도 기출 VS 변형 유형

유형 1 '적어도 ~'의 조건을 포함한 경우의 수

1 네 개의 숫자 1, 2, 3, 4를 일렬로 나열한 네 자리 자연수 $a_1a_2a_3a_4$ 중에서 $(1-a_1)(2-a_2)(3-a_3)(4-a_4)=0$을 만족시키는 자연수의 개수는?

① 12　② 13　③ 14　④ 15　⑤ 16

1-1 서로 다른 4개의 주사위를 동시에 던져서 나오는 눈의 수를 각각 a, b, c, d라 할 때,

$$(a-b)(b-c)(c-d)(d-a)=0$$

을 만족시키는 경우의 수를 구하시오.

유형 2 합의 법칙과 곱의 법칙을 이용한 자연수의 개수

2 0부터 9까지의 자연수 중 서로 다른 5개를 사용하여 다섯 자리 수의 비밀번호를 만들려고 한다. 다음 조건을 만족시키는 비밀번호의 개수를 구하시오.

> (가) 비밀번호는 4의 배수이다.
> (나) 첫 번째 숫자와 마지막 숫자의 합은 9이다.

2-1 다음 조건을 만족시키는 세 자리 자연수의 개수는?

> (가) 각 자리의 숫자는 모두 다르다.
> (나) 각 자리의 숫자의 합은 3의 배수가 아니다.
> (다) 일의 자리의 숫자는 3 이하의 수이다.

① 172　② 174　③ 176　④ 178　⑤ 180

유형 3 색칠하는 경우의 수

3 그림과 같이 크기가 같은 6개의 정사각형에 1부터 6까지의 자연수가 하나씩 적혀 있다. 서로 다른 4가지 색의 일부 또는 전부를 사용하여 다음 조건을 만족시키도록 6개의 정사각형에 색을 칠하는 경우의 수는?

1	2	3
4	5	6

(단, 한 정사각형에 한 가지 색만을 칠한다.) | 학평 기출 |

> (가) 1이 적힌 정사각형과 6이 적힌 정사각형에는 같은 색을 칠한다.
> (나) 변을 공유하는 두 정사각형에는 서로 다른 색을 칠한다.

① 72　② 84　③ 96　④ 108　⑤ 120

3-1 다음 그림의 5개의 영역 A, B, C, D, E를 서로 다른 5가지 색의 일부 또는 전부를 사용하여 칠하려고 한다. 같은 색을 중복하여 사용해도 좋으나 인접한 영역은 서로 다른 색으로 칠할 때, 칠하는 경우의 수는?

(단, 한 영역에는 한 가지 색만을 칠한다.)

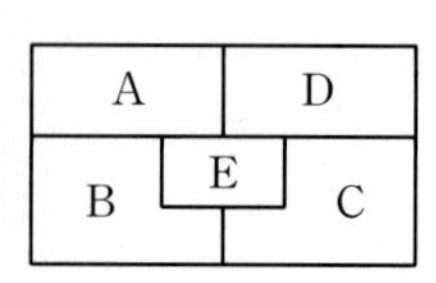

① 120　② 180　③ 240　④ 360　⑤ 420

유형4 홀수 조건을 만족시키는 순열의 수

4 1부터 10까지의 자연수가 각각 하나씩 적힌 10개의 공이 들어 있는 상자에서 임의로 한 번에 한 개씩 세 번 공을 꺼낼 때, 꺼낸 공에 적힌 수를 각각 a, b, c라 하자. $abc+a+2b+3c$의 값이 홀수가 되는 경우의 수는?

(단, 한 번 꺼낸 공은 다시 넣지 않는다.)

① 440 ② 445 ③ 450
④ 455 ⑤ 460

4-1 1부터 9까지의 자연수가 각각 하나씩 적힌 9장의 카드 중에서 5장의 카드를 택하여 일렬로 나열할 때, 이웃한 두 장의 카드에 적힌 수의 합이 모두 홀수인 경우의 수는?

① 1000 ② 1100 ③ 1200
④ 1300 ⑤ 1400

유형5 순열을 이용한 함수의 개수

5 집합 $A=\{1, 2, 3, 4, 5\}$에 대하여 A에서 A로의 일대일 대응을 f라 할 때, $|f(1)-f(2)|=1$ 또는 $|f(2)-f(3)|=1$을 만족시키는 f의 개수는? | 학평 기출 |

① 48 ② 56 ③ 64
④ 78 ⑤ 84

5-1 집합 $X=\{1, 2, 3, 4, 5, 6\}$에 대하여 다음 조건을 만족시키는 X에서 X로의 함수 f의 개수는?

> (가) 함수 f는 일대일대응이다.
> (나) $f(f(2))=2$
> (다) $\{f(1)-f(2)\}\times\{f(2)-f(3)\}=3$

① 20 ② 22 ③ 24
④ 26 ⑤ 28

유형6 자리 조건이 주어진 순열의 수

6 어느 관광지에서 7명의 관광객 A, B, C, D, E, F, G가 마차를 타려고 한다. 그림과 같이 이 마차에는 4개의 2인용 의자가 있고, 마부는 가장 앞에 있는 2인용 의자의 오른쪽 좌석에 앉는다. 7명의 관광객이 다음 조건을 만족시키도록 비어 있는 7개의 좌석에 앉는 경우의 수를 구하시오. | 학평 기출 |

> (가) A와 B는 같은 2인용 의자에 이웃하여 앉는다.
> (나) C와 D는 같은 2인용 의자에 이웃하여 앉지 않는다.

6-1 어느 놀이공원에서 A, B, C, D, E, F, G, H의 8명의 학생이 그림과 같은 서로 다른 3인용 놀이 기구 3대에 두 번에 걸쳐 나누어 타려고 한다. A, B, C, D가 먼저 타고 내린 후 E, F, G, H가 다음에 탈 때, 8명의 학생이 다음 조건을 만족시키도록 놀이 기구에 타는 경우의 수는?

> (가) A, B, G는 서로 다른 놀이 기구의 맨 앞자리에 탄다.
> (나) A와 C는 같은 놀이 기구에 탄다.
> (다) D, E, F는 놀이 기구의 맨 뒷자리에는 타지 않는다.

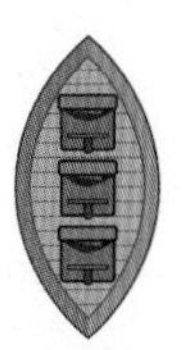
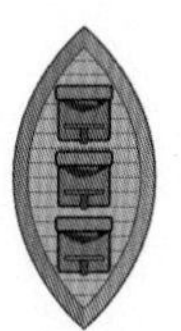
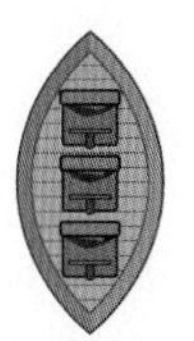

놀이 기구 1 놀이 기구 2 놀이 기구 3

① 1080 ② 2400 ③ 3720
④ 5040 ⑤ 6360

C Step 1등급 완성 최고난도 예상 문제

01 1, 1, 2, 3, 4의 5개의 숫자가 각각 하나씩 적힌 5장의 카드를 일렬로 나열할 때, n번째 자리의 숫자를 a_n ($n=1$, 2, 3, 4, 5)이라 하자. $a_n \neq n$이 되도록 나열하는 경우의 수는?

① 20 ② 21 ③ 22
④ 23 ⑤ 24

02 세 변의 길이가 a, b, c인 삼각형에 대하여 세 자연수 a, b, c가 다음 조건을 만족시킨다.

> (가) $a \le b \le c$
> (나) $a+b+c=20$

자연수 a, b, c의 순서쌍 (a, b, c)의 개수를 구하시오.

03 5 이하의 두 자연수 a, b에 대하여 원 $(x-a)^2+(y-b)^2=5$와 직선 $2x+y-3=0$이 서로 다른 두 점에서 만나도록 하는 자연수 a, b의 순서쌍 (a, b)의 개수는?

① 6 ② 7 ③ 8
④ 9 ⑤ 10

04 0부터 9까지의 숫자가 각각 하나씩 적힌 10장의 카드 중에서 4장의 카드를 택하여 만든 네 자리 자연수의 천의 자리의 숫자를 a, 백의 자리의 숫자를 b, 십의 자리의 숫자를 c, 일의 자리의 숫자를 d라 할 때, 다음 조건을 만족시키는 네 자리 자연수의 개수는?

> (가) 네 자리 자연수는 3의 배수이다.
> (나) $b=4$이고 $b<c<d$이다.

① 18 ② 19 ③ 20
④ 21 ⑤ 22

신유형

05 승진이는 공책에 세 자리 자연수를 임의로 하나씩 적고, 그 옆에 이 세 자리 자연수의 각 자리의 숫자의 합을 적어 나간다. 각 자리의 숫자의 합이 같은 수가 4번 나오면 수를 적는 것을 멈추려고 할 때, 승진이가 적을 수 있는 세 자리 자연수의 개수의 최댓값은?

(단, 승진이는 같은 수를 중복하여 적지 않는다.)

① 28 ② 53 ③ 75
④ 76 ⑤ 78

06 여섯 개의 숫자 0, 1, 2, 3, 4, 5에서 서로 다른 3개를 택하여 세 자리 자연수를 만들 때, 십의 자리의 숫자가 5인 자연수의 개수는 n이고, 이 n개의 자연수의 총합은 S이다. $n+S$의 값은?

① 4826 ② 4831 ③ 4836
④ 4841 ⑤ 4846

07 집합 $X=\{6, 7, 8, 9, 10\}$에 대하여 다음 조건을 만족시키는 X에서 X로의 함수 f의 개수를 구하시오.

> (가) 함수 f의 치역의 원소의 개수는 4이다.
> (나) 집합 X의 모든 원소 x에 대하여 $x+f(x)$의 값은 홀수이다.

08 다음 그림의 9개의 영역을 서로 다른 4가지 색의 일부 또는 전부를 사용하여 칠하려고 한다. 같은 색을 중복하여 사용해도 좋으나 인접한 영역은 서로 다른 색으로 칠할 때, 칠하는 경우의 수는?
(단, 한 영역에는 한 가지 색만 칠하고, 도형은 회전하지 않는다.)

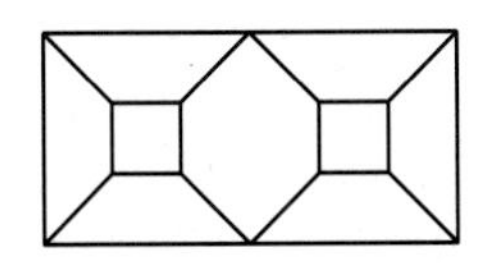

① 864 ② 1008 ③ 1248
④ 1296 ⑤ 1512

09 오른쪽 그림과 같이 크기가 서로 다른 7개의 구슬을 5명의 학생이 나누어 가지려고 한다. 5명 중에서 2명은 서로 붙어 있는 구슬을 각각 2개씩 가져가고, 나머지 3명은 남은 3개의 구슬을 각각 1개씩 가져갈 때, 5명의 학생이 구슬을 나누어 가지는 경우의 수는?
(단, 모든 학생들은 각각 서로 다른 구슬을 가져간다.)

① 3600 ② 4200 ③ 4800
④ 5400 ⑤ 6000

10 다음 그림과 같은 6개의 책장에 6가지 영역의 책을 꽂으려고 한다. 각 영역의 책은 각각 1권, 2권, 3권, 4권, 5권, 6권씩 있다. 가로줄의 4개의 책장에 꽂는 책의 권수의 합과 세로줄의 3개의 책장에 꽂는 책의 권수의 합이 같을 때, 빈 책장이 없도록 6개의 책장에 책을 꽂는 경우의 수는? (단, 1개의 책장에는 1가지 영역의 책만 모두 꽂고, 동일 영역의 책을 꽂는 순서는 고려하지 않는다.)

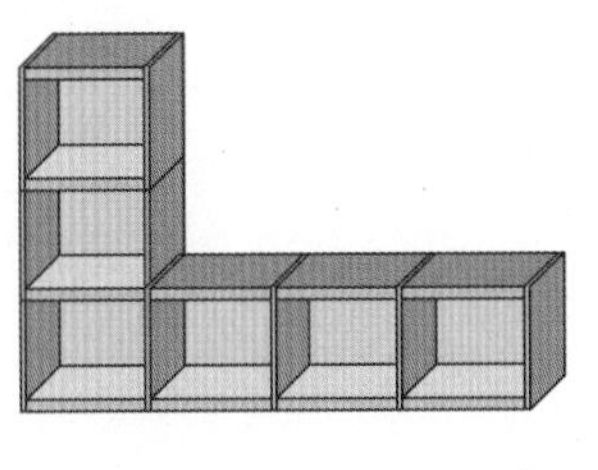

① 32 ② 34 ③ 36
④ 38 ⑤ 40

11 여덟 개의 숫자 0, 1, 2, 3, 4, 5, 6, 7을 한 번씩만 사용하여 만들 수 있는 한 자리의 자연수부터 여덟 자리의 자연수까지 크기가 작은 수부터 크기 순으로 나열하려고 한다. 이때 73452는 몇 번째 수인가?

① 7292번째 ② 7293번째 ③ 7294번째
④ 7295번째 ⑤ 7296번째

신유형
12 0, 1, 2, 3, 4, 5의 6개의 숫자가 각각 하나씩 적힌 6장의 카드 중에서 3장의 카드를 택한 후 일렬로 나열하여 만든 세 자리 자연수 중 다음 조건을 만족시키는 자연수의 개수는?

> (가) 400보다 크다.
> (나) 각 자리의 숫자 중 어느 두 수의 합도 5가 아니다.

① 16 ② 18 ③ 20
④ 22 ⑤ 24

›정답과 해설 102쪽

13 1, 2, 4, 6, 8의 5개의 숫자가 각각 하나씩 적힌 5개의 공을 일렬로 나열하려고 한다. 이웃하는 두 개의 공에 적힌 수는 항상 한 수가 다른 한 수의 약수가 되도록 나열할 때, 5개의 공을 나열하는 경우의 수는?

① 32 ② 34 ③ 36
④ 38 ⑤ 40

14 대문자 A, B, C, D와 소문자 a, b, c, d가 각각 하나씩 적힌 8장의 카드가 있다. 이 8장의 카드를 다음 조건을 만족시키도록 일렬로 나열하는 경우의 수는?

> (가) 대문자가 적힌 카드와 소문자가 적힌 카드가 번갈아 오도록 나열한다.
> (나) A와 a가 적힌 카드는 서로 이웃하도록 나열한다.

① 496 ② 498 ③ 500
④ 502 ⑤ 504

신유형

15 두 집합 $X=\{1, 2, 3\}$, $Y=\{1, 2, 3, 4, 5\}$에 대하여 두 함수 $f: X \longrightarrow Y$, $g: Y \longrightarrow X$가 있다. 합성함수 $g \circ f: X \longrightarrow X$가 X의 모든 원소 x에 대하여 $(g \circ f)(x)=x$를 만족시킬 때, 함수 f, g의 순서쌍 (f, g)의 개수는?

① 510 ② 520 ③ 530
④ 540 ⑤ 550

16 좌표평면에서 x좌표와 y좌표가 모두 정수인 점을 격자점이라 한다. 다음 그림과 같이 좌표평면에 x좌표와 y좌표가 -1, 0, 1 중 하나인 격자점 9개가 있다. 9개의 격자점 중에서 $n\ (2 \le n \le 9)$개의 점을 선택할 때, n개의 점 중 서로 다른 2개의 점을 양 끝 점으로 하는 선분의 중점이 모두 격자점이 아니도록 선택하는 경우의 수를 $f(n)$이라 하자. $f(2)+f(3)$의 값을 구하시오.

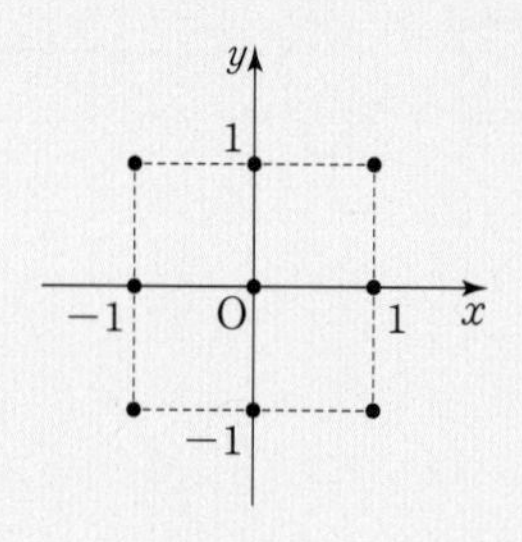

17 다음 그림과 같이 A열과 B열에 5개씩 2열로 놓여 있는 10개의 의자에 수정이와 현정이를 포함한 학생 5명이 다음 조건을 만족시키도록 앉는 경우의 수를 구하시오.

> (가) 5명의 학생은 어느 열에 앉아도 서로 이웃하지 않는다.
> (나) 수정이와 현정이는 A열에 앉는다.

Ⅲ. 순열과 조합

조합

개념 1 조합

(1) 조합

서로 다른 n개에서 순서를 생각하지 않고 r $(0<r\le n)$개를 택하는 것을 n개에서 r개를 택하는 조합이라 하고, 이 조합의 수를 기호로 ${}_n\mathrm{C}_r$와 같이 나타낸다.

${}_n\mathrm{C}_r$

서로 다른 것의 개수 (n)

순서를 생각하지 않고 택하는 것의 개수 (r)

(2) 조합의 수

① ${}_n\mathrm{C}_r=\dfrac{{}_n\mathrm{P}_r}{r!}=\dfrac{n!}{r!(n-r)!}$ (단, $0\le r\le n$)

② ${}_n\mathrm{C}_0=1$, ${}_n\mathrm{C}_n=1$

③ ${}_n\mathrm{C}_r={}_n\mathrm{C}_{n-r}$ (단, $0\le r\le n$)

④ ${}_n\mathrm{C}_r={}_{n-1}\mathrm{C}_{r-1}+{}_{n-1}\mathrm{C}_r$ (단, $1\le r<n$)

순열과 조합의 비교

순열	조합
순서가 있다.	순서가 없다.
위치와 순서가 중요하다.	위치와 순서가 중요하지 않다.
선택+배열	선택
$\{a, b\}\ne\{b, a\}$	$\{a, b\}=\{b, a\}$
${}_n\mathrm{P}_r={}_n\mathrm{C}_r\times r!$	${}_n\mathrm{C}_r$

개념 2 여러 가지 조합의 수

(1) 특정한 것을 포함하는 경우의 수: 서로 다른 n개에서 특정한 p개를 포함하여 r개를 뽑는 경우의 수는

${}_{n-p}\mathrm{C}_{r-p}$

(2) 특정한 것을 포함하지 않는 경우의 수: 서로 다른 n개에서 특정한 p개를 제외하고 r개를 뽑는 경우의 수는

${}_{n-p}\mathrm{C}_r$

(3) 함수의 개수: 두 집합 X, Y에 대하여 $n(X)=p$, $n(Y)=q$ $(p\le q)$라 할 때, $a<b$이면 $f(a)<f(b)$를 만족시키는 함수 $f: X \longrightarrow Y$의 개수는 공역 Y의 원소 q개 중에서 p개를 뽑아서 크기순으로 정의역 X의 원소에 대응시키면 되므로

${}_q\mathrm{C}_p$

(4) 도형의 개수: 서로 다른 n개의 점 중에서 어느 세 점도 한 직선 위에 있지 않을 때, 만들 수 있는 서로 다른 도형의 개수는 다음과 같다.

① 직선의 개수: ${}_n\mathrm{C}_2$ ② 삼각형의 개수: ${}_n\mathrm{C}_3$

참고 m개의 평행선과 n개의 평행선이 서로 만날 때 생기는 평행사변형의 개수: ${}_m\mathrm{C}_2\times{}_n\mathrm{C}_2$

개념 3 분할과 분배

(1) 분할: 서로 다른 n개의 물건을 p개, q개, r개 $(p+q+r=n)$의 세 묶음으로 나누는 방법의 수는

① p, q, r가 모두 다른 수일 때, ${}_n\mathrm{C}_p\times{}_{n-p}\mathrm{C}_q\times{}_r\mathrm{C}_r$

② p, q, r 중 어느 두 수가 같을 때, ${}_n\mathrm{C}_p\times{}_{n-p}\mathrm{C}_q\times{}_r\mathrm{C}_r\times\dfrac{1}{2!}$

③ p, q, r가 모두 같은 수일 때, ${}_n\mathrm{C}_p\times{}_{n-p}\mathrm{C}_q\times{}_r\mathrm{C}_r\times\dfrac{1}{3!}$

분할은 묶음을 구별하지 않으므로 (묶음의 수)! 만큼 나눠준다.

(2) 분배: n묶음으로 분할하여 n명에게 분배하는 방법의 수는

(n묶음으로 분할하는 방법의 수)$\times n!$

분할과 분배

① 분할: 물건을 몇 개의 묶음으로 나누는 것

② 분배: 분할된 묶음을 일렬로 배열하는 것

> 정답과 해설 105쪽

빈출 1. 조합의 수

교과서 심화 변형

01 서로 다른 4켤레의 장갑 8짝 중에서 4짝을 택할 때, 한 켤레만 짝이 맞도록 택하는 경우의 수는?

① 28 ② 36 ③ 40
④ 48 ⑤ 56

02 오른쪽 그림과 같이 같은 간격으로 놓인 12개의 점 중에서 3개의 점을 택할 때, 만들어지는 삼각형의 개수는?

① 184 ② 188 ③ 192
④ 196 ⑤ 200

03 어느 마트에서 직원을 모집하는데 남자 5명, 여자 5명이 지원하였다. 이 중에서 4명을 뽑을 때, 남자 지원자와 여자 지원자가 적어도 한 명씩은 포함되도록 뽑는 경우의 수를 구하시오.

빈출 2. 함수의 개수

04 두 집합 $X=\{1, 2, 3, 4\}$, $Y=\{1, 2, 3, 4, 5, 6, 7\}$에 대하여 X에서 Y로의 함수 f가 다음 조건을 만족시킬 때, 함수 f의 개수를 구하시오.

(가) $f(2)=4$
(나) $a\in X$, $b\in X$일 때, $a<b$이면 $f(a)>f(b)$이다.

05 두 집합 $X=\{1, 2, 3\}$, $Y=\{1, 2, 3, 4\}$에 대하여 X에서 Y로의 함수 f가 다음 조건을 만족시킬 때, 함수 f의 개수를 구하시오.

$f(1)+f(3)$의 값은 홀수이고, $f(2)\times f(3)$의 값은 짝수이다.

06 집합 $X=\{1, 2, 3, 4, 5, 6\}$에 대하여 X에서 X로의 함수 f가 다음 조건을 만족시킬 때, 함수 f의 개수를 구하시오.

(가) 함수 f는 일대일대응이다.
(나) $f(1)=6$
(다) $f(k)\le k$ $(k\in X,\ k\ne 1)$

빈출 3. 분할과 분배

07 동호회 회원 9명이 자동차 여행을 가기로 하였다. 회원 9명 중 3명은 운전면허가 있고 이들이 각각 자신의 승용차를 운전한다. 3대 모두 운전석을 포함한 4인용 승용차일 때, 회원 9명이 차에 나누어 타는 경우의 수는? (단, 운전자만 타고 가는 승용차는 없고, 각 승용차에서 앉는 자리는 고려하지 않는다.)

① 420 ② 450 ③ 480
④ 510 ⑤ 540

교과서 심화 변형

08 7개의 팀이 오른쪽 그림과 같은 토너먼트 방식으로 시합을 할 때, 대진표를 작성하는 경우의 수는?

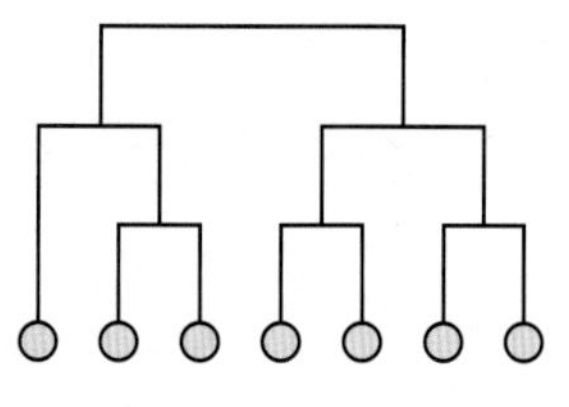

① 155 ② 275 ③ 315
④ 455 ⑤ 630

B Step 1등급을 위한 고난도 기출 VS 변형 유형

› 정답과 해설 106쪽

유형 1 \ 나누어 담는 조합의 수

1 서로 다른 종류의 꽃 4송이와 같은 종류의 초콜릿 2개를 5명의 학생에게 남김없이 나누어 주려고 한다. 아무것도 받지 못하는 학생이 없도록 꽃과 초콜릿을 나누어 주는 경우의 수를 구하시오. | 학평 기출 |

1-1 다음 조건을 만족시키도록 서로 다른 6개의 상자에 같은 모양의 흰 바둑돌 6개와 검은 바둑돌 7개를 모두 넣는 경우의 수는?

> (가) 각 상자에 바둑돌을 2개 또는 3개 넣는다.
> (나) 각 상자에 넣을 수 있는 검은 바둑돌은 2개 이하이다.

① 744 ② 750 ③ 756
④ 762 ⑤ 768

유형 2 \ 택한 수의 합 또는 곱에 대한 조건이 주어진 조합의 수

2 1부터 25까지의 자연수 중 서로 다른 세 개의 홀수를 택할 때, 세 수의 합이 3의 배수가 되는 경우의 수는?

① 94 ② 96 ③ 98
④ 100 ⑤ 102

2-1 1부터 9까지의 자연수가 각각 하나씩 적힌 9장의 카드가 들어 있는 주머니에서 네 장의 카드를 동시에 꺼낼 때, 네 장의 카드에 적힌 자연수의 곱이 6의 배수가 되는 경우의 수를 구하시오.

유형 3 \ 순서가 정해진 조합의 수

3 1부터 9까지 9개의 자연수를 일렬로 나열하려고 한다. k번째 나열된 수를 a_k라 할 때, 다음 조건을 만족시키도록 나열하는 경우의 수는? (단, $k=1, 2, 3, \cdots, 9$) | 학평 기출 |

> (가) $a_1 > a_4 > a_7$
> (나) $a_2 < a_5 < a_8$
> (다) $a_3 < a_6 < a_9$

① 1600 ② 1620 ③ 1640
④ 1660 ⑤ 1680

3-1 1부터 9까지의 자연수가 각각 하나씩 적힌 9개의 공과 9개의 상자가 있다. 9개의 공을 9개의 상자에 각각 하나씩 넣을 때, k가 적힌 상자에 넣는 공에 적힌 수를 a_k라 하자. 다음 조건을 만족시키도록 상자에 공을 모두 넣는 경우의 수는?
(단, $k=1, 2, 3, \cdots, 9$)

> (가) $a_1 < a_3 < a_5 < a_7$
> (나) $a_3 < a_6 < a_9$
> (다) $a_4 < a_8$

① 1500 ② 1504 ③ 1508
④ 1512 ⑤ 1516

유형 4 조합을 이용한 집합의 개수

4 두 집합

$A=\{x|x$는 20 이하의 홀수$\}$

$B=\{x|x$는 30 이하의 3의 배수$\}$

에 대하여 $X\subset A$, $n(X\cup B)=13$을 만족시키는 집합 X의 개수는?

① 250 ② 260 ③ 270
④ 280 ⑤ 290

4-1 두 집합 $A=\{1, 2, 3, 4, 5, 6, 7\}$, $B=\{1, 2, 3\}$에 대하여 다음 조건을 만족시키는 집합 C의 개수는?

> (가) $A\cap C=C$
> (나) $n(B\cap C)=2$
> (다) $n(C)\geq 4$

① 31 ② 33 ③ 35
④ 37 ⑤ 39

유형 5 뽑아서 나열하는 조합의 수

5 어른 4명과 어린이 2명이 함께 놀이공원에 가서 놀이 기구를 타려고 한다. 이 놀이 기구는 오른쪽 그림과 같이 한 줄에 2개의 의자가 있고 모두 5줄로 되어 있다. 안전을 위하여 어린이는 반드시 어른과 짝을 지어 2명씩 같은 줄에 앉을 때, 6명 모두 놀이 기구의 의자에 앉는 방법의 수는? (단, 어린이와 짝을 짓지 않은 어른 2명도 같은 줄에 앉는다.)

① 960 ② 1440 ③ 2880
④ 5760 ⑤ 8640

5-1 1학년 학생 4명, 2학년 학생 3명, 3학년 학생 2명으로 구성된 9명의 학생이 다음 그림과 같은 9개의 좌석에 모두 앉을 때, 3학년 학생들은 같은 열에 이웃하여 앉고 2학년 학생들도 같은 열에 이웃하여 앉는 경우의 수는 $k\times 4!$이다. k의 값을 구하시오.

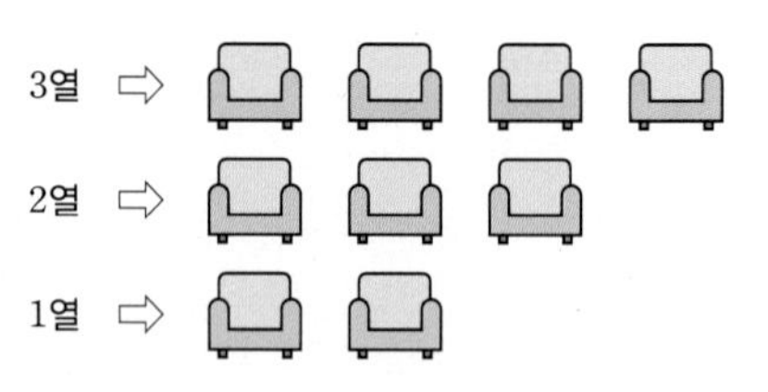

유형 6 이웃하지 않게 나열하는 조합의 수

6 여덟 개의 a와 네 개의 b를 모두 사용하여 만든 12자리 문자열 중에서 다음 조건을 모두 만족시키는 문자열의 개수는?

| 수능 기출 |

> (가) b는 연속해서 나올 수 없다.
> (나) 첫째 자리 문자가 b이면 마지막 자리 문자는 a이다.

① 70 ② 105 ③ 140
④ 175 ⑤ 210

6-1 다음 그림과 같이 크기가 같은 19칸의 장식장에 똑같은 7개의 트로피를 다음 조건을 만족시키도록 넣는 경우의 수는?

> (가) 트로피는 서로 이웃한 칸에 동시에 넣을 수 없다.
> (나) 연속되게 비어 있는 칸은 2개 이하가 되게 한다.

① 111 ② 112 ③ 113
④ 114 ⑤ 115

› 정답과 해설 108쪽

유형 7 조합을 이용한 도형의 개수

7 그림은 합동인 정사각형 15개를 연결하여 만든 도형을 나타낸 것이다. 이 도형의 선들로 이루어질 수 있는 직사각형의 개수는? | 학평 기출 |

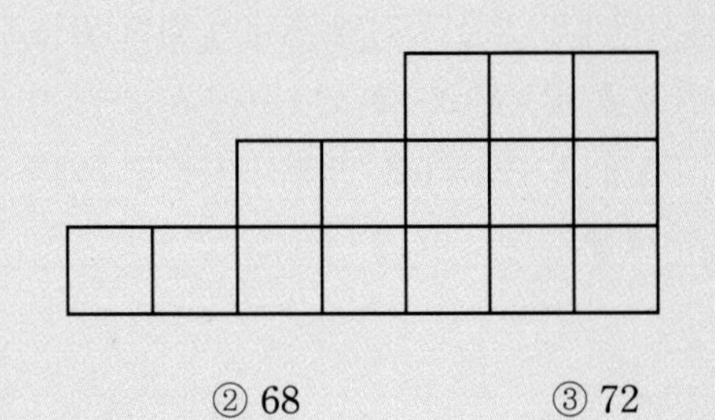

① 64 ② 68 ③ 72
④ 76 ⑤ 80

7-1 다음 그림은 합동인 정사각형 18개를 연결하여 만든 도형을 나타낸 것이다. 이 도형의 선들로 이루어질 수 있는 직사각형 중 색칠한 부분을 포함하는 직사각형의 개수는?

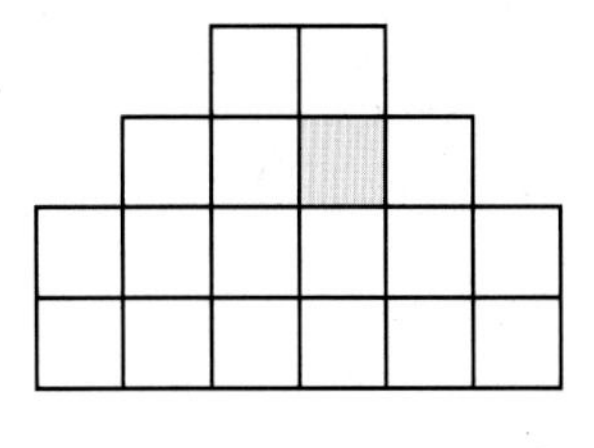

① 20 ② 22 ③ 24
④ 26 ⑤ 28

유형 8 조합을 이용한 함수의 개수

8 집합 $X=\{1, 2, 3, 4, 5, 6\}$에 대하여 X에서 X로의 함수 $f(x)$가 다음 조건을 만족시킨다.

(가) 함수 $f(x)$는 일대일대응이다.
(나) $1\leq n\leq 2$일 때, $f(2n)<f(n)<f(3n)$이다.

함수 $f(x)$의 개수를 구하시오. | 학평 기출 |

8-1 집합 $X=\{1, 2, 3, 4, 5, 6, 7\}$과 함수 $f: X \longrightarrow X$에 대하여 합성함수 $f\circ f$의 치역의 원소의 개수가 6인 함수 f의 개수는 $k\times 6!$이다. k의 값은?

① 33 ② 36 ③ 39
④ 42 ⑤ 45

유형 9 분할과 분배

9 남학생 4명과 여학생 4명이 있다. 이 8명을 2개의 조로 나누어 서로 다른 2곳에 봉사활동을 가려고 한다. 각 조에는 적어도 3명을 배정하고, 남학생과 여학생은 각각 최소 1명씩 같은 조에 배정할 때, 이 학생들을 봉사활동 장소에 배정하는 경우의 수는? (단, 각 봉사활동 장소는 한 조씩만 간다.)

① 190 ② 196 ③ 205
④ 214 ⑤ 232

9-1 1부터 8까지의 자연수가 각각 하나씩 적힌 공 8개와 서로 다른 상자 3개가 있다. 각 상자에 적어도 2개의 공이 들어가도록 8개의 공을 모두 담는 경우의 수는?

① 2910 ② 2920 ③ 2930
④ 2940 ⑤ 2950

Step C 1등급 완성 최고난도 예상 문제

01 연립방정식 $\begin{cases} {}_{x+1}C_y=56 \\ {}_xC_{y-1}=7y \end{cases}$를 만족시키는 자연수 x, y에 대하여 $x+y$의 값은? (단, $y\geq4$)

① 8 ② 9 ③ 10
④ 11 ⑤ 12

02 남자 4명과 여자 n명으로 구성된 모임에서 적어도 한 명의 남자와 적어도 두 명의 여자가 포함되도록 4명의 대표를 선출하는 경우의 수가 392일 때, 자연수 n의 값은?

① 5 ② 6 ③ 7
④ 8 ⑤ 9

03 오른쪽 그림과 같이 네 개의 꼭짓점과 이를 연결하는 여섯 개의 선분으로 이루어진 도형이 있다. 여섯 개의 선분의 전부 또는 일부를 빨간색으로 칠하여 네 개의 꼭짓점이 모두 연결되도록 하는 경우의 수는? (단, 연결된다는 것은 한 점에서 선분을 따라 다른 점으로 이동할 수 있다는 것을 의미한다.)

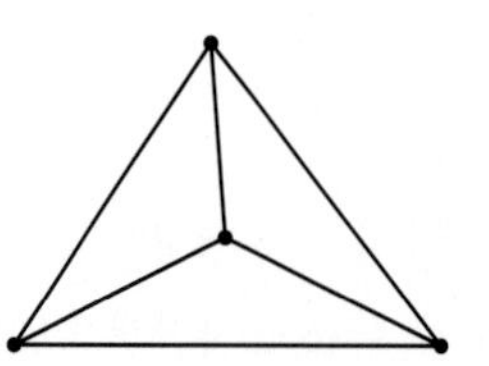

① 32 ② 34 ③ 36
④ 38 ⑤ 40

신유형

04 다항식 $a_0x^2+a_1x+a_2$의 각 계수는 1 또는 0 또는 -1일 때, 만들 수 있는 모든 이차식을 각각 공에 적어 상자에 넣는다. 상자에서 3개의 공을 동시에 꺼내어 적혀 있는 다항식을 모두 곱한 식을 $b_0x^6+b_1x^5+b_2x^4+\cdots+b_5x+b_6$이라 하자. 이때 $b_0+b_1+b_2+\cdots+b_6=0$을 만족시키는 공 3개를 뽑는 경우의 수를 구하시오.

신유형

05 한 사격장에 다음 그림과 같이 세 개의 줄에 여덟 개의 표적이 3개, 2개, 3개 매달려 있다. 어떤 사람이 다음과 같은 규칙에 따라 사격을 하려고 한다.

(가) 표적이 매달려 있는 세 개의 줄 중에서 하나를 선택한다.
(나) 선택된 줄의 맨 아래의 표적을 맞힌다.

8번 사격을 하여 목표물을 모두 맞히는 경우의 수를 구하시오.
(단, 총알이 빗나가는 경우는 없다.)

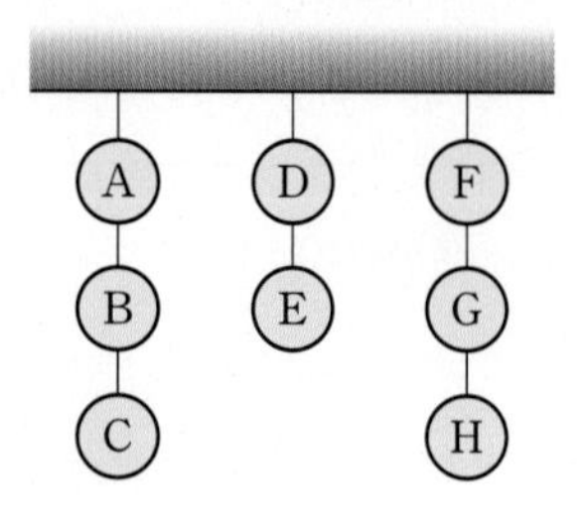

06 집합 $U=\{1, 2, 3, 4, 5, 6, 7\}$의 부분집합 중 다음을 만족시키는 모든 집합의 원소들의 총합은?

(가) 원소의 개수가 3이다.
(나) 짝수인 원소를 가지고 있다.

① 370 ② 372 ③ 374
④ 376 ⑤ 378

07 전체집합 $U=\{1, 2, 3, 4, 5\}$의 두 부분집합 A, B가 다음 조건을 만족시킨다.

(가) $n(A\cap B)=1$
(나) $A\cup B=U$

두 집합 A, B의 모든 순서쌍 (A, B)의 개수는?

① 70 ② 74 ③ 75
④ 78 ⑤ 80

08 1부터 12까지의 자연수가 각각 하나씩 적힌 12장의 카드에서 4장의 카드를 선택할 때, 연속된 두 자연수가 적어도 한 쌍은 있도록 선택하는 경우의 수는?

① 366 ② 369 ③ 372
④ 375 ⑤ 378

09 평면 위에 있는 서로 다른 12개의 점 중 2개 이상의 점을 지나는 직선의 개수가 51이다. 이 51개의 직선 중 3개 이상의 점을 지나는 직선의 개수의 최댓값은?

① 3 ② 4 ③ 5
④ 6 ⑤ 7

10 원에 내접하는 십각형의 꼭짓점 중에서 3개를 택하여 삼각형을 만들 때, 십각형과 공유하는 변이 하나도 없는 삼각형의 개수는?

① 50 ② 52 ③ 54
④ 56 ⑤ 58

11 팔각형의 대각선 중 어느 3개도 한 점에서 만나지 않는 팔각형에 대하여 **보기**에서 옳은 것만을 있는 대로 고른 것은?

보기
ㄱ. 팔각형의 대각선의 개수는 20이다.
ㄴ. 팔각형의 대각선의 교점의 개수는 70이다.
ㄷ. 팔각형의 변과 대각선에 의하여 만들어지는 서로 다른 삼각형의 개수는 650이다.

① ㄱ ② ㄱ, ㄴ ③ ㄱ, ㄷ
④ ㄴ, ㄷ ⑤ ㄱ, ㄴ, ㄷ

12 두 집합 $X=\{1, 2, 3, 4, 5\}$, $Y=\{1, 2, 3, 4, 5, 6\}$에 대하여 함수 $f: X \longrightarrow Y$가 다음 조건을 만족시킨다.

(가) $f(2)>f(3)$
(나) $f(3)<f(4)<f(5)$

함수 f의 개수는?

① 500 ② 510 ③ 520
④ 530 ⑤ 540

13 두 자연수 m, n에 대하여 다음 조건을 만족시키는 모든 순서쌍 (m, n)의 개수는?

> (가) $m<n$
> (나) $m\times n=210$

① 8 ② 9 ③ 10
④ 11 ⑤ 12

14 서로 다른 3개의 도장 A, B, C로 서로 다른 6장의 문서에 도장을 찍을 때, 한 개의 도장은 2번 이하로 찍고 나머지 도장은 2번 이상 찍어야 한다. 6장의 문서에 도장을 찍는 경우의 수는? (단, 각 문서에는 한 개의 도장만 찍고, 한 번도 찍지 않는 도장이 있을 수 있다.)

① 440 ② 480 ③ 520
④ 560 ⑤ 600

15 집합 $X=\{1, 2, 3, 4, 5\}$에 대하여 X에서 X로의 함수 f가 다음 조건을 만족시킨다.

> (가) $f(1)=f(2)$
> (나) 함수 f의 치역의 원소의 개수는 3이다.

함수 f의 개수는?

① 360 ② 390 ③ 420
④ 450 ⑤ 480

16 어느 프로그래머는 0과 1로 이루어진 19자리 숫자열을 다음 조건을 만족시키도록 전송하려고 한다.

> (가) 숫자 1을 연속으로 전송하지 않는다.
> (나) 숫자 0을 세 번 이상 연속으로 전송하지 않는다.

전송할 수 있는 숫자열의 개수를 구하시오.

17 두 집합 $X=\{1, 2, 3, 4, 5, 6\}$, $Y=\{1, 2, 3\}$에 대하여 함수 $f: X \longrightarrow Y$가 다음 조건을 만족시킨다.

> (가) $f(1)\times f(2)$의 값은 홀수이다.
> (나) 함수 f의 치역과 공역이 일치한다.

함수 f의 개수를 구하시오.

MEMO

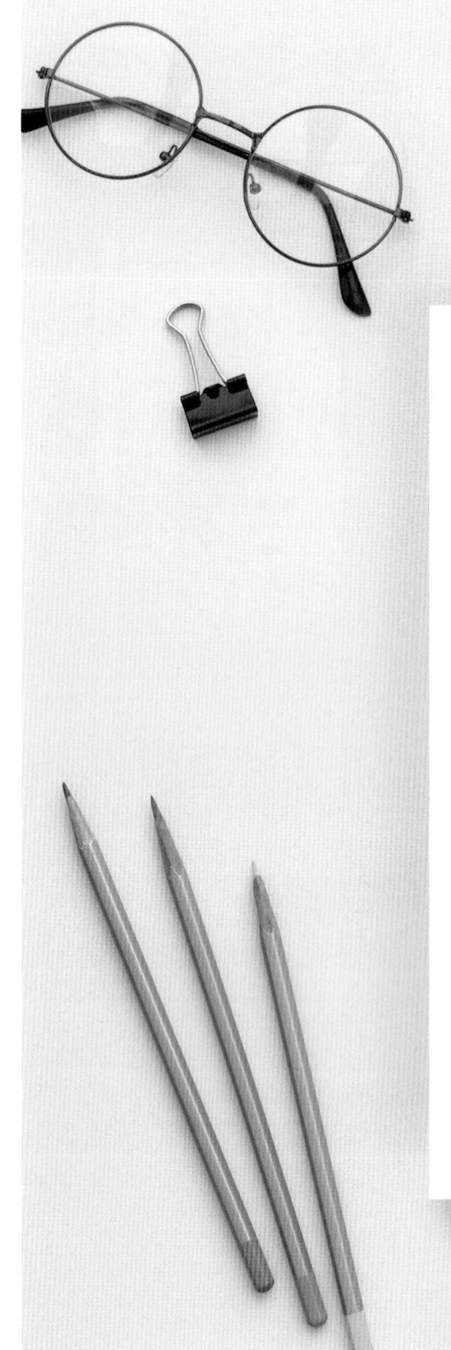

구문이 독해로 연결되는 해석 공식, 천문장

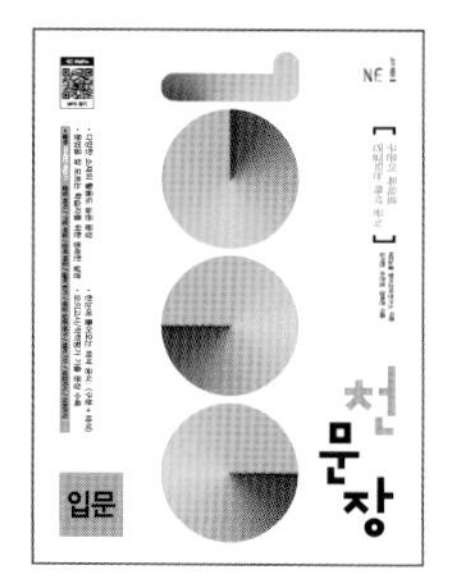

입문
[중2~중3]

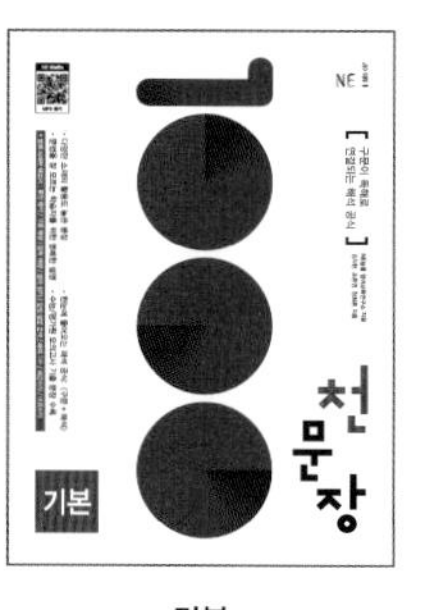

기본
[예비고~고1]

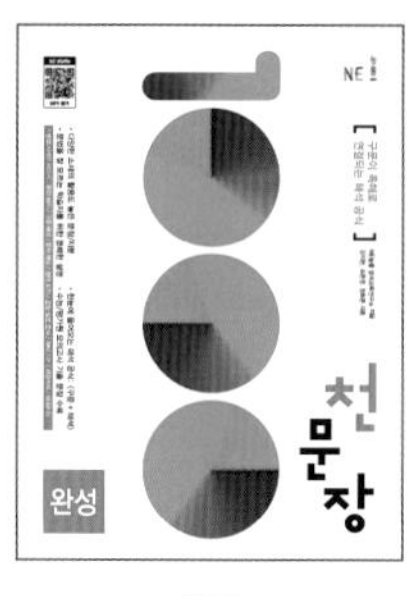

완성
[고2~고3]

한눈에 들어오는 해석 공식

· 도식화된 문법 설명과 <구문+해석>으로 제시되어 외우기 쉬운 해석 공식

다양한 소재의 활용도 높은 문장과 학교 시험 대비 서술형 문제 제공

· 구문/문법 적용 사례를 이해하기 쉬운 문장부터, 수능/평가원 모의고사 기출에 나오는 복잡한 문장까지 학습 가능

문법을 잘 모르는 학습자를 위한 명쾌한 설명

· 학생들이 독해 시 어려움을 겪는 포인트를 콕 집어 설명하는 해석 TIP 제공
· 확실한 개념 이해를 도와주는 삽화 제공(입문)

고등수학 하

정답과 해설

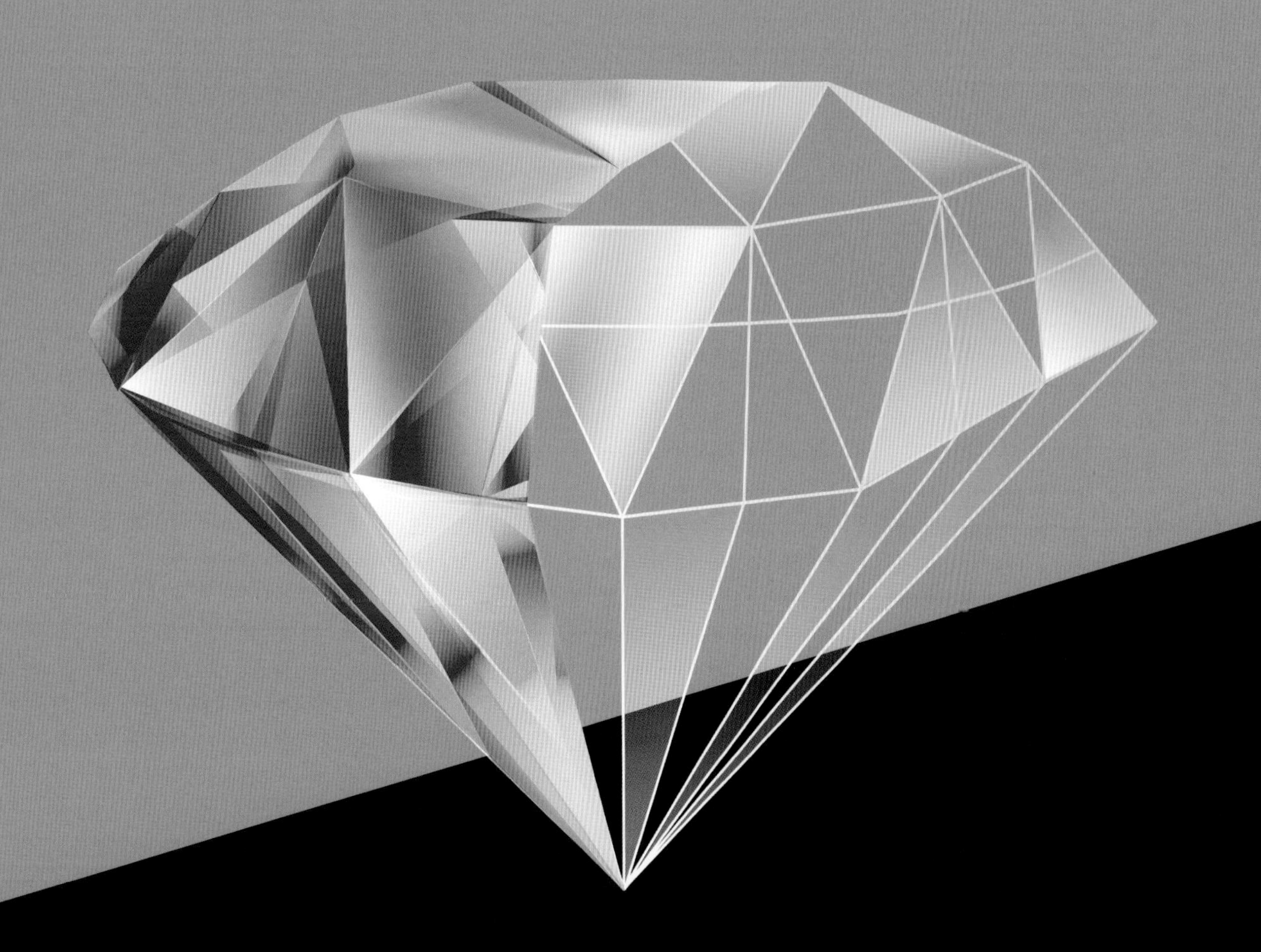

1등급을 위한 고난도 유형 공략서

HiGH-END

내신 하이엔드

1등급을 위한 고난도 유형 공략서

HIGH-END

내신 하이엔드

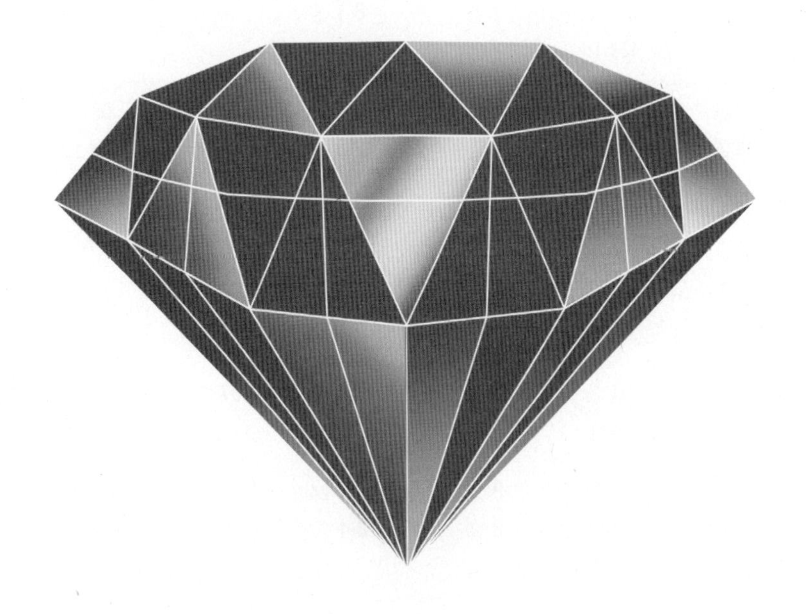

고등수학 하

정답과 해설

빠른 정답

Ⅰ. 집합과 명제

01. 집합 > 본문 7쪽

A	01 ①	02 4	03 ①	04 $\frac{15}{2}$	05 13	06 ③	07 8	08 ④	09 ②	10 7
	11 ③	12 ⑤	13 ①	14 ②	15 11	16 35				
B	1 ④	1-1 13	2 ②	2-1 29	3 ⑤	3-1 ④	4 ⑤	4-1 45	5 ③	5-1 ③
	6 ③	6-1 ②	7 ②	7-1 ①	8 ③	8-1 48	9 ④	9-1 ②		
C	01 ④	02 ①	03 ③	04 ④	05 ③	06 56	07 ④	08 16	09 43	10 4
	11 ⑤	12 ④	13 6	14 ⑤	15 ⑤	16 22	17 ③	18 ③	19 ④	20 ④
	21 1024	22 ③	23 ③							

02. 명제 > 본문 18쪽

A	01 ⑤	02 ③	03 ④	04 4	05 ③	06 ②	07 ③	08 4	09 ④	10 69
	11 ⑤	12 11	13 ④	14 ②						
B	1 ③	1-1 ④	2 ③	2-1 ④	3 256	3-1 5	4 5	4-1 ④	5 ④	5-1 ②
	6 13	6-1 4	7 ②	7-1 ①	8 ⑤	8-1 ③	9 ②	9-1 17	10 2	10-1 8
	11 28	11-1 ④	12 200	12-1 10						
C	01 ④	02 ②	03 ⑤	04 12	05 ⑤	06 ①	07 ②	08 6	09 ③	10 ⑤
	11 ③	12 26	13 ④	14 풀이 참조	15 ④	16 63	17 ③	18 121	19 15	20 15
	21 ①	22 ①								

Ⅱ. 함수

03. 함수 > 본문 32쪽

A	01 ①	02 100	03 ④	04 ③	05 ③	06 ①	07 7	08 ②	09 ②	10 ④
	11 ②	12 3	13 11	14 ④						
B	1 7	1-1 ①	2 4	2-1 ③	3 12	3-1 24	4 ②	4-1 3	5 ④	5-1 ③
	6 ④	6-1 ③	7 12	7-1 60	8 ②	8-1 ⑤	9 50	9-1 8	10 ②	10-1 20
	11 ①	11-1 ②	12 ③	12-1 2						
C	01 ③	02 38	03 ①	04 5	05 ③	06 4	07 12	08 ③	09 ⑤	10 12
	11 ⑤	12 3	13 4	14 ①	15 ①	16 24	17 ⑤	18 ③	19 ③	20 ①
	21 ⑤	22 16	23 ⑤							

04. 유리함수 > 본문 43쪽

A	01 ③	02 ②	03 ④	04 ④	05 5	06 ⑤	07 ④	08 4	09 ⑤	10 ③
	11 5	12 ⑤	13 2	14 2	15 4	16 ⑤				
B	1 2	1-1 ②	2 ①	2-1 ①	3 ③	3-1 ③	4 ①	4-1 ④	5 27	5-1 ①
	6 ③	6-1 17	7 ④	7-1 ⑤	8 ①	8-1 ④	9 ④	9-1 5		
C	01 7	02 ⑤	03 8	04 ③	05 ⑤	06 1	07 ②	08 3	09 ③	10 ②
	11 12	12 8	13 ②	14 −18	15 ①	16 ④	17 6	18 ③	19 ②	20 20
	21 ②	22 8	23 82							

05. 무리함수 > 본문 53쪽

A 01 ③ 02 ① 03 ④ 04 ② 05 ② 06 16 07 ② 08 ② 09 9 10 ②
11 ② 12 175 13 ③ 14 ④ 15 ①

B 1 225 1-1 ④ 2 $\sqrt{3}$ 2-1 ② 3 ④ 3-1 ② 4 ③ 4-1 ① 5 ④ 5-1 28
6 10 6-1 $\frac{5}{2}$ 7 ② 7-1 ③ 8 ② 8-1 21 9 ⑤ 9-1 $-\frac{31}{4}$

C 01 ② 02 99 03 ③ 04 35 05 ③ 06 9 07 ④ 08 ② 09 9 10 ①
11 ② 12 ② 13 ④ 14 ② 15 ② 16 ④ 17 5 18 ⑤ 19 ④ 20 34
21 ⑤ 22 25

Ⅲ. 순열과 조합

06. 순열 > 본문 65쪽

A 01 ④ 02 78 03 540 04 ② 05 ⑤ 06 ③ 07 ① 08 ④

B 1 ④ 1-1 666 2 840 2-1 ① 3 ③ 3-1 ⑤ 4 ⑤ 4-1 ③ 5 ⑤ 5-1 ②
6 576 6-1 ④

C 01 ② 02 8 03 ④ 04 ② 05 ⑤ 06 ⑤ 07 36 08 ④ 09 ⑤ 10 ③
11 ④ 12 ① 13 ③ 14 ⑤ 15 ④ 16 64 17 288

07. 조합 > 본문 72쪽

A 01 ④ 02 ⑤ 03 200 04 9 05 24 06 16 07 ② 08 ③

B 1 960 1-1 ③ 2 ③ 2-1 106 3 ⑤ 3-1 ④ 4 ④ 4-1 ② 5 ④ 5-1 120
6 ② 6-1 ③ 7 ④ 7-1 ③ 8 18 8-1 ④ 9 ② 9-1 ④

C 01 ⑤ 02 ④ 03 ④ 04 452 05 560 06 ② 07 ⑤ 08 ② 09 ④ 10 ①
11 ② 12 ② 13 ① 14 ⑤ 15 ① 16 351 17 230

Ⅰ 집합과 명제

01 집합

Step A 1등급을 위한 **고난도 빈출 & 핵심 문제** 본문 7~8쪽

01 ①	02 4	03 ①	04 $\frac{15}{2}$	05 13
06 ③	07 8	08 ④	09 ②	10 7
11 ③	12 ⑤	13 ①	14 ②	15 11
16 35				

01 조건 (가)에서 $7\in A$이므로 조건 (나)에 의하여

$7+7=14\in A$, $14+7=21\in A$, $21+7=28\in A$,

$28+7=35\in A$, $35+7=42\in A$, $42+7=49\in A$

따라서 주어진 조건을 만족시키면서 원소의 개수가 가장 적은 집합 A는 $A=\{7, 14, 21, 28, 35, 42, 49\}$이므로

$n(A)=7$ 답 ①

02 집합 A에 대하여 $x\in A$이면 $(10-x)\in A$이므로

x와 $10-x$가 모두 자연수이어야 한다.

즉, $x\geq 1$, $10-x\geq 1$에서 $1\leq x\leq 9$이므로 집합 A의 원소가 될 수 있는 것은 1, 2, 3, 4, 5, 6, 7, 8, 9이다.

이때

$1\in A$이면 $10-1=9\in A$, $2\in A$이면 $10-2=8\in A$,

$3\in A$이면 $10-3=7\in A$, $4\in A$이면 $10-4=6\in A$,

$5\in A$이면 $10-5=5\in A$

이므로 1과 9, 2와 8, 3과 7, 4와 6은 각각 어느 하나가 집합 A의 원소이면 나머지 하나도 반드시 집합 A의 원소가 된다.

즉, 집합 A는 5개의 집합 $\{1, 9\}$, $\{2, 8\}$, $\{3, 7\}$, $\{4, 6\}$, $\{5\}$의 전부 또는 일부의 합집합이다.

따라서 $n(A)=3$을 만족시키는 집합 A는 집합 $\{5\}$와 네 집합 $\{1, 9\}$, $\{2, 8\}$, $\{3, 7\}$, $\{4, 6\}$ 중 1개를 부분집합으로 갖는 집합이므로 집합 A의 개수는 4이다. 답 4

참고 $n(A)=3$을 만족시키는 집합 A는 $\{1, 5, 9\}$, $\{2, 5, 8\}$, $\{3, 5, 7\}$, $\{4, 5, 6\}$의 4개이다.

03 $A\subset B$가 성립하려면 $1\in B$이어야 한다.

(i) $1=1-k$, 즉 $k=0$일 때

$A=\{0, 1\}$, $B=\{-3, -2, 1\}$이므로 $A\not\subset B$

(ii) $1=k^2-3$, 즉 $k=\pm 2$일 때

$k=-2$이면 $A=\{-2, 1\}$, $B=\{-2, 1, 3\}$이므로 $A\subset B$

$k=2$이면 $A=\{1, 2\}$, $B=\{-2, -1, 1\}$이므로 $A\not\subset B$

(i), (ii)에 의하여 $k=-2$ 답 ①

다른풀이 $A\subset B$가 성립하려면 $k\in B$이어야 한다.

(i) $k=-2$일 때

$A=\{-2, 1\}$, $B=\{-2, 1, 3\}$이므로 $A\subset B$

(ii) $k=1-k$, 즉 $k=\frac{1}{2}$일 때

$A=\left\{\frac{1}{2}, 1\right\}$, $B=\left\{-\frac{11}{4}, -2, \frac{1}{2}\right\}$이므로 $A\not\subset B$

(iii) $k=k^2-3$, 즉 $k=\frac{1\pm\sqrt{13}}{2}$일 때

$k=\frac{1-\sqrt{13}}{2}$이면 $A=\left\{\frac{1-\sqrt{13}}{2}, 1\right\}$,

$B=\left\{-2, \frac{1-\sqrt{13}}{2}, \frac{1+\sqrt{13}}{2}\right\}$이므로 $A\not\subset B$

$k=\frac{1+\sqrt{13}}{2}$이면 $A=\left\{1, \frac{1+\sqrt{13}}{2}\right\}$,

$B=\left\{-2, \frac{1-\sqrt{13}}{2}, \frac{1+\sqrt{13}}{2}\right\}$이므로 $A\not\subset B$

(i), (ii), (iii)에 의하여 $k=-2$

04 $X\subset Z$에서 $5\in Z$이어야 하므로

$a^2-4=5$ 또는 $2b=5$

(i) $a^2-4=5$, 즉 $a=\pm 3$일 때

$Z=\{5, 2b\}$

이때 $X\subset Y$이므로 $5\in Y$이어야 한다.

$a=-3$이면 $Y=\{-3, -3b\}$이므로

$-3b=5$ $\quad\therefore b=-\frac{5}{3}$

$\therefore a+b=-3+\left(-\frac{5}{3}\right)=-\frac{14}{3}$

$a=3$이면 $Y=\{3, 3b\}$이므로

$3b=5$ $\quad\therefore b=\frac{5}{3}$

$\therefore a+b=3+\frac{5}{3}=\frac{14}{3}$

(ii) $2b=5$, 즉 $b=\frac{5}{2}$일 때

$Z=\{a^2-4, 5\}$, $Y=\left\{a, \frac{5}{2}a\right\}$

이때 $X\subset Y$이므로 $5\in Y$이어야 한다.

$a=5$이면 $Y=\left\{5, \frac{25}{2}\right\}$, $Z=\{5, 21\}$이므로 조건을 만족시킨다.

$\therefore a+b=5+\frac{5}{2}=\frac{15}{2}$

$\frac{5}{2}a=5$, 즉 $a=2$이면 $Y=\{2, 5\}$, $Z=\{0, 5\}$이므로 조건을 만족시킨다.

$\therefore a+b=2+\frac{5}{2}=\frac{9}{2}$

(i), (ii)에 의하여 $a+b$의 최댓값은 $\frac{15}{2}$이다. 답 $\frac{15}{2}$

05 $n(A)=k$이므로 집합 A의 부분집합 중에서 1, 2, 3을 원소로 갖고 4, 5, 6을 원소로 갖지 않는 집합의 개수는

$2^{k-3-3}=128$

$2^{k-6}=2^7$, $k-6=7$ $\quad\therefore k=13$ 답 13

06 $A \neq B$이므로 $A \cup C = B \cup C$가 성립하려면
$(A-B) \subset C$, $(B-A) \subset C$이어야 한다.
이때 $A-B=\{1, 5\}$, $B-A=\{9, 10\}$이므로 집합 C는 집합 X의 부분집합 중에서 1, 5, 9, 10을 반드시 원소로 갖는 집합이다.
따라서 집합 C의 개수는
$2^{10-4}=2^6=64$ 답 ③

07 조건 (가)에서 $A \cup X = X$이므로 $A \subset X$
$\therefore 4 \in X, 8 \in X$ …… ㉠
$B-A=\{2, 5, 7\}$이므로 조건 (나)에서
$\{2, 5, 7\} \cap X = \{2, 7\}$
$\therefore 2 \in X, 5 \notin X, 7 \in X$ …… ㉡
㉠, ㉡에 의하여 집합 X는 전체집합 U의 부분집합 중에서 2, 4, 7, 8을 원소로 갖고 5를 원소로 갖지 않는 집합이다.
따라서 집합 X의 개수는
$2^{8-4-1}=2^3=8$ 답 8

08 $A=\{1, 2, 3, \cdots, 9\}$이므로 $n(A)=9$
이때 집합 A의 원소 중 짝수인 원소는 2, 4, 6, 8의 4개이고 n_3은 집합 A의 부분집합 중에서 짝수인 원소가 3개인 집합의 개수이다.
집합 A의 부분집합 중에서 2, 4, 6을 원소로 갖고 8을 원소로 갖지 않는 집합의 개수는
$2^{9-3-1}=2^5=32$
마찬가지로 집합 A의 부분집합 중에서 2, 4, 8을 원소로 갖고 6을 원소로 갖지 않는 집합과 2, 6, 8을 원소로 갖고 4를 원소로 갖지 않는 집합, 4, 6, 8을 원소로 갖고 2를 원소로 갖지 않는 집합의 개수도 각각 32이므로
$n_3=4 \times 32=128$ 답 ④

09 $(A \cap B^C) \cup (A \cup B^C)^C = (A \cap B^C) \cup \{A^C \cap (B^C)^C\}$
$= (A \cap B^C) \cup (A^C \cap B)$
$= (A-B) \cup (B-A)$
이므로 $(A \cap B^C) \cup (A \cup B^C)^C = \varnothing$에서
$(A-B) \cup (B-A) = \varnothing$
$\therefore A-B=\varnothing, B-A=\varnothing$
$A-B=\varnothing$에서 $A \subset B$
$B-A=\varnothing$에서 $B \subset A$
$\therefore A=B$
따라서 항상 옳은 것은 ②이다. 답 ②

10 $1 \in B$이고 $1 \notin \{(A-B) \cup (B-A)\}$이므로
$1 \in (A \cap B)$
(i) $3-a=1$, 즉 $a=2$일 때
$A=\{1, 2, 5\}$, $B=\{0, 1, 2\}$이므로
$(A-B) \cup (B-A)=\{0, 5\}$
따라서 주어진 조건을 만족시킨다.
(ii) $a^2+1=1$, 즉 $a=0$일 때
$A=\{1, 2, 3\}$, $B=\{-2, 1, 2\}$이므로
$(A-B) \cup (B-A)=\{-2, 3\}$
따라서 주어진 조건을 만족시키지 않는다.
(i), (ii)에 의하여 $a=2$
이때 집합 A의 원소 중 가장 큰 것은 5이므로 $b=5$
$\therefore a+b=2+5=7$ 답 7

11 $A^C \cap B^C = (A \cup B)^C = \{2\}$
$A \cap (A^C \cup B) = (A \cap A^C) \cup (A \cap B) = \varnothing \cup (A \cap B)$
$= A \cap B = \{5\}$
$(A^C \cup B) \cap \{B \cap (A^C \cup B^C)\}$
$= (A \cap B^C)^C \cap \{B \cap (A \cap B)^C\}$
$= (A-B)^C \cap \{B-(A \cap B)\}$
$= (A-B)^C \cap (B-A)$
$= (B-A) \cap (A-B)^C$
$= (B-A)-(A-B)$
$= B-A$ ($\because (A-B) \cap (B-A) = \varnothing$)
$= \{1, 3\}$
이를 벤다이어그램으로 나타내면 오른쪽 그림과 같으므로

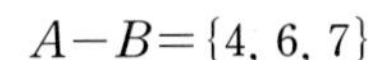

$A-B=\{4, 6, 7\}$
따라서 $A=\{4, 5, 6, 7\}$이므로 모든 원소의 합은
$4+5+6+7=22$ 답 ③

12 $(A_{12} \cup A_{18}) \subset A_p$가 되려면 $A_{12} \subset A_p$, $A_{18} \subset A_p$를 모두 만족시켜야 하므로 p는 12와 18의 공약수이어야 한다.
한편, 집합 $B_8 \cap B_{24}$는 8과 24의 공약수의 집합이므로
$B_q \subset (B_8 \cap B_{24})$가 되려면 q는 8과 24의 최대공약수의 약수이어야 한다.
이때 $p+q$의 값이 최대일 때는 p, q의 값이 각각 최대일 때이다.
따라서 p의 최댓값은 12와 18의 최대공약수 6이고 q의 최댓값은 8과 24의 최대공약수 8이므로 $p+q$의 최댓값은
$6+8=14$ 답 ⑤

1등급 노트 배수와 약수의 집합의 연산
(1) 자연수 p의 배수를 원소로 하는 집합을 A_p라 하면 자연수 m, n에 대하여
$A_m \cap A_n$ ⇨ m과 n의 공배수의 집합
(2) 자연수 q의 양의 약수를 원소로 하는 집합을 B_q라 하면 자연수 m, n에 대하여
$B_m \cap B_n$ ⇨ m과 n의 공약수의 집합

13 ㄱ. $(A^C \cup B)^C \cup (B^C \cup A)^C = (A \cap B^C) \cup (B \cap A^C)$
$= (A-B) \cup (B-A)$
$= A \circledcirc B$ (참)

ㄴ. A, B가 서로소이면 $A\cap B=\varnothing$이므로

$A-B=A$, $B-A=B$

$\therefore A◎B=(A-B)\cup(B-A)=A\cup B$ (거짓)

ㄷ. $A◎B=(A-B)\cup(B-A)=A$이면

$A-B=A$, $B-A=\varnothing$이어야 하므로

$B=\varnothing$ (거짓)

ㄹ. $(A◎B)◎A=\{(A◎B)-A\}\cup\{A-(A◎B)\}$

$=(B-A)\cup(A\cap B)=B$

$(A◎B)◎B=\{(A◎B)-B\}\cup\{B-(A◎B)\}$

$=(A-B)\cup(A\cap B)=A$

$\therefore (A◎B)◎A\neq(A◎B)◎B$ (거짓)

따라서 옳은 것은 ㄱ뿐이다. 답 ①

참고 두 집합 A, B에 대하여 집합 $A-B$와 집합 $B-A$의 합집합을 대칭차집합이라 하고 새로운 연산 기호를 사용하여 정의한 후 자주 출제된다.

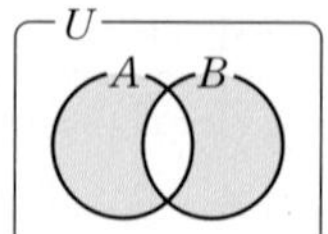

예를 들어 대칭차집합의 연산 기호를 ◎라 할 때,

$A◎B=(A-B)\cup(B-A)=(A\cap B^C)\cup(B\cap A^C)$

$=\{(A\cap B^C)\cup B\}\cap\{(A\cap B^C)\cup A^C\}$

$=\{(A\cup B)\cap(B^C\cup B)\}\cap\{(A\cup A^C)\cap(B^C\cup A^C)\}$

$=\{(A\cup B)\cap U\}\cap\{U\cap(B^C\cup A^C)\}$

$=(A\cup B)\cap(B^C\cup A^C)$

$=(A\cup B)\cap(A\cap B)^C$

$=(A\cup B)-(A\cap B)$

이와 같은 대칭차집합은 다음과 같은 성질이 있다.

① $A◎A=\varnothing$, $A◎\varnothing=A$

② $(A◎B)◎A=B$, $(A◎B)◎B=A$

③ 교환법칙이 성립한다. 즉, $A◎B=B◎A$

④ 결합법칙이 성립한다. 즉, $(A◎B)◎C=A◎(B◎C)$

⑤ 분배법칙은 성립하지 않는다.

14 우산을 가져온 학생의 집합을 A, 장화를 신고 온 학생의 집합을 B라 하고 수진이네 반 학생 수를 x라 하면

$n(A)=0.4x$, $n(B)=0.5x$, $n(A\cap B)=0.1x$, $n(A^C\cap B^C)=4$

$n(A^C\cap B^C)=n((A\cup B)^C)=4$이므로

$n(A\cup B)=x-4$

이때 $n(A\cup B)=n(A)+n(B)-n(A\cap B)$이므로

$x-4=0.4x+0.5x-0.1x$

$0.2x=4$

$\therefore x=20$

따라서 수진이네 반 학생 수는 20이다. 답 ②

15 50명의 학생 전체의 집합을 U, 세 개의 문제 A, B, C를 맞힌 학생의 집합을 각각 A, B, C라 하면

$n(U)=50$, $n(A)=20$, $n(B)=17$, $n(C)=26$

세 문제를 모두 맞힌 학생의 집합은 $A\cap B\cap C$이므로

$n(A\cap B\cap C)=5$

세 문제를 모두 틀린 학생의 집합은 $A^C\cap B^C\cap C^C=(A\cup B\cup C)^C$이므로

$n((A\cup B\cup C)^C)=3$ $\quad\therefore n(A\cup B\cup C)=50-3=47$

$n(A\cup B\cup C)=n(A)+n(B)+n(C)-n(A\cap B)$

$-n(B\cap C)-n(C\cap A)+n(A\cap B\cap C)$

이므로

$47=20+17+26-n(A\cap B)-n(B\cap C)-n(C\cap A)+5$

$\therefore n(A\cap B)+n(B\cap C)+n(C\cap A)=21$

따라서 세 문제 중 두 문제 이상 맞힌 학생 수는

$n(A\cap B)+n(B\cap C)+n(C\cap A)-2\times n(A\cap B\cap C)$

$=21-2\times5=11$ 답 11

16 영주네 반 학생 전체의 집합을 U, 합창을 택한 학생의 집합을 A, 전시회를 택한 학생의 집합을 B라 하면

$n(U)=40$, $n(A)=23$, $n(B)=29$

합창과 전시회를 모두 택한 학생의 집합은 $A\cap B$이고,

$n(A\cup B)=n(A)+n(B)-n(A\cap B)$이므로

$n(A\cap B)=n(A)+n(B)-n(A\cup B)$

$=23+29-n(A\cup B)$

$=52-n(A\cup B)$

(i) $n(A\cap B)$의 값이 최대인 경우

$n(A\cup B)$의 값이 최소일 때, 즉 $A\subset B$일 때이므로 $n(A\cap B)$의 최댓값은

$n(A\cap B)=n(A)=23$

(ii) $n(A\cap B)$의 값이 최소인 경우

$n(A\cup B)$의 값이 최대일 때, 즉 $A\cup B=U$일 때이므로

$n(A\cap B)$의 최솟값은

$n(A\cap B)=52-n(U)=52-40=12$

(i), (ii)에 의하여 $M=23$, $m=12$

$\therefore M+m=23+12=35$ 답 35

참고 $n(A\cap B)$가 최대인 경우는 합창을 택한 학생이 모두 전시회도 동시에 택한 때이고 $n(A\cap B)$가 최소인 경우는 반 전체 학생 모두 합창과 전시회 중 어느 하나는 반드시 택했을 때이다.

1등급 노트 유한집합의 원소의 개수의 최댓값과 최솟값

전체집합 U의 두 부분집합 A, B에 대하여 $n(A)\le n(B)$일 때

$A\subset(A\cup B)$, $B\subset(A\cup B)$이고 $(A\cup B)\subset U$이므로

$n(B)\le n(A\cup B)\le n(U)$가 성립한다.

즉, $n(A\cup B)$의 최댓값은 $n(U)$, 최솟값은 $n(B)$이다.

B Step 1등급을 위한 고난도 기출 VS 변형 유형

본문 9~11쪽

1 ④	1-1 13	2 ②	2-1 29	3 ⑤	3-1 ④
4 ⑤	4-1 45	5 ③	5-1 ③	6 ③	6-1 ②
7 ②	7-1 ①	8 ③	8-1 48	9 ④	9-1 ②

1 **전략** 집합 $A=\{a, b, c\}$ $(a<b<c)$라 하고 주어진 조건을 이용하여 집합 A를 구한다.

풀이 집합 $A=\{a, b, c\}$ $(a<b<c)$라 하면

$B=\{a^2, ab, ac, b^2, bc, c^2\}$

집합 B의 원소 중 가장 작은 값이 4이므로

$a^2=4$에서 $a=2$

또, 집합 B의 원소 중 가장 큰 값이 64이므로

$c^2=64$에서 $c=8$

$B=\{4, 2b, 16, b^2, 8b, 64\}$이고 $n(B)=5$이므로 어느 두 원소는 같아야 한다.

이때 $a<b<c$이므로 $b^2\neq a^2$, $b^2\neq ab$, $b^2\neq bc$, $b^2\neq c^2$

$\therefore$ $b^2=ac=16$

즉, $b=4$

이때 $B=\{4, 8, 16, 32, 64\}$이므로 조건을 만족시킨다.

따라서 $A=\{2, 4, 8\}$이므로 집합 A의 모든 원소의 합은

$2+4+8=14$ **답** ④

1-1 **전략** $a<b<c$라 하고 주어진 조건을 이용하여 집합 B를 구한다.

풀이 집합 $B=\{a, b, c\}$에 대하여 $a<b<c$라 하면

$C=\{1+a, 1+b, 1+c, 3+a, 3+b, 3+c, 5+a, 5+b, 5+c\}$

조건 (가)에서 집합 C의 원소 중 가장 작은 값이 3이므로

$1+a=3$에서 $a=2$

또, 집합 C의 원소 중 가장 큰 값이 12이므로

$5+c=12$에서 $c=7$

$\therefore$ $C=\{3, 5, 7, 1+b, 3+b, 5+b, 8, 10, 12\}$

$\therefore$ $\{3, 5, 7, 8, 10, 12\}\subset C$

조건 (다)에서 $n(C)=7$이므로 원소 3, 5, 7, 8, 10, 12를 제외한 집합 C의 나머지 원소를 k라 하면 조건 (나)에 의하여

$3+5+7+8+10+12+k=54$

$45+k=54$

$\therefore$ $k=9$

즉, $C=\{3, 5, 7, 8, 9, 10, 12\}$이므로

$3+b=9$ 또는 $5+b=9$ $(\because 2<b<7)$

(i) $3+b=9$, 즉 $b=6$일 때

$5+6=11\notin C$이므로 조건을 만족시키지 않는다.

(ii) $5+b=9$, 즉 $b=4$일 때

$1+4=5\in C$, $3+4=7\in C$이므로 조건을 만족시킨다.

(i), (ii)에 의하여 $b=4$

따라서 $B=\{2, 4, 7\}$이므로 집합 B의 모든 원소의 합은

$2+4+7=13$ **답** 13

2 **전략** 집합 X에 속하는 원소들의 특징을 파악한다.

풀이 조건 (가)에 의하여 집합 X의 모든 원소는 홀수이므로

$X\subset\{1, 3, 5, 7, 9\}$

(i) 집합 X의 원소 중 가장 작은 값이 5 이하인 경우

조건 (나)에 의하여 $1\in X$이면 $5\in X$이고 $9\in X$,

$3\in X$이면 $7\in X$, $5\in X$이면 $9\in X$

즉, 집합 X는 세 집합 $\{1, 5, 9\}$, $\{3, 7\}$, $\{5, 9\}$의 전부 또는 일부의 합집합이다.

① $\{1, 5, 9\}\subset X$ 또는 $\{5, 9\}\subset X$일 때

집합 X는 $\{5, 9\}$, $\{1, 5, 9\}$, $\{5, 7, 9\}$, $\{1, 5, 7, 9\}$의 4개

② $\{3, 7\}\subset X$일 때

집합 X는 $\{3, 7\}$, $\{3, 7, 9\}$의 2개

③ $(\{1, 5, 9\}\cup\{3, 7\})\subset X$일 때

집합 X는 $\{1, 3, 5, 7, 9\}$의 1개

④ $(\{3, 7\}\cup\{5, 9\})\subset X$일 때

집합 X는 $\{3, 5, 7, 9\}$의 1개

①~④에 의하여 집합 X의 개수는

$4+2+1+1=8$

(ii) 집합 X의 원소 중 가장 작은 값이 7 이상인 경우

집합 X의 원소는 7 또는 9이므로

집합 X는 $\{7\}$, $\{9\}$, $\{7, 9\}$의 3개

(i), (ii)에 의하여 집합 X의 개수는

$8+3=11$ **답** ②

참고 1과 5와 9, 3과 7, 5와 9는 항상 함께 집합 X의 원소가 되어야 하므로 $\{1, 5, 9\}\subset X$ 또는 $\{3, 7\}\subset X$ 또는 $\{5, 9\}\subset X$이어야 한다.

2-1 **전략** $A\subset B$이므로 집합 A의 원소이면 집합 B의 원소임을 이해하고, 집합 B의 원소의 조건을 이용한다.

풀이 조건 (가)에 의하여

$1\in A$이면 $12\in A$이고, $12\in A$이면 $1\in A$

$2\in A$이면 $6\in A$이고, $6\in A$이면 $2\in A$

$3\in A$이면 $4\in A$이고, $4\in A$이면 $3\in A$

즉, 집합 A는 세 집합 $\{1, 12\}$, $\{2, 6\}$, $\{3, 4\}$의 전부 또는 일부의 합집합이다.

이때 $A\subset B$이므로 조건 (나)에 의하여

$|3-4|<2$이므로 $\{3, 4\}\not\subset A$

$|1-2|<2$이므로 $(\{1, 12\}\cup\{2, 6\})\not\subset A$

$\therefore$ $\{1, 12\}\subset A$ 또는 $\{2, 6\}\subset A$

(i) $\{1, 12\}\subset A$일 때

조건 (나)를 만족시키는 집합 B는

$\{1, 12\}$ 또는 $\{1, 4, 12\}$ 또는 $\{1, 5, 12\}$ 또는 $\{1, 6, 12\}$ 또는 $\{1, 7, 12\}$ 또는 $\{1, 8, 12\}$ 또는 $\{1, 9, 12\}$ 또는 $\{1, 4, 7, 12\}$ 또는 $\{1, 4, 8, 12\}$ 또는 $\{1, 4, 9, 12\}$ 또는 $\{1, 5, 8, 12\}$ 또는 $\{1, 5, 9, 12\}$ 또는 $\{1, 6, 9, 12\}$

(ii) $\{2, 6\}\subset A$일 때

조건 (나)를 만족시키는 집합 B는

$\{2, 6\}$ 또는 $\{2, 6, 9\}$ 또는 $\{2, 6, 10\}$ 또는 $\{2, 6, 11\}$ 또는 $\{2, 6, 12\}$ 또는 $\{2, 6, 9, 12\}$

(i), (ii)에 의하여 집합 B의 모든 원소의 합이 최대가 되는 경우는 $B=\{2, 6, 9, 12\}$일 때이므로 이때 모든 원소의 합은

$2+6+9+12=29$ **답** 29

3 **전략** 집합 $A_m \cap A_n$은 m과 n의 공약수의 집합임을 이용한다.

풀이 ㄱ. m, n이 서로소일 때, m과 n의 공약수는 1이므로

$A_m \cap A_n = \{1\} \neq \varnothing$ (거짓)

ㄴ. n이 m의 배수이면 m은 n의 약수이므로 m의 양의 약수의 집합은 n의 양의 약수의 집합에 포함된다.

$\therefore A_m \subset A_n$ (참)

ㄷ. $x \in (A_m \cap A_n)$이라 하면 x는 m과 n의 공약수이므로

$m = xm'$, $n = xn'$ (단, m', n'은 자연수)

$m+n = x(m'+n')$이므로 x는 $m+n$의 약수이다.

즉, $x \in A_{m+n}$이므로 $(A_m \cap A_n) \subset A_{m+n}$ (참)

따라서 옳은 것은 ㄴ, ㄷ이다. **답** ⑤

3-1 **전략** $(A_a \cup A_b) \subset A_c$에서 a, b, c 사이의 관계를 파악한다.

풀이 조건 (나)에서 $(A_a \cup A_b) \subset A_c$이므로 c는 a, b의 최대공약수의 약수이다.

집합 B의 두 원소 a, b에 대하여 두 수 a, b의 최대공약수로 가능한 것은 2 또는 3 또는 4 또는 6이다.

(i) $c=2$일 때

최대공약수의 약수가 2가 되도록 하는 순서쌍 (a, b)는

$(2, 2)$, $(2, 4)$, $(2, 6)$, $(4, 4)$, $(4, 6)$, $(6, 6)$의 6개

(ii) $c=3$일 때

최대공약수의 약수가 3이 되도록 하는 순서쌍 (a, b)는

$(3, 3)$, $(3, 6)$, $(6, 6)$의 3개

(iii) $c=4$일 때

최대공약수의 약수가 4가 되도록 하는 순서쌍 (a, b)는

$(4, 4)$의 1개

(iv) $c=6$일 때

최대공약수의 약수가 6이 되도록 하는 순서쌍 (a, b)는

$(6, 6)$의 1개

(i)~(iv)에 의하여 구하는 순서쌍 (a, b, c)의 개수는

$6+3+1+1=11$ **답** ④

1등급 노트 최대공약수, 최소공배수의 집합의 포함 관계

자연수 k에 대하여 $A_k = \{x \mid x$는 k의 양의 배수$\}$일 때, 두 자연수 a, b의 최대공약수를 G, 최소공배수를 L이라 하면 다음이 성립한다.

$(A_a \cup A_b) \subset A_G$, $A_a \cap A_b = A_L$

4 **전략** 집합 사이의 포함 관계를 파악하고, 집합 A의 원소의 개수를 기준으로 경우를 나누어 생각한다.

풀이 $C = \{1, 2, 3, 4, 5\}$로 놓으면 $(A \cup B) \subset C$

조건 (가), (나)에 의하여 집합 $A \cap B$의 원소는 1, 2, 3, 4, 5 중 하나이다.

$A \cap B = \{1\}$일 때, 집합 A, B의 순서쌍 (A, B)의 개수는 다음과 같다.

(i) $n(A)=1$, 즉 $A=\{1\}$이면

집합 B의 개수는 집합 A의 원소를 포함하지 않는 집합 C의 부분집합의 개수와 같으므로

$2^{5-1}=2^4=16$

즉, 순서쌍 (A, B)의 개수는

$1 \times 16 = 16$

(ii) $n(A)=2$이면

집합 A는 $\{1, 2\}$, $\{1, 3\}$, $\{1, 4\}$, $\{1, 5\}$의 4개

이 각각에 대하여 집합 B의 개수는 집합 A의 원소를 포함하지 않는 집합 C의 부분집합의 개수와 같으므로

$2^{5-2}=2^3=8$

즉, 순서쌍 (A, B)의 개수는

$4 \times 8 = 32$

(iii) $n(A)=3$이면

집합 A는 $\{1, 2, 3\}$, $\{1, 2, 4\}$, $\{1, 2, 5\}$, $\{1, 3, 4\}$, $\{1, 3, 5\}$, $\{1, 4, 5\}$의 6개

이 각각에 대하여 집합 B의 개수는 집합 A의 원소를 포함하지 않는 집합 C의 부분집합의 개수와 같으므로

$2^{5-3}=2^2=4$

즉, 순서쌍 (A, B)의 개수는

$6 \times 4 = 24$

(iv) $n(A)=4$이면

집합 A는 $\{1, 2, 3, 4\}$, $\{1, 2, 3, 5\}$, $\{1, 2, 4, 5\}$, $\{1, 3, 4, 5\}$의 4개

이 각각에 대하여 집합 B의 개수는 집합 A의 원소를 포함하지 않는 집합 C의 부분집합의 개수와 같으므로

$2^{5-4}=2$

즉, 순서쌍 (A, B)의 개수는

$4 \times 2 = 8$

(v) $n(A)=5$, 즉 $A=\{1, 2, 3, 4, 5\}$이면

집합 $B=\{1\}$이므로 순서쌍 (A, B)의 개수는 1이다.

(i)~(v)에 의하여 순서쌍 (A, B)의 개수는

$16+32+24+8+1=81$

$A \cap B=\{2\}$, $A \cap B=\{3\}$, $A \cap B=\{4\}$, $A \cap B=\{5\}$일 때도 마찬가지로 순서쌍 (A, B)의 개수는 81이다.

따라서 구하는 순서쌍 (A, B)의 개수는

$5 \times 81 = 405$ **답** ⑤

빠른풀이 $A \cap B=\{1\}$일 때, 2, 3, 4, 5가 각각 집합 $A-B$ 또는 $B-A$ 또는 $C-(A \cup B)$에 속하는 경우가 3가지씩이므로 순서쌍 (A, B)의 개수는

C, A, B, 1

$3 \times 3 \times 3 \times 3 = 81$

4-1 **전략** 세 집합 A, B, C 사이의 포함 관계를 파악하고, 집합 B의 원소의 개수를 기준으로 경우를 나누어 생각한다.

풀이 조건 (가)에서 $(A-B) \cup (A-C) = \varnothing$이므로

$A-B=\varnothing$, $A-C=\varnothing$

즉, $A \subset B$, $A \subset C$이므로

$A \subset (B \cap C)$

이때 $n(A)=2$이므로 $n(B) \geq 2$이고, 조건 (다)에 의하여 집합 A는 $\{1, 2\}$, $\{1, 3\}$, $\{1, 4\}$, $\{2, 3\}$, $\{3, 4\}$의 5개

$A=\{1, 2\}$일 때, 집합 B, C의 순서쌍 (B, C)의 개수는 다음과 같다.

(i) $n(B)=2$이면

$B=\{1, 2\}$이고 조건 (나)에 의하여 $C=\{1, 2, 3, 4\}$이므로 순서쌍 (B, C)의 개수는 1이다.

(ii) $n(B)=3$이면

집합 B는 $\{1, 2, 3\}$, $\{1, 2, 4\}$의 2개

이 각각에 대하여 집합 C의 개수는 원소 1, 2와 집합 B에 속하지 않은 남은 한 원소를 포함하는 전체집합 U의 부분집합의 개수와 같으므로

$2^{4-3}=2$

즉, 순서쌍 (B, C)의 개수는

$2\times2=4$

(iii) $n(B)=4$이면

$B=\{1, 2, 3, 4\}$이고 집합 C의 개수는 1, 2를 반드시 원소로 갖는 전체집합 U의 부분집합의 개수와 같으므로

$2^{4-2}=4$

즉, 순서쌍 (B, C)의 개수는

$1\times4=4$

(i), (ii), (iii)에 의하여 순서쌍 (B, C)의 개수는

$1+4+4=9$

$A=\{1, 3\}$, $A=\{1, 4\}$, $A=\{2, 3\}$, $A=\{3, 4\}$일 때도 마찬가지로 순서쌍 (B, C)의 개수는 각각 9이다.

따라서 구하는 순서쌍 (A, B, C)의 개수는

$5\times9=45$ 답 45

5 **전략** 드모르간의 법칙과 $(A\cup B)-(A\cap B)=(A-B)\cup(B-A)$임을 이용하여 복잡한 집합을 간단히 한 후, 집합 사이의 포함 관계를 확인한다.

풀이 10과 서로소인 수는 2와 서로소이면서 동시에 5와 서로소인 수이다.

50 이하의 자연수 중 2의 배수는 25개, 5의 배수는 10개, 10의 배수는 5개이므로

$n(A)=50-(25+10-5)=20$

또, 집합 $B=\{9, 18, 27, 36, 45\}$이므로

$n(A\cap B)=2$, $n(A\cup B)=23$

조건 (가)에서

$(\text{좌변})=\{(A\cup B)\cup X\}\cap\{(A\cup B)^C\cup X^C\}$

$=\{(A\cup B)\cup X\}\cap\{(A\cup B)\cap X\}^C$

$=\{(A\cup B)\cup X\}-\{(A\cup B)\cap X\}$

$=\{(A\cup B)-X\}\cup\{X-(A\cup B)\}$

$(\text{우변})=(A\cup B)\cap X^C$

$=(A\cup B)-X$

이므로

$\{(A\cup B)-X\}\cup\{X-(A\cup B)\}=(A\cup B)-X$

$\therefore \{X-(A\cup B)\}\subset\{(A\cup B)-X\}$

이때 두 집합 $X-(A\cup B)$, $(A\cup B)-X$는 서로소이므로

$X-(A\cup B)=\varnothing$ $\quad\therefore X\subset(A\cup B)$ ...... ㉠

조건 (나)에서

$A-(B\cup X)=A\cap(B\cup X)^C$

$=A\cap(B^C\cap X^C)$

$=(A\cap B^C)\cap X^C$

$=(A-B)\cap X^C$

$=(A-B)-X=\varnothing$

이므로 $(A-B)\subset X$ ...... ㉡

㉠, ㉡에 의하여

$(A-B)\subset X\subset(A\cup B)$

따라서 $n(A-B)=20-2=18$이므로 집합 X의 개수는

$2^{23-18}=2^5=32$ 답 ③

다른풀이 조건 (가)에서

$(\text{좌변})=\{(A\cup B)\cup X\}\cap\{(A\cup B)^C\cup X^C\}$

$=\{(A\cup B\cup X)\cap(A\cup B)^C\}\cup\{(A\cup B\cup X)\cap X^C\}$

$=\{X\cap(A\cup B)^C\}\cup\{(A\cup B)\cap X^C\}$

이므로

$\{X\cap(A\cup B)^C\}\cup\{(A\cup B)\cap X^C\}=(A\cup B)\cap X^C$

$\therefore \{X\cap(A\cup B)^C\}\subset\{(A\cup B)\cap X^C\}$

이때 두 집합 $X\cap(A\cup B)^C$, $(A\cup B)\cap X^C$은 서로소이므로

$X\cap(A\cup B)^C=\varnothing$, 즉 $X-(A\cup B)=\varnothing$

$\therefore X\subset(A\cup B)$ ...... ㉠

5-1 **전략** 드모르간의 법칙과 $(A\cup B)-(A\cap B)=(A-B)\cup(B-A)$임을 이용하여 세 집합 A, B, C의 포함관계를 구한다.

풀이 $A=\{2, 4, 6, 8, 10, 12\}$이므로 $n(A)=6$

$(A\cup B)-(A\cap B)=A-B$에서

$(A-B)\cup(B-A)=A-B$이므로

$(B-A)\subset(A-B)$

이때 두 집합 $A-B$, $B-A$는 서로소이므로

$B-A=\varnothing$ $\quad\therefore B\subset A$ ...... ㉠

또, $(B\cap C)^C-(A\cup B)^C=A-C$에서

$(B\cap C)^C-A^C=A\cap C^C$ ($\because$ ㉠)이므로

$(B\cap C)^C\cap A=A\cap C^C$

$(B^C\cup C^C)\cap A=A\cap C^C$, $(B^C\cap A)\cup(C^C\cap A)=A\cap C^C$

즉, $(A\cap B^C)\subset(A\cap C^C)$이고 $B\subset A$, $C\subset A$이므로

$B^C\subset C^C$ $\quad\therefore C\subset B$ ...... ㉡

㉠, ㉡에 의하여 $C\subset B\subset A$

이때 $n(C)=k$라 하면 집합 B의 개수는 집합 C의 원소를 포함하는 집합 A의 부분집합 중에서 집합 A, C와 같지 않은 집합의 개수와 같으므로

$2^{6-k}-2=14$

$2^{6-k}=16=2^4$, $6-k=4$ $\quad\therefore k=2$

즉, $C\subset A$이고 $n(C)=2$이므로 집합 C의 모든 원소의 곱이 최대가 되는 경우는 $C=\{10, 12\}$일 때이다.

따라서 집합 C의 모든 원소의 곱의 최댓값은

$10\times12=120$ 답 ③

6 **전략** $f(n)=2^{10-n}$임을 이용한다.

풀이 원소 n을 최소의 원소로 갖는 집합 X의 부분집합은 $1, 2, \cdots, n-1$을 원소로 갖지 않으므로 원소 n을 최소의 원소로 갖는 집합 X의 부분집합의 개수는

$f(n)=2^{10-(n-1)-1}=2^{10-n}$

ㄱ. $f(8)=2^{10-8}=2^2=4$ (참)

ㄴ. $a=9$, $b=10$이라 하면

$f(9)=2^{10-9}=2$, $f(10)=2^{10-10}=1$

이므로 $f(9)>f(10)$ (거짓)

ㄷ. $f(1)+f(3)+f(5)+f(7)+f(9)=2^9+2^7+2^5+2^3+2^1$

$=512+128+32+8+2$

$=682$ (참)

따라서 옳은 것은 ㄱ, ㄷ이다. **답** ③

6-1 **전략** $a<b$임을 이해하고 b의 값의 범위에 따라 경우를 나누어 해결한다.

풀이 $f(b)=2f(a)$에서 $a<b$

(i) $6<b\le 10$인 경우

집합 X의 원소 중 b가 가장 큰 수이므로 b를 최대의 원소로 갖는 집합 X의 부분집합의 개수는

$f(b)=2^{6-1}=2^5=32$

$f(b)=2f(a)$에서 $f(a)=16=2^4$이므로 a보다 작은 원소가 4개이어야 한다.

$b=10$일 때, $a=7$ 또는 $a=8$ 또는 $a=9$

$b=9$일 때, $a=7$ 또는 $a=8$

$b=8$일 때, $a=7$

$b=7$일 때, 조건을 만족시키는 a의 값은 존재하지 않는다.

즉, 조건을 만족시키는 순서쌍 (a, b)의 개수는 $3+2+1=6$

(ii) $3<b<6$인 경우

조건을 만족시키는 순서쌍 (a, b)는 $(4, 5)$의 1개

(i), (ii)에 의하여 구하는 순서쌍 (a, b)의 개수는

$6+1=7$ **답** ②

7 **전략** 벤다이어그램이나 집합의 연산 법칙을 이용한다.

풀이 ㄱ. 벤다이어그램을 이용하면

$(A\odot B)\odot C=$ $\odot C$

$=$ $\cup$

$=$

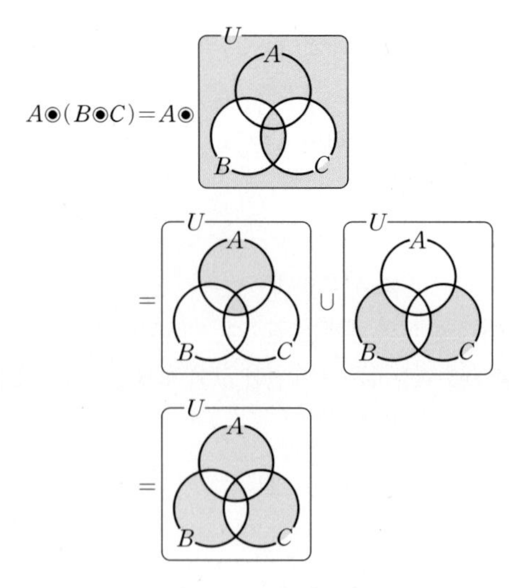

$\therefore (A\odot B)\odot C=A\odot(B\odot C)$ (참)

ㄴ. $A\triangle B=(A-B)\cup(B-A)$

$=(A\cup B)-(A\cap B)$

$=(A\cup B)\cap(A\cap B)^C$

이므로 드모르간의 법칙에 의하여

$(A\triangle B)^C=(A\cup B)^C\cup(A\cap B)$

$=(A\cap B)\cup(A\cup B)^C$

$=A\odot B$

즉, 두 집합 $A\triangle B$와 $A\odot B$는 서로소이므로

$(A\triangle B)\cap(A\odot B)=\varnothing$ (참)

ㄷ. 벤다이어그램을 이용하면

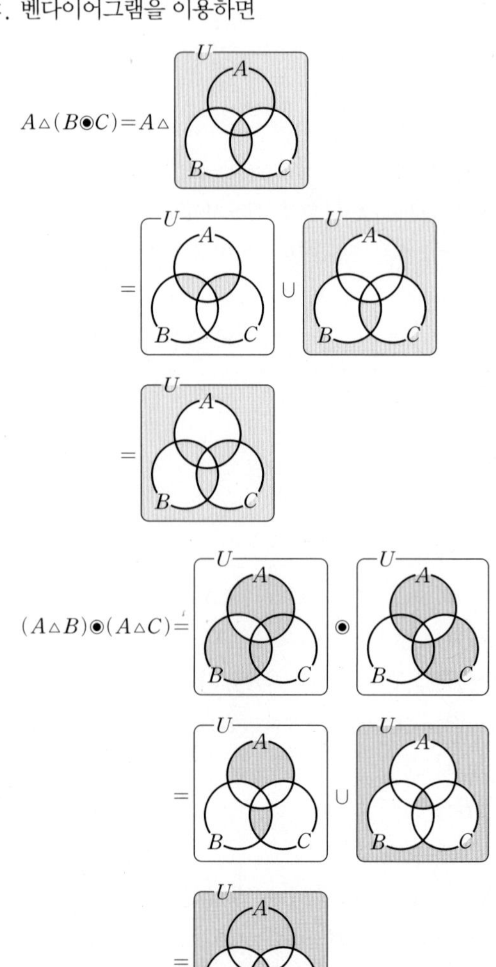

$\therefore A\triangle(B◉C)\neq(A\triangle B)◉(A\triangle C)$ (거짓)

따라서 옳은 것은 ㄱ, ㄴ이다. 답 ②

7-1 전략 집합 $A^C\triangle B$를 벤다이어그램으로 나타내어 본다.

풀이 $A^C\triangle B=(A^C-B)\cup(B-A^C)$

$=(A^C\cap B^C)\cup\{B\cap(A^C)^C\}$

$=(A\cup B)^C\cup(B\cap A)$

$=(A\cup B)^C\cup(A\cap B)$

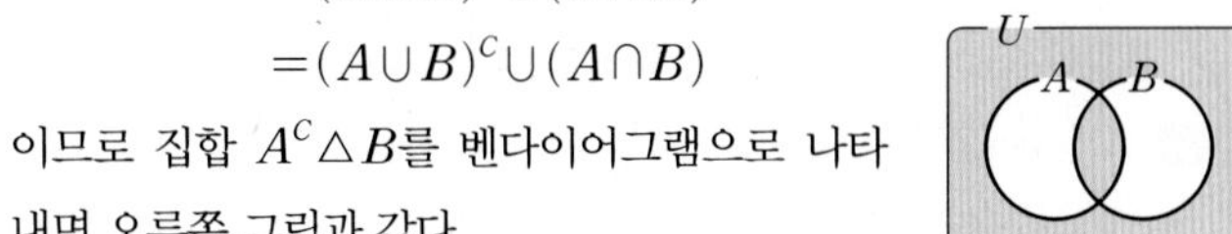

이므로 집합 $A^C\triangle B$를 벤다이어그램으로 나타내면 오른쪽 그림과 같다.

$A=\{2, 3, 5, 7\}$이고 $A^C\triangle B=\{3, 5, 6, 9, 10\}$이므로

$A\cap B=A\cap(A^C\triangle B)=\{3, 5\}$

$(A\cup B)^C=(A^C\triangle B)-(A\cap B)=\{6, 9, 10\}$에서

$A\cup B=\{1, 2, 3, 4, 5, 7, 8\}$이므로

$B-A=(A\cup B)-A=\{1, 4, 8\}$

$\therefore B=(A\cap B)\cup(B-A)$

$=\{3, 5\}\cup\{1, 4, 8\}$

$=\{1, 3, 4, 5, 8\}$

따라서 집합 B의 모든 원소의 합은

$1+3+4+5+8=21$ 답 ①

다른풀이 $A^C\triangle B=\{3, 5, 6, 9, 10\}$에서

$(A^C\triangle B)^C=\{1, 2, 4, 7, 8\}$

$A=\{2, 3, 5, 7\}$이므로

$B-A=(A^C\triangle B)^C-A=\{1, 4, 8\}$

$A\cap B=A\cap(A^C\triangle B)=\{3, 5\}$

8 전략 $S(B)=S(A\cup B)-S(A-B)$임을 이용한다.

풀이 조건 (가)에서 $S(A)=37$이므로

$a+b+c+d+e=37$ …… ㉠

집합 B의 모든 원소의 합은

$S(B)=(a+k)+(b+k)+(c+k)+(d+k)+(e+k)$

$=(a+b+c+d+e)+5k$

$=37+5k$ ($\because$ ㉠)

조건 (나)에서 $A-B=\{2, 4, 9\}$이므로

$S(A-B)=2+4+9=15$

조건 (다)에서 $S(A\cup B)=92$이므로

$S(B)=S(A\cup B)-S(A-B)$에서

$37+5k=92-15$, $5k=40$

$\therefore k=8$ 답 ③

참고 조건을 만족시키는 두 집합 A, B는 다음과 같다.

$A=\{2, 4, 9, 10, 12\}$, $B=\{10, 12, 17, 18, 20\}$

8-1 전략 $S(A\cup B)=S(A)+S(B)-S(A\cap B)$임을 이용한다.

풀이 조건 (가)에서 $S(A)=40$이므로

$7+8+11+a+b=40$ $\therefore a+b=14$ …… ㉠

$B=\{7+k, 8+k, 11+k, a+k, b+k\}$이므로

$S(B)=(7+k)+(8+k)+(11+k)+(a+k)+(b+k)$

$=(7+8+11+a+b)+5k$

$=40+5k$

조건 (나), (다)에서 $S(A\cap B)=13$, $S(A\cup B)=52$이므로

$S(A\cup B)=S(A)+S(B)-S(A\cap B)$에서

$52=40+(40+5k)-13$

$5k=-15$ $\therefore k=-3$

$\therefore B=\{4, 5, 8, a-3, b-3\}$

이때 $8\in(A\cap B)$이고, $S(A\cap B)=13$이므로 $5\in(A\cap B)$

㉠에 의하여

$a=5$, $b=9$ 또는 $a=9$, $b=5$

따라서 $A=\{5, 7, 8, 9, 11\}$, $B=\{2, 4, 5, 6, 8\}$에서

$B-A=\{2, 4, 6\}$이므로 집합 $B-A$의 모든 원소의 곱은

$2\times4\times6=48$ 답 48

9 전략 세 집합 A, B, C의 교집합 중 원소의 개수를 알 수 없는 집합의 원소의 개수를 미지수로 놓고

$n(A\cup B\cup C)=n(A)+n(B)+n(C)-n(A\cap B)-n(B\cap C)$
$-n(C\cap A)+n(A\cap B\cap C)$

임을 이용한다.

풀이 전체집합을 U, $n(A\cap B\cap C)=x$, $n((B\cap C)-A)=y$로 놓으면

$n(A\cap B)=15$에서 $n((A\cap B)-C)=15-x$

$n(A\cap C)=10$에서 $n((A\cap C)-B)=10-x$

$n(B\cap C)=x+y$

$n(A^C\cap B^C\cap C^C)=n((A\cup B\cup C)^C)=7$

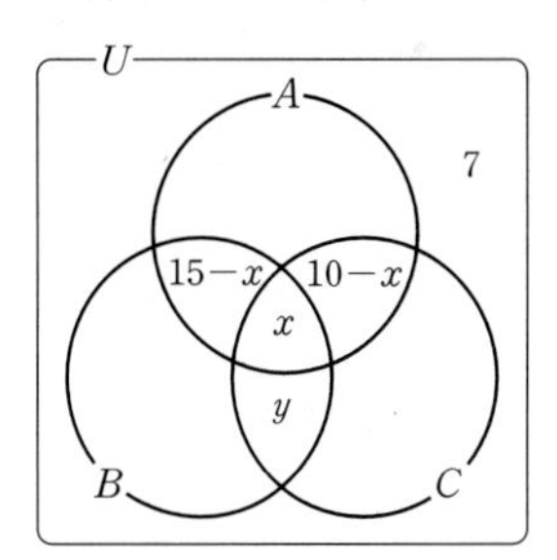

$n(A\cup B\cup C)=n(U)-n((A\cup B\cup C)^C)=100-7=93$이므로

$n(A\cup B\cup C)$

$=n(A)+n(B)+n(C)-n(A\cap B)-n(B\cap C)-n(C\cap A)$
$+n(A\cap B\cap C)$

$=40+35+52-15-(x+y)-10+x$

$=102-y$

즉, $102-y=93$에서 $y=9$

이때 두 문제 이상 맞힌 학생 수는

$(15-x)+x+(10-x)+y=25-x+9$

$=34-x$

한편, $15-x\geq0$, $10-x\geq0$, $x\geq0$이므로

$0\leq x\leq10$

따라서 두 문제 이상 맞힌 학생 수의 최솟값은 $x=10$일 때 24이다.

답 ④

9-1 **전략** 세 집합 A, B, C의 교집합 중 원소의 개수를 알 수 없는 집합의 원소의 개수를 미지수로 놓고

$$n(A\cup B\cup C)=n(A)+n(B)+n(C)-n(A\cap B)-n(B\cap C)-n(C\cap A)+n(A\cap B\cap C)$$

임을 이용한다.

풀이 $n(B\cap C)=5$, $n(A\cap B\cap C)=3$이므로

$n((B\cap C)-A)=5-3=2$

$n((A\cap B)-C)=a$, $n((A\cap C)-B)=b$로 놓으면

$n(A)=13$에서

$n(A-(B\cup C))=13-(a+b+3)=10-(a+b)$

$n(B)=10$에서

$n(B-(A\cup C))=10-(a+3+2)=5-a$

$n(C)=15$에서

$n(C-(A\cup B))=15-(b+3+2)=10-b$

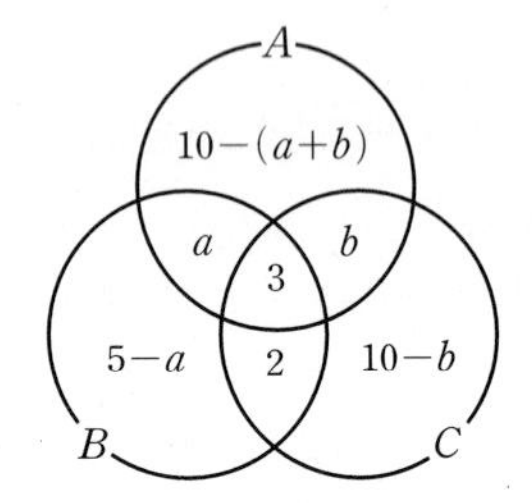

$n(A\cup B\cup C)$

$=n(A)+n(B)+n(C)-n(A\cap B)-n(B\cap C)-n(C\cap A)+n(A\cap B\cap C)$

$=13+10+15-(a+3)-(3+2)-(b+3)+3$

$=30-(a+b)$

한편, $5-a\ge0$, $10-b\ge0$, $10-(a+b)\ge0$, $a\ge0$, $b\ge0$이므로

$0\le a+b\le10$

따라서 $20\le n(A\cup B\cup C)\le30$이므로 $n(A\cup B\cup C)$의 최솟값은 20이다.

답 ②

C Step 1등급 완성 최고난도 예상 문제

본문 12~15쪽

01 ④	02 ①	03 ③	04 ④	05 ③
06 56	07 ④	08 16	09 43	10 4
11 ⑤	12 ④	13 6	14 ⑤	15 ⑤
16 22	17 ③	18 ③	19 ④	

1등급 뛰어넘기

20 ④	21 1024	22 ③	23 ③

01 **전략** i의 거듭제곱의 성질을 이용하여 집합 B의 원소를 구한다.

풀이 $i^{4k+1}=i$, $i^{4k+2}=-1$, $i^{4k+3}=-i$, $i^{4k+4}=1$

(k는 0 이상의 정수)

이므로 $B=\{-1, 1, -i, i\}$

$z_1\in A$, $z_2\in B$에 대하여 $z_1^2+z_2^2=0$인 경우는 다음과 같다.

(i) $z_1=-1$, $z_2=-i$일 때, $z_1^2+z_2^2=(-1)^2+(-i)^2=0$

(ii) $z_1=-1$, $z_2=i$일 때, $z_1^2+z_2^2=(-1)^2+i^2=0$

(iii) $z_1=1$, $z_2=-i$일 때, $z_1^2+z_2^2=1^2+(-i)^2=0$

(iv) $z_1=1$, $z_2=i$일 때, $z_1^2+z_2^2=1^2+i^2=0$

(i)~(iv)에 의하여 $C=\{-1-i, -1+i, 1-i, 1+i\}$

따라서 집합 C의 모든 원소의 곱은

$(-1-i)(-1+i)(1-i)(1+i)=2\times2=4$

답 ④

02 **전략** 집합 A의 원소를 구하여 집합 B의 식에 대입해 본다.

풀이 $A=\{x\mid x(x^2-2x-3)=0\}=\{x\mid x(x+1)(x-3)=0\}$
$=\{-1, 0, 3\}$

$f(x)=x^2-4x+a$로 놓으면 $A\subset B$이기 위해서는 $f(-1)\le0$, $f(0)\le0$, $f(3)\le0$이어야 한다.

$f(-1)=5+a\le0$에서 $a\le-5$ ...... ㉠

$f(0)=a\le0$ ...... ㉡

$f(3)=-3+a\le0$에서 $a\le3$ ...... ㉢

㉠, ㉡, ㉢에 의하여 $a\le-5$

따라서 실수 a의 최댓값은 -5이다.

답 ①

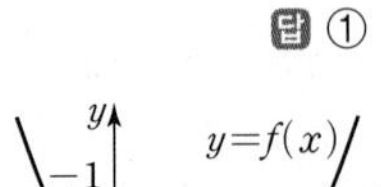

다른풀이 $f(x)=x^2-4x+a$
$=(x-2)^2-4+a$

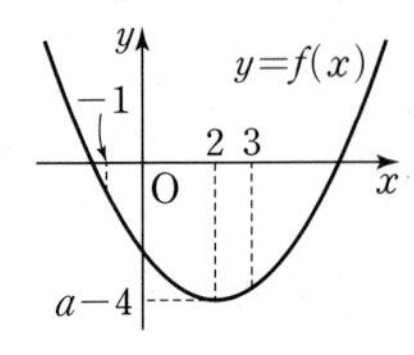

로 놓으면 오른쪽 그림과 같이 함수 $y=f(x)$의 그래프의 대칭축이 $x=2$이므로 $A\subset B$이려면 $f(-1)\le0$이어야 한다.

즉, $f(-1)=5+a\le0$에서 $a\le-5$

03 **전략** 두 집합 A, B가 서로소이면 $A\cap B=\varnothing$임을 이용한다.

풀이 $A=\{x\mid x^2-2x-3<0\}=\{x\mid (x+1)(x-3)<0\}$
$=\{x\mid -1<x<3\}$

$B=\{x\mid x^2-13x+40\le0\}=\{x\mid (x-5)(x-8)\le0\}$
$=\{x\mid 5\le x\le8\}$

$C=\{x\mid x^2-2(a+1)x+a^2+2a<0\}$
$=\{x\mid x^2-(2a+2)x+a(a+2)<0\}$
$=\{x\mid (x-a)\{x-(a+2)\}<0\}$
$=\{x\mid a<x<a+2\}$

이때 집합 C가 두 집합 A, B와 각각 서로소이려면 $C\cap A=\varnothing$, $C\cap B=\varnothing$이어야 하므로 세 집합 A, B, C 사이의 관계가 다음 그림과 같아야 한다.

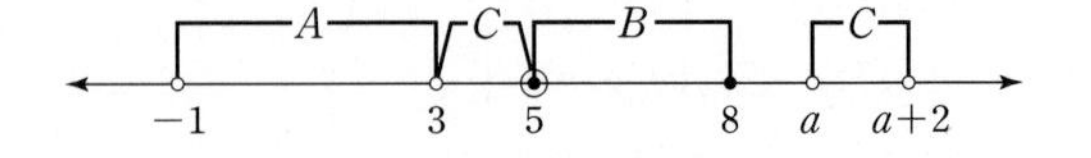

따라서 $a=3$ 또는 $8\le a\le10$이어야 하므로 자연수 a는 3, 8, 9, 10의 4개이다.

답 ③

04 **전략** $(C\cap A)\subset C$, $C\subset(C\cup B^C)$임을 이용하여 집합 사이의 관계를 파악한다.

풀이 $(C\cap A)\subset C$이고 $C\subset(C\cup B^C)$이므로 조건 (가)에 의하여

$C\cap A=C\cup B^C=C$

$C\cap A=C$에서 $C\subset A$이고, $C\cup B^C=C$에서 $B^C\subset C$이므로

$B^C\subset C\subset A$ ...... ㉠

이때 $B^C \subset A$이므로 조건 (나)에 의하여

$n(A \cap B^C) = n(B^C) = 2$ …… ㉡

㉠, ㉡에 의하여 집합 B^C은 집합 A의 부분집합 중에서 원소의 개수가 2인 집합이므로

$\{1, 2\}, \{1, 3\}, \{1, 5\}, \{1, 7\}, \{1, 8\},$

$\{2, 3\}, \{2, 5\}, \{2, 7\}, \{2, 8\},$

$\{3, 5\}, \{3, 7\}, \{3, 8\},$

$\{5, 7\}, \{5, 8\},$

$\{7, 8\}$의 15개

즉, 집합 B의 개수도 15이다.

이 각각에 대하여 집합 C의 개수는 집합 B^C의 원소를 포함하는 집합 A의 부분집합의 개수와 같으므로 $2^{6-2} = 2^4 = 16$

따라서 구하는 순서쌍 (B, C)의 개수는

$15 \times 16 = 240$

답 ④

05 전략 세 집합 A, B, X의 포함 관계를 확인하고, 조건 (나)를 만족시키는 집합 X의 개수를 구한다.

풀이 $A = \{(1, 1), (1, 2), (1, 3), (2, 1), (2, 2), (2, 3), (3, 1), (3, 2), (3, 3)\}$

$B = \{(3, 1), (3, 2), (3, 3)\}$

이므로 $n(A) = 9$, $n(B) = 3$이고 두 집합의 원소를 좌표평면 위에 나타내면 오른쪽 그림과 같다.

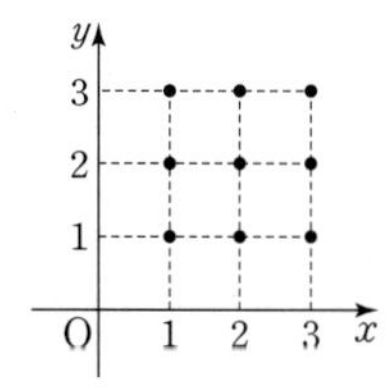

$A \cap X = X$에서 $X \subset A$이고,

$B \cup X = X$에서 $B \subset X$이므로

$B \subset X \subset A$

이때 두 점 $(1, 1), (3, 3)$ 사이의 거리는

$\sqrt{(3-1)^2 + (3-1)^2} = 2\sqrt{2}$

이고, 두 점 $(1, 3), (3, 1)$ 사이의 거리는

$\sqrt{(3-1)^2 + (1-3)^2} = 2\sqrt{2}$

이므로 조건 (나)에 의하여 집합 X는 $(1, 1)$ 또는 $(1, 3)$을 원소로 가져야 한다.

(i) 집합 X가 $(1, 1)$을 원소로 갖는 경우

집합 X의 개수는 $(1, 1)$과 집합 B의 원소를 포함하는 집합 A의 부분집합의 개수와 같으므로

$2^{9-3-1} = 2^5 = 32$

(ii) 집합 X가 $(1, 3)$을 원소로 갖는 경우

집합 X의 개수는 $(1, 3)$과 집합 B의 원소를 포함하는 집합 A의 부분집합의 개수와 같으므로

$2^{9-3-1} = 2^5 = 32$

(iii) 집합 X가 $(1, 1)$과 $(1, 3)$을 모두 원소로 갖는 경우

집합 X의 개수는 $(1, 3), (1, 1)$과 집합 B의 원소를 포함하는 집합 A의 부분집합의 개수와 같으므로

$2^{9-3-2} = 2^4 = 16$

(i), (ii), (iii)에 의하여 집합 X의 개수는

$32 + 32 - 16 = 48$

답 ③

06 전략 서로소의 정의와 $A_7 - A_3 = A_7 \cap A_3^C$, $A_4 = A_2$임을 이용한다.

풀이 조건 (가)에 의하여 7과 서로소이면서 3과는 서로소가 아닌 수는 3의 배수이므로

$A_7 - A_3 = A_7 \cap A_3^C = \{3, 6, 9, 12, 15, 18\}$

조건 (나)에 의하여 집합 A_4는 A_2와 같고, 집합 A_2는 20 이하의 홀수를 원소로 갖는 집합이므로 집합 X는 집합 $A_7 - A_3$의 원소 3, 9, 15 중 적어도 한 개의 원소를 가져야 한다.

즉, 집합 X의 개수는 집합 $A_7 - A_3$의 공집합이 아닌 부분집합의 개수에서 집합 $\{6, 12, 18\}$의 공집합이 아닌 부분집합의 개수를 빼면 된다.

이때 집합 $A_7 - A_3$의 공집합이 아닌 부분집합의 개수는

$2^6 - 1 = 63$

또, 집합 $\{6, 12, 18\}$의 공집합이 아닌 부분집합의 개수는

$2^3 - 1 = 7$

따라서 집합 X의 개수는

$63 - 7 = 56$

답 56

다른풀이 집합 $\{3, 9, 15\}$의 공집합이 아닌 부분집합의 개수는

$2^3 - 1 = 7$

집합 $\{6, 12, 18\}$의 부분집합의 개수는 $2^3 = 8$

따라서 집합 X의 개수는 $7 \times 8 = 56$

07 전략 $(A \cap B) \cup X = (A \cap C) \cup X$에서 집합 X가 반드시 포함해야 하는 원소를 파악한다.

풀이 $A = \{1, 2, 3, \cdots, 11\}$, $B = \{1, 2, 3, 4, 6, 12\}$, $C = \{3, 6, 9\}$에서

$A \cap B = \{1, 2, 3, 4, 6\}$, $A \cap C = \{3, 6, 9\}$

$(A \cap B) \subset \{(A \cap B) \cup X\}$이고 $(A \cap B) \cup X = (A \cap C) \cup X$이므로

$(A \cap B) \subset \{(A \cap C) \cup X\}$

즉, $\{1, 2, 3, 4, 6\} \subset (\{3, 6, 9\} \cup X)$이므로 집합 X는 집합 $A \cap B$의 원소 중 1, 2, 4를 원소로 가져야 한다.

또, $(A \cap C) \subset \{(A \cap C) \cup X\}$이고 $(A \cap B) \cup X = (A \cap C) \cup X$이므로

$(A \cap C) \subset \{(A \cap B) \cup X\}$

즉, $\{3, 6, 9\} \subset (\{1, 2, 3, 4, 6\} \cup X)$이므로 집합 X는 집합 $A \cap C$의 원소 중 9를 원소로 가져야 한다.

따라서 집합 X는 1, 2, 4, 9를 반드시 원소로 갖는 집합 A의 부분집합이므로 그 개수는 $2^{11-4} = 2^7 = 128$

답 ④

08 전략 드모르간의 법칙을 이용하여 $(A^C \cup B) \cup (A \cap B)^C$을 정리하고, $A \cap B = U - (A \cap B)^C$임을 이용한다.

풀이 $(A^C \cup B) \cup (A \cap B)^C = (A^C \cup B) \cup (A^C \cup B^C)$

$= A^C \cup (B \cup B^C)$

$= A^C \cup U = U$

이므로

$U = (A^C \cup B) \cup (A \cap B)^C = \{1, 2, 3, 4, 5, 6, 8, 9, 10, 12\}$

$\therefore A\cap B=U-(A\cap B)^C=\{1, 2, 3, 6\}$,

$A\cap B^C=U-(A\cap B^C)^C=U-(A^C\cup B)=\{9, 12\}$

$(A\cap B)\subset B$이므로 집합 B는 1, 2, 3, 6을 원소로 갖고, 집합 $A\cap B^C$, B는 서로소이므로 집합 B는 9, 12를 원소로 갖지 않는다.

따라서 집합 B의 개수는

$2^{10-4-2}=2^4=16$ 답 16

참고 두 집합 $A^C\cup B$와 $(A\cap B)^C$을 벤다이어그램으로 나타내면 다음 그림과 같다.

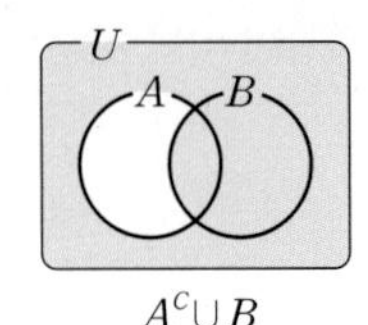

$A^C\cup B$

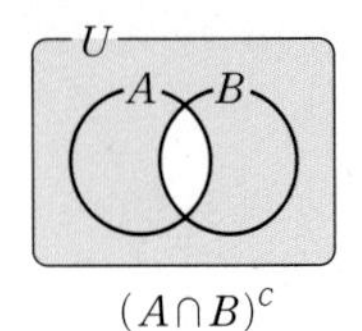

$(A\cap B)^C$

① $(A^C\cup B)\cup(A\cap B)^C=U$

② $U-(A\cap B)^C=(A^C\cup B)-(A\cap B)^C=A\cap B$

09

전략 $A\cap B=\varnothing$이므로 $X-A=X-B$에서 $X\subset(A\cup B)^C$임을 이용한다.

풀이 $A=\{1, 2, 4\}$에서 $A^C=\{3, 5, 6, 7, 8, 9, 10, 11, 12\}$

$B=\{6, 10, 12\}$에서 $B^C=\{1, 2, 3, 4, 5, 7, 8, 9, 11\}$

조건 (가)에서 $X-A=X-B$, 즉 $X\cap A^C=X\cap B^C$이므로

$(X\cap A^C)\cup(X\cap B^C)=X\cap A^C=X\cap B^C$ …… ㉠

한편, $A\cap B=\varnothing$이므로

$$\begin{aligned}(X\cap A^C)\cup(X\cap B^C)&=X\cap(A^C\cup B^C)\\&=X\cap(A\cap B)^C\\&=X\cap U=X\end{aligned}$$ …… ㉡

㉠, ㉡에 의하여 $X\cap A^C=X$, $X\cap B^C=X$이므로

$X\subset A^C$, $X\subset B^C$

즉, $X\subset(A^C\cap B^C)$이므로 $X\subset(A\cup B)^C$

이때 $(A\cup B)^C=A^C\cap B^C=\{3, 5, 7, 8, 9, 11\}$이고, 조건 (나)에서 $n(X)=3$이므로 집합 X의 모든 원소의 합이 최대가 되는 경우는 $X=\{8, 9, 11\}$일 때이다.

$\therefore M=8+9+11=28$

또, 집합 X의 모든 원소의 합이 최소가 되는 경우는 $X=\{3, 5, 7\}$일 때이므로

$m=3+5+7=15$

$\therefore M+m=28+15=43$ 답 43

10

전략 $A-(A-B)$를 드모르간의 법칙과 집합의 연산을 이용하여 정리하고 원과 직선의 위치 관계를 이용한다.

풀이
$$\begin{aligned}A-(A-B)&=A\cap(A\cap B^C)^C\\&=A\cap(A^C\cup B)\\&=(A\cap A^C)\cup(A\cap B)\\&=\varnothing\cup(A\cap B)\\&=A\cap B\end{aligned}$$

이므로 $n(A-(A-B))=2$, 즉 $n(A\cap B)=2$가 되려면 원 $x^2+y^2=k^2$과 직선 $x+y=5$가 서로 다른 두 점에서 만나야 한다.

이때 직선 $x+y-5=0$과 원점 사이의 거리는

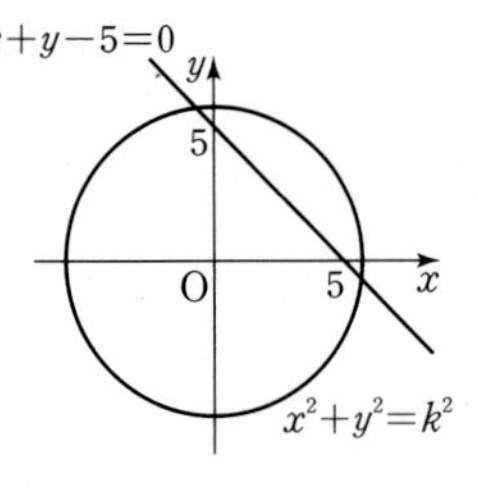

$\dfrac{|0+0-5|}{\sqrt{1^2+1^2}}=\dfrac{5}{\sqrt{2}}=\dfrac{5\sqrt{2}}{2}$

이므로 원과 직선이 서로 다른 두 점에서 만나려면

$k>\dfrac{5\sqrt{2}}{2}$

따라서 자연수 k의 최솟값은 4이다. 답 4

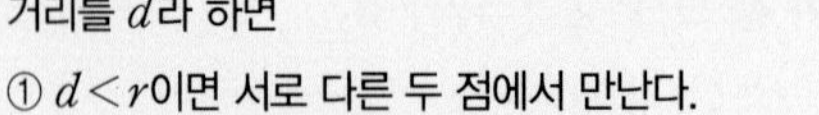

원과 직선의 위치 관계

반지름의 길이가 r인 원의 중심과 직선 사이의 거리를 d라 하면

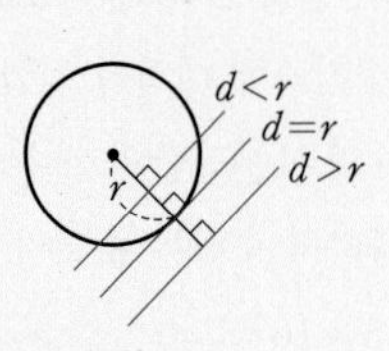

① $d<r$이면 서로 다른 두 점에서 만난다.

② $d=r$이면 한 점에서 만난다(접한다).

③ $d>r$이면 만나지 않는다.

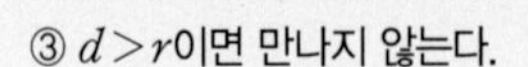

11

전략 두 집합 $A\triangle C$, $B\triangle C$를 벤다이어그램을 이용하여 나타내어 본다.

풀이 $A=\{1, 2, 5, 10\}$, $B=\{1, 2, 3, 6\}$

전체집합 U의 세 부분집합 A, B, C에 대하여 $A\triangle C$, $B\triangle C$를 벤다이어그램으로 나타내면 다음 그림과 같다.

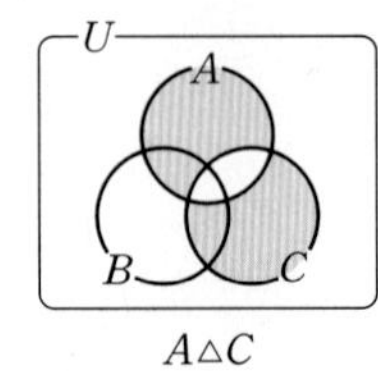

$A\triangle C$

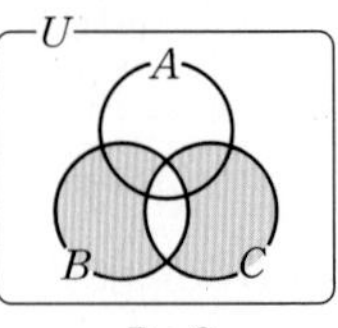

$B\triangle C$

$(A\triangle C)\subset(B\triangle C)$를 만족시키려면 집합 $A\cap(B\cup C)^C$과 $(B\cap C)\cap A^C$이 공집합이어야 한다.

즉, 집합 $A-B$의 원소 5, 10은 집합 $(A\cap C)-B$에 속해야 하고, 집합 $B-A$의 원소 3, 6은 집합 $B-(A\cup C)$에 속해야 한다.

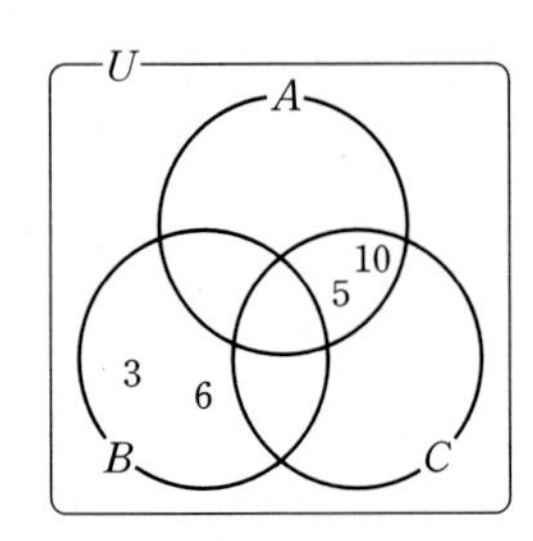

$A\cap B=\{1, 2\}$이므로 집합 $A\cap B\cap C$의 원소의 개수에 따라 경우를 나누어 조건을 만족시키는 집합 C의 개수를 구하면 다음과 같다.

(i) $n(A\cap B\cap C)=0$인 경우

집합 C는 5, 10을 원소로 갖고, 1, 2, 3, 6을 원소로 갖지 않는 전체집합 U의 부분집합이므로 그 개수는

$2^{10-2-4}=2^4=16$

(ii) $n(A\cap B\cap C)=1$인 경우

$A\cap B\cap C=\{1\}$ 또는 $A\cap B\cap C=\{2\}$

$A\cap B\cap C=\{1\}$일 때, 집합 C는 1, 5, 10을 원소로 갖고, 2, 3, 6을 원소로 갖지 않는 전체집합 U의 부분집합이므로 그 개수는

$2^{10-3-3}=2^4=16$

$A\cap B\cap C=\{2\}$일 때도 마찬가지로 집합 C의 개수는 16

즉, 집합 C의 개수는 $16+16=32$

(iii) $n(A\cap B\cap C)=2$인 경우

$A\cap B\cap C=\{1, 2\}$이므로 집합 C는 1, 2, 5, 10을 원소로 갖고 3, 6을 원소로 갖지 않는 전체집합 U의 부분집합이므로 그 개수는

$2^{10-4-2}=2^4=16$

(i), (ii), (iii)에 의하여 구하는 집합 C의 개수는

$16+32+16=64$

답 ⑤

12 전략 서로 연산으로 정의된 집합 $A\circledcirc B$를 이해하고, 집합 $A\circledcirc B^C$을 벤다이어그램에 나타내어 본다.

풀이 $A\circledcirc B^C$

$=(A\cup B^C)\cap(A\cap B^C)^C$

$=(A\cup B^C)\cap(A^C\cup B)$

$=\{A\cap(A^C\cup B)\}\cup\{B^C\cap(A^C\cup B)\}$

$=\{(A\cap A^C)\cup(A\cap B)\}\cup\{(B^C\cap A^C)\cup(B^C\cap B)\}$

$=(A\cap B)\cup(A^C\cap B^C)$

$=(A\cap B)\cup(A\cup B)^C$

이므로 집합 $A\circledcirc B^C$을 벤다이어그램으로 나타내면 오른쪽 그림과 같다.

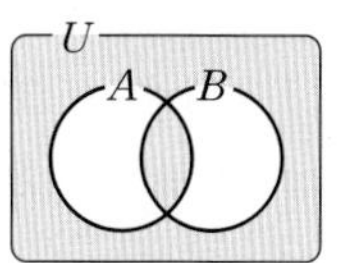

$A\circledcirc B^C=\{1, 2, 5, 7\}$이고, $n(A\cap B)=2$이므로 가능한 집합 $A\cap B$는

$\{1, 2\}$, $\{1, 5\}$, $\{1, 7\}$, $\{2, 5\}$, $\{2, 7\}$, $\{5, 7\}$의 6개

이 각각에 대하여 원소 3, 4, 6, 8이 각각 집합 $A-B$ 또는 $B-A$에 속하는 경우가 2가지씩이므로

$2\times2\times2\times2=16$

따라서 구하는 순서쌍 (A, B)의 개수는

$6\times16=96$

답 ④

13 전략 $f(A)=x$로 놓으면 $f(B)=36-x$임을 이용하여 가능한 x의 값을 구한다.

풀이 $f(U)=1+3+5+7+9+11=36$

$A\cup B=U$, $A\cap B=\varnothing$이므로 $f(A)=x$로 놓으면

$f(B)=36-x$

$f(A)\times f(B)=320$에서

$x(36-x)=320$

$x^2-36x+320=0$, $(x-16)(x-20)=0$

$\therefore x=16$ 또는 $x=20$

(i) $f(A)=16$일 때

$16=5+11=7+9=1+3+5+7$이므로

$A=\{5, 11\}$이면 $B=\{1, 3, 7, 9\}$

$A=\{7, 9\}$이면 $B=\{1, 3, 5, 11\}$

$A=\{1, 3, 5, 7\}$이면 $B=\{9, 11\}$

즉, 순서쌍 (A, B)의 개수는 3이다.

(ii) $f(A)=20$일 때

$20=9+11=1+3+5+11=1+3+7+9$이므로

$A=\{9, 11\}$이면 $B=\{1, 3, 5, 7\}$

$A=\{1, 3, 5, 11\}$이면 $B=\{7, 9\}$

$A=\{1, 3, 7, 9\}$이면 $B=\{5, 11\}$

즉, 순서쌍 (A, B)의 개수는 3이다.

(i), (ii)에 의하여 구하는 순서쌍 (A, B)의 개수는

$3+3=6$

답 6

14 전략 집합 A의 모든 원소의 합이 최대가 되도록 집합 A에 속해야 하는 원소를 구한다.

풀이 조건 (가)에 의하여 k와 $2k$는 집합 A에 동시에 원소가 될 수 없다.

이때 k, $2k$를 모두 원소로 갖는 집합과 k만을 원소로 갖는 집합으로 전체집합 U를 나누어 보면

$\{1, 2, 4, 8\}$, $\{3, 6\}$, $\{5, 10\}$, $\{7\}$, $\{9\}$

이때 집합 A의 원소의 합이 최대이려면 위의 집합의 원소 중 크기가 가장 큰 수를 최대한 많이 가져야 한다.

집합 A는 7, 9를 원소로 가져야 하고, 5와 10 중 10, 3과 6 중 6, 1, 2, 4, 8 중 k, $2k$의 관계가 아닌 2, 8을 원소로 가져야 하므로

$A=\{2, 6, 7, 8, 9, 10\}$

$\therefore a=2+6+7+8+9+10=42$

한편, $n(A)=6$이고 조건 (나)에서 $n(A\cup B)=9$이므로

$n(A\cup B)=n(A)+n(B)-n(A\cap B)$에서

$9=6+n(B)-n(A\cap B)$

$n(B)-n(A\cap B)=3$

$\therefore n(B-A)=3$

즉, 집합 $B-A$는 집합 U에서 집합 A의 원소를 제외한 1, 3, 4, 5 중 3개를 원소로 가지므로

$\{1, 3, 4\}$, $\{1, 3, 5\}$, $\{1, 4, 5\}$, $\{3, 4, 5\}$의 4개

또한, $(A\cap B)\subset A$이므로 집합 $A\cap B$의 개수는 집합 A의 부분집합의 개수와 같으므로

$2^6=64$

따라서 집합 B의 개수는 $b=4\times64=256$이므로

$a+b=42+256=298$

답 ⑤

참고 집합 $A\cap B$의 원소에 따라 집합 B의 원소가 달라진다.

15 전략 약수와 배수의 관계를 이용하여 보기의 참, 거짓을 판별한다.

풀이 ㄱ. $k=10$일 때, $B=\{1, 2, 5, 10\}$이므로

$A\cap B=\{2, 5\}$에서 $n(A\cap B)=2$ (참)

ㄴ. $A\subset B$이려면 k는 2, 3, 4, 5의 최소공배수인 60의 배수이어야 하므로 100 이하의 자연수 중 60의 배수는 60뿐이다. (참)

ㄷ. $n(A\cap B^C)=n(A-B)=n(A)-n(A\cap B)$에서

$n(A\cap B)=n(A)-n(A\cap B^C)=4-1=3$

이므로 집합 B가 100 이하의 자연수 k의 약수 중 집합 A의 원소 3개만을 갖도록 하는 k의 값을 구하면 된다.

(i) k의 약수가 2, 3, 4를 포함하고 5를 포함하지 않는 경우

k는 100 이하의 12의 배수이므로

12, 24, 36, ⋯, 96

이때 60은 5를 약수로 가지므로 제외하면 k의 개수는

$8-1=7$

(ii) k의 약수가 2, 3, 5를 포함하고 4를 포함하지 않는 경우

k는 100 이하의 30의 배수이므로

30, 60, 90

이때 60은 4를 약수로 가지므로 제외하면 k의 개수는

$3-1=2$

(iii) k의 약수가 2, 4, 5를 포함하고 3을 포함하지 않는 경우

k는 100 이하의 20의 배수이므로

20, 40, 60, 80, 100

이때 60은 3을 약수로 가지므로 제외하면 k의 개수는

$5-1=4$

(i), (ii), (iii)에 의하여 구하는 k의 개수는

$7+2+4=13$ (참)

따라서 ㄱ, ㄴ, ㄷ 모두 옳다. 답 ⑤

16 전략 a가 $A\cap B$의 원소일 때와 원소가 아닐 때로 나누어 생각한다.

풀이 $n(A)=6$, $n(B)=3$이므로

$n(A\times B)=6\times 3=18$, $n(B\times A)=3\times 6=18$

$\therefore n((A\times B)\cup(B\times A))$

$=n(A\times B)+n(B\times A)-n((A\times B)\cap(B\times A))$

$=18+18-n((A\times B)\cap(B\times A))$

$=36-n((A\times B)\cap(B\times A))$

즉, $36-n((A\times B)\cap(B\times A))=27$이므로

$n((A\times B)\cap(B\times A))=9$ ...... ㉠

$(x, y)\in(A\times B)\cap(B\times A)$이려면

$x\in A$이고 $x\in B$, $y\in A$이고 $y\in B$이어야 하므로

$x\in A\cap B$이고 $y\in A\cap B$이어야 한다.

즉, a가 집합 $A\cap B$의 원소일 때와 아닐 때의 a의 값을 구하면 다음과 같다.

(i) $a\in A\cap B$, 즉 $A\cap B=\{2, 4, a\}$일 때

$n((A\times B)\cap(B\times A))=3\times 3=9$

이므로 ㉠을 만족시킨다.

$\therefore a=1$ 또는 $a=3$ 또는 $a=6$ 또는 $a=12$

(ii) $a\notin A\cap B$, 즉 $A\cap B=\{2, 4\}$일 때

$n((A\times B)\cap(B\times A))=2\times 2=4\neq 9$

이므로 ㉠을 만족시키지 않는다.

(i), (ii)에 의하여 모든 자연수 a의 값의 합은

$1+3+6+12=22$ 답 22

빠른풀이 $n((A\times B)\cap(B\times A))=9=3^2$

이므로 $n(A\cap B)=3$이어야 한다.

즉, $A\cap B=\{2, 4, a\}$이어야 하므로

$a=1$ 또는 $a=3$ 또는 $a=6$ 또는 $a=12$

17 전략 $n(A\cap B)=n(A)+n(B)-n(A\cup B)$임을 이용한다.

풀이 학생 전체의 집합을 U, 배드민턴을 선호하는 학생의 집합을 A, 축구를 선호하는 학생의 집합을 B라 하면

$n(U)=35$, $n(A)=23$, $n(B)=18$

$n(A\cup B)=n(A)+n(B)-n(A\cap B)$이므로

$n(A\cap B)=n(A)+n(B)-n(A\cup B)$

$=23+18-n(A\cup B)$

$=41-n(A\cup B)$

(i) $n(A\cap B)$의 값이 최대인 경우

$n(A\cup B)$의 값이 최소일 때, 즉 $B\subset A$일 때이므로 $n(A\cap B)$의 최댓값은

$n(A\cap B)=n(B)=18$

(ii) $n(A\cap B)$의 값이 최소인 경우

$n(A\cup B)$의 값이 최대일 때, 즉 $A\cup B=U$일 때이므로

$n(A\cap B)$의 최솟값은

$n(A\cap B)=41-n(A\cup B)=41-n(U)$

$=41-35=6$

(i), (ii)에 의하여 $6\le n(A\cap B)\le 18$

이때 배드민턴은 선호하지만 축구는 선호하지 않는 학생의 집합은 $A-B$이므로

$n(A-B)=n(A)-n(A\cap B)$

$=23-n(A\cap B)$

$\therefore 5\le n(A-B)\le 17$

따라서 $n(A-B)$의 최댓값은 17, 최솟값은 5이므로 그 합은

$17+5=22$ 답 ③

18 전략 $n(U)=a$로 놓고 $n(U)=n(A\cup B)+n((A\cup B)^C)$임을 이용한다.

풀이 학생 전체의 집합을 U, 공연 발표제 참가를 신청한 학생의 집합을 A, 학술 발표제 참가를 신청한 학생의 집합을 B라 하고 $n(U)=a$라 하면

$n(A)=\frac{5}{9}a$, $n(B)=\frac{1}{2}a$, $n(A\cap B)=\frac{1}{5}a$, $n((A\cup B)^C)=26$

$n(U)=n(A\cup B)+n((A\cup B)^C)$

$=n(A)+n(B)-n(A\cap B)+n((A\cup B)^C)$

이므로

$a=\frac{5}{9}a+\frac{1}{2}a-\frac{1}{5}a+26$

$\frac{13}{90}a=26$ $\therefore a=180$

따라서 학술 발표제만 참가를 신청한 학생의 집합은 $B\cap A^C$이므로

$n(B\cap A^C)=n(B)-n(A\cap B)$

$=\frac{1}{2}a-\frac{1}{5}a=\frac{3}{10}a$

$=\frac{3}{10}\times 180=54$ 답 ③

19 전략 $S(A, B)$의 의미를 파악하고, 집합 A는 네 집합 $(A\cap B)-C$, $(A\cap C)-B$, $A\cap B\cap C$, $A-(B\cup C)$로 이루어진 집합임을 이용한다.

풀이 $S(A, B)=n(A^C\cup B^C)=n((A\cap B)^C)$

$=n(U)-n(A\cap B)$

$=10-n(A\cap B)$

이므로 마찬가지로 $S(A, C)=10-n(A\cap C)$

조건 ㈎에 의하여 $10-n(A\cap B)=10-n(A\cap C)=5$

$\therefore n(A\cap B)=n(A\cap C)=5$

조건 ㈏에 의하여 $n(A\cap B\cap C)=4$이고,

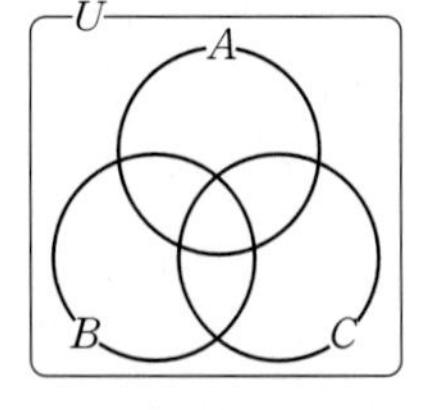

$n(A\cap B)=5$이므로

$n((A\cap B)-C)=1$

집합 $(A\cap B)-C$는 2, 3, 5, 7을 제외한 6개의 원소 중 1개를 원소로 가지므로 그 개수는 6이다.

또, $n(A\cap C)=5$이므로

$n((A\cap C)-B)=1$

집합 $(A\cap C)-B$는 2, 3, 5, 7과 집합 $(A\cap B)-C$가 갖는 원소를 제외한 5개의 원소 중 1개를 원소로 가지므로 그 개수는 5이다.

또한, 집합 $A-(B\cup C)$는 집합 $(A\cap B)-C$와 $(A\cap C)-B$, $A\cap B\cap C$의 원소를 포함하지 않는 전체집합 U의 부분집합이므로 그 개수는

$2^{10-1-1-4}=2^4=16$

따라서 집합 A는 네 집합 $(A\cap B)-C$, $(A\cap C)-B$, $A\cap B\cap C$, $A-(B\cup C)$로 이루어진 집합이므로 그 개수는

$6\times5\times16=480$

답 ④

20 전략 x와 $y-k$ 사이의 관계를 파악하고 집합 A_k가 반드시 가져야 하는 원소를 구한다.

풀이 $x(y-k)=24$에서 x와 $y-k$는 18 이하의 자연수 중 24의 약수이다.

$y\in U$이므로 $y-k$는 18보다 작은 24의 약수이고, $x>1$이어야 한다.

즉, $y-k$와 x 사이의 관계를 표로 나타내면 다음과 같다.

$y-k$	2	3	4	6	8	12
x	12	8	6	4	3	2

$\therefore A_k\subset\{2, 3, 4, 6, 8, 12\}$

이때 $B=\{2, 4, 8\}$이므로 $B\subset A_k$가 되려면 집합 A_k가 2, 4, 8을 원소로 가져야 한다.

(i) $2\in A_k$일 때

$x=2$, $y-k=12$이므로

$y=12+k\le18$에서 $k\le6$

$\therefore 1\le k\le6$

(ii) $4\in A_k$일 때

$x=4$, $y-k=6$이므로

$y=6+k\le18$에서 $k\le12$

$\therefore 1\le k\le12$

(iii) $8\in A_k$일 때

$x=8$, $y-k=3$이므로

$y=3+k\le18$에서 $k\le15$

$\therefore 1\le k\le15$

(i), (ii), (iii)에 의하여 $1\le k\le6$

따라서 자연수 k의 값은 1, 2, 3, 4, 5, 6이므로 그 합은

$1+2+3+4+5+6=21$

답 ④

21 전략 두 집합 $(A*B)*C$, $A*(B*C)$를 벤다이어그램으로 나타내어 두 집합이 같을 조건을 찾는다.

풀이 $A*B=A^C\cap B^C=(A\cup B)^C$이므로

$(A*B)*C=\{(A\cup B)^C\}*C=\{(A\cup B)^C\cup C\}^C$

$=(A\cup B)\cap C^C=(A\cup B)-C$

$A*(B*C)=A*(B\cup C)^C=\{A\cup(B\cup C)^C\}^C$

$=A^C\cap(B\cup C)=(B\cup C)\cap A^C$

$=(B\cup C)-A$

두 집합 $(A*B)*C$, $A*(B*C)$를 벤다이어그램으로 나타내면 다음 그림과 같다.

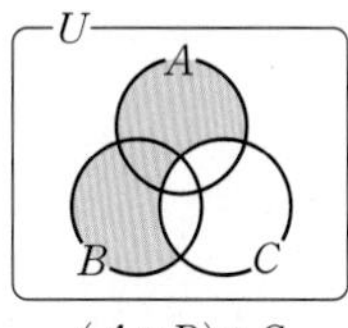

$(A*B)*C$ $A*(B*C)$

$(A*B)*C=A*(B*C)$를 만족시키려면 $A-C=\varnothing$, $C-A=\varnothing$이어야 하므로

$A\subset C$이고 $C\subset A$

즉, $A=C=\{1, 2, 4, 8\}$이므로 구하는 집합 A, B, C의 순서쌍 (A, B, C)의 개수는 집합 B의 개수와 같다.

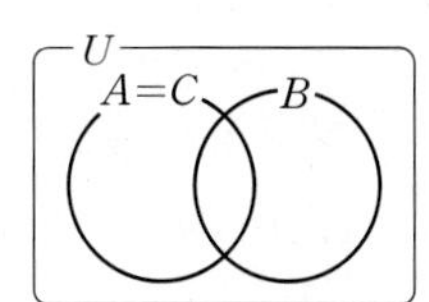

이때 전체집합 U의 부분집합 B의 개수는

$2^{10}=1024$

따라서 구하는 순서쌍 (A, B, C)의 개수는

1024

답 1024

22 전략 모든 원소의 합이 10이 되는 집합 A를 구한 후, $f(A\cap B)$의 값에 따라 경우를 나누어 순서쌍 (A, B)의 개수를 구한다.

풀이 $U=\{1, 3, 5, 7, 9\}$이고 조건 ㈎에서 $f(A)=10$이므로 집합 A는

$\{1, 9\}$ 또는 $\{3, 7\}$

(i) $A=\{1, 9\}$일 때

① $f(A\cap B)=0$이면

$A\cap B=\varnothing$이므로 $A-B=A=\{1, 9\}$

$B-A=B$이므로 조건 ㈏에 의하여 집합 B는

$\varnothing$, $\{3\}$, $\{5\}$, $\{7\}$, $\{3, 5\}$, $\{3, 7\}$의 6개

② $f(A\cap B)=1$이면

$A\cap B=\{1\}$이므로 $A-B=\{9\}$

조건 ㈏에 의하여 집합 $B-A$는 $\varnothing$, $\{3\}$, $\{5\}$, $\{7\}$, $\{3, 5\}$이므로 집합 B는

$\{1\}$, $\{1, 3\}$, $\{1, 5\}$, $\{1, 7\}$, $\{1, 3, 5\}$의 5개

③ $f(A\cap B)=9$이면

$A\cap B=\{9\}$이므로 $A-B=\{1\}$

조건 ㈏에 의하여 $B-A=\varnothing$이므로 집합 B는 $\{9\}$의 1개

④ $f(A\cap B)=1+9=10$이면

$A\cap B=A=\{1, 9\}$이므로 $A-B=\varnothing$

조건 ㈏에 의하여 $B-A=\varnothing$이므로 집합 B는 $\{1,\ 9\}$의 1개

①~④에 의하여 집합 B의 개수는

$6+5+1+1=13$

(ii) $A=\{3,\ 7\}$일 때

① $f(A\cap B)=0$이면

$A\cap B=\varnothing$이므로 $A-B=A=\{3,\ 7\}$

$B-A=B$이므로 조건 ㈏에 의하여 집합 B는

$\varnothing$, $\{1\}$, $\{5\}$, $\{9\}$, $\{1,\ 5\}$, $\{1,\ 9\}$의 6개

② $f(A\cap B)=3$이면

$A\cap B=\{3\}$이므로 $A-B=\{7\}$

조건 ㈏에 의하여 집합 $B-A$는 $\varnothing$, $\{1\}$, $\{5\}$, $\{1,\ 5\}$이므로 집합 B는

$\{3\}$, $\{1,\ 3\}$, $\{3,\ 5\}$, $\{1,\ 3,\ 5\}$의 4개

③ $f(A\cap B)=7$이면

$A\cap B=\{7\}$이므로 $A-B=\{3\}$

조건 ㈏에 의하여 집합 $B-A$는 $\varnothing$, $\{1\}$이므로 집합 B는

$\{7\}$, $\{1,\ 7\}$의 2개

④ $f(A\cap B)=3+7=10$이면

$A\cap B=A=\{3,\ 7\}$이므로 $A-B=\varnothing$

조건 ㈏에 의하여 $B-A=\varnothing$이므로 집합 B는 $\{3,\ 7\}$의 1개

①~④에 의하여 집합 B의 개수는

$6+4+2+1=13$

(i), (ii)에 의하여 구하는 순서쌍 $(A,\ B)$의 개수는

$13+13=26$ 답 ③

참고 $f(A\cap B)=x$, $f(B-A)=y$로 놓으면

$f(A-B)=10-x$, $10-x\geq y$

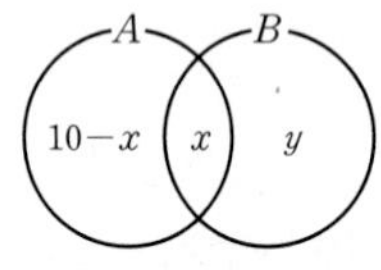

23 **전략** 벤다이어그램에 각각의 영역에 해당하는 원소의 개수를 문자를 사용하여 나타낸 후, 주어진 조건을 이용하여 $n(A\cap B\cap C)$의 최댓값을 구한다.

풀이 벤다이어그램의 각각의 영역에 해당하는 원소의 개수를 문자를 사용하여 나타내면 오른쪽 그림과 같다.

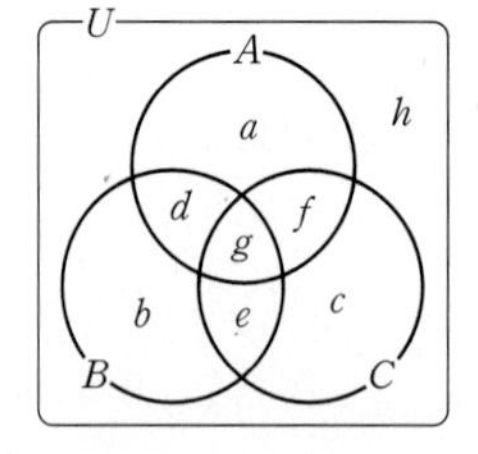

$A\triangledown B=(A\cap B)\cup(A\cup B)^C$을 벤다이어그램으로 나타내면 오른쪽 그림과 같고,

$n(A\triangledown B)=25$이므로

$c+d+g+h=25$ ...... ㉠

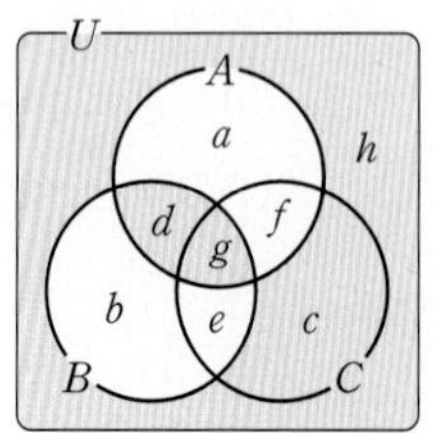

$B\triangledown C=(B\cap C)\cup(B\cup C)^C$을 벤다이어그램으로 나타내면 오른쪽 그림과 같고,

$n(B\triangledown C)=18$이므로

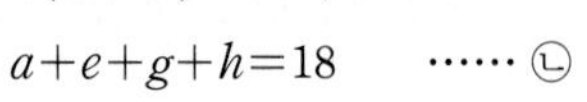

$a+e+g+h=18$ ...... ㉡

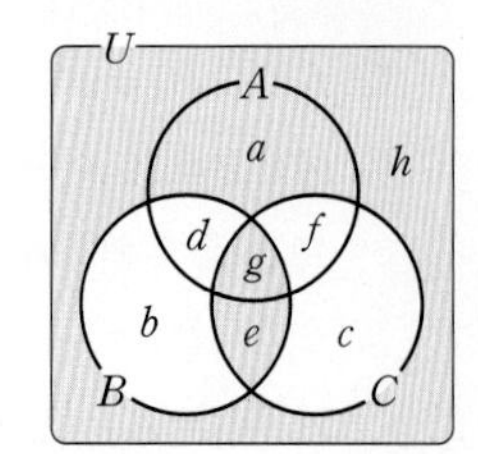

$C\triangledown A=(C\cap A)\cup(C\cup A)^C$을 벤다이어그램으로 나타내면 오른쪽 그림과 같고,

$n(C\triangledown A)=21$이므로

$b+f+g+h=21$ ...... ㉢

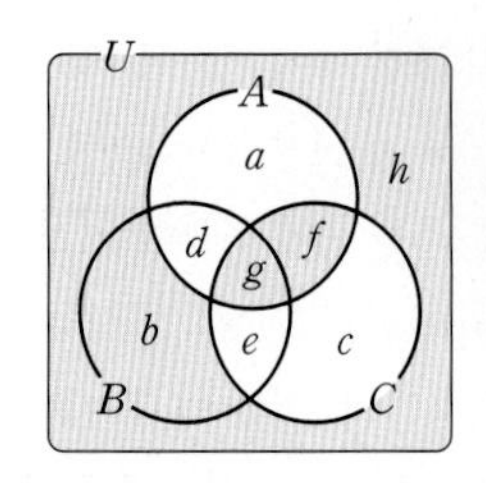

㉠, ㉡, ㉢의 양변을 변끼리 더하면

$(a+b+c+d+e+f+g+h)+2(g+h)=64$

이때 $n(U)=a+b+c+d+e+f+g+h=40$이므로

$40+2(g+h)=64$에서

$g+h=12$

$\therefore g=12-h$

따라서 $g=n(A\cap B\cap C)$는 $h=n((A\cup B\cup C)^C)$의 값이 최소일 때 최댓값을 가지므로 $h=0$일 때 최댓값 12를 갖는다. 답 ③

다른풀이 $A\triangledown B=(A\cap B)\cup(A\cup B)^C$

$=\{(A\cup B)-(A\cap B)\}^C$

이때 $n(U)=40$, $n(A\triangledown B)=25$이므로

$n((A\cup B)-(A\cap B))=n(U)-n(A\triangledown B)$

$=40-25=15$

$\therefore n(A)+n(B)-2n(A\cap B)=15$ ...... ㉠

같은 방법으로

$n(B\triangledown C)=18$에서

$n(B)+n(C)-2n(B\cap C)=22$ ...... ㉡

$n(C\triangledown A)=21$에서

$n(C)+n(A)-2n(C\cap A)=19$ ...... ㉢

㉠, ㉡, ㉢의 양변을 변끼리 더하면

$2\{n(A)+n(B)+n(C)$

$-n(A\cap B)-n(B\cap C)-n(C\cap A)\}=56$

$\therefore n(A)+n(B)+n(C)-n(A\cap B)-n(B\cap C)-n(C\cap A)=28$

이때

$n(A\cap B\cap C)=n(A\cup B\cup C)-28$

이므로 $n(A\cup B\cup C)$가 최대일 때, $n(A\cap B\cap C)$가 최대이다.

따라서 $n(A\cap B\cap C)$의 최댓값은

$n(A\cup B\cup C)=n(U)=40$

일 때 $40-28=12$이다.

02 명제

Step A 1등급을 위한 고난도 빈출 & 핵심 문제

본문 18~19쪽

01 ⑤	02 ③	03 ④	04 4	05 ③
06 ②	07 ③	08 4	09 ④	10 69
11 ⑤	12 11	13 ④	14 ②	

01 ① [반례] $x=0$, $y=1$일 때, $xy=0$이지만

$x^2+y^2=1\neq 0$

② [반례] $x=\sqrt{2}$, $y=-\sqrt{2}$일 때, x, y가 모두 무리수이지만

$x+y=0$이므로 유리수이다.

③ [반례] $x=1$, $y=0$일 때, $x^2+y^2=1>0$이지만 $y=0$이다.

④ [반례] $x=-2$일 때, $x^2+4x+4=0$

⑤ $x^2+2x=0$에서 $x(x+2)=0$

$\therefore x=0$ 또는 $x=-2$

$x=0$ 또는 $x=-2$이면 $x^2+2x=0$이므로 주어진 명제는 참이다.

따라서 참인 명제는 ⑤이다. 답 ⑤

02 p: $x^2-ax-2x+2a=0$에서 $x^2-(a+2)x+2a=0$

$(x-2)(x-a)=0$ $\quad\therefore x=2$ 또는 $x=a$

q: $|x-a|\le 3$에서 $-3\le x-a\le 3$ $\quad\therefore a-3\le x\le a+3$

두 조건 p, q의 진리집합을 각각 P, Q라 하면

$P=\{2, a\}$, $Q=\{x|a-3\le x\le a+3\}$

명제 $p \longrightarrow q$가 참이 되려면 $P\subset Q$이어야 하므로

$2\in Q$, $a\in Q$

$2\in Q$에서 $a-3\le 2\le a+3$ $\quad\therefore -1\le a\le 5$

$a\in Q$에서 $a-3\le a\le a+3$은 항상 성립한다.

$\therefore -1\le a\le 5$

따라서 정수 a는 -1, 0, 1, 2, 3, 4, 5의 7개이다. 답 ③

03 ㄱ. 역: xy가 짝수이면 x, y가 모두 짝수이다. (거짓)

[반례] $x=2$, $y=3$일 때, $xy=6$은 짝수이지만 y는 홀수이다.

대우: xy가 홀수이면 x, y 중 적어도 하나는 홀수이다. (참)

ㄴ. 역: x, y가 실수일 때, $|x|+|y|=0$이면 $x=0$, $y=0$이므로 $x^2+y^2=0$이다. (참)

대우: x, y가 실수일 때, $|x|+|y|\neq 0$이면 $x\neq 0$ 또는 $y\neq 0$이므로 $x^2+y^2\neq 0$이다. (참)

ㄷ. 역: 두 집합 A, B에 대하여 $A\cup B=B$이면 $A\subset B$이다. (참)

대우: 두 집합 A, B에 대하여 $A\cup B\neq B$이면 $A\not\subset B$이다. (참)

따라서 역과 대우가 모두 참인 명제는 ㄴ, ㄷ이다. 답 ④

04 명제 $p \longrightarrow q$의 역 $q \longrightarrow p$가 참이 되려면 그 대우 $\sim p \longrightarrow \sim q$가 참이 되어야 한다.

$\sim p$: $x^2+x\le 6$에서 $x^2+x-6\le 0$

$(x+3)(x-2)\le 0$ $\quad\therefore -3\le x\le 2$

$\sim q$: $|x-1|\le a$에서 $-a\le x-1\le a$ $\quad\therefore 1-a\le x\le 1+a$

두 조건 p, q의 진리집합을 각각 P, Q라 하면

$P^C=\{x|-3\le x\le 2\}$, $Q^C=\{x|1-a\le x\le 1+a\}$

이때 $\sim p \longrightarrow \sim q$가 참이 되려면 $P^C\subset Q^C$이어야 하므로 다음 그림과 같아야 한다.

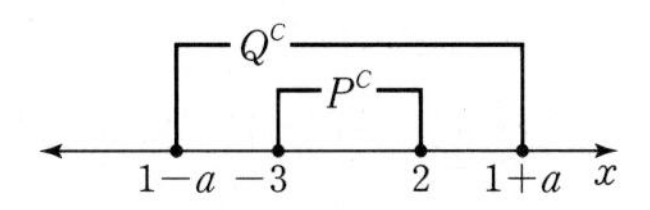

즉, $1-a\le -3$, $1+a\ge 2$이어야 하므로 $a\ge 4$

따라서 양수 a의 최솟값은 4이다. 답 4

다른풀이 p: $x^2+x>6$에서 $x^2+x-6>0$

$(x+3)(x-2)>0$ $\quad\therefore x<-3$ 또는 $x>2$

q: $|x-1|>a$에서 $x-1<-a$ 또는 $x-1>a$

$\therefore x<1-a$ 또는 $x>1+a$

두 조건 p, q의 진리집합을 각각 P, Q라 하면

$P=\{x|x<-3$ 또는 $x>2\}$, $Q=\{x|x<1-a$ 또는 $x>1+a\}$

이때 명제 $p \longrightarrow q$의 역 $q \longrightarrow p$가 참이 되려면 $Q\subset P$이어야 하므로 다음 그림과 같아야 한다.

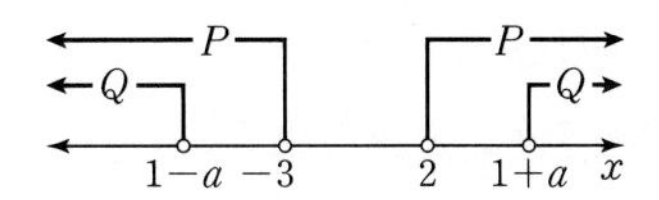

즉, $1-a\le -3$, $1+a\ge 2$이어야 하므로 $a\ge 4$

따라서 양수 a의 최솟값은 4이다.

05 명제 $\sim s \longrightarrow r$가 참이므로 그 대우 $\sim r \longrightarrow s$도 참이다.

즉, 명제 $p \longrightarrow \sim q$, $\sim r \longrightarrow s$가 모두 참이므로 명제 $p \longrightarrow s$가 참임을 보이기 위해 필요한 참인 명제는

$\sim q \longrightarrow \sim r$ 또는 $\sim q \longrightarrow s$ 또는 각각의 대우 $r \longrightarrow q$ 또는 $\sim s \longrightarrow q$이다. 답 ③

06 ㄱ. $p \rightarrow q$: [반례] $x=2$, $y=-2$일 때, $|x|=|y|=2$이지만

$|x+y|=0$, $|x|+|y|=4$이므로

$|x+y|\neq|x|+|y|$

$q \rightarrow p$: [반례] $x=2$, $y=1$일 때,

$|x+y|=3$, $|x|+|y|=2+1=3$이지만

$|x|\neq|y|$

즉, p, q는 서로 어느 조건도 만족시키지 않는다.

ㄴ. $p \rightarrow q$: $x=y=0$이면 $x^2+xy+y^2=0$이므로 $p \Longrightarrow q$

$q \rightarrow p$: $x^2+xy+y^2=0$에서 $\left(x^2+xy+\frac{1}{4}y^2\right)+\frac{3}{4}y^2=0$

$\left(x+\frac{1}{2}y\right)^2+\frac{3}{4}y^2=0$

이때 x, y가 모두 실수이므로

$x+\frac{1}{2}y=0$, $y=0$ $\quad\therefore x=y=0$

$\therefore q \Longrightarrow p$

즉, p는 q이기 위한 필요충분조건이다.

ㄷ. $p \to q$: $x>y>z$이면 $x-y>0$, $y-z>0$, $z-x<0$이므로

$(x-y)(y-z)(z-x)<0$ $\quad \therefore p \Longrightarrow q$

$q \to p$: [반례] $x=1$, $y=3$, $z=2$일 때,

$(x-y)(y-z)(z-x)=(-2)\times1\times1=-2<0$이지만

$y>z>x$

즉, p는 q이기 위한 충분조건이지만 필요조건은 아니다.

따라서 p가 q이기 위한 충분조건이지만 필요조건이 아닌 것은 ㄷ뿐이다. 답 ②

07 $\{P\cap(R\cup Q^C)\}\cup\{R\cap(Q\cup R^C)\}$

$=\{(P\cap R)\cup(P\cap Q^C)\}\cup\{(R\cap Q)\cup(R\cap R^C)\}$

$=\{(P\cap R)\cup(P\cap Q^C)\}\cup\{(R\cap Q)\cup\varnothing\}$

$=(P\cap R)\cup(P\cap Q^C)\cup(R\cap Q)$

$=\varnothing$

이므로

$P\cap R=\varnothing$, $P\cap Q^C=\varnothing$, $R\cap Q=\varnothing$

즉, $P\cap R=\varnothing$, $R\cap Q=\varnothing$에서 두 집합 P와 R, R와 Q는 각각 서로소이므로

$P\subset R^C$, $R\subset P^C$, $R\subset Q^C$, $Q\subset R^C$

또, $P\cap Q^C=\varnothing$에서 $P-Q=\varnothing$이므로

$P\subset Q$, $Q^C\subset P^C$

① $P\subset Q$에서 $p\Longrightarrow q$이므로 p는 q이기 위한 충분조건이다.

② $P\subset R^C$에서 $p\Longrightarrow \sim r$이므로 p는 $\sim r$이기 위한 충분조건이다.

③ $Q\subset R^C$에서 $q\Longrightarrow \sim r$이므로 q는 $\sim r$이기 위한 충분조건이다.

④ $R\subset P^C$에서 $r\Longrightarrow \sim p$이므로 $\sim p$는 r이기 위한 필요조건이다.

⑤ $R\subset Q^C$에서 $r\Longrightarrow \sim q$이므로 $\sim q$는 r이기 위한 필요조건이다.

따라서 옳지 않은 것은 ③이다. 답 ③

참고 전체집합 U의 세 부분집합 P, Q, R가 $P\cap R=\varnothing$, $P\cap Q^C=\varnothing$, $R\cap Q=\varnothing$을 만족시킬 때, 세 집합의 관계를 벤다이어그램으로 나타내면 오른쪽 그림과 같다.

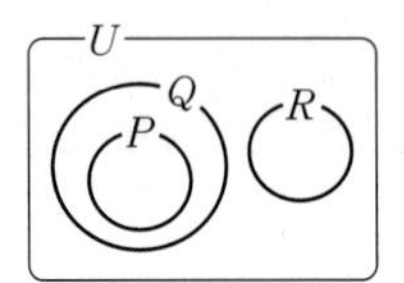

08 p: $x^2-10x+24<0$에서 $(x-4)(x-6)<0$ $\quad \therefore 4<x<6$

r: $x^2-2x<0$에서 $x(x-2)<0$ $\quad \therefore 0<x<2$

세 조건 p, q, r의 진리집합을 각각 P, Q, R라 하면

$P=\{x\,|\,4<x<6\}$, $Q=\{x\,|\,x<k\}$, $R=\{x\,|\,0<x<2\}$

p는 $\sim q$이기 위한 충분조건이므로

$p\Longrightarrow \sim q$

$\therefore P\subset Q^C$ $\quad$ …… ㉠

q는 r이기 위한 필요조건이므로

$r\Longrightarrow q$

$\therefore R\subset Q$ $\quad$ …… ㉡

이때 ㉠, ㉡을 동시에 만족시키려면 오른쪽 그림과 같아야 하므로

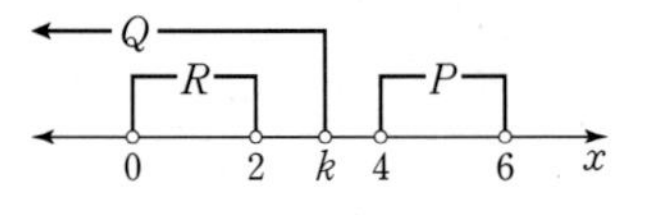

$2\le k\le 4$

따라서 실수 k의 최댓값은 4이다. 답 4

09 주어진 명제 '두 자연수 a, b에 대하여 a^2+b^2이 홀수이면 ab는 짝수이다.'의 [대우]는 '두 자연수 a, b에 대하여 ab가 [홀수]이면 a^2+b^2은 [짝수]이다.'이다.

ab가 [홀수]이려면 a, b가 모두 [홀수]이어야 하므로

$a=2m-1$, $b=$ [$2n-1$] (m, n은 자연수)로 놓으면

$a^2+b^2=(2m-1)^2+(2n-1)^2$

$=4m^2-4m+4n^2-4n+2$

$=2($[$2m^2-2m+2n^2-2n+1$]$)$

이므로 a^2+b^2도 [짝수]이다.

따라서 주어진 명제의 [대우]가 참이므로 주어진 명제도 참이다.

$\therefore$ (가) 대우 (나) 홀수 (다) 짝수 (라) $2n-1$

(마) $2m^2-2m+2n^2-2n+1$

따라서 알맞은 것은 ④이다. 답 ④

10 $\sqrt{n^2+1}$이 유리수라고 가정하면

$\sqrt{n^2+1}=\dfrac{q}{p}$ (p, q는 서로소인 자연수)로 놓을 수 있다.

이 식의 양변을 제곱하여 정리하면

$p^2(n^2+1)=q^2$ $\quad$ …… ㉠

p는 q^2의 약수이고 p, q는 서로소인 자연수이므로 $p=1$

㉠에 $p=1$을 대입하면

$n^2+1=q^2$ $\quad \therefore n^2=$ [q^2-1] $\quad$ …… ㉡

자연수 k에 대하여

(i) $q=2k$일 때

㉡에서 $n^2=(2k)^2-1$이므로 $(2k-1)^2<n^2<$ [$(2k)^2$], 즉

$2k-1<n<2k$를 만족시키는 자연수 n은 존재하지 않는다.

(ii) $q=2k-1$일 때

㉡에서 $n^2=(2k-1)^2-1$이므로 $(2k-2)^2<n^2<$ [$(2k-1)^2$], 즉

$2k-2<n<2k-1$를 만족시키는 자연수 n은 존재하지 않는다.

(i), (ii)에 의하여 $\sqrt{n^2+1}=\dfrac{q}{p}$ (p, q는 서로소인 자연수)를 만족시키는 자연수 n이 존재하지 않으므로 $\sqrt{n^2+1}$이 유리수라는 가정에 모순이다.

따라서 $\sqrt{n^2+1}$은 무리수이다.

$\therefore$ (가) $f(q)=q^2-1$ (나) $g(k)=(2k)^2$ (다) $h(k)=(2k-1)^2$

$\therefore f(3)+g(3)+h(3)=(3^2-1)+(2\times3)^2+(2\times3-1)^2$

$=8+36+25=69$ 답 69

11 ㄱ. $a>0$, $b>0$이므로

$(\sqrt{a}+\sqrt{b})^2-(\sqrt{a+b})^2=a+b+2\sqrt{ab}-(a+b)$

$=2\sqrt{ab}>0$

즉, $(\sqrt{a}+\sqrt{b})^2>(\sqrt{a+b})^2$이므로

$\sqrt{a}+\sqrt{b}>\sqrt{a+b}$ (참)

ㄴ. a, b, c가 모두 실수이므로

$(a^2+b^2+c^2)-(ab+bc+ca)$

$=\dfrac{1}{2}(2a^2+2b^2+2c^2-2ab-2bc-2ca)$

$=\frac{1}{2}\{(a^2-2ab+b^2)+(b^2-2bc+c^2)+(c^2-2ca+a^2)\}$

$=\frac{1}{2}\{(a-b)^2+(b-c)^2+(c-a)^2\}\geq 0$

$\therefore a^2+b^2+c^2\geq ab+bc+ca$ (단, 등호는 $a=b=c$일 때 성립)

(참)

ㄷ. (i) $|a|\geq|b|$일 때, $|a|-|b|\geq 0$

이때 $|ab|\geq ab$이므로

$|a-b|^2-(|a|-|b|)^2$

$=a^2+b^2-2ab-(a^2+b^2-2|ab|)$

$=2|ab|-2ab$

$=2(|ab|-ab)\geq 0$

즉, $|a-b|^2\geq(|a|-|b|)^2$이므로

$|a-b|\geq|a|-|b|$

(ii) $|a|<|b|$일 때, $|a|-|b|<0$

이때 $|a-b|\geq 0$이므로

$|a-b|\geq 0>|a|-|b|$

(i), (ii)에 의하여 $|a|-|b|\leq|a-b|$ (참)

따라서 ㄱ, ㄴ, ㄷ 모두 옳다. 답 ⑤

12 $x>1$에서 $x-1>0$이므로 산술평균과 기하평균의 관계에 의하여

$\frac{2x^2+x-1}{x-1}=\frac{(x-1)(2x+3)+2}{x-1}$

$=2x+3+\frac{2}{x-1}$

$=2(x-1)+\frac{2}{x-1}+5$

$\geq 2\sqrt{2(x-1)\times\frac{2}{x-1}}+5$

$=2\times\sqrt{4}+5=9$

등호는 $2(x-1)=\frac{2}{x-1}$일 때 성립하므로

$(x-1)^2=1,\ x-1=\pm1\qquad\therefore x=2\ (\because x>1)$

따라서 주어진 식의 최솟값은 9이고 그때의 x의 값은 2이므로

$a=9,\ b=2$

$\therefore a+b=9+2=11$ 답 11

13 오른쪽 그림과 같이 직선과 x축, y축이 만나는 점을 각각 B, C라 하고

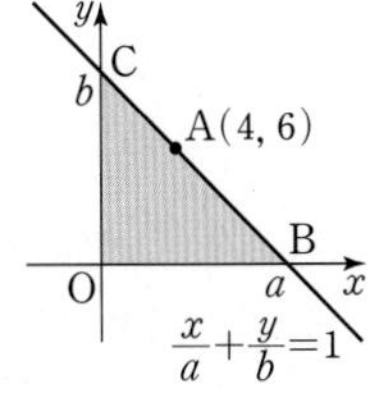

$B(a,\ 0),\ C(0,\ b)\ (a>0,\ b>0)$

로 놓으면 직선의 방정식은

$\frac{x}{a}+\frac{y}{b}=1$

이때 구하는 넓이의 최솟값은 삼각형 OBC의 넓이의 최솟값이다.

삼각형 OBC의 넓이를 S라 하면

$S=\frac{1}{2}ab$ …… ㉠

또, 직선 $\frac{x}{a}+\frac{y}{b}=1$이 점 A(4, 6)을 지나므로

$\frac{4}{a}+\frac{6}{b}=1$

$a>0,\ b>0$이므로 산술평균과 기하평균의 관계에 의하여

$\frac{4}{a}+\frac{6}{b}\geq 2\sqrt{\frac{4}{a}\times\frac{6}{b}}=\frac{4\sqrt{6}}{\sqrt{ab}}$ (단, 등호는 $6a=4b$일 때 성립)

즉, $1\geq\frac{4\sqrt{6}}{\sqrt{ab}}$에서 $\sqrt{ab}\geq 4\sqrt{6}\qquad\therefore ab\geq 96$

㉠에 의하여

$S=\frac{1}{2}ab\geq\frac{1}{2}\times 96=48$

따라서 구하는 넓이의 최솟값은 48이다. 답 ④

14 직사각형의 가로, 세로의 길이를 각각 $x,\ y\ (x>0,\ y>0)$라 하면 대각선의 길이가 $4\sqrt{2}$이므로

$\sqrt{x^2+y^2}=4\sqrt{2}\qquad\therefore x^2+y^2=32$ …… ㉠

직사각형의 둘레의 길이를 l이라 하면

$l=2x+2y$

코시-슈바르츠의 부등식에 의하여

$(2^2+2^2)(x^2+y^2)\geq(2x+2y)^2$ (단, 등호는 $x=y$일 때 성립)

위의 식에 ㉠을 대입하면

$8\times 32\geq(2x+2y)^2$

즉, $(2x+2y)^2\leq 256=16^2$이므로

$0<2x+2y\leq 16\ (\because x>0,\ y>0)$

따라서 $0<l\leq 16$이므로 직사각형의 둘레의 길이의 최댓값은 16이다. 답 ②

B Step 1등급을 위한 고난도 기출 VS 변형 유형

본문 20~23쪽

1	③	1-1	④	2	③	2-1	④	3	256	3-1	5
4	5	4-1	④	5	④	5-1	②	6	13	6-1	4
7	②	7-1	①	8	⑤	8-1	③	9	②	9-1	17
10	2	10-1	8	11	28	11-1	④	12	200	12-1	10

1 전략 조건 p에서 a의 값의 범위에 따른 해를 구한 후 조건을 만족시키는 b의 값을 구한다.

풀이 ㄱ. $a=0$일 때

p: $a(x+2)(x+4)\geq 0$에서 $0\geq 0$이므로 x의 값에 관계없이 항상 성립한다.

$\therefore P=U$ (참)

ㄴ. $a>0$일 때

p: $a(x+2)(x+4)\geq 0$에서 양변을 a로 나누면

$(x+2)(x+4)\geq 0\qquad\therefore x\leq -4$ 또는 $x\geq -2$

q: $|x|\geq b$에서 $x\leq -b$ 또는 $x\geq b$

$\therefore P=\{x|x\leq -4$ 또는 $x\geq -2\},\ Q=\{x|x\leq -b$ 또는 $x\geq b\}$

$P\cup Q=U$이려면 오른쪽 그림과 같아야 하므로

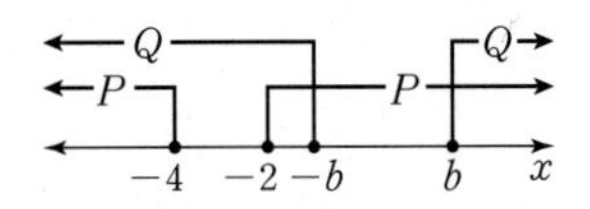

$-b\geq -2\qquad\therefore b\leq 2$

따라서 b의 최댓값은 2이다. (참)

ㄷ. $a<0$일 때

p: $a(x+2)(x+4)\geq 0$에서 양변을 a로 나누면

$(x+2)(x+4)\leq 0 \qquad \therefore -4\leq x\leq -2$

$\sim q$: $|x|<b$에서 $-b<x<b$

$\therefore P=\{x|-4\leq x\leq -2\}$, $Q^C=\{x|-b<x<b\}$

명제 $p \longrightarrow \sim q$가 참이려면 $P\subset Q^C$이어야 하므로 오른쪽 그림과 같아야 한다.

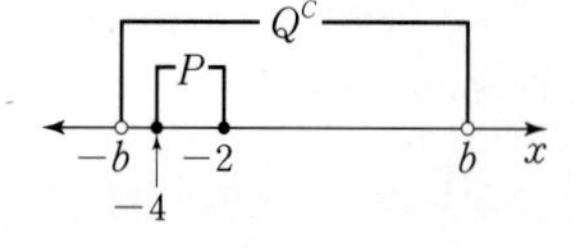

즉, $-b<-4$이어야 하므로

$b>4$

따라서 정수 b의 최솟값은 5이다. (거짓)

그러므로 옳은 것은 ㄱ, ㄴ이다. 답 ③

1-1 전략 조건 p에서 a의 값의 범위를 나누어 해를 구한 후 조건을 만족시키는 정수 a의 값을 구한다.

풀이 p: $x^2-3(a-1)x+2a^2-5a+2\geq 0$에서

$x^2+(3-3a)x+(a-2)(2a-1)\geq 0$

$\{x-(a-2)\}\{x-(2a-1)\}\geq 0$

$a-2\geq 2a-1$, 즉 $a\leq -1$이면 $x\leq 2a-1$ 또는 $x\geq a-2$

$a-2<2a-1$, 즉 $a>-1$이면 $x\leq a-2$ 또는 $x\geq 2a-1$

q: $x^2-2x-3<0$에서 $(x+1)(x-3)<0 \qquad \therefore -1<x<3$

두 조건 p, q의 진리집합을 각각 P, Q라 하면

$a\leq -1$일 때, $P=\{x|x\leq 2a-1$ 또는 $x\geq a-2\}$

$a>-1$일 때, $P=\{x|x\leq a-2$ 또는 $x\geq 2a-1\}$

$Q=\{x|-1<x<3\}$

$a\leq -1$일 때 $P\cap Q=\{x|-1<x<3\}$이므로 두 조건 p, q가 모두 참이 되도록 하는 정수 x는 0, 1, 2의 3개가 되어 조건을 만족시키지 않는다.

$a>-1$일 때 두 조건 p, q가 모두 참이 되도록 하는 정수 x가 오직 하나 존재하려면 다음 그림과 같아야 한다.

(i) $0\in P\cap Q$일 때

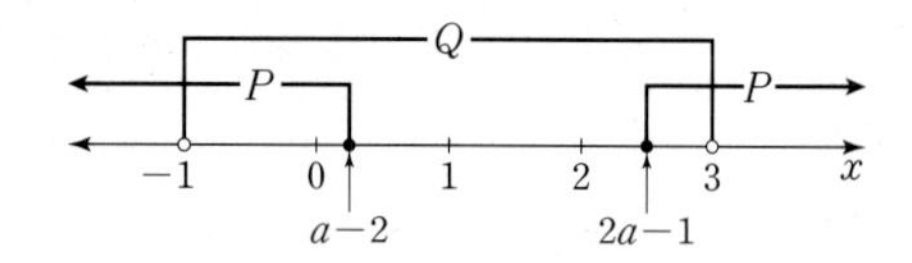

$0\leq a-2<1$, $2a-1>2$이어야 하므로

$\frac{3}{2}<a<3$

(ii) $2\in P\cap Q$일 때

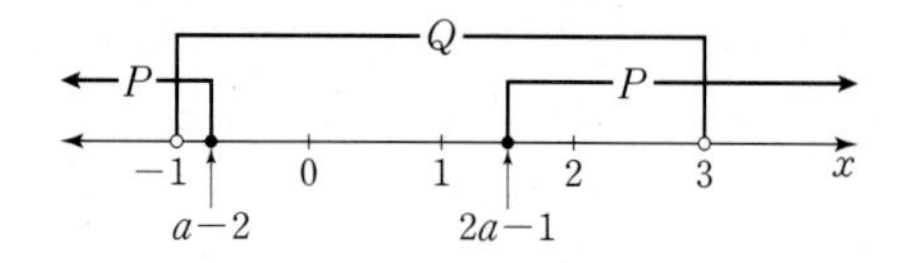

$a-2<0$, $1<2a-1\leq 2$이어야 하므로

$1<a\leq \frac{3}{2}$

(i), (ii)에 의하여 $1<a<3$

따라서 구하는 정수 a의 값은 2이다. 답 ④

2 전략 집합의 연산의 성질과 주어진 명제와 그 대우의 참, 거짓이 항상 일치함을 이용한다.

풀이 ㄱ. 명제 $\sim p \longrightarrow r$가 참이므로 $P^C\subset R$ (참)

ㄴ. 두 명제 $\sim p \longrightarrow r$, $r \longrightarrow \sim q$가 모두 참이므로 $\sim p \longrightarrow \sim q$가 참이고 그 대우 $q \longrightarrow p$도 참이지만 $p \longrightarrow q$의 참, 거짓은 판별할 수 없다. (거짓)

ㄷ. ㄴ에서 $Q\subset P$이므로 $P\cap Q=Q$

명제 $r \longrightarrow \sim q$가 참이므로 그 대우 $q \longrightarrow \sim r$도 참이다.

$\therefore Q\subset R^C$ …… ㉠

명제 $\sim r \longrightarrow q$가 참이므로 $R^C\subset Q$ …… ㉡

㉠, ㉡에 의하여 $Q=R^C$이므로

$P\cap Q=Q=R^C$ (참)

따라서 옳은 것은 ㄱ, ㄷ이다. 답 ③

다른풀이 ㄴ. [반례] $U=\{1, 2, 3, 4\}$, $P=\{1, 2, 3\}$, $Q=\{2, 3\}$, $R=\{1, 4\}$일 때, $P^C\subset R$, $R\subset Q^C$이지만 $P\not\subset Q$이다. (거짓)

2-1 전략 진리집합 P와 Q, Q와 R 사이의 포함 관계를 파악하고, 이를 이용하여 참인 명제를 찾는다.

풀이 $P-Q^C=\varnothing$에서 $P\cap Q=\varnothing$

$Q\cap R=R$에서 $R\subset Q$

세 집합 P, Q, R를 벤다이어그램으로 나타내면 오른쪽 그림과 같다.

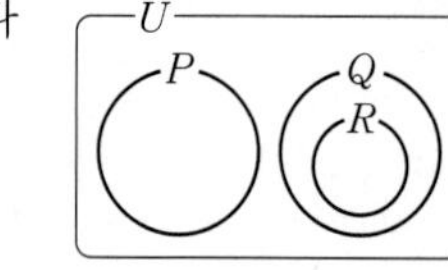

ㄱ. $P\cap Q=\varnothing$에서 $P\subset Q^C$이므로 명제 $p \longrightarrow \sim q$는 참이다.

ㄴ. $R\subset Q$이고, $Q\neq R$이므로 $Q\not\subset R$이다.

따라서 명제 $q \longrightarrow r$는 거짓이다.

ㄷ. $P\subset R^C$이므로 명제 $p \longrightarrow \sim r$는 참이고 그 대우 $r \longrightarrow \sim p$도 참이다.

따라서 참인 명제는 ㄱ, ㄷ이다. 답 ④

3 전략 진리집합 사이의 포함 관계를 파악하여 순서쌍 (Q, R)의 개수를 구한다.

풀이 p: $x^2\leq 2x+8$에서 $x^2-2x-8\leq 0$

$(x+2)(x-4)\leq 0 \qquad \therefore -2\leq x\leq 4$

$P\subset U$이므로 $P=\{1, 2, 3, 4\}$

명제 $p \longrightarrow q$가 참이므로 $P\subset Q$

즉, 집합 Q는 집합 P를 포함하는 전체집합 U의 부분집합이므로 그 개수는

$2^{8-4}=2^4=16$

명제 $\sim p \longrightarrow r$가 참이므로 $P^C\subset R$

집합 R는 집합 $P^C=\{5, 6, 7, 8\}$을 포함하는 전체집합 U의 부분집합이므로 그 개수는

$2^{8-4}=2^4=16$

따라서 구하는 순서쌍 (Q, R)의 개수는

$16\times 16=256$ 답 256

다른풀이 명제 $\sim p \longrightarrow r$가 참이므로 그 대우 $\sim r \longrightarrow p$도 참이다.

$\therefore R^C\subset P$

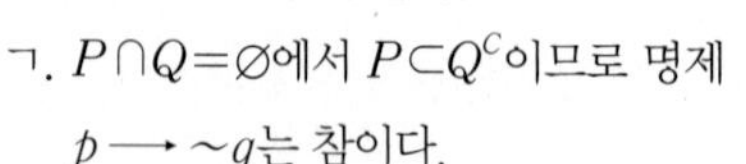

집합 R^C의 원소의 개수에 따른 집합 R의 개수는 다음과 같다.

(i) $n(R^C)=0$인 경우

$R^C=\varnothing$이므로 $R=U$

즉, 집합 R의 개수는 1

(ii) $n(R^C)=1$인 경우

$R^C=\{1\}$이면 $R=\{2, 3, 4, 5, 6, 7, 8\}$이다.

집합 R^C이 $\{2\}$, $\{3\}$, $\{4\}$인 경우도 마찬가지로 $n(R)=7$인 집합 R가 존재하므로 그 개수는 4

(iii) $n(R^C)=2$인 경우

$R^C=\{1, 2\}$이면 $R=\{3, 4, 5, 6, 7, 8\}$이다.

집합 R^C이 $\{1, 3\}$, $\{1, 4\}$, $\{2, 3\}$, $\{2, 4\}$, $\{3, 4\}$인 경우도 마찬가지로 $n(R)=6$인 집합 R가 존재하므로 그 개수는 6

(iv) $n(R^C)=3$인 경우

$R^C=\{1, 2, 3\}$이면 $R=\{4, 5, 6, 7, 8\}$이다.

집합 R^C이 $\{1, 2, 4\}$, $\{1, 3, 4\}$, $\{2, 3, 4\}$인 경우도 마찬가지로 $n(R)=5$인 집합 R가 존재하므로 그 개수는 4

(v) $n(R^C)=4$인 경우

$R^C=\{1, 2, 3, 4\}$이면 $R=\{5, 6, 7, 8\}$이다.

즉, 집합 R의 개수는 1

(i)~(v)에 의하여 집합 R의 개수는

$1+4+6+4+1=16$

3-1 **전략** 진리집합 사이의 포함 관계를 파악하여 집합 R의 개수를 구한다.

풀이 p: $|x|\le n$에서 $-n\le x\le n$

q: $|x-4|\ge 2$에서 $x-4\ge 2$ 또는 $x-4\le -2$

$\therefore x\le 2$ 또는 $x\ge 6$

$\therefore P=\{x\,|\,-n\le x\le n\}$, $Q=\{x\,|\,x\le 2$ 또는 $x\ge 6\}$

명제 $p \longrightarrow r$의 역 $r \longrightarrow p$가 참이므로

$R\subset P$ $\cdots\cdots$ ㉠

명제 $\sim q \longrightarrow r$의 대우가 참이므로 $\sim q \longrightarrow r$도 참이다.

$\therefore Q^C\subset R$ $\cdots\cdots$ ㉡

㉠, ㉡에 의하여

$Q^C\subset R\subset P$

즉, 집합 R는 집합 Q^C의 원소를 포함하는 집합 P의 부분집합이다.

이때 $Q^C=\{x\,|\,2<x<6\}=\{3, 4, 5\}$이고, $Q^C\subset P$에서 $n\ge 5$이어야 하고, $n(P)=2n+1$

따라서 집합 R는 3, 4, 5를 원소로 갖는 집합 P의 부분집합이고, 그 개수가 256이므로

$2^{(2n+1)-3}=256$

$2^{2n-2}=2^8$ $\quad\therefore n=5$ **답** 5

4 **전략** 명제 $p \longrightarrow q$가 거짓임을 보이는 원소로 이루어진 집합은 $(A◈B)\cap B^C$임을 이용한다.

풀이 $A◈B=(A\cup B)\cap(A\cap B)^C$

$=(A\cup B)-(A\cap B)$

$=\{1, 3, 4, 6\}$

$B=\{3, 5, 6\}$

명제와 그 대우의 참, 거짓은 항상 일치하므로 명제 $\sim q \longrightarrow \sim p$의 대우인 $p \longrightarrow q$가 거짓임을 보이는 원소는 $A◈B$의 원소이면서 B에 속하지 않는 원소이다.

$(A◈B)\cap B^C=(A◈B)-B=\{1, 4\}$

이므로 구하는 모든 원소의 합은

$1+4=5$ **답** 5

4-1 **전략** 명제 $(\sim p$이고 $q) \longrightarrow r$가 거짓임을 보이는 원소로 이루어진 집합은 $(P^C\cap Q)\cap R^C$임을 이용한다.

풀이 세 조건 p, q, r의 진리집합을 각각 P, Q, R라 하면

$P=\{2, 3, 5, 7, 11, 13, 17, 19\}$,

$Q=\{2, 4, 6, 8, 10, 12, 14, 16, 18, 20\}$,

$R=\{3, 6, 9, 12, 15, 18\}$

명제 $(\sim p$이고 $q) \longrightarrow r$가 거짓임을 보이는 원소는 $P^C\cap Q$의 원소이면서 R에 속하지 않는 원소이다.

$(P^C\cap Q)\cap R^C=Q\cap(P\cup R)^C$에서

$(P\cup R)^C=\{1, 4, 8, 10, 14, 16, 20\}$이므로

$Q\cap(P\cup R)^C=\{4, 8, 10, 14, 16, 20\}$

따라서 구하는 원소의 최댓값은 20, 최솟값은 4이므로 그 합은

$20+4=24$ **답** ④

5 **전략** $P=\{x\,|\,k-1\le x\le k+3\}$, $Q=\{x\,|\,0\le x\le 2\}$라 할 때, 주어진 명제가 참이 되려면 $P\cap Q\ne\varnothing$이어야 함을 이용한다.

풀이 명제 '$k-1\le x\le k+3$인 어떤 실수 x에 대하여 $0\le x\le 2$이다.'에서 두 조건 $k-1\le x\le k+3$, $0\le x\le 2$의 진리집합을 각각 P, Q라 하면

$P=\{x\,|\,k-1\le x\le k+3\}$, $Q=\{x\,|\,0\le x\le 2\}$

주어진 명제가 참이 되려면 진리집합 P에 속하는 원소 중에서 진리집합 Q에 속하는 원소가 존재해야 한다.

즉, $P\cap Q\ne\varnothing$이어야 하므로 다음 그림과 같아야 한다.

(i) $k-1\ge 0$, 즉 $k\ge 1$일 때

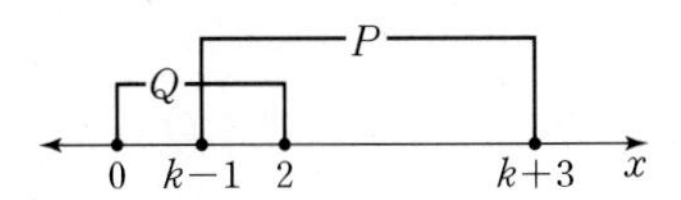

$k-1\le 2$이어야 하므로 $1\le k\le 3$

(ii) $k-1<0$, 즉 $k<1$일 때

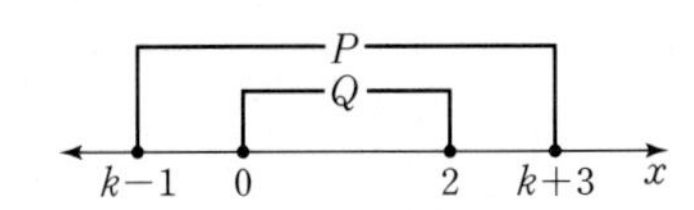

$0\le k+3$이어야 하므로 $-3\le k<1$

(i), (ii)에 의하여

$-3\le k\le 3$

따라서 정수 k는 -3, -2, -1, 0, 1, 2, 3의 7개이다. **답** ④

참고 조건 p의 진리집합을 P라 할 때,

'모든 x에 대하여 p이다.'가 참이 되기 위해서는 $P=U$이어야 하고, '어떤 x에 대하여 p이다.'가 참이 되기 위해서는 $P\ne\varnothing$이어야 한다.

5-1 **전략** 주어진 명제가 거짓이면 그 명제의 부정은 참임을 이용한다.

풀이 $\sim p$: $\left|x-\frac{k}{2}\right| \le 5$에서 $\frac{k}{2}-5 \le x \le \frac{k}{2}+5$

$\sim q$: $x^2-2kx+k^2-1 \le 0$에서 $(x-k)^2 \le 1$

$-1 \le x-k \le 1$ $\therefore k-1 \le x \le k+1$

두 조건 p, q의 진리집합을 각각 P, Q라 하면

$P^C=\left\{x \,\middle|\, \frac{k}{2}-5 \le x \le \frac{k}{2}+5\right\}$

$Q^C=\{x \mid k-1 \le x \le k+1\}$

이때 명제 '모든 x에 대하여 p 또는 q이다.'가 거짓이려면 이 명제의 부정 '어떤 x에 대하여 $(\sim p$ 그리고 $\sim q)$이다.'가 참이어야 한다.

즉, $P^C \cap Q^C \ne \varnothing$이어야 하므로 다음 그림과 같아야 한다.

(i) $\frac{k}{2}-5 \ge k-1$, 즉 $k \le -8$일 때

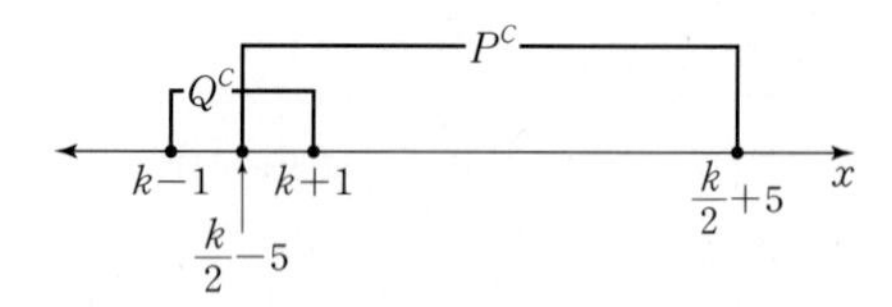

$\frac{k}{2}-5 \le k+1$이어야 하므로 $-12 \le k \le -8$

(ii) $\frac{k}{2}-5 < k-1$, 즉 $k > -8$일 때

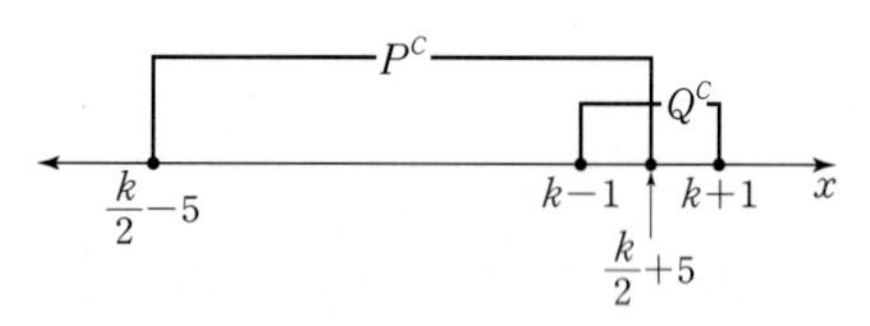

$k-1 \le \frac{k}{2}+5$이어야 하므로 $-8 < k \le 12$

(i), (ii)에 의하여 $-12 \le k \le 12$

따라서 구하는 자연수 k는 1, 2, 3, $\cdots$, 12의 12개이다. 답 ②

6 **전략** 조건 $\sim p$의 진리집합 P^C과 조건 q의 진리집합 Q에 대하여 $\sim p$는 q이기 위한 충분조건이면 $P^C \subset Q$임을 이용한다.

풀이 $\sim p$: $x^2-3ax+2a^2 \le 0$에서 $(x-a)(x-2a) \le 0$

두 조건 p, q의 진리집합을 각각 P, Q라 하면

$P^C=\{x \mid (x-a)(x-2a) \le 0\}$, $Q=\{x \mid -8 < x \le 18\}$

$\sim p$는 q이기 위한 충분조건이므로 $P^C \subset Q$

$P^C \subset Q$이려면 다음 그림과 같아야 한다.

(i) $a \ge 0$일 때, $P^C=\{x \mid a \le x \le 2a\}$

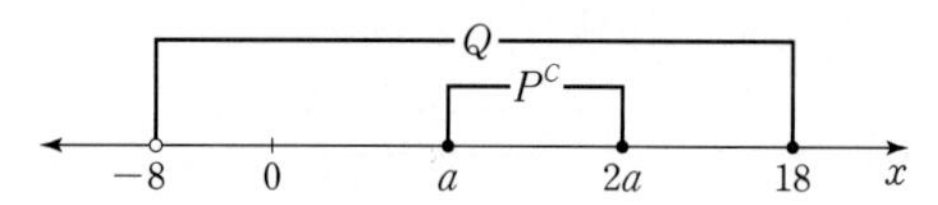

$-8 < a$, $2a \le 18$이어야 하므로 $0 \le a \le 9$

(ii) $a < 0$일 때, $P^C=\{x \mid 2a \le x \le a\}$

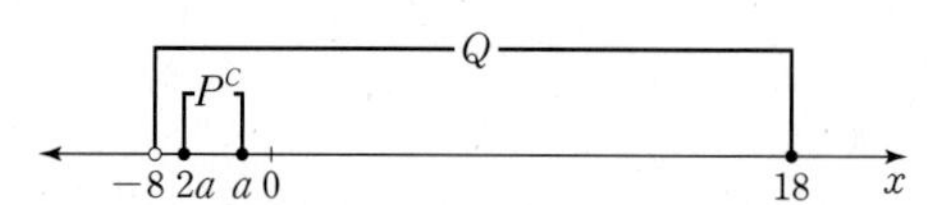

$-8 < 2a$, $a \le 18$이어야 하므로 $-4 < a < 0$

(i), (ii)에 의하여 $-4 < a \le 9$

따라서 정수 a는 -3, -2, -1, $\cdots$, 9의 13개이다. 답 13

6-1 **전략** 주어진 이차방정식에 $x=-1$을 대입하면 k에 대한 항등식이 됨을 이용하여 a의 값을 구하고, 각 조건의 진리집합을 수직선 위에 나타낸다.

풀이 이차방정식 $(ak+1)x^2-(3k^2+b^2k+1)x-(ak^2+7k+b)=0$에 $x=-1$을 대입하면

$(ak+1)+(3k^2+b^2k+1)-(ak^2+7k+b)=0$

$(3-a)k^2+(a+b^2-7)k+(2-b)=0$

이 식이 k의 값에 관계없이 항상 성립하므로

$3-a=0$, $a+b^2-7=0$, $2-b=0$ $\therefore a=3$, $b=2$

$(3k+1)x^2-(3k^2+4k+1)x-(3k^2+7k+2)=0$에서

$(3k+1)x^2-(3k+1)(k+1)x-(3k+1)(k+2)=0$

$(3k+1)\{x^2-(k+1)x-(k+2)\}=0$

$(3k+1)(x+1)\{x-(k+2)\}=0$

$\therefore \alpha=k+2$

주어진 명제에서 세 조건 $x \le \alpha$, $x \le m$, $-1 \le x \le 3$을 각각 p, q, r라 하고, 세 조건의 진리집합을 각각 P, Q, R라 하자.

p는 q이기 위한 충분조건이고, r이기 위한 필요조건이므로

$R \subset P \subset Q$

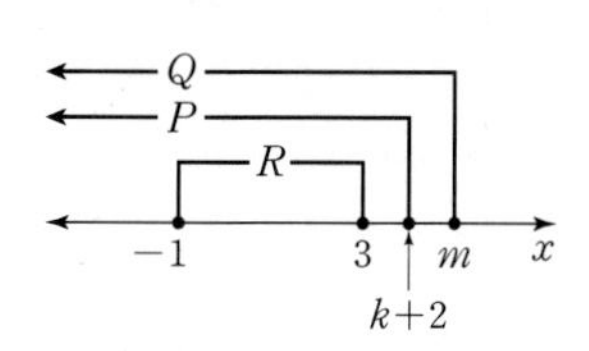

$R \subset P \subset Q$이려면 오른쪽 그림과 같이 $3 \le k+2 \le m$이어야 한다.

$\therefore k \ge 1$, $m \ge k+2$

이때 $m+k \ge 2k+2 \ge 4$

따라서 $m+k$의 최솟값은 4이다. 답 4

7 **전략** A가 들고 있는 공의 색을 기준으로 경우를 나누어 나머지 설명에 모순이 없는지 확인한다.

풀이 조건 (가)에서 A는 노란색 공을 들고 있지 않다.

(i) A가 빨간색 공을 들고 있는 경우

조건 (나)에 의하여 B는 파란색 공을 들고 있어야 한다.

D가 파란색 공을 들고 있지 않으므로 조건 (바)에 의하여 B가 노란색 공을 들고 있어야 한다.

이때 B는 파란색 공과 노란색 공을 동시에 들고 있게 되므로 각각 1개의 공을 들고 있다는 조건에 모순이다.

(ii) A가 파란색 공을 들고 있는 경우

D가 파란색 공을 들고 있지 않으므로 조건 (바)에 의하여 B는 노란색 공을 들고 있어야 한다.

조건 (마)의 대우 'B가 파란색 공을 들고 있지 않다면 D가 초록색 공을 들고 있다.'에 의하여 D가 초록색 공을 들고 있어야 하므로 C는 남은 색인 빨간색 공을 들고 있어야 한다.

따라서 A는 파란색 공, B는 노란색 공, C는 빨간색 공, D는 초록색 공을 들고 있다.

(iii) A가 초록색 공을 들고 있는 경우

D가 초록색 공을 들고 있지 않으므로 조건 (마)에 의하여 B는 파란색 공을 들고 있어야 한다.

D는 파란색 공도 들고 있지 않아야 하므로 조건 (바)에 의하여 B는 노란색 공을 들고 있어야 한다.

이때 B는 파란색 공과 노란색 공을 동시에 들고 있게 되므로 각

각 1개의 공을 들고 있다는 조건에 모순이다.

(i), (ii), (iii)에 의하여 두 학생 C, D가 들고 있는 공의 색은 각각 빨간색, 초록색이다. 답 ②

7-1 전략 A 학생의 말을 기준으로 서진이가 1등인 경우와 성주가 2등인 경우로 나누어 나머지 학생의 말에 모순이 없는지 확인한다.

풀이 A 학생의 말에서 서진이가 1등인 경우, 성주가 2등인 경우로 나누어 생각할 수 있다.

(i) 서진이가 1등인 경우

A 학생의 말에서 성주는 2등이 아니다.

C 학생의 말에서 서진이가 3등이 아니므로 종영이가 4등이다.

B 학생의 말에서 종영이가 2등이 아니므로 지율이가 4등이 된다.

이때 종영이와 지율이가 동시에 4등이 되므로 같은 등수의 선수는 없다는 조건에 모순이다.

(ii) 성주가 2등인 경우

A 학생의 말에서 서진이는 1등이 아니다.

B 학생의 말에서 종영이가 2등이 아니므로 지율이가 4등이다.

C 학생의 말에서 종영이가 4등이 아니므로 서진이가 3등이다.

이때 같은 등수의 선수는 없으므로 종영이는 1등이다.

(i), (ii)에 의하여 2등을 한 선수는 성주이고, 3등을 한 선수는 서진이다. 답 ①

8 전략 절대부등식은 모든 실수에 대하여 성립하는 부등식임을 이해하고, $|a|^2=a^2$, $|a|\ge a$임을 이용한다.

풀이 ㄱ. $|a|+|b|\ge0$, $|a-b|\ge0$이므로

$(|a|+|b|)^2-|a-b|^2$

$=a^2+2|ab|+b^2-(a^2-2ab+b^2)$

$=2(|ab|+ab)\ge0$

즉, $(|a|+|b|)^2-|a-b|^2\ge0$이므로

$(|a|+|b|)^2\ge|a-b|^2$

$\therefore |a|+|b|\ge|a-b|$ (단, 등호는 $ab\le0$일 때 성립) (참)

ㄴ. $x^2+ax+b>0$이 절대부등식이면 모든 x에 대하여 부등식을 만족시키므로 모든 실수를 해로 가진다. (참)

ㄷ. 모든 실수 x에 대하여 $x^2+ax+b>0$이 성립하므로 이차방정식 $x^2+ax+b=0$의 실근이 존재하지 않는다. 즉, 방정식 $x^2+ax+b=0$이 서로 다른 두 허근을 갖는다. (참)

따라서 ㄱ, ㄴ, ㄷ 모두 옳다. 답 ⑤

참고 실수 A, B, C에 대하여

$|A|+|B|\ge|C| \Longleftrightarrow (|A|+|B|)^2-|C|^2\ge0$

1등급 노트 이차부등식이 절대부등식이 되기 위한 조건

이차방정식 $ax^2+bx+c=0$의 판별식을 D라 할 때, 모든 실수 x에 대하여 다음이 성립한다.

① $ax^2+bx+c>0 \Rightarrow a>0,\ D<0$

② $ax^2+bx+c\ge0 \Rightarrow a>0,\ D\le0$

③ $ax^2+bx+c<0 \Rightarrow a<0,\ D<0$

④ $ax^2+bx+c\le0 \Rightarrow a<0,\ D\le0$

8-1 전략 $A>0$, $B>0$일 때, $A^2-B^2\ge0 \Longleftrightarrow A^2\ge B^2 \Longleftrightarrow A\ge B$임을 이용한다.

풀이 $\sqrt{\dfrac{x+k}{4}}>0$, $\dfrac{\sqrt{x}+4}{4}>0$이므로 모든 양수 x에 대하여 부등식 $\sqrt{\dfrac{x+k}{4}}\ge\dfrac{\sqrt{x}+4}{4}$가 성립할 필요충분조건은

$\left(\sqrt{\dfrac{x+k}{4}}\right)^2-\left(\dfrac{\sqrt{x}+4}{4}\right)^2\ge0$이다.

$$\left(\sqrt{\frac{x+k}{4}}\right)^2-\left(\frac{\sqrt{x}+4}{4}\right)^2=\frac{x+k}{4}-\frac{x+8\sqrt{x}+16}{16}$$
$$=\frac{3x-8\sqrt{x}+4k-16}{16}$$
$$=\frac{3\left(\sqrt{x}-\frac{4}{3}\right)^2+4k-\frac{64}{3}}{16}$$
$$\ge0$$

이때 $\dfrac{3\left(\sqrt{x}-\frac{4}{3}\right)^2+4k-\frac{64}{3}}{16}$는 $\sqrt{x}=\dfrac{4}{3}$, 즉 $x=\dfrac{16}{9}$일 때 최솟값 $\dfrac{k}{4}-\dfrac{4}{3}$를 가지므로 모든 양수 x에 대하여 주어진 부등식이 성립하려면

$\dfrac{k}{4}-\dfrac{4}{3}\ge0$, $\dfrac{k}{4}\ge\dfrac{4}{3}$ $\quad\therefore k\ge\dfrac{16}{3}$

따라서 자연수 k의 최솟값은 6이다. 답 ③

9 전략 주어진 분수식을 통분하여 $x+y$에 대한 식으로 변형한 후 산술평균과 기하평균의 관계를 이용한다.

풀이 $x>0$, $y>0$이고 $x+y=4$이므로 산술평균과 기하평균의 관계에 의하여

$x+y\ge2\sqrt{xy}$ (단, 등호는 $x=y=2$일 때 성립)

$4\ge2\sqrt{xy}$에서 $xy\le4$ ⋯⋯ ㉠

$$\frac{x}{1+y}+\frac{y}{1+x}=\frac{x(1+x)+y(1+y)}{(1+y)(1+x)}=\frac{(x+y)+(x^2+y^2)}{1+(x+y)+xy}$$
$$=\frac{(x+y)+(x+y)^2-2xy}{1+(x+y)+xy}$$
$$=\frac{20-2xy}{5+xy}\ (\because x+y=4)$$
$$=\frac{-2(5+xy)+30}{5+xy}$$
$$=-2+\frac{30}{5+xy}$$
$$\ge-2+\frac{30}{5+4}\ (\because ㉠)$$
$$=-2+\frac{10}{3}=\frac{4}{3}$$

따라서 $x=y=2$일 때, $\dfrac{x}{1+y}+\dfrac{y}{1+x}$의 최솟값은 $\dfrac{4}{3}$이다. 답 ②

9-1 전략 주어진 분수식을 $3a+2b$를 포함한 식으로 변형한 후 산술평균과 기하평균의 관계를 이용한다.

풀이 점 $\mathrm{P}(a, b)$가 직선 $3x+2y=12$ 위의 제1 사분면의 점이므로

$a>0$, $b>0$이고 $3a+2b=12$ ⋯⋯ ㉠

산술평균과 기하평균의 관계에 의하여

$3a+2b\ge 2\sqrt{3a\times 2b}$ (단, 등호는 $3a=2b$일 때 성립)

$12\ge 2\sqrt{6ab}$에서 $ab\le 6$ $\cdots\cdots$ ㉡

$$6\left(\frac{2}{a}+\frac{3}{b}\right)=6\times\frac{3a+2b}{ab}$$

$$=6\times\frac{12}{ab}\ (\because ㉠)$$

$$\ge 6\times\frac{12}{6}=12\ (\because ㉡)$$

$\therefore m=12$

등호는 $3a=2b$일 때 성립하므로 ㉠에서

$3a+2b=6a=12$

$\therefore a=2$

$3a=2b$에 $a=2$를 대입하면 $b=3$

$\therefore \alpha=2,\ \beta=3$

$\therefore m+\alpha+\beta=12+2+3=17$

답 17

주의 점 $\mathrm{P}(a, b)$가 제1사분면의 점이 아니면 산술평균과 기하평균의 관계를 이용할 수 없으므로 a, b의 범위에 주의한다.

10

전략 주어진 분수식에 역수를 취하여 산술평균과 기하평균의 관계를 이용할 수 있도록 식을 변형한다.

풀이 $\dfrac{x^2-9}{x^4-6x^2+22}=\dfrac{1}{\dfrac{x^4-6x^2+22}{x^2-9}}$

$$\frac{x^4-6x^2+22}{x^2-9}=\frac{x^2(x^2-9)+3(x^2-9)+49}{x^2-9}$$

$$=x^2+3+\frac{49}{x^2-9}$$

$$=(x^2-9)+\frac{49}{x^2-9}+12$$

$x>3$에서 $x^2>9$, 즉 $x^2-9>0$이므로 산술평균과 기하평균의 관계에 의하여

$$(x^2-9)+\frac{49}{x^2-9}+12\ge 2\sqrt{(x^2-9)\times\frac{49}{x^2-9}}+12 \quad\cdots\cdots ㉠$$

$$=2\sqrt{49}+12=26$$

즉, $\dfrac{x^2-9}{x^4-6x^2+22}\le\dfrac{1}{26}$이므로 $M=\dfrac{1}{26}$

㉠에서 등호는 $x^2-9=\dfrac{49}{x^2-9}$일 때 성립하므로

$(x^2-9)^2=49$, $x^2-9=7$

$x^2=16$ $\quad\therefore x=4\ (\because x>3)$

$\therefore \alpha=4$

$\therefore 13\alpha M=13\times 4\times\dfrac{1}{26}=2$

답 2

10-1

전략 나머지정리를 이용하여 $f(x)$를 구하고, 산술평균과 기하평균의 관계를 이용할 수 있도록 식을 변형한다.

풀이 $f(x)$의 최고차항의 계수가 1이고, 조건 (가)에 의하여

$f(x)=(x-1)(x+k)$ (k는 상수) $\cdots\cdots$ ㉠

로 놓을 수 있다.

조건 (나)에서 나머지정리에 의하여 $f(2)=5$이므로 ㉠의 양변에 $x=2$를 대입하면

$f(2)=2+k=5$ $\quad\therefore k=3$

$\therefore f(x)=(x-1)(x+3)$

$$\therefore \frac{f(x)+1}{x-1}=\frac{(x-1)(x+3)+1}{x-1}$$

$$=x+3+\frac{1}{x-1}$$

$$=(x-1)+\frac{1}{x-1}+4$$

$x>1$에서 $x-1>0$이므로 산술평균과 기하평균의 관계에 의하여

$$(x-1)+\frac{1}{x-1}+4\ge 2\sqrt{(x-1)\times\frac{1}{x-1}}+4 \quad\cdots\cdots ㉡$$

$$=2\sqrt{1}+4$$

$$=6$$

$\therefore m=6$

㉡에서 등호는 $x-1=\dfrac{1}{x-1}$일 때 성립하므로

$(x-1)^2=1$, $x-1=\pm 1$

$\therefore x=2\ (\because x>1)$

$\therefore \alpha=2$

$\therefore \alpha+m=2+6=8$

답 8

개념 연계 / 수학상 / 나머지정리

다항식 $P(x)$를 일차식 $x-a$로 나누었을 때의 나머지를 R라 하면

$R=P(a)$

11

전략 $\overline{\mathrm{PM}}$, $\overline{\mathrm{PN}}$의 길이를 미지수로 놓고 $\triangle\mathrm{ABC}=\triangle\mathrm{ABP}+\triangle\mathrm{ACP}$임을 이용하여 식을 세운 후 산술평균과 기하평균의 관계를 이용한다.

풀이 오른쪽 그림과 같이 $\overline{\mathrm{PM}}=x$, $\overline{\mathrm{PN}}=y$로 놓으면

$$\frac{\overline{\mathrm{AB}}}{\overline{\mathrm{PM}}}+\frac{\overline{\mathrm{AC}}}{\overline{\mathrm{PN}}}=\frac{2}{x}+\frac{3}{y}$$

$\triangle\mathrm{ABC}=\triangle\mathrm{ABP}+\triangle\mathrm{ACP}$에서

$$\frac{1}{2}\times 2\times 3\times\sin 30^\circ=\frac{1}{2}\times 2\times x+\frac{1}{2}\times 3\times y$$

$\therefore 2x+3y=3$ $\cdots\cdots$ ㉠

$$\therefore 3\left(\frac{2}{x}+\frac{3}{y}\right)=(2x+3y)\left(\frac{2}{x}+\frac{3}{y}\right)\ (\because ㉠)$$

$$=13+\frac{6x}{y}+\frac{6y}{x}$$

$x>0$, $y>0$이므로 산술평균과 기하평균의 관계에 의하여

$$13+\frac{6x}{y}+\frac{6y}{x}\ge 13+2\sqrt{\frac{6x}{y}\times\frac{6y}{x}}$$

$$=13+2\sqrt{36}=25\ \left(\text{단, 등호는 } x=y=\frac{3}{5}\text{일 때 성립}\right)$$

즉, $\dfrac{2}{x}+\dfrac{3}{y}\ge\dfrac{25}{3}$이므로 $\dfrac{2}{x}+\dfrac{3}{y}$의 최솟값은 $\dfrac{25}{3}$이다.

따라서 $p=3$, $q=25$이므로

$p+q=3+25=28$

답 28

11-1 **전략** $\triangle OQR = \triangle OPQ + \triangle PQR + \triangle OPR$임을 이용하여 a, b에 대한 식을 세운 후 산술평균과 기하평균의 관계를 이용한다.

풀이 오른쪽 그림에서

$\triangle OQR = \triangle OPQ + \triangle PQR + \triangle OPR$

이므로

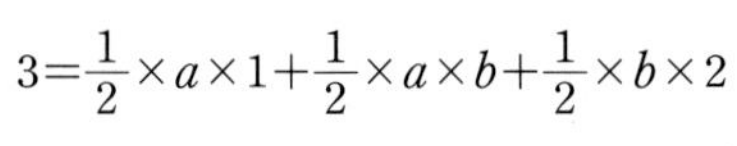

$$3 = \frac{1}{2} \times a \times 1 + \frac{1}{2} \times a \times b + \frac{1}{2} \times b \times 2$$

$ab + a + 2b = 6$, $b(a+2) = 6 - a$

$$\therefore b = \frac{6-a}{a+2} = \frac{8-(a+2)}{a+2} = -1 + \frac{8}{a+2}$$

$$\therefore a + b = a + \left(-1 + \frac{8}{a+2}\right) = (a+2) + \frac{8}{a+2} - 3$$

$a+2>0$이므로 산술평균과 기하평균의 관계에 의하여

$$(a+2) + \frac{8}{a+2} - 3 \geq 2\sqrt{(a+2) \times \frac{8}{a+2}} - 3$$
$$= 2\sqrt{8} - 3 = 4\sqrt{2} - 3$$

$\left(\text{단, 등호는 } a+2 = \frac{8}{a+2}\text{일 때 성립}\right)$

따라서 $a+b$의 최솟값은 $4\sqrt{2}-3$이다. 답 ④

12 **전략** $\overline{QB}$, $\overline{BP}$의 길이를 미지수로 놓고 식을 세운 후 코시-슈바르츠의 부등식을 이용한다.

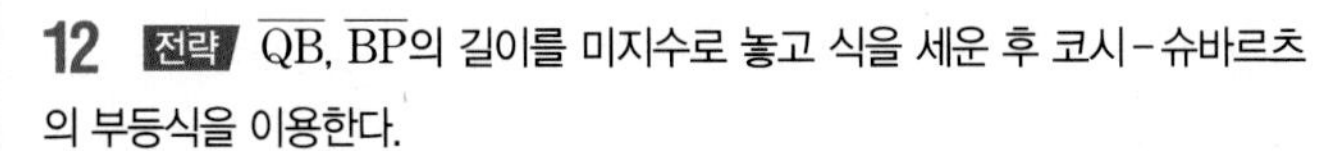

풀이 오른쪽 그림과 같이 종이가 접히는 각 점을 E, F, G, H, I라 하자.

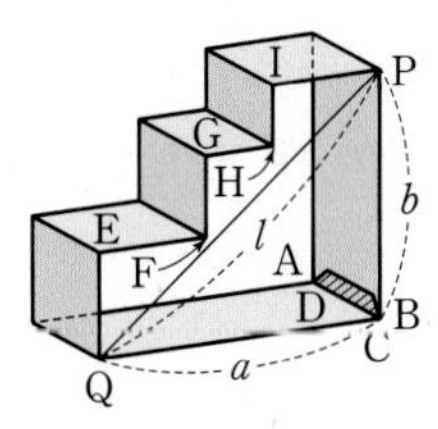

$\overline{EF} + \overline{GH} + \overline{IP} = \overline{QB}$, $\overline{QE} + \overline{FG} + \overline{HI} = \overline{BP}$

이므로

$\overline{BC} = 2(\overline{QB} + \overline{BP})$

이때 $\overline{QB} = a$, $\overline{BP} = b$로 놓으면 종이띠의 길이가 40이므로

$2(a+b) = 40$

$\therefore a + b = 20$

삼각형 PQB에서 피타고라스 정리에 의하여

$a^2 + b^2 = l^2$

코시-슈바르츠의 부등식에 의하여

$(1^2+1^2)(a^2+b^2) \geq (a+b)^2$ (단, 등호는 $a=b$일 때 성립)

$2l^2 \geq 20^2 = 400$ $\quad\therefore l^2 \geq 200$

따라서 l^2의 최솟값은 200이다. 답 200

다른풀이 $l^2 = a^2 + b^2 = (a+b)^2 - 2ab = 400 - 2ab$

$a>0$, $b>0$이므로 산술평균과 기하평균의 관계에 의하여

$a + b \geq 2\sqrt{ab}$ (단, 등호는 $a=b$일 때 성립)

$a+b=20$이므로

$20 \geq 2\sqrt{ab}$, $\sqrt{ab} \leq 10$ $\quad\therefore ab \leq 100$

$\therefore l^2 = 400 - 2ab \geq 400 - 2 \times 100 = 200$

12-1 **전략** $y+z = 3-x$, $y^2+z^2 = 9-x^2$으로 놓고 코시-슈바르츠의 부등식을 이용한다.

풀이 $x+y+z=3$에서 $y+z=3-x$ $\quad\cdots\cdots$ ㉠

$x^2+y^2+z^2=9$에서 $y^2+z^2=9-x^2$ $\quad\cdots\cdots$ ㉡

코시-슈바르츠의 부등식에 의하여

$(1^2+1^2)(y^2+z^2) \geq (y+z)^2$ (단, 등호는 $y=z$일 때 성립)

위의 부등식에 ㉠, ㉡을 대입하면

$2(9-x^2) \geq (3-x)^2$

$18 - 2x^2 \geq x^2 - 6x + 9$, $3x^2 - 6x - 9 \leq 0$

$3(x+1)(x-3) \leq 0$ $\quad\therefore -1 \leq x \leq 3$

따라서 $M=3$, $m=-1$이므로

$M^2 + m^2 = 3^2 + (-1)^2 = 10$ 답 10

C Step 1등급 완성 최고난도 예상 문제

본문 24~27쪽

01 ④	**02** ②	**03** ⑤	**04** 12	**05** ⑤
06 ①	**07** ②	**08** 6	**09** ③	**10** ⑤
11 ③	**12** 26	**13** ④	**14** 풀이 참조	
15 ④	**16** 63	**17** ③	**18** 121	

1등급 뛰어넘기

19 15	**20** 15	**21** ①	**22** ①

01 **전략** k의 값의 범위를 나누어 진리집합에 속하는 모든 원소의 합이 15임을 이용하여 n의 값을 구한다.

풀이 $\sim p$: $|x-n| < \frac{k}{3}$에서 $-\frac{k}{3} < x - n < \frac{k}{3}$

$$\therefore n - \frac{k}{3} < x < n + \frac{k}{3}$$

조건 p의 진리집합을 P라 하면

$$P^C = \left\{x \,\middle|\, n - \frac{k}{3} < x < n + \frac{k}{3}\right\}$$

이 집합에 포함되는 모든 자연수의 합이 15이므로 k의 값의 범위를 나누어 두 자연수 n, k의 순서쌍 (n, k)의 개수를 구하면 다음과 같다.

(i) $0 < \frac{k}{3} \leq 1$, 즉 $0 < k \leq 3$일 때

집합 P^C에 포함되는 자연수는 n뿐이므로 $n=15$

즉, 조건을 만족시키는 순서쌍 (n, k)는

$(15, 1)$, $(15, 2)$, $(15, 3)$의 3개

(ii) $1 < \frac{k}{3} \leq 2$, 즉 $3 < k \leq 6$일 때

집합 P^C에 포함되는 자연수는 $n-1$, n, $n+1$이므로

$(n-1) + n + (n+1) = 15$

$3n = 15$ $\quad\therefore n = 5$

즉, 조건을 만족시키는 순서쌍 (n, k)는

$(5, 4)$, $(5, 5)$, $(5, 6)$의 3개

(iii) $2 < \frac{k}{3} \leq 3$, 즉 $6 < k \leq 9$일 때

집합 P^C에 포함되는 자연수는 $n-2$, $n-1$, n, $n+1$, $n+2$이므로

$(n-2) + (n-1) + n + (n+1) + (n+2) = 15$

$5n = 15$ $\quad\therefore n = 3$

즉, 조건을 만족시키는 순서쌍 (n, k)는

$(3, 7)$, $(3, 8)$, $(3, 9)$의 3개

(iv) $3<\frac{k}{3}\le 7$, 즉 $9<k\le 21$일 때

$3<\frac{k}{3}\le 4$일 때, 집합 P^C에 포함되는 자연수는 $n-3$, $n-2$, $n-1$, n, $n+1$, $n+2$, $n+3$이므로

$7n=15$ $\therefore n=\frac{15}{7}$

그런데 n은 자연수이어야 하므로 성립하지 않는다.

$4<\frac{k}{3}\le 7$일 때에도 마찬가지로 집합 P^C에 포함되는 모든 자연수의 합이 15가 되도록 하는 자연수 n은 존재하지 않는다.

(v) $7<\frac{k}{3}\le 8$, 즉 $21<k\le 24$일 때

집합 P^C에 포함되는 자연수는 $n-7$, $n-6$, $n-5$, $\cdots$, $n+5$, $n+6$, $n+7$이므로

$15n=15$ $\therefore n=1$

즉, 조건을 만족시키는 순서쌍 (n, k)는

$(1, 22)$, $(1, 23)$, $(1, 24)$의 3개

(i)~(v)에 의하여 구하는 순서쌍 (n, k)의 개수는

$3+3+3+3=12$ 답 ④

참고 0 이상의 정수 a에 대하여 $a<\frac{k}{3}\le a+1$, 즉 $3a<k\le 3(a+1)$일 때 집합 P^C에 포함되는 모든 자연수의 합은 $(2a+1)n$이므로

$(2a+1)n=15$ $\therefore n=\frac{15}{2a+1}$

즉, $(2a+1)$이 15의 약수이어야 하므로

$2a+1=1$ 또는 $2a+1=3$ 또는 $2a+1=5$ 또는 $2a+1=15$

$\therefore a=0$ 또는 $a=1$ 또는 $a=2$ 또는 $a=7$

02

전략 세 조건 p, q, r의 진리집합을 각각 P, Q, R라 할 때, 두 명제 $q \longrightarrow p$, $r \longrightarrow \sim p$가 참이므로 $Q\subset P$, $P\cap R=\varnothing$임을 이용한다.

풀이 p: $x^2-(\alpha+\beta)x+\alpha\beta\le 0$에서

$(x-\alpha)(x-\beta)\le 0$ $\therefore \alpha\le x\le\beta$ 또는 $\beta\le x\le\alpha$

q: $x^2-6x+8\le 0$에서 $(x-2)(x-4)\le 0$ $\therefore 2\le x\le 4$

r: $|x-9|=1$에서 $x-9=-1$ 또는 $x-9=1$

$\therefore x=8$ 또는 $x=10$

세 조건 p, q, r의 진리집합을 각각 P, Q, R라 하면

$\alpha<\beta$일 때, $P=\{x|\alpha\le x\le\beta\}$, $\beta<\alpha$일 때, $P=\{x|\beta\le x\le\alpha\}$

$Q=\{2, 3, 4\}$, $R=\{8, 10\}$

명제 $q \longrightarrow p$가 참이므로 $Q\subset P$

명제 $r \longrightarrow \sim p$가 참이므로 $R\subset P^C$

세 진리집합 P, Q, R를 벤다이어그램으로 나타내면 다음 그림과 같다.

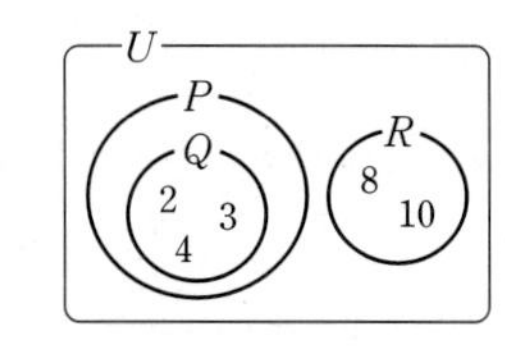

$\{2, 3, 4\}\subset P\subset\{1, 2, 3, 4, 5, 6, 7, 9\}$이므로

(i) $\alpha<\beta$일 때

$\alpha=1$ 또는 $\alpha=2$이므로 β의 값은 4, 5, 6, 7이 가능하다.

따라서 순서쌍 (α, β)의 개수는 $2\times 4=8$

(ii) $\alpha>\beta$일 때

(i)과 마찬가지로 순서쌍 (α, β)의 개수는 8

(i), (ii)에 의하여 구하는 순서쌍 (α, β)의 개수는

$8+8=16$ 답 ②

03

전략 $P\cup R=R-Q$에서 $Q\cap R=\varnothing$, $P\subset R$임을 이용한다.

풀이 p: $x^2-x-2\le 0$에서 $(x+1)(x-2)\le 0$ $\therefore -1\le x\le 2$

$\therefore P=\{1, 2\}$

$R-Q\subset R$이고 $P\cup R=R-Q$에서 $R\subset P\cup R=R-Q$이므로

$R-Q=R$, 즉 $Q\cap R=\varnothing$

또, $P\cup R=R-Q=R$에서 $P\subset R$

세 진리집합 P, Q, R를 벤다이어그램으로 나타내면 다음 그림과 같다.

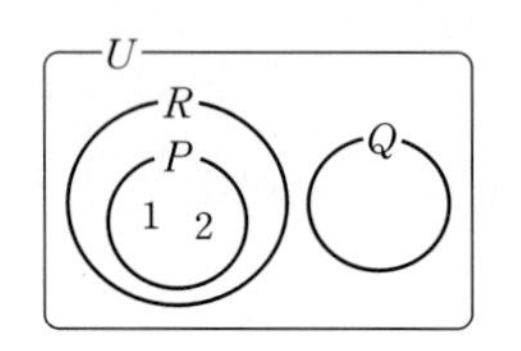

한편, 명제 $q \longrightarrow r$가 참이 되려면 $Q\subset R$이어야 하고, $Q\cap R=\varnothing$이므로 $Q=\varnothing$이어야 한다.

따라서 집합 R의 개수는 집합 P의 원소를 포함하는 전체집합 U의 부분집합의 개수와 같으므로

$2^{5-2}=2^3=8$ 답 ⑤

04

전략 $p \longrightarrow q$가 거짓임을 보이는 원소로 이루어진 집합은 $(A\triangle B)\cap(B\triangle C^C)^C$임을 이용한다.

풀이 $A=\{1, 2, 3, 6\}$, $B=\{2, 3, 5, 7\}$, $C=\{4, 9\}$이므로

$A\triangle B=\{1, 6\}\cup\{5, 7\}=\{1, 5, 6, 7\}$

$B\triangle C^C=(B-C^C)\cup(C^C-B)$

$=(B\cap C)\cup(C^C\cap B^C)$

$=\varnothing\cup(B\cup C)^C$

$=(B\cup C)^C$

$=\{1, 6, 8, 10\}$

이때 $p \longrightarrow q$가 거짓임을 보이는 원소는 집합 $A\triangle B$의 원소이면서 집합 $B\triangle C^C$에 속하지 않는 원소이다.

$(A\triangle B)\cap(B\triangle C^C)^C=(A\triangle B)-(B\triangle C^C)=\{5, 7\}$

이므로 구하는 모든 원소의 합은

$5+7=12$ 답 12

05

전략 명제 '모든 x에 대하여 p이다.'의 부정은 '어떤 x에 대하여 $\sim p$가 아니다.'임을 이용한다.

풀이 조건 $x^3-7x^2+14x-8=(x-1)(x-2)(x-4)=0$에서 진리집합은 $\{1, 2, 4\}$이다.

주어진 명제의 부정

'집합 X의 어떤 원소 x에 대하여 $x^3-7x^2+14x-8\ne 0$이다.'

가 참이려면 집합 X는 3, 5, 6 중 적어도 하나를 원소로 갖는 집합이다.

따라서 전체집합 U의 모든 부분집합의 개수는 2^6이고, U의 부분집합 중 3, 5, 6을 모두 원소로 갖지 않는 부분집합의 개수는 2^3이므로 구하는 집합 X의 개수는

$2^6-2^3=56$ 답 ⑤

06

전략 두 조건 p, q의 진리집합을 각각 P, Q라 할 때, $n(P\cap Q)=1$임을 이용한다.

풀이 두 조건 p, q의 진리집합을 각각 P, Q라 하면

$P=\{(x, y)\,|\,y=x^2+1\}$, $Q=\{(x, y)\,|\,y=-(x-k)^2+3\}$

이때 주어진 명제가 참이 되도록 하는 x, y의 순서쌍 (x, y)의 개수가 1이므로

$n(P\cap Q)=1$

즉, 두 함수 $y=x^2+1$, $y=-(x-k)^2+3$의 그래프가 한 점에서만 만나야 한다.

$x^2+1=-(x-k)^2+3$에서

$2x^2-2kx+k^2-2=0$

이 이차방정식의 판별식을 D라 할 때, 이차방정식이 중근을 가지려면 $D=0$이어야 하므로

$\frac{D}{4}=k^2-2(k^2-2)=0$

$-k^2+4=0$ $\quad\therefore k=-2$ 또는 $k=2$

따라서 구하는 k의 값의 곱은

$-2\times2=-4$ 답 ①

주의 명제 '어떤 x, y에 대하여 p이면 q이다.'와 $p \longrightarrow q$는 다름에 주의한다.

07

전략 두 점 A, B를 지름의 양 끝 점으로 하는 원 위의 점 중에서 두 점 A, B를 제외한 호 AB 위의 임의의 점 Q에 대하여 $\angle \mathrm{AQB}=90^\circ$임을 이용한다.

풀이 $\angle \mathrm{APB}=90^\circ$를 만족시키는 직선 l 위의 점 P가 적어도 하나 존재하면 주어진 명제는 참이다.

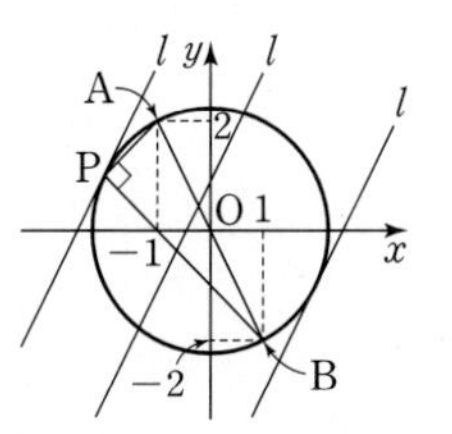

두 점 A$(-1, 2)$, B$(1, -2)$를 지름의 양 끝 점으로 하는 원 위의 점 중에서 두 점 A, B를 제외한 호 AB 위의 임의의 점 Q에 대하여 $\angle \mathrm{AQB}=90^\circ$이다.

즉, 두 점 A, B를 지름의 양 끝 점으로 하는 원이 직선 l과 두 점 A, B가 아닌 점 P에서 만나면 주어진 명제는 참이 된다.

선분 AB의 중점은 원점 O이고 $\overline{\mathrm{OA}}=\sqrt{(-1)^2+2^2}=\sqrt{5}$이므로 두 점 A$(-1, 2)$, B$(1, -2)$를 지름의 양 끝 점으로 하는 원의 방정식은

$x^2+y^2=5$

이때 이 원이 직선 l과 만나려면 원의 중심인 원점 O$(0, 0)$과 직선 l: $2x-y+k=0$ 사이의 거리가 원의 반지름의 길이보다 작거나 같아야 한다.

$\frac{|2\times0-0+k|}{\sqrt{2^2+(-1)^2}}\le\sqrt{5}$에서 $|k|\le5$

$\therefore -5\le k\le5$

따라서 정수 k는 -5, -4, -3, $\cdots$, 5의 11개이다. 답 ②

개념 연계 / 수학상 / 원과 직선의 위치 관계

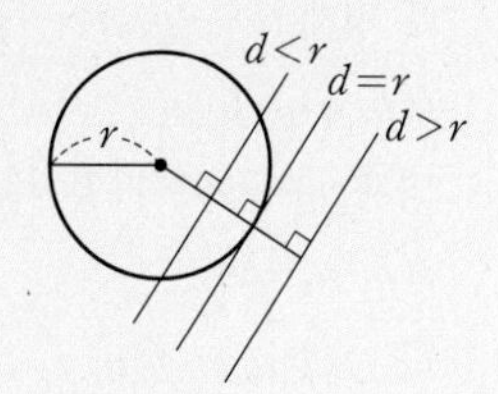

반지름의 길이가 r인 원의 중심과 직선 사이의 거리를 d라 할 때, 원과 직선의 위치 관계는

(1) $d<r$이면 서로 다른 두 점에서 만난다.

(2) $d=r$이면 한 점에서 만난다.(접한다.)

(3) $d>r$이면 만나지 않는다.

08

전략 차수가 낮은 문자에 대하여 내림차순으로 정리한 후 인수분해하고, 실수 a, b에 대하여 $a^2+b^2=0$이면 $a=b=0$임을 이용한다.

풀이 p: $a^3-a^2b+(b^2-c^2)a+bc^2-b^3=0$에서

$(b-a)c^2+a^3-a^2b+ab^2-b^3=0$

$(b-a)c^2+a^2(a-b)+b^2(a-b)=0$

$(b-a)(c^2-a^2-b^2)=0$

$\therefore a=b$ 또는 $a^2+b^2=c^2$

q: $a^2+b^2-6a-8b+25=0$에서

$(a^2-6a+9)+(b^2-8b+16)=0$

$(a-3)^2+(b-4)^2=0$

$\therefore a=3, b=4$ $\quad\cdots\cdots$ ㉠

명제 $p \longrightarrow q$의 역 $q \longrightarrow p$가 참이고 ㉠에서 $a\ne b$이므로

$c^2=a^2+b^2=25$ $\quad\therefore c=5$

따라서 주어진 삼각형은 빗변의 길이가 5인 직각삼각형이므로 그 넓이는

$\frac{1}{2}\times a\times b=\frac{1}{2}\times3\times4=6$ 답 6

09

전략 명제가 참이면 그 대우도 참임을 이용하고 명제가 참임을 보인다. 또, 반례를 찾아 명제가 거짓임을 보인다.

풀이 ㄱ. p: $a^2+b^2=0$에서 $a=b=0$

q: $\frac{1}{2}a^2-ab+b^2=0$에서 $\frac{1}{2}(a^2-2ab+2b^2)=0$

$\frac{1}{2}\{(a-b)^2+b^2\}=0$ $\quad\therefore a=b, b=0$

$\therefore a=b=0$

따라서 두 명제 $p \longrightarrow q$, $q \longrightarrow p$는 참이므로

$f(p, q)=1$ (참)

ㄴ. $f(p, \sim q)=-1$일 때 다음의 두 가지 경우로 나누어 생각할 수 있다.

(i) 명제 $p \longrightarrow \sim q$가 참이고 그 역 $\sim q \longrightarrow p$는 거짓인 경우

명제 $p \longrightarrow \sim q$의 대우 $q \longrightarrow \sim p$가 참이고,

명제 $\sim q \longrightarrow p$의 대우 $\sim p \longrightarrow q$는 거짓이므로

$f(q, \sim p)=-1$

(ii) 명제 $p \longrightarrow \sim q$가 거짓이고 그 역 $\sim q \longrightarrow p$는 참인 경우

명제 $p \longrightarrow \sim q$의 대우 $q \longrightarrow \sim p$는 거짓이고,

명제 $\sim q \longrightarrow p$의 대우 $\sim p \longrightarrow q$가 참이므로

$f(q, \sim p)=-1$

(i), (ii)에 의하여 $f(q, \sim p)=-1$ (참)

ㄷ. [반례] p: $x^2=1$, q: $|x|=1$, r: $x=1$일 때,

두 명제 $p \longrightarrow q$, $q \longrightarrow p$가 참이므로

$f(p, q)=1$

명제 $q \longrightarrow r$가 거짓이고, 명제 $r \longrightarrow q$가 참이므로

$f(q, r)=-1$

즉, $f(p, q)\times f(q, r)=-1$이지만 명제 $p \longrightarrow r$는 거짓이다.

(거짓)

따라서 옳은 것은 ㄱ, ㄴ이다. 답 ③

10 전략 양수 a, b에 대하여 $a<b$를 보이기 위해서 $a^2-b^2<0$을 보이면 됨을 이용한다.

풀이 ㄱ. $0<y<x$이면 $y-x<0$에서

$x^2y^3-x^3y^2=x^2y^2(y-x)<0$

이므로 $x^2y^3<x^3y^2$

$\therefore p \Longrightarrow q$

[←의 반례] $x=2$, $y=-1$일 때,

$x^2y^3=2^2\times(-1)^3=-4$, $x^3y^2=2^3\times(-1)^2=8$

이므로 $x^2y^3<x^3y^2$이지만 $y<0<x$이다.

$\therefore q \not\Longrightarrow p$

즉, p가 q이기 위한 충분조건이지만 필요조건은 아니다.

ㄴ. $xy<0$이면

$(|x|+|y|)^2-|x+y|^2=(x^2+y^2+2|xy|)-(x^2+y^2+2xy)$

$=2(|xy|-xy)$

$=-4xy>0$

$\therefore (|x|+|y|)^2>|x+y|^2$

이때 $|x|+|y|>0$, $|x+y|>0$이므로

$|x|+|y|>|x+y|$

$\therefore p \Longrightarrow q$

한편, $|x|+|y|>|x+y|$이면

$(|x|+|y|)^2-|x+y|^2=2(|xy|-xy)>0$

이므로 $|xy|>xy$에서

$xy<0$

$\therefore q \Longrightarrow p$

즉, p는 q이기 위한 필요충분조건이다.

ㄷ. $x<y<z$이면

$|x-y|^2-|x-z|^2=(x-y)^2-(x-z)^2$

$=\{(x-y)+(x-z)\}\{(x-y)-(x-z)\}$

$=-\{(x-y)+(x-z)\}(y-z)<0$

이때 $|x-y|>0$, $|x-z|>0$이므로

$|x-y|<|x-z|$

$\therefore p \Longrightarrow q$

[←의 반례] $x=0$, $y=2$, $z=-5$일 때

$|x-y|=2$, $|x-z|=5$

이므로 $|x-y|<|x-z|$이지만 $z<x<y$이다.

$\therefore q \not\Longrightarrow p$

즉, p가 q이기 위한 충분조건이지만 필요조건은 아니다.

따라서 조건 p가 조건 q이기 위한 충분조건이지만 필요조건이 아닌 것은 ㄱ, ㄷ이다. 답 ⑤

11 전략 집합의 연산의 성질을 이용하여 집합 사이의 포함 관계를 파악한다.

풀이 ㄱ. $A\cap B=A$이면 $A\subset B$이고, $A\subset B$이면 $A\cap B=A$이므로 $A\cap B=A$는 $A\subset B$이기 위한 필요충분조건이다. (참)

ㄴ. p: $A\cup B=A\cup C$, q: $B=C$라 하면

$p \rightarrow q$: [반례] $A=\{1, 2, 3\}$, $B=\{2, 3, 4\}$, $C=\{4\}$일 때,

$A\cup B=A\cup C=\{1, 2, 3, 4\}$이지만 $B\neq C$이므로

$p \not\Longrightarrow q$

$q \rightarrow p$: $B=C$이면 $A\cup B=A\cup C$이므로

$q \Longrightarrow p$

즉, $A\cup B=A\cup C$는 $B=C$이기 위한 필요조건이지만 충분조건은 아니다. (거짓)

ㄷ. p: $B\subset C^C$, q: $A\cap C=\varnothing$이라 하면

$p \rightarrow q$: [반례] $U=\{1, 2, 3, 4\}$, $A=\{1, 2, 3\}$, $B=\{2\}$, $C=\{3, 4\}$일 때 $B\subset C^C$이지만 $A\cap C=\{3\}\neq\varnothing$이므로

$p \not\Longrightarrow q$

$q \rightarrow p$: $B\subset A$일 때, $A\cap C=\varnothing$이면 $B\subset C^C$이므로

$q \Longrightarrow p$

즉, $B\subset A$일 때 $B\subset C^C$은 $A\cap C=\varnothing$이기 위한 필요조건이지만 충분조건은 아니다. (참)

따라서 옳은 것은 ㄱ, ㄷ이다. 답 ③

12 전략 $g(x)=x+k$로 놓고 p는 q이기 위한 충분조건임을 이용하여 k의 값의 범위를 구하고, $g(3)$의 최솟값을 계산한다.

풀이 두 조건 p, q의 진리집합을 각각 P, Q라 하면

$P=\{x\,|\,|x|<2\}=\{x\,|\,-2<x<2\}$, $Q=\{x\,|\,f(x)<g(x)\}$

p는 q이기 위한 충분조건이므로 명제 $p \longrightarrow q$는 참이다.

$\therefore P\subset Q$

한편, 직선 $y=g(x)$의 기울기가 1이므로

$g(x)=x+k$ (k는 상수)

로 놓을 수 있다.

이때 $f(x)<g(x)$, 즉 $f(x)-g(x)<0$이어야 하므로

$f(x)-g(x)=(2x^2-4x+5)-(x+k)$

$=2x^2-5x+5-k<0$

$-2<x<2$에서 이 부등식이 성립해야 하므로 오른쪽 그림과 같이

$y=f(x)-g(x)$, -2, $\frac{5}{4}$, 2, O, x, y

$f(-2)-g(-2)\leq 0$이어야 한다.

$f(-2)-g(-2)\leq 0$에서

$8+10+5-k\leq 0$

$\therefore k\geq 23$

따라서

$g(3)=3+k\geq 3+23=26$

이므로 $g(3)$의 최솟값은 26이다. 답 26

13 전략 $\frac{N}{b}\in B$인 것은 $b\in B$이기 위한 필요조건이므로 $b\in B$이면 $\frac{N}{b}\in B$임을 이용한다.

풀이 자연수 b에 대하여 $\frac{N}{b}\in B$인 것은 $b\in B$이기 위한 필요조건이므로 $b\in B$이면 $\frac{N}{b}\in B$이다.

$\frac{N}{b}=a$라 하면 $N=a\times b$이므로 집합 B는 자연수 N의 양의 약수의 부분집합 중 곱이 N이 되도록 하는 두 수 a, b를 모두 원소로 갖는 집합이다. 이때 $n(B)=10$이므로 자연수 N의 양의 약수의 개수는 10 이상이어야 한다.

(i) 100 이하의 자연수 중 양의 약수의 개수가 10인 수

$2^4\times3$, $2^4\times5$

(ii) 100 이하의 자연수 중 양의 약수의 개수가 12인 수

$2^2\times3\times5$, $2^3\times3^2$, $2^2\times3\times7$, $2\times3^2\times5$, $2^5\times3$

(i), (ii)에 의하여 가능한 자연수 N의 개수는 7이다. 답 ④

참고 자연수 N이 $N=x^ay^b$ (x, y는 서로 다른 소수, a, b는 자연수) 꼴로 소인수분해될 때, N의 양의 약수의 개수는

$(a+1)(b+1)$

14 전략 n^2이 2의 배수이면 n이 2의 배수임을 이용한다.

풀이 $\sqrt{n-1}+\sqrt{n+1}$이 유리수라 가정하면

$\sqrt{n-1}+\sqrt{n+1}=\frac{q}{p}$ (p, q는 서로소인 자연수)

로 놓을 수 있다. 이 식의 양변을 제곱하여 정리하면

$2n+2\sqrt{n^2-1}=\frac{q^2}{p^2}$

$\therefore q^2=2p^2(n+\sqrt{n^2-1})$ ...... ㉠

(i) $n=1$이면 $q^2=2p^2$

이때 q^2이 2의 배수이므로 q도 2의 배수이다.

$q=2k$ (k는 자연수)로 놓으면 $4k^2=2p^2$ $\therefore p^2=2k^2$

즉, p^2이 2의 배수이므로 p도 2의 배수이다.

이는 p, q가 서로소인 자연수라는 조건에 모순이다.

(ii) $n\neq1$이면 $\sqrt{n^2-1}$은 무리수이므로 ㉠의 좌변은 유리수, 우변은 무리수가 되어 모순이다.

(i), (ii)에 의하여 자연수 n에 대하여 $\sqrt{n-1}+\sqrt{n+1}$은 무리수이다.

답 풀이 참조

15 전략 $A\geq B$임을 이용하여 $A\leq B$가 성립하기 위한 필요충분조건을 찾는다.

풀이 $A-B=a^2b^2+b^2c^2+c^2a^2-abc(a+b+c)$

$=a^2b^2+b^2c^2+c^2a^2-a^2bc-ab^2c-abc^2$

$=\frac{1}{2}(2a^2b^2+2b^2c^2+2c^2a^2-2a^2bc-2ab^2c-2abc^2)$

$=\frac{1}{2}\{(ab-bc)^2+(bc-ca)^2+(ca-ab)^2\}\geq0$

...... ㉠

이므로 $A\geq B$

따라서 $A\leq B$가 성립하기 위한 필요충분조건은 $A=B$이므로 ㉠에서 등호가 성립할 조건은 $ab-bc=0$, $bc-ca=0$, $ca-ab=0$

$ab-bc=0$에서 $b(a-c)=0$ $\therefore b=0$ 또는 $a=c$

$bc-ca=0$에서 $c(b-a)=0$ $\therefore c=0$ 또는 $a=b$

$ca-ab=0$에서 $a(c-b)=0$ $\therefore a=0$ 또는 $b=c$

이때 a, b, c가 0이 아닌 실수이므로

$a=b=c$ 답 ④

16 전략 산술평균과 기하평균의 관계를 이용할 수 있도록 식을 변형한다.

풀이 조건 (가)에서

$(x+y)\left(\frac{9}{x}+\frac{25}{y}\right)=\frac{25x}{y}+\frac{9y}{x}+34$

$x>0$, $y>0$이므로 산술평균과 기하평균의 관계에 의하여

$\frac{25x}{y}+\frac{9y}{x}+34\geq2\sqrt{\frac{25x}{y}\times\frac{9y}{x}}+34$

$=2\sqrt{225}+34$

$=64$ (단, 등호는 $5x=3y$일 때 성립)

$\therefore a=64$

조건 (나)에서

$2x^2+y^2-2x+\frac{4}{x^2+y^2+1}$

$=x^2+y^2+1+\frac{4}{x^2+y^2+1}+x^2-2x-1$

$=x^2+y^2+1+\frac{4}{x^2+y^2+1}+(x-1)^2-2$

$x^2+y^2+1>0$, $(x-1)^2\geq0$이므로 산술평균과 기하평균의 관계에 의하여

$x^2+y^2+1+\frac{4}{x^2+y^2+1}+(x-1)^2-2$

$\geq2\sqrt{(x^2+y^2+1)\times\frac{4}{x^2+y^2+1}}+0-2=2\sqrt{4}-2=2$

이때 등호는 $x^2+y^2+1=\frac{4}{x^2+y^2+1}$, $x=1$일 때 성립하므로

$x^2+y^2+1=\frac{4}{x^2+y^2+1}$에서 $(x^2+y^2+1)^2=4$

$x^2+y^2+1=2$

위의 식에 $x=1$을 대입하면

$1^2+y^2+1=2$ $\therefore y=0$

$\therefore b=1$, $c=0$

$\therefore a-b+c=64-1+0=63$ 답 63

17 전략 두 점 A, B를 지나는 직선과 점 P 사이의 거리가 최소가 될 때, 삼각형 PAB의 넓이가 최소가 됨을 이용한다.

풀이 삼각형 PAB에서 밑변을 선분 AB, 높이를 h라 하면 삼각형 PAB의 넓이는 높이가 최소일 때 최소이다.

두 점 A$(-5, 2)$, B$(3, -4)$를 지나는 직선의 방정식을 l이라 하면 직선 l의 방정식은

$y-(-4)=\frac{-4-2}{3-(-5)}(x-3)$

$y+4=-\frac{3}{4}(x-3)$ $\therefore 3x+4y+7=0$

이때 $\overline{AB}=\sqrt{\{3-(-5)\}^2+(-4-2)^2}=10$이고,

삼각형 PAB의 높이 h는 점 P와 직선 l 사이의 거리와 같으므로

$$h=\frac{\left|\frac{3}{a}+4a+7\right|}{\sqrt{3^2+4^2}}=\frac{\left|\frac{3}{a}+4a+7\right|}{5}$$

이때 $a>0$이므로 산술평균과 기하평균의 관계에 의하여

$$\begin{aligned}\left|\frac{3}{a}+4a+7\right|&=\frac{3}{a}+4a+7\\&\geq 2\sqrt{\frac{3}{a}\times 4a}+7\\&=2\sqrt{12}+7=4\sqrt{3}+7\end{aligned}$$

이때 등호는 $\frac{3}{a}=4a$일 때 성립하므로

$a^2=\frac{3}{4}$ $\quad\therefore a=\frac{\sqrt{3}}{2}$ $(\because a>0)$ 답 ③

18 전략 삼각형 ABC의 넓이와 코시-슈바르츠의 부등식을 이용한다.

풀이 오른쪽 그림과 같이 $\overline{PQ}=x$, $\overline{PR}=y$로 놓으면

$\overline{PQ}^2+\overline{PR}^2=x^2+y^2$

$\triangle ABC=\triangle APB+\triangle APC$이므로

$\frac{1}{2}\times 6\times 4\times \sin 60^\circ$

$=\frac{1}{2}\times 6\times x+\frac{1}{2}\times 4\times y$

$\therefore 3x+2y=6\sqrt{3}$ $\quad\cdots\cdots$ ㉠

코시-슈바르츠의 부등식에 의하여

$(3^2+2^2)(x^2+y^2)\geq(3x+2y)^2$ $\left(\text{단, 등호는 } \frac{x}{3}=\frac{y}{2}\text{일 때 성립}\right)$

위의 식에 ㉠을 대입하면

$13(x^2+y^2)\geq(6\sqrt{3})^2$

$\therefore x^2+y^2\geq\frac{108}{13}$

따라서 x^2+y^2의 최솟값이 $\frac{108}{13}$이므로

$p=13$, $q=108$

$\therefore p+q=121$ 답 121

19 전략 명제 $p\longrightarrow q$가 참이 되려면 $P\subset Q$이어야 함을 이용한다. 이때 인수정리 및 이차방정식의 판별식을 이용하여 조건 p의 진리집합을 구한다.

풀이 두 조건 p, q의 진리집합을 각각 P, Q라 하자.

명제 $p\longrightarrow q$가 참이 되려면 $P\subset Q$이어야 한다. $\cdots\cdots$ ㉠

조건 p에서 $f(x)=x^3-(2a-5)x^2+(2a+3)x-9$로 놓으면

$f(1)=0$이므로 인수정리에 의하여

$(x-1)\{x^2-2(a-3)x+9\}=0$

$\therefore x=1$ 또는 $x^2-2(a-3)x+9=0$ $\quad\therefore 1\in P$

q: $|x-1|\leq 1$에서 $-1\leq x-1\leq 1$

$\quad\therefore 0\leq x\leq 2$

$\therefore Q=\{x\,|\,0\leq x\leq 2\}$

이때 ㉠을 만족시키려면 이차방정식

$x^2-2(a-3)x+9=0$ $\quad\cdots\cdots$ ㉡

의 실근이 존재하지 않거나 $0\leq x\leq 2$에 존재해야 한다.

$g(x)=x^2-2(a-3)x+9$로 놓으면 함수 $y=g(x)$의 그래프의 대칭축은 $x=a-3$이고, 이차방정식 ㉡의 판별식을 D라 하면

$\frac{D}{4}=(a-3)^2-9=a^2-6a=a(a-6)$

(i) $0\leq x\leq 2$에서 ㉡이 서로 다른 두 실근을 가질 때

$\frac{D}{4}>0$에서 $a>6$ 또는 $a<0$ $\quad\cdots\cdots$ ㉢

또, $0<a-3<2$에서 $3<a<5$ $\quad\cdots\cdots$ ㉣

$g(0)=9>0$

$g(2)=-4a+25\geq 0$에서 $a\leq\frac{25}{4}$ $\quad\cdots\cdots$ ㉤

㉢, ㉣, ㉤을 모두 만족시키는 정수 a의 값은 존재하지 않는다.

(ii) $0\leq x\leq 2$에서 ㉡이 중근을 가질 때

$\frac{D}{4}=0$에서 $a=0$ 또는 $a=6$

$a=0$일 때, ㉡은 $(x+3)^2=0$에서 $x=-3$을 근으로 가지므로 조건을 만족시키지 않는다.

$a=6$일 때, ㉡은 $(x-3)^2=0$에서 $x=3$을 근으로 가지므로 조건을 만족시키지 않는다.

(iii) ㉡이 실근을 갖지 않을 때

$\frac{D}{4}<0$에서 $0<a<6$

(iv) $0\leq x\leq 2$에서 ㉡이 $x=1$을 중근으로 가질 때

이차방정식의 근과 계수의 관계에 의하여 $9\neq 1\times 1$이므로 조건을 만족시키지 않는다.

(i)~(iv)에 의하여 $0<a<6$

따라서 정수 a는 1, 2, 3, 4, 5이므로 그 합은

$1+2+3+4+5=15$ 답 15

개념 연계 / 수학상 / **인수정리**

다항식 $f(x)$에 대하여

(1) $f(a)=0$이면 $f(x)$는 일차식 $x-a$로 나누어떨어진다.

(2) $f(x)$가 일차식 $x-a$로 나누어떨어지면 $f(a)=0$이다.

20 전략 명제 $p\longrightarrow q$가 거짓임을 보이는 원소는 집합 $P\cap Q^C$의 원소이어야 함을 이용한다.

풀이 p: $x^2-2(k+1)x+(k-1)(k+3)<0$에서

$\{x-(k-1)\}\{x-(k+3)\}<0$

$\therefore k-1<x<k+3$

q: $-k<\frac{x-2}{2}<k$에서 $2-2k<x<2+2k$

두 조건 p, q의 진리집합을 각각 P, Q라 하면

$P=\{x\,|\,k-1<x<k+3\}$, $Q=\{x\,|\,2-2k<x<2+2k\}$

이때 진리집합 P, Q의 x의 값의 범위의 길이는 각각 4, $4k$이므로 이 길이의 대소 관계에 따라 다음과 같이 진리집합 P, Q의 포함관계를 나타낼 수 있다.

(i) $4k>4$, 즉 $k>1$일 때

$k-1>2-2k$, $k+3<2+2k$이므로 두 진리집합 P, Q를 수직선 위에 나타내면 다음과 같다.

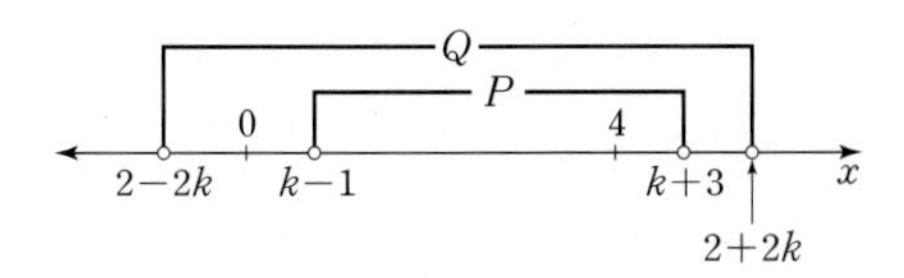

이때 $P\subset Q$이므로 명제 $p \longrightarrow q$는 참이다.

(ii) $4k=4$, 즉 $k=1$일 때

$P=Q=\{x|0<x<4\}$이므로 명제 $p \longrightarrow q$는 참이다.

(iii) $4k<4$, 즉 $k<1$일 때

$k-1<2-2k$, $k+3>2+2k$이므로 두 진리집합 P, Q를 수직선 위에 나타내면 다음과 같다.

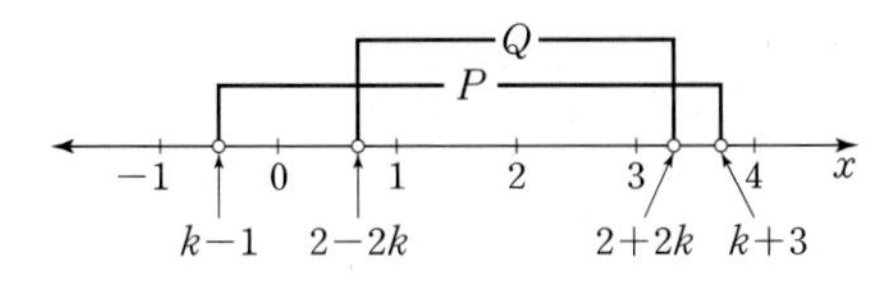

이때 명제 $p \longrightarrow q$가 거짓임을 보일 수 있는 정수인 원소의 개수가 1이려면 집합 $P\cap Q^C$에 속하는 정수의 개수가 1이어야 하므로

$0<2-2k<1$, $3<2+2k<4$

이어야 한다.

즉, $\frac{1}{2}<k<1$

(i), (ii), (iii)에 의하여 조건을 만족시키는 k의 값의 범위는

$\frac{1}{2}<k<1$

따라서 $\alpha=\frac{1}{2}$, $\beta=1$이므로

$10(\alpha+\beta)=10\times\left(\frac{1}{2}+1\right)=10\times\frac{3}{2}=15$

답 15

21 **전략** $P(t, t^2-2t+4)$ $(t>0)$로 놓고 산술평균과 기하평균의 관계를 이용한다.

풀이 양수 t에 대하여 $P(t, t^2-2t+4)$로 놓으면 $H(t, 0)$

$t^2-2t+4=(t-1)^2+3>0$이므로

$\overline{OP}=\sqrt{t^2+(t^2-2t+4)^2}=\sqrt{t^4-4t^3+13t^2-16t+16}$

$$\therefore \frac{\overline{OH}}{\overline{OP}}=\frac{t}{\sqrt{t^4-4t^3+13t^2-16t+16}}=\frac{1}{\frac{\sqrt{t^4-4t^3+13t^2-16t+16}}{t}}=\frac{1}{\sqrt{\frac{t^4-4t^3+13t^2-16t+16}{t^2}}}$$

이때

$$\frac{t^4-4t^3+13t^2-16t+16}{t^2}=t^2-4t+13-\frac{16}{t}+\frac{16}{t^2}=\left(t^2+\frac{16}{t^2}\right)-4\left(t+\frac{4}{t}\right)+13=\left(t+\frac{4}{t}\right)^2-4\left(t+\frac{4}{t}\right)+5 \quad \cdots\cdots ㉠$$

$t+\frac{4}{t}=X$로 놓으면 $t>0$이므로 산술평균과 기하평균의 관계에 의하여

$X=t+\frac{4}{t}\geq 2\sqrt{t\times\frac{4}{t}}=4$ $\left(\text{단, 등호는 } t=\frac{4}{t}\text{일 때 성립}\right)$

㉠에서

$$\left(t+\frac{4}{t}\right)^2-4\left(t+\frac{4}{t}\right)+5=X^2-4X+5=(X-2)^2+1$$

이고, $X\geq 4$이므로 ㉠의 최솟값은

$(4-2)^2+1=5$

$$\therefore \frac{\overline{OH}}{\overline{OP}}=\frac{1}{\sqrt{\frac{t^4-4t^3+13t^2-16t+16}{t^2}}}\leq\frac{1}{\sqrt{5}}=\frac{\sqrt{5}}{5}$$

따라서 구하는 최댓값은 $\frac{\sqrt{5}}{5}$이다.

답 ①

22 **전략** $m(a, b)=(\sqrt{a}+\sqrt{b})^2$에서 코시-슈바르츠의 부등식을 이용할 수 있도록 $(\sqrt{a}+\sqrt{b})^2$을 변형한 후 최댓값을 구한다.

풀이 $a>0$, $b>0$, $x>0$, $y>0$이므로 산술평균과 기하평균의 관계에 의하여

$$\left(x+\frac{a}{y}\right)\left(y+\frac{b}{x}\right)=xy+\frac{ab}{xy}+a+b\geq 2\sqrt{xy\times\frac{ab}{xy}}+a+b=2\sqrt{ab}+a+b=(\sqrt{a}+\sqrt{b})^2$$

$\left(\text{등호는 } xy=\frac{ab}{xy}\text{일 때 성립}\right)$

이므로

$m(a, b)=(\sqrt{a}+\sqrt{b})^2$

실수 p, q, r, s에 대하여

$(p^2+q^2)(r^2+s^2)\geq(pr+qs)^2$ $\left(\text{등호는 } \frac{r}{p}=\frac{s}{q}\text{일 때 성립}\right)$

이므로

$$(\sqrt{a}+\sqrt{b})^2=\left(\frac{1}{\sqrt{a}}\times a+\frac{1}{\sqrt{8b}}\times\sqrt{8b}\right)^2\leq\boxed{\left(\frac{1}{a}+\frac{1}{8b}\right)}(a^2+8b^2)=8\boxed{\left(\frac{1}{a}+\frac{1}{8b}\right)} \quad \cdots\cdots ㉠$$

이때 등호는 $a^3=64b^3$, 즉 $a=4b$일 때 성립한다.

즉, $a=4b$이고 $a^2+8b^2=8$이므로 두 식을 연립하여 풀면

$a=\frac{4\sqrt{3}}{3}$, $b=\frac{\sqrt{3}}{3}$ $(\because a>0, b>0)$

$\frac{1}{a}+\frac{1}{8b}=\frac{3\sqrt{3}}{8}$이므로 ㉠에서

$8\times\frac{3\sqrt{3}}{8}=\boxed{3\sqrt{3}}$

따라서 $m(a, b)$의 최댓값은 $\boxed{3\sqrt{3}}$이다.

$\therefore$ (가) $f(a, b)=\frac{1}{a}+\frac{1}{8b}$ (나) $\alpha=3\sqrt{3}$

$$\therefore f\left(\alpha, \frac{\alpha}{3}\right)=f(3\sqrt{3}, \sqrt{3})=\frac{1}{3\sqrt{3}}+\frac{1}{8\sqrt{3}}=\frac{11\sqrt{3}}{72}$$

답 ①

Ⅱ 함수

03 함수

A Step 1등급을 위한 고난도 빈출 & 핵심 문제 본문 32~33쪽

01 ①	02 100	03 ④	04 ③	05 ③
06 ①	07 7	08 ②	09 ②	10 ④
11 ②	12 3	13 11	14 ④	

01 $f=g$이려면 $x^3-4x^2+6x=5x-6$에서

$x^3-4x^2+x+6=0$

$(x+1)(x-2)(x-3)=0$

$\therefore x=-1$ 또는 $x=2$ 또는 $x=3$

따라서 집합 X는 공집합이 아닌 집합 $\{-1,\ 2,\ 3\}$의 부분집합이므로 그 개수는

$2^3-1=7$ 답 ①

참고 집합 $A=\{a_1,\ a_2,\ a_3,\ \cdots,\ a_n\}$에 대하여

(1) 집합 A의 부분집합의 개수: 2^n

(2) 집합 A의 진부분집합의 개수: 2^n-1

02 $f(x+y)=f(x)+f(y)$ ⋯⋯ ㉠

㉠의 양변에 $x=1,\ y=1$을 대입하면

$f(2)=f(1)+f(1)=2f(1)$

㉠의 양변에 $x=1,\ y=2$를 대입하면

$f(3)=f(1)+f(2)=f(1)+2f(1)=3f(1)$

⋮

$\therefore f(n)=nf(1)$ (단, n은 자연수)

이때 $f(1)+f(3)+f(5)=45$에서

$f(1)+3f(1)+5f(1)=45$

$9f(1)=45 \qquad \therefore f(1)=5$

$\therefore f(20)=20f(1)=20\times5=100$ 답 100

03 함수 g는 항등함수이므로

$g(1)=1,\ g(2)=2,\ g(3)=3$

이때 $f(2)=g(2)=h(2)$에서

$f(2)=h(2)=2$

이때 함수 f는 상수함수이므로

$f(1)=f(2)=f(3)=2$

한편, $f(1)+g(1)=h(1)$에서

$h(1)=2+1=3$

이때 함수 h는 일대일대응이므로

$h(3)=1$

$\therefore f(3)+g(3)+h(3)=2+3+1=6$ 답 ④

04 $f(x)=ax^2+6ax+4b=a(x+3)^2-9a+4b$이므로 a의 값의 범위에 따른 함수 $y=f(x)$의 그래프는 다음 그림과 같다.

(i) $a>0$일 때

함수 $y=f(x)$의 그래프가 오른쪽 그림과 같으므로 $-2\le x\le1$에서

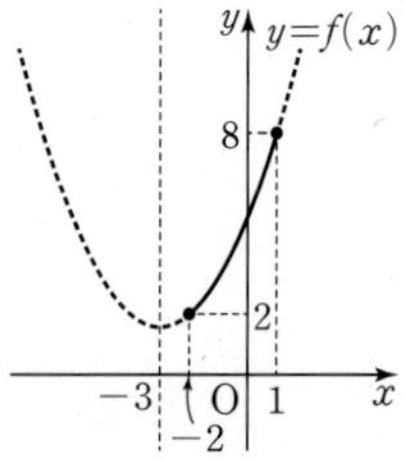

$f(-2)=2,\ f(1)=8$이어야 한다.

$f(-2)=2$에서 $4a-12a+4b=2$

$\therefore -8a+4b=2$ ⋯⋯ ㉠

$f(1)=8$에서 $a+6a+4b=8$

$\therefore 7a+4b=8$ ⋯⋯ ㉡

㉠, ㉡을 연립하여 풀면 $a=\frac{2}{5},\ b=\frac{13}{10}$

$\therefore a+2b=\frac{2}{5}+2\times\frac{13}{10}=3$

(ii) $a<0$일 때

함수 $y=f(x)$의 그래프가 오른쪽 그림과 같으므로 $-2\le x\le1$에서

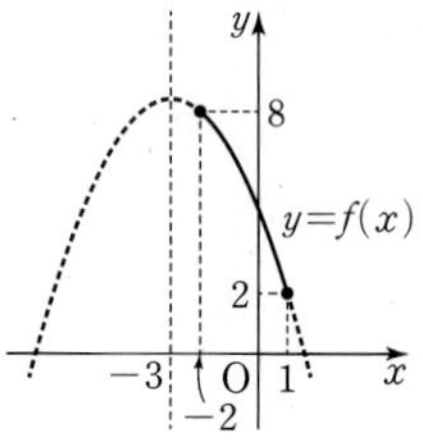

$f(-2)=8,\ f(1)=2$이어야 한다.

$f(-2)=8$에서 $4a-12a+4b=8$

$\therefore -8a+4b=8$ ⋯⋯ ㉢

$f(1)=2$에서 $a+6a+4b=2$

$\therefore 7a+4b=2$ ⋯⋯ ㉣

㉢, ㉣을 연립하여 풀면 $a=-\frac{2}{5},\ b=\frac{6}{5}$

$\therefore a+2b=-\frac{2}{5}+2\times\frac{6}{5}=2$

(i), (ii)에 의하여 $a+2b$의 최댓값은 3이다. 답 ③

05 $f(x)=f(-x)$에서 $f(2)=f(-2),\ f(1)=f(-1)$

$f(-2),\ f(2)$의 값이 될 수 있는 것은 $-2,\ -1,\ 0,\ 1,\ 2$의 5개

$f(-1),\ f(1)$의 값이 될 수 있는 것은 $-2,\ -1,\ 0,\ 1,\ 2$의 5개

$f(0)$의 값이 될 수 있는 것은 $-2,\ -1,\ 0,\ 1,\ 2$의 5개

따라서 주어진 조건을 만족시키는 함수 f의 개수는

$5\times5\times5=125$ 답 ③

06 주어진 그래프에서

$f(x)=\begin{cases}2x & (0\le x\le1)\\ -2x+4 & (1<x\le2)\end{cases},\ g(x)=\begin{cases}1 & (0\le x\le1)\\ x & (1<x\le2)\end{cases}$

$\therefore (f\circ g)(x)=f(g(x))$

$=\begin{cases}2g(x) & (0\le g(x)\le1)\\ -2g(x)+4 & (1<g(x)\le2)\end{cases}$

$=\begin{cases}2 & (0\le x\le1)\\ -2x+4 & (1<x\le2)\end{cases}$

따라서 함수 $y=(f\circ g)(x)$의 그래프는 오른쪽 그림과 같다.

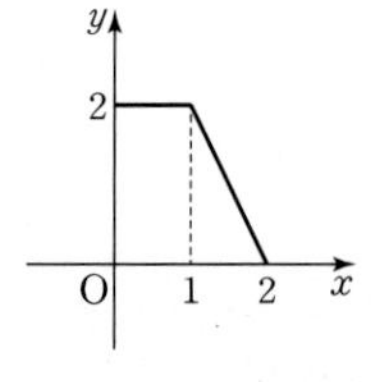

답 ①

07 $f^1(77)=f(77)=\dfrac{77+3}{2}=40$이므로

$f^2(77)=(f\circ f)(77)=f(f(77))=f(40)=\dfrac{40}{2}=20$

$f^3(77)=(f\circ f^2)(77)=f(f^2(77))=f(20)=\dfrac{20}{2}=10$

$f^4(77)=(f\circ f^3)(77)=f(f^3(77))=f(10)=\dfrac{10}{2}=5$

$f^5(77)=(f\circ f^4)(77)=f(f^4(77))=f(5)=\dfrac{5+3}{2}=4$

$f^6(77)=(f\circ f^5)(77)=f(f^5(77))=f(4)=\dfrac{4}{2}=2$

$f^7(77)=(f\circ f^6)(77)=f(f^6(77))=f(2)=\dfrac{2}{2}=1$

따라서 자연수 n의 최솟값은 7이다. 답 7

08 함수 f의 역함수가 존재하면 f는 일대일대응이므로

$(-2)^2+4\times(-2)+3=a\times(-2)+3$

$-2a+3=-1 \qquad \therefore a=2$

$\therefore f(x)=\begin{cases} x^2+4x+3 & (x>-2) \\ 2x+3 & (x\le -2) \end{cases}$

$x>-2$일 때, $f(x)=x^2+4x+3=(x+2)^2-1>-1$

$x\le -2$일 때, $f(x)=2x+3\le -1$

한편, $(f^{-1}\circ f^{-1})(-3)=f^{-1}(f^{-1}(-3))$에서

$f^{-1}(-3)=k$로 놓으면 $f(k)=-3\le -1$이므로

$f(k)=2k+3=-3 \qquad \therefore k=-3$

따라서 $f^{-1}(-3)=-3$이므로

$(f^{-1}\circ f^{-1})(-3)=f^{-1}(f^{-1}(-3))$

$=f^{-1}(-3)$

$=-3$ 답 ②

09 모든 점선은 x축 또는 y축에 평행하므로 직선 $y=x$를 이용하여 점선과 y축이 만나는 점의 y좌표를 정하면 오른쪽 그림과 같다.

$(g\circ f^{-1})(k)=d$에서

$((g^{-1}\circ g)\circ f^{-1})(k)=g^{-1}(d)$

즉, $f^{-1}(k)=g^{-1}(d)$이므로 $(f\circ f^{-1})(k)=(f\circ g^{-1})(d)$

$\therefore k=(f\circ g^{-1})(d)=f(g^{-1}(d))$

$g^{-1}(d)=l$로 놓으면

$g(l)=d \qquad \therefore l=c$

$\therefore k=f(g^{-1}(d))=f(c)=b$ 답 ②

10 $f(x)=x^2-4x+k$

$=(x-2)^2+k-4\ (x\ge 2)$

이므로 함수 $y=f(x)$의 그래프는 오른쪽 그림과 같다.

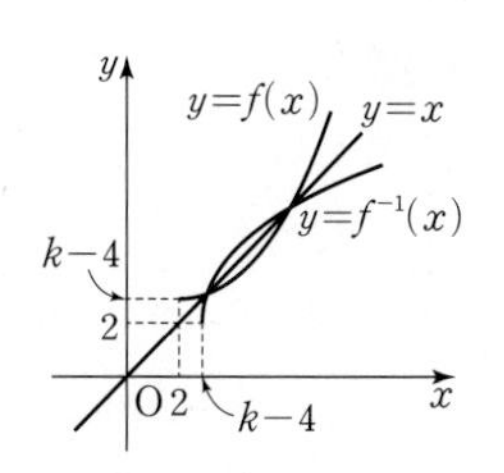

함수 $y=f(x)$의 그래프와 역함수 $y=f^{-1}(x)$의 그래프는 직선 $y=x$에 대하여 대칭이므로 함수 $y=f(x)$의 그래프와 그 역함수 $y=f^{-1}(x)$의 그래프가 서로 다른 두 점에서 만나려면 함수 $y=f(x)$의 그래프와 직선 $y=x$가 서로 다른 두 점에서 만나야 한다.

따라서 이차방정식 $x^2-4x+k=x$, 즉 $x^2-5x+k=0$이 $x\ge 2$에서 서로 다른 두 실근을 가져야 한다.

이차방정식 $x^2-5x+k=0$의 판별식을 D라 하면

$D=(-5)^2-4\times 1\times k>0$

$25-4k>0 \qquad \therefore k<\dfrac{25}{4}$ ...... ㉠

$g(x)=x^2-5x+k$로 놓으면 $g(2)\ge 0$이어야 하므로

$g(2)=2^2-5\times 2+k\ge 0$

$-6+k\ge 0 \qquad \therefore k\ge 6$ ...... ㉡

$g(x)=x^2-5x+k=\left(x-\dfrac{5}{2}\right)^2+k-\dfrac{25}{4}$에서 함수 $y=g(x)$의 그래프의 축의 방정식은 $x=\dfrac{5}{2}$이고 $\dfrac{5}{2}>2$이므로 조건을 만족시킨다.

㉠, ㉡에 의하여 $6\le k<\dfrac{25}{4}$ 답 ④

참고 방정식 $g(x)=0$이 $x\ge 2$에서 서로 다른 두 실근을 가지려면 함수 $y=g(x)$의 그래프의 대칭축이 $x=2$보다 오른쪽에 있어야 한다.
이때 함수 $y=g(x)$의 그래프는 오른쪽 그림과 같으므로 k의 값에 관계없이 대칭축은 항상 $x=2$보다 오른쪽에 있다.

11 함수 $y=|x-2|-3$의 그래프는 오른쪽 그림과 같다.

이 함수의 그래프와 직선 $y=a\ (a>0)$의 교점의 x좌표는

$|x-2|-3=a$에서 $|x-2|=a+3$

$x-2=-a-3$ 또는 $x-2=a+3$

$\therefore x=-a-1$ 또는 $x=a+5$

이때 색칠한 부분의 넓이가 25이므로

$\dfrac{1}{2}\times\{(a+5)-(-a-1)\}\times\{a-(-3)\}=25$

$(a+3)^2=25$, $a+3=-5$ 또는 $a+3=5$

$\therefore a=-8$ 또는 $a=2$

따라서 양수 a의 값은 2이다. 답 ②

참고 함수 $y=|x-2|-3$의 그래프는 함수 $y=x-2$의 그래프의 $y<0$인 부분을 x축에 대하여 대칭이동한 후 y축의 방향으로 -3만큼 평행이동한 것이므로 세 함수 $y=x-2$, $y=|x-2|$, $y=|x-2|-3$의 그래프는 순서대로 다음과 같이 그릴 수 있다.

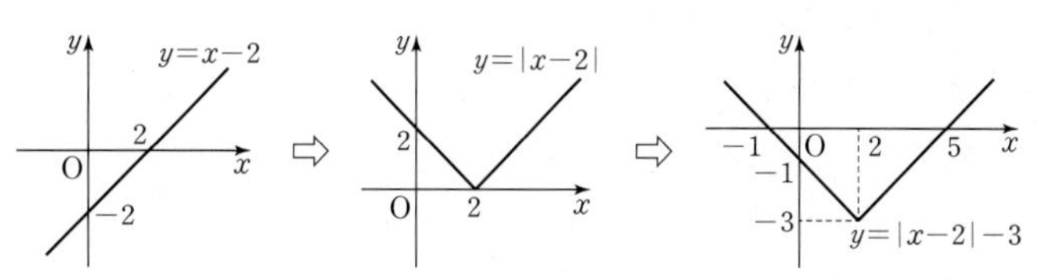

12 함수 $f(x)=|x|+|x-a|+|x-3|$에서 절댓값 기호 안의 식의 값이 0이 되는 x의 값은 0, a, 3이고, $0<a<3$이므로 a의 값을 기준으로 x의 값의 범위를 나누면 다음과 같다.

(i) $0 \le x < a$일 때, $x \ge 0$, $x-a<0$, $x-3<0$이므로

$f(x)=x-(x-a)-(x-3)$

$\quad =-x+a+3$

(ii) $a \le x \le 3$일 때, $x \ge 0$, $x-a \ge 0$, $x-3 \le 0$이므로

$f(x)=x+(x-a)-(x-3)$

$\quad =x-a+3$

(i), (ii)에 의하여

$$f(x)=\begin{cases} -x+a+3 & (0 \le x < a) \\ x-a+3 & (a \le x \le 3) \end{cases}$$

이때 $f(0)=a+3$, $f(a)=3$, $f(3)=6-a$이고 $0<a<3$에서 $6-a>3$, $a+3>3$이다.

즉, $0 \le x \le 3$에서 함수 $y=f(x)$의 그래프는 오른쪽 그림과 같다.

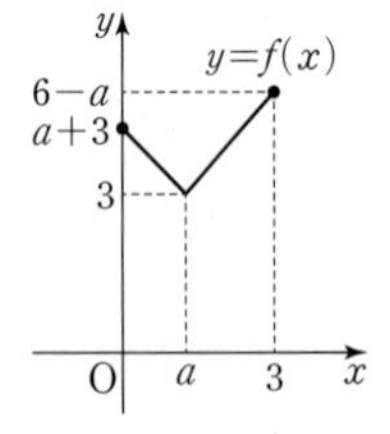

따라서 구하는 최솟값은 $x=a$일 때 3이다.

답 3

다른풀이 $0 \le x \le 3$에서 $x \ge 0$, $x-3 \le 0$이므로

$f(x)=|x|+|x-a|+|x-3|$

$\quad =x+|x-a|-(x-3)$

$\quad =|x-a|+3$

이때 $0<a<3$이므로 $x=a$는 $0 \le x \le 3$에 포함된다.

따라서 $|x-a| \ge 0$에서 $f(x)=|x-a|+3 \ge 3$이므로 $x=a$일 때 함수 $f(x)$의 최솟값은 3이다.

1등급 노트 절댓값 기호가 여러 개인 함수의 그래프

절댓값 기호를 여러 개 포함한 함수

$f(x)=|x-a|+|x-b|+\cdots+|x-c|$

의 그래프는

① 절댓값 기호 안의 식의 값이 0이 되는 x의 값, 즉 $x=a, b, \cdots, c$를 기준으로 범위를 나눈 후 각 범위에서의 함수를 구하여 그린다.

② 절댓값 기호 안의 식의 값이 0이 되는 x의 값, 즉 $x=a, b, \cdots, c$에서 함수의 그래프가 꺾임을 이용하여 그린다.

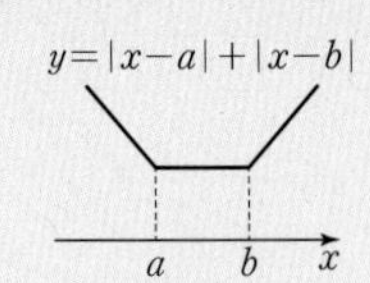

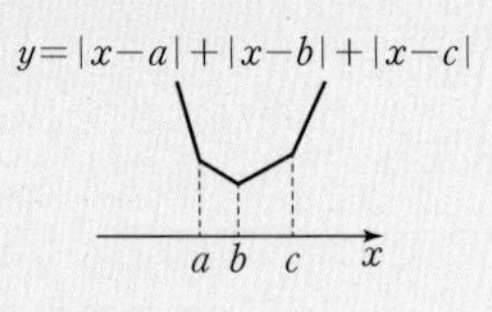

13 자연수 n에 대하여 $0<x<1$에서

$0<nx<n$

이때 $[nx]$의 값은 정수이므로

$[nx]=1, 2, 3, \cdots, n-1$

집합 $A_n=\{x \mid f_n(x)=0,\ 0<x<1\}$의 방정식 $f_n(x)=0$에서

$nx-[nx]=0$, 즉 $nx=[nx]$이므로

$nx=1, 2, 3, \cdots, n-1$

$\therefore x=\dfrac{1}{n}, \dfrac{2}{n}, \dfrac{3}{n}, \cdots, \dfrac{n-1}{n}$

집합 A_4는 $n=4$일 때이므로 $A_4=\left\{\dfrac{1}{4}, \dfrac{2}{4}, \dfrac{3}{4}\right\}$

$\therefore n(A_4)=3$

또, 집합 A_{12}는 $n=12$일 때이므로

$A_{12}=\left\{\dfrac{1}{12}, \dfrac{2}{12}, \dfrac{3}{12}, \cdots, \dfrac{11}{12}\right\}$

$\therefore n(A_{12})=11$

그런데 $\dfrac{1}{4}=\dfrac{3}{12}$, $\dfrac{2}{4}=\dfrac{6}{12}$, $\dfrac{3}{4}=\dfrac{9}{12}$이므로

$A_4 \subset A_{12}$

$\therefore A_4 \cup A_{12}=A_{12}$

따라서 $A_4 \cup A_{12}$의 원소의 개수는 11이다.

답 11

14 $[x]$는 x보다 크지 않은 최대의 정수이므로 x의 값이 정수일 때를 기준으로 범위를 나누어 $f(x)$를 구하면

⋮

$-2 \le x < -1$일 때, $f(x)=x-(-2)=x+2$

$-1 \le x < 0$일 때, $f(x)=x-(-1)=x+1$

$0 \le x < 1$일 때, $f(x)=x-0=x$

$1 \le x < 2$일 때, $f(x)=x-1$

$2 \le x < 3$일 때, $f(x)=x-2$

⋮

한편, $A(2)$, $A(3)$, $A(4)$는 각각 함수 $y=f(x)$의 그래프와 직선 $y=\dfrac{1}{2}x$, $y=\dfrac{1}{3}x$, $y=\dfrac{1}{4}x$의 교점의 개수이다.

이때 함수 $y=f(x)$의 그래프와 세 직선 $y=\dfrac{1}{2}x$, $y=\dfrac{1}{3}x$, $y=\dfrac{1}{4}x$는 다음 그림과 같다.

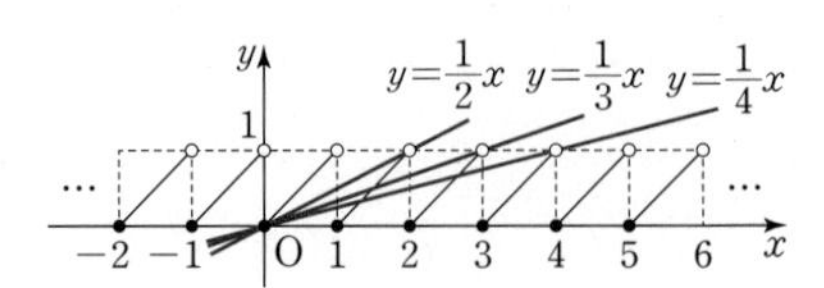

따라서 $A(2)=1$, $A(3)=2$, $A(4)=3$이므로

$A(2)+A(3)+A(4)=1+2+3=6$

답 ④

B Step 1등급을 위한 고난도 기출 VS 변형 유형

본문 34~37쪽

1	7	**1-1**	①	**2**	4	**2-1**	③	**3**	12	**3-1**	24
4	②	**4-1**	3	**5**	④	**5-1**	③	**6**	④	**6-1**	③
7	12	**7-1**	60	**8**	②	**8-1**	⑤	**9**	50	**9-1**	8
10	②	**10-1**	20	**11**	①	**11-1**	②	**12**	③	**12-1**	2

1 전략 중복되지 않는 값과 함숫값으로 사용되지 않은 원소의 값을 이용하여 치역을 구한다.

풀이 조건 (가)에서 함수 f의 치역의 원소의 개수가 7이므로 집합 X의 서로 다른 두 원소 a, b에 대하여 $f(a)=f(b)=n$을 만족하는 집합 X의 원소 n은 1개이다. 이때 집합 X의 원소 중 함숫값으로 사용되지 않은 원소를 m이라 하자.

$1+2+3+4+5+6+7+8=36$

이므로 조건 (나)에서

$f(1)+f(2)+f(3)+f(4)+f(5)+f(6)+f(7)+f(8)$

$=36+n-m=42$

$\therefore n-m=6$

집합 X의 원소 n, m에 대하여 $n-m=6$인 경우는 다음과 같다.

(i) $n=8$, $m=2$일 때

함수 f의 치역은 $\{1, 3, 4, 5, 6, 7, 8\}$이므로 조건 (다)를 만족시키지 않는다.

(ii) $n=7$, $m=1$일 때

함수 f의 치역은 $\{2, 3, 4, 5, 6, 7, 8\}$이므로 조건 (다)를 만족시킨다.

(i), (ii)에 의하여 $n=7$ 답 7

다른풀이 조건 (다)에 의하여 최댓값, 최솟값이 될 수 있는 값은 각각 7, 1 또는 8, 2이다.

(i) 최댓값이 7, 최솟값이 1인 경우

조건 (가)에 의하여 8은 함수 $f(x)$의 치역의 원소가 될 수 없다.

조건 (나)에서 중복되는 값을 k라 하면

$1+2+3+4+5+6+7+k=42$

$28+k=42 \qquad \therefore k=14$

이때 $14 \notin X$이므로 조건을 만족시키지 않는다.

(ii) 최댓값이 8, 최솟값이 2인 경우

조건 (가)에 의하여 1은 함수 $f(x)$의 치역의 원소가 될 수 없다.

조건 (나)에서 중복되는 값을 l이라 하면

$2+3+4+5+6+7+8+l=42$

$35+l=42 \qquad \therefore l=7$

(i), (ii)에 의하여 $n=7$

1-1 **전략** 치역의 원소의 개수를 이용하여 각각의 함숫값으로 가능한 경우를 모두 구한다.

풀이 $12=1\times2\times6=2\times2\times3=1\times3\times4$이므로 조건 (가), (다)를 만족시키도록 $f(2)$, $f(3)$, $f(4)$의 값을 정하고, 조건 (나)를 만족시키는 함수 f의 개수를 구하면 다음과 같다.

(i) $12=1\times2\times6$인 경우

조건 (다)에 의하여 $f(2)\le f(3)\le f(4)$이어야 하므로

$f(2)=1$, $f(3)=2$, $f(4)=6$

조건 (다)에 의하여 $f(1)\le f(2)$,

$f(4)\le f(5)\le f(6)$이어야 하므로

조건 (나)에 의하여

$f(1)=1$, $f(5)=f(6)=6$

$\therefore f(5)+f(6)=12$

(ii) $12=2\times2\times3$인 경우

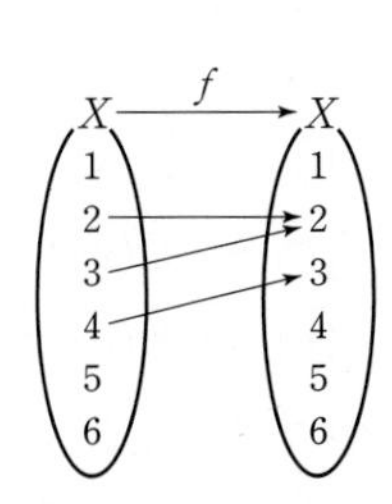

조건 (다)에 의하여 $f(2)\le f(3)\le f(4)$이어야 하므로

$f(2)=f(3)=2$, $f(4)=3$

조건 (다)에 의하여 $f(1)\le f(2)$,

$f(4)\le f(5)\le f(6)$이어야 하므로 조건 (나)를 만족시키는 $f(1)$, $f(5)$, $f(6)$의 값은 다음과 같다.

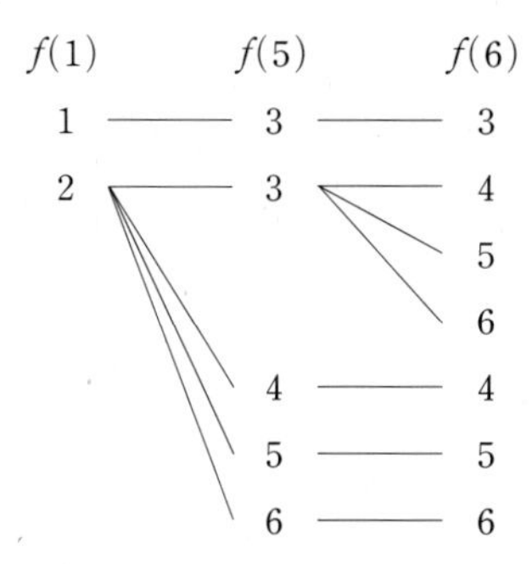

즉, 가능한 $f(5)+f(6)$의 값은 6, 7, 8, 9, 10, 12의 6개이다.

(iii) $12=1\times3\times4$인 경우

조건 (다)에 의하여 $f(2)\le f(3)\le f(4)$이어야 하므로

$f(2)=1$, $f(3)=3$, $f(4)=4$

조건 (다)에 의하여 $f(1)\le f(2)$,

$f(4)\le f(5)\le f(6)$이어야 하므로

조건 (나)에 의하여

$f(1)=1$, $f(5)=f(6)=4$

$\therefore f(5)+f(6)=8$

(i), (ii), (iii)에 의하여 구하는 $f(5)+f(6)$의 값은 6, 7, 8, 9, 10, 12의 6개이다. 답 ①

2 **전략** 함수 $h(x)$가 일대일대응이 되려면 $f(2)=g(2)$이고, $x=2$를 기준으로 $g(x)$의 대칭축을 정해야 함을 이용한다.

풀이 함수 $h(x)$가 일대일대응이 되려면 $f(2)=g(2)$이어야 한다.

또, $x<2$에서 $y=g(x)=-(x-a)^2+4$가 일대일대응이려면 함수 $y=g(x)$의 그래프의 대칭축 $x=a$가 $x=2$와 같거나 그 오른쪽에 있어야 하므로 $a\ge2$

$$f(2)=(2a+2b+2)\left(\frac{1}{2a+1}+\frac{1}{2b+1}\right)$$

$$=\{(2a+1)+(2b+1)\}\left(\frac{1}{2a+1}+\frac{1}{2b+1}\right)$$

$$=2+\frac{2a+1}{2b+1}+\frac{2b+1}{2a+1}$$

$a>0$, $b>0$에서 $\frac{2a+1}{2b+1}>0$, $\frac{2b+1}{2a+1}>0$이므로 산술평균과 기하평균의 관계에 의하여

$$2+\frac{2a+1}{2b+1}+\frac{2b+1}{2a+1}\ge2+2\sqrt{\frac{2a+1}{2b+1}\times\frac{2b+1}{2a+1}}$$

$=2+2=4$ (단, 등호는 $a=b$일 때 성립)

$\therefore f(2)\ge4$

한편, $g(2)=-(2-a)^2+4\le4$이므로

$f(2)=g(2)=4$

따라서 $a=2$일 때, 즉 $a=b=2$일 때 주어진 조건을 만족시키므로

$ab=2\times2=4$ 답 4

참고 $\frac{2a+1}{2b+1}+\frac{2b+1}{2a+1}\ge2\times\sqrt{\frac{2a+1}{2b+1}\times\frac{2b+1}{2a+1}}$에서 등호가 성립하는 경우는 $\frac{2a+1}{2b+1}=\frac{2b+1}{2a+1}$일 때이므로

$(2a+1)^2=(2b+1)^2$, $4a^2+4a+1=4b^2+4b+1$

$a^2-b^2+a-b=0$, $(a-b)(a+b+1)=0$

$\therefore a=b$ ($\because a+b+1>0$)

2-1 **전략** 함수 $f(x)$가 $x>2$에서 일대일대응이 되려면 $x=2$를 기준으로 대칭축을 정해야 함을 이용한다.

풀이 $x\le2$일 때, $f(x)=a|x+2|-2x$에서

$x<-2$이면 $f(x)=-a(x+2)-2x=-(a+2)x-2a$

$-2\le x\le2$이면 $f(x)=a(x+2)-2x=(a-2)x+2a$

이므로

$$f(x)=\begin{cases}-(a+2)x-2a & (x<-2)\\ (a-2)x+2a & (-2\le x\le2)\\ -x^2+bx-6 & (x>2)\end{cases}$$

함수 $f(x)$가 일대일대응이 되려면 $x\le2$에서 두 직선 $y=-(a+2)x-2a$, $y=(a-2)x+2a$의 기울기의 부호가 서로 같아야 한다.

즉, $-(a+2)(a-2)>0$에서

$(a+2)(a-2)<0$ $\quad\therefore -2<a<2$

이때 a는 정수이므로

$a=-1$ 또는 $a=0$ 또는 $a=1$

한편, $x>2$일 때

$f(x)=-x^2+bx-6=-\left(x-\frac{b}{2}\right)^2+\frac{b^2}{4}-6$

이고, 함수 $f(x)$가 일대일대응이 되려면 대칭축 $x=\frac{b}{2}$가 직선 $x=2$와 같거나 그 왼쪽에 있어야 하므로

$\frac{b}{2}\le2$에서 $b\le4$ ...... ㉠

또, $x=2$에서 $y=(a-2)x+2a$와 $y=-x^2+bx-b$의 함숫값이 같아야 하므로

$4a-4=2b-10$에서 $2a-b=-3$ ...... ㉡

$a=-1$일 때, ㉡에서 $b=2a+3=1$

$a=0$일 때, ㉡에서 $b=2a+3=3$

$a=1$일 때, ㉡에서 $b=2a+3=5$

이때 ㉠을 만족시키는 정수 a, b의 값은

$a=-1$, $b=1$ 또는 $a=0$, $b=3$

이므로 $a+b$의 최솟값은 $a=-1$, $b=1$일 때 0이다. **답** ③

3 **전략** $f(5)$의 값이 홀수인 경우와 짝수인 경우로 나누어 조건을 만족시키는 함숫값을 구한다.

풀이 $3\le n\le5$인 자연수 n에 대하여 $f(n)f(n+2)$의 값이 짝수이므로 $f(3)f(5)$, $f(4)f(6)$, $f(5)f(7)$의 값은 짝수이다.

$f(5)$의 값이 홀수이면 $f(3)f(5)$, $f(5)f(7)$의 값이 짝수이므로 $f(3)$, $f(7)$의 값이 서로 다른 짝수이어야 하고, $f(4)f(6)$의 값이 짝수이므로 $f(4)$, $f(6)$의 값 중 적어도 하나는 짝수이어야 한다.

그런데 함수 f가 일대일대응이고 집합 X의 원소 중 짝수는 4, 6의 2개이므로 주어진 조건을 만족시키지 않는다.

즉, $f(5)$의 값은 짝수이고, $f(4)$, $f(6)$의 값 중 하나가 짝수이다.

이때 $f(3)$, $f(7)$의 값은 모두 홀수이므로 $f(3)+f(7)$의 값은 $f(3)=5$, $f(7)=7$ 또는 $f(3)=7$, $f(7)=5$일 때 최대이다.

따라서 구하는 최댓값은

$5+7=12$ **답** 12

다른풀이 함수 f가 일대일대응이고 집합 X의 원소 중 짝수인 것은 4, 6뿐이므로 $f(4)f(6)$의 값이 짝수이려면 $f(4)$ 또는 $f(6)$의 값 중 하나가 짝수이어야 한다.

남은 짝수는 하나뿐이므로 $f(3)f(5)$, $f(5)f(7)$의 값이 모두 짝수이려면 $f(5)$가 짝수이어야 한다.

3-1 **전략** $f(2)$의 값이 홀수인 경우와 짝수인 경우로 나누고, 함수 f가 일대일대응임을 이용한다.

풀이 조건 (나)에서 $\frac{f(n)+f(2n)}{2}$의 값이 자연수이려면 $f(n)+f(2n)$의 값이 짝수이어야 하므로 $f(1)+f(2)$, $f(2)+f(4)$, $f(3)+f(6)$의 값이 모두 짝수이어야 한다.

$f(2)$의 값이 홀수인 경우와 짝수인 경우로 나누어 $f(5)f(6)$의 최댓값을 구하면 다음과 같다.

(i) $f(2)$의 값이 홀수인 경우

$f(1)+f(2)$의 값이 짝수이므로 $f(1)$의 값은 홀수이고, $f(2)+f(4)$의 값이 짝수이므로 $f(4)$의 값은 홀수이다.

함수 f가 일대일대응이므로 $f(3)$, $f(5)$, $f(6)$의 값은 모두 짝수이어야 한다.

따라서 $f(5)f(6)$의 값은 $f(5)=4$, $f(6)=6$ 또는 $f(5)=6$, $f(6)=4$일 때 최대이므로 구하는 최댓값은

$4\times6=24$

(ii) $f(2)$의 값이 짝수인 경우

$f(1)+f(2)$의 값이 짝수이므로 $f(1)$의 값은 짝수이고, $f(2)+f(4)$의 값이 짝수이므로 $f(4)$의 값은 짝수이다.

함수 f가 일대일대응이므로 $f(3)$, $f(5)$, $f(6)$의 값은 모두 홀수이어야 한다.

따라서 $f(5)f(6)$의 값은 $f(5)=3$, $f(6)=5$ 또는 $f(5)=5$, $f(6)=3$일 때 최대이므로 구하는 최댓값은

$3\times5=15$

(i), (ii)에 의하여 $f(5)f(6)$의 최댓값은 24이다. **답** 24

4 **전략** $h(x)=(f^2\circ g)(x)$로 놓고, 규칙을 파악한다.

풀이 $h(x)=(f^2\circ g)(x)$로 놓으면

$h^1(6)=h(6)=f(f(g(6)))=f(f(3))=f(4)=5$

$h^2(6)=h(h(6))=h(5)=f(f(g(5)))=f(f(2))=f(3)=4$

$h^3(6)=h(h^2(6))=h(4)=f(f(g(4)))=f(f(1))=f(2)=3$

$h^4(6)=h(h^3(6))=h(3)=f(f(g(3)))=f(f(6))=f(1)=2$

$h^5(6)=h(h^4(6))=h(2)=f(f(g(2)))=f(f(5))=f(6)=1$

$h^6(6)=h(h^5(6))=h(1)=f(f(g(1)))=f(f(4))=f(5)=6$

$h^7(6)=h(h^6(6))=h(6)=f(f(g(6)))=f(f(3))=f(4)=5$

⋮

이므로 0 이상의 정수 k에 대하여

$h^{6k+1}(6)=5,\ h^{6k+2}(6)=4,\ h^{6k+3}(6)=3,\ h^{6k+4}(6)=2,$

$h^{6k+5}(6)=1,\ h^{6k+6}(6)=6$

$\therefore\ h^{3640}(6)=h^{6\times 606+4}(6)=h^{4}(6)=2$ 답 ②

4-1 **전략** 조건 (가), (나)를 이용하여 함수 g를 구한 후 각각의 함수의 규칙을 찾는다.

풀이 조건 (가), (나)에 의하여

$(f\circ g)(1)=(g\circ f)(1)$이고, $(f\circ g)(1)=f(g(1))=f(3)=4$이므로

$(g\circ f)(1)=g(f(1))=g(2)=4$

$(f\circ g)(2)=(g\circ f)(2)$이고, $(f\circ g)(2)=f(g(2))=f(4)=1$이므로

$(g\circ f)(2)=g(f(2))=g(3)=1$

$(f\circ g)(3)=(g\circ f)(3)$이고, $(f\circ g)(3)=f(g(3))=f(1)=2$이므로

$(g\circ f)(3)=g(f(3))=g(4)=2$

따라서 두 함수 $g: X\longrightarrow X$, $f\circ g: X\longrightarrow X$는 다음과 같다.

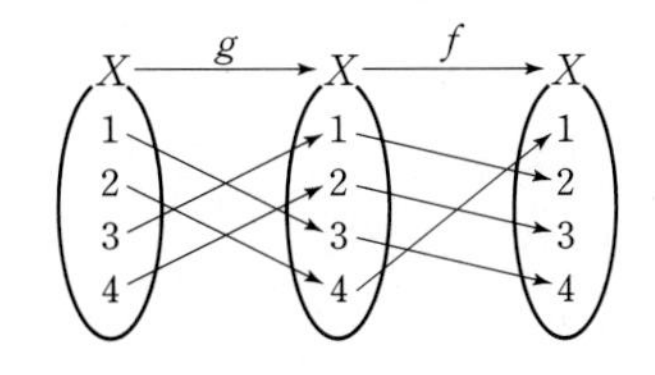

$g^{1}(2)=g(2)=4$

$g^{2}(2)=g(g(2))=g(4)=2,$

$g^{3}(2)=g(g^{2}(2))=g(2)=4,$

$\vdots$

이므로 모든 자연수 k에 대하여

$g^{2k-1}(2)=4,\ g^{2k}(2)=2$

$\therefore\ g^{50}(2)=g^{2\times 25}(2)=2$

$h(x)=(f\circ g)(x)$로 놓으면

$h^{1}(3)=h(3)=2$

$h^{2}(3)=h(h(3))=h(2)=1$

$h^{3}(3)=h(h^{2}(3))=h(1)=4$

$h^{4}(3)=h(h^{3}(3))=h(4)=3$

$h^{5}(3)=h(h^{4}(3))=h(3)=2$

$\vdots$

이므로 0 이상의 정수 k에 대하여

$h^{4k+1}(3)=2,\ h^{4k+2}(3)=1,\ h^{4k+3}(3)=4,\ h^{4k+4}(3)=3$

$\therefore\ h^{50}(3)=h^{4\times 12+2}(3)=h^{2}(3)=1$

$\therefore\ g^{50}(2)+(f\circ g)^{50}(3)=2+1=3$ 답 3

5 **전략** 방정식 $f(g(x))=f(x)$에서 $g(x)$를 구한다.

풀이 $f(g(x))=f(x)$에서

$\{g(x)\}^2-2g(x)-3=x^2-2x-3$

$\{g(x)\}^2-x^2-2\{g(x)-x\}=0,\ \{g(x)-x\}\{g(x)+x-2\}=0$

$\therefore\ g(x)=x$ 또는 $g(x)=-x+2$

$g(x)=x$에서 $x^2+2x+a=x$

$x^2+x+a=0$ ······ ㉠

$g(x)=-x+2$에서 $x^2+2x+a=-x+2$

$x^2+3x+a-2=0$ ······ ㉡

㉠, ㉡의 판별식을 각각 D_1, D_2라 하면

$D_1=1-4a,\ D_2=9-4(a-2)=17-4a$

(i) 방정식 ㉠은 서로 다른 두 실근을 갖고, 방정식 ㉡은 실근을 갖지 않는 경우

$D_1>0$에서 $1-4a>0$ $\quad\therefore\ a<\dfrac{1}{4}$

$D_2<0$에서 $17-4a<0$ $\quad\therefore\ a>\dfrac{17}{4}$

즉, 조건을 만족시키는 실수 a의 값은 존재하지 않는다.

(ii) 두 방정식 ㉠, ㉡ 모두 중근을 갖는 경우

$D_1=0$에서 $1-4a=0$ $\quad\therefore\ a=\dfrac{1}{4}$

$D_2=0$에서 $17-4a=0$ $\quad\therefore\ a=\dfrac{17}{4}$

즉, 조건을 만족시키는 실수 a의 값은 존재하지 않는다.

(iii) 방정식 ㉠은 실근을 갖지 않고, 방정식 ㉡이 서로 다른 두 실근을 갖는 경우

$D_1<0$에서 $1-4a<0$ $\quad\therefore\ a>\dfrac{1}{4}$

$D_2>0$에서 $17-4a>0$ $\quad\therefore\ a<\dfrac{17}{4}$

즉, 조건을 만족시키는 실수 a의 값의 범위는

$\dfrac{1}{4}<a<\dfrac{17}{4}$

(i), (ii), (iii)에 의하여 정수 a는 1, 2, 3, 4의 4개이다. 답 ④

참고 함수 $g(x)$의 최고차항의 계수가 1이고 함수 $y=g(x)$의 그래프가 직선 $x=-1$에 대하여 대칭이다. 즉, 함수 $y=g(x)$의 그래프가 두 직선 $y=x$, $y=-x+2$와 각각 만나는 서로 다른 점의 개수가 2이어야 하므로 함수 $y=g(x)$의 그래프가 직선 $y=x$와는 만나지 않고, 함수 $y=g(x)$의 그래프가 직선 $y=-x+2$와 서로 다른 두 점에서 만나야 한다.

따라서 방정식 ㉠의 실근의 개수가 0, 방정식 ㉡의 서로 다른 실근의 개수가 2이어야 한다.

다른풀이 $f(x)=x^2-2x-3=(x-1)^2-4$

에서 함수 $y=f(x)$의 그래프는 직선 $x=1$에 대하여 대칭이므로

$f(g(x))=f(x)$에서

$g(x)=x$ 또는 $\dfrac{g(x)+x}{2}=1$

$\therefore\ g(x)=x$ 또는 $g(x)=-x+2$

5-1 **전략** $x\ge 2$일 때와 $x<2$일 때의 함수 $f(g(x))$를 각각 구한 후 $f(g(x))=g(x)$의 실근을 구한다.

풀이 $f(g(x))=f(|x-2|)=|x-2|^2-4|x-2|$

$x\ge 2$일 때, $f(g(x))=(x-2)^2-4(x-2)=(x-2)(x-6)$

$x<2$일 때, $f(g(x))=(x-2)^2+4(x-2)=(x+2)(x-2)$

이므로

$$f(g(x))=\begin{cases}(x-2)(x-6) & (x\ge2)\\(x+2)(x-2) & (x<2)\end{cases}$$

두 함수 $y=f(g(x))$, $y=g(x)$의 그래프는 오른쪽 그림과 같다.

$x<2$일 때, 방정식 $f(g(x))=g(x)$에서

$(x+2)(x-2)=-(x-2)$,

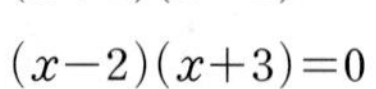

$(x-2)(x+3)=0$

$\therefore x=-3\ (\because x<2)$

$x\ge2$일 때, 방정식 $f(g(x))=g(x)$에서

$(x-2)(x-6)=x-2$, $(x-2)(x-7)=0$

$\therefore x=2$ 또는 $x=7$

따라서 방정식 $f(g(x))=g(x)$의 모든 실근의 합은

$-3+2+7=6$

답 ③

다른풀이1 $f(g(x))=f(|x-2|)=|x-2|^2-4|x-2|$

$x\ge2$일 때, $f(g(x))=(x-2)^2-4(x-2)=(x-2)(x-6)$

$x<2$일 때, $f(g(x))=(x-2)^2+4(x-2)=(x+2)(x-2)$

이므로

$$f(g(x))=\begin{cases}(x-2)(x-6) & (x\ge2)\\(x+2)(x-2) & (x<2)\end{cases}$$

두 함수 $y=f(g(x))$, $y=g(x)$의 그래프는 $x=2$에 대하여 대칭이므로 $x>2$에서 $f(g(x))=g(x)$의 근을 α, $x<2$에서 $f(g(x))=g(x)$의 근을 β라 하면

$\dfrac{\alpha+\beta}{2}=2\qquad \therefore \alpha+\beta=4$

따라서 방정식 $f(g(x))=g(x)$의 모든 실근의 합은

$\alpha+\beta+2=4+2=6$

다른풀이2 $f(g(x))=g(x)$에서 $g(x)=t$로 치환하면

$f(t)=t\ (t\ge0)$

$t^2-4t=t$, $t^2-5t=0$

$t(t-5)=0\qquad \therefore t=0$ 또는 $t=5$

(i) $t=0$, 즉 $|x-2|=0$일 때

$x-2=0$에서 $x=2$

(ii) $t=5$, 즉 $|x-2|=5$일 때

$x-2=-5$ 또는 $x-2=5$에서 $x=-3$ 또는 $x=7$

(i), (ii)에 의하여 $f(g(x))=g(x)$의 모든 실근의 합은

$2+(-3)+7=6$

6

전략 함수 $f(x)$가 역함수를 가지려면 일대일대응이어야 함을 이용하여 그래프의 개형을 파악한다.

풀이 함수 $f(x)$가 역함수를 가지므로 함수 $f(x)$는 일대일대응이다.

즉, 함수 $y=f(x)$의 그래프가 오른쪽 그림과 같아야 하고, 곡선 $y=a(x-2)^2+b$가 점 $(2, 6)$을 지나야 하므로

$b=6$

또, $x\ge2$일 때 함수 $f(x)$의 그래프가 기울기가 음수인 직선이므로

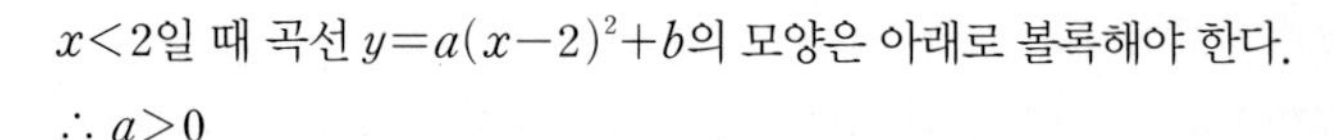

$x<2$일 때 곡선 $y=a(x-2)^2+b$의 모양은 아래로 볼록해야 한다.

$\therefore a>0$

따라서 정수 a의 최솟값은 1이므로 $a+b$의 최솟값은

$1+6=7$

답 ④

6-1

전략 함수 f의 역함수가 존재하므로 함수 f가 일대일대응이 되도록 하는 함수의 그래프의 개형을 파악한다.

풀이 함수 f의 역함수가 존재하므로 함수 f는 일대일대응이다. 즉, 함수 $y=f(x)$의 그래프로 가능한 경우는 다음과 같다.

(i) $a>0$, $b>0$일 때

함수 f가 일대일대응이려면

$f(-1)=0$, $f(0)=1$, $f(2)=3$

이어야 하므로

$f(-1)=-a+1=0$에서 $a=1$

$f(0)=c=1$

$f(2)=2b+c=2b+1=3$에서 $b=1$

$\therefore a+b+c=1+1+1=3$

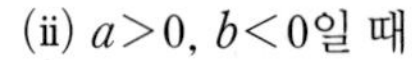

(ii) $a>0$, $b<0$일 때

함수 f가 일대일대응이려면

$f(-1)=0$, $f(0)=3$, $f(2)=1$

이어야 하므로

$f(-1)=-a+1=0$에서 $a=1$

$f(0)=c=3$

$f(2)=2b+c=2b+3=1$에서 $b=-1$

$\therefore a+b+c=1+(-1)+3=3$

(iii) $a<0$, $b>0$일 때

함수 f가 일대일대응이려면

$f(-1)=3$, $f(0)=0$, $f(2)=1$

이어야 하므로

$f(-1)=-a+1=3$에서 $a=-2$

$f(0)=c=0$

$f(2)=2b+c=2b=1$에서 $b=\dfrac{1}{2}$

$\therefore a+b+c=-2+0+\dfrac{1}{2}=-\dfrac{3}{2}$

(iv) $a<0$, $b<0$일 때

함수 f가 일대일대응이려면

$f(-1)=3$, $f(0)=1$, $f(2)=0$

이어야 하므로

$f(-1)=-a+1=3$에서 $a=-2$

$f(0)=c=1$

$f(2)=2b+c=2b+1=0$에서 $b=-\dfrac{1}{2}$

$\therefore a+b+c=-2+\left(-\dfrac{1}{2}\right)+1=-\dfrac{3}{2}$

(i)~(iv)에 의하여 $a+b+c$의 값으로 가능한 것은 $-\dfrac{3}{2}$, 3이므로 그 합은 $-\dfrac{3}{2}+3=\dfrac{3}{2}$

답 ③

7 **전략** 함수 $g \circ f$의 역함수가 존재하려면 정의역과 치역의 원소의 개수가 같아야 함을 이용하여 집합 X의 원소의 개수를 구한다.

풀이 $S=\{7, 14, 21, 28, 35, 42, 49, 56\}$이고, 함수 g는 오른쪽 그림과 같다.

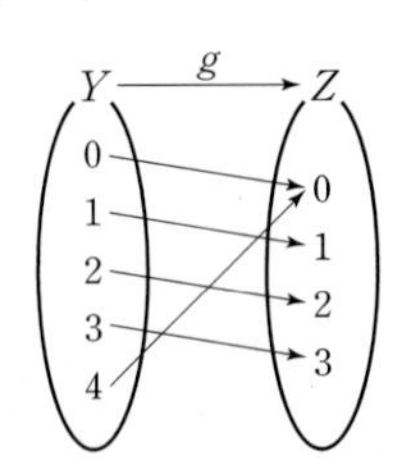

함수 $g \circ f$의 역함수가 존재하려면 일대일대응이어야 하므로 집합 X의 원소의 개수는 4이어야 한다.

또, $g(0)=g(4)=0$이므로 함수 f의 치역은 0과 4를 동시에 포함하지 않아야 한다.

따라서 함수 f의 치역은

$\{0, 1, 2, 3\}$ 또는 $\{1, 2, 3, 4\}$

이다.

한편, 집합 S의 각 원소를 5로 나누었을 때의 나머지가 r $(r=0, 1, 2, 3, 4)$인 수를 원소로 하는 집합을 S_r라 하면

$S_0=\{35\}$, $S_1=\{21, 56\}$, $S_2=\{7, 42\}$, $S_3=\{28\}$, $S_4=\{14, 49\}$

즉, 함수 $g \circ f$의 역함수가 존재하기 위한 집합 X의 개수를 함수 f의 치역을 기준으로 경우를 나누면 다음과 같다.

(i) 함수 f의 치역이 $\{0, 1, 2, 3\}$인 경우

집합 X는 집합 S_0, S_1, S_2, S_3에서 각각 1개의 원소를 택하여 이루어진 집합이므로 조건을 만족시키는 집합 X의 개수는

$1\times2\times2\times1=4$

(ii) 함수 f의 치역이 $\{1, 2, 3, 4\}$인 경우

집합 X는 집합 S_1, S_2, S_3, S_4에서 각각 1개의 원소를 택하여 이루어진 집합이므로 조건을 만족시키는 집합 X의 개수는

$2\times2\times1\times2=8$

(i), (ii)에 의하여 구하는 집합 X의 개수는

$4+8=12$ 　　**답** 12

7-1 **전략** 함수 f의 역함수가 존재하려면 정의역과 치역의 원소의 개수가 같아야 함을 이용한다.

풀이 함수 f의 정의에 의하여

$f(1)=f(2)=1$

$f(3)=f(4)=f(6)=2$

$f(5)=f(8)=f(10)=4$

$f(7)=f(9)=6$

즉, 조건 (가)에 의하여 집합 Y는

$\{1, 2, 4\}$ 또는 $\{1, 2, 6\}$ 또는 $\{1, 4, 6\}$ 또는 $\{2, 4, 6\}$

이때 조건 (나)에 의하여 함수 f는 일대일대응이므로 집합 X의 원소의 개수도 3이어야 한다.

(i) $Y=\{1, 2, 4\}$인 경우

집합 X의 원소는 1, 2 중 하나, 3, 4, 6 중 하나, 5, 8, 10 중 하나를 택해야 하므로 조건을 만족시키는 집합 X의 개수는

$2\times3\times3=18$

(ii) $Y=\{1, 2, 6\}$인 경우

집합 X의 원소는 1, 2 중 하나, 3, 4, 6 중 하나, 7, 9 중 하나를 택해야 하므로 조건을 만족시키는 집합 X의 개수는

$2\times3\times2=12$

(iii) $Y=\{1, 4, 6\}$인 경우

집합 X의 원소는 1, 2 중 하나, 5, 8, 10 중 하나, 7, 9 중 하나를 택해야 하므로 조건을 만족시키는 집합 X의 개수는

$2\times3\times2=12$

(iv) $Y=\{2, 4, 6\}$인 경우

집합 X의 원소는 3, 4, 6 중 하나, 5, 8, 10 중 하나, 7, 9 중 하나를 택해야 하므로 조건을 만족시키는 집합 X의 개수는

$3\times3\times2=18$

(i)~(iv)에 의하여 구하는 순서쌍 (X, Y)의 개수는

$18+12+12+18=60$ 　　**답** 60

8 **전략** 두 함수 $y=f(x)$, $y=g(x)$의 그래프가 서로 다른 두 점에서 만나므로 함수 $y=f(x)$의 그래프와 직선 $y=x$가 서로 다른 두 점에서 만나야 함을 이용한다.

풀이 두 함수 $y=f(x)$, $y=g(x)$의 그래프가 서로 다른 두 점에서 만나므로 함수 $y=f(x)$의 그래프와 직선 $y=x$가 서로 다른 두 점에서 만난다.

$x^2-2kx+k^2+1=x$에서

$x^2-(2k+1)x+k^2+1=0$

이 이차방정식이 서로 다른 두 실근을 가져야 하므로 이 이차방정식의 판별식을 D라 하면

$D=\{-(2k+1)\}^2-4(k^2+1)>0$

$4k-3>0$ 　　$\therefore k>\frac{3}{4}$

이때 $x^2-2kx+k^2+1=(x-k)^2+1$이므로 함수 $y=f(x)$의 그래프는 항상 점 $(k, 1)$을 지난다.

$k>1$이면 오른쪽 그림과 같이 함수 $y=f(x)$의 그래프는 직선 $y=x$와 한 점에서만 만나므로 함수 $y=f(x)$의 그래프와 직선 $y=x$가 서로 다른 두 점에서 만나도록 하는 k의 값의 범위는

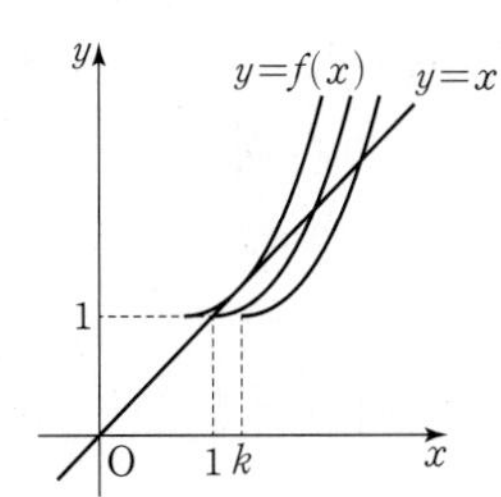

$\frac{3}{4}<x\leq1$

따라서 k의 최댓값은 1이다. 　　**답** ②

8-1 **전략** 두 함수 $y=f(x)$, $y=g(x)$의 그래프의 교점은 함수 $y=f(x)$의 그래프와 직선 $y=x$와의 교점과 같음을 이용한다.

풀이 두 함수 $y=f(x)$, $y=g(x)$의 그래프의 교점은 함수 $y=f(x)$의 그래프와 직선 $y=x$의 교점과 같다.

$\frac{x^2-12}{4}=x$에서 $x^2-4x-12=0$

$(x-6)(x+2)=0$ 　　$\therefore x=6$ $(\because x\geq0)$

즉, 두 함수 $y=f(x)$, $y=g(x)$의 그래프의 교점은 $(6, 6)$이고, 두 함수 $y=f(x)$, $y=g(x)$의 그래프는 오른쪽 그림과 같다.

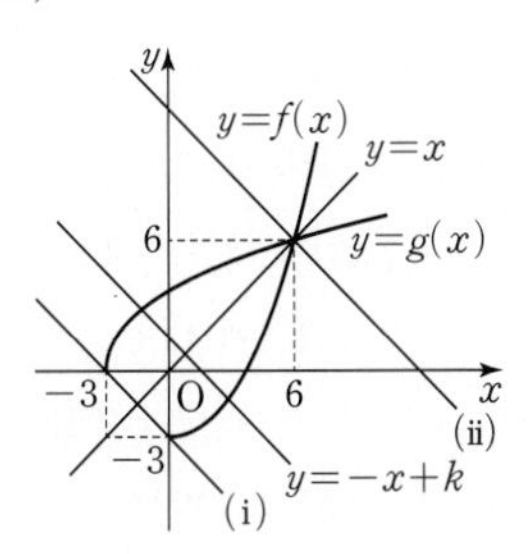

집합 A에 대하여 $n(A)=2$가 되려면 직선 $y=-x+k$가 두 함수 $y=f(x)$, $y=g(x)$의 그래프와 각각 만나야 한다.

(i) 직선 $y=-x+k$가 점 $(-3, 0)$을 지날 때

$0=3+k$

$\therefore k=-3$

(ii) 직선 $y=-x+k$가 점 $(6, 6)$을 지날 때

$6=-6+k$

$\therefore k=12$

(i), (ii)에 의하여 조건을 만족시키는 k의 값의 범위는

$-3\le k<12$ 또는 $k>12$ 답 ⑤

9 **전략** 역함수가 존재하면 일대일대응이고, $f^{-1}(a)=b$는 $f(b)=a$임을 이용하여 함숫값을 구한다.

풀이 함수 f는 역함수가 존재하므로 일대일대응이다.

조건 (가)에서 $x=1, 2, 6$일 때 $f(f(x))+f^{-1}(x)=2x$이므로

(i) $x=1$일 때

$f(f(1))+f^{-1}(1)=2$

이때 $f(f(1))\in X$, $f^{-1}(1)\in X$이므로

$f(f(1))=f^{-1}(1)=1$

$\therefore f(1)=1$

(ii) $x=2$일 때

$f(f(2))+f^{-1}(2)=4$

이때 $f(f(2))\in X$, $f^{-1}(2)\in X$이므로

$f(f(2))=1$, $f^{-1}(2)=3$ 또는 $f(f(2))=2$, $f^{-1}(2)=2$

또는 $f(f(2))=3$, $f^{-1}(2)=1$

$f(f(2))=1$이면 $f(1)=1$이므로 $f(2)=1$이 되어 함수 f가 일대일대응이라는 조건을 만족시키지 않는다.

$f((2))=2$, $f^{-1}(2)=2$이면 $f(2)=2$이므로 조건을 만족시킨다.

$f^{-1}(2)=1$이면 $f(1)=2$

이때 (i)에서 $f(1)=1$이므로 함수 f가 정의되지 않는다.

$\therefore f(2)=2$

(iii) $x=6$일 때

$f(6)\neq 6$, $f(f(6))+f^{-1}(6)=12$

이때 $f(f(6))\in X$, $f^{-1}(6)\in X$이므로

$f(f(6))=7$, $f^{-1}(6)=5$ 또는 $f(f(6))=5$, $f^{-1}(6)=7$

$f(f(6))=7$, $f^{-1}(6)=5$이면

$f(5)=6$, $f(3)+f(5)=10$이므로 $f(3)=4$

이때 $f(6)=a$로 놓으면 $f(f(6))=7$에서 $f(a)=7$이므로

$a=6$ 또는 $a=7$

$f(6)\neq 6$이므로 $a=7$

즉, $f(6)=7$이므로 $f(f(6))=7$에서 $f(7)=7$이 되어 함수 f가 일대일대응이라는 조건을 만족시키지 않는다.

$f(f(6))=5$, $f^{-1}(6)=7$이면

$f(7)=6$, $f(3)+f(5)=10$이므로

$f(3)=3$, $f(5)=7$ 또는 $f(3)=7$, $f(5)=3$

$\therefore f(6)=4$ 또는 $f(6)=5$

$f(6)=4$이면 $f(4)=5$이고 $f(f(6))=f(4)=5$이므로 함수 f는 주어진 조건을 만족시킨다.

$f(6)=5$이면 $f(f(6))=5$에서 $f(f(6))=f(5)=5$이므로 함수 f가 일대일대응이라는 조건을 만족시키지 않는다.

(i), (ii), (iii)에 의하여

$f(4)=5$, $f(6)=4$, $f(7)=6$

$\therefore f(4)\times\{f(6)+f(7)\}=5\times(4+6)=50$ 답 50

9-1 **전략** 함수 $f\circ g$의 함숫값과 함수 f가 일대일대응임을 이용하여 함수 g의 함숫값을 구한다.

풀이 함수 $f(x)$는 오른쪽 그림과 같다.

두 함수 f, g가 일대일대응이므로 함수 $f\circ g$도 일대일대응이다.

(i) $(f\circ g)(3)=2$, $(f\circ g)(4)=5$인 경우

$(f\circ g)(3)=f(g(3))=2$에서 함수 f가 일대일대응이므로

$g(3)=f^{-1}(2)=1$

$(f\circ g)(4)=f(g(4))=5$에서 함수 f가 일대일대응이므로

$g(4)=f^{-1}(5)=5$

이때 $g(3)<g(4)$이므로 조건을 만족시키지 않는다.

(ii) $(f\circ g)(3)=5$, $(f\circ g)(4)=2$인 경우

$(f\circ g)(3)=f(g(3))=5$에서 함수 f가 일대일대응이므로

$g(3)=f^{-1}(5)=5$

$(f\circ g)(4)=f(g(4))=2$에서 함수 f가 일대일대응이므로

$g(4)=f^{-1}(2)=1$

$g(3)>g(4)$이므로 조건을 만족시킨다.

(i), (ii)에 의하여

$g(3)=5$, $g(4)=1$

$(g\circ f)^{-1}(3)=k$로 놓으면

$(g\circ f)(k)=g(f(k))=3$ …… ㉠

한편, $(f\circ g)(1)=f(g(1))=1$에서 함수 f가 일대일대응이므로

$g(1)=f^{-1}(1)=3$

$g(1)=3$이고 함수 g가 일대일대응이므로 ㉠에서 $f(k)=1$

$\therefore k=3$

$\therefore g(3)+(g\circ f)^{-1}(3)=5+3=8$ 답 8

10 **전략** $f\circ g=f^{-1}$에서 $g=f^{-1}\circ f^{-1}$임을 이용한다.

풀이 $f\circ g=f^{-1}$이므로 $g=f^{-1}\circ f^{-1}$

$g(x)=mx$에서 $(f^{-1}\circ f^{-1})(x)=mx$이므로

$x=f(f(mx))$이고

$$f(f(mx))=\begin{cases}\{f(mx)\}^2+1 & (f(mx)<0)\\ 1-f(mx) & (f(mx)\ge 0)\end{cases}$$

$$=\begin{cases}-m^2x^2 & (x<0)\\ mx & \left(0\le x<\dfrac{1}{m}\right)\\ (mx-1)^2+1 & \left(x\ge\dfrac{1}{m}\right)\end{cases}$$

함수 $y=f(f(mx))$의 그래프와 직선 $y=x$가 서로 다른 세 점에서 만나려면 오른쪽 그림과 같이 함수 $y=(mx-1)^2+1$의 그래프와 직선 $y=x$가 접해야 한다.

$m^2x^2-2mx+2=x$에서

$m^2x^2-(2m+1)x+2=0$

이 이차방정식이 중근을 가져야 하므로 이 이차방정식의 판별식을 D라 하면

$D=(2m+1)^2-8m^2=0$

$4m^2-4m-1=0$

$\therefore m=\frac{1-\sqrt{2}}{2}$ 또는 $m=\frac{1+\sqrt{2}}{2}$

따라서 m의 최댓값은 $\frac{1+\sqrt{2}}{2}$이다. 답 ②

10-1 전략 $h\circ f^{-1}=g$에서 $h=g\circ f$임을 이용하여 함수 $y=h(x)$의 그래프를 그린다.

풀이 $h\circ f^{-1}=g$에서 $h=g\circ f$

$$h(x)=g(f(x))=\begin{cases}-\{f(x)\}^2 & (f(x)\le 1)\\ f(x)-2 & (f(x)>1)\end{cases}=\begin{cases}-\frac{1}{4}x^2 & (x\le 2)\\ \frac{1}{4}x^2-2 & (x>2)\end{cases}$$

이므로 함수 $y=h(x)$의 그래프는 다음 그림과 같다.

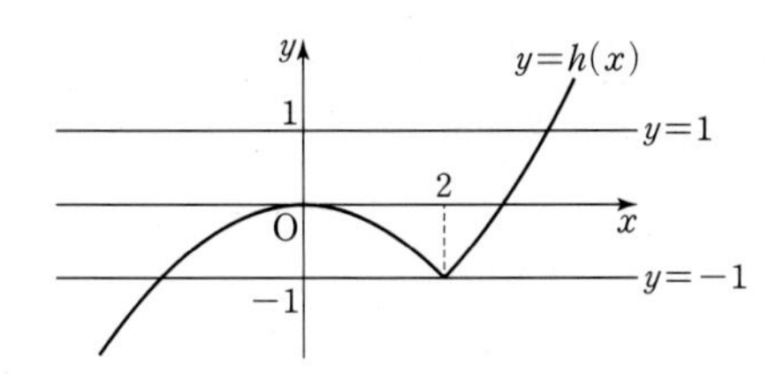

$\{h(x)\}^2=1$에서

$h(x)=1$ 또는 $h(x)=-1$

$x>2$에서 $\frac{1}{4}x^2-2=1$

$x^2=12$

$\therefore x=2\sqrt{3}$ ($\because x>2$)

$x\le 2$에서 $-\frac{1}{4}x^2=-1$

$x^2=4$

$\therefore x=2$ 또는 $x=-2$

따라서 방정식 $\{h(x)\}^2=1$의 모든 실근의 제곱의 합은

$(2\sqrt{3})^2+2^2+(-2)^2=20$ 답 20

11 전략 $|y|=f(|x|)$의 그래프는 $y=f(x)$의 제1사분면의 그래프를 x축, y축, 원점에 대하여 각각 대칭이동한 것과 같음을 이용한다.

풀이 $(x^2-y-10)(y+1)=0$에서

$y=x^2-10$ 또는 $y=-1$

함수 $|y|=f(|x|)$의 그래프는 $y=f(x)$의 제1사분면의 그래프를 x축, y축, 원점에 대하여 대칭이동한 것과 같으므로 오른쪽 그림과 같다.

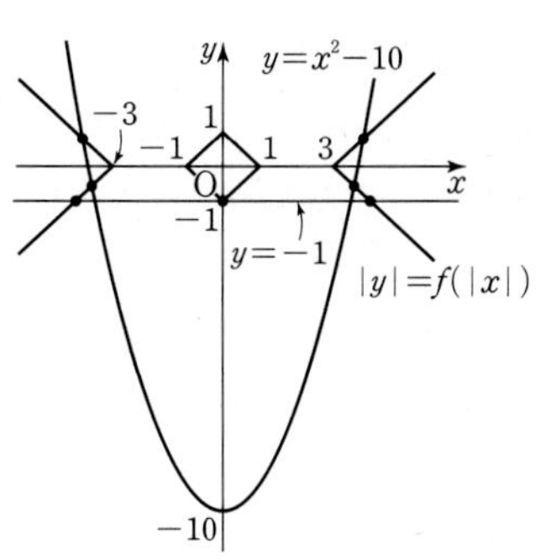

따라서 구하는 교점의 개수는 7이다. 답 ①

참고 함수 $y=f(x)$의 그래프가 오른쪽 그림과 같을 때, 절댓값을 포함한 함수의 그래프는 각각 다음과 같다.

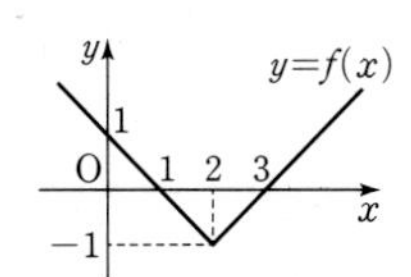

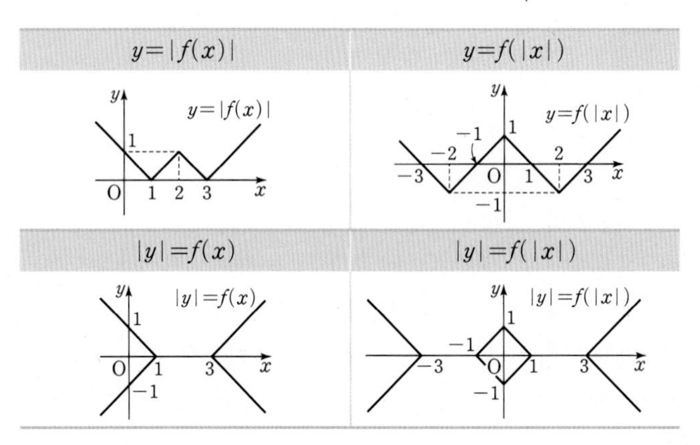

11-1 전략 함수 $y=f(|x|)$의 그래프는 $y=f(x)$의 그래프에서 $x\ge 0$인 부분만 남기고, $x<0$인 부분은 $x\ge 0$인 부분을 y축에 대하여 대칭이동한 것임을 이용한다.

풀이 $f(x)=x^2-4x+3=(x-1)(x-3)$

$h(x)=f(|x|)$로 놓으면 모든 실수 x에 대하여

$h(-x)=f(|-x|)=f(|x|)=h(x)$

이므로 함수 $y=h(x)$의 그래프는 y축에 대하여 대칭이다.

$g(x)=m|x|-6$으로 놓으면

$g(-x)=m|-x|-6=m|x|-6=g(x)$

이므로 함수 $y=g(x)$의 그래프도 y축에 대하여 대칭이다.

두 함수 $y=h(x)$, $y=g(x)$의 그래프가 만나려면 오른쪽 그림과 같이 함수 $y=g(x)$의 그래프가 함수 $y=h(x)$의 그래프와 접하거나 접할 때보다 위에 있어야 한다.

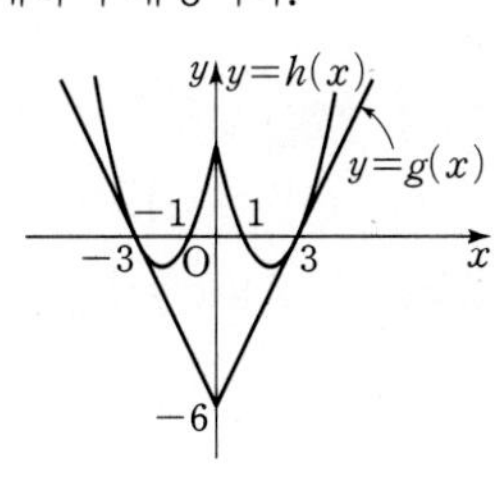

즉, m의 값은 두 함수 $y=g(x)$, $y=h(x)$의 그래프가 접할 때 최소이므로

$x^2-4x+3=mx-6$에서

$x^2-(m+4)x+9=0$

이 이차방정식이 중근을 가져야 하므로 이 이차방정식의 판별식을 D라 하면

$D=(m+4)^2-36=0$

$m^2+8m-20=0$, $(m+10)(m-2)=0$

$\therefore m=2$ ($\because m>0$)

따라서 양수 m의 최솟값은 2이다. 답 ②

12 전략 절댓값 기호를 포함하는 함수의 그래프의 성질을 이용하여 두 함수 $y=(f\circ f)(x)$, $y=(f\circ f\circ f)(x)$의 그래프를 그린다.

풀이 $(f\circ f)(x)=f(f(x))=|f(x)-2|$

이므로 함수 $y=(f\circ f)(x)$의 그래프는 함수 $y=f(x)$의 그래프를 y축의 방향으로 -2만큼 평행이동한 후 $y\ge 0$인 부분은 그대로 두고, $y<0$인 부분을 x축에 대하여 대칭이동한 것과 같다.

따라서 함수 $y=(f\circ f)(x)$의 그래프는 다음 그림과 같다.

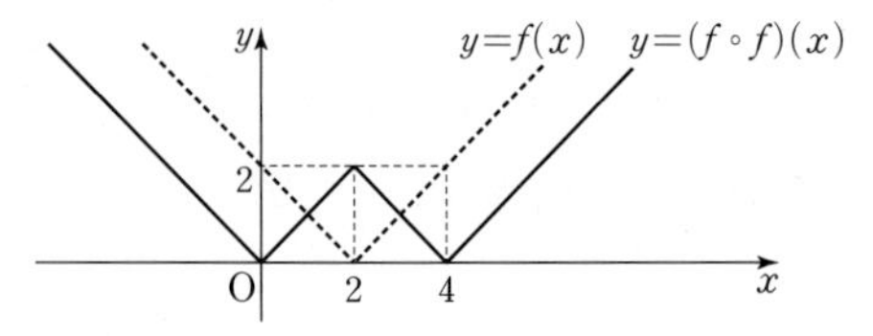

마찬가지로 $g(x)=(f\circ f)(x)$로 놓으면

$$\begin{aligned}(f\circ f\circ f)(x)&=(f\circ(f\circ f))(x)\\&=(f\circ g)(x)\\&=f(g(x))\\&=|g(x)-2|\end{aligned}$$

이므로 함수 $y=(f\circ f\circ f)(x)$의 그래프는 함수 $y=g(x)$의 그래프를 y축의 방향으로 -2만큼 평행이동한 후 $y\ge 0$인 부분은 그대로 두고, $y<0$인 부분을 x축에 대하여 대칭이동한 것과 같다.

따라서 함수 $y=(f\circ f\circ f)(x)$의 그래프는 다음 그림과 같다.

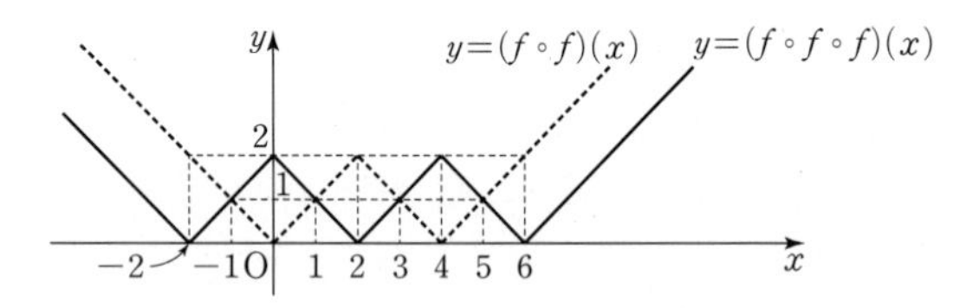

따라서 두 함수 $y=(f\circ f)(x)$, $y=(f\circ f\circ f)(x)$의 그래프의 교점의 좌표는

$(-1, 1)$, $(1, 1)$, $(3, 1)$, $(5, 1)$

이므로

$\alpha=-1+1+3+5=8$, $\beta=4$

$\therefore \alpha+\beta=8+4=12$

답 ③

12-1 전략 방정식 $(f\circ f)(x)=kx$의 서로 다른 실근의 개수가 함수 $y=(f\circ f)(x)$의 그래프와 직선 $y=kx$의 교점의 개수임을 이용한다.

풀이
$$\begin{aligned}(f\circ f)(x)&=f(f(x))\\&=|2f(x)-1|\\&=\begin{cases}2f(x)-1 & \left(f(x)\ge\frac{1}{2}\right)\\ 1-2f(x) & \left(f(x)<\frac{1}{2}\right)\end{cases}\\&=\begin{cases}-4x+1 & \left(x\le\frac{1}{4}\right)\\ 4x-1 & \left(\frac{1}{4}<x\le\frac{1}{2}\right)\\ -4x+3 & \left(\frac{1}{2}<x\le\frac{3}{4}\right)\\ 4x-3 & \left(x>\frac{3}{4}\right)\end{cases}\end{aligned}$$

이므로 함수 $y=(f\circ f)(x)$의 그래프는 다음 그림과 같다.

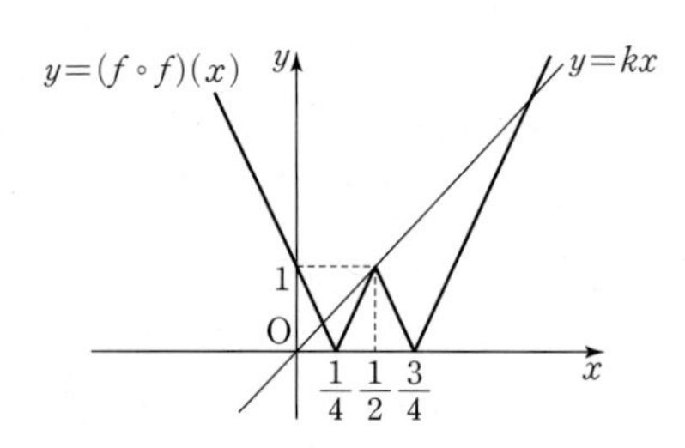

방정식 $(f\circ f)(x)=kx$의 서로 다른 실근의 개수가 3이 되려면 함수 $y=(f\circ f)(x)$의 그래프와 직선 $y=kx$가 서로 다른 세 점에서 만나야 하므로 직선 $y=kx$가 점 $\left(\frac{1}{2}, 1\right)$을 지나야 한다.

즉, $1=\frac{1}{2}k$에서

$k=2$

답 2

C Step 1등급 완성 최고난도 예상 문제

본문 38~41쪽

01 ③	**02** 38	**03** ①	**04** 5	**05** ③
06 4	**07** 12	**08** ③	**09** ⑤	**10** 12
11 ⑤	**12** 3	**13** 4	**14** ①	**15** ①
16 24	**17** ⑤	**18** ③	**19** ③	

등급 뛰어넘기

20 ①	**21** ⑤	**22** 16	**23** ⑤

01 전략 주어진 관계식에 $x=0$, $y=0$을 대입하여 $f(0)$의 값을 구한 뒤, x, y에 적절한 값을 대입하여 보기의 참, 거짓을 판별한다.

풀이 $f(x+y)=f(x)+f(y)-2$ ······ ㉠

ㄱ. ㉠의 양변에 $x=0$, $y=0$을 대입하면

$f(0)=f(0)+f(0)-2$에서

$f(0)=2$ (참)

ㄴ. ㉠의 양변에 y 대신 $-x$를 대입하면

$f(0)=f(x)+f(-x)-2$

ㄱ에서 $f(0)=2$이므로

$f(x)+f(-x)=4$ (거짓)

ㄷ. ㉠의 양변에 $x=-1$, $y=-1$을 대입하면

$f(-2)=f(-1)+f(-1)-2=4$ ($\because f(-1)=3$)

ㄴ에서 $f(x)+f(-x)=4$이므로 이 식에 $x=2$를 대입하면

$f(2)+f(-2)=4$에서

$f(2)=0$

㉠의 양변에 $x=2$, $y=2$를 대입하면

$f(4)=f(2)+f(2)-2=-2$

㉠의 양변에 $x=4$, $y=4$를 대입하면

$f(8)=f(4)+f(4)-2=-6$

㉠의 양변에 $x=8$, $y=2$를 대입하면

$f(10)=f(8)+f(2)-2=-8$ (참)

따라서 옳은 것은 ㄱ, ㄷ이다.

답 ③

02 전략 864를 소인수분해하고 주어진 관계식을 이용하여 $f(864)$를 다른 함숫값으로 나타낸다.

풀이 $864=2^5\times3^3$이므로

$f(864)=f(2^5\times3^3)=f(2^5)+f(3^3)$ ⋯⋯ ㉠

$f(2^5)=f(2\times2^4)=f(2)+f(2^4)$

$=f(2)+f(2\times2^3)=f(2)+f(2)+f(2^3)$

⋮

$=5f(2)$

$=5\times(2\times2)$ ($\because$ 조건 (가))

$=20$

$f(3^3)=f(3\times3^2)=f(3)+f(3^2)$

$=f(3)+f(3\times3)=f(3)+f(3)+f(3)$

$=3f(3)=3\times(2\times3)$ ($\because$ 조건 (가))

$=18$

㉠에서

$f(864)=20+18=38$ **답** 38

03

전략 이차방정식의 근과 계수의 관계를 이용하여 α, β에 대한 식을 구하여 함수 f의 함숫값을 구한다.

풀이 $x^2+x+1=0$에서 이차방정식의 근과 계수의 관계에 의하여

$\alpha+\beta=-1$, $\alpha\beta=1$

또, $x^2+x+1=0$의 양변에 $x-1$을 곱하면

$x^3-1=0$에서 $x^3=1$

$\therefore \alpha^3=\beta^3=1$

ㄱ. $f(1)=\alpha+\beta=-1$

$f(2)=\alpha^2+\beta^2=(\alpha+\beta)^2-2\alpha\beta$

$=(-1)^2-2\times1=-1$

이므로 $f(1)=f(2)$ (참)

ㄴ. ㄱ에서 $f(1)=-1$, $f(2)=-1$이고,

$f(3)=\alpha^3+\beta^3=1+1=2$

0 이상의 정수 k에 대하여

$f(3k+1)=\alpha^{3k+1}+\beta^{3k+1}$

$=(\alpha^3)^k\times\alpha+(\beta^3)^k\times\beta$

$=\alpha+\beta=-1$

$f(3k+2)=\alpha^{3k+2}+\beta^{3k+2}$

$=(\alpha^3)^k\times\alpha^2+(\beta^3)^k\times\beta^2$

$=\alpha^2+\beta^2=-1$

$f(3k+3)=\alpha^{3k+3}+\beta^{3k+3}$

$=(\alpha^3)^{k+1}+(\beta^3)^{k+1}$

$=1+1=2$

즉, 함수 f의 치역은 -1, 2이므로 치역의 모든 원소의 합은 1이다. (거짓)

ㄷ. ㄴ에서 0 이상의 정수 k에 대하여

$f(3k+1)=f(3k+2)=-1$이므로 $f(a)=-1$을 만족시키는 100 이하의 자연수 a는

$a=3k+1$일 때, 1, 4, 7, ⋯, 100의 34개

$a=3k+2$일 때, 2, 5, 8, ⋯, 98의 33개

즉, $f(a)=-1$을 만족시키는 자연수 a의 개수는

$34+33=67$ (거짓)

따라서 옳은 것은 ㄱ뿐이다. **답** ①

04

전략 $f(x)g(x)=1$에서 $f(x)=g(x)=1$, $f(x)=g(x)=-1$인 경우로 나누어 생각해 본다.

풀이 p: $x^2-4x-12\le0$에서

$(x+2)(x-6)\le0$ $\quad\therefore -2\le x\le6$

$\therefore P=\{x\mid-2\le x\le6\}$

q: $|x-3|>4$에서 $x-3<-4$ 또는 $x-3>4$

$\therefore x<-1$ 또는 $x>7$

$\therefore Q=\{x\mid x<-1$ 또는 $x>7\}$

$f(x)g(x)=1$에서

$f(x)=1$, $g(x)=1$ 또는 $f(x)=-1$, $g(x)=-1$

(i) $f(x)=1$, $g(x)=1$인 경우

$x\in P$이고 $x\in Q$이므로 $x\in P\cap Q$

두 진리집합 P, Q를 수직선 위에 나타내면 다음 그림과 같다.

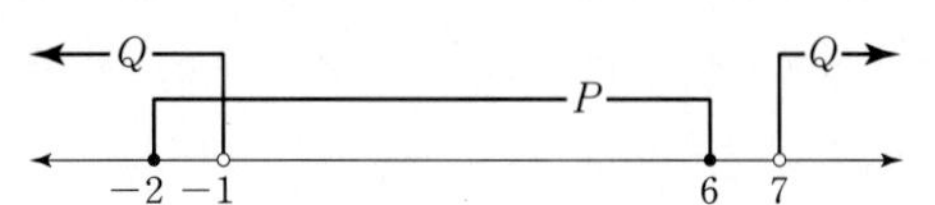

즉, 집합 $P\cap Q$를 만족시키는 x의 값의 범위는

$-2\le x<-1$

(ii) $f(x)=-1$, $g(x)=-1$인 경우

$x\notin P$, $x\notin Q$에서 $x\in P^C$, $x\in Q^C$이므로 $x\in P^C\cap Q^C$

두 진리집합 P^C, Q^C을 수직선 위에 나타내면 다음 그림과 같다.

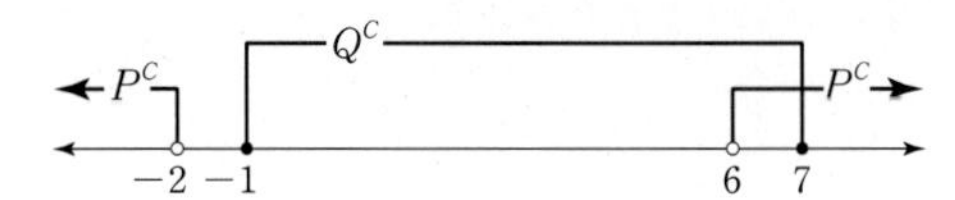

즉, 집합 $P^C\cap Q^C$을 만족시키는 x의 값의 범위는

$6<x\le7$

(i), (ii)에 의하여

$-2\le x<-1$ 또는 $6<x\le7$

따라서 $f(x)g(x)=1$을 만족시키는 정수 x의 값은 -2, 7이므로 그 합은

$-2+7=5$ **답** 5

05

전략 조건 (가)의 식을 변형한 후 경우를 나누어 함수의 개수를 구한다.

풀이 조건 (가)에서 $f(x)+f(y)=f(x)f(y)$

$f(x)f(y)-f(x)-f(y)=0$, $\{f(x)-1\}\{f(y)-1\}=1$

$\therefore f(x)-1=1$, $f(y)-1=1$ 또는 $f(x)-1=-1$, $f(y)-1=-1$

즉, $f(x)=2$, $f(y)=2$ 또는 $f(x)=0$, $f(y)=0$

(i) $f(x)=f(y)=2$인 경우

① 치역의 원소 2에 대응하는 정의역의 원소의 개수가 2인 경우

$f(x)=f(y)=2$인 x, y의 순서쌍 (x, y)는

$(0, 1)$, $(0, 2)$, $(0, 3)$, $(1, 2)$, $(1, 3)$, $(2, 3)$의 6개

조건 (나)에 의하여 정의역의 나머지 두 원소가 2가 아닌 다른 원소에 대응하는 경우는 3가지

즉, 구하는 함수 f의 개수는

$6\times3=18$

② 치역의 원소 2에 대응하는 정의역의 원소의 개수가 3인 경우

$f(x)=f(y)=f(z)=2$인 x, y, z의 순서쌍 (x, y, z)는

$(0, 1, 2)$, $(0, 1, 3)$, $(0, 2, 3)$, $(1, 2, 3)$의 4개

조건 (나)에 의하여 정의역의 나머지 한 원소가 2가 아닌 다른 원소에 대응하는 경우는 3가지

즉, 구하는 함수 f의 개수는

$4\times3=12$

①, ②에 의하여 구하는 함수의 개수는

$18+12=30$

(ii) $f(x)=f(y)=0$인 경우

(i)의 경우와 마찬가지로 구하는 함수 f의 개수는 30

(iii) 집합 X의 서로 다른 두 원소 a, b에 대하여 $f(a)=f(b)=2$이고, 나머지 두 원소 c, d에 대하여 $f(c)=f(d)=0$인 경우

$f(a)=f(b)=2$인 두 원소 a, b의 순서쌍 (a, b)는

$(0, 1)$, $(0, 2)$, $(0, 3)$, $(1, 2)$, $(1, 3)$, $(2, 3)$의 6개

a, b가 정해지면 c, d는 집합 X의 원소 중 a, b를 제외한 나머지 두 원소가 되므로 c, d를 정하는 경우의 수는 1

즉, 구하는 함수 f의 개수는 $6\times1=6$

(i), (ii), (iii)에 의하여 조건을 만족시키는 함수 f의 개수는

$30+30-6=54$

답 ③

06

전략 합성함수 $g\circ f$가 정의되려면 함수 f의 치역이 함수 g의 정의역의 부분집합이 되어야 함을 이용한다.

풀이 $f(x)=\frac{1}{4}x^2-x+a=\frac{1}{4}(x^2-4x+4)+a-1$

$=\frac{1}{4}(x-2)^2+a-1$

이므로 $0\le x\le3$에서 함수 $f(x)$는 $x=2$에서 최솟값 $a-1$을 갖고, $x=0$에서 최댓값 a를 갖는다.

즉, $0\le x\le3$에서 $a-1\le f(x)\le a$

함수 f의 치역이 집합 Y의 부분집합이어야 하므로

$a-1\ge1$, $a\le4$

$\therefore 2\le a\le4$ ...... ㉠

이때 합성함수 $g\circ f$가 정의되려면 함수 f의 치역은 집합 X의 부분집합이어야 하므로

$a-1\ge0$, $a\le3$

$\therefore 1\le a\le3$ ...... ㉡

㉠, ㉡을 동시에 만족시키는 a의 값의 범위는

$2\le a\le3$

따라서 정수 a의 값은

$a=2$ 또는 $a=3$

(i) $a=2$인 경우

$1\le f(x)\le2$이므로 $b+\frac{1}{2}\le g(f(x))\le b+1$

함수 $(g\circ f)(x)$의 치역은 집합 Y의 부분집합이어야 하므로

$b+\frac{1}{2}\ge1$, $b+1\le4$ $\therefore \frac{1}{2}\le b\le3$

이때 함수 g의 치역이 집합 Y의 부분집합이어야 하므로

$b\ge1$, $\frac{3}{2}+b\le4$ $\therefore 1\le b\le\frac{5}{2}$

즉, 조건을 만족시키는 b의 값의 범위는 $1\le b\le\frac{5}{2}$이므로 정수 b의 값은 $b=1$ 또는 $b=2$

(ii) $a=3$인 경우

$2\le f(x)\le3$이므로 $b+1\le g(f(x))\le b+\frac{3}{2}$

함수 $(g\circ f)(x)$의 치역은 집합 Y의 부분집합이어야 하므로

$b+1\ge1$, $b+\frac{3}{2}\le4$ $\therefore 0\le b\le\frac{5}{2}$

이때 함수 g의 치역이 집합 Y의 부분집합이어야 하므로

$b\ge1$, $\frac{3}{2}+b\le4$ $\therefore 1\le b\le\frac{5}{2}$

즉, 조건을 만족시키는 b의 값의 범위는 $1\le b\le\frac{5}{2}$이므로 정수 b의 값은 $b=1$ 또는 $b=2$

(i), (ii)에 의하여 구하는 순서쌍 (a, b)는 $(2, 1)$, $(2, 2)$, $(3, 1)$, $(3, 2)$의 4개이다.

답 4

1등급 노트 합성함수 $g\circ f$의 치역

합성함수 $g\circ f$의 치역은 다음과 같이 구할 수 있다.

(i) $g\circ f$의 정의역을 구한다. 이때 합성함수 $g\circ f$가 정의되려면 함수 f의 치역이 함수 g의 정의역의 부분집합이어야 한다.

→ 함수 f의 치역을 구한다.

(ii) (i)에서 구한 정의역에서의 함수 g의 함숫값의 범위가 $g\circ f$의 치역이다.

07

전략 함수 f의 함숫값을 구하고 합성함수 f^n의 규칙을 찾는다.

풀이 $f(1)=\frac{1+5}{2}=3$, $f(2)=\frac{2}{2}=1$,

$f(3)=\frac{3+5}{2}=4$, $f(4)=\frac{4}{2}=2$,

$f(5)=\frac{5+5}{2}=5$이므로 함수 f는 오른쪽 그림과 같다.

$f^1(1)=f(1)=3$

$f^2(1)=f(f(1))=f(3)=4$

$f^3(1)=f(f^2(1))=f(4)=2$

$f^4(1)=f(f^3(1))=f(2)=1$

$f^5(1)=f(f^4(1))=f(1)=3$

이므로 모든 자연수 k에 대하여

$f^{4k}(1)=1$

$x=2$, 3, 4인 경우에도 모든 자연수 k에 대하여

$f^{4k}(x)=x$

$x=5$인 경우, 모든 자연수 k에 대하여

$f^k(5)=5$

따라서 집합 X에 속하는 임의의 원소 x와 10 이하의 자연수 n에 대하여 $f^n(x)=x$를 만족시키는 자연수 n의 값은 4, 8이므로

$A=\{4, 8\}$

따라서 집합 A의 모든 원소의 합은

$4+8=12$

답 12

08 **전략** 함수 $g \circ f : X \longrightarrow X$의 치역의 원소의 개수가 2가 되려면 $g(1), g(2), g(3)$의 값 중 두 개의 값이 같아야 함을 이용한다.

풀이 함수 $g \circ f$는 다음 그림과 같다.

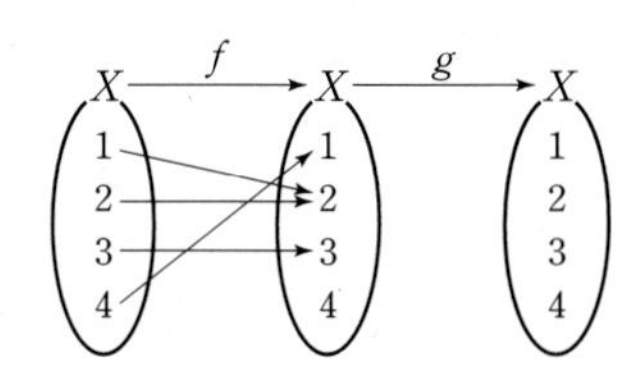

$(g \circ f)(1)=g(f(1))=g(2)$

$(g \circ f)(2)=g(f(2))=g(2)$

$(g \circ f)(3)=g(f(3))=g(3)$

$(g \circ f)(4)=g(f(4))=g(1)$

이므로 함수 $g \circ f : X \longrightarrow X$의 치역의 원소의 개수가 2가 되려면 $g(1), g(2), g(3)$의 값 중 두 개의 값이 같아야 한다.

$g(1), g(2), g(3)$의 값 중 두 개의 값이 같도록 하는 경우는

$g(1)=g(2)\neq g(3)$ 또는 $g(1)=g(3)\neq g(2)$

또는 $g(1)\neq g(2)=g(3)$

$g(1)=g(2)\neq g(3)$일 때, $g(1)=g(2)$의 값은 4가지, $g(3)$의 값은 $g(1)$의 값을 제외한 3가지이고, 이 각각에 대하여 $g(4)$의 값은 4가지이므로 구하는 함수 g의 개수는

$4\times3\times4=48$

마찬가지로 $g(1)=g(3)\neq g(2)$, $g(1)\neq g(2)=g(3)$의 경우에도 함수 g의 개수는 각각 48이다.

따라서 구하는 함수 g의 개수는

$48\times3-144$ 답 ③

09 **전략** 함수 f를 나타내고, 보기의 참, 거짓을 확인한다.

풀이 함수 f는 다음 그림과 같다.

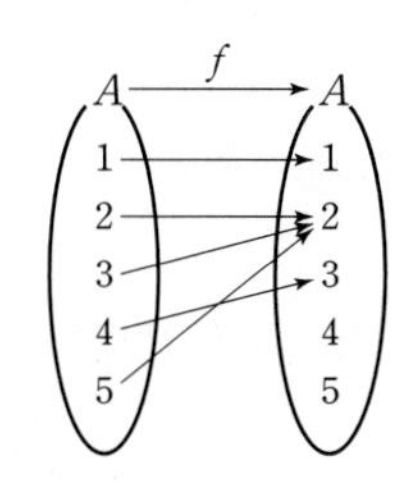

ㄱ. $f(2)=f(3)=f(5)=2$이므로 $f(x)=2$인 x의 개수는 3이다. (참)

ㄴ. 함수 f의 치역이 1, 2, 3이고, $f(1)=1$, $f(2)=f(3)=2$이므로 함수 $f \circ f$의 치역은 1, 2로 치역의 원소의 개수는 2이다. (참)

ㄷ. (i) 집합 A의 임의의 원소 x에 대하여

$(f \circ g)(x)=f(g(x))=1$이 되려면 $g(x)=1$이어야 하므로 조건을 만족시키는 함수 g의 개수는 1이다.

마찬가지로 집합 A의 임의의 원소 x에 대하여

$(f \circ g)(x)=f(g(x))=3$이 되려면 $g(x)=4$이어야 하므로 조건을 만족시키는 함수 g의 개수는 1이다.

(ii) 집합 A의 임의의 원소 x에 대하여

$(f \circ g)(x)=f(g(x))=2$가 되려면

$g(x)=2$ 또는 $g(x)=3$ 또는 $g(x)=5$이어야 하므로 조건을 만족시키는 함수 g의 개수는 $3^5=243$

(i), (ii)에 의하여 구하는 함수 g의 개수는

$2+243=245$ (참)

따라서 ㄱ, ㄴ, ㄷ 모두 옳다. 답 ⑤

1등급 노트 함수의 개수

함수 $f : X \longrightarrow Y$에서 $n(X)=a$, $n(Y)=b$일 때

(1) 함수의 개수 ⇨ b^a

(2) 일대일함수의 개수

⇨ $b\times(b-1)\times(b-2)\times\cdots\times(b-a+1)$ (단, $b\geq a$)

(3) 일대일대응의 개수

⇨ $b\times(b-1)\times(b-2)\times\cdots\times3\times2\times1$ (단, $a=b$)

(4) 상수함수의 개수 ⇨ b

10 **전략** 방정식 $(f \circ g)(x)=mx$가 서로 다른 세 실근을 가지려면 함수 $y=(f \circ g)(x)$의 그래프와 직선 $y=mx$가 서로 다른 세 점에서 만나야 함을 이용한다.

풀이 방정식 $(f \circ g)(x)=mx$가 서로 다른 세 실근을 가지려면 함수 $y=(f \circ g)(x)$의 그래프와 직선 $y=mx$가 서로 다른 세 점에서 만나야 한다.

$$(f \circ g)(x)=f(g(x))=\{g(x)\}^2-1$$

$$=\begin{cases} (-x-2)^2-1 & (x<-1) \\ (-1)^2-1 & (-1\leq x\leq 1) \\ (x-2)^2-1 & (x>1) \end{cases}$$

$$=\begin{cases} x^2+4x+3 & (x<-1) \\ 0 & (-1\leq x\leq 1) \\ x^2-4x+3 & (x>1) \end{cases}$$

함수 $y=(f \circ g)(x)$의 그래프는 다음 그림과 같다.

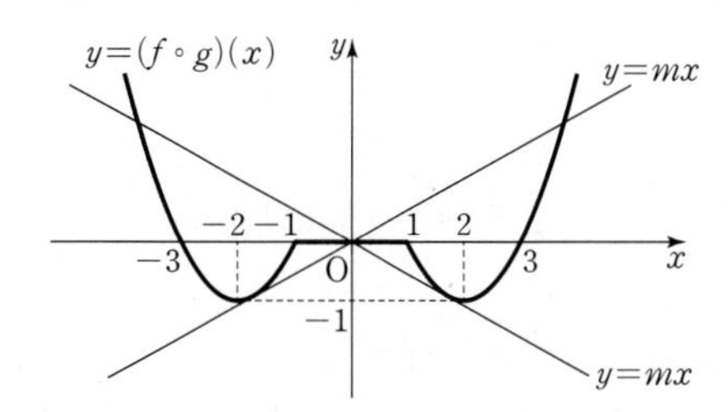

이때 원점을 지나는 직선 $y=mx$가 $x>1$에서 함수 $y=x^2-4x+3$에 접하거나 $x<-1$에서 함수 $y=x^2+4x+3$에 접할 때 함수 $y=(f \circ g)(x)$의 그래프와 직선 $y=mx$가 서로 다른 세 점에서 만난다.

(i) $x>1$에서 함수 $y=(f \circ g)(x)$의 그래프와 $y=mx$가 접할 때

$x>1$에서 함수 $y=x^2-4x+3$의 그래프와 $y=mx$가 접하려면 $m<0$이어야 한다.

$x^2-4x+3=mx$에서

$x^2-(m+4)x+3=0$

이 이차방정식이 중근을 가져야 하므로 이 이차방정식의 판별식을 D_1이라 하면

$D_1=(m+4)^2-12=0$

$m^2+8m+4=0$

이때 $x>1$에서 접해야 하므로

$m=-4+2\sqrt{3}$

(ii) $x<-1$에서 함수 $y=(f\circ g)(x)$의 그래프와 직선 $y=mx$가 접할 때

$x<-1$에서 함수 $y=x^2+4x+3$의 그래프와 직선 $y=mx$가 접하려면 $m>0$이어야 한다.

$x^2+4x+3=mx$에서

$x^2+(4-m)x+3=0$

이 이차방정식이 중근을 가져야 하므로 이 이차방정식의 판별식을 D_2라 하면

$D_2=(4-m)^2-12=0$

$m^2-8m+4=0$

이때 $x<-1$에서 접해야 하므로

$m=4-2\sqrt{3}$

(i), (ii)에 의하여

$\alpha=-4+2\sqrt{3}$, $\beta=4-2\sqrt{3}$ 또는 $\alpha=4-2\sqrt{3}$, $\beta=-4+2\sqrt{3}$

$\therefore \alpha\beta=(-4+2\sqrt{3})(4-2\sqrt{3})=-28+16\sqrt{3}$

따라서 $a=-28$, $b=16$이므로

$|a+b|=|-28+16|=12$ 답 12

참고 함수 $y=(f\circ g)(x)$의 그래프는 y축에 대하여 대칭이므로 $x>1$에서 함수 $y=(f\circ g)(x)$의 그래프와 접하는 직선 $y=mx$와 $x<-1$에서 함수 $y=(f\circ g)(x)$의 그래프와 접하는 직선 $y=mx$는 서로 y축에 대하여 대칭이다. 즉,

$x>1$일 때

$y=(-4+2\sqrt{3})x$ ⋯⋯ ㉠

이므로 $x<-1$일 때

㉠의 x 대신 $-x$를 대입하면

$y=(-4+2\sqrt{3})\times(-x)=(4-2\sqrt{3})x$

이다.

11

전략 $f(x)=2$를 만족시키는 x의 값의 범위는 $-1\le x\le 0$임을 이용한다.

풀이 함수 $y=f(x)$의 그래프에서

$$f(x)=\begin{cases} x+3 & (-2\le x<-1) \\ 2 & (-1\le x<0) \\ -4x+2 & (0\le x<1) \\ 2x-4 & (1\le x\le 2) \end{cases}$$

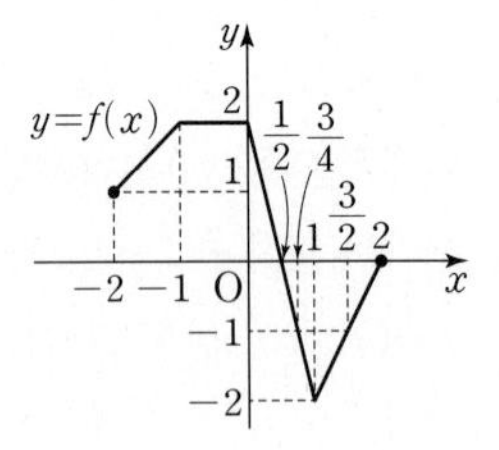

이다.

$f(x)=2$를 만족시키는 x의 값의 범위는

$-1\le x\le 0$

즉, $(f\circ f)(a)=f(f(a))=2$를 만족시키는 $f(a)$의 값의 범위는

$-1\le f(a)\le 0$

$\therefore \frac{1}{2}\le a\le\frac{3}{4}$ 또는 $\frac{3}{2}\le a\le 2$

따라서 실수 a의 최댓값은 2, 최솟값은 $\frac{1}{2}$이므로

$M+m=2+\frac{1}{2}=\frac{5}{2}$ 답 ⑤

12

전략 역함수가 존재하려면 함수 $f\circ g$가 일대일대응이어야 하고 합성함수 $f\circ g$가 정의되려면 함수 g의 치역이 함수 f의 정의역의 부분집합이어야 함을 이용한다.

풀이 함수 $f(x)$는 $x\ge 2$인 모든 x에 대하여 일대일대응이므로 함수 $(f\circ g)(x)$가 역함수가 존재하려면 $a\ge 2$이어야 한다.

이때 합성함수 $f\circ g$가 정의되려면 함수 g의 치역이 함수 f의 정의역의 부분집합이어야 하므로

$x^2+2x-1\ge 2$에서

$x^2+2x-3\ge 0$, $(x+3)(x-1)\ge 0$

$\therefore x\le -3$ 또는 $x\ge 1$

즉, $x\ge 1$인 모든 x에 대하여 $g(x)\ge 2$이므로 $b\ge 1$이어야 한다.

$a\ge 2$, $b\ge 1$에서 $a+b\ge 3$

따라서 $a+b$의 최솟값은 3이다. 답 3

13

전략 $f(1)=4$이므로 $f(4)=3$인 경우와 $f(4)=5$인 경우로 나누어 조건을 만족시키는 함수 f를 구한다.

풀이 조건 (가)에서 $f(1)=4$, $f(2)=2$이므로

$\{f(3), f(4), f(5)\}=\{1, 3, 5\}$

(i) $f(4)=3$일 때

조건 (나)에 의하여 $f(f(f(1)))=1$이므로

$f(f(4))=1$ $\therefore f(3)=1$

이때 함수 f는 일대일대응이므로

$f(5)=5$

따라서 함수 f가 오른쪽 그림과 같으므로

$g(1)=3$, $g(3)=4$

$\therefore (g\circ g)(1)=g(g(1))=g(3)=4$

(ii) $f(4)=5$일 때

조건 (나)에 의하여 $f(f(f(1)))=1$이므로

$f(f(4))=1$ $\therefore f(5)=1$

이때 함수 f는 일대일대응이므로

$f(3)=3$

따라서 함수 f가 오른쪽 그림과 같으므로

$g(1)=5$, $g(5)=4$

$\therefore (g\circ g)(1)=g(g(1))=g(5)=4$

(i), (ii)에 의하여

$(g\circ g)(1)=4$ 답 4

14

전략 모든 실수 x에 대하여 $f(x)=f^{-1}(x)$이므로 함수 $y=f(x)$의 그래프는 직선 $y=x$에 대하여 대칭임을 이용한다.

풀이 모든 실수 x에 대하여 $f(x)=f^{-1}(x)$이므로 함수 $y=f(x)$의 그래프는 직선 $y=x$에 대하여 대칭이다.

즉, $x\le 1$에서의 함수 $y=-2x+a$의 역함수가 $x\ge 1$에서 함수 $y=bx+\frac{3}{2}$이어야 한다.

$y=-2x+a$에서 $2x=-y+a$

$\therefore x=-\frac{1}{2}y+\frac{a}{2}$

x와 y를 서로 바꾸면

$y=-\frac{1}{2}x+\frac{a}{2}$

$-\frac{1}{2}x+\frac{a}{2}=bx+\frac{3}{2}$이어야 하므로

$b=-\frac{1}{2}$, $\frac{a}{2}=\frac{3}{2}$ $\qquad \therefore a=3$

즉, $f(x)=\begin{cases} -2x+3 & (x\le 1) \\ -\frac{1}{2}x+\frac{3}{2} & (x>1) \end{cases}$ 이므로

함수 $y=f(x)$의 그래프는 오른쪽 그림과 같다.

따라서 함수 $y=f(x)$의 그래프와 x축 및 y축으로 둘러싸인 도형의 넓이는 함수 $y=f(x)$의 그래프와 직선 $y=x$, x축으로 둘러싸인 도형의 넓이의 2배이므로

$2\times\left(\frac{1}{2}\times3\times1\right)=3$

답 ①

15 전략 주어진 방정식을 풀어 $f(x)$에 대한 식을 구하고, $f(x)=f^{-1}(x)$이면 함수 $y=f(x)$의 그래프는 직선 $y=x$에 대하여 대칭임을 이용한다.

풀이 방정식 $\{f(x)\}^2=f(x)f^{-1}(x)$에서

$f(x)\{f(x)-f^{-1}(x)\}=0$

$\therefore f(x)=0$ 또는 $f(x)=f^{-1}(x)$

(i) $f(x)=0$일 때

$2x-3=0$에서 $x=\frac{3}{2}$

(ii) $f(x)=f^{-1}(x)$일 때

두 함수 $y=f(x)$, $y=f^{-1}(x)$의 그래프는 직선 $y=x$에 대하여 대칭이므로 방정식 $f(x)=f^{-1}(x)$의 근은 방정식 $f(x)=x$의 근과 같다.

$\frac{1}{3}x-\frac{4}{3}=x$에서 $x=-2$

$2x-3=x$에서 $x=3$

(i), (ii)에 의하여 $x=-2$ 또는 $x=\frac{3}{2}$ 또는 $x=3$

따라서 모든 실근의 합은

$-2+\frac{3}{2}+3=\frac{5}{2}$

답 ①

16 전략 직선 $y=g(x-k)+k$는 직선 $y=g(x)$를 x축의 방향으로 k만큼, y축의 방향으로 k만큼 평행이동한 직선이므로 점 A의 좌표가 (k, k)임을 이용한다.

풀이 일차함수 $y=f(x)$의 그래프가 원점을 지나므로 함수 $y=g(x)$의 그래프도 원점을 지난다.

직선 $y=g(x-k)+k$는 직선 $y=g(x)$를 x축의 방향으로 k만큼, y축의 방향으로 k만큼 평행이동한 것이다.

이때 원점 O를 x축의 방향으로 k만큼, y축의 방향으로 k만큼 이동시킨 점 (k, k)는 직선 $y=g(x-k)+k$ 위의 점이면서 직선 $y=x$ 위의 점이므로 점 A의 좌표는 (k, k)이다.

오른쪽 그림과 같이 $\overline{OB}=a$라 하고, 점 B를 직선 $y=x$에 대하여 대칭이동한 점을 B′이라 하면

$\overline{OB'}=a$, $\angle AOB'=30°$

이때 점 B′은 함수 $y=g(x)$의 그래프 위의 점이므로 두 직선 OB′, BA는 평행하다.

$\therefore \angle BAO=\angle B'OA=30°$ ($\because$ 엇각)

즉, $\angle BOA=\angle BAO$이므로 삼각형 OAB는 $\overline{OB}=\overline{AB}$인 이등변삼각형이다.

$\angle OBA=120°$이므로 삼각형 OAB의 넓이는

$\frac{1}{2}\times a\times a\times\sin(180°-120°)=\frac{1}{2}\times a^2\times\sin60°$

$=\frac{1}{2}\times a^2\times\frac{\sqrt{3}}{2}$

$=\frac{\sqrt{3}}{4}a^2$

즉, $\frac{\sqrt{3}}{4}a^2=4\sqrt{3}$이므로

$a^2=16$ $\qquad \therefore a=4$ ($\because a>0$)

한편, 점 B에서 직선 $y=x$에 내린 수선의 발을 H라 하면 직선 BH는 선분 OA를 수직이등분한다.

△OBH에서 $\overline{OB}:\overline{BH}:\overline{OH}=2:1:\sqrt{3}$이고 $\overline{OB}=4$이므로

$\overline{OH}=2\sqrt{3}$

$\therefore \overline{OA}=2\overline{OH}=4\sqrt{3}$

한편, $A(k, k)$이므로

$\overline{OA}=\sqrt{k^2+k^2}=\sqrt{2k^2}$

따라서 $\sqrt{2k^2}=4\sqrt{3}$이므로

$2k^2=48$ $\qquad \therefore k^2=24$

답 24

개념 연계 중학 수학 **삼각비를 이용한 삼각형의 넓이**

△ABC에서 두 변의 길이 a, c와 그 끼인각 ∠B의 크기를 알 때, 넓이 S는

(1) ∠B가 예각인 경우

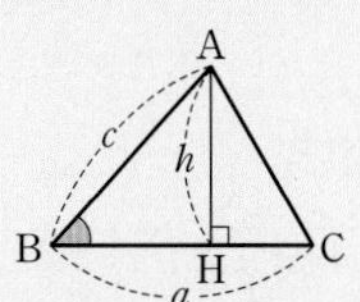

⇨ $h=c\sin B$

$S=\frac{1}{2}ac\sin B$

(2) ∠B가 둔각인 경우

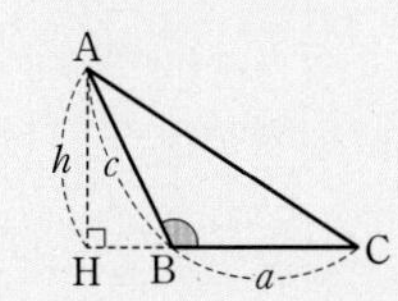

⇨ $h=c\sin(180°-B)$

$S=\frac{1}{2}ac\sin(180°-B)$

17 전략 두 함수 $y=f(x)$, $y=g(x)$의 그래프와 y축 및 직선 $x=k$로 둘러싸인 부분이 사각형이 되려면 $f(k)>g(k)$이어야 함을 이용한다.

풀이 $f(x)=-|x-k|+1=\begin{cases} x-k+1 & (x<k) \\ -x+k+1 & (x\ge k) \end{cases}$

$g(x)=|x|+k-1=\begin{cases} -x+k-1 & (x<0) \\ x+k-1 & (x\ge 0) \end{cases}$

두 함수 $y=f(x)$, $y=g(x)$의 그래프와 y축 및 직선 $x=k$로 둘러싸인 부분이 사각형이 되려면 오른쪽 그림과 같이 $f(k)>g(k)$이어야 한다.

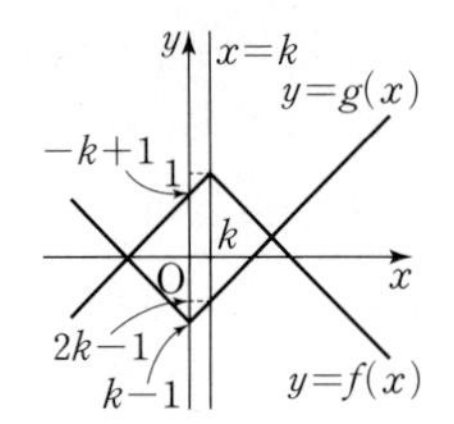

$f(k)=1$, $g(k)=2k-1$이므로

$1>2k-1$, $2k<2$ $\quad\therefore k<1$

이때 $k>0$이므로 조건을 만족시키는 k의 값의 범위는

$0<k<1$

$\therefore a=1$

오른쪽 그림과 같이 두 함수 $y=f(x)$, $y=g(x)$의 그래프가 y축과 만나는 점을 각각 A, B라 하고, 직선 $x=k$와 만나는 점을 각각 C, D라 하면 두 직선 AB와 CD, 두 직선 AC와 BD가 각각 서로 평행하므로 사각형 ABDC는 평행사변형이다.

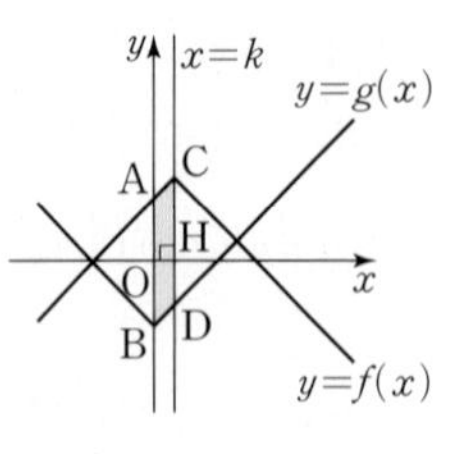

점 C에서 x축에 내린 수선의 발을 H라 하면 평행사변형 ABDC의 넓이는

$$\square\text{ABDC}=\overline{\text{AB}}\times\overline{\text{OH}}$$
$$=\{(-k+1)-(k-1)\}\times k$$
$$=k(-2k+2)=-2k^2+2k$$
$$=-2\left(k-\frac{1}{2}\right)^2+\frac{1}{2}$$

따라서 $k=\frac{1}{2}$일 때 평행사변형 ABDC의 넓이는 최대이므로

$M=\frac{1}{2}$

$\therefore a+M=1+\frac{1}{2}=\frac{3}{2}$

답 ⑤

18 전략 함수 $y=(g\circ f)(x)$의 그래프를 그린 후 $n\le x<n+1$일 때, $[x]=n$임을 이용하여 함수 $(h\circ g\circ f)(x)$를 구한다.

풀이 방정식 $(h\circ g\circ f)(x)=-x^2+a$의 실근은 두 함수 $y=(h\circ g\circ f)(x)$, $y=-x^2+a$의 그래프의 교점의 x좌표와 같다.

$$(h\circ g\circ f)(x)=h(g(f(x)))=h(g(x^2-3))$$
$$=h(|x^2-4|)=[|x^2-4|]$$

함수 $y=|x^2-4|$의 그래프는 다음 그림과 같다.

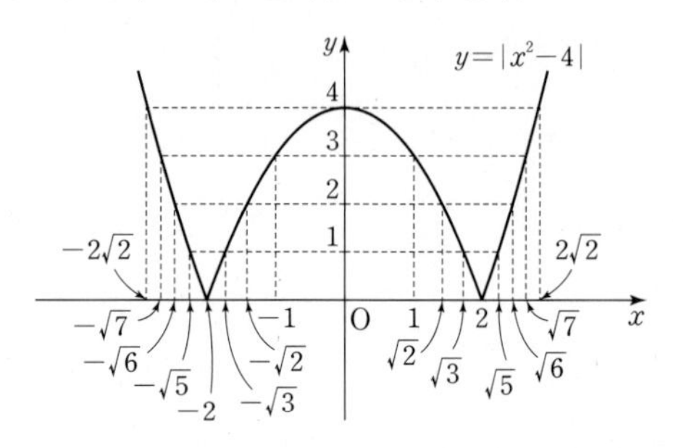

$-\sqrt{5}<x<-\sqrt{3}$ 또는 $\sqrt{3}<x<\sqrt{5}$일 때, $(h\circ g\circ f)(x)=0$

$-\sqrt{6}<x\le-\sqrt{5}$ 또는 $-\sqrt{3}\le x<-\sqrt{2}$ 또는 $\sqrt{2}<x\le\sqrt{3}$ 또는 $\sqrt{5}\le x<\sqrt{6}$일 때, $(h\circ g\circ f)(x)=1$

$-\sqrt{7}<x\le-\sqrt{6}$ 또는 $-\sqrt{2}\le x<-1$ 또는 $1<x\le\sqrt{2}$ 또는 $\sqrt{6}\le x<\sqrt{7}$일 때, $(h\circ g\circ f)(x)=2$

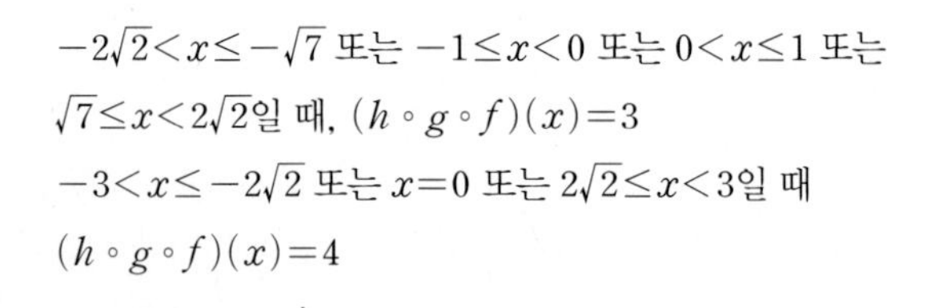

$-2\sqrt{2}<x\le-\sqrt{7}$ 또는 $-1\le x<0$ 또는 $0<x\le1$ 또는 $\sqrt{7}\le x<2\sqrt{2}$일 때, $(h\circ g\circ f)(x)=3$

$-3<x\le-2\sqrt{2}$ 또는 $x=0$ 또는 $2\sqrt{2}\le x<3$일 때

$(h\circ g\circ f)(x)=4$

$\vdots$

즉, 함수 $y=(h\circ g\circ f)(x)$의 그래프는 다음 그림과 같다.

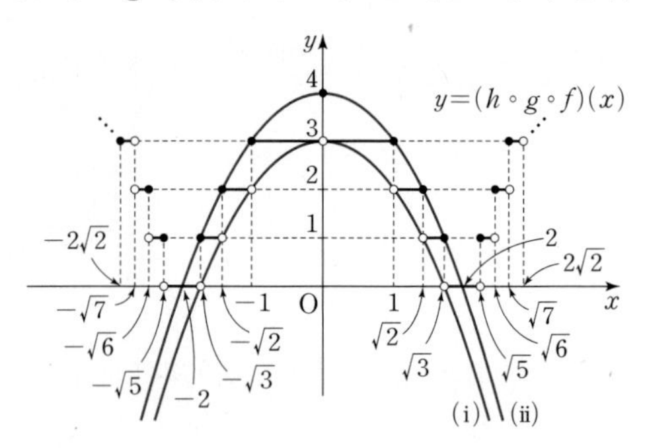

두 함수 $y=(h\circ g\circ f)(x)$, $y=-x^2+a$의 그래프의 교점이 8개이려면 함수 $y=-x^2+a$의 그래프가 위의 그림의 (i)과 (ii) 사이에 있어야 한다.

(i) 함수 $y=-x^2+a$의 그래프가 점 $(-\sqrt{3},\ 0)$ 또는 점 $(\sqrt{3},\ 0)$을 지날 때

$0=-(\sqrt{3})^2+a$에서 $a=3$

(ii) 함수 $y=-x^2+a$의 그래프가 점 $(-2,\ 0)$ 또는 점 $(2,\ 0)$을 지날 때

$0=-2^2+a$에서 $a=4$

(i), (ii)에 의하여 조건을 만족시키는 a의 값의 범위는

$3<a<4$

따라서 $\alpha=3$, $\beta=4$이므로

$\alpha+\beta=3+4=7$

답 ③

19 전략 모든 정수 n에 대하여 $n\le x<n+1$일 때, $g(x)=2x-2n$임을 이용한다.

풀이 직선 $y=mx+2$는 m의 값에 관계없이 점 $(0,\ 2)$를 지나는 직선이다.

$g(x)=2x-2[x]$로 놓으면 모든 정수 n에 대하여 $n\le x<n+1$일 때

$g(x)=2x-2n$

즉, 함수 $y=g(x)$의 그래프는 다음 그림과 같다.

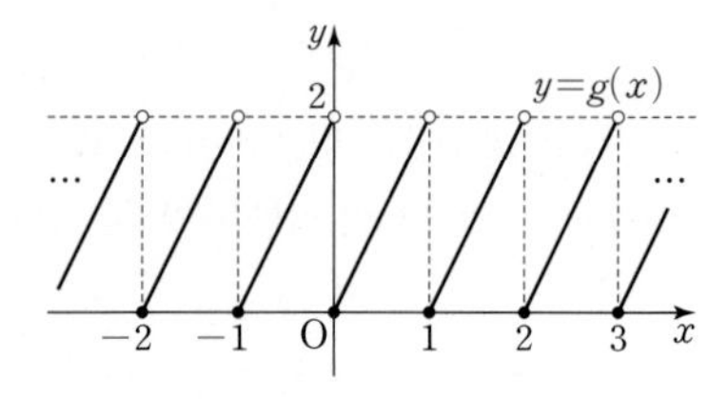

ㄱ. $m=0$일 때, 직선 $y=2$와 함수 $y=g(x)$의 그래프의 교점이 존재하지 않으므로 $f(0)=0$ (참)

ㄴ. [반례] $m=1$일 때, 다음 그림과 같이 두 직선 $y=-x+2$, $y=x+2$와 함수 $y=g(x)$의 그래프가 만나는 점의 개수가 각각 3, 1이므로

$f(-1)=3$, $f(1)=1$

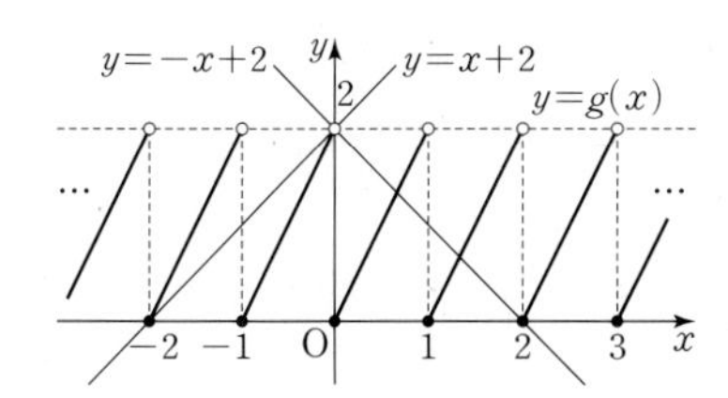

즉, $f(-1)\neq f(1)$이므로 $f(-m)\neq f(m)$ (거짓)

ㄷ. $m>0$일 때 $f(m)=5$를 만족시키는 경우는 다음과 같다.

(i) 직선 $y=mx+2$가 점 $(-6, 0)$을 지날 때

다음 그림과 같이 직선 $y=mx+2$와 함수 $y=g(x)$의 그래프가 서로 다른 5개의 점에서 만난다.

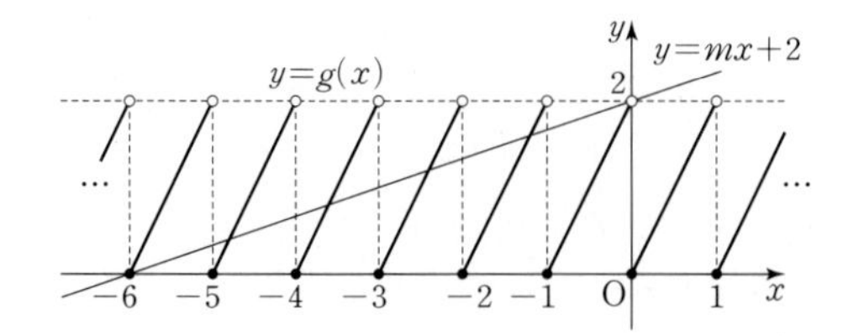

$-6m+2=0$에서 $m=\dfrac{1}{3}$

(ii) 직선 $y=mx+2$가 점 $(-7, 0)$을 지날 때

다음 그림과 같이 직선 $y=mx+2$와 함수 $y=g(x)$의 그래프가 서로 다른 6개의 점에서 만난다.

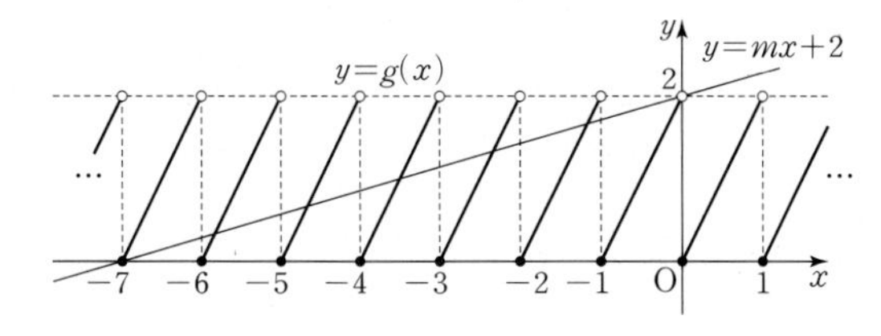

$-7m+2=0$에서 $m=\dfrac{2}{7}$

(i), (ii)에 의하여 조건을 만족시키는 m의 값의 범위는

$\dfrac{2}{7}<m\leq\dfrac{1}{3}$이므로 m의 최댓값은 $\dfrac{1}{3}$이다. (참)

따라서 옳은 것은 ㄱ, ㄷ이다. 답 ③

20 **전략** 함수 $h(x)$에 대하여 파악한 후 두 함수 g, f가 일대일대응임을 이용하여 함숫값을 구한다.

풀이 조건 (가)에서 $g(2)=3$이고, $g(2)>f(2)$이므로

$h(2)=g(2)=3$

함수 $h(x)$는 함수 $f(x)$와 $g(x)$의 함숫값 중 더 큰 값 또는 같은 값을 함숫값으로 갖는다.

이때 함수 f의 치역이 $\{1, 2, 3\}$이고 조건 (나)에서 두 함수 g, h가 일대일대응이므로 다음과 같이 경우를 나눌 수 있다.

(i) $g(1)=4$인 경우

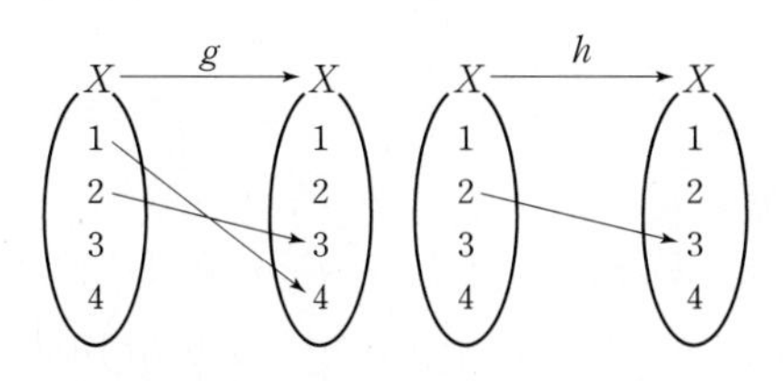

$g(1)>f(1)$이므로 $h(1)=g(1)=4$

$f(3)=3$이므로 $h(3)\geq 3$

그런데 $h(2)=3$, $h(1)=4$이고 함수 h는 일대일대응이므로 조건을 만족시키는 $h(3)$의 값은 존재하지 않는다.

(ii) $g(3)=4$인 경우

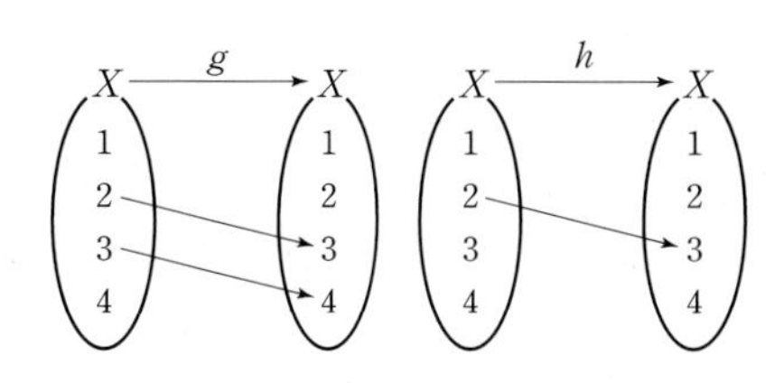

$g(3)>f(3)$이므로 $h(3)=g(3)=4$

$f(1)=2$이므로 $h(1)\geq 2$

그런데 $h(2)=3$, $h(3)=4$이므로

$h(1)=2$

또, 함수 h는 일대일대응이어야 하므로

$h(4)=1$

이때 함수 g도 일대일대응이므로

$g(1)=2$, $g(4)=1$

따라서 조건을 만족시킨다.

(iii) $g(4)=4$인 경우

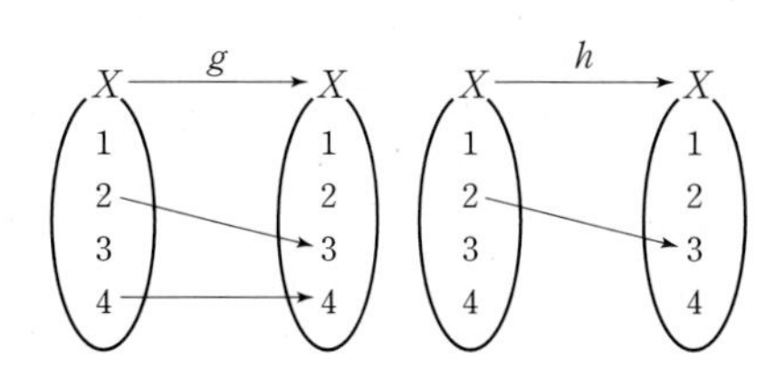

$g(4)>f(4)$이므로 $h(4)=g(4)=4$

$f(3)=3$에서 $h(3)\geq 3$이어야 하므로 $h(3)=3$

이때 $f(1)=f(2)=2$에서 $h(1)\geq 2$, $h(2)\geq 2$이어야 한다.

그런데 두 조건을 동시에 만족시키는 일대일대응인 함수 h가 존재하지 않는다.

(i), (ii), (iii)에 의하여 함수 g, h는 다음 그림과 같다.

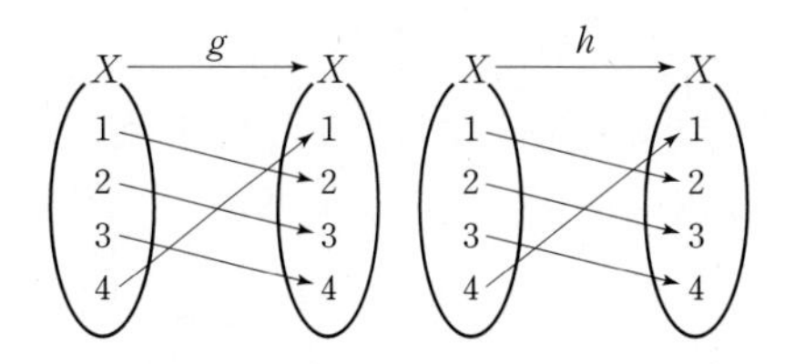

$\therefore g(1)+h(4)=2+1=3$ 답 ①

다른풀이 $f(3)=3$이고, 조건 (나)에 의하여 함수 h가 일대일대응이므로

$h(3)\geq f(3)=3$

이때 $h(2)=3$이므로 $h(3)=g(3)=4$

또, $f(1)=2$이므로 $h(1)\geq f(1)=2$

이때 $h(2)=3$, $h(3)=4$이고, 조건 (나)에서 함수 h가 일대일대응이므로

$h(1)=2$ $\quad\therefore h(4)=1$

조건 (나)에서 함수 g도 일대일대응이므로

$g(1)=2$, $g(4)=1$

21 **전략** 함수 $y=f(x)$의 그래프를 그리고, 방정식 $f(x)+(f\circ f)(x)=3$에서 $f(f(x))=3-f(x)$임을 이용한다.

풀이 함수 $y=f(x)$의 그래프는 오른쪽 그림과 같다.

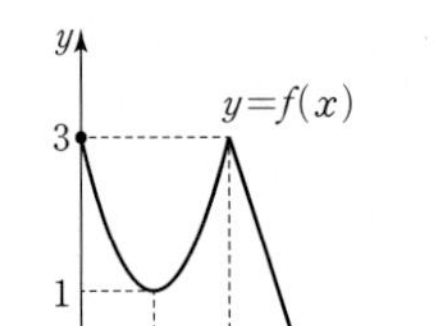

방정식 $f(x)+(f\circ f)(x)=3$에서

$f(f(x))=3-f(x)$

$f(x)=t$로 놓으면

$f(t)=3-t\ (0\le t\le 3)$

이 방정식의 실근은 두 함수 $y=f(t)$, $y=3-t$의 그래프의 교점의 t좌표와 같다.

두 함수 $y=f(t)$, $y=3-t$의 그래프의 교점은 오른쪽 그림과 같이 3개이다.

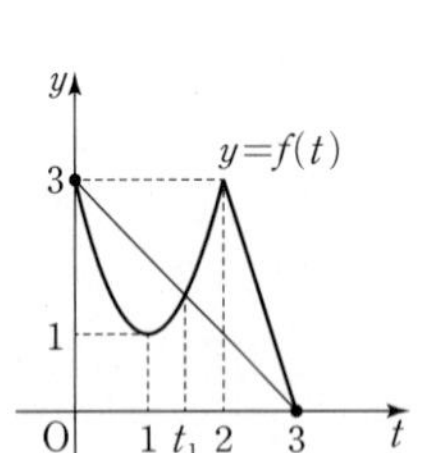

이 세 교점의 t좌표를 $0,\ t_1,\ 3\ (1<t_1<2)$이라 하자.

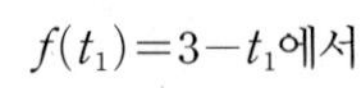

$f(t_1)=3-t_1$에서

$2t_1^2-4t_1+3=3-t_1$

$2t_1^2-3t_1=0,\ t_1(2t_1-3)=0$

$\therefore t_1=\frac{3}{2}\ (\because 1<t_1<2)$

(i) $t=0$, 즉 $f(x)=0$일 때

$f(x)=0$을 만족시키는 실수 x의 값은 3이다.

(ii) $t=t_1=\frac{3}{2}$, 즉 $f(x)=\frac{3}{2}$일 때

오른쪽 그림에서 $f(x)=\frac{3}{2}$을 만족시키는 실수 x의 개수는 3이고, 이 x의 값을 작은 수부터 차례로 $a_1,\ a_2,\ a_3$이라 하자.

$0\le x\le 2$에서 함수 $y=f(x)$의 그래프는 직선 $x=1$에 대하여 대칭이므로

$\frac{a_1+a_2}{2}=1$에서 $a_1+a_2=2$

$-3x+9=\frac{3}{2}$에서 $x=\frac{5}{2}$ $\qquad\therefore a_3=\frac{5}{2}$

(iii) $t=3$, 즉 $f(x)=3$일 때

$f(x)=3$을 만족시키는 실수 x의 값은 0, 2이다.

(i), (ii), (iii)에 의하여 구하는 모든 실근의 합은

$0+a_1+a_2+a_3+2+3=0+2+\frac{5}{2}+2+3=\frac{19}{2}$

답 ⑤

22 **전략** 함수 $y=f(x)$의 그래프를 그리고, 방정식 $g(a)=f(a)$의 의미를 파악한다.

풀이 함수 $f(x)$의 그래프는 다음 그림과 같다.

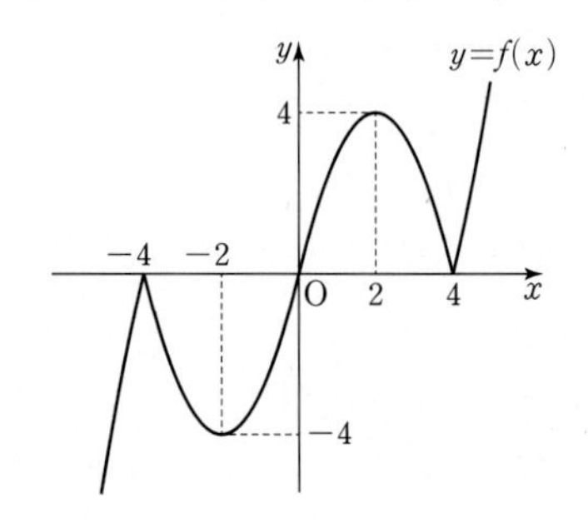

$g(a)=f(a)$에서 $f(f(a))=f(a)$

$g(b)=f(b)$에서 $f(f(b))=f(b)$

$f(a)=k$로 놓으면 $f(k)=k$

즉, k는 함수 $y=f(x)$의 그래프와 직선 $y=x$가 만나는 점의 x좌표이다.

$0\le x\le 4$에서

$-x^2+4x=x,\ x^2-3x=0$

$x(x-3)=0$ $\qquad\therefore x=0$ 또는 $x=3$

$x\ge 4$에서

$x^2-4x=x,\ x^2-5x=0$

$x(x-5)=0$ $\qquad\therefore x=5\ (\because x\ge 4)$

이때 함수 $f(x)$가 모든 실수 x에 대하여 $f(-x)=-f(x)$이므로 함수 $y=f(x)$의 그래프와 직선 $y=x$가 만나는 점의 x좌표는 -5, -3, 0, 3, 5이고, $f(x)$의 값이 -5, -3, 0, 3, 5인 경우를 나타내면 다음 그림과 같다.

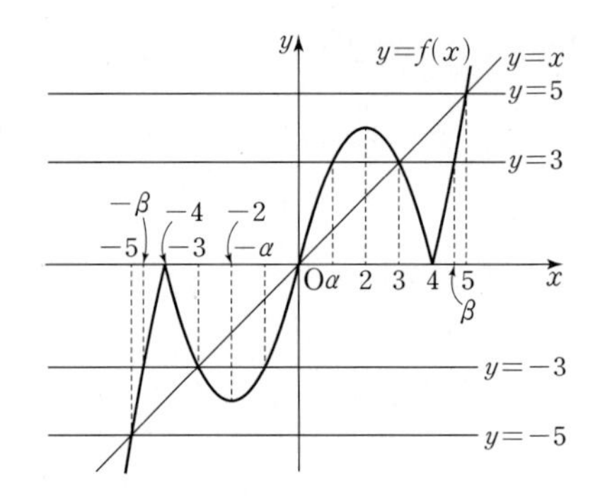

$f(x)=5$인 경우 $x=5$

함수 $y=f(x)$의 그래프와 직선 $y=3$이 만나는 교점의 x좌표 중 3이 아닌 두 수를 $\alpha,\ \beta\ (\alpha<3<\beta)$라 하면

$0\le x\le 4$에서 함수 $y=f(x)$가 직선 $x=2$에 대하여 대칭이므로

$\alpha=1$

즉, $f(x)=3$인 경우 $x=1,\ x=3,\ x=\beta$

$f(x)=0$인 경우 $x=-4,\ x=0,\ x=4$

$f(x)=-3$인 경우 $x=-\beta,\ x=-3,\ x=-1$

$f(x)=-5$인 경우 $x=-5$

이때 함수 $g(x)=f(f(x))$가 집합 X에서 X로의 함수이고, $g(a)=f(a)$, $g(b)=f(b)$이어야 하므로 다음의 두 가지 경우로 나눌 수 있다.

집합 $X=\{a,\ b\}$에 대하여

(i) $f(a)=a$, $f(b)=b$일 때

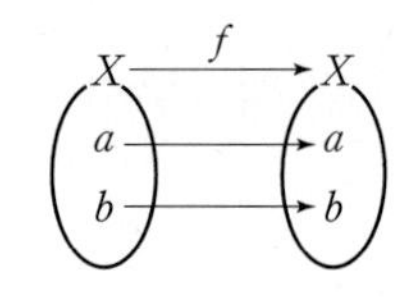

두 수 a, b는 -5, -3, 0, 3, 5에서 서로 다른 두 수를 택해야 하므로 집합 X는

$\{-5,\ -3\}$, $\{-5,\ 0\}$, $\{-5,\ 3\}$, $\{-5,\ 5\}$, $\{-3,\ 0\}$, $\{-3,\ 3\}$, $\{-3,\ 5\}$, $\{0,\ 3\}$, $\{0,\ 5\}$, $\{3,\ 5\}$의 10개

(ii) $f(a)=a$, $f(b)=a$ 또는 $f(a)=b$, $f(b)=b$일 때

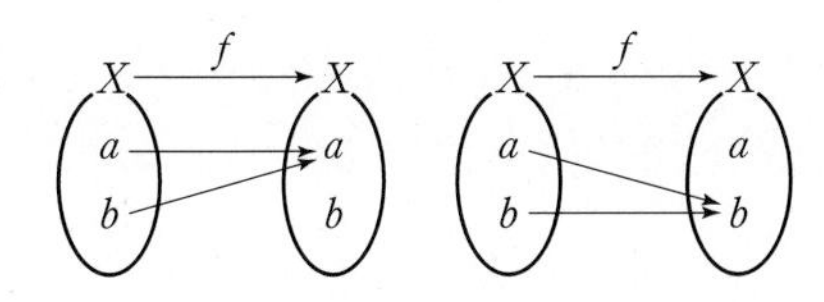

$f(x)=5$ 또는 $f(x)=-5$일 때 두 수 a, b를 정할 수 없다.

$f(x)=3$일 때 두 수 a, b는 1, 3, β 중 3을 반드시 포함하여 두 수를 택해야 하므로 조건을 만족시키는 집합 X는

$\{1, 3\}$, $\{3, \beta\}$의 2개

$f(x)=0$일 때 두 수 a, b는 -4, 0, 4 중 0을 반드시 포함하여 두 수를 택해야 하므로 조건을 만족시키는 집합 X는

$\{-4, 0\}$, $\{0, 4\}$의 2개

$f(x)=-3$일 때 두 수 a, b는 $-\beta$, -3, -1 중 -3을 반드시 포함하여 두 수를 택해야 하므로 조건을 만족시키는 집합 X는

$\{-\beta, -3\}$, $\{-3, -1\}$의 2개

즉, 구하는 집합 X의 개수는

$2+2+2=6$

(i), (ii)에 의하여 구하는 집합 X의 개수는

$10+6=16$ 답 16

23 전략 함수 $g(m)$은 함수 $y=f(x)$의 그래프와 직선 $y=mx$가 만나는 점의 개수임을 이용한다.

풀이 함수 $y=f(x)$의 그래프는 다음 그림과 같다.

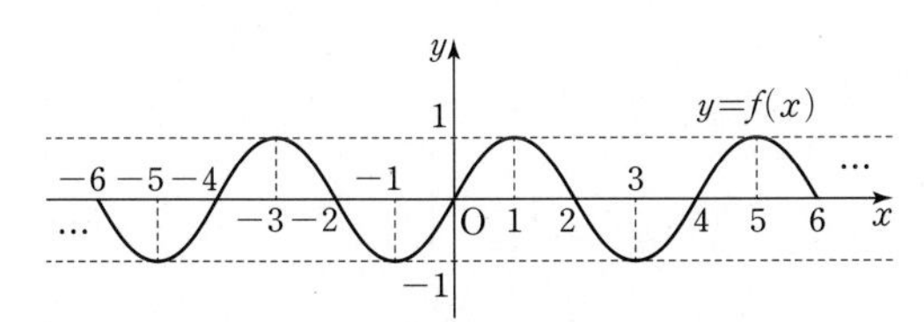

ㄱ. 함수 $y=f(x)$의 그래프와 직선 $y=x$는 다음 그림과 같이 $x=-1$, $x=0$, $x=1$에서 만나므로

$g(1)=3$ (참)

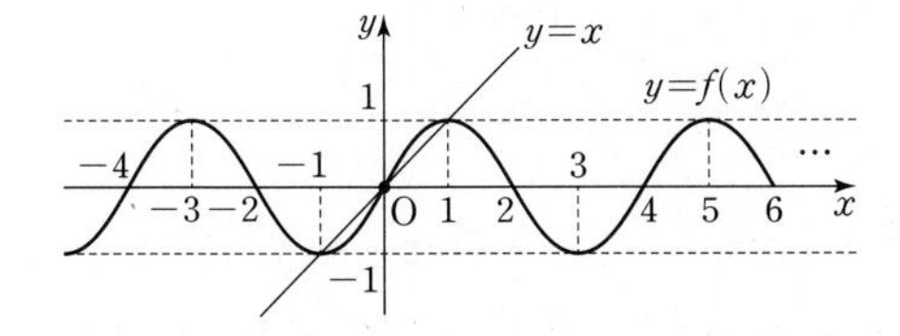

ㄴ. $g(m)=1$이 되려면 함수 $y=f(x)$의 그래프와 직선 $y=mx$가 한 점에서 만나야 한다.

(i) $-2\le x\le 0$에서 $x^2+2x=mx$

$x^2+(2-m)x=0$

이 이차방정식이 중근을 가져야 하므로 이 이차방정식의 판별식을 D_1이라 하면

$D_1=(2-m)^2=0$ $\quad\therefore m=2$

(ii) $0\le x\le 2$에서 $-x^2+2x=mx$

$x^2+(m-2)x=0$

이 이차방정식이 중근을 가져야 하므로 이 이차방정식의 판별식을 D_2라 하면

$D_2=(m-2)^2=0$ $\quad\therefore m=2$

(i), (ii)에 의하여 $m=2$일 때 $y=f(x)$의 그래프와 직선 $y=2x$가 접하므로 다음 그림과 같이 $m\ge 2$일 때 $g(m)=1$이다.

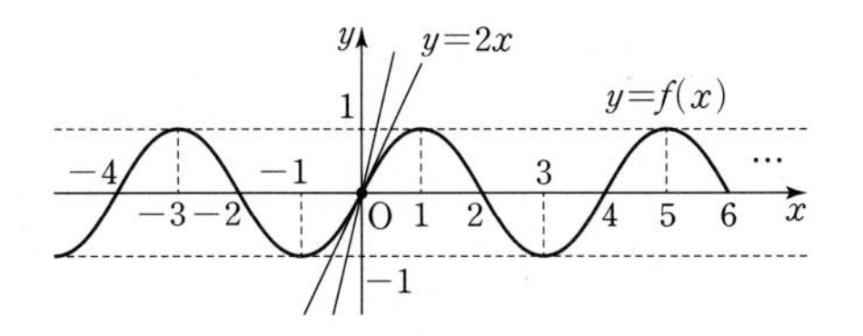

따라서 구하는 양수 m의 최솟값은 2이다. (참)

ㄷ. 자연수 n에 대하여 $g\left(\frac{1}{2n}\right)$의 값, 즉 방정식 $f(x)=\frac{1}{2n}x$의 서로 다른 실근의 개수는 함수 $y=f(x)$의 그래프와 직선 $y=\frac{1}{2n}x$가 만나는 점의 개수와 같다.

$y=f(x)$의 그래프와 직선 $y=\frac{1}{2n}x$가 원점에 대하여 대칭이므로 $x>0$에서 함수 $y=f(x)$의 그래프와 직선 $y=\frac{1}{2n}x$가 만나는 점의 개수는 $x<0$에서 함수 $y=f(x)$의 그래프와 직선 $y=\frac{1}{2n}x$가 만나는 점의 개수와 같다.

또, 자연수 n에 대하여 함수 $y=f(x)$의 그래프와 직선 $y=\frac{1}{2n}x$, $y=\frac{1}{2n+2}x$가 각각 만나는 점의 개수는 같으므로 자연수 n에 따른 $g\left(\frac{1}{2n}\right)$의 값을 구하면 다음과 같다.

$x>0$에서 다음 그림과 같이 함수 $y=f(x)$의 그래프와 직선 $y=\frac{1}{2}x$, $y=\frac{1}{4}x$의 교점의 개수는 각각 1이므로

$g\left(\frac{1}{2}\right)=g\left(\frac{1}{4}\right)=1+2\times 1=3$

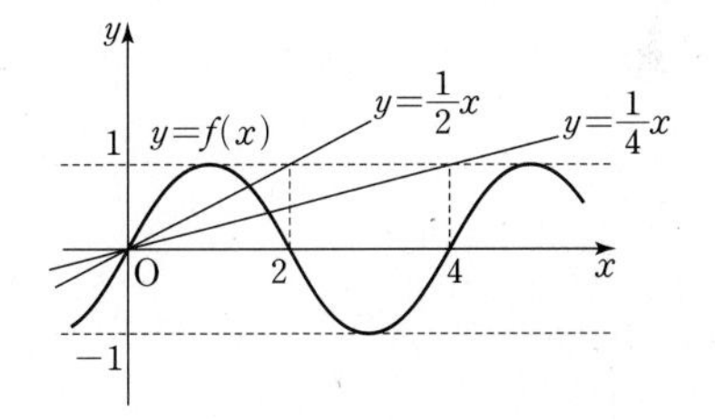

$x>0$에서 다음 그림과 같이 함수 $y=f(x)$의 그래프와 직선 $y=\frac{1}{6}x$, $y=\frac{1}{8}x$의 교점의 개수는 각각 3이므로

$g\left(\frac{1}{6}\right)=g\left(\frac{1}{8}\right)=1+2\times 3=7$

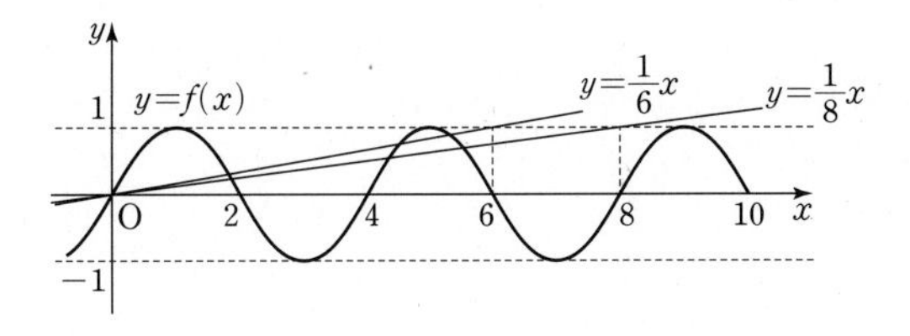

⋮

이와 같은 과정을 반복하면 자연수 k에 대하여 $y=f(x)$의 그래프와 직선 $y=\frac{1}{4k-2}x$, $y=\frac{1}{4k}x$의 교점의 개수는

$g\left(\frac{1}{4k-2}\right)=g\left(\frac{1}{4k}\right)=1+(2k-1)\times 2=4k-1$

이때 $4k-1=27$에서

$k=7$

즉, 함수 $y=f(x)$의 그래프와 직선 $y=\frac{1}{26}x$, $y=\frac{1}{28}x$의 교점의 개수는 각각 27이다.

따라서 $g\left(\frac{1}{2n}\right)=27$을 만족시키는 자연수 n의 값은 13, 14이므로 그 합은

$13+14=27$ (참)

따라서 ㄱ, ㄴ, ㄷ 모두 옳다. 답 ⑤

04 유리함수

Step A 1등급을 위한 고난도 빈출 & 핵심 문제

본문 43~44쪽

01 ③	02 ②	03 ④	04 ④	05 5
06 ⑤	07 ④	08 4	09 ⑤	10 ③
11 5	12 ⑤	13 2	14 2	15 4
16 ⑤				

01 $\frac{a_1}{x-1}+\frac{a_2}{(x-1)^2}+\frac{a_3}{(x-1)^3}+\cdots+\frac{a_9}{(x-1)^9}=\frac{x^9+1}{(x-1)^{10}}$

위의 식의 양변에 $(x-1)^{10}$을 곱하면

$a_1(x-1)^9+a_2(x-1)^8+a_3(x-1)^7+\cdots+a_9(x-1)=x^9+1$

이 식이 x에 대한 항등식이므로 양변에 $x=0$을 대입하면

$-a_1+a_2-a_3+\cdots-a_9=0^9+1=1$

$\therefore a_1-a_2+a_3-a_4+\cdots-a_8+a_9$

$=-(-a_1+a_2-a_3+\cdots+a_8-a_9)$

$=-1$

답 ③

02 $x^2+5x+1=0$에서 $x\neq0$이므로 양변을 x로 나누면

$x+5+\frac{1}{x}=0 \qquad \therefore x+\frac{1}{x}=-5$

따라서

$x^2+\frac{1}{x^2}=\left(x+\frac{1}{x}\right)^2-2=(-5)^2-2=23$

$x^3+\frac{1}{x^3}=\left(x+\frac{1}{x}\right)^3-3\left(x+\frac{1}{x}\right)$

$=(-5)^3-3\times(-5)=-110$

이므로

$x+4x^2+x^3+\frac{1}{x}+\frac{4}{x^2}+\frac{1}{x^3}$

$=\left(x+\frac{1}{x}\right)+4\left(x^2+\frac{1}{x^2}\right)+\left(x^3+\frac{1}{x^3}\right)$

$=(-5)+4\times23+(-110)=-23$

답 ②

다른풀이 $x^2+5x+1=0$에서 $x+\frac{1}{x}=-5$이므로

$x+4x^2+x^3+\frac{1}{x}+\frac{4}{x^2}+\frac{1}{x^3}$

$=x+5x^2+x^3+\frac{1}{x}+\frac{5}{x^2}+\frac{1}{x^3}-x^2-\frac{1}{x^2}$

$=x(1+5x+x^2)+\frac{x^2+5x+1}{x^3}-\left(x^2+\frac{1}{x^2}\right)$

$=-\left(x^2+\frac{1}{x^2}\right)$ ($\because x^2+5x+1=0$)

$=-\left(x+\frac{1}{x}\right)^2+2=-(-5)^2+2=-23$

03 $y=\frac{2x+5}{x-1}=\frac{2(x-1)+7}{x-1}=\frac{7}{x-1}+2$

이므로 함수 $y=\frac{2x+5}{x-1}$의 그래프의 점근선의 방정식은

$x=1$, $y=2$

$y=-\frac{3}{2}$일 때 $\frac{2x+5}{x-1}=-\frac{3}{2}$에서

$4x+10=-3x+3,\ 7x=-7 \qquad \therefore x=-1$

$y=3$일 때 $\frac{2x+5}{x-1}=3$에서

$2x+5=3x-3 \qquad \therefore x=8$

즉, 치역이 $\left\{y \middle| y\le-\frac{3}{2} \text{ 또는 } y\ge3\right\}$인 함수 $y=\frac{2x+5}{x-1}$의 그래프는 오른쪽 그림과 같으므로 정의역은

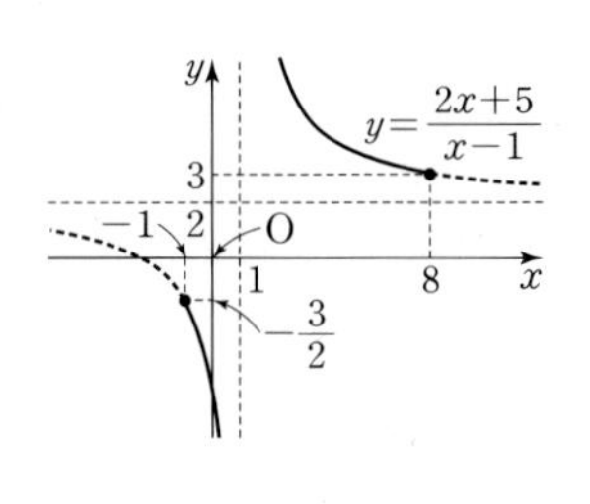

$\{x|-1\le x<1 \text{ 또는 } 1<x\le8\}$

따라서 구하는 정수 x의 개수는 -1, 0, 2, 3, 4, $\cdots$, 8의 9이다.

답 ④

04 함수 $y=\frac{3x}{x+2}$의 그래프를 x축의 방향으로 a만큼, y축의 방향으로 b만큼 평행이동한 그래프의 식은

$y-b=\frac{3(x-a)}{x-a+2}$ $\qquad\cdots\cdots$ ㉠

이 함수의 그래프가 점 (0, 1)을 지나므로 ㉠에 $x=0$, $y=1$을 대입하면 $1-b=\frac{-3a}{-a+2}$

$(1-b)(-a+2)=-3a,\ a(b+2)-2(b+2)=-6$

$\therefore (a-2)(b+2)=-6$ $\qquad\cdots\cdots$ ㉡

a, b가 정수이므로 방정식 ㉡의 해는 다음과 같다.

$a-2=-6,\ b+2=1$일 때, $a=-4,\ b=-1$

$a-2=-3,\ b+2=2$일 때, $a=-1,\ b=0$

$a-2=-2,\ b+2=3$일 때, $a=0,\ b=1$

$a-2=-1,\ b+2=6$일 때, $a=1,\ b=4$

$a-2=1,\ b+2=-6$일 때, $a=3,\ b=-8$

$a-2=2,\ b+2=-3$일 때, $a=4,\ b=-5$

$a-2=3,\ b+2=-2$일 때, $a=5,\ b=-4$

$a-2=6,\ b+2=-1$일 때, $a=8,\ b=-3$

따라서 구하는 순서쌍 $(a,\ b)$의 개수는 8이다.

답 ④

05 $y=\frac{2x+1}{x-k}=\frac{2(x-k)+2k+1}{x-k}=\frac{2k+1}{x-k}+2$

이므로 함수 $y=\frac{2x+1}{x-k}$의 그래프의 점근선의 방정식은

$x=k,\ y=2$

$y=\frac{kx-1}{x+1}=\frac{k(x+1)-k-1}{x+1}=\frac{-k-1}{x+1}+k$

이므로 함수 $y=\frac{kx-1}{x+1}$의 그래프의 점근선의 방정식은

$x=-1,\ y=k$

따라서 두 함수 $y=\frac{2x+1}{x-k}$, $y=\frac{kx-1}{x+1}$의 그래프의 점근선은 오른쪽 그림과 같고, 색칠한 부분의 넓이가 18이므로

$\{k-(-1)\}\times|k-2|=18$

$\therefore (k+1)|k-2|=18$ $\qquad\cdots\cdots$ ㉠

(i) $k\ge2$일 때

㉠에서 $(k+1)(k-2)=18$

$k^2-k-20=0,\ (k+4)(k-5)=0$

$\therefore k=5\ (\because k\ge2)$

(ii) $0<k<2$일 때

㉠에서 $-(k+1)(k-2)=18$

$\therefore k^2-k+16=0$

이를 만족시키는 실수 k의 값은 존재하지 않는다.

(i), (ii)에 의하여 $k=5$

답 5

06 $f(x)=\frac{ax+a-2}{x+1}$로 놓으면

$f(x)=\frac{ax+a-2}{x+1}=\frac{a(x+1)-2}{x+1}=-\frac{2}{x+1}+a$

이므로 함수 $y=f(x)$의 그래프의 점근선의 방정식은

$x=-1,\ y=a$

(i) $a\le0$일 때

함수 $y=f(x)$의 그래프는 오른쪽 그림과 같으므로 제1사분면을 지나지 않는다.

즉, 조건을 만족시키지 않는다.

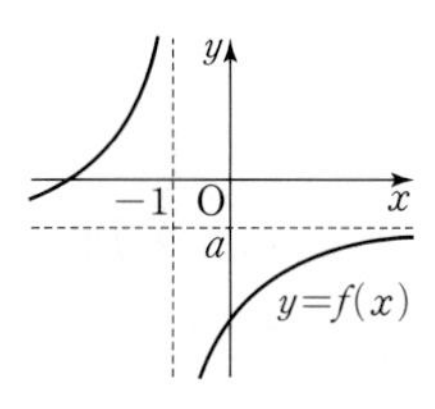

(ii) $a>0$일 때

함수 $y=f(x)$의 그래프가 모든 사분면을 지나려면 오른쪽 그림과 같이 $f(0)<0$이어야 하므로

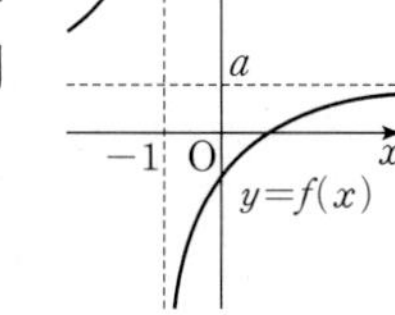

$f(0)=a-2<0 \qquad \therefore a<2$

즉, 조건을 만족시키는 a의 값의 범위는

$0<a<2$

(i), (ii)에 의하여 구하는 실수 a의 값의 범위는

$0<a<2$

답 ⑤

참고 $a=0$이면 제2, 4사분면을 지나고, $a\ge2$이면 함수 $y=f(x)$의 그래프는 제1, 2, 3사분면을 지난다.

07 $y=\frac{x-3}{x+2}=\frac{(x+2)-5}{x+2}=-\frac{5}{x+2}+1$

이므로 함수 $y=\frac{x-3}{x+2}$의 그래프의 점근선의 방정식은

$x=-2,\ y=1$

오른쪽 그림과 같이 함수 $y=\frac{x-3}{x+2}$의 그래프와 중심의 좌표가 $(-2,\ 1)$인 원이 만나는 네 점을 각각 P, Q, R, S라 하면 두 점 P, R와 두 점 Q, S는 각각 점 $(-2,\ 1)$에 대하여 대칭이다.

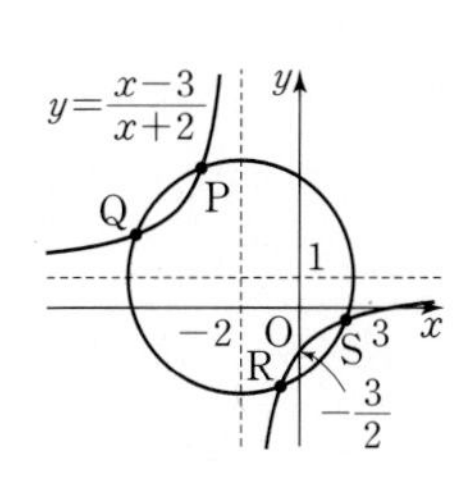

따라서 네 점 P, Q, R, S의 y좌표를 각각 y_1, y_2, y_3, y_4라 하면

$\frac{y_1+y_3}{2}=1,\ \frac{y_2+y_4}{2}=1$

$y_1+y_3=2,\ y_2+y_4=2$

$\therefore y_1+y_2+y_3+y_4=(y_1+y_3)+(y_2+y_4)=2+2=4$

답 ④

개념 연계 수학 상 **점에 대한 대칭이동**

점 $\mathrm{P}(x, y)$를 점 (a, b)에 대하여 대칭이동한 점을 $\mathrm{P}'(x', y')$이라 하면 점 (a, b)는 $\overline{\mathrm{PP}'}$의 중점이다. 즉,

$a=\frac{x+x'}{2}$, $b=\frac{y+y'}{2}$

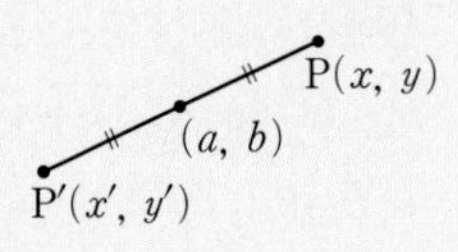

08 $y=\frac{3x-2}{x-2}=\frac{3(x-2)+4}{x-2}=\frac{4}{x-2}+3$

이므로 함수 $y=\frac{3x-2}{x-2}$의 그래프의 점근선의 방정식은

$x=2$, $y=3$

함수 $y=\frac{3x-2}{x-2}$의 그래프 위의 점 P의 x좌표를 a라 하고 점 P에서 두 점근선 $x=2$, $y=3$에 내린 수선의 발을 각각 Q, R라 하면 $a>2$이고

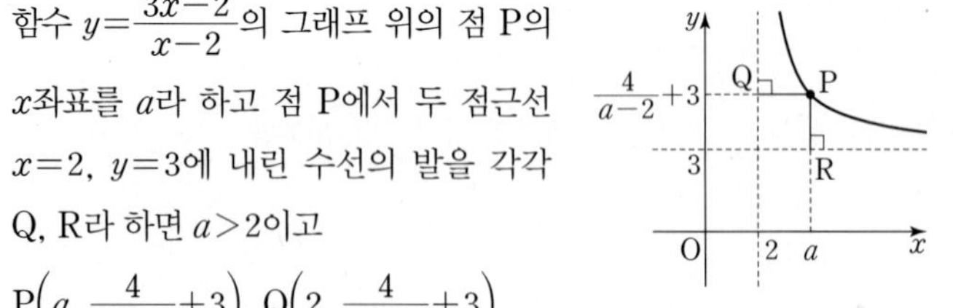

$\mathrm{P}\left(a, \frac{4}{a-2}+3\right)$, $\mathrm{Q}\left(2, \frac{4}{a-2}+3\right)$,

$\mathrm{R}(a, 3)$

$\therefore \overline{\mathrm{PQ}}=a-2$, $\overline{\mathrm{PR}}=\frac{4}{a-2}+3-3=\frac{4}{a-2}$

따라서 $\overline{\mathrm{PQ}}>0$, $\overline{\mathrm{PR}}>0$이므로 산술평균과 기하평균의 관계에 의하여

$$\overline{\mathrm{PQ}}+\overline{\mathrm{PR}}=(a-2)+\frac{4}{a-2}$$
$$\geq 2\sqrt{(a-2)\times\frac{4}{a-2}}=4$$

$\left(\text{단, 등호는 } a-2=\frac{4}{a-2}\text{, 즉 } a=4\text{일 때 성립}\right)$

따라서 구하는 최솟값은 4이다. 답 4

참고 $a>0$, $b>0$일 때, 산술평균과 기하평균의 관계에 의하여

$\frac{a+b}{2}\geq\sqrt{ab}$ (단, 등호는 $a=b$일 때 성립)

09 $\frac{-x-1}{x-1}=mx-1$에서

$-x-1=(mx-1)(x-1)$

$\therefore mx^2-mx+2=0$

유리함수 $y=\frac{-x-1}{x-1}$의 그래프와 직선 $y=mx-1$이 한 점에서 만나려면 이 이차방정식의 중근을 가져야 한다. 이 이차방정식의 판별식을 D라 하면

$D=(-m)^2-4\times m\times 2=0$

$m^2-8m=0$

$m(m-8)=0$

$\therefore m=8$ ($\because m>0$) 답 ⑤

10 $\frac{3x-5}{x-2}=\frac{3(x-2)+1}{x-2}=\frac{1}{x-2}+3$이므로 주어진 부등식에서

$ax+3\leq\frac{1}{x-2}+3\leq bx+3$

$\therefore ax\leq\frac{1}{x-2}\leq bx$

$3\leq x\leq 4$에서 이 부등식이 항상 성립하므로 오른쪽 그림과 같이 유리함수 $y=\frac{1}{x-2}$의 그래프가 원점을 지나는 두 직선 $y=ax$, $y=bx$의 사이에 존재해야 한다. 즉, $3\leq x\leq 4$에서 주어진 부등식이 항상 성립하도록 하는 실수 a의 값은 직선 $y=ax$가 점 $\left(4, \frac{1}{2}\right)$을 지날 때 최대이고, 실수 b의 값은 직선 $y=bx$가 점 $(3, 1)$을 지날 때 최소이다.

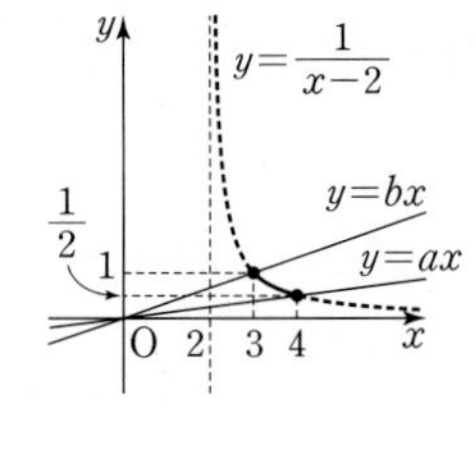

직선 $y=ax$가 점 $\left(4, \frac{1}{2}\right)$을 지날 때,

$\frac{1}{2}=4a$에서 $a=\frac{1}{8}$

직선 $y=bx$가 점 $(3, 1)$을 지날 때,

$1=3b$에서 $b=\frac{1}{3}$

$\therefore a\leq\frac{1}{8}$, $b\geq\frac{1}{3}$

한편, a의 값이 최대이고 b의 값이 최소일 때 $a-b$의 값이 최대이므로 구하는 최댓값은 $\frac{1}{8}-\frac{1}{3}=-\frac{5}{24}$ 답 ③

11 $y=\frac{x+3}{x-2}=\frac{(x-2)+5}{x-2}=\frac{5}{x-2}+1$

이므로 함수 $y=\frac{x+3}{x-2}$의 그래프의 점근선의 방정식은

$x=2$, $y=1$

이때 함수 $y=\left|\frac{x+3}{x-2}\right|$의 그래프는 함수 $y=\frac{x+3}{x-2}$의 그래프에서 $y\geq 0$인 부분은 그대로 두고 $y<0$인 부분을 x축에 대하여 대칭이동한 것이므로 오른쪽 그림과 같다.

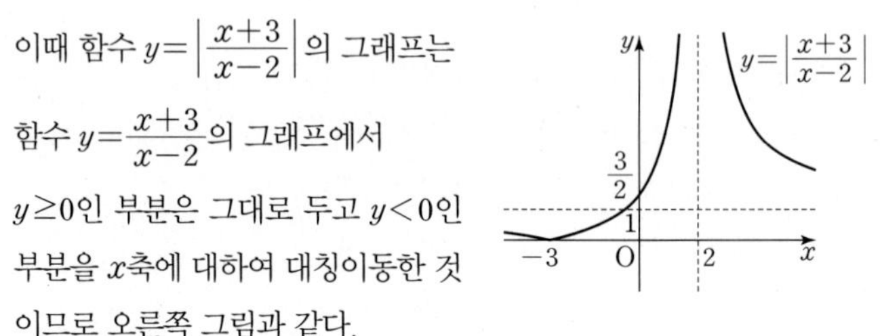

(i) $k=1$일 때

함수 $y=\left|\frac{x+3}{x-2}\right|$의 그래프와 직선 $y=1$의 교점의 개수는 1이므로 $f(1)=1$

(ii) $k=2$일 때

함수 $y=\left|\frac{x+3}{x-2}\right|$의 그래프와 직선 $y=2$의 교점의 개수는 2이므로 $f(2)=2$

(iii) $k=3$일 때

함수 $y=\left|\frac{x+3}{x-2}\right|$의 그래프와 직선 $y=3$의 교점의 개수는 2이므로 $f(3)=2$

(i), (ii), (iii)에 의하여

$f(1)+f(2)+f(3)=1+2+2=5$ 답 5

참고 $f(k)=\begin{cases}0 & (k<0)\\ 1 & (k=0, k=1)\\ 2 & (0<k<1, k>1)\end{cases}$

12 점 P(a, b)는 유리함수 $y=\frac{2}{x}$ $(x>0)$의 그래프 위의 점이므로

$b=\frac{2}{a}$ $\therefore ab=2$

점 P(a, b)와 직선 $y=-x$, 즉 $x+y=0$ 사이의 거리가 $2\sqrt{2}$이므로

$\frac{|a+b|}{\sqrt{1^2+1^2}}=2\sqrt{2}$

$\therefore |a+b|=4$

$\therefore a^2+ab+b^2=(a+b)^2-ab=4^2-2=14$

답 ⑤

개념 연계 / 수학상 / **점과 직선 사이의 거리**

점 (x_1, y_1)과 직선 $ax+by+c=0$ 사이의 거리는

$\frac{|ax_1+by_1+c|}{\sqrt{a^2+b^2}}$

특히, 원점과 직선 $ax+by+c=0$ 사이의 거리는

$\frac{|c|}{\sqrt{a^2+b^2}}$

13 주어진 그래프에서

$f^1(2)=f(2)=0$, $f^1(0)=f(0)=2$

$f^2(2)=(f\circ f^1)(2)=f(f^1(2))=f(0)=2$

$f^3(2)=(f\circ f^2)(2)=f(f^2(2))=f(2)=0$

$f^4(2)=(f\circ f^3)(2)=f(f^3(2))=f(0)=2$

$f^5(2)=(f\circ f^4)(2)=f(f^4(2))=f(2)=0$

⋮

이므로 자연수 n에 대하여

$f^{2n-1}(2)=0$, $f^{2n}(2)=2$

$\therefore f^{2020}(2)=f^{2\times1010}(2)=2$

답 2

참고 주어진 유리함수 $y=f(x)$의 그래프의 점근선의 방정식이 $x=-1$, $y=-1$이고 그래프가 두 점 $(2, 0)$, $(0, 2)$를 지나므로 $f(x)=\frac{3}{x+1}-1$이다.

14 두 함수 $f(x)$, $g(x)$에 대하여 $(f\circ g)(x)=x$가 성립하려면 함수 $g(x)$는 $f(x)$의 역함수이어야 한다.

$y=\frac{3-2x}{2x-4}$로 놓으면

$(2x-4)y=3-2x$, $(2y+2)x=4y+3$

$\therefore x=\frac{4y+3}{2y+2}$

x와 y를 서로 바꾸면 $y=\frac{4x+3}{2x+2}$

$\therefore g(x)=\frac{4x+3}{2x+2}=\frac{4(x+1)-1}{2(x+1)}=\frac{-\frac{1}{2}}{x+1}+2$

즉, 함수 $y=g(x)$의 그래프의 점근선의 방정식은

$x=-1$, $y=2$

따라서 함수 $y=g(x)$의 그래프의 두 점근선 및 x축, y축으로 둘러싸인 도형의 넓이는

$|-1|\times2=2$

답 2

다른풀이 $f(x)=\frac{3-2x}{2x-4}=\frac{-2(x-2)-1}{2(x-2)}=\frac{-\frac{1}{2}}{x-2}-1$

이므로 함수 $y=f(x)$의 그래프의 점근선의 방정식은

$x=2$, $y=-1$

즉, 함수 $y=g(x)$의 그래프의 점근선의 방정식은

$x=-1$, $y=2$

참고 서로 역함수 관계인 두 함수 $y=f(x)$, $y=g(x)$의 그래프는 직선 $y=x$에 대하여 대칭이므로 함수 $y=f(x)$의 그래프의 점근선의 방정식이 $x=a$, $y=b$이면 함수 $y=g(x)$의 그래프의 점근선의 방정식은 $x=b$, $y=a$이다.

15 함수 $y=f(x)$의 그래프와 그 역함수의 그래프가 모두 점 $(4, 3)$을 지나므로

$f(4)=3$, $f(3)=4$

이때 $f(x)=\frac{2x-b}{x-a}$에서

$f(4)=\frac{8-b}{4-a}=3$이므로 $3a-b=4$ …… ㉠

$f(3)=\frac{6-b}{3-a}=4$이므로 $4a-b=6$ …… ㉡

㉠, ㉡을 연립하여 풀면 $a=2$, $b=2$

$\therefore ab=2\times2=4$

답 4

16 $g(x)=f(x-3)+1$에서

$g(3)=f(3-3)+1=f(0)+1$

이때 $g(3)=2$이므로

$f(0)+1=2$ $\therefore f(0)=1$

$f(x)=\frac{ax+b}{x-1}$에서 $f(0)=-b$이므로

$b=-1$

$\therefore f(x)=\frac{ax-1}{x-1}=\frac{a(x-1)+a-1}{x-1}=\frac{a-1}{x-1}+a$

즉, 함수 $y=f(x)$의 그래프의 점근선의 방정식은

$x=1$, $y=a$

한편, $g(x)=f(x-3)+1$에서 $y=g(x)$의 그래프는 $y=f(x)$의 그래프를 x축의 방향으로 3만큼, y축의 방향으로 1만큼 평행이동한 것이므로 함수 $y=g(x)$의 그래프의 점근선의 방정식은

$x=4$, $y=a+1$

이때 $g=g^{-1}$이므로

$4=a+1$ $\therefore a=3$

$\therefore a+b=3+(-1)=2$

답 ⑤

참고 $g=g^{-1}$가 성립하는 함수 $y=g(x)$의 그래프의 두 점근선의 교점은 직선 $y=x$ 위에 있다.

$g(x)=\frac{k}{x-m}+n$으로 놓고 g의 역함수 g^{-1}를 구해 보자.

$y=\frac{k}{x-m}+n$으로 놓으면

$y-n=\frac{k}{x-m}$, $x-m=\frac{k}{y-n}$

$\therefore x=\frac{k}{y-n}+m$

x와 y를 서로 바꾸면

$y=\frac{k}{x-n}+m$

$\therefore g^{-1}(x)=\frac{k}{x-n}+m$

따라서 $g=g^{-1}$가 성립하려면 $m=n$이어야 하므로 $g=g^{-1}$가 성립하는 함수 $y=g(x)$의 그래프의 두 점근선의 교점은 직선 $y=x$ 위에 있다.

빠른풀이 $g(3)=2$에서 $g^{-1}(2)=3$

그런데 $g=g^{-1}$이므로 $g(2)=3$

$g(3)=2$에서 $f(3-3)+1=2 \quad \therefore f(0)=1$

$g(2)=3$에서 $f(2-3)+1=3 \quad \therefore f(-1)=2$

$f(x)=\frac{ax+b}{x-1}$에서 $f(0)=-b$이므로

$b=-1$

$f(-1)=\frac{-a-1}{-2}$이므로 $\frac{a+1}{2}=2 \quad \therefore a=3$

$\therefore a+b=3+(-1)=2$

B Step 1등급을 위한 고난도 기출 VS 변형 유형

본문 45~47쪽

1 2	1-1 ②	2 ①	2-1 ①	3 ③	3-1 ③
4 ①	4-1 ④	5 27	5-1 ①	6 ③	6-1 17
7 ④	7-1 ⑤	8 ①	8-1 ④	9 ④	9-1 5

1 전략 $\frac{1}{AB}=\frac{1}{B-A}\left(\frac{1}{A}-\frac{1}{B}\right)$임을 이용하여 $f(n)$과 주어진 식을 정리한다.

풀이 $f(n)=\frac{1}{(x-n)(x-n+1)(x-n-1)}$

$=\frac{1}{(x-n)\{x-(n-1)\}\{x-(n+1)\}}$

$=\frac{1}{x-n}\times\frac{1}{\{x-(n-1)\}\{x-(n+1)\}}$

$=\frac{1}{x-n}\times\frac{1}{2}\left\{\frac{1}{x-(n+1)}-\frac{1}{x-(n-1)}\right\}$

$=\frac{1}{2}\left[\frac{1}{(x-n)\{x-(n+1)\}}-\frac{1}{\{x-(n-1)\}(x-n)}\right]$

$\therefore f(2)+f(3)+f(4)+\cdots+f(9)$

$=\frac{1}{2}\left\{\frac{1}{(x-2)(x-3)}-\frac{1}{(x-1)(x-2)}\right\}$

$+\frac{1}{2}\left\{\frac{1}{(x-3)(x-4)}-\frac{1}{(x-2)(x-3)}\right\}$

$+\frac{1}{2}\left\{\frac{1}{(x-4)(x-5)}-\frac{1}{(x-3)(x-4)}\right\}$

$+\cdots+\frac{1}{2}\left\{\frac{1}{(x-9)(x-10)}-\frac{1}{(x-8)(x-9)}\right\}$

$=\frac{1}{2}\left\{-\frac{1}{(x-1)(x-2)}+\frac{1}{(x-9)(x-10)}\right\}$

$=\frac{1}{2}\left\{-\left(\frac{1}{x-2}-\frac{1}{x-1}\right)+\left(\frac{1}{x-10}-\frac{1}{x-9}\right)\right\}$

$=\frac{1}{2}\left(\frac{1}{x-1}-\frac{1}{x-2}-\frac{1}{x-9}+\frac{1}{x-10}\right)$

이때

$\frac{1}{2}\left(\frac{1}{x-1}-\frac{1}{x-2}-\frac{1}{x-9}+\frac{1}{x-10}\right)$

$=\frac{1}{a_1}\left(\frac{1}{x-a_2}-\frac{1}{x-a_3}-\frac{1}{x-a_4}+\frac{1}{x-a_5}\right)$

이 항등식이고 $a_2<a_3<a_4<a_5$이므로

$a_1=2,\ a_2=1,\ a_3=2,\ a_4=9,\ a_5=10$

$\therefore a_1-a_2+a_3+a_4-a_5=2-1+2+9-10=2$

답 2

참고 분수가 두 수의 곱으로 이루어진 유리식은 다음과 같이 부분분수로 변형하여 계산한다.

$\frac{1}{AB}=\frac{1}{B-A}\left(\frac{1}{A}-\frac{1}{B}\right)$ (단, $A\neq B$)

1-1 전략 $\frac{1}{AB}=\frac{1}{B-A}\left(\frac{1}{A}-\frac{1}{B}\right)$임을 이용하여 주어진 식의 좌변을 정리한다.

풀이 $\frac{1}{x^2-1}=\frac{1}{(x-1)(x+1)}=\frac{1}{2}\left(\frac{1}{x-1}-\frac{1}{x+1}\right)$

$\frac{2}{x^2-4}=\frac{2}{(x-2)(x+2)}=\frac{1}{2}\left(\frac{1}{x-2}-\frac{1}{x+2}\right)$

⋮

$\frac{10}{x^2-100}=\frac{10}{(x-10)(x+10)}=\frac{1}{2}\left(\frac{1}{x-10}-\frac{1}{x+10}\right)$

이므로 주어진 등식의 좌변을 정리하면

$\frac{1}{2}\left\{\left(\frac{1}{x-1}-\frac{1}{x+1}\right)+\left(\frac{1}{x-2}-\frac{1}{x+2}\right)+\left(\frac{1}{x-3}-\frac{1}{x+3}\right)\right.$
$\left.+\cdots+\left(\frac{1}{x-9}-\frac{1}{x+9}\right)+\left(\frac{1}{x-10}-\frac{1}{x+10}\right)\right\}$

$=\frac{1}{2}\left\{\left(\frac{1}{x-1}-\frac{1}{x+10}\right)+\left(\frac{1}{x-2}-\frac{1}{x+9}\right)+\left(\frac{1}{x-3}-\frac{1}{x+8}\right)\right.$
$\left.+\cdots+\left(\frac{1}{x-9}-\frac{1}{x+2}\right)+\left(\frac{1}{x-10}-\frac{1}{x+1}\right)\right\}$

$=\frac{1}{2}\left\{\frac{11}{(x-1)(x+10)}+\frac{11}{(x-2)(x+9)}+\frac{11}{(x-3)(x+8)}\right.$
$\left.+\cdots+\frac{11}{(x-9)(x+2)}+\frac{11}{(x-10)(x+1)}\right\}$

$=\frac{11}{2}\left\{\frac{1}{(x-1)(x+10)}+\frac{1}{(x-2)(x+9)}+\frac{1}{(x-3)(x+8)}\right.$
$\left.+\cdots+\frac{1}{(x-10)(x+1)}\right\}$

$\therefore k=\frac{11}{2}$

답 ②

2 전략 함수 $y=\frac{k-2}{x+4}+\frac{1}{3}$의 그래프를 $k-2>0$인 경우와 $k-2<0$인 경우로 나누어 그려 모든 사분면을 지날 때의 k의 값의 범위를 구한 후 이 범위 안에서 함수 $y=\frac{2x+k}{x+4}$의 그래프가 제4사분면을 지나지 않도록 하는 k의 값의 범위를 구한다.

풀이 $f(x)=\frac{k-2}{x+4}+\frac{1}{3}$로 놓으면 함수 $y=f(x)$의 그래프의 점근선의 방정식은

$x=-4,\ y=\frac{1}{3}$

(i) $k-2>0$, 즉 $k>2$일 때

함수 $y=f(x)$의 그래프는 오른쪽 그림과 같으므로 제4사분면을 지나지 않는다.

즉, 조건을 만족시키지 않는다.

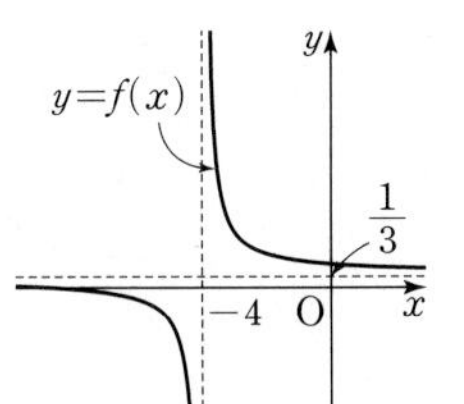

(ii) $k-2<0$, 즉 $k<2$일 때

함수 $y=f(x)$의 그래프가 모든 사분면을 지나려면 오른쪽 그림과 같이 $f(0)<0$이어야 하므로

$f(0)=\frac{k-2}{4}+\frac{1}{3}<0$, $\frac{k-2}{4}<-\frac{1}{3}$

$k-2<-\frac{4}{3}$ $\quad\therefore k<\frac{2}{3}$

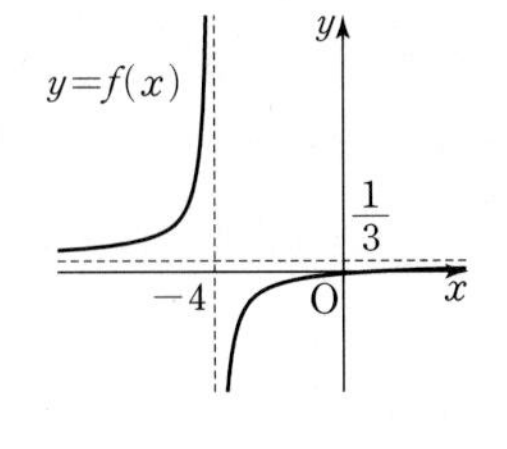

즉, 조건을 만족시키는 k의 값의 범위는 $k<\frac{2}{3}$

(i), (ii)에 의하여 함수 $y=f(x)$의 그래프가 모든 사분면을 지나도록 하는 k의 값의 범위는

$k<\frac{2}{3}$ $\quad\cdots\cdots$ ㉠

$g(x)=\frac{2x+k}{x+1}$로 놓으면

$g(x)=\frac{2x+k}{x+1}=\frac{2(x+1)+k-2}{x+1}=\frac{k-2}{x+1}+2$

이므로 함수 $y=g(x)$의 그래프의 점근선의 방정식은

$x=-1$, $y=2$

㉠에서 $k<2$이므로 함수 $y=g(x)$의 그래프가 제4사분면을 지나지 않으려면 오른쪽 그림과 같이 $g(0)\ge0$이어야 한다.

$\therefore g(0)=k\ge0$ $\quad\cdots\cdots$ ㉡

㉠, ㉡에 의하여 구하는 실수 k의 값의 범위는

$0\le k<\frac{2}{3}$

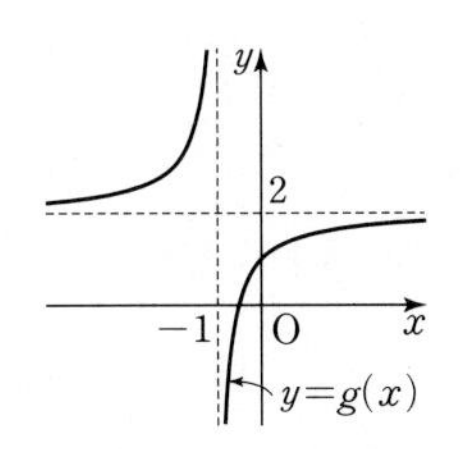

답 ①

참고 문제에서 구하는 실수 k의 값의 범위는

① 함수 $y=f(x)$의 그래프가 모든 사분면을 지나도록 하는 k의 값의 범위와

② 함수 $y=g(x)$의 그래프가 제4사분면을 지나지 않도록 하는 k의 값의 범위

의 공통 부분이므로 ②의 범위를 구할 때 ①의 범위에 포함되지 않는 $k>2$인 경우는 생각하지 않아도 된다.

한편, $k>2$일 때의 함수 $y=g(x)$의 그래프는 오른쪽 그림과 같으므로 항상 제4사분면을 지나지 않는다.

따라서 함수 $y=g(x)$의 그래프가 제4사분면을 지나지 않도록 하는 k의 값의 범위는

$0\le k<2$ 또는 $k>2$

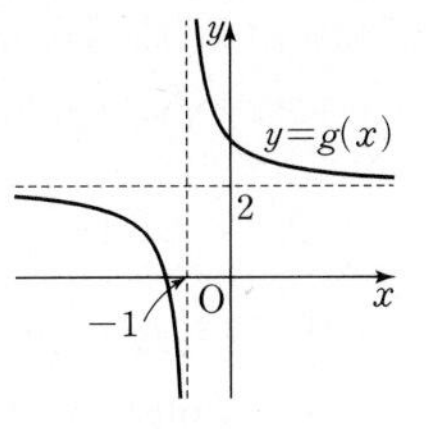

2-1 **전략** $f(x)=\frac{kx+k-9}{x-2}=\frac{3k-9}{x-2}+k$이므로 $3k-9$, $f(0)$, k의 값의 범위에 따라 경우를 나누어 함수 $y=f(x)$의 그래프를 그려 본다.

풀이 $f(x)=\frac{kx+k-9}{x-2}=\frac{k(x-2)+3k-9}{x-2}=\frac{3k-9}{x-2}+k$

이므로 함수 $y=f(x)$의 그래프의 점근선의 방정식은

$x=2$, $y=k$

ㄱ. $k=3$이면 $f(x)=\frac{3x-6}{x-2}=\frac{3(x-2)}{x-2}=3$이므로 상수함수이다. (참)

ㄴ. k의 값의 범위에 따라 함수 $y=f(x)$의 그래프를 그려 보자.

(i) $k<0$일 때

$f(0)=-\frac{k-9}{2}>0$이므로 함수 $y=f(x)$의 그래프는 오른쪽 그림과 같이 모든 사분면을 지난다.

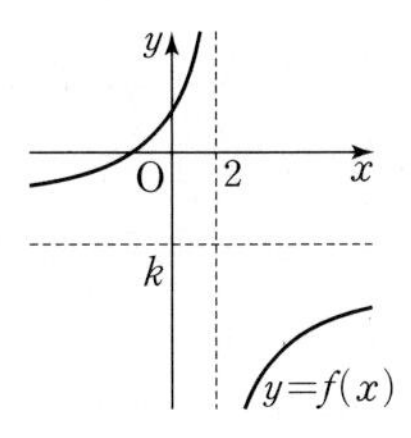

(ii) $k\ge0$이고, $3k-9<0$, 즉 $0\le k<3$일 때

함수 $y=f(x)$의 그래프는 오른쪽 그림과 같으므로 제1, 2, 4사분면을 지난다.

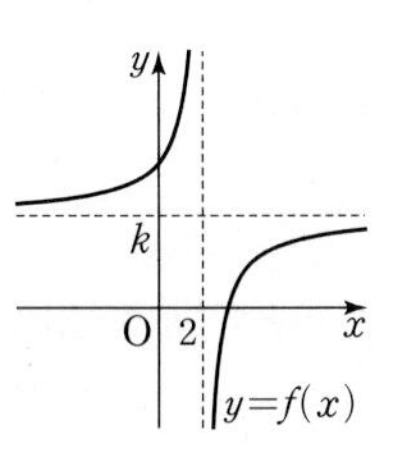

(iii) $k=3$일 때

$f(x)=3$이므로 함수 $y=f(x)$의 그래프는 제1, 2사분면을 지난다.

(iv) $3k-9>0$이고 $f(0)=-\frac{k-9}{2}\ge0$, 즉 $3<k\le9$일 때

함수 $y=f(x)$의 그래프는 오른쪽 그림과 같으므로 제1, 2, 4사분면을 지난다.

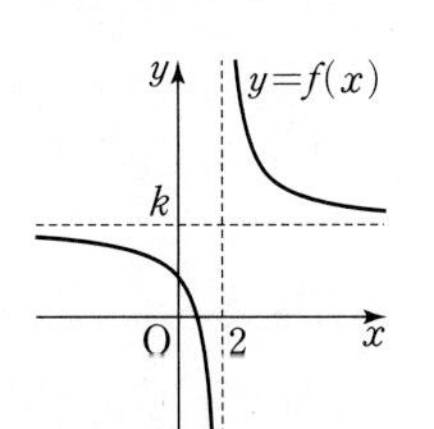

(v) $f(0)=-\frac{k-9}{2}<0$, 즉 $k>9$일 때

함수 $y=f(x)$의 그래프는 오른쪽 그림과 같으므로 모든 사분면을 지난다.

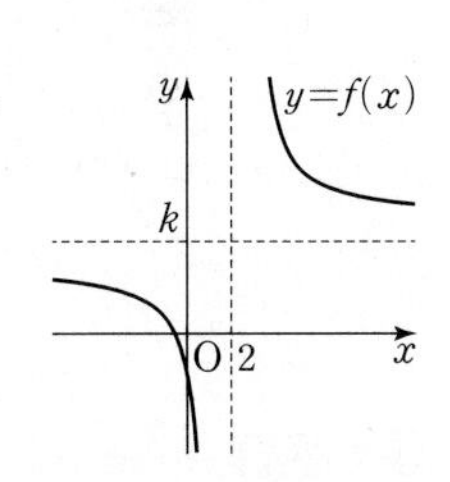

(i)~(v)에 의하여 함수 $y=f(x)$의 그래프는 k의 값에 관계없이 항상 제1, 2사분면을 지난다. (거짓)

ㄷ. ㄴ에서 함수 $y=f(x)$의 그래프가 제3사분면을 지나지 않는 경우는 (ii), (iii), (iv)이므로 조건을 만족시키는 k의 값의 범위는

$0\le k\le9$

따라서 자연수 k의 값은 1, 2, 3, $\cdots$, 9이므로 그 합은

$1+2+3+\cdots+9=45$ (거짓)

따라서 옳은 것은 ㄱ뿐이다.

답 ①

3 **전략** $f(1-x)+f(1+x)=4$이므로 함수 $y=f(x)$의 그래프가 점 $(1, 2)$에 대하여 대칭임을 이용한다.

풀이 $x\ne a$인 모든 실수 x에 대하여 함수 $f(x)=\frac{bx+4}{x-a}$가 $f(1-x)+f(1+x)=4$를 만족시키므로 함수 $y=f(x)$의 그래프는 점 $(1, 2)$에 대하여 대칭이다.

즉, 두 점근선의 방정식이 $x=1$, $y=2$이므로

$f(x)=\frac{bx+4}{x-a}=\frac{b(x-a)+ab+4}{x-a}=\frac{ab+4}{x-a}+b$

에서 $a=1$, $b=2$

따라서 $f(x)=\frac{2x+4}{x-1}$이고 오른쪽 그림과 같이 함수 $y=f(x)$의 그래프의 두 점근선의 교점은 A(1, 2), 함수 $y=f(x)$의 그래프가 x축과 만나는 점의 좌표는 B(−2, 0), y축과 만나는 점의 좌표는 C(0, −4)이다.

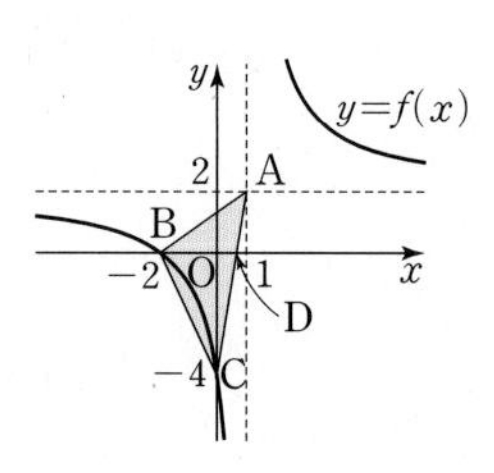

이때 직선 AC가 x축과 만나는 점을 D라 하면 직선 AC의 방정식은 $y=6x-4$이므로

$D\left(\frac{2}{3}, 0\right)$

따라서 삼각형 ABC의 넓이를 S라 하면

$S=\triangle ABD+\triangle BCD$

$=\frac{1}{2}\times\left\{\frac{2}{3}-(-2)\right\}\times 2+\frac{1}{2}\times\left\{\frac{2}{3}-(-2)\right\}\times 4$

$=\frac{1}{2}\times\frac{8}{3}\times 2+\frac{1}{2}\times\frac{8}{3}\times 4=8$

답 ③

1등급 노트 점대칭함수

① $f(a-x)=-f(a+x)$, 즉 $f(a-x)+f(a+x)=0$인 경우
⇨ 함수 $y=f(x)$의 그래프는 점 $(a, 0)$에 대하여 대칭이다.

② $f(a-x)=-f(a+x)+2b$, 즉 $f(a-x)+f(a+x)=2b$인 경우
⇨ 함수 $y=f(x)$의 그래프는 점 (a, b)에 대하여 대칭이다.

①

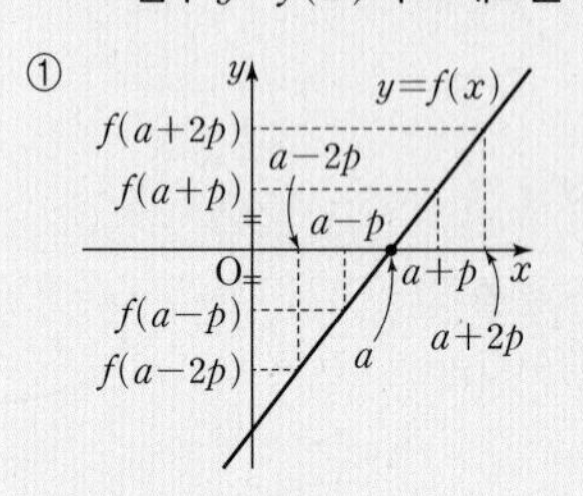

②

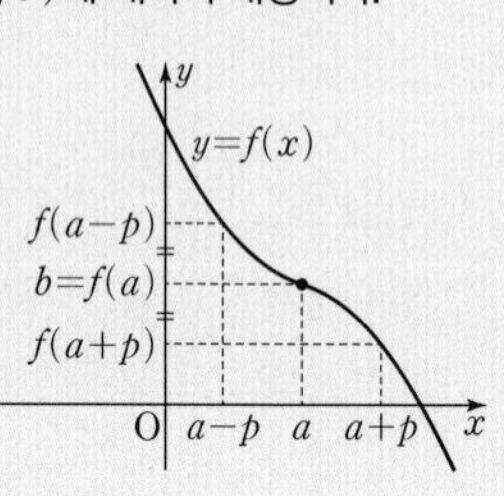

3-1 전략 유리함수 $y=f(x)$의 그래프는 그래프의 두 점근선의 교점을 지나고 기울기가 1 또는 −1인 직선에 대하여 대칭임을 이용한다.

풀이 주어진 조건에 의하여 함수 $y=f(x)$의 그래프는 두 직선 $y=x+3$, $y=-x-1$의 교점에 대하여 대칭이다.

$y=x+3$, $y=-x+1$을 연립하여 풀면

$x=-2$, $y=1$

즉, 두 직선 $y=x+3$, $y=-x-1$의 교점의 좌표가 $(-2, 1)$이므로 함수 $y=f(x)$의 그래프의 점근선의 방정식은

$x=-2$, $y=1$

함수 $y=f(x)$의 그래프가 점 $(-2, 1)$에 대하여 대칭이므로 함수 $y=f(x)$의 그래프 위의 두 점 $(-2-a, f(-2-a))$, $(-2+a, f(-2+a))$를 지나는 선분의 중점이 점 $(-2, 1)$이어야 한다.

즉, $\frac{f(-2-a)+f(-2+a)}{2}=1$이므로

$f(-2-a)+f(-2+a)=2$

$\therefore f\left(-\frac{7}{2}\right)+f\left(-\frac{5}{2}\right)+f\left(-\frac{3}{2}\right)+f\left(-\frac{1}{2}\right)$

$=f\left(-2-\frac{3}{2}\right)+f\left(-2-\frac{1}{2}\right)+f\left(-2+\frac{1}{2}\right)+f\left(-2+\frac{3}{2}\right)$

$=\left\{f\left(-2-\frac{3}{2}\right)+f\left(-2+\frac{3}{2}\right)\right\}+\left\{f\left(-2-\frac{1}{2}\right)+f\left(-2+\frac{1}{2}\right)\right\}$

$=2+2=4$

답 ③

4 전략 함수 $y=\frac{k}{x}$의 그래프와 직선 $y=-x+6$은 모두 직선 $y=x$에 대하여 대칭임을 이용하여 넓이가 같은 두 삼각형을 찾는다.

풀이 오른쪽 그림과 같이 직선 $y=-x+6$이 x축, y축과 만나는 점을 각각 A, B라 하면

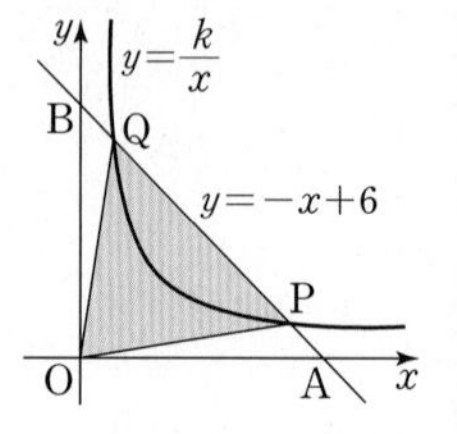

A(6, 0), B(0, 6)

삼각형 OAB의 넓이는

$\triangle OAB=\frac{1}{2}\times 6\times 6=18$

함수 $y=\frac{k}{x}$의 그래프와 직선 $y=-x+6$은 모두 직선 $y=x$에 대하여 대칭이므로 삼각형 OAP와 삼각형 OBQ의 넓이는 서로 같다.

삼각형 OPQ의 넓이가 14이므로

$\triangle OAP=\triangle OBQ=\frac{1}{2}\times(18-14)=2$

점 P의 좌표를 (a, b)로 놓으면

$\triangle OAP=\frac{1}{2}\times 6\times b=2 \quad \therefore b=\frac{2}{3}$

점 P는 직선 $y=-x+6$ 위의 점이므로

$\frac{2}{3}=-a+6 \quad \therefore a=\frac{16}{3}$

또, 점 P는 함수 $y=\frac{k}{x}$의 그래프 위의 점이므로

$k=ab=\frac{16}{3}\times\frac{2}{3}=\frac{32}{9}$

답 ①

다른풀이1 직선 $y=-x+6$이 x축, y축과 만나는 점을 각각 A, B라 하면 A(6, 0), B(0, 6)

삼각형 OAB의 넓이는

$\triangle OAB=\frac{1}{2}\times 6\times 6=18$

함수 $y=\frac{k}{x}$의 그래프와 직선 $y=-x+6$은 모두 직선 $y=x$에 대하여 대칭이므로 삼각형 OAP와 삼각형 OBQ의 넓이는 서로 같다.

삼각형 OPQ의 넓이가 14이므로

$\triangle OAP=\triangle OBQ=\frac{1}{2}\times(18-14)=2$

세 삼각형 OAP, OPQ, OBQ의 넓이의 비와 세 선분 AP, PQ, BQ의 길이의 비가 같으므로

$\overline{AP}:\overline{PQ}:\overline{BQ}=2:14:2=1:7:1$

즉, 점 P는 선분 AB를 1 : 8로 내분하는 점이므로

$P\left(\frac{1\times 0+8\times 6}{1+8}, \frac{1\times 6+8\times 0}{1+8}\right)$, 즉 $P\left(\frac{16}{3}, \frac{2}{3}\right)$

이때 점 P는 함수 $y=\frac{k}{x}$의 그래프 위의 점이므로

$k=\frac{16}{3}\times\frac{2}{3}=\frac{32}{9}$

다른풀이2 원점에서 직선 $y=-x+6$에 내린 수선의 발을 H라 하면 직선 OH와 직선 $y=-x+6$은 서로 수직이므로 기울기의 곱이 -1이어야 한다. 따라서 직선 OH의 방정식은 $y=x$이고, 점 H의 좌표는 $(3,\ 3)$이므로

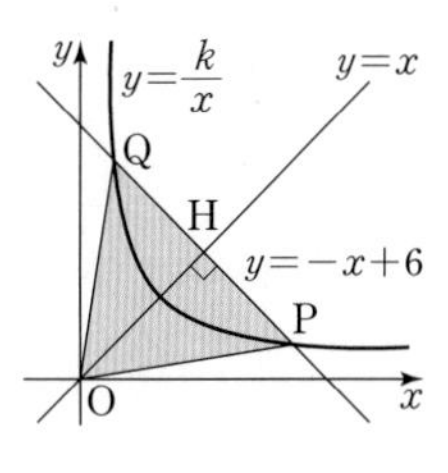

$\overline{OH}=\sqrt{3^2+3^2}=3\sqrt{2}$

삼각형 OPQ의 넓이가 14이므로 삼각형 OPH의 넓이는 7이다.

즉, $\frac{1}{2}\times\overline{OH}\times\overline{PH}=7$이므로

$\frac{1}{2}\times 3\sqrt{2}\times\overline{PH}=7 \qquad \therefore \overline{PH}=\frac{7\sqrt{2}}{3}$

점 P의 좌표를 $(a,\ -a+6)$으로 놓으면 점 P와 직선 $y=x$, 즉 $x-y=0$ 사이의 거리는 선분 PH의 길이와 같으므로

$\frac{|2a-6|}{\sqrt{1^2+1^2}}=\frac{7\sqrt{2}}{3} \qquad \therefore a=\frac{16}{3}\,(\because a>3)$

따라서 점 P의 좌표는 $\left(\frac{16}{3},\ \frac{2}{3}\right)$이므로

$k=\frac{16}{3}\times\frac{2}{3}=\frac{32}{9}$

4-1 **전략** 주어진 사각형이 직사각형이고 $\alpha\beta=6$임을 이용하여 주어진 식을 변형한다.

풀이 점 $A(\alpha,\ \beta)$가 곡선 $y=\frac{6}{x}$ 위의 점이므로

$\beta=\frac{6}{\alpha} \qquad \therefore \alpha\beta=6 \qquad \cdots\cdots$ ㉠

조건 (가)에서 두 점 A, B는 직선 $y=x$에 대하여 대칭이므로 $B(\beta,\ \alpha)$

$\therefore \overline{AB}=\sqrt{(\alpha-\beta)^2+(\beta-\alpha)^2}=\sqrt{2}(\beta-\alpha)\ (\because \alpha<\beta)$

이때 조건 (가)에서 두 점 C, D도 직선 $y=x$에 대하여 대칭이고, 조건 (나)에서 사각형 ABCD가 직사각형이므로 두 점 A, D와 두 점 B, C는 각각 직선 $y=-x$에 대하여 대칭이다.

$\therefore C(-\alpha,\ -\beta),\ D(-\beta,\ -\alpha)$

$\therefore \overline{AD}=\sqrt{\{\alpha-(-\beta)\}^2+\{\beta-(-\alpha)\}^2}=\sqrt{2}(\alpha+\beta)$

조건 (나)에 의하여 사각형 ABCD의 넓이는

$\sqrt{2}(\beta-\alpha)\times\sqrt{2}(\alpha+\beta)=5$

$\therefore \beta^2-\alpha^2=\frac{5}{2} \qquad \cdots\cdots$ ㉡

㉠, ㉡에 의하여

$\frac{1}{\alpha^2}-\frac{1}{\beta^2}=\frac{\beta^2-\alpha^2}{\alpha^2\beta^2}=\frac{\frac{5}{2}}{6^2}=\frac{5}{72}$

답 ④

개념 연계 / 수학상 **점의 대칭이동**

점 $(x,\ y)$를 x축, y축, 원점, 직선 $y=x$, 직선 $y=-x$에 대하여 대칭이동한 점의 좌표는 다음과 같다.

① x축에 대한 대칭이동: $(x,\ -y)$
② y축에 대한 대칭이동: $(-x,\ y)$
③ 원점에 대한 대칭이동: $(-x,\ -y)$
④ 직선 $y=x$에 대한 대칭이동: $(y,\ x)$
⑤ 직선 $y=-x$에 대한 대칭이동: $(-y,\ -x)$

5 **전략** 점 P의 x좌표를 a라 하고, $a>0$인 경우와 $a<0$인 경우로 나누어 세 점 P, Q, R의 좌표를 a에 대하여 나타낸 후 산술평균과 기하평균의 관계를 이용한다.

풀이 점 P의 x좌표를 a라 하자.

(i) $a>0$일 때

오른쪽 그림과 같이

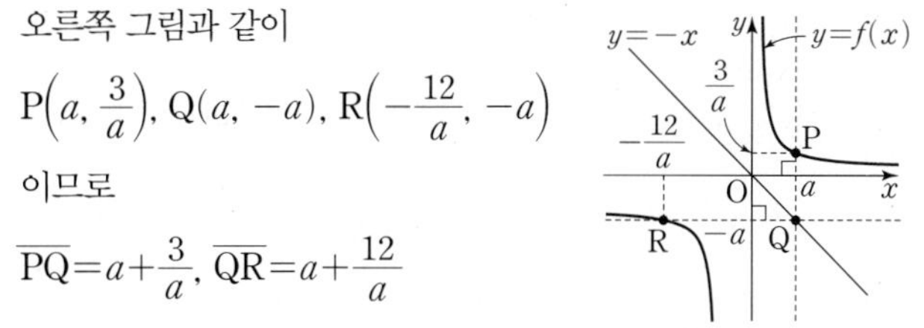

$P\left(a,\ \frac{3}{a}\right),\ Q(a,\ -a),\ R\left(-\frac{12}{a},\ -a\right)$

이므로

$\overline{PQ}=a+\frac{3}{a},\ \overline{QR}=a+\frac{12}{a}$

$\therefore \overline{PQ}\times\overline{QR}=\left(a+\frac{3}{a}\right)\left(a+\frac{12}{a}\right)=a^2+\frac{36}{a^2}+15$

이때 $a^2>0,\ \frac{36}{a^2}>0$이므로 산술평균과 기하평균의 관계에 의하여

$$\overline{PQ}\times\overline{QR}=a^2+\frac{36}{a^2}+15 \ge 2\sqrt{a^2\times\frac{36}{a^2}}+15=27$$

$\left(\text{단, 등호는 } a^2=\frac{36}{a^2},\ \text{즉 } a=\sqrt{6}\text{일 때 성립}\right)$

따라서 $a=\sqrt{6}$일 때, $\overline{PQ}\times\overline{QR}$는 최솟값 27을 갖는다.

(ii) $a<0$일 때

오른쪽 그림과 같이

$P\left(a,\ \frac{12}{a}\right),\ Q(a,\ -a),\ R\left(-\frac{3}{a},\ -a\right)$

이므로

$\overline{PQ}=-a-\frac{12}{a},\ \overline{QR}=-a-\frac{3}{a}$

$$\therefore \overline{PQ}\times\overline{QR}=\left(-a-\frac{12}{a}\right)\left(-a-\frac{3}{a}\right)=\left(a+\frac{12}{a}\right)\left(a+\frac{3}{a}\right)=a^2+\frac{36}{a^2}+15$$

이때 $a^2>0,\ \frac{36}{a^2}>0$이므로 산술평균과 기하평균의 관계에 의하여

$$\overline{PQ}\times\overline{QR}=a^2+\frac{36}{a^2}+15 \ge 2\sqrt{a^2\times\frac{36}{a^2}}+15=27$$

$\left(\text{단, 등호는 } a^2=\frac{36}{a^2},\ \text{즉 } a=-\sqrt{6}\text{일 때 성립}\right)$

따라서 $a=-\sqrt{6}$일 때, $\overline{PQ}\times\overline{QR}$는 최솟값 27을 갖는다.

(i), (ii)에 의하여 $\overline{PQ}\times\overline{QR}$의 최솟값은 27이다.

답 27

5-1 **전략** 산술평균과 기하평균의 관계를 이용하여 점 P와 직선 $y=-x-2$ 사이의 거리의 최솟값을 구한다.

풀이 $f(x)=\frac{4x}{x-1}$로 놓으면

$f(x)=\frac{4x}{x-1}=\frac{4(x-1)+4}{x-1}=\frac{4}{x-1}+4$

이므로 곡선 $y=f(x)$의 점근선의 방정식은 $x=1,\ y=4$

$t>1$인 실수 t에 대하여 곡선 $y=f(x)$ 위의 점 P의 좌표를 $\left(t,\ \frac{4}{t-1}+4\right)$, 점 P에서 직선 $y=-x-2$, 즉 $x+y+2=0$에 내린 수선의 발을 H라 하면 삼각형 PAB의 넓이는 선분 PH의 길이가 최소일 때 최소가 된다.

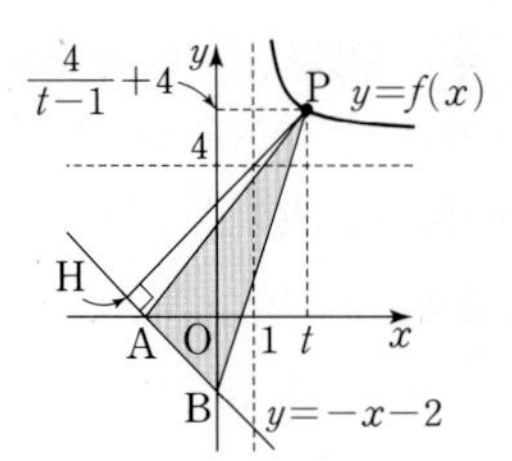

점 P와 직선 $x+y+2=0$ 사이의 거리 $\overline{PH}$는

$$\overline{PH}=\frac{\left|t+\frac{4}{t-1}+4+2\right|}{\sqrt{1^2+1^2}}=\frac{\left|(t-1)+\frac{4}{t-1}+7\right|}{\sqrt{2}} \quad \cdots\cdots \text{㉠}$$

$t>1$에서 $t-1>0$, $\frac{4}{t-1}>0$이므로 산술평균과 기하평균의 관계에 의하여

$$(t-1)+\frac{4}{t-1}+7\geq 2\sqrt{(t-1)\times\frac{4}{t-1}}+7=11$$

$\left(\text{단, 등호는 } t-1=\frac{4}{t-1}\text{, 즉 } t=3\text{일 때 성립}\right)$

㉠에서 $\overline{PH}\geq\frac{11}{\sqrt{2}}=\frac{11\sqrt{2}}{2}$

한편, $A(-2,\ 0)$, $B(0,\ -2)$이므로

$\overline{AB}=\sqrt{\{0-(-2)\}^2+(-2-0)^2}=2\sqrt{2}$

삼각형 PAB의 넓이를 S라 하면

$S=\frac{1}{2}\times\overline{AB}\times\overline{PH}\geq\frac{1}{2}\times2\sqrt{2}\times\frac{11\sqrt{2}}{2}=11$

따라서 삼각형 PAB의 넓이의 최솟값은 11이다. 답 ①

6 **전략** 직선 $y=mx+m$이 m의 값에 관계없이 점 $(-1,\ 0)$을 지나는 직선임을 이해하고, 함수 $y=f(x)$의 그래프를 그려 문제를 해결한다.

풀이 $f(x)=\left|\frac{-2x+3}{x-1}\right|=\left|\frac{-2(x-1)+1}{x-1}\right|=\left|\frac{1}{x-1}-2\right|$

이므로 함수 $y=f(x)$의 그래프는 함수 $y=\frac{1}{x-1}-2$의 그래프에서 $y\geq0$인 부분은 그대로 두고 $y<0$인 부분을 x축에 대하여 대칭이동한 것이므로 오른쪽 그림과 같다.

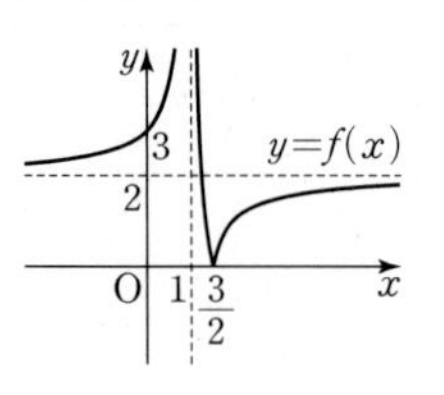

한편, 직선 $y=mx+m=m(x+1)$은 m의 값에 관계없이 점 $(-1,\ 0)$을 지난다.

m이 음이 아닌 실수일 때, 이 직선과 함수 $y=f(x)$의 그래프가 한 점에서 만나는 경우는 다음과 같다.

(i) $m=0$인 경우

$m=0$일 때 직선 $y=mx+m$은 x축이고, 함수 $y=f(x)$의 그래프는 x축과 한 점 $\left(\frac{3}{2},\ 0\right)$에서 만난다.

(ii) $m>0$인 경우

직선 $y=mx+m$이 함수 $y=f(x)$의 그래프와 한 점에서 만나려면 직선의 기울기 m의 값이 오른쪽 그림과 같이 직선이 함수 $y=f(x)$의 그래프와 $x<1$에서 접할 때의 기울기보다 작고 $x>1$에서 접할 때의 기울기보다 커야 한다.

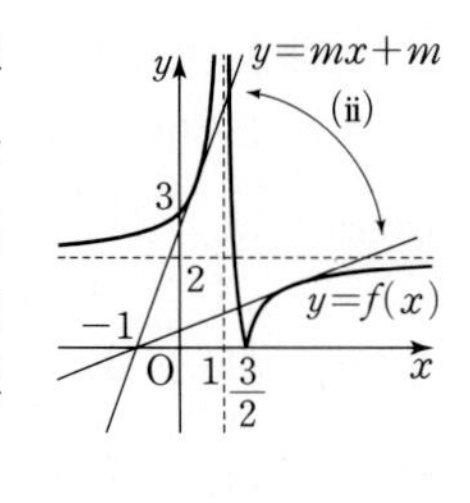

함수 $y=f(x)$의 그래프와 직선 $y=mx+m$이 접할 때

$f(x)=\frac{2x-3}{x-1}$이므로 $\frac{2x-3}{x-1}=mx+m$에서

$mx^2-2x+(3-m)=0$

이 이차방정식이 중근을 가져야 하므로 이 이차방정식의 판별식을 D라 하면

$\frac{D}{4}=1-m(3-m)=0$

$m^2-3m+1=0 \qquad \therefore m=\frac{3+\sqrt{5}}{2}$ 또는 $m=\frac{3-\sqrt{5}}{2}$

즉, 조건을 만족시키는 m의 값의 범위는

$\frac{3-\sqrt{5}}{2}<m<\frac{3+\sqrt{5}}{2}$

따라서 음이 아닌 정수 m은 1, 2이다.

(i), (ii)에 의하여 음이 아닌 정수 m은 0, 1, 2의 3개이다. 답 ③

참고 함수 $f(x)=\left|\frac{-2x+3}{x-1}\right|$의 그래프는 $y=\frac{-2x+3}{x-1}$의 그래프에서 $y\geq0$인 부분은 그대로 두고 $y<0$인 부분은 x축에 대하여 대칭이동하여 그린 것이다.

따라서 직선 $y=mx+m$과 함수 $y=f(x)$의 그래프가 접하는 부분은 $y=\frac{-2x+3}{x-1}$의 그래프를 x축에 대하여 대칭이동한 부분이므로 이 부분의 $f(x)$의 식은

$-y=\frac{-2x+3}{x-1}$에서 $y=\frac{2x-3}{x-1}$이다.

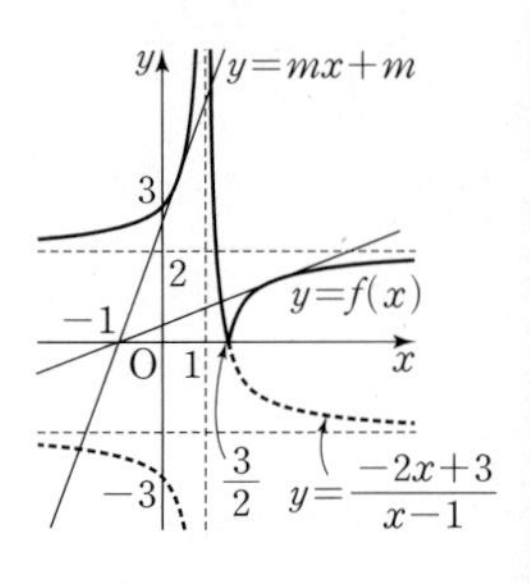

6-1 **전략** 자연수 n에 대하여 방정식 $|f(x)|=n$이 서로 다른 부호의 실근을 가지려면 함수 $y=|f(x)|$의 그래프와 직선 $y=n$이 제1사분면과 제2사분면에서 각각 만나야 함을 이용한다.

풀이 $f(x)=\frac{bx+7}{x+a}=\frac{b(x+a)-ab+7}{x+a}=\frac{-ab+7}{x+a}+b$

이므로 함수 $y=f(x)$의 그래프의 점근선의 방정식은

$x=-a$, $y=b$

조건 (가)에 의하여 함수 $y=f(x)$의 그래프의 두 점근선의 교점 $(-a,\ b)$가 직선 $y=x+11$ 위의 점이어야 하므로

$b=-a+11 \quad \cdots\cdots$ ㉠

조건 (나)에서 $f(0)=7$이므로

$\frac{7}{a}=7 \qquad \therefore a=1$

㉠에 $a=1$을 대입하면 $b=10$

$\therefore f(x)=-\frac{3}{x+1}+10$

자연수 n에 대하여 방정식 $|f(x)|=n$이 서로 다른 부호의 두 실근을 가지려면 함수 $y=|f(x)|$의 그래프와 직선 $y=n$이 오른쪽 그림과 같이 제1사분면과 제2사분면에서 각각 만나야 한다.

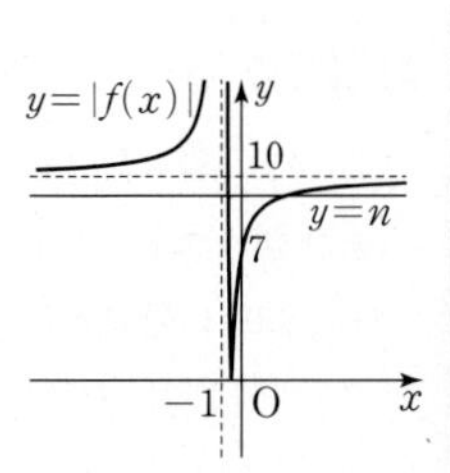

$\therefore 7<n<10$

따라서 자연수 n의 값은 8, 9이므로 구하는 합은

$8+9=17$ 답 17

7 **전략** $y=\frac{ax}{x+2}=-\frac{2a}{x+2}+a$이므로 a의 값의 부호에 따라 경우를 나누어 그래프를 그려 본다.

풀이 조건 (가)에서 함수 $y=f(x)$는 $-2\le x\le 2$에서 아래로 볼록한 포물선이고, 조건 (나)에서 $f(x)$는 모든 실수 x에 대하여 $-2\le x\le 2$의 함숫값이 반복되므로 함수 $y=f(x)$의 그래프는 다음 그림과 같다.

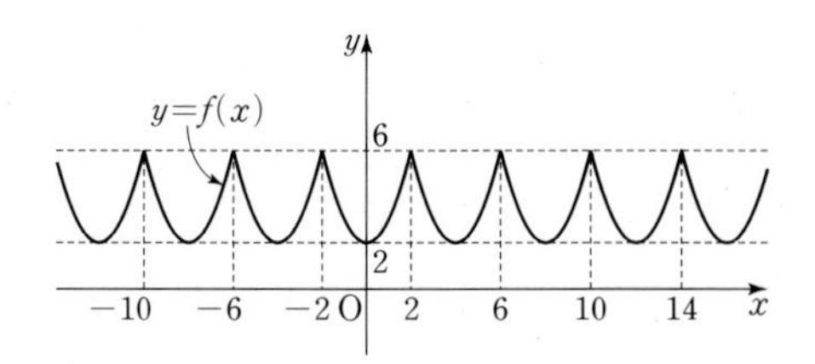

$$y=\frac{ax}{x+2}=\frac{a(x+2)-2a}{x+2}=-\frac{2a}{x+2}+a$$

이므로 함수 $y=\frac{ax}{x+2}$의 그래프의 점근선의 방정식은

$x=-2$, $y=a$

(i) $a<0$일 때

두 함수 $y=f(x)$, $y=\frac{ax}{x+2}$의 그래프는 다음 그림과 같으므로 교점은 항상 한 개이다.

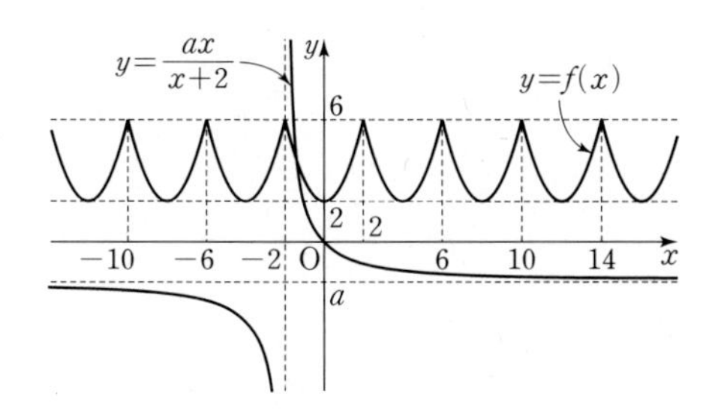

(ii) $a=0$일 때

$y=\frac{ax}{x+2}=0$, 즉 x축이므로 두 함수 $y=f(x)$, $y=\frac{ax}{x+2}$의 그래프는 만나지 않는다.

(iii) $a>0$일 때

두 함수 $y=f(x)$, $y=\frac{ax}{x+2}$의 그래프의 교점의 개수가 무수히 많으려면 다음 그림과 같이 함수 $y=\frac{ax}{x+2}$의 그래프의 점근선 $y=a$가 함수 $f(x)$의 치역의 범위에 존재해야 한다.

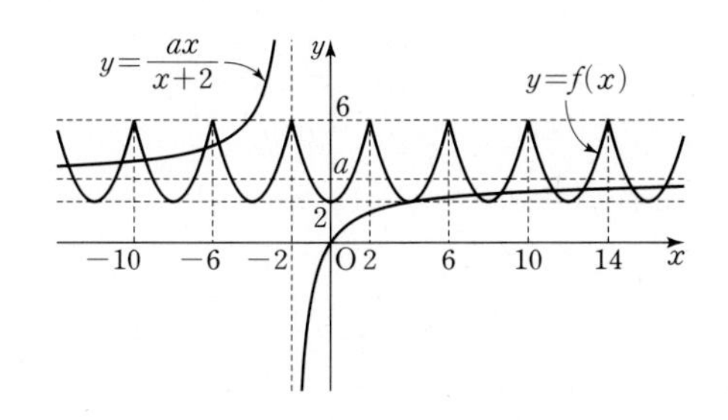

즉, 조건을 만족시키는 a의 값의 범위는

$2\le a\le 6$

(i), (ii), (iii)에 의하여 정수 a의 값은 2, 3, 4, 5, 6이므로 구하는 합은

$2+3+4+5+6=20$ **답** ④

참고 함수 $f(x)$가 임의의 실수 x에 대하여 $f(x+p)=f(x)$를 만족시킬 때, 함수 $f(x)$는 주기함수라 하고, 양수 p의 최솟값을 주기라 한다.

7-1 **전략** 조건을 만족시키기 위한 k의 값의 범위를 구하고, $f(x)=f(x+2)$에서 함수 $f(x)$의 주기가 2임을 이용하여 함수 $y=f(x)$의 그래프의 개형을 그린다.

풀이 함수 $f(x)=\frac{k}{x+1}-1$에 대하여

(i) $k<0$일 때

함수 $y=\frac{k}{x+1}-1$의 그래프는 오른쪽 그림과 같고, $0\le x\le 2$에서 $\frac{k}{x+1}-1<-1$이므로 함수 $f(x)$의 치역이 $\{y\,|\,0<y\le 2\}$이라는 조건을 만족시키지 않는다.

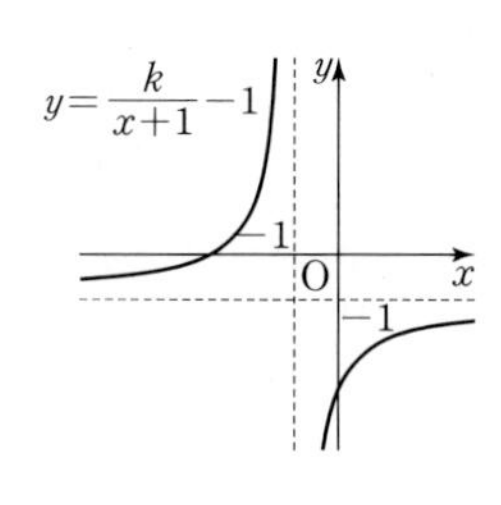

(ii) $k=0$일 때

$y=\frac{k}{x+1}-1=-1$이므로 함수 $f(x)$의 치역이 $\{y\,|\,0<y\le 2\}$이라는 조건을 만족시키지 않는다.

(iii) $k>0$일 때

함수 $f(x)$의 치역이 $\{y\,|\,0<y\le 2\}$가 되려면 함수 $y=\frac{k}{x+1}-1$의 그래프는 오른쪽 그림과 같아야 한다.

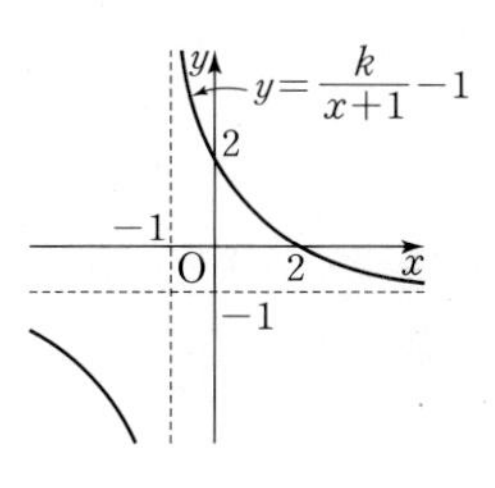

함수 $y=\frac{k}{x+1}-1$의 그래프가 점 (0, 2)를 지나야 하므로

$k-1=2$ $\quad\therefore k=3$

(i), (ii), (iii)에 의하여 $0\le x<2$에서

$f(x)=\frac{3}{x+1}-1$

따라서 조건 (나)에 의하여 함수 $y=f(x)$의 그래프는 다음 그림과 같다.

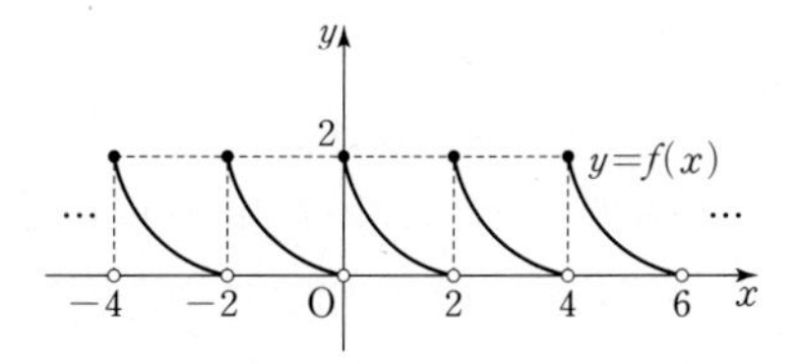

$|g(m)-5|\le 2$에서 $-2\le g(m)-5\le 2$

$\therefore 3\le g(m)\le 7$ $\quad\cdots\cdots$ ㉠

$g(m)=3$이려면 함수 $y=f(x)$의 그래프와 직선 $y=mx$가 서로 다른 세 점에서 만나야 한다.

즉, 직선의 기울기 m의 값이 다음 그림과 같이 직선 $y=mx$가 점 (6, 2)를 지날 때의 기울기보다 크고, 점 (4, 2)를 지날 때의 기울기보다 작거나 같아야 한다.

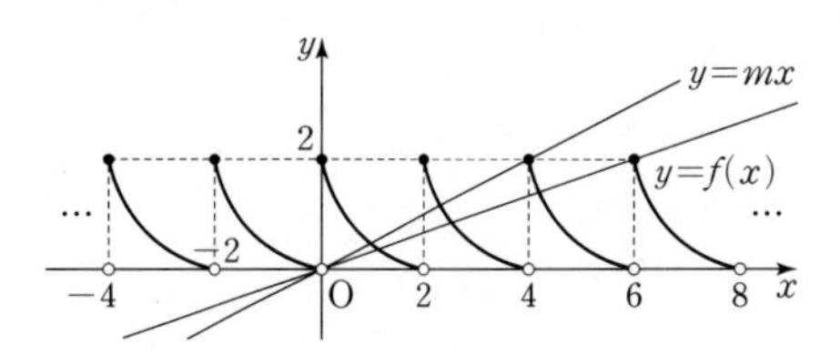

직선 $y=mx$가 점 (6, 2)를 지날 때

$2=6m$에서 $m=\frac{1}{3}$

직선 $y=mx$가 점 (4, 2)를 지날 때

$2=4m$에서 $m=\frac{1}{2}$

즉, 조건을 만족시키는 m의 값의 범위는

$\frac{1}{3}<m\le\frac{1}{2}$

$g(m)=7$이려면 함수 $y=f(x)$의 그래프와 직선 $y=mx$가 서로 다른 일곱 점에서 만나야 한다.

즉, 직선의 기울기 m의 값이 다음 그림과 같이 직선 $y=mx$가 점 (14, 2)를 지날 때의 기울기보다 크고, 점 (12, 2)를 지날 때의 기울기보다 작거나 같아야 한다.

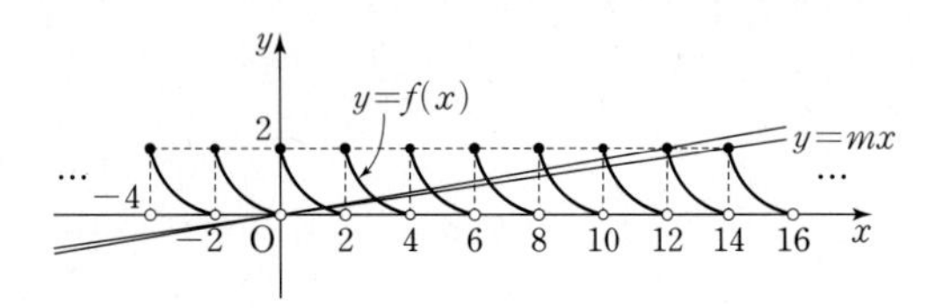

직선 $y=mx$가 점 (14, 2)를 지날 때,

$2=14m$에서 $m=\frac{1}{7}$

직선 $y=mx$가 점 (12, 2)를 지날 때,

$2=12m$에서 $m=\frac{1}{6}$

즉, 조건을 만족시키는 m의 값의 범위는

$\frac{1}{7}<m\le\frac{1}{6}$

따라서 부등식 ㉠을 만족시키는 양수 m의 값의 범위는

$\frac{1}{7}<m\le\frac{1}{2}$

따라서 $\alpha=\frac{1}{7}$, $\beta=\frac{1}{2}$이므로

$\alpha+\beta=\frac{1}{7}+\frac{1}{2}=\frac{9}{14}$ 답 ⑤

8 **전략** 함수 $y=f(x)$의 그래프를 이용하여 함수 $f(x)$의 식을 구하고, 주어진 규칙을 이용하여 $f^n(x)=x$인 최소의 자연수 n의 값을 찾는다.

풀이 주어진 유리함수 $y=f(x)$의 그래프의 점근선은 두 직선 $x=1$, $y=-1$이므로

$y=\frac{k}{x-1}-1$ (단, $k\ne0$) …… ㉠

이 그래프가 점 (0, 1)을 지나므로 ㉠에 $x=0$, $y=1$을 대입하면

$1=-k-1$

$\therefore k=-2$

$\therefore f(x)=-\frac{2}{x-1}-1$

$$f^1(x)=f(x)=-\frac{2}{x-1}-1=\frac{-x-1}{x-1}=\frac{x+1}{-x+1}$$

$$f^2(x)=f(f^1(x))=\frac{\frac{x+1}{-x+1}+1}{-\frac{x+1}{-x+1}+1}=-\frac{1}{x}$$

$$f^3(x)=f(f^2(x))=\frac{-\frac{1}{x}+1}{-\left(-\frac{1}{x}\right)+1}=\frac{x-1}{x+1}$$

$$f^4(x)=f(f^3(x))=\frac{\frac{x-1}{x+1}+1}{-\frac{x-1}{x+1}+1}=x$$

⋮

이므로 0 이상의 모든 정수 k에 대하여

$f^{4k+1}(x)=\frac{x+1}{-x+1}$, $f^{4k+2}(x)=-\frac{1}{x}$, $f^{4k+3}(x)=\frac{x-1}{x+1}$,

$f^{4k+4}(x)=x$

$f^{50}(x)=f^{4\times12+2}(x)=f^2(x)=-\frac{1}{x}$이고, $f^{50}(x)=\frac{1}{3}$이므로

$-\frac{1}{x}=\frac{1}{3}$ $\therefore x=-3$ 답 ①

8-1 **전략** 주어진 규칙을 이용하여 $f_n(x)=x$인 최소의 자연수 n의 값을 찾고, 이차방정식의 판별식을 이용하여 근의 개수를 구한다.

풀이 $f^1(x)=f(x)=\frac{x-1}{x}$

$$f^2(x)=(f\circ f^1)(x)=f(f^1(x))=\frac{\frac{x-1}{x}-1}{\frac{x-1}{x}}=-\frac{1}{x-1}$$

$$f^3(x)=(f\circ f^2)(x)=f(f^2(x))=\frac{-\frac{1}{x-1}-1}{-\frac{1}{x-1}}=x$$

⋮

이므로 0 이상의 모든 정수 k에 대하여

$f^{3k+1}(x)=\frac{x-1}{x}$, $f^{3k+2}(x)=-\frac{1}{x-1}$, $f^{3k+3}(x)=x$

$\therefore f^1(2)=f^4(2)=f^7(2)=f^{10}(2)=\frac{1}{2}$

$f^2(2)=f^5(2)=f^8(2)=-1$

$f^3(2)=f^6(2)=f^9(2)=2$

이때 이차방정식 $x^2-f^n(2)x+\frac{1}{4}=0$의 판별식을 D라 하면

$D=\{f^n(2)\}^2-4\times1\times\frac{1}{4}=\{f^n(2)\}^2-1$

(i) $n=3k+1$일 때

$f^n(2)=\frac{1}{2}$이므로 $D=\left(\frac{1}{2}\right)^2-1=-\frac{3}{4}<0$

즉, 주어진 이차방정식은 실근을 갖지 않는다.

$\therefore g(1)=g(4)=g(7)=g(10)=0$

(ii) $n=3k+2$일 때

$f^n(2)=-1$이므로 $D=(-1)^2-1=0$

즉, 주어진 이차방정식은 중근을 갖는다.

$\therefore g(2)=g(5)=g(8)=1$

(iii) $n=3k+3$일 때

$f^n(2)=2$이므로 $D=2^2-1=3>0$

즉, 주어진 이차방정식은 서로 다른 두 실근을 갖는다.

$\therefore g(3)=g(6)=g(9)=2$

(i), (ii), (iii)에 의하여

$g(1)+g(2)+g(3)+\cdots+g(10)=4\times0+3\times1+3\times2=9$ 답 ④

9 전략 함수 $f(x)=\frac{2x-1}{x+a}$의 역함수 $f^{-1}(x)$를 구한 후 이차방정식이 중근을 가질 조건을 이용한다.

풀이 $y=\frac{2x-1}{x+a}$로 놓으면

$(x+a)y=2x-1$, $(y-2)x=-ay-1$

$\therefore x=\frac{-ay-1}{y-2}$

x와 y를 서로 바꾸면 $y=\frac{-ax-1}{x-2}$

$\therefore f^{-1}(x)=\frac{-ax-1}{x-2}$

이때 $f(f(k))=k$이므로 $f(k)=f^{-1}(k)$에서

$\frac{2k-1}{k+a}=\frac{-ak-1}{k-2}$

$(a+2)k^2+(a^2-4)k+a+2=0$ ...... ㉠

$(f\circ f)(k)=k$를 만족시키는 실수 k가 오직 하나 존재하므로 이차방정식 ㉠은 중근을 가져야 한다.

이차방정식 ㉠의 판별식을 D라 하면

$D=(a^2-4)^2-4(a+2)^2=0$

$(a+2)^2(a-2)^2-4(a+2)^2=0$

$(a+2)^2\{(a-2)^2-4\}=0$

$\{(a-2)+2\}\{(a-2)-2\}(a+2)^2=0$

$a(a-4)(a+2)^2=0$

$\therefore a=4$ ($\because a>0$)

답 ④

9-1 전략 함수 $f(x)=\frac{ax+b}{x-2}$의 역함수 $f^{-1}(x)$을 구한 후 이차방정식의 근과 계수의 관계를 이용한다.

풀이 $y=\frac{ax+b}{x-2}$로 놓으면

$(x-2)y=ax+b$, $(y-a)x=2y+b$

$\therefore x=\frac{2y+b}{y-a}$

x와 y를 서로 바꾸면 $y=\frac{2x+b}{x-a}$

$\therefore f^{-1}(x)=\frac{2x+b}{x-a}$

조건 (가)에 의하여 $x\neq2$인 모든 실수 x에 대하여 $f(x)=f^{-1}(x)$이므로

$a=2$

$\therefore f(x)=\frac{2x+b}{x-2}$

한편, 함수 $y=f(x)$의 그래프와 직선 $y=x$가 만나는 두 점을 A, B라 하면

$\frac{2x+b}{x-2}=x$에서 $x^2-4x-b=0$ ...... ㉠

이때 두 점 A, B의 x좌표를 각각 α, β라 하면 A(α, α), B(β, β)이고, α, β는 이차방정식 ㉠의 서로 다른 두 실근이므로 이차방정식의 근과 계수의 관계에 의하여

$\alpha+\beta=4$, $\alpha\beta=-b$

조건 (나)에서 선분 AB의 길이가 $2\sqrt{6}$이므로

$\overline{AB}^2=24$

$\overline{AB}^2=(\beta-\alpha)^2+(\beta-\alpha)^2=2(\beta-\alpha)^2$

$=2\{(\alpha+\beta)^2-4\alpha\beta\}=2(16+4b)$

즉, $2(16+4b)=24$에서 $16+4b=12$ $\therefore b=-1$

따라서 $f(x)=\frac{2x-1}{x-2}$이므로

$f(3)=\frac{2\times3-1}{3-2}=5$

답 5

C Step 1등급 완성 최고난도 예상 문제

본문 48~51쪽

01 7	02 ⑤	03 8	04 ③	05 ⑤
06 1	07 ②	08 3	09 ③	10 ②
11 12	12 8	13 ②	14 −18	15 ①
16 ④	17 6	18 ③	19 ②	
1등급 뛰어넘기				
20 20	21 ②	22 8	23 82	

01 전략 $\frac{2z}{x+y}=\frac{2x}{y+z}=\frac{2y}{z+x}=k$ $(k\neq0)$로 놓고 이를 만족시키는 조건을 구한다.

풀이 $\frac{2z}{x+y}=\frac{2x}{y+z}=\frac{2y}{z+x}=k$ $(k\neq0)$로 놓으면

$2z=k(x+y)$, $2x=k(y+z)$, $2y=k(z+x)$

위의 세 식의 양변을 변끼리 더하면

$2(x+y+z)=2k(x+y+z)$

$\therefore x+y+z=0$ 또는 $k=1$

(i) $x+y+z=0$인 경우

$x+y=-z$, $y+z=-x$, $z+x=-y$이므로

$$A=\frac{(x+y+2z)(2x+y+z)(x+2y+z)}{(x+y)(y+z)(z+x)}$$
$$=\frac{\{(x+y+z)+z\}\{(x+y+z)+x\}\{(x+y+z)+y\}}{(x+y)(y+z)(z+x)}$$
$$=\frac{z\times x\times y}{(-z)(-x)(-y)}\ (\because x+y+z=0)$$
$$=\frac{xyz}{-xyz}=-1$$

(ii) $k=1$인 경우

$x+y=2z$, $y+z=2x$, $z+x=2y$이므로

$$A=\frac{(x+y+2z)(2x+y+z)(x+2y+z)}{(x+y)(y+z)(z+x)}$$
$$=\frac{4z\times4x\times4y}{2z\times2x\times2y}=\frac{64}{8}=8$$

(i), (ii)에 의하여 가능한 A의 값은 -1 또는 8이므로 그 합은

$-1+8=7$

답 7

02 전략 $y=\frac{7x+k^2-2k-15}{x-1}=\frac{k^2-2k-8}{x-1}+7$이므로 $k^2-2k-8=0$, $k^2-2k-8>0$, $k^2-2k-8<0$인 경우로 나누어 그래프를 그려 본다.

풀이 $f(x)=\dfrac{7x+k^2-2k-15}{x-1}$로 놓으면

$$f(x)=\frac{7x+k^2-2k-15}{x-1}=\frac{7(x-1)+k^2-2k-8}{x-1}$$
$$=\frac{k^2-2k-8}{x-1}+7$$

이므로 함수 $y=f(x)$의 그래프의 점근선의 방정식은

$x=1$, $y=7$

(i) $k^2-2k-8=0$일 때

$f(x)=7$이므로 함수 $y=f(x)$의 그래프는 제1, 2사분면만을 지난다.

즉, 조건을 만족시키지 않는다.

(ii) $k^2-2k-8>0$일 때

$(k+2)(k-4)>0$에서 $k<-2$ 또는 $k>4$ …… ㉠

함수 $y=f(x)$의 그래프가 모든 사분면을 지나려면 오른쪽 그림과 같이 $f(0)<0$이어야 한다.

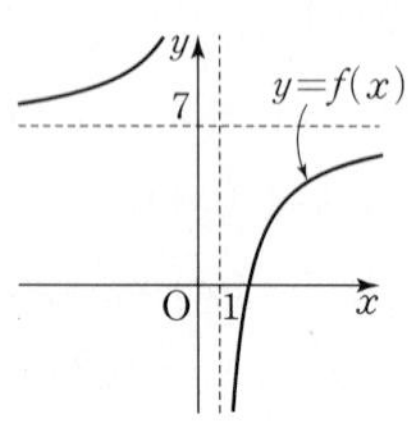

즉, $f(0)=-k^2+2k+15<0$에서

$k^2-2k-15>0$, $(k+3)(k-5)>0$

$\therefore k<-3$ 또는 $k>5$ …… ㉡

㉠, ㉡에 의하여 $k<-3$ 또는 $k>5$

(iii) $k^2-2k-8<0$일 때

$(k+2)(k-4)<0$에서 $-2<k<4$

함수 $y=f(x)$의 그래프는 오른쪽 그림과 같으므로 제3사분면을 지나지 않는다.

즉, 조건을 만족시키지 않는다.

(i), (ii), (iii)에 의하여 구하는 실수 k의 값의 범위는

$k<-3$ 또는 $k>5$

따라서 10 이하의 자연수 k의 값은 6, 7, 8, 9, 10이므로 그 합은

$6+7+8+9+10=40$

답 ⑤

03

전략 함수 $y=\dfrac{k}{x+2}-2$의 그래프는 직선 $y=x$에 대하여 대칭임을 이용한다.

풀이 함수 $y=\dfrac{k}{x+2}-2$의 그래프의 점근선의 방정식은

$x=-2$, $y=-2$

두 점근선의 교점 $(-2, -2)$를 지나고 기울기가 1인 직선은 $y=x$이므로 함수 $y=\dfrac{k}{x+2}-2$의 그래프는 직선 $y=x$에 대하여 대칭이다.

따라서 곡선 $y=\dfrac{k}{x+2}-2$와 x축, y축으로 둘러싸인 영역의 경계 및 내부에 포함되고 x좌표와 y좌표가 모두 정수인 점의 개수가 5가 되려면 오른쪽 그림과 같이 함수 $y=\dfrac{k}{x+2}-2$의 그래프는 점 $(2, 0)$을 지날 때를 포함하여 그보다 위에 있거나 점 $(1, 1)$을 지날 때보다 아래에 있어야 한다.

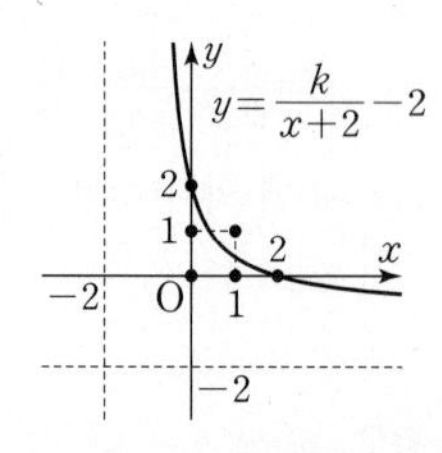

함수 $y=\dfrac{k}{x+2}-2$의 그래프가 점 $(2, 0)$을 지날 때

$0=\dfrac{k}{4}-2$에서 $k=8$

함수 $y=\dfrac{k}{x+2}-2$의 그래프가 점 $(1, 1)$을 지날 때

$1=\dfrac{k}{3}-2$에서 $k=9$

따라서 조건을 만족시키는 k의 값의 범위는 $8\le k<9$이므로 구하는 자연수 k의 값은 8이다.

답 8

04

전략 유리함수의 그래프와 만나지 않고 x축 또는 y축에 평행한 직선은 유리함수의 그래프의 점근선임을 이용한다.

풀이 $y=\dfrac{bx+c}{x-a}=\dfrac{b(x-a)+ab+c}{x-a}=\dfrac{ab+c}{x-a}+b$

이므로 함수 $y=\dfrac{bx+c}{x-a}$의 그래프의 점근선의 방정식은

$x=a$, $y=b$

이때 $y=\dfrac{bx+c}{x-a}$의 그래프와 두 직선 $x=-3$, $y=2$가 만나지 않아야 하므로 두 직선 $x=-3$, $y=2$는 함수 $y=\dfrac{bx+c}{x-a}$의 그래프의 점근선이다.

$\therefore a=-3$, $b=2$

$\therefore y=\dfrac{2x+c}{x+3}=\dfrac{c-6}{x+3}+2$

이때 함수 $y=\dfrac{2x+c}{x+3}$의 그래프의 두 점근선의 교점인 $(-3, 2)$는 직선 $y=2x+8$ 위의 점이므로 함수 $y=\dfrac{2x+c}{x+3}$의 그래프가 직선 $y=2x+8$과 만나지 않으려면 오른쪽 그림과 같이 $c-6<0$, 즉 $c<6$이어야 한다.

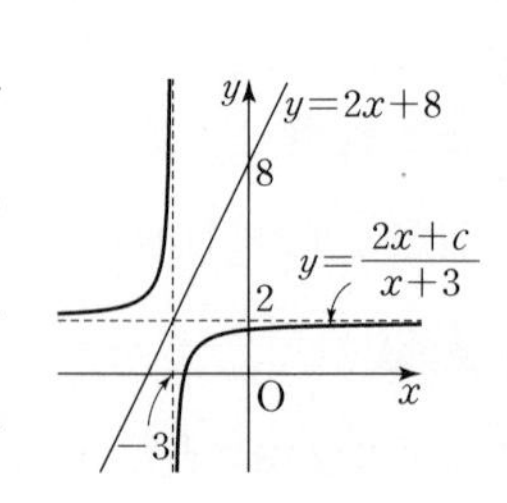

따라서 자연수 c의 최댓값은 5이다.

답 ③

05

전략 유리함수의 그래프는 두 점근선의 교점에 대하여 대칭이고, 이 점을 지나고 기울기가 1 또는 -1인 직선에 대하여 대칭임을 이용한다.

풀이 $f(x)=\dfrac{b(x+a)-ab+c}{x+a}=\dfrac{c-ab}{x+a}+b$

이므로 함수 $y=f(x)$의 그래프의 점근선의 방정식은

$x=-a$, $y=b$

조건 (가)에 의하여 직선 $x=-1$은 함수 $y=f(x)$의 그래프의 점근선의 방정식이므로

$-a=-1$ $\quad\therefore a=1$

또, 조건 (나)에 의하여 함수 $y=f(x)$의 그래프의 두 점근선의 교점이 직선 $y=x+3$ 위에 있으므로 두 점근선의 교점의 좌표는

$\mathrm{C}(-1, 2)$

즉, 함수 $y=f(x)$의 그래프의 다른 점근선의 방정식은

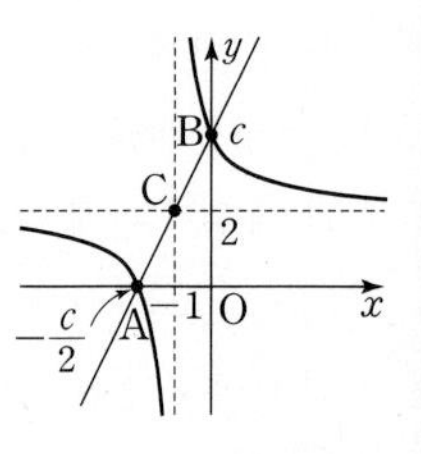

$y=2 \qquad \therefore b=2$

$\therefore f(x)=\dfrac{c-2}{x+1}+2$

$f(0)=c-2+2=c$에서 $\mathrm{B}(0, c)$

또, $\dfrac{c-2}{x+1}+2=0$에서 $\dfrac{c-2}{x+1}=-2$

$c-2=-2x-2 \qquad \therefore x=-\dfrac{c}{2}$

$\therefore \mathrm{A}\left(-\dfrac{c}{2}, 0\right)$

이때 직선 AB의 기울기는

$\dfrac{c-0}{0-\left(-\dfrac{c}{2}\right)}=2$

이고, 조건 ㈐에 의하여 직선 BC의 기울기도 2이므로

$\dfrac{2-c}{-1-0}=2,\ 2-c=-2 \qquad \therefore c=4$

따라서 $\mathrm{A}(-2, 0)$, $\mathrm{B}(0, 4)$이므로

$\overline{\mathrm{AB}}=\sqrt{\{0-(-2)\}^2+(4-0)^2}=2\sqrt{5}$

답 ⑤

06

전략 함수 $f(x)$가 일대일대응이려면 정의역과 치역이 일치하고, x축에 평행한 직선과 함수 $y=f(x)$의 그래프가 오직 한 점에서만 만나야 함을 이용한다.

풀이 $1<x\le 2$일 때

$y=\dfrac{-2x+6}{x-1}=\dfrac{-2(x-1)+4}{x-1}=\dfrac{4}{x-1}-2$

이므로 함수 $y=f(x)$의 그래프의 점근선의 방정식은

$x=1,\ y=-2$

또, $f(2)=\dfrac{-2\times 2+6}{2-1}=2$이므로

$1<x\le 2$에서 함수 $y=f(x)$의 그래프는 오른쪽 그림과 같다.

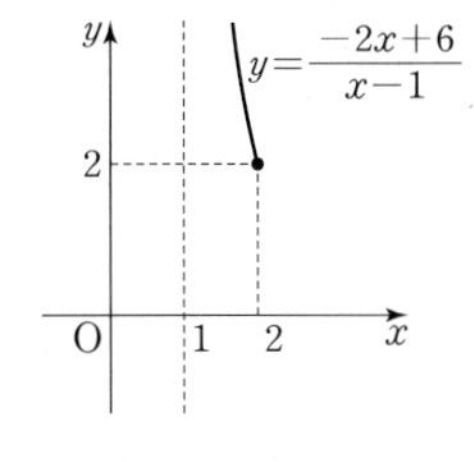

$x>2$일 때

$y=\dfrac{ax+b}{x+1}=\dfrac{a(x+1)-a+b}{x+1}$

$=\dfrac{-a+b}{x+1}+a \qquad \cdots\cdots$ ㉠

이므로 함수 $y=f(x)$의 그래프의 점근선의 방정식은

$x=-1,\ y=a$

이때 함수 $f(x)$가 일대일대응이려면 치역이 1보다 커야 하고, x축에 평행한 직선과 함수 $y=f(x)$의 그래프가 오직 한 점에서만 만나야 하므로 $x>2$에서 $1<f(x)<2$이어야 한다.

$a>b$이므로 함수 $y=f(x)$의 그래프는 오른쪽 그림과 같아야 한다. 즉, $x>2$에서 함수 $y=f(x)$의 그래프의 점근선의 방정식은 $y=2$이고, 이 그래프는 점 $(2, 1)$을 지나야 한다.

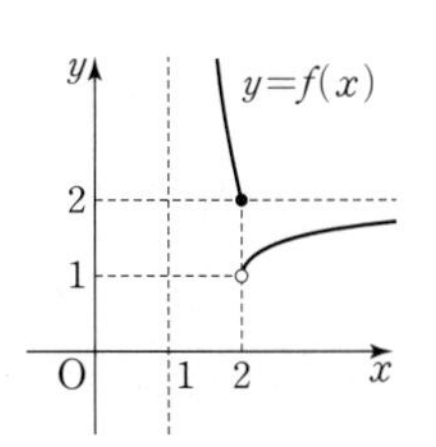

㉠에서

$a=2,\ 1=\dfrac{-a+b}{3}+a$

$\therefore b=-1$

$\therefore a+b=2+(-1)=1$

답 1

1등급 노트 일대일대응의 그래프

실수 전체의 집합에서 정의된 함수 f가 일대일대응이 되려면 정의역의 서로 다른 원소에 공역의 서로 다른 원소가 대응하여야 하고, 공역과 치역이 같아야 한다.

(i) x의 값이 커질수록 $f(x)$의 값이 커지거나 작아지는 경우

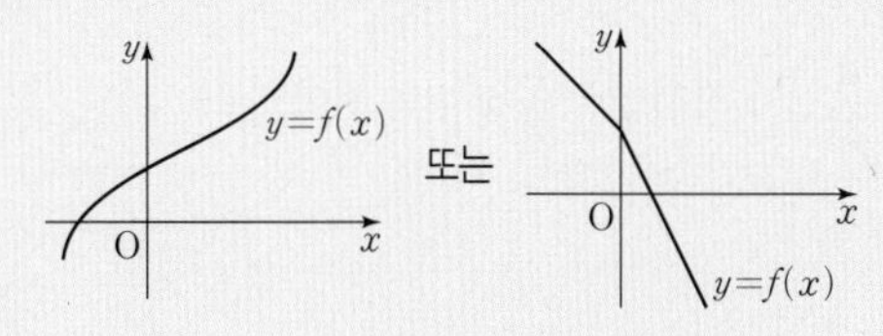

(ii) 그래프가 끊어져 있지만 정의역의 서로 다른 원소에 공역의 서로 다른 원소가 대응하고 공역과 치역이 같은 경우

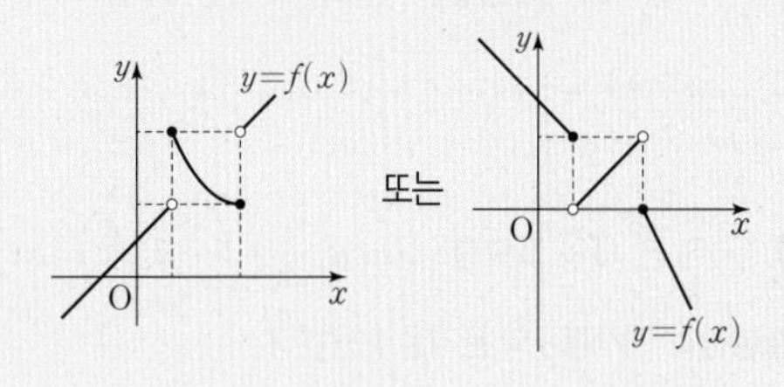

07

전략 $f(2+x)+f(2-x)=0$이므로 함수 $y=f(x)$의 그래프가 점 $(2, 0)$에 대하여 대칭임을 이용한다.

풀이 $x\ne -a$인 모든 실수 x에 대하여 함수 $f(x)=\dfrac{bx+c}{x+a}$가 $f(2+x)+f(2-x)=0$을 만족시키므로 함수 $y=f(x)$의 그래프는 점 $(2, 0)$에 대하여 대칭이다.

즉, 함수 $y=f(x)$의 그래프의 점근선의 방정식이 $x=2,\ y=0$이므로

$f(x)=\dfrac{bx+c}{x+a}=\dfrac{b(x+a)-ab+c}{x+a}=\dfrac{-ab+c}{x+a}+b$

에서 $a=-2,\ b=0$

따라서 $f(x)=\dfrac{c}{x-2}$이고, $3\le x\le 5$에서 $f(x)$의 최댓값이 4로 0보다 크므로 오른쪽 그림과 같이 $c>0$이어야 한다.

이때 $3\le x\le 5$에서 함수 $f(x)$는 $x=3$일 때 최댓값 4, $x=5$일 때 최솟값 m을 가지므로

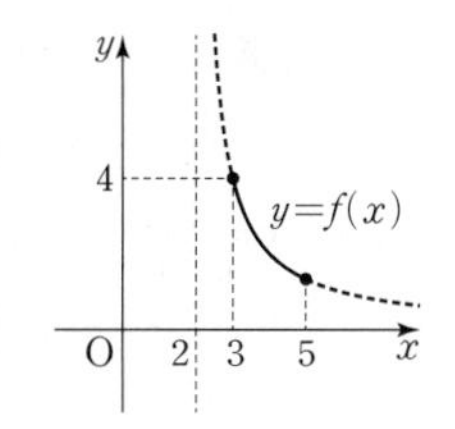

$f(3)=4$에서 $c=4$

따라서 $f(x)=\dfrac{4}{x-2}$이므로

$m=f(5)=\dfrac{4}{3}$

답 ②

08

전략 함수 $y=\dfrac{4}{x}$의 그래프와 두 직선 $y=mx$, $y=\dfrac{1}{m}x$가 각각 원점에 대하여 대칭임을 이용한다.

풀이 함수 $y=\dfrac{4}{x}$의 그래프와 두 직선 $y=mx$, $y=\dfrac{1}{m}x$가 각각 원점에 대하여 대칭이므로 점 A의 x좌표를 $k\ (k>0)$라 하면 점 B의 x좌표는 $-k$이다.

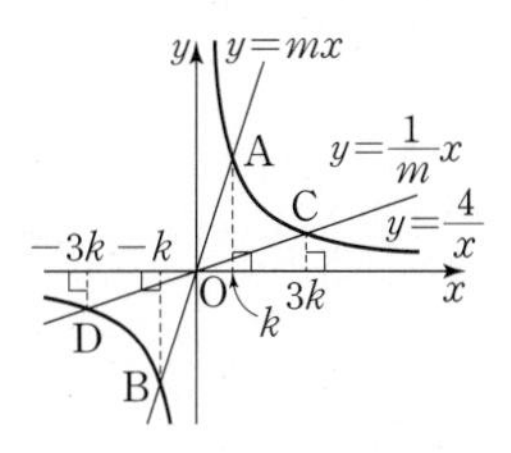

또, $\overline{\mathrm{D'B'}}=\overline{\mathrm{B'A'}}=\overline{\mathrm{A'C'}}$이고

$\overline{B'A'}=2k$이므로 두 점 C, D의 x좌표는 각각 $3k$, $-3k$이다.

점 $A\left(k, \frac{4}{k}\right)$는 직선 $y=mx$ 위의 점이므로

$\frac{4}{k}=mk$

$\therefore k^2=\frac{4}{m}$ ⋯⋯ ㉠

점 $C\left(3k, \frac{4}{3k}\right)$가 직선 $y=\frac{1}{m}x$ 위의 점이므로

$\frac{4}{3k}=\frac{3k}{m}$

$\therefore k^2=\frac{4}{9}m$ ⋯⋯ ㉡

㉠, ㉡에서 $\frac{4}{m}=\frac{4}{9}m$이므로 $m^2=9$

$\therefore m=3\ (\because m>1)$

답 3

09 전략 두 점 P, Q의 좌표를 각각 $\left(\alpha, \frac{1}{\alpha}\right)$, $\left(-\beta, \frac{4}{\beta}\right)$ $(\alpha>0, \beta>0)$로 놓고, 산술평균과 기하평균의 관계를 이용한다.

풀이 두 점 P, Q의 좌표를 각각 $\left(\alpha, \frac{1}{\alpha}\right)$, $\left(-\beta, \frac{4}{\beta}\right)$ $(\alpha>0, \beta>0)$로 놓고, 오른쪽 그림과 같이 두 점 P, Q에서 x축에 내린 수선의 발을 각각 H, I라 하면

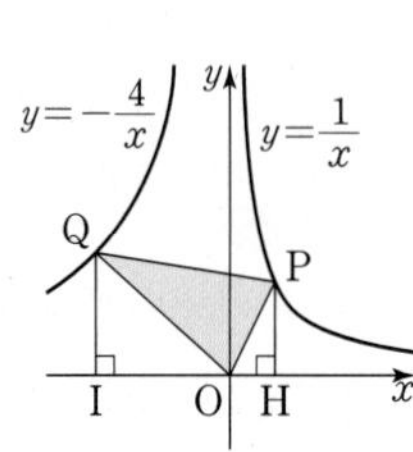

$\triangle OPQ=\square PQIH-\triangle OPH-\triangle OQI$

$$=\frac{1}{2}\times\left(\frac{1}{\alpha}+\frac{4}{\beta}\right)\times(\alpha+\beta)-\frac{1}{2}\times\alpha\times\frac{1}{\alpha}-\frac{1}{2}\times\beta\times\frac{4}{\beta}$$

$$=\frac{1}{2}\left(5+\frac{\beta}{\alpha}+\frac{4\alpha}{\beta}\right)-\frac{5}{2}$$

$$=\frac{1}{2}\left(\frac{\beta}{\alpha}+\frac{4\alpha}{\beta}\right)$$

이때 $\alpha>0$, $\beta>0$에서 $\frac{\beta}{\alpha}>0$, $\frac{4\alpha}{\beta}>0$이므로 산술평균과 기하평균의 관계에 의하여

$$\triangle OPQ=\frac{1}{2}\left(\frac{\beta}{\alpha}+\frac{4\alpha}{\beta}\right)$$

$$\geq\frac{1}{2}\times2\sqrt{\frac{\beta}{\alpha}\times\frac{4\alpha}{\beta}}=2$$

$\left(\text{단, 등호는 }\frac{\beta}{\alpha}=\frac{4\alpha}{\beta}\text{, 즉 }\beta=2\alpha\text{일 때 성립}\right)$

따라서 삼각형 OPQ의 넓이의 최솟값은 2이다.

답 ③

10 전략 원의 반지름의 길이가 최소가 되게 하는 점 P는 기울기가 1이고, 점 A를 지나는 직선 위의 점임을 이용한다.

풀이 $y=\frac{3-2x}{x-1}=\frac{-2(x-1)+1}{x-1}=\frac{1}{x-1}-2$

이므로 함수 $y=\frac{3-2x}{x-1}$의 그래프의 점근선의 방정식은

$x=1$, $y=-2$

즉, 점 $A(1, -2)$는 함수 $y=\frac{3-2x}{x-1}$의 그래프의 두 점근선의 교점이고, 점 A를 중심으로 하고 함수 $y=\frac{3-2x}{x-1}$의 그래프 위의 점 P를 지나는 원의 반지름은 $\overline{AP}$이다.

함수 $y=\frac{3-2x}{x-1}$의 그래프는 점근선의 교점 A에 대하여 대칭이므로 $\overline{AP}$의 길이가 최소가 되게 하는 그래프 위의 점 P는 오른쪽 그림과 같이 P_1, P_2의 두 개가 존재한다.

또, 이 두 점은 점 A를 지나고 기울기가 1인 직선과 함수 $y=\frac{3-2x}{x-1}$의 그래프의 교점이다.

점 A를 지나고 기울기가 1인 직선의 방정식은

$y-(-2)=x-1$ $\quad\therefore y=x-3$

$\frac{3-2x}{x-1}=x-3$에서 $3-2x=(x-1)(x-3)$, $x^2-2x=0$

$x(x-2)=0$ $\quad\therefore x=0$ 또는 $x=2$

즉, 두 점 P_1, P_2의 좌표는 $(0, -3)$, $(2, -1)$이므로

$\overline{AP_1}=\overline{AP_2}=\sqrt{2}$

따라서 구하는 원의 반지름의 길이의 최솟값은 $\sqrt{2}$이다.

답 ②

11 전략 삼각형 ABC가 둔각삼각형이 되기 위한 조건을 이해하고, 삼각형 ABC가 $\overline{AC}=\overline{BC}$인 이등변삼각형임을 이용한다.

풀이 $f(x)=\frac{2x+n}{x+2}=\frac{2(x+2)+n-4}{x+2}=\frac{n-4}{x+2}+2$

이므로 함수 $y=f(x)$의 그래프의 점근선의 방정식은

$x=-2$, $y=2$

$\therefore C(-2, 2)$

$\frac{2x+n}{x+2}=x$에서 $x^2+2x=2x+n$

$x^2=n$ $\quad\therefore x=-\sqrt{n}$ 또는 $x=\sqrt{n}$

$\therefore A(-\sqrt{n}, -\sqrt{n})$, $B(\sqrt{n}, \sqrt{n})$

$-\sqrt{n}<-2$, 즉 $n>4$이어야 하고, 함수 $y=f(x)$의 그래프는 오른쪽 그림과 같다.

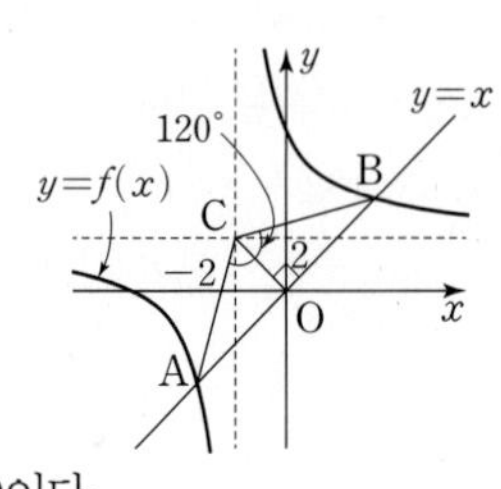

삼각형 ABC가 $\overline{AC}=\overline{BC}$인 이등변삼각형이고, $\overline{AB}$의 중점은 원점 O이므로 점 C에서 선분 AB에 내린 수선의 발은 점 O이다.

$\overline{OC}=2\sqrt{2}$이고, $\angle OBC=\frac{1}{2}\times(180°-120°)=30°$이므로 직각삼각형 OBC에서

$\sin 30°=\frac{\overline{OC}}{\overline{BC}}$ $\quad\therefore \overline{BC}=\frac{2\sqrt{2}}{\frac{1}{2}}=4\sqrt{2}$

즉, $\overline{BC}^2=(\sqrt{n}+2)^2+(\sqrt{n}-2)^2=32$에서

$(n+4\sqrt{n}+4)+(n-4\sqrt{n}+4)=32$

$2n+8=32$ $\quad\therefore n=12$

답 12

개념 연계 / 중학 수학 / **삼각비를 이용한 직각삼각형의 변의 길이**

$\angle C=90°$인 직각삼각형 ABC에서 $\angle B$의 크기와 변 AC의 길이 b를 알 때

$\sin B=\frac{b}{c}$, $c=\frac{b}{\sin B}$

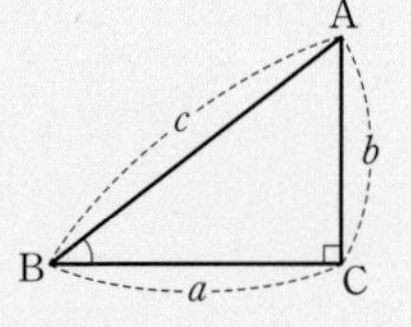

12 전략 구하는 정사각형의 넓이는 함수 $y=f(x)$의 그래프를 두 점근선의 교점이 원점이 되도록 평행이동하여 생각해도 변하지 않음을 이용한다.

풀이 $f(x)=\frac{bx+c}{x+a}=\frac{b(x+a)-ab+c}{x+a}=\frac{c-ab}{x+a}+b$

함수 $y=f(x)$의 그래프의 점근선의 방정식이 $x=1$, $y=2$이므로

$a=-1$, $b=2$

즉, $f(x)=\frac{2x+c}{x-1}$이고, 함수 $y=f(x)$의 그래프가 점 $(-1, 0)$을 지나므로 $f(-1)=0$에서

$\frac{-2+c}{-2}=0 \qquad \therefore c=2$

$\therefore f(x)=\frac{2x+2}{x-1}=\frac{4}{x-1}+2$

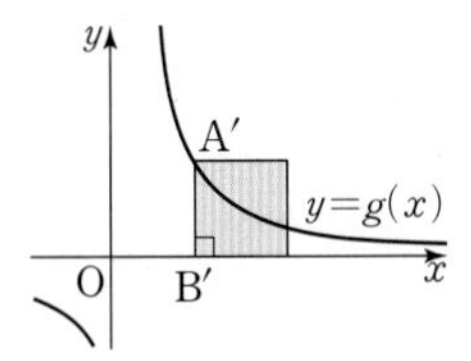

함수 $y=f(x)$의 그래프와 정사각형을 x축의 방향으로 -1만큼, y축의 방향으로 -2만큼 평행이동하여도 정사각형의 넓이는 변하지 않는다.

평행이동한 함수의 그래프를 나타내는 식을 $y=g(x)$로 놓으면

$g(x)=\frac{4}{x}$

두 점 A, B를 x축의 방향으로 -1만큼, y축의 방향으로 -2만큼 평행이동한 점을 각각 A′, B′이라 하고 점 A′의 x좌표를 k $(k>0)$라 하면

$\mathrm{A}'\left(k, \frac{4}{k}\right)$, $\mathrm{B}'(k, 0)$

선분 A′B′을 한 변으로 하는 정사각형의 한 변의 길이는 $\frac{4}{k}$이므로

이 정사각형의 두 대각선의 교점의 좌표는

$\left(k+\frac{2}{k}, \frac{2}{k}\right)$

이 점이 함수 $y=g(x)$의 그래프 위의 점이므로

$\frac{2}{k}=\frac{4}{k+\frac{2}{k}}$, $k+\frac{2}{k}=2k$

$k=\frac{2}{k}$, $k^2=2 \qquad \therefore k=\sqrt{2}$ $(\because k>0)$

따라서 구하는 정사각형의 넓이는

$\left(\frac{4}{k}\right)^2=\frac{16}{k^2}=\frac{16}{2}=8$

답 8

13 전략 $mx-y+3m=0$에서 $y=m(x+3)$이므로 직선 $mx-y+3m=0$은 m의 값에 관계없이 점 $(-3, 0)$을 지남을 이용한다.

풀이 $mx-y+3m=0$에서 $y=m(x+3)$이므로 직선 $mx-y+3m=0$은 m의 값에 관계없이 점 $(-3, 0)$을 지난다.

$y=\frac{3x+5}{x+3}=\frac{3(x+3)-4}{x+3}=-\frac{4}{x+3}+3$

이므로 함수 $y=\frac{3x+5}{x+3}$의 그래프의 점근선의 방정식은

$x=-3$, $y=3$

$n(A\cap B)\geq 1$이려면 직선 $y=m(x+3)$과 함수 $y=\frac{3x+5}{x+3}$의 그래프가 한 점 또는 서로 다른 두 점에서 만나야 한다.

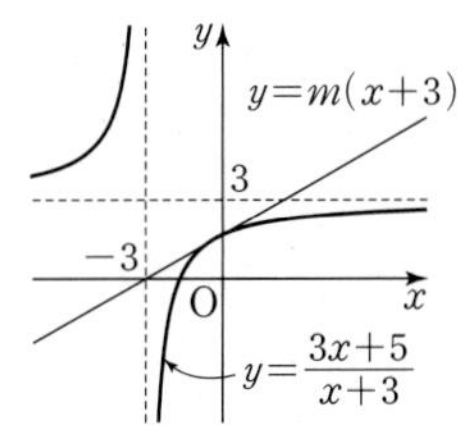

이때 양수 m의 값은 오른쪽 그림과 같이 직선 $y=m(x+3)$과 함수 $y=\frac{3x+5}{x+3}$의 그래프가 접할 때 최대이므로

$m(x+3)=\frac{3x+5}{x+3}$에서

$m(x+3)^2=3x+5$, $m(x^2+6x+9)=3x+5$

$mx^2+(6m-3)x+(9m-5)=0$

이 이차방정식이 중근을 가져야 하므로 이 이차방정식의 판별식을 D라 하면

$D=(6m-3)^2-4m(9m-5)=0$

$-16m+9=0 \qquad \therefore m=\frac{9}{16}$

따라서 양수 m의 최댓값은 $\frac{9}{16}$이다.

답 ②

참고 $n(A\cap B)\geq 1$이 되는 경우는 직선 $y=m(x+3)$이 함수 $y=\frac{3x+5}{x+3}$의 그래프와 접하거나 그보다 아래쪽에 있을 때이므로 조건을 만족시키는 실수 m의 값의 범위는

$m\leq\frac{9}{16}$

14 전략 기울기가 -1이고 곡선 $y=\frac{9}{x}$ $(x>0)$에 접하는 직선의 방정식을 구하고, 원점과 접점을 이은 직선이 직선 AB와 수직임을 이용한다.

풀이 기울기가 -1이고 곡선 $y=\frac{9}{x}$ $(x>0)$에 접하는 직선을 l이라 하면 직선 l의 방정식은 $y=-x+m$ (m은 상수)으로 놓을 수 있다.

이때 직선 l이 곡선 $y=\frac{9}{x}$와 접하므로 $m>0$이고

$-x+m=\frac{9}{x}$에서

$x^2-mx+9=0$

이 이차방정식이 중근을 가져야 하므로 이 이차방정식의 판별식을 D라 하면

$D=m^2-36=0$

$(m+6)(m-6)=0 \qquad \therefore m=6$ $(\because m>0)$

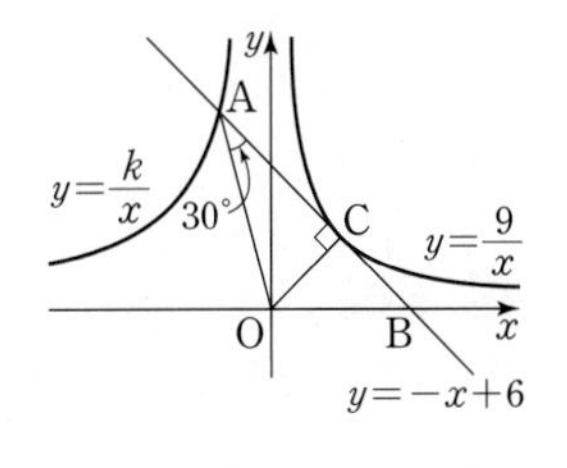

즉, 직선 l의 방정식은 $y=-x+6$이고, 오른쪽 그림과 같이 직선 l과 곡선 $y=\frac{9}{x}$가 접하는 점을 C라 하면

C(3, 3)

직선 OC의 기울기가 1이므로 직선 OC와 직선 AB는 수직이다.

점 A는 곡선 $y=\frac{k}{x}$ $(x<0)$ 위의 점이므로 점 A의 좌표를 $\left(\alpha, \frac{k}{\alpha}\right)$ $(\alpha<0)$로 놓으면 직선 AC의 기울기가 -1이므로

$\frac{\frac{k}{\alpha}-3}{\alpha-3}=-1$에서 $\alpha+\frac{k}{\alpha}=6 \qquad \cdots\cdots$ ㉠

한편, 직각삼각형 AOC에서 $\overline{\mathrm{OC}}=3\sqrt{2}$이므로

$\sin 30^\circ=\frac{\overline{\mathrm{OC}}}{\overline{\mathrm{OA}}}$

$\therefore \overline{\mathrm{OA}}=\dfrac{3\sqrt{2}}{\sin 30^{\circ}}=\dfrac{3\sqrt{2}}{\dfrac{1}{2}}=6\sqrt{2}$

즉, $\overline{\mathrm{OA}}^2=72$이고, $\overline{\mathrm{OA}}^2=\alpha^2+\dfrac{k^2}{\alpha^2}$이므로 ㉠에 의하여

$\alpha^2+\dfrac{k^2}{\alpha^2}=\left(\alpha+\dfrac{k}{\alpha}\right)^2-2k=6^2-2k=72$

$2k=-36$

$\therefore k=-18$ 답 -18

15 전략 $k>0$인 경우와 $k<0$인 경우로 나누어 함수 $y=f(x)$의 그래프의 개형을 그려 본다.

풀이 함수 $y=\dfrac{k}{x+1}-2\ (x>-1)$의 그래프의 점근선의 방정식은

$x=-1,\ y=-2$

(i) $k>0$일 때

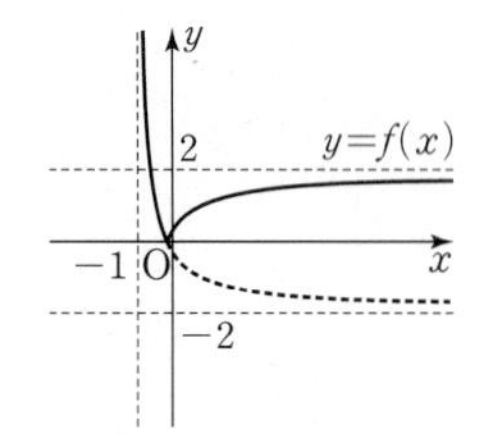

(ii) $k<0$일 때

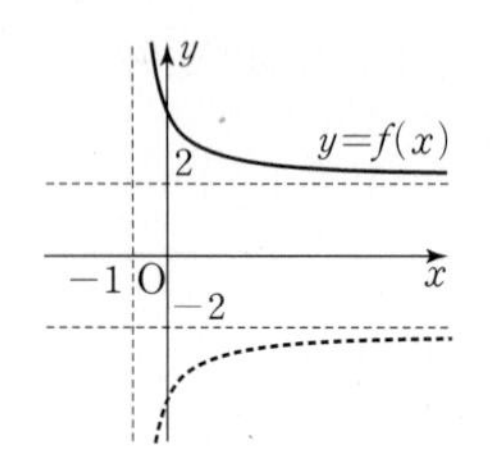

ㄱ. $k>0$일 때, 함수 $y=f(x)$의 그래프는 x축과 한 점에서 만난다. (참)

ㄴ. $k<0$일 때, $g(t)=0$이 되도록 하는 실수 t의 값의 범위는 $t\le 2$이므로 조건을 만족시키는 자연수 t는 1, 2의 2개이다. (거짓)

ㄷ. $g(1)=2$, 즉 함수 $y=f(x)$의 그래프와 직선 $y=t$가 서로 다른 두 점에서 만나므로 $k>0$이다.

그런데 $f(0)=k-2>1$, 즉 $k>3$인 경우 오른쪽 그림과 같이 함수 $y=f(x)$의 그래프와 직선 $y=1$이 만나는 두 점의 x좌표 α, β가 모두 양수이므로 $\alpha\beta>0$ (거짓)

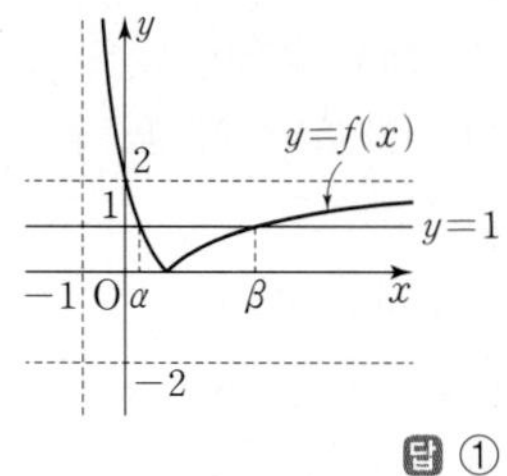

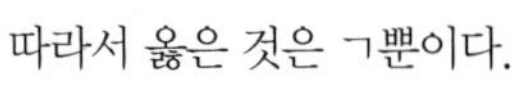
따라서 옳은 것은 ㄱ뿐이다. 답 ①

16 전략 함수 $y=|f(x)|$의 그래프를 그리고, 직선 $y=m(x+3)$이 m의 값에 관계없이 점 $(-3,\ 0)$을 지남을 이용한다.

풀이 방정식 $|f(x)|=m(x+3)$의 서로 다른 실근의 개수는 함수 $y=|f(x)|$의 그래프와 직선 $y=m(x+3)$의 서로 다른 교점의 개수와 같다.

$f(x)=\dfrac{2x}{x+3}=\dfrac{2(x+3)-6}{x+3}=-\dfrac{6}{x+3}+2$

이므로 함수 $y=f(x)$의 그래프의 점근선의 방정식은

$x=-3,\ y=2$

따라서 함수 $y=|f(x)|$의 그래프는 다음 그림과 같고, 직선 $y=m(x+3)$은 m의 값에 관계없이 점 $(-3,\ 0)$을 지나는 직선이다.

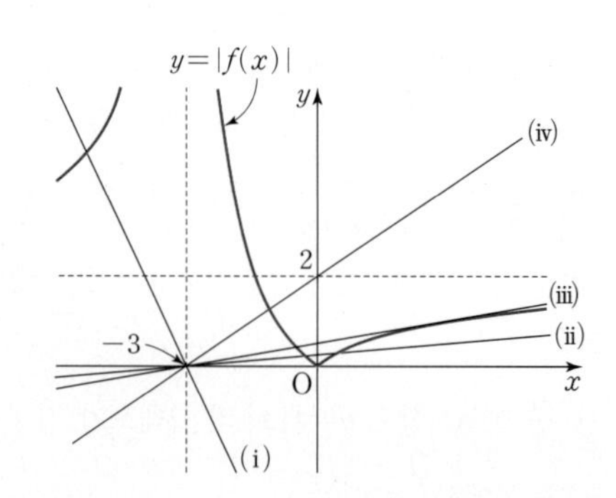

한편, (iii)과 같이 함수 $y=f(x)$의 그래프와 직선 $y=m(x+3)$이 접할 때

$\dfrac{2x}{x+3}=m(x+3)$에서 $m(x+3)^2=2x$

$mx^2+2(3m-1)x+9m=0$

이 이차방정식이 중근을 가져야 하므로 이 이차방정식의 판별식을 D라 하면

$\dfrac{D}{4}=(3m-1)^2-9m^2=0$

$6m-1=0$

$\therefore m=\dfrac{1}{6}$

따라서 $g(m)$은 m의 값의 범위에 따라 다음과 같이 경우를 나누어 구할 수 있다.

(i) $m\le 0$일 때, 함수 $y=|f(x)|$의 그래프와 직선 $y=m(x+3)$의 교점은 1개이므로 $g(m)=1$

(ii) $0<m<\dfrac{1}{6}$일 때, 함수 $y=|f(x)|$의 그래프와 직선 $y=m(x+3)$의 교점은 3개이므로 $g(m)=3$

(iii) $m=\dfrac{1}{6}$일 때, 함수 $y=|f(x)|$의 그래프와 직선 $y=m(x+3)$의 교점은 2개이므로 $g(m)=2$

(iv) $m>\dfrac{1}{6}$일 때, 함수 $y=|f(x)|$의 그래프와 직선 $y=m(x+3)$의 교점은 1개이므로 $g(m)=1$

(i)~(iv)에 의하여

$$g(m)=\begin{cases}1 & (m\le 0)\\ 3 & \left(0<m<\dfrac{1}{6}\right)\\ 2 & \left(m=\dfrac{1}{6}\right)\\ 1 & \left(m>\dfrac{1}{6}\right)\end{cases}$$

$\therefore g\left(\dfrac{1}{8}\right)+g\left(\dfrac{1}{6}\right)+g\left(\dfrac{1}{4}\right)=3+2+1=6$ 답 ④

17 전략 함수 $f(x)=|2x-4|$에 대하여 함수의 그래프의 평행이동, 대칭이동을 이용하여 $y=f^2(x)$, $y=f^3(x)$의 그래프를 그린다.

풀이 $y=\dfrac{6x}{x+2}=\dfrac{6(x+2)-12}{x+2}=-\dfrac{12}{x+2}+6$

이므로 함수 $y=\dfrac{6x}{x+2}$의 그래프의 점근선의 방정식은

$x=-2,\ y=6$

$n=1$일 때, 함수 $y=\dfrac{6x}{x+2}$의 그래프가 점 $(0,\ 0)$, $(4,\ 4)$를 지나므로 두 함수 $y=f^1(x)$, $y=\dfrac{6x}{x+2}$의 그래프는 오른쪽 그림과 같다.

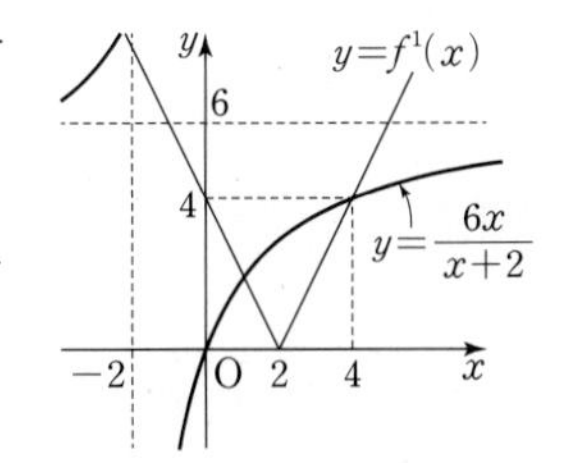

$\therefore\ g(1)=2+1=3$

$n=2$일 때, $y=f^2(x)=|2f(x)-4|$의 그래프는 $f^1(x)$를 2배를 한 그래프를 y축의 방향으로 -4만큼 평행이동한 후 $y\geq 0$인 부분만 남기고, $y<0$인 부분을 x축에 대하여 대칭이동한 것이므로 오른쪽 그림과 같다.

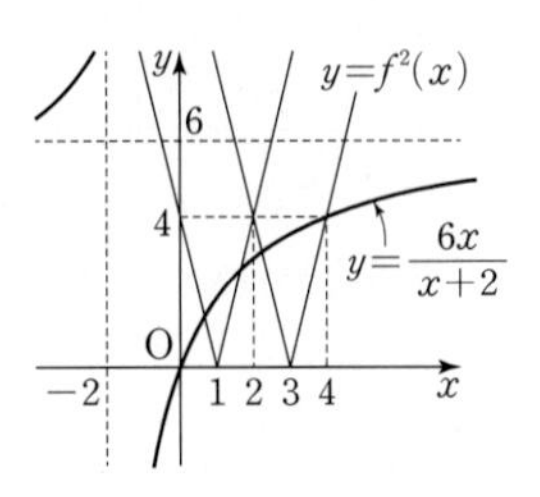

$\therefore\ g(2)=4+1=5$

$n=3$일 때, $y=f^3(x)$의 그래프도 마찬가지로 $f^2(x)$를 2배를 한 그래프를 y축의 방향으로 -4만큼 평행이동한 후 $y\geq 0$인 부분만 남기고, $y<0$인 부분을 x축에 대하여 대칭이동한 것이므로 오른쪽 그림과 같다.

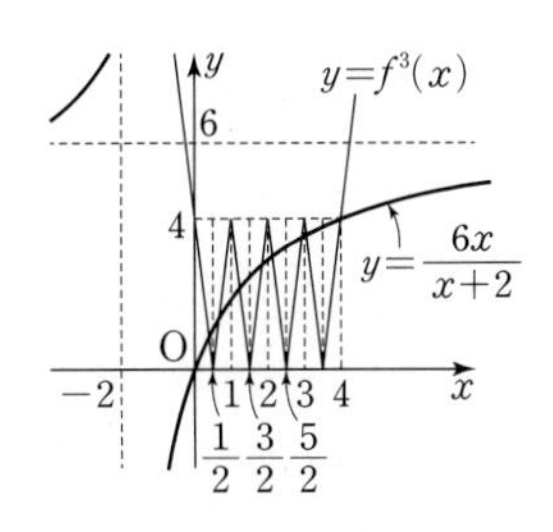

$\therefore\ g(3)=8+1=9$

$\vdots$

즉, 자연수 n에 대하여 $g(n)=2^n+1$이므로 $g(k)=65$에서

$2^k+1=65$, $2^k=64$

$\therefore\ k=6$

답 6

참고 함수 $y=f^2(x)=|2f(x)-4|$의 그래프를 그리는 방법은 다음과 같다.

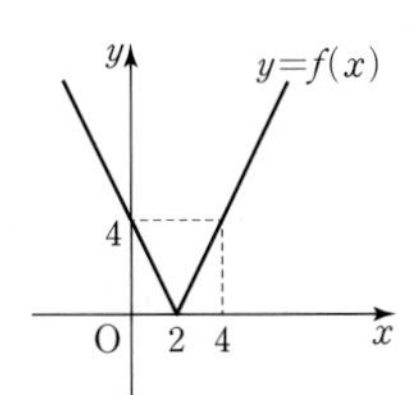

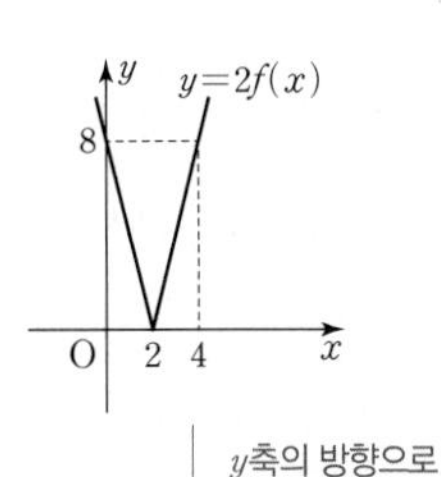

y축의 방향으로
-4만큼 평행이동

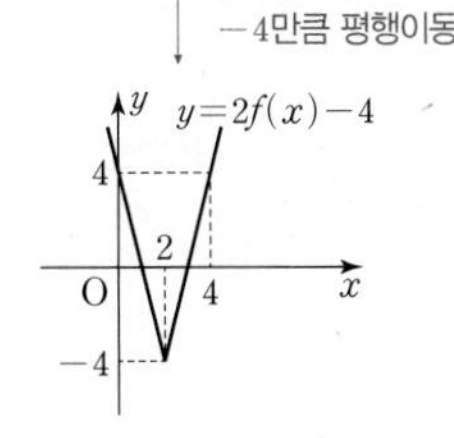

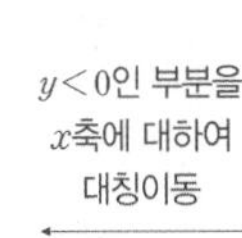

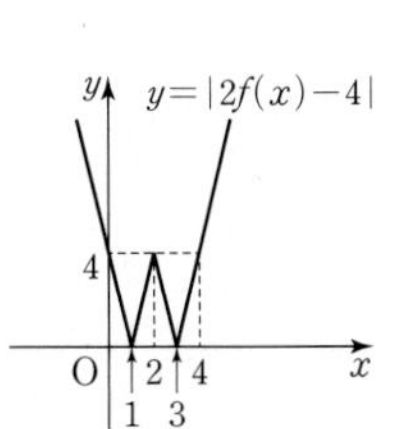

18

전략 함수 $y=f^{-1}(x)$의 그래프는 함수 $y=f(x)$의 그래프를 직선 $y=x$에 대하여 대칭이동한 것임을 이용한다.

풀이 두 곡선 $y=f(x)$, $y=f^{-1}(x)$는 직선 $y=x$에 대하여 대칭이므로 두 곡선 $y=f(x)$, $y=f^{-1}(x)$의 교점은 곡선 $y=f(x)$와 직선 $y=x$의 교점과 같다.

$\dfrac{6x}{x+1}=x$에서 $6x=x(x+1)$

$x^2-5x=0$, $x(x-5)=0$

$\therefore\ x=0$ 또는 $x=5$

즉, 곡선 $y=f(x)$와 직선 $y=x$의 교점의 좌표는 $(0,\ 0)$, $(5,\ 5)$이고,

$f(1)=\dfrac{6}{2}=3$, $f(2)=\dfrac{12}{3}=4$, $f(3)=\dfrac{18}{4}=\dfrac{9}{2}$, $f(4)=\dfrac{24}{5}$

또,

$\dfrac{6x}{x+1}=\dfrac{6(x+1)-6}{x+1}=-\dfrac{6}{x+1}+6$

이므로 곡선 $y=f(x)$의 점근선의 방정식은

$x=-1$, $y=6$

한편, 곡선 $y=f^{-1}(x)$는 곡선 $y=f(x)$를 직선 $y=x$에 대하여 대칭이동한 것이므로 오른쪽 그림과 같다.

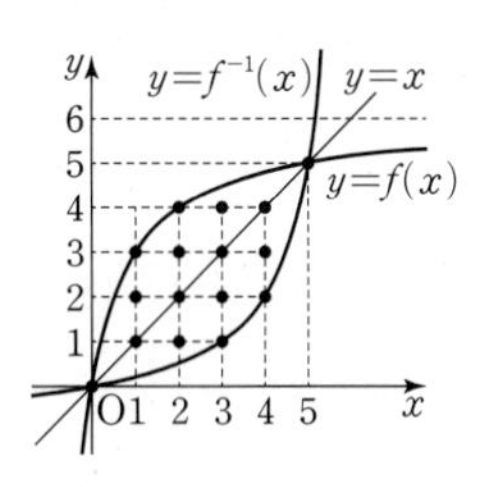

따라서 두 곡선 $y=f(x)$와 $y=f^{-1}(x)$로 둘러싸인 영역의 경계 및 내부에 포함되고 x좌표와 y좌표가 모두 정수인 점의 개수는 16이다.

답 ③

19

전략 두 삼각형 QDP, QBC가 서로 닮음임을 이용한다.

풀이 두 삼각형 ADE, ABC에서 $\angle$A는 공통이고, $\overline{DE}\,/\!/\,\overline{BC}$이므로

$\angle ADE=\angle ABC$ ($\because$ 동위각)

$\therefore\ \triangle ADE \backsim \triangle ABC$ (AA 닮음)

이때 $\overline{AB}=6$, $\overline{BC}=4$이고

$\overline{DE}:\overline{BC}=\overline{AD}:\overline{AB}=2:3$

이므로

$\overline{DE}=\dfrac{8}{3}$, $\overline{AD}=4$

$\therefore\ \overline{DP}=\dfrac{8}{3}-x$, $\overline{QD}=4-y$

두 삼각형 QDP, QBC에서 $\angle$Q는 공통이고, $\overline{DP}\,/\!/\,\overline{BC}$이므로

$\angle QDP=\angle QBC$ ($\because$ 동위각)

$\therefore\ \triangle QDP \backsim \triangle QBC$ (AA 닮음)

즉, $\overline{DP}:\overline{BC}=\overline{QD}:\overline{QB}$이므로

$\left(\dfrac{8}{3}-x\right):4=(4-y):(6-y)$

$4(4-y)=\left(\dfrac{8}{3}-x\right)(6-y)$

$16-4y=16-\dfrac{8}{3}y-6x+xy$

$y\left(x+\dfrac{4}{3}\right)=6x \qquad \therefore\ y=\dfrac{18x}{3x+4}\ \left(0<x<\dfrac{8}{3}\right)$

즉, $\dfrac{18x}{3x+4}=\dfrac{bx}{3x+a}$이므로

$a=4$, $b=18$

$\therefore\ a+b=4+18=22$

답 ②

개념 연계 / 중학 수학 / 삼각형의 닮음 조건; AA 닮음

두 삼각형 ABC, PQR에서 $\angle B=\angle Q$, $\angle C=\angle R$이면

$\triangle ABC \backsim \triangle PQR$ (AA 닮음)

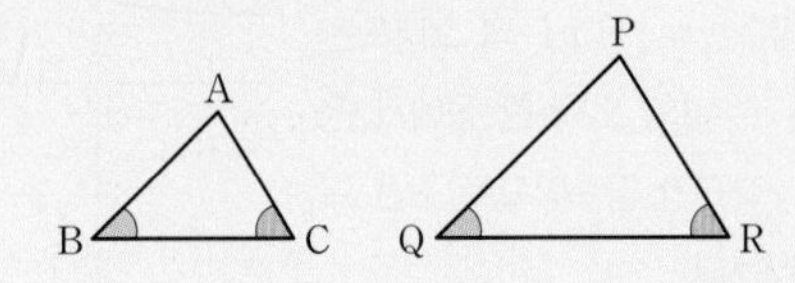

20 **전략** 방정식 $|f(x)|=2$가 오직 한 개의 음의 실근을 가지려면 직선 $y=2$가 함수 $y=f(x)$의 점근선이어야 함을 이용한다.

풀이 $f(x)=\dfrac{ax+b}{x-2}=\dfrac{a(x-2)+2a+b}{x-2}=\dfrac{2a+b}{x-2}+a$

이므로 함수 $y=f(x)$의 그래프의 점근선의 방정식은

$x=2,\ y=a$

조건 (가)에서 $f(0)=\dfrac{b}{-2}=-3$이므로

$b=6$

$\therefore f(x)=\dfrac{2a+6}{x-2}+a$

(i) $2a+6<0$, 즉 $a<-3$일 때

함수 $y=|f(x)|$의 그래프는 오른쪽 그림과 같으므로 이 그래프는 직선 $y=2$와 서로 다른 두 점에서 만난다.

즉, 조건 (나)를 만족시키지 않는다.

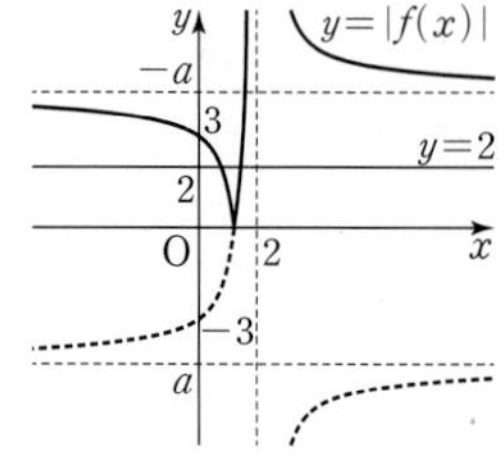

(ii) $2a+6=0$, 즉 $a=-3$일 때

$y=|f(x)|=3$이므로 함수 $y=|f(x)|$의 그래프는 직선 $y=2$와 만나지 않는다.

즉, 조건 (나)를 만족시키지 않는다.

(iii) $2a+6>0$, 즉 $a>-3$일 때

조건 (나)에 의하여 함수 $y=|f(x)|$의 그래프가 $x<0$에서 직선 $y=2$와 오직 한 점에서만 만나려면 함수 $y=|f(x)|$의 그래프는 오른쪽 그림과 같아야 하므로 직선 $y=2$가 함수 $y=f(x)$의 그래프의 점근선이어야 한다.

$\therefore a=2$

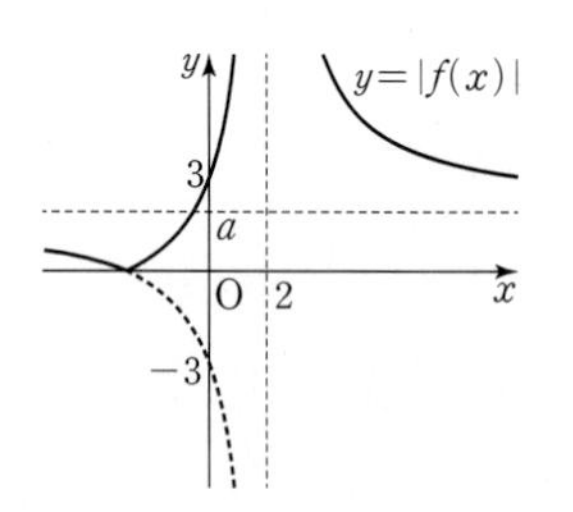

(i), (ii), (iii)에 의하여

$f(x)=\dfrac{10}{x-2}+2$

방정식 $|f(x)|=\alpha$가 서로 다른 두 양의 해 $\beta,\ \gamma$ ($\beta<\gamma$이고, β는 정수)를 가지려면 $0<\beta<2,\ \gamma>2$이어야 한다.

$0<\beta<2$에서 $\beta=1$이므로

$\alpha=|f(1)|=8$

$\gamma>2$에서 $f(\gamma)=\dfrac{10}{\gamma-2}+2=8$

$\therefore \gamma=\dfrac{11}{3}$

$\therefore \alpha+\beta+3\gamma=8+1+3\times\dfrac{11}{3}=20$

답 20

참고 오른쪽 그림과 같이 $a=-2$, 즉 함수 $y=f(x)$의 그래프의 점근선이 직선 $y=-2$일 때 함수 $y=|f(x)|$의 그래프는 $x>0$에서 직선 $x=2$와 오직 한 점에서 만나지만 교점의 x좌표가 양수이므로 조건 (나)를 만족시키지 않는다.

21 **전략** 함수 $y=f(x)$의 그래프가 점 B 또는 점 D를 지날 때의 a의 값을 기준으로 경우를 나누어 그래프의 개형을 그려 본다.

풀이 ㄱ. 함수 $f(x)=\dfrac{1}{x-a}+a$의 그래프의 점근선의 방정식은

$x=a,\ y=a$

이때 두 점근선의 교점 $(a,\ a)$가 직선 $y=x$ 위에 있으므로 함수 $y=f(x)$의 그래프는 직선 $y=x$에 대하여 대칭이다. (참)

ㄴ. 함수 $y=f(x)$의 그래프가 점 B 또는 점 D를 지날 때의 a의 값을 기준으로 범위를 나눌 수 있다.

함수 $y=f(x)$의 그래프가 $B(-2,\ -2)$를 지날 때

$\dfrac{1}{-2-a}+a=-2$에서 $(a+2)^2=1$

$\therefore a=-3$ 또는 $a=-1$

함수 $y=f(x)$의 그래프가 $D(2,\ 2)$를 지날 때

$\dfrac{1}{2-a}+a=2$에서 $(a-2)^2=1$

$\therefore a=1$ 또는 $a=3$

(i) $a<-3$ 또는 $a>3$일 때

다음 그림과 같이 함수 $y=f(x)$의 그래프가 정사각형 ABCD와 만나지 않으므로

$g(a)=0$

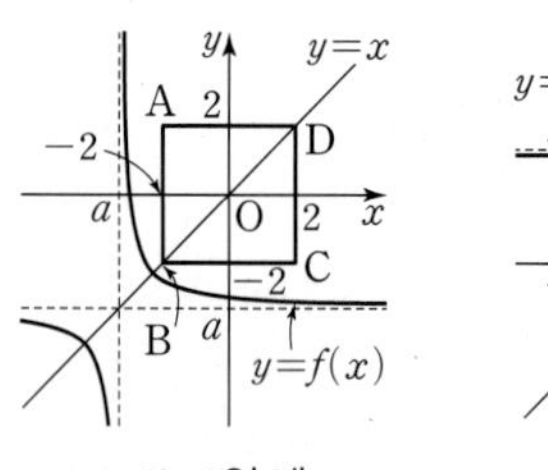

$a<-3$일 때

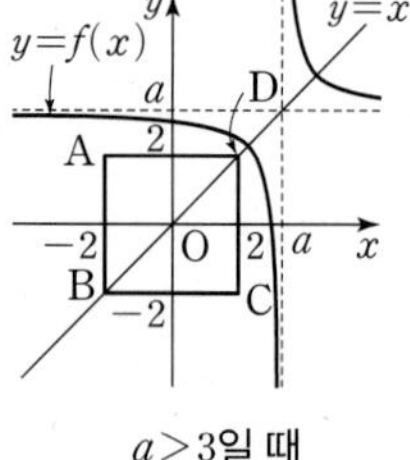

$a>3$일 때

(ii) $a=-3$ 또는 $a=3$일 때

다음 그림과 같이 함수 $y=f(x)$의 그래프가 정사각형 ABCD와 한 점에서 만나므로

$g(a)=1$

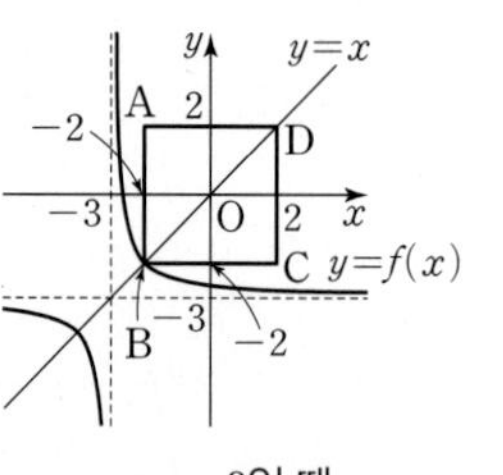

$a=-3$일 때

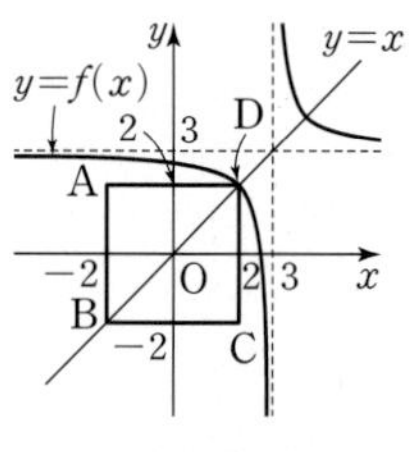

$a=3$일 때

(iii) $-3<a<-1$ 또는 $1<a<3$일 때

다음 그림과 같이 함수 $y=f(x)$의 그래프가 정사각형 ABCD와 만나는 점의 개수가 2이므로 $g(a)=2$

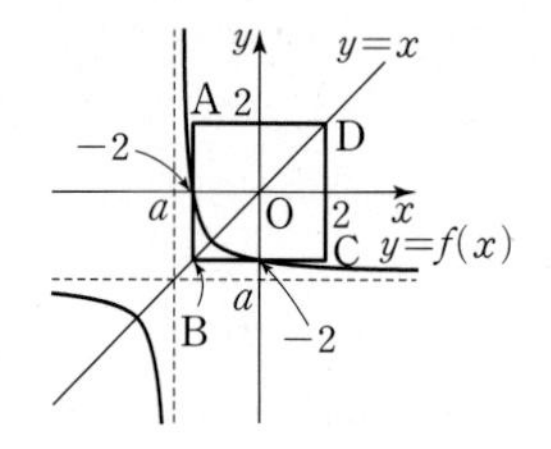

$-3<a<-1$일 때

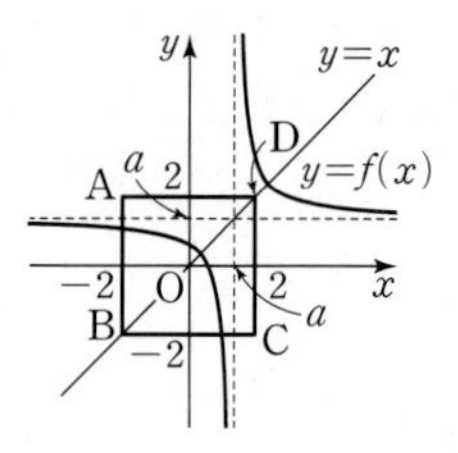

$1<a<3$일 때

(iv) $a=-1$ 또는 $a=1$일 때

다음 그림과 같이 함수 $y=f(x)$의 그래프가 정사각형 ABCD와 만나는 점의 개수가 3이므로 $g(a)=3$

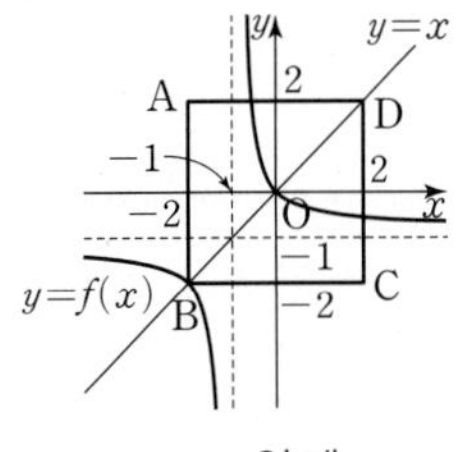
$a=-1$일 때

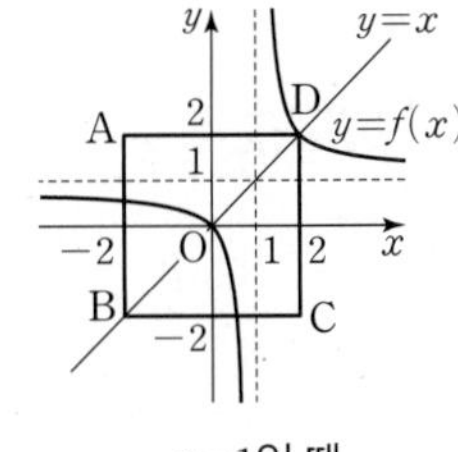
$a=1$일 때

(v) $-1<a<1$일 때

다음 그림과 같이 함수 $y=f(x)$의 그래프가 정사각형 ABCD와 만나는 점의 개수가 4이므로 $g(a)=4$

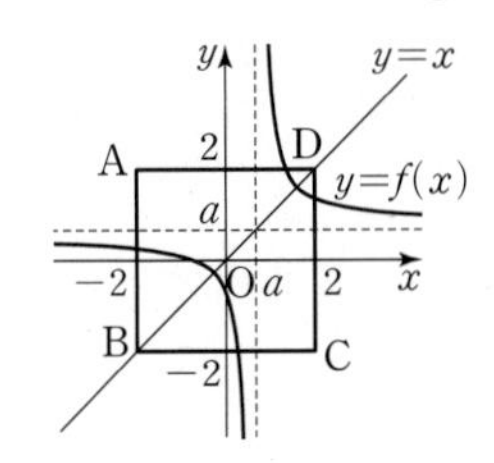

(i)~(v)에 의하여

$$g(a)=\begin{cases} 0 \ (a<-3 \text{ 또는 } a>3) \\ 1 \ (a=-3 \text{ 또는 } a=3) \\ 2 \ (-3<a<-1 \text{ 또는 } 1<a<3) \\ 3 \ (a=-1 \text{ 또는 } a=1) \\ 4 \ (-1<a<1) \end{cases}$$

따라서 함수 $g(a)$의 모든 치역의 원소는 0, 1, 2, 3, 4의 5개이다. (참)

ㄷ. ㄴ에서 $g(p)+g(q)=5$를 만족시키는 경우는 다음과 같다.

(i) $g(p)=1$, $g(q)=4$ 또는 $g(p)=4$, $g(q)=1$일 때

$g(p)=1$을 만족시키는 정수 p는 -3, 3의 2개

$g(q)=4$를 만족시키는 정수 q는 0의 1개

즉, 조건을 만족시키는 순서쌍 (p, q)의 개수는

$2\times1=2$

$g(p)=4$, $g(q)=1$인 경우에도 마찬가지로 조건을 만족시키는 순서쌍 (p, q)의 개수는 2

따라서 순서쌍 (p, q)의 개수는

$2+2=4$

(ii) $g(p)=2$, $g(q)=3$ 또는 $g(p)=3$, $g(q)=2$일 때

$g(p)=2$를 만족시키는 정수 p는 -2, 2의 2개

$g(q)=3$을 만족시키는 정수 q는 -1, 1의 2개

즉, 조건을 만족시키는 순서쌍 (p, q)의 개수는

$2\times2=4$

$g(p)=3$, $g(q)=2$인 경우에도 마찬가지로 조건을 만족시키는 순서쌍 (p, q)의 개수는 4

따라서 순서쌍 (p, q)의 개수는

$4+4=8$

(i), (ii)에 의하여 구하는 순서쌍 (p, q)의 개수는

$4+8=12$ (거짓)

따라서 옳은 것은 ㄱ, ㄴ이다. 답 ②

22 전략 함수 $y=f(x)$의 그래프가 직선 $y=-x$에 대하여 대칭이고, 함수 $y=|f(x)|$의 그래프는 함수 $y=f(x)$의 그래프에서 $y\geq0$인 부분만 남기고 $y<0$인 부분은 x축에 대하여 대칭이동하여 그린 것임을 이용한다.

풀이 $f(x)=\dfrac{2x}{x+2}=\dfrac{2(x+2)-4}{x+2}=-\dfrac{4}{x+2}+2$

이므로 함수 $y=f(x)$의 그래프의 점근선의 방정식은

$x=-2$, $y=2$

두 점근선의 교점 $(-2, 2)$를 지나고 기울기가 -1인 직선의 방정식은 $y=-x$이므로 함수 $y=f(x)$의 그래프는 직선 $y=-x$에 대하여 대칭이다.

이때 함수 $y=|f(x)|$의 그래프와 원 $x^2+y^2=r^2$이 세 점에서 만나므로 점 A는 함수 $y=\dfrac{2x}{x+2}$의 그래프와 직선 $y=-x$가 만나는 점 중 x좌표가 음수인 점이다.

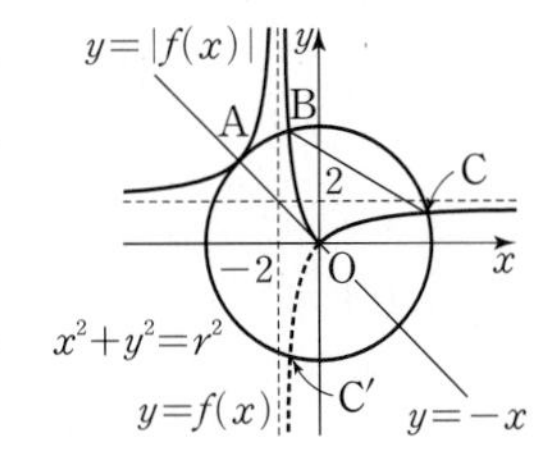

$\dfrac{2x}{x+2}=-x$에서 $2x=-x(x+2)$

$x^2+4x=0$, $x(x+4)=0$

$x<0$이므로 $x=-4$

즉, $A(-4, 4)$이므로

$r=\overline{OA}=\sqrt{(-4)^2+4^2}=4\sqrt{2}$

한편, 점 C의 좌표를 (a, b) $(a>0, b>0)$로 놓으면 함수 $y=f(x)$의 그래프가 직선 $y=-x$에 대하여 대칭이므로 점 C를 직선 $y=-x$에 대하여 대칭이동한 점 C′이라 하면

$C'(-b, -a)$

점 C′을 x축에 대하여 대칭이동한 점이 점 B이므로 점 B의 좌표는 $(-b, a)$이다.

이때 직선 OC의 기울기는 $\dfrac{b}{a}$, 직선 OB의 기울기가 $-\dfrac{a}{b}$이므로

$\dfrac{b}{a}\times\left(-\dfrac{a}{b}\right)=-1$

따라서 선분 OB와 선분 OC가 서로 수직이고 $\overline{OB}=\overline{OC}=4\sqrt{2}$이므로

$\overline{BC}=\sqrt{(4\sqrt{2})^2+(4\sqrt{2})^2}=8$ 답 8

23 전략 방정식 $(f\circ f)(x)=f(x)$의 해는 함수 $y=f(x)$의 그래프와 직선 $y=x$와의 교점을 이용하여 구한다.

풀이 $(f\circ f)(x)=f(x)$이려면 두 실수 x_1, x_2에 대하여 $f(x_1)=x_1$ 또는 $f(x_1)=x_2$, $f(x_2)=x_2$이어야 한다.

이때 $k>0$이고, $f(0)=0$이므로 함수 $y=f(x)$의 그래프의 개형과 직선 $y=x$를 나타내면 오른쪽 그림과 같다.

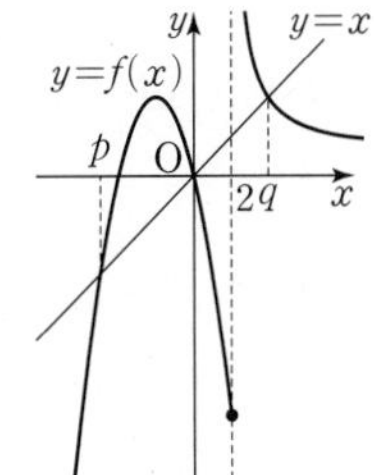

함수 $y=f(x)$의 그래프와 직선 $y=x$가 만나는 세 점 중 원점을 제외한 나머지 두 점의 x좌표를 각각 p, q $(p<q)$라 하면 $p<0<q$이다.

(i) $x\leq2$일 때

$-x^2+ax=x$에서 $x^2-(a-1)x=0$

$x\{x-(a-1)\}=0$

$\therefore x=0$ 또는 $x=a-1$

$p<0$이므로 $p=a-1$

이때 함수 $y=f(x)$의 그래프가 직선 $x=\frac{a}{2}$에 대하여 대칭이므로 $f(x)=a-1$의 다른 실근은 $x=1$이다.

(ii) $f(x)=0$에서 $x=0$ 또는 $x=a$

(iii) $x>2$일 때

[그림 1]과 같이 $\frac{a^2}{4}>f(q)=q$인 경우 $f(x)=q$인 x의 값이 3개가 존재하므로 방정식 $(f\circ f)(x)=f(x)$의 서로 다른 실근의 개수가 6이라는 조건을 만족시키지 않는다.

마찬가지로 [그림 2]와 같이 $\frac{a^2}{4}<f(q)$인 경우 $f(x)=q$인 x의 값이 1개가 존재하므로 방정식 $(f\circ f)(x)=f(x)$의 서로 다른 실근의 개수가 6이라는 조건을 만족시키지 않는다.

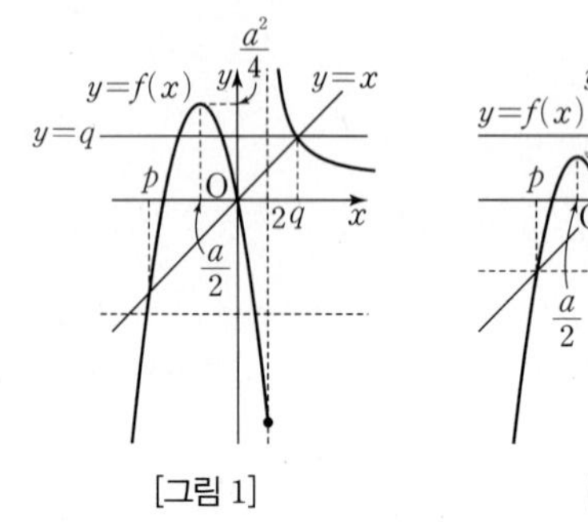

[그림 1] [그림 2]

따라서 $\frac{a^2}{4}=q$이어야 하고, 방정식 $(f\circ f)(x)=f(x)$의 가장 큰 실근이 4이므로 $q=4$이어야 한다.

즉, $f(4)=4$에서 $\frac{k}{4-2}+1=4$ $\quad\therefore k=6$

이때 $f(q)=\frac{a^2}{4}$에서 $\frac{a^2}{4}=4$

$a<0$이므로 $a=-4$

(i), (ii), (iii)에 의하여

$$f(x)=\begin{cases} -x^2-4x & (x\le 2) \\ \frac{6}{x-2}+1 & (x>2) \end{cases}$$

이때

$x_1=p=a-1=-5$,

$x_2=a=-4$, $x_3=\frac{a}{2}=-2$,

$x_4=0$, $x_5=1$

이므로

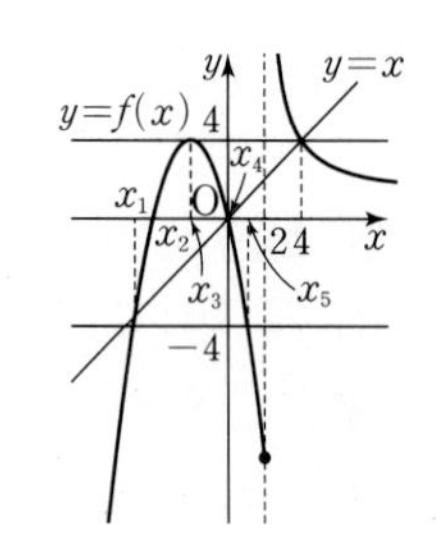

$k^2+x_1^2+x_2^2+x_3^2+x_4^2+x_5^2$

$=6^2+(-5)^2+(-4)^2+(-2)^2+0^2+1^2=82$

답 82

05 무리함수

Step A 1등급을 위한 고난도 빈출 & 핵심 문제

본문 53~54쪽

01 ③	02 ①	03 ④	04 ②	05 ②
06 16	07 ②	08 ②	09 9	10 ②
11 ②	12 175	13 ③	14 ④	15 ①

01 무리식 $\sqrt{kx^2+kx+2}$의 값이 실수가 되려면 부등식

$kx^2+kx+2\ge 0$ $\quad\cdots\cdots$ ㉠

이 성립해야 한다.

모든 실수 x에 대하여 부등식 ㉠이 성립하려면

(i) $k=0$일 때

$kx^2+kx+2=2\ge 0$이므로 항상 성립한다.

(ii) $k\ne 0$일 때

㉠이 항상 성립하려면 $k>0$이어야 하고, 이차방정식 $kx^2+kx+2=0$의 판별식을 D라 하면

$D=k^2-4\times k\times 2\le 0$

$k^2-8k\le 0$, $k(k-8)\le 0$

$\therefore 0<k\le 8$ ($\because k>0$)

(i), (ii)에 의하여 $0\le k\le 8$

따라서 정수 k는 0, 1, 2, $\cdots$, 8의 9개이다.

답 ③

개념 연계 / 수학상 이차부등식이 항상 성립할 조건

이차방정식 $ax^2+bx+c=0$의 판별식을 D라 할 때

(1) 모든 실수 x에 대하여 $ax^2+bx+c>0$이 성립하려면
$a>0$, $D<0$

(2) 모든 실수 x에 대하여 $ax^2+bx+c\ge 0$이 성립하려면
$a>0$, $D\le 0$

(3) 모든 실수 x에 대하여 $ax^2+bx+c<0$이 성립하려면
$a<0$, $D<0$

(4) 모든 실수 x에 대하여 $ax^2+bx+c\le 0$이 성립하려면
$a<0$, $D\le 0$

02 $\sqrt{2}-1=\frac{1}{2+a_1}$에서 $2+a_1=\frac{1}{\sqrt{2}-1}=\sqrt{2}+1$

$\therefore a_1=\sqrt{2}+1-2=\sqrt{2}-1$

$\frac{1}{2+a_1}=\frac{1}{2+\frac{1}{2+a_2}}$에서 $a_1=\frac{1}{2+a_2}$

즉, $\sqrt{2}-1=\frac{1}{2+a_2}$에서 $2+a_2=\frac{1}{\sqrt{2}-1}=\sqrt{2}+1$

$\therefore a_2=\sqrt{2}+1-2=\sqrt{2}-1$

$\frac{1}{2+\frac{1}{2+a_2}}=\frac{1}{2+\frac{1}{2+\frac{1}{2+a_3}}}$에서 $a_2=\frac{1}{2+a_3}$

즉, $\sqrt{2}-1=\frac{1}{2+a_3}$에서 $2+a_3=\frac{1}{\sqrt{2}-1}=\sqrt{2}+1$

$\therefore\ a_3=\sqrt{2}+1-2=\sqrt{2}-1$

$\vdots$

즉, 자연수 n에 대하여 $a_n=\sqrt{2}-1$

따라서 $a_{100}=a_{101}=\sqrt{2}-1$이므로

$a_{100}\times a_{101}=(\sqrt{2}-1)\times(\sqrt{2}-1)=3-2\sqrt{2}$ 답 ①

03 $x=\sqrt{7}-3$에서 $x+3=\sqrt{7}$

양변을 제곱하면

$x^2+6x+9=7$

즉, $x^2+6x+2=0$이므로

$$x^4+5x^3-3x^2-6x+2=(x^2+6x+2)(x^2-x+1)-10x$$
$$=-10x$$

$$\therefore\ \frac{x^4+5x^3-3x^2-6x+2}{x^2+6x+6}=\frac{-10x}{(x^2+6x+2)+4}$$
$$=-\frac{5}{2}x$$
$$=-\frac{5}{2}\times(\sqrt{7}-3)$$
$$=\frac{15-5\sqrt{7}}{2}$$

답 ④

04 $y=\dfrac{ax-2}{x+b}=\dfrac{a(x+b)-ab-2}{x+b}=-\dfrac{ab+2}{x+b}+a$

이므로 유리함수 $y=\dfrac{ax-2}{x+b}$의 그래프의 점근선의 방정식은

$x=-b,\ y=a$

이때 점근선의 방정식이 $x=3,\ y=-2$이므로

$a=-2,\ b=-3$

즉, 무리함수 $y=\sqrt{ax+b}=\sqrt{-2x-3}$에서

$-2x-3\geq0,\ -2x\geq3$

$\therefore\ x\leq-\dfrac{3}{2}$

따라서 주어진 무리함수의 정의역은 $\left\{x\,\middle|\,x\leq-\dfrac{3}{2}\right\}$이므로 구하는 정수의 최댓값은 -2이다. 답 ②

05 함수 $y=\sqrt{ax}$의 그래프를 x축의 방향으로 2만큼 평행이동한 그래프의 식이 $y=f(x)$이므로

$f(x)=\sqrt{a(x-2)}\ (a<0)$

$y=\dfrac{x-4}{x-2}=\dfrac{(x-2)-2}{x-2}=-\dfrac{2}{x-2}+1$

이므로 함수 $y=\dfrac{x-4}{x-2}$의 그래프의 점근선의 방정식은

$x=2,\ y=1$

즉, 함수 $y=\dfrac{x-4}{x-2}$의 그래프는 오른쪽 그림과 같고, 이 그래프와 함수 $y=f(x)$의 그래프가 제1사분면에서 만나려면 $f(0)>2$이어야 한다.

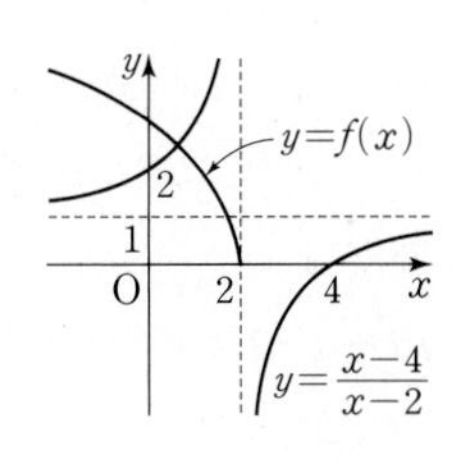

따라서 $f(0)=\sqrt{-2a}>2$에서

$-2a>4\qquad\therefore\ a<-2$ 답 ②

06 $f(x)=-\sqrt{-x+a}+b=-\sqrt{-(x-a)}+b$

이므로 함수 $y=f(x)$의 그래프는 점 $(a,\ b)$를 지나고,

$-x+a\geq0$에서 $x\leq a$이어야 한다.

즉, 조건 (나)를 만족시키려면 오른쪽 그림과 같이 $a>0,\ b>0$이고, $f(0)<0$이어야 하므로

$-\sqrt{a}+b<0$에서 $b<\sqrt{a}$ …… ㉠

이때 조건 (가)에 의하여

$0<a\leq10$ …… ㉡

㉠에서 $0<b^2<a$이므로 ㉡에 의하여 b의 값을 기준으로 경우를 나누어 순서쌍 $(a,\ b)$의 개수를 구하면 다음과 같다.

(i) $b=1$일 때, $a=2,\ 3,\ 4,\ \cdots,\ 10$이므로 순서쌍 $(a,\ b)$의 개수는 9

(ii) $b=2$일 때, $a=5,\ 6,\ 7,\ \cdots,\ 10$이므로 순서쌍 $(a,\ b)$의 개수는 6

(iii) $b=3$일 때, $a=10$이므로 순서쌍 $(a,\ b)$의 개수는 1

(i), (ii), (iii)에 의하여 구하는 순서쌍 $(a,\ b)$의 개수는

$9+6+1=16$ 답 16

07 유리함수 $y=\dfrac{a}{x-b}+c$의 그래프의 점근선의 방정식은 $x=b,\ y=c$이므로 주어진 그래프에서 $b<0,\ c>0$

x축, y축에 각각 평행한 두 점근선을 x축, y축으로 생각하고 두 점근선의 교점을 원점으로 생각하면 함수 $y=\dfrac{a}{x}$의 그래프는 제1, 3사분면에 그려지므로

$a>0$

즉, $a>0,\ -b>0,\ c>0$이므로 무리함수 $y=a\sqrt{x+b}+c$의 그래프는 오른쪽 그림과 같다.

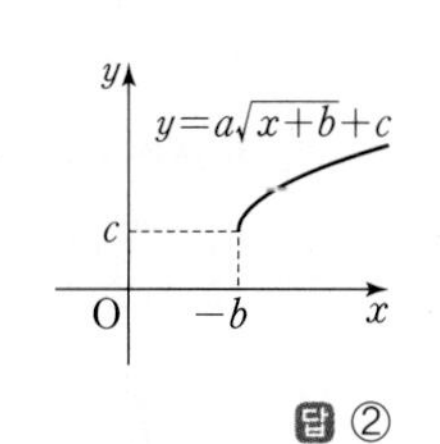

따라서 함수 $y=a\sqrt{x+b}+c$의 그래프의 개형으로 옳은 것은 ②이다. 답 ②

08 직선 $y=mx+1$은 m의 값에 관계없이 점 $(0,\ 1)$을 지나는 직선이다.

무리함수 $y=-\sqrt{x-3}+4$의 그래프와 직선 $y=mx+1$이 만나지 않으려면 m의 값이 오른쪽 그림과 같이 직선이 점 $(3,\ 4)$를 지날 때의 기울기보다 커야 한다.

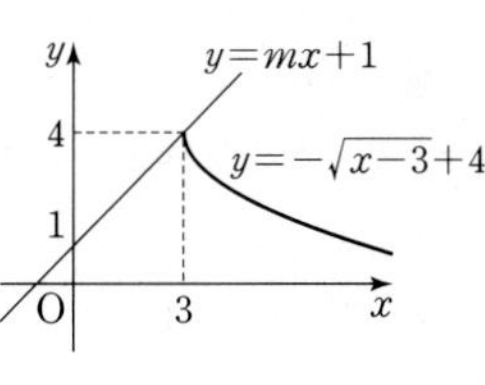

직선 $y=mx+1$이 점 $(3,\ 4)$를 지날 때,

$4=3m+1$에서 $m=1$

즉, 조건을 만족시키는 m의 값의 범위는

$m>1$

따라서 자연수 m의 최솟값은 2이다. 답 ②

09 m이 자연수일 때, 무리함수 $y=f(x)$의 그래프는 오른쪽 그림과 같다.

이때 선분 AB와 무리함수 $y=f(x)$의 그래프가 만나려면 $f(3)\leq4,\ f(4)\geq1$이어야 한다.

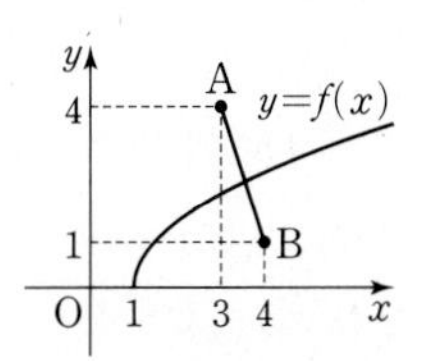

$f(3) \le 4$에서 $\sqrt{2m} \le 4$

$0 < 2m \le 16 \qquad \therefore 0 < m \le 8 \qquad \cdots\cdots$ ㉠

$f(4) \ge 1$에서 $\sqrt{3m} \ge 1$

$3m \ge 1 \qquad \therefore m \ge \frac{1}{3} \qquad \cdots\cdots$ ㉡

㉠, ㉡에 의하여

$\frac{1}{3} \le m \le 8$

따라서 자연수 m의 최댓값은 8, 최솟값은 1이므로 그 합은

$8+1=9$ 답 9

10 $y=\sqrt{|x|-x}$에서

$x \ge 0$일 때, $y=\sqrt{|x|-x}=\sqrt{x-x}=0$

$x<0$일 때, $y=\sqrt{|x|-x}=\sqrt{-x-x}=\sqrt{-2x}$

즉, 함수 $y=\sqrt{|x|-x}$의 그래프와 직선 $y=-x+k$는 오른쪽 그림과 같다.

이때 함수 $y=\sqrt{|x|-x}$의 그래프와 직선 $y=-x+k$의 교점의 개수가 $f(k)$이므로 $f(k)=3$이려면 직선이 오른쪽 그림의 (i)과 (ii) 사이에 있어야 한다.

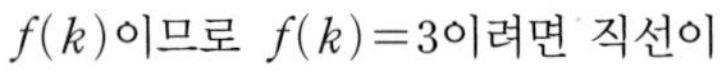

(i) 직선 $y=-x+k$가 함수 $y=\sqrt{-2x}$의 그래프에 접할 때

$-x+k=\sqrt{-2x}$에서

$(-x+k)^2=-2x,\ x^2-2kx+k^2=-2x$

$x^2-2(k-1)x+k^2=0$

이 이차방정식이 중근을 가져야 하므로 이 이차방정식의 판별식을 D라 하면

$\frac{D}{4}=(k-1)^2-k^2=0$

$-2k+1=0 \qquad \therefore k=\frac{1}{2}$

(ii) 직선 $y=-x+k$가 원점을 지날 때, $k=0$

(i), (ii)에 의하여 구하는 실수 k의 값의 범위는

$0<k<\frac{1}{2}$ 답 ②

참고 함수 $y=\sqrt{|x|-x}$의 그래프와 직선 $y=-x+k$의 교점의 개수 $f(k)$는 k의 값에 따라 다음과 같다.

$k<0$이면 $f(k)=1$

$k=0$이면 $f(k)=2$

$0<k<\frac{1}{2}$이면 $f(k)=3$

$k=\frac{1}{2}$이면 $f(k)=2$

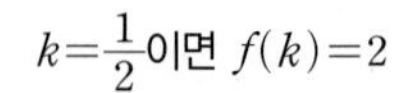

$k>\frac{1}{2}$이면 $f(k)=1$

11 삼각형 OAP의 넓이는 점 P가 직선 OA와 평행한 접선 위의 접점일 때 최대이다.

직선 OA의 방정식은 $y=x$이므로 직선 OA와 평행한 접선의 방정식을 $y=x+k$ (k는 상수)로 놓으면

$\sqrt{4x}=x+k$에서

$4x=(x+k)^2,\ 4x=x^2+2kx+k^2$

$x^2+2(k-2)x+k^2=0$

이 이차방정식이 중근을 가져야 하므로 이 이차방정식의 판별식을 D라 하면

$\frac{D}{4}=(k-2)^2-k^2=0$

$-4k+4=0 \qquad \therefore k=1$

즉, 직선 OA와 평행한 접선의 방정식은

$y=x+1$

이때 직선 OA, 즉 직선 $y=x$와 직선 $y=x+1$ 사이의 거리는 원점 O에서 직선 $x-y+1=0$에 이르는 거리와 같으므로

$\frac{|0-0+1|}{\sqrt{1^2+(-1)^2}}=\frac{1}{\sqrt{2}}=\frac{\sqrt{2}}{2}$

또, $\overline{OA}=\sqrt{4^2+4^2}=4\sqrt{2}$이므로 삼각형 OAP의 넓이의 최댓값은

$\frac{1}{2}\times 4\sqrt{2}\times\frac{\sqrt{2}}{2}=2$ 답 ②

개념 연계 / 수학상 **점과 직선 사이의 거리**

점 (x_1, y_1)과 직선 $ax+by+c=0$ 사이의 거리 d는

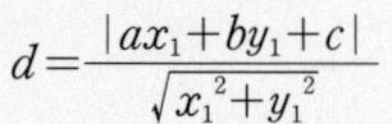

$d=\frac{|ax_1+by_1+c|}{\sqrt{x_1^2+y_1^2}}$

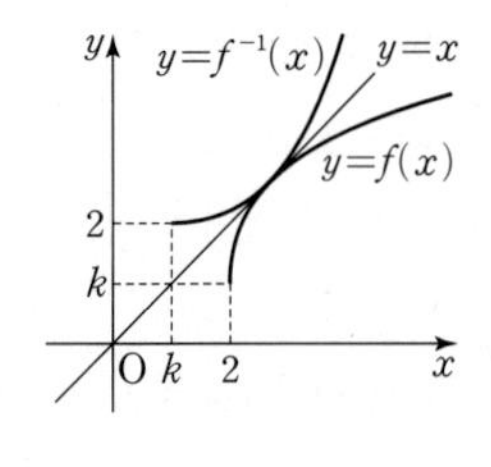

12 함수 $y=f(x)$의 그래프와 그 역함수 $y=f^{-1}(x)$의 그래프는 직선 $y=x$에 대하여 대칭이므로 두 함수 $y=f(x)$, $y=f^{-1}(x)$의 그래프가 접하려면 오른쪽 그림과 같이 함수 $y=f(x)$의 그래프가 직선 $y=x$에 접해야 한다.

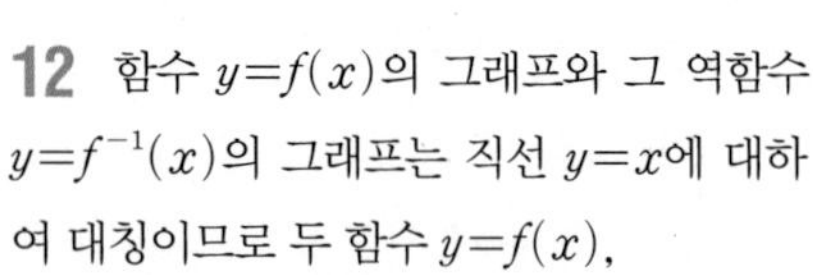

$\sqrt{x-2}+k=x$에서

$\sqrt{x-2}=x-k,\ x-2=(x-k)^2$

$x^2-(2k+1)x+k^2+2=0$

이 이차방정식이 중근을 가져야 하므로 이 이차방정식의 판별식을 D라 하면

$D=(2k+1)^2-4(k^2+2)=0$

$4k-7=0 \qquad \therefore k=\frac{7}{4}$

$\therefore 100k=100\times\frac{7}{4}=175$ 답 175

13 함수 $y=f(x)$의 그래프와 그 역함수 $y=f^{-1}(x)$의 그래프는 직선 $y=x$에 대하여 대칭이므로 두 함수 $y=f(x)$, $y=f^{-1}(x)$의 그래프의 교점은 함수 $y=f(x)$의 그래프와 직선 $y=x$의 교점과 같다.

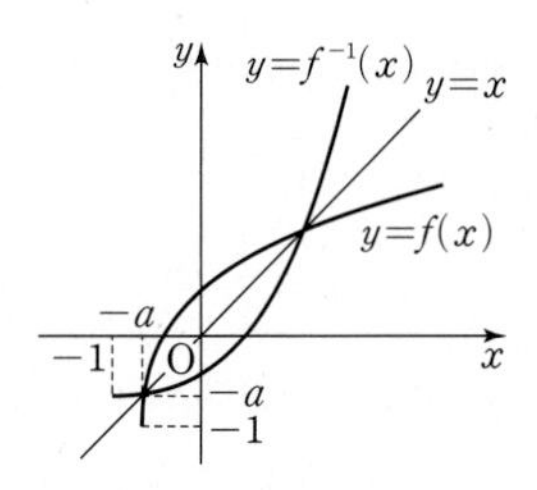

$\sqrt{x+a}-1=x$에서

$\sqrt{x+a}=x+1,\ x+a=(x+1)^2$

$x^2+x+1-a=0$

이 이차방정식의 서로 다른 두 실근을 α, β라 하면 근과 계수의 관계에 의하여

$\alpha+\beta=-1$, $\alpha\beta=1-a$

이때 함수 $y=f(x)$의 그래프와 직선 $y=x$의 두 교점의 좌표는 (α, α), (β, β)이므로 두 교점 사이의 거리는

$$\begin{aligned}\sqrt{(\beta-\alpha)^2+(\beta-\alpha)^2}&=\sqrt{2(\beta-\alpha)^2}\\&=\sqrt{2\{(\alpha+\beta)^2-4\alpha\beta\}}\\&=\sqrt{2\{(-1)^2-4(1-a)\}}\\&=\sqrt{2(4a-3)}\end{aligned}$$

즉, $\sqrt{2(4a-3)}=3\sqrt{2}$이므로

$2(4a-3)=18$

$4a-3=9$

$\therefore a=3$ 답 ③

참고 두 함수의 그래프의 교점이 2개 존재하려면 이차방정식 $x^2+x+1-a=0$이 서로 다른 두 실근을 가져야 한다. 이 이차방정식의 판별식을 D라 하면

$D=1^2-4(1-a)=4a-3>0$

이므로 $a>\frac{3}{4}$이어야 한다.

14 역함수 $f^{-1}(x)$의 정의역이 $\{x|x\geq1\}$이고 치역이 $\{y|y\leq4\}$이므로 함수 $f(x)$의 정의역은 $\{x|x\leq4\}$이고 치역은 $\{y|y\geq1\}$이다.

이때 무리함수 $f(x)=\sqrt{a(x+b)}+c$의 그래프는 함수 $y=\sqrt{ax}$의 그래프를 x축의 방향으로 $-b$만큼, y축의 방향으로 c만큼 평행이동한 것이므로

$a<0$, $b=-4$, $c=1$

$\therefore f(x)=\sqrt{a(x-4)}+1$

무리함수 $y=f(x)$의 역함수 $y=f^{-1}(x)$의 그래프가 점 $(3, 0)$을 지나므로 함수 $y=f(x)$의 그래프는 점 $(0, 3)$을 지난다.

따라서 $\sqrt{-4a}+1=3$에서 $\sqrt{-4a}=2$

$-4a=4$ $\quad\therefore a=-1$

$\therefore abc=(-1)\times(-4)\times1=4$ 답 ④

다른풀이 함수 $y=f^{-1}(x)$의 그래프의 꼭짓점의 좌표가 $(1, 4)$이고 위로 볼록한 이차함수의 그래프 중 $x\geq1$인 부분이므로

$f^{-1}(x)=k(x-1)^2+4$ $(k<0, x\geq1)$

로 놓을 수 있다.

함수 $y=f^{-1}(x)$의 그래프가 점 $(3, 0)$을 지나므로

$f^{-1}(3)=k(3-1)^2+4=0$에서

$4k+4=0$

$\therefore k=-1$

$\therefore f^{-1}(x)=-(x-1)^2+4$ $(x\geq1)$

$y=-(x-1)^2+4$로 놓으면 $(x-1)^2=-y+4$에서

$x-1=\sqrt{-y+4}$ $(\because x\geq1)$

$\therefore x=\sqrt{-y+4}+1$

x와 y를 서로 바꾸면

$y=\sqrt{-x+4}+1$

$\therefore f(x)=\sqrt{-x+4}+1=\sqrt{-(x-4)}+1$

따라서 $a=-1$, $b=-4$, $c=1$이므로

$abc=(-1)\times(-4)\times1=4$

15 $x\geq2$에서 $f(x)=\frac{4-x}{x-1}$이므로

$f(2)=\frac{4-2}{2-1}=2$

함수 $f(x)$의 역함수가 존재하려면 함수 $f(x)$가 일대일대응이어야 하므로 무리함수 $y=\sqrt{2-x}+k$의 그래프는 점 $(2, 2)$를 지나야 한다.

즉, $2=\sqrt{2-2}+k$에서

$k=2$

$$\therefore f(x)=\begin{cases}\frac{4-x}{x-1} & (x\geq2)\\ \sqrt{2-x}+2 & (x<2)\end{cases}$$

한편, $(f^{-1}\circ f^{-1})(a)=1$에서 $(f\circ f)^{-1}(a)=1$이므로

$(f\circ f)(1)=a$

따라서 $f(1)=\sqrt{2-1}+2=3$이므로

$a=f(f(1))=f(3)=\frac{4-3}{3-1}=\frac{1}{2}$ 답 ①

B Step 1등급을 위한 고난도 기출 VS 변형 유형

본문 55~57쪽

1 225	**1-1** ④	**2** $\sqrt{3}$	**2-1** ②	**3** ④	**3-1** ②
4 ③	**4-1** ①	**5** ④	**5-1** 28	**6** 10	**6-1** $\frac{5}{2}$
7 ②	**7-1** ③	**8** ②	**8-1** 21	**9** ⑤	**9-1** $-\frac{31}{4}$

1 **전략** 자연수 m에 대하여 $m\leq a_n<m+1$일 때, a_n의 소수부분이 a_n-m임을 이용한다.

풀이 $2<\sqrt{6}<3$이므로 $a_1=\sqrt{6}-2$

$\frac{1}{a_1}=\frac{1}{\sqrt{6}-2}=\frac{\sqrt{6}+2}{2}$이고,

$4<\sqrt{6}+2<5$에서 $2<\frac{\sqrt{6}+2}{2}<\frac{5}{2}$이므로

$a_2=\frac{\sqrt{6}+2}{2}-2=\frac{\sqrt{6}-2}{2}$

$\frac{1}{a_2}=\frac{2}{\sqrt{6}-2}=\sqrt{6}+2$이므로

$a_3=(\sqrt{6}+2)-4=\sqrt{6}-2$

⋮

즉, 자연수 k에 대하여

$a_{2k-1}=\sqrt{6}-2$, $a_{2k}=\frac{\sqrt{6}-2}{2}$

$$\begin{aligned}\therefore a_1+a_2+a_3+\cdots+a_{100}&=(a_1+a_3+a_5+\cdots+a_{99})+(a_2+a_4+a_6+\cdots+a_{100})\\&=50a_1+50a_2\\&=50\times(\sqrt{6}-2)+50\times\left(\frac{\sqrt{6}-2}{2}\right)\\&=-150+75\sqrt{6}\end{aligned}$$

따라서 $p=-150$, $q=75$이므로

$q-p=75-(-150)=225$ 답 225

1-1 전략 실수 A와 정수 m에 대하여 $m\le A<m+1$일 때, A의 소수 부분이 $A-m$임을 이용한다.

풀이 $1<\sqrt{3}<2$이므로

$f^1(\sqrt{3})=f(\sqrt{3})=\sqrt{3}-1$

$f^2(\sqrt{3})=f(\sqrt{3}-1)=\dfrac{1}{\sqrt{3}-1}=\dfrac{\sqrt{3}+1}{2}$

$2<\sqrt{3}+1<3$에서 $1<\dfrac{\sqrt{3}+1}{2}<\dfrac{3}{2}$이므로

$f^3(\sqrt{3})=\dfrac{\sqrt{3}+1}{2}-1=\dfrac{\sqrt{3}-1}{2}$

$f^4(\sqrt{3})=\dfrac{2}{\sqrt{3}-1}=\sqrt{3}+1$

$f^5(\sqrt{3})=(\sqrt{3}+1)-2=\sqrt{3}-1$

⋮

즉, 0 이상의 정수 k에 대하여

$f^{4k+1}(\sqrt{3})=\sqrt{3}-1$, $f^{4k+2}(\sqrt{3})=\dfrac{\sqrt{3}+1}{2}$, $f^{4k+3}(\sqrt{3})=\dfrac{\sqrt{3}-1}{2}$,

$f^{4k+4}(\sqrt{3})=\sqrt{3}+1$

$$\begin{aligned}\therefore f^{10}(\sqrt{3})\times f^{20}(\sqrt{3})&=f^{4\times2+2}(\sqrt{3})\times f^{4\times5}(\sqrt{3})\\&=f^2(\sqrt{3})\times f^4(\sqrt{3})\\&=\frac{\sqrt{3}+1}{2}\times(\sqrt{3}+1)\\&=2+\sqrt{3}\end{aligned}$$

답 ④

2 전략 (근호 안의 식의 값)≥0이어야 함을 이용하여 함수 $f(x)$의 정의역을 구하고, $\{f(x)\}^2$의 값을 이용하여 $f(x)$의 최댓값과 최솟값을 구한다.

풀이 $8-x\ge0$, $x-2\ge0$이어야 하므로

$2\le x\le8$

즉, 함수 $f(x)$의 정의역은 $\{x|2\le x\le8\}$이고, $f(x)\ge0$이므로 $\{f(x)\}^2$이 최대 또는 최소이면 $f(x)$도 최대 또는 최소이다.

$f(x)=\sqrt{8-x}+\sqrt{x-2}$의 양변을 제곱하면

$\{f(x)\}^2=(\sqrt{8-x}+\sqrt{x-2})^2$

$=6+2\sqrt{-x^2+10x-16}$ …… ㉠

이때 $-x^2+10x-16$의 값이 최대 또는 최소일 때 $\{f(x)\}^2$은 최대 또는 최소이다.

$y=-x^2+10x-16$으로 놓으면

$y=-(x-5)^2+9$ (단, $2\le x\le8$)

즉, $-x^2+10x-16$은 $x=5$일 때 최댓값 9를 갖고, $x=2$ 또는 $x=8$일 때 최솟값 0을 가지므로 ㉠에서

$6\le\{f(x)\}^2\le12$

$\therefore \sqrt{6}\le f(x)\le2\sqrt{3}$ ($\because f(x)\ge0$)

따라서 $M=2\sqrt{3}$, $m=\sqrt{6}$이므로

$\dfrac{m^2}{M}=\dfrac{6}{2\sqrt{3}}=\sqrt{3}$ 답 $\sqrt{3}$

2-1 전략 함수 $y=f(x)$의 그래프를 원점에 대하여 대칭이동한 그래프를 나타내는 식은 $y=-f(-x)$임을 이용한다.

풀이 함수 $y=f(x)$의 그래프를 원점에 대하여 대칭이동한 그래프의 식은

$y=-f(-x)=-\sqrt{2-x}$

$\therefore g(x)=-\sqrt{2-x}$

$\therefore h(x)=f(x)-g(x)=\sqrt{x+2}+\sqrt{2-x}$

이때 $x+2\ge0$, $2-x\ge0$이어야 하므로

$-2\le x\le2$

즉, 함수 $h(x)$의 정의역은 $\{x|-2\le x\le2\}$이고, $h(x)\ge0$이므로 $\{h(x)\}^2$이 최대 또는 최소이면 $h(x)$도 최대 또는 최소이다.

$h(x)=\sqrt{x+2}+\sqrt{2-x}$의 양변을 제곱하면

$\{h(x)\}^2=(\sqrt{x+2}+\sqrt{2-x})^2$

$=4+2\sqrt{4-x^2}$ …… ㉠

이때 $4-x^2$의 값이 최대일 때 $\{h(x)\}^2$은 최대이다.

$4-x^2$은 $x=0$일 때 최댓값 4를 가지므로 ㉠에서 $\{h(x)\}^2$의 최댓값은 8이다.

따라서 $h(x)$의 최댓값은 $\sqrt{8}=2\sqrt{2}$이므로

$M=2\sqrt{2}$, $a=0$

$\therefore a+M=2\sqrt{2}$ 답 ②

다른풀이 함수 $y=f(x)$의 그래프를 원점에 대칭이동한 그래프가 함수 $y=g(x)$의 그래프이므로

$g(x)=-f(-x)$

$\therefore h(x)=f(x)-g(x)=f(x)-\{-f(-x)\}$

$=f(x)+f(-x)$

이때 $x+2\ge0$, $2-x\ge0$이어야 하므로

$-2\le x\le2$

즉, 함수 $y=h(x)$의 그래프는 오른쪽 그림과 같으므로 함수 $h(x)$는 $x=0$일 때 최댓값

$h(0)=f(0)+f(0)=2\sqrt{2}$

를 갖는다.

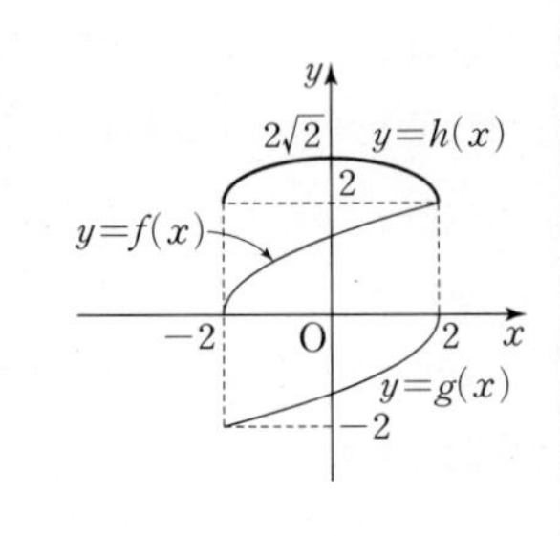

따라서 $M=2\sqrt{2}$, $a=0$이므로

$a+M=2\sqrt{2}$

3 전략 곡선 $y=-\sqrt{kx+2k}+4$가 k의 값에 관계없이 점 $(-2, 4)$를 지나고, 곡선 $y=\sqrt{-kx+2k}-4$가 k의 값에 관계없이 점 $(2, -4)$를 지남을 이용한다.

풀이 $f(x)=-\sqrt{kx+2k}+4$, $g(x)=\sqrt{-kx+2k}-4$로 놓으면

$f(x)=-\sqrt{k(x+2)}+4$이므로 곡선 $y=f(x)$는 k의 값에 관계없이 점 $(-2, 4)$를 지나고, $g(x)=\sqrt{-k(x-2)}-4$이므로 곡선 $y=g(x)$는 k의 값에 관계없이 점 $(2, -4)$를 지난다.

ㄱ. $f(-x)=-\sqrt{-kx+2k}+4$

$=-(\sqrt{-kx+2k}-4)$

$=-g(x)$

이므로

$g(x)=-f(-x)$

따라서 두 곡선 $y=f(x)$, $y=g(x)$는 원점에 대하여 대칭이다. (참)

ㄴ. $k<0$이면 두 곡선 $y=f(x)$, $y=g(x)$는 오른쪽 그림과 같으므로 두 곡선은 만나지 않는다. (거짓)

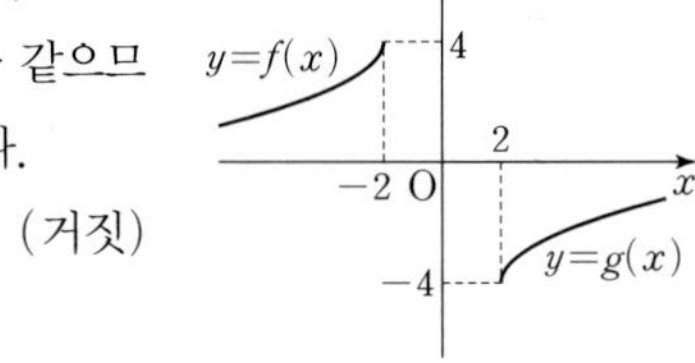

ㄷ. (i) $k<0$일 때

ㄴ에 의하여 두 곡선은 만나지 않는다.

(ii) $k>0$일 때

ㄱ에서 두 곡선은 원점에 대하여 대칭이고 k의 값이 커질수록 곡선 $y=f(x)$는 직선 $y=4$와 멀어지고 곡선 $y=g(x)$는 직선 $y=-4$와 멀어진다.

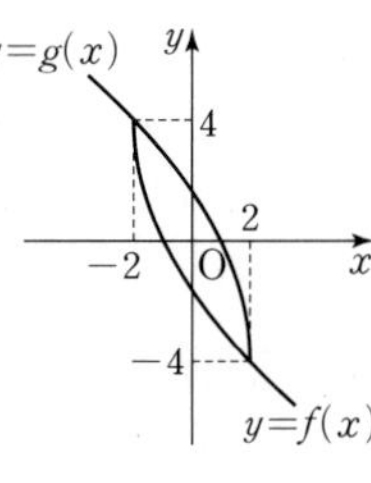

따라서 두 곡선이 서로 다른 두 점에서 만나도록 하는 k의 값은 위의 그림과 같이 곡선 $y=f(x)$가 곡선 $y=g(x)$ 위의 점 $(2, -4)$를 지날 때 최대이다.

$-4=-\sqrt{2k+2k}+4$에서

$\sqrt{4k}=8$, $4k=64$

$\therefore k=16$

(i), (ii)에 의하여 k의 최댓값은 16이다. (참)

따라서 옳은 것은 ㄱ, ㄷ이다. 답 ④

1등급 노트 무리함수의 그래프의 개형

(1) 무리함수 $y=\sqrt{ax}$ $(a>0)$의 그래프는 a의 값이 커질수록 x축에서 멀어진다.

(2) 함수 $y=\sqrt{a(x-p)}+q$ $(a>0)$의 그래프는 a의 값이 커질수록 직선 $y=q$에서 멀어진다.

(1)

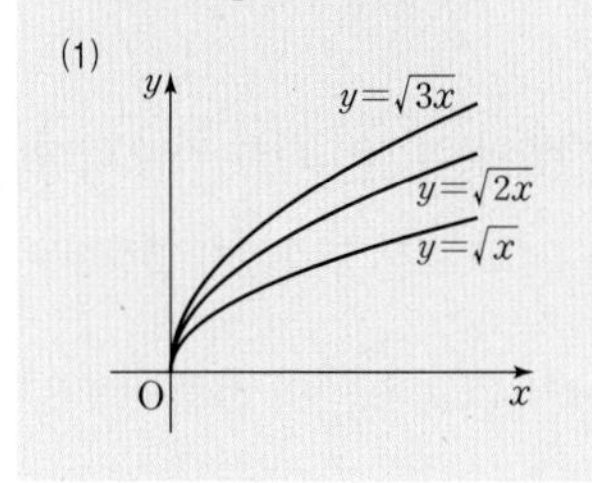

(2)

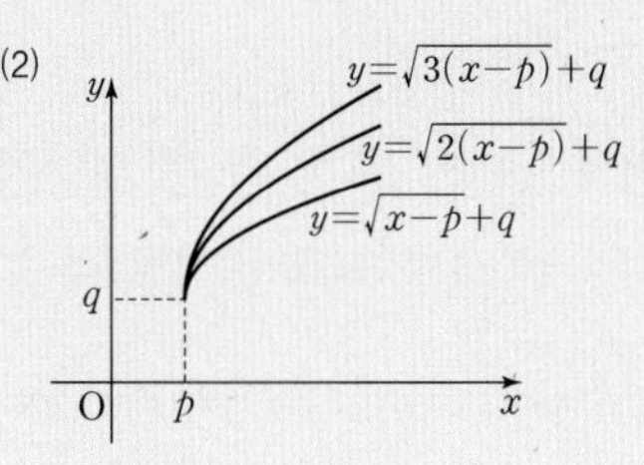

3-1 전략 함수 $y=f(x)$의 그래프가 원점에 대하여 대칭임을 이용하여 $a>0$인 경우와 $a<0$인 경우로 나누어 함수 $y=f(x)$의 그래프를 그려 본다.

풀이 ㄱ. 두 함수

$y=a\sqrt{x-1}+2$, $y=-a\sqrt{-x-1}-2$

의 그래프는 원점에 대하여 대칭이다.

또, $-1<x<1$에서 직선 $y=2x$도 원점에 대하여 대칭이므로 함수 $y=f(x)$의 그래프는 원점에 대하여 대칭이다.

즉, 모든 실수 x에 대하여

$f(-x)=-f(x)$ (참)

ㄴ. $a>0$일 때, 함수 $y=f(x)$의 그래프와 직선 $y=x$는 오른쪽 그림과 같다.

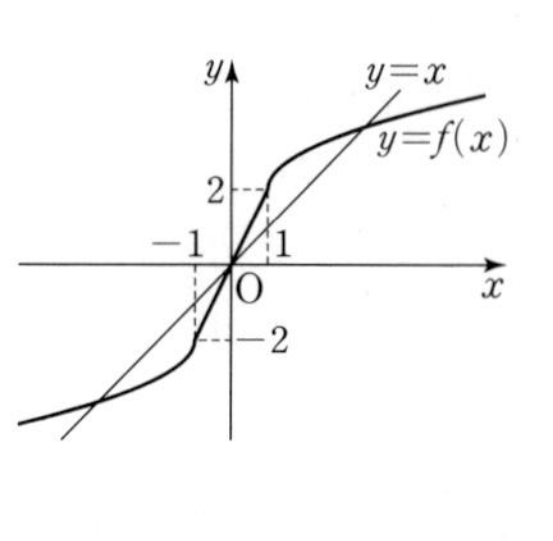

따라서 함수 $y=f(x)$의 그래프와 직선 $y=x$가 서로 다른 세 점에서 만나므로 방정식 $f(x)=x$는 서로 다른 세 실근을 갖는다. (참)

ㄷ. $a<0$일 때, 함수 $y=f(x)$의 그래프는 오른쪽 그림과 같다.

한편, $a=-2$일 때

$$f(x)=\begin{cases} -2\sqrt{x-1}+2 & (x\ge1) \\ 2x & (-1<x<1) \\ 2\sqrt{-x-1}-2 & (x\le-1) \end{cases}$$

$x\ge1$일 때, $-2\sqrt{x-1}+2=0$에서

$\sqrt{x-1}=1$, $x-1=1$ $\quad\therefore x=2$

ㄱ에 의하여 $f(-2)=-f(2)=0$이므로 방정식 $f(x)=0$의 세 실근은 $x=-2$ 또는 $x=0$ 또는 $x=2$

따라서 $a<-2$일 때, 방정식 $f(x)=0$의 양의 실근을 α라 하면 $1<\alpha<2$이고, 방정식 $f(x)=0$의 세 실근은

$x=-\alpha$ 또는 $x=0$ 또는 $x=\alpha$

즉, 방정식 $(f\circ f)(x)=f(f(x))=0$에서

$f(x)=-\alpha$ 또는 $f(x)=0$ 또는 $f(x)=\alpha$

이때 $1<\alpha<2$이므로 방정식 $(f\circ f)(x)=0$의 서로 다른 실근의 개수는 함수 $y=f(x)$의 그래프와 세 직선 $y=-\alpha$, $y=0$, $y=\alpha$의 교점의 개수와 같다.

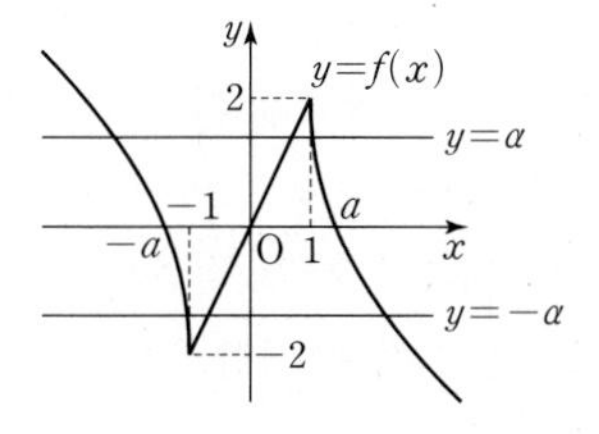

방정식 $f(x)=-\alpha$의 서로 다른 실근의 개수는 3,

방정식 $f(x)=0$의 서로 다른 실근의 개수는 3,

방정식 $f(x)=\alpha$의 서로 다른 실근의 개수는 3

이므로 방정식 $(f\circ f)(x)=0$의 서로 다른 실근의 개수는 9이다. (거짓)

따라서 옳은 것은 ㄱ, ㄴ이다. 답 ②

4 전략 $y=\sqrt{|x|}=\begin{cases} \sqrt{x} & (x\ge0) \\ \sqrt{-x} & (x<0) \end{cases}$임을 이용하여 함수 $y=\sqrt{|x+1|}$의 그래프를 그린다.

풀이 $y=\sqrt{|x|}=\begin{cases} \sqrt{x} & (x\ge0) \\ \sqrt{-x} & (x<0) \end{cases}$이므로 함수 $y=\sqrt{|x|}$의 그래프는 오른쪽 그림과 같고, 함수 $y=\sqrt{|x+1|}$의 그래프는 함수 $y=\sqrt{|x|}$의 그래프를 x축의 방향으로 -1만큼 평행이동한 그래프이다.

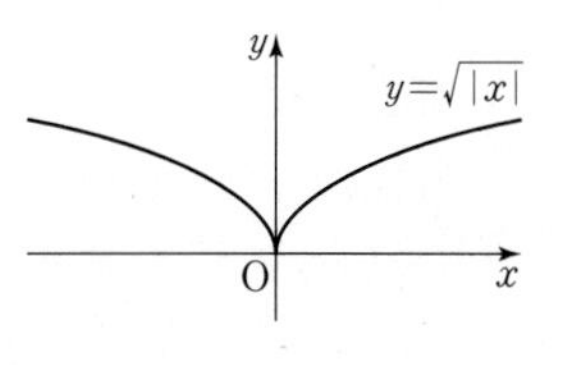

이때 $n(A\cap B)=3$, 즉 함수 $y=\sqrt{|x+1|}$의 그래프와 직선 $y=ax$가 세 점에서 만나려면 오른쪽 그림과 같이 $x<-1$에서 함수 $y=\sqrt{-x-1}$과 직선 $y=ax$가 두 점에서 만나야 한다.

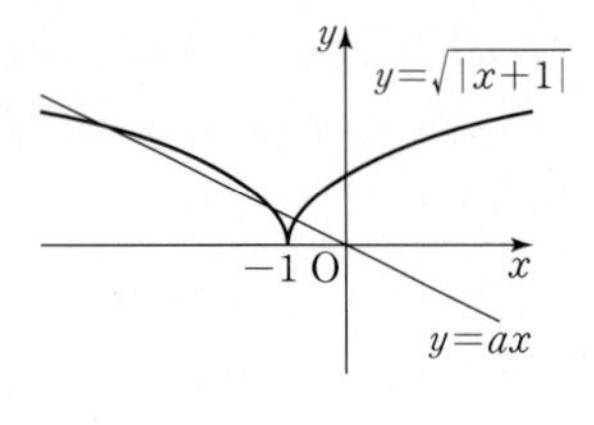

즉, $a<0$이어야 하고 a의 값이 함수 $y=\sqrt{-x-1}$의 그래프와 직선 $y=ax$가 접할 때의 기울기보다 커야 한다.

$\sqrt{-x-1}=ax$에서 $-x-1=a^2x^2$

$a^2x^2+x+1=0$

이 이차방정식이 중근을 가져야 하므로 이 이차방정식의 판별식을 D라 하면

$D=1-4a^2=0$, $a^2=\frac{1}{4}$

$a<0$이므로 $a=-\frac{1}{2}$

따라서 함수 $y=\sqrt{|x+1|}$의 그래프와 직선 $y=ax$가 세 점에서 만나기 위한 a의 값의 범위는 $-\frac{1}{2}<a<0$ 답 ③

4-1 **전략** 함수 $y=f(x)$의 그래프는 $x\geq1$에서는 함수 $y=\sqrt{x-1}-2$의 그래프와 같고, $x\leq-1$에서는 $x\geq1$에서의 그래프를 y축에 대칭이동하여 그린 그래프임을 이용한다.

풀이 $|x|-1\geq0$이어야 하므로 $|x|\geq1$

$\therefore x\leq-1$ 또는 $x\geq1$

즉, 함수 $f(x)$의 정의역은

$\{x|x\leq-1$ 또는 $x\geq1\}$

이때 함수 $y=f(x)$의 그래프는 $x\geq1$에서는 함수 $y=\sqrt{x-1}-2$의 그래프와 같고 $x\leq-1$에서는 $x\geq1$에서의 그래프를 y축에 대하여 대칭이동하여 그린 그래프이다. 또, 직선 $y=|x|+k$는 직선 $y=|x|$를 y축의 방향으로 k만큼 평행이동한 것으로 다음 그림과 같다.

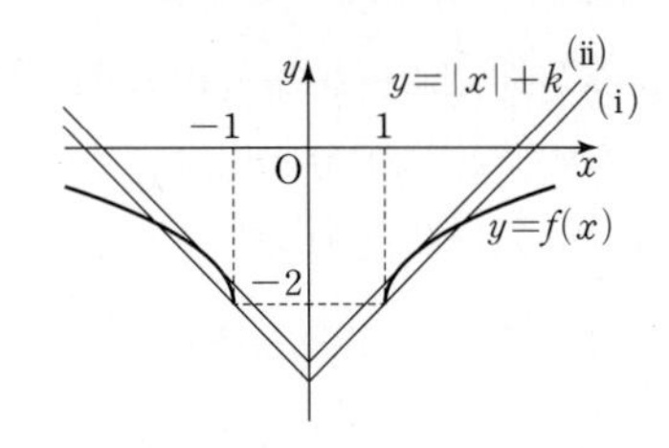

함수 $y=f(x)$의 그래프가 직선 $y=|x|+k$와 서로 다른 네 점에서 만나려면 직선 $y=|x|+k$가 위의 그림의 (i)과 같거나 (i)과 (ii) 사이에 있어야 한다.

(i) 직선 $y=|x|+k$가 점 $(1, -2)$ 또는 $(-1, -2)$를 지날 때
$-2=1+k$에서 $k=-3$

(ii) 직선 $y=|x|+k$가 함수 $y=f(x)$의 그래프와 접할 때, 즉
직선 $y=x+k$가 함수 $y=\sqrt{x-1}-2$의 그래프와 접하거나
직선 $y=-x+k$가 함수 $y=\sqrt{-x-1}-2$의 그래프와 접할 때
$x+k=\sqrt{x-1}-2$에서 $x+(k+2)=\sqrt{x-1}$
양변을 제곱하여 정리하면
$x^2+2(k+2)x+(k+2)^2=x-1$
$x^2+(2k+3)x+(k^2+4k+5)=0$
이 이차방정식이 중근을 가져야 하므로 이 이차방정식의 판별식을 D라 하면
$D=(2k+3)^2-4(k^2+4k+5)=0$
$-4k-11=0$ $\therefore k=-\frac{11}{4}$

(i), (ii)에 의하여 조건을 만족시키는 실수 k의 값의 범위는

$-3\leq k<-\frac{11}{4}$

따라서 $\alpha=-3$, $\beta=-\frac{11}{4}$이므로

$\beta-\alpha=-\frac{11}{4}-(-3)=\frac{1}{4}$ 답 ①

참고 함수 $f(x)=\sqrt{|x|-1}-2$의 그래프는 $x\geq0$인 부분인 $y=\sqrt{x-1}-2$의 그래프를 그린 후 $x<0$인 부분은 $x\geq0$인 부분을 y축에 대하여 대칭이동하여 그릴 수 있다.

5 **전략** 조건을 만족시키는 함수 $y=f(x)$의 그래프를 그리고 직선 $y=ax+1$이 a의 값에 관계없이 점 $(0, 1)$을 지남을 이용한다.

풀이 조건 (나)에서

$f(x+4)=f(x)+2$ ...... ㉠

㉠의 양변에 x 대신 $x-4$를 대입하면

$f(x)=f(x-4)+2$

함수 $y=f(x-4)+2$의 그래프는 함수 $y=f(x)$의 그래프를 x축의 방향으로 4만큼, y축의 방향으로 2만큼 평행이동한 그래프이다. 이 그래프가 함수 $y=f(x)$의 그래프와 같고, 조건 (가)에 의하여 함수 $y=f(x)$의 그래프는 다음 그림과 같다.

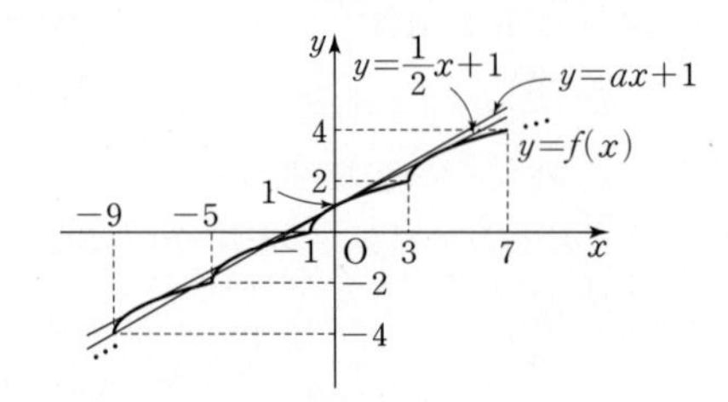

이때 직선 $y=ax+1$은 a의 값에 관계없이 점 $(0, 1)$을 지나고, 함수 $y=f(x)$의 그래프는 직선 $y=\frac{1}{2}x+1$과 모든 구간에서 접한다.

함수 $y=f(x)$의 그래프와 직선 $y=ax+1$ $\left(a>\frac{1}{2}\right)$이 서로 다른 다섯 점에서 만나려면 위의 그림과 같이 직선 $y=ax+1$이 점 $(-9, -4)$를 지나야 한다.

즉, $-4=-9a+1$에서 $a=\frac{5}{9}$

따라서 $p=9$, $q=5$이므로

$p+q=9+5=14$ 답 ④

참고 함수 $y=f(x)$의 그래프는 조건 (가), (나)에 의하여

$\cdots$, $(-9, -4)$, $(-5, -2)$, $(-1, 0)$, $(3, 2)$, $(7, 4)$, $\cdots$

를 지나고, 이 점들을 지나는 직선의 방정식은 $y=\frac{1}{2}x+\frac{1}{2}$이다.

이때 함수 $y=f(x)$의 그래프가 $-1\leq x\leq3$에서 직선 $y=\frac{1}{2}x+a$와 접할 때의 a의 값을 구하면 $\sqrt{x+1}=\frac{1}{2}x+a$에서

$x+1=\left(\frac{1}{2}x+a\right)^2$, $x+1=\frac{1}{4}x^2+ax+a^2$

$\frac{1}{4}x^2+(a-1)x+a^2-1=0$

이 이차방정식이 중근을 가져야 하므로 이 이차방정식의 판별식을 D라 하면

$D=(a-1)^2-4\times\frac{1}{4}\times(a^2-1)=0$, $-2a+2=0$

$\therefore a=1$

즉, 함수 $y=f(x)$의 그래프와 직선 $y=\frac{1}{2}x+1$은 접한다.

5-1 **전략** 함수 $y=f(x)$의 그래프를 그리고, 자연수 n의 값에 따른 교점의 개수를 관찰한다.

풀이 조건 (가), (나)에 의하여 함수 $f(x)$의 주기는 4이므로 함수 $y=f(x)$의 그래프는 다음 그림과 같다.

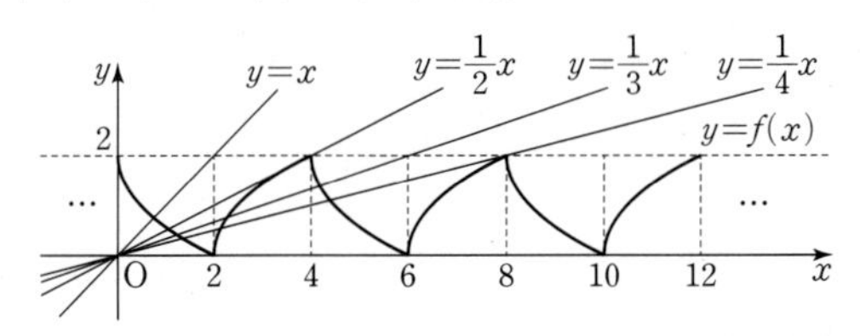

$n=1$일 때, 직선 $y=x$는 점 $(2, 2)$를 지나므로 $g(1)=1$

$n=2$일 때, $\sqrt{2x-4}=\frac{1}{2}x$에서

$2\sqrt{2x-4}=x$

양변을 제곱하여 정리하면

$x^2-8x+16=0$

$(x-4)^2=0$ $\quad\therefore x=4$

즉, 직선 $y=\frac{1}{2}x$는 함수 $y=f(x)$의 그래프와 점 $(4, 2)$에서 접하므로 $g(2)=2$

$n=3$일 때, 직선 $y=\frac{1}{3}x$는 점 $(6, 2)$를 지나므로 $g(3)=3$

$n=4$일 때, 직선 $y=\frac{1}{4}x$는 점 $(8, 2)$를 지나므로 $g(4)=4$

⋮

즉, 자연수 n에 대하여

$g(n)=n$

$g(a)g(b)=12$에서 $ab=12$이므로 두 자연수 a, b의 값과 $a+b$의 값을 표로 나타내면 다음과 같다.

a	1	2	3	4	6	12
b	12	6	4	3	2	1
$a+b$	13	8	7	7	8	13

따라서 $A=\{7, 8, 13\}$이므로 집합 A의 모든 원소의 합은

$7+8+13=28$ **답** 28

6 **전략** 함수 $y=\sqrt{x}$의 그래프는 함수 $y=x^2\ (x\le 0)$의 그래프를 y축에 대하여 대칭이동한 후 직선 $y=x$에 대하여 대칭이동한 그래프와 일치함을 이용한다.

풀이 함수 $y=f(x)$의 그래프와 직선 $x+3y-10=0$으로 둘러싸인 부분의 넓이를 S라 하자.

함수 $y=\sqrt{x}$의 그래프는 함수 $y=x^2\ (x\le 0)$의 그래프를 y축에 대하여 대칭이동한 후 직선 $y=x$에 대하여 대칭이동한 그래프와 일치한다.

즉, 오른쪽 그림과 같이 S'의 영역과 S''의 영역의 넓이는 서로 같으므로 구하는 넓이는 삼각형 OAB의 넓이와 같다.

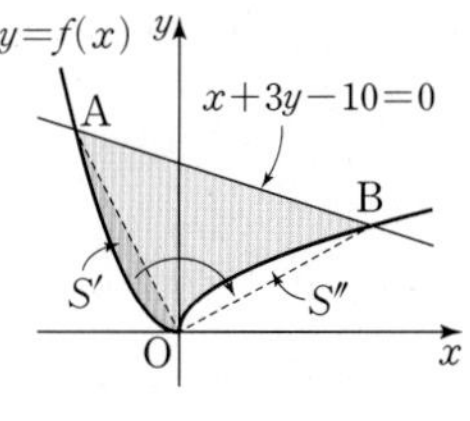

삼각형 OAB에서 밑변을 $\overline{AB}$라 하면

$\overline{AB}=\sqrt{(4+2)^2+(2-4)^2}$

$=2\sqrt{10}$

높이는 원점과 직선 $x+3y-10=0$ 사이의 거리와 같으므로

$\frac{|0+3\times0-10|}{\sqrt{1^2+3^2}}=\sqrt{10}$

$\therefore S=\frac{1}{2}\times2\sqrt{10}\times\sqrt{10}=10$ **답** 10

다른풀이 직선 $x+3y-10=0$이 y축과 만나는 점을 C라 하면

$C\left(0, \frac{10}{3}\right)$

점 C를 직선 $y=x$에 대하여 대칭이동한 점을 $C'\left(\frac{10}{3}, 0\right)$이라 하고 점 B에서 x축에 내린 수선의 발을 H라 하자.

오른쪽 그림과 같이 S'의 영역과 S''의 영역의 넓이는 서로 같으므로 S의 값은 사다리꼴 COHB의 넓이에서 삼각형 BC′H의 넓이를 뺀 것과 같다.

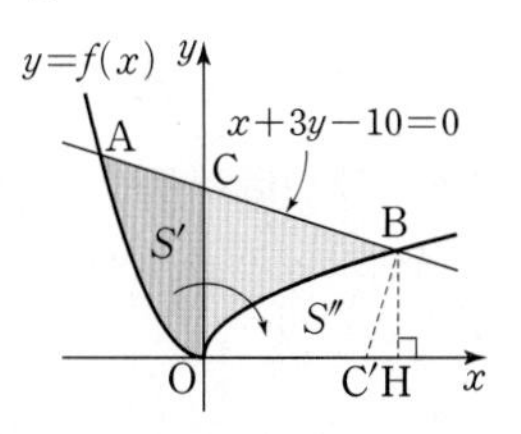

(사다리꼴 COHB의 넓이)

$=\frac{1}{2}\times\left(2+\frac{10}{3}\right)\times4=\frac{32}{3}$

(삼각형 BC′H의 넓이)$=\frac{1}{2}\times\left(4-\frac{10}{3}\right)\times2=\frac{2}{3}$

$\therefore S=\frac{32}{3}-\frac{2}{3}=10$

6-1 **전략** 함수 $y=g(x)$의 그래프는 함수 $y=f(x)\ (x\le 0)$의 그래프를 y축에 대하여 대칭이동한 후 직선 $y=x$에 대하여 대칭이동한 그래프와 일치함을 이용한다.

풀이 함수 $y=g(x)$의 그래프는 함수 $y=f(x)\ (x\le 0)$의 그래프를 y축에 대하여 대칭이동한 후 직선 $y=x$에 대하여 대칭이동한 그래프와 일치한다.

점 A의 좌표를 (a, b)로 놓으면 점 A를 y축에 대하여 대칭이동한 점은 $(-a, b)$이고, 이 점을 직선 $y=x$에 대하여 대칭이동한 점은 $(b, -a)$이다.

즉, $B(b, -a)$이므로

$\overline{OA}=\overline{OB}$

또, 직선 OA의 기울기는 $\frac{b}{a}$, 직선 OB의 기울기가 $-\frac{a}{b}$이므로

$\frac{b}{a}\times\left(-\frac{a}{b}\right)=-1$

즉, 두 직선 OA, OB는 수직이다.

원점에서 함수 $y=g(x)$의 그래프에 그은 접선의 방정식을 $y=mx$ (m은 상수)로 놓으면

$\sqrt{x-1}=mx$에서 $x-1=m^2x^2$

$\therefore m^2x^2-x+1=0 \quad \cdots\cdots ㉠$

이 이차방정식이 중근을 가져야 하므로 이 이차방정식의 판별식을 D라 하면

$D=1-4m^2=0,\ m^2=\frac{1}{4}$

$m>0$이므로 $m=\frac{1}{2}$

$m=\frac{1}{2}$을 ㉠에 대입하여 정리하면

$\frac{1}{4}(x-2)^2=0 \quad \therefore x=2$

즉, 점 B의 좌표는 $(2, 1)$이고, 점 A의 좌표는 $(-1, 2)$이므로

$\overline{OA}=\overline{OB}=\sqrt{2^2+1^2}=\sqrt{5}$

따라서 삼각형 OAB의 넓이는

$\frac{1}{2}\times\sqrt{5}\times\sqrt{5}=\frac{5}{2}$ 답 $\frac{5}{2}$

7 **전략** 두 함수 $f(x)$, $g(x)$가 서로 역함수임을 이용한다.

풀이 $y=\frac{1}{5}x^2+\frac{1}{5}k\ (x\geq0)$로 놓으면

$x^2=5y-k \quad \therefore x=\sqrt{5y-k}\left(y\geq\frac{k}{5}\right)$

x와 y를 서로 바꾸면 $y=\sqrt{5x-k}\left(x\geq\frac{k}{5}\right)$

즉, 두 함수 $f(x)$, $g(x)$는 서로 역함수 관계에 있으므로 두 함수 $y=f(x)$, $y=g(x)$의 그래프의 교점은 함수 $y=f(x)$의 그래프와 직선 $y=x$의 교점과 같다.

$\frac{1}{5}x^2+\frac{1}{5}k=x$에서 $x^2-5x+k=0$

이 이차방정식이 음이 아닌 서로 다른 두 실근을 가져야 하므로 이 이차방정식의 판별식을 D라 하면

$D=(-5)^2-4k>0,\ 25-4k>0 \quad \therefore k<\frac{25}{4}$

또, 이차방정식의 근과 계수의 관계에 의하여 두 근의 곱은 k이므로 $k\geq0$

$\therefore 0\leq k<\frac{25}{4}$

따라서 정수 k는 $0, 1, 2, \cdots, 6$의 7개이다. 답 ②

개념 연계 / 수학 상 **이차방정식의 실근의 부호**

계수가 실수인 이차방정식 $ax^2+bx+c=0$의 두 실근을 α, β라 하고, 판별식을 D라 할 때

(1) 두 근이 모두 양수이면 $D\geq0,\ \alpha+\beta>0,\ \alpha\beta>0$

(2) 두 근이 모두 음수이면 $D\geq0,\ \alpha+\beta<0,\ \alpha\beta>0$

(3) 두 근이 서로 다른 부호이면 $\alpha\beta<0$

7-1 **전략** 두 함수 $y=f(x)$, $y=g(x)$의 그래프가 서로 다른 두 점에서 만려면 함수 $y=f(x)$의 그래프가 직선 $y=x$와 서로 다른 두 점에서 만나야 함을 이용한다.

풀이 두 함수 $y=f(x)$, $y=g(x)$의 그래프가 서로 다른 두 점에서 만나려면 함수 $y=f(x)$의 그래프가 직선 $y=x$와 서로 다른 두 점에서 만나야 한다.

$2\sqrt{x-3}+k=x$에서

$2\sqrt{x-3}=x-k,\ 4(x-3)=x^2-2kx+k^2$

$x^2-2(k+2)x+k^2+12=0 \quad \cdots\cdots ㉠$

이 이차방정식이 서로 다른 두 실근을 가져야 하므로 이 이차방정식의 판별식을 D라 하면

$\frac{D}{4}=(k+2)^2-(k^2+12)>0$

$4k-8>0 \quad \therefore k>2$

이때 함수 $y=f(x)$의 그래프는 항상 점 $(3, k)$를 지나므로 오른쪽 그림과 같다.

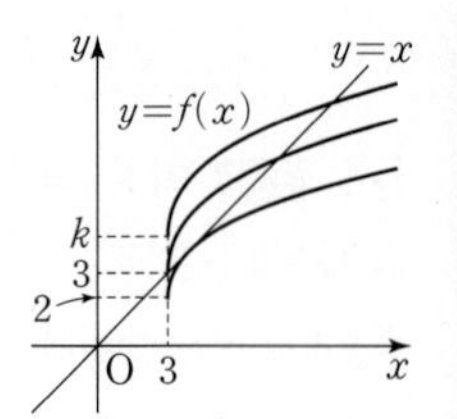

$k>3$이면 함수 $y=f(x)$의 그래프와 직선 $y=x$가 한 점에서 만나므로 함수 $y=f(x)$의 그래프와 직선 $y=x$가 서로 다른 두 점에서 만나도록 하는 k의 값의 범위는 $2<k\leq3$

이때 함수 $y=f(x)$와 직선 $y=x$가 만나는 두 점 A, B에 대하여 $k=3$일 때 선분 AB의 길이가 최대가 된다.

㉠에 $k=3$을 대입하면

$x^2-10x+21=0,\ (x-3)(x-7)=0$

$\therefore x=3$ 또는 $x=7$

즉, 두 교점의 좌표가 $(3, 3)$, $(7, 7)$이므로 선분 AB의 길이의 최댓값은

$\sqrt{(7-3)^2+(7-3)^2}=4\sqrt{2}$ 답 ③

8 **전략** 함수 $f(x)$를 x의 값의 범위에 따라 나누어 정리하고 정의역에 유의하여 함수 $g(x)$의 역함수를 구한다.

풀이 $f(x)=\begin{cases}-3 & (x\leq-2)\\ 2x+1 & (-2<x<1)\\ 3 & (x\geq1)\end{cases}$

$y=\sqrt{x+3}-1$로 놓으면

$y+1=\sqrt{x+3}$에서 $(y+1)^2=x+3$

$\therefore x=y^2+2y-2\ (y\geq-1)$

x와 y를 서로 바꾸면

$y=x^2+2x-2\ (x\geq-1)$

$\therefore g^{-1}(x)=x^2+2x-2\ (x\geq-1)$

$\therefore (f\circ g^{-1})(x)=\begin{cases}-3 & (g^{-1}(x)\leq-2)\\ 2g^{-1}(x)+1 & (-2<g^{-1}(x)<1)\\ 3 & (g^{-1}(x)\geq1)\end{cases}$

$=\begin{cases}-3 & (-1\leq x\leq0)\\ 2x^2+4x-3 & (0<x<1)\\ 3 & (x\geq1)\end{cases}$

따라서 함수 $y=(f\circ g^{-1})(x)$의 그래프는 오른쪽 그림과 같으므로 그래프의 개형으로 옳은 것은 ②이다.

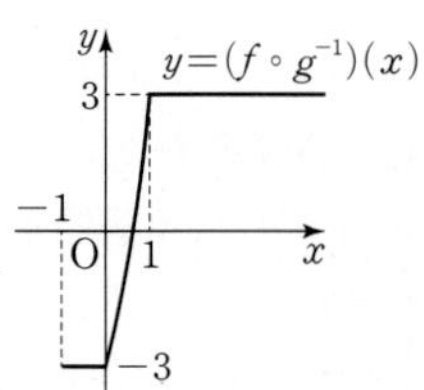

답 ②

주의 합성함수 $(f\circ g^{-1})(x)$의 식을 구할 때 $g^{-1}(x)$의 범위에 주의한다.

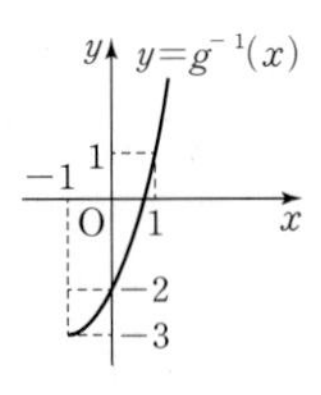

함수 $y=g^{-1}(x)$의 그래프는 오른쪽 그림과 같으므로

$-1\le x\le 0$일 때, $g^{-1}(x)\le -2$

$0<x<1$일 때, $-2<g^{-1}(x)<1$

$x\ge 1$일 때, $g^{-1}(x)\ge 1$

8-1 **전략** 합성함수 $g^{-1}\circ f$가 정의되기 위해서는 함수 $f(x)$의 치역이 함수 $g^{-1}(x)$의 정의역의 부분집합이어야 함을 이용한다.

풀이 함수 $y=f(x)$의 그래프는 오른쪽 그림과 같다.

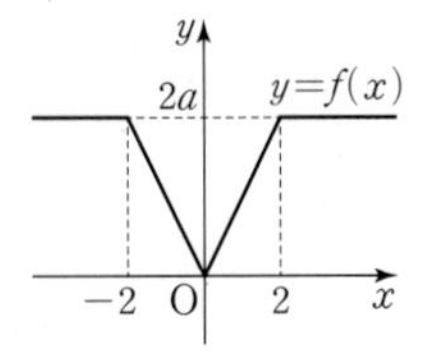

한편, $y=4-\sqrt{x}$로 놓으면 $y-4=-\sqrt{x}$에서

$(y-4)^2=x\ (y\le 4)$

x와 y를 서로 바꾸면

$y=(x-4)^2\ (x\le 4)$

$\therefore g^{-1}(x)=(x-4)^2\ (x\le 4)$

이때 함수 $f(x)$의 치역은 $\{y\mid 0\le y\le 2a\}$이고, 함수 $g^{-1}(x)$의 정의역은 $\{x\mid x\le 4\}$이므로 합성함수 $g^{-1}\circ f$가 정의되기 위해서는 함수 $f(x)$의 치역이 함수 $g^{-1}(x)$의 정의역의 부분집합이어야 한다.

즉, $2a\le 4$에서

$0<a\le 2\ (\because a>0)$

$\therefore M=2$

$a=M$, 즉 $a=2$일 때, $f(x)=\begin{cases}2|x| & (|x|\le 2)\\ 4 & (|x|>2)\end{cases}$이므로

$(g^{-1}\circ f)(x)=g^{-1}(f(x))=\{f(x)-4\}^2$

$=\begin{cases}(2|x|-4)^2 & (|x|\le 2)\\ 0 & (|x|>2)\end{cases}$

따라서 함수 $y=(g^{-1}\circ f)(x)$의 그래프는 오른쪽 그림과 같으므로 합성함수 $y=(g^{-1}\circ f)(x)$의 그래프와 x축으로 둘러싸인 부분의 내부에 속하는 점 중 x좌표와 y좌표가 모두 정수인 점은

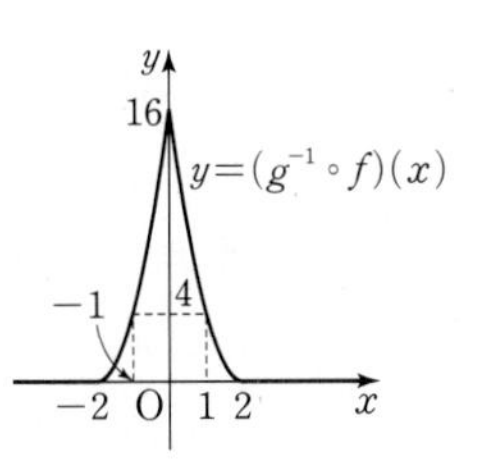

$x=1$일 때, $(1, 1)$, $(1, 2)$, $(1, 3)$의 3개

$x=0$일 때, $(0, 1)$, $(0, 2)$, $(0, 3)$, $\cdots$, $(0, 15)$의 15개

$x=-1$일 때, $(-1, 1)$, $(-1, 2)$, $(-1, 3)$의 3개

따라서 구하는 점의 개수는

$3+15+3=21$

답 21

9 **전략** 함수 $f(x)$가 실수 전체의 집합에서 일대일함수임을 이용한다.

풀이 조건 (가)에서 함수 f의 치역이 $\{y\mid y>2\}$이고, 조건 (나)에 의하여 함수 f는 일대일함수이다.

이때 $x>3$에서

$$f(x)=\frac{2x+3}{x-2}=\frac{2(x-2)+7}{x-2}=\frac{7}{x-2}+2$$

이므로 함수 $y=f(x)$의 그래프의 점근선의 방정식은

$x=2$, $y=2$

따라서 함수 $y=f(x)$의 그래프는 오른쪽 그림과 같다.

이때 $f(3)=9$에서 $a=9$

즉, $x\le 3$에서

$f(x)=\sqrt{3-x}+9$이므로

$f(2)=\sqrt{3-2}+9=10$

$f(2)f(k)=40$에서 $f(2)f(k)=10f(k)=40$

$\therefore f(k)=4$

$x>3$일 때, 함수 $f(x)=\dfrac{2x+3}{x-2}$의 치역이 $\{y\mid 2<y<9\}$이므로 $f(k)=4$를 만족시키는 k의 값의 범위는 $k>3$이고, 점 $(k, 4)$는 함수 $y=\dfrac{2x+3}{x-2}$의 그래프 위에 있다.

즉, $\dfrac{2k+3}{k-2}=4$에서 $2k+3=4k-8$

$\therefore k=\dfrac{11}{2}$

답 ⑤

9-1 **전략** 함수 $f(x)$가 실수 전체의 집합에서 일대일함수임을 이용한다.

풀이 $x\ge -1$에서 함수 $y=f(x)$의 그래프는 오른쪽 그림과 같다.

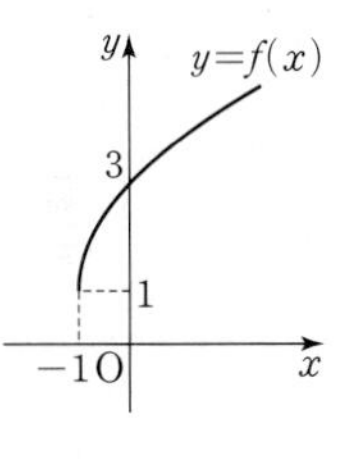

$x<-1$에서 $g(x)=\dfrac{ax+b}{x-1}$로 놓으면

$$g(x)=\frac{ax+b}{x-1}=\frac{a(x-1)+a+b}{x-1}$$

$$=\frac{a+b}{x-1}+a$$

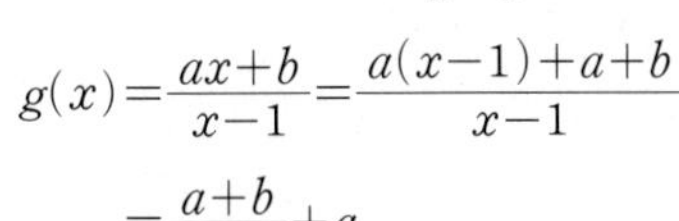

이므로 곡선 $y=g(x)$의 점근선의 방정식은

$x=1$, $y=a$

조건 (나)에 의하여 함수 $y=|f(x)|$의 그래프는 $x<-1$에서 $0\le |f(x)|<3$이어야 하고, 조건 (가)에 의하여 함수 $f(x)$는 일대일함수이므로 $x<-1$에서 함수 $f(x)$의 점근선이 $y=-3$이어야 한다.

$\therefore a=-3$

$g(-1)=\dfrac{3+b}{-2}=1$에서 $b=-5$

$\therefore g(x)=\dfrac{-3x-5}{x-1}$

이때 두 함수 $y=f(x)$, $y=|f(x)|$의 그래프는 다음 그림과 같다.

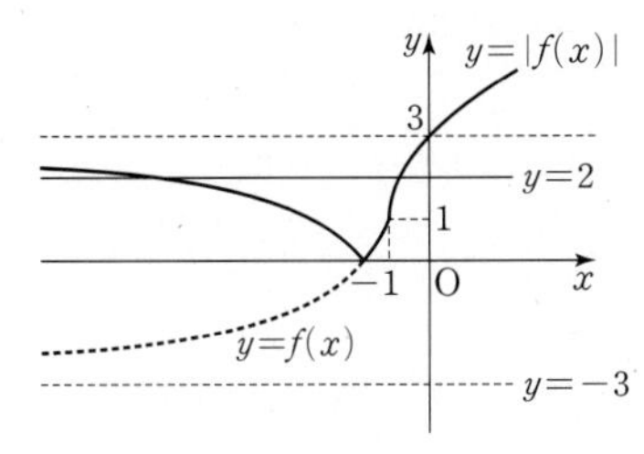

방정식 $|f(x)|=2$에서 $f(x)=2$ 또는 $f(x)=-2$

$x\ge -1$에서 $f(x)=2\sqrt{x+1}+1$이므로

$2\sqrt{x+1}+1=2$, $\sqrt{x+1}=\dfrac{1}{2}$

$x+1=\dfrac{1}{4}\qquad \therefore x=-\dfrac{3}{4}$

$x<-1$에서 $f(x)=\dfrac{-3x-5}{x-1}$이므로

$\frac{-3x-5}{x-1}=-2$, $3x+5=2x-2$ $\therefore x=-7$

따라서 방정식 $|f(x)|=2$의 모든 실근의 합은

$(-7)+\left(-\frac{3}{4}\right)=-\frac{31}{4}$ 답 $-\frac{31}{4}$

C Step 1등급 완성 최고난도 예상 문제

본문 58~61쪽

01 ②	02 99	03 ③	04 35	05 ③
06 9	07 ④	08 ②	09 9	10 ①
11 ②	12 ②	13 ④	14 ②	15 ②
16 ④	17 5	18 ⑤		

1등급 뛰어넘기

19 ④	20 34	21 ⑤	22 25

01 전략 $f(n)=\frac{1}{\sqrt{2n+1}+\sqrt{2n-1}}=\frac{\sqrt{2n+1}-\sqrt{2n-1}}{2}$임을 이용한다.

풀이 $f(n)=\frac{1}{\sqrt{2n+1}+\sqrt{2n-1}}$

$=\frac{\sqrt{2n+1}-\sqrt{2n-1}}{(\sqrt{2n+1}+\sqrt{2n-1})(\sqrt{2n+1}-\sqrt{2n-1})}$

$=\frac{\sqrt{2n+1}-\sqrt{2n-1}}{2}$

이므로

$f(1)+f(2)+f(3)+\cdots+f(n)$

$=\left(\frac{\sqrt{3}-1}{2}\right)+\left(\frac{\sqrt{5}-\sqrt{3}}{2}\right)+\left(\frac{\sqrt{7}-\sqrt{5}}{2}\right)+\cdots+\left(\frac{\sqrt{2n+1}-\sqrt{2n-1}}{2}\right)$

$=\frac{\sqrt{2n+1}-1}{2}$

즉, $5\le\frac{\sqrt{2k+1}-1}{2}<6$에서 $11\le\sqrt{2k+1}<13$

$121\le 2k+1<169$, $120\le 2k<168$

$\therefore 60\le k<84$

따라서 자연수 k는 60, 61, 62, $\cdots$, 83의 24개이다. 답 ②

02 전략 $a_n=\sqrt{n^2+n}-n$임을 이용한다.

풀이 $n^2<n^2+n<(n+1)^2$이므로 $n<\sqrt{n^2+n}<n+1$

$\therefore a_n=\sqrt{n^2+n}-n$

이때

$\frac{1-a_n}{a_n}=\frac{1}{a_n}-1=\frac{1}{\sqrt{n^2+n}-n}-1$

$=\frac{\sqrt{n^2+n}+n}{(\sqrt{n^2+n}-n)(\sqrt{n^2+n}+n)}-1$

$=\frac{\sqrt{n^2+n}+n}{n}-1$

$=\sqrt{\frac{n+1}{n}}$

이므로

$\frac{1-a_4}{a_4}\times\frac{1-a_5}{a_5}\times\frac{1-a_6}{a_6}\times\cdots\times\frac{1-a_k}{a_k}$

$=\sqrt{\frac{5}{4}}\times\sqrt{\frac{6}{5}}\times\sqrt{\frac{7}{6}}\times\cdots\times\sqrt{\frac{k+1}{k}}$

$=\sqrt{\frac{5}{4}\times\frac{6}{5}\times\frac{7}{6}\times\cdots\times\frac{k+1}{k}}$

$=\sqrt{\frac{k+1}{4}}$

즉, $\sqrt{\frac{k+1}{4}}=5$에서 $\frac{k+1}{4}=25$

$k+1=100$

$\therefore k=99$ 답 99

03 전략 $f(x)=\sqrt{kx+16}-1$로 놓고 조건을 만족시키려면 $f(1)\ge 2$, $f(2)\ge 1$, $f(3)\le 0$이어야 함을 이용한다.

풀이 $f(x)=\sqrt{kx+16}-1$로 놓으면 함수 $y=f(x)$의 그래프는 k의 값에 관계없이 점 $(0, 3)$을 지난다.

함수 $y=f(x)$의 그래프와 x축 및 y축으로 둘러싸인 영역의 경계 또는 내부에 포함되는 한 변의 길이가 1인 정사각형의 개수가 3이 되려면 오른쪽 그림과 같이

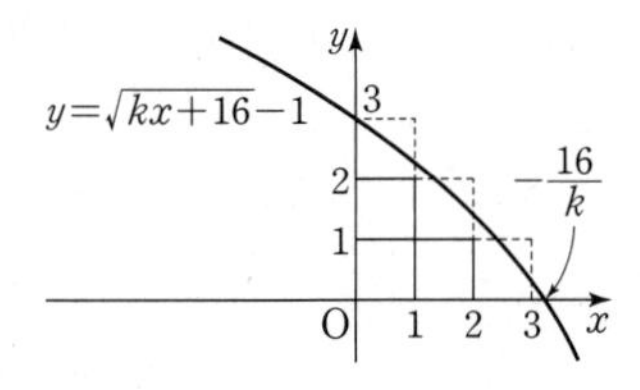

$f(1)\ge 2$, $1\le f(2)<2$, $f(3)<1$

이어야 한다.

$f(1)\ge 2$에서 $\sqrt{k+16}\ge 3$

$k+16\ge 9$ $\therefore k\ge -7$ $\cdots\cdots$ ㉠

$1\le f(2)<2$에서 $2\le\sqrt{2k+16}<3$

$4\le 2k+16<9$ $\therefore -6\le k<-\frac{7}{2}$ $\cdots\cdots$ ㉡

$f(3)<1$에서 $\sqrt{3k+16}<2$

$3k+16<4$ $\therefore k<-4$ $\cdots\cdots$ ㉢

㉠, ㉡, ㉢에 의하여 $-6\le k<-4$

따라서 음의 정수 k의 값은 -6, -5이므로 그 합은

$(-6)+(-5)=-11$ 답 ③

04 전략 주어진 조건을 만족시키려면 모든 자연수 n에 대하여 $\sqrt{kn}\le n\le\sqrt{2kn}$이어야 함을 이용한다.

풀이 함수 $y=\sqrt{kx}$의 그래프에서

$x=n$일 때 $y=\sqrt{kn}$, $x=2n$일 때 $y=\sqrt{2kn}$

함수 $y=\sqrt{kx}$의 그래프와 직선 $y=n$ $(n\le x\le 2n)$이 만나려면 $\sqrt{kn}\le n\le\sqrt{2kn}$이어야 한다.

즉, $kn\le n^2\le 2kn$에서 $\frac{n}{2}\le k\le n$

(i) $n=2m-1$ (m은 자연수)일 때

$m-\frac{1}{2}\le k\le 2m-1$에서 조건을 만족시키는 자연수 k의 값은

m, $m+1$, $\cdots$, $2m-1$이므로

$f(2m-1)=(2m-1)-m+1=m$

(ii) $n=2m$ (m은 자연수)일 때

$m \le k \le 2m$에서 조건을 만족시키는 자연수 k의 값은 m, $m+1$, $\cdots$, $2m$이므로

$f(2m)=2m-m+1=m+1$

(i), (ii)에 의하여

$f(1)+f(2)+f(3)+\cdots+f(10)$

$=\{f(1)+f(3)+f(5)+f(7)+f(9)\}$

$+\{f(2)+f(4)+f(6)+f(8)+f(10)\}$

$=(1+2+3+4+5)+(2+3+4+5+6)$

$=15+20=35$

답 35

05

전략 두 함수 $y=f(x)$, $y=g(x)$의 그래프가 만나려면 $g(4) \ge f(4)$이어야 함을 이용한다.

풀이 함수 $y=\sqrt{4-x}+1$의 그래프를 x축에 대하여 대칭이동한 그래프의 식은

$y=-\sqrt{4-x}-1$

이 함수의 그래프를 x축의 방향으로 a만큼, y축의 방향으로 b만큼 평행이동한 그래프의 식은

$y=-\sqrt{4-(x-a)}-1+b=-\sqrt{(4+a)-x}-1+b$

$\therefore g(x)=-\sqrt{(4+a)-x}-1+b$

이때 두 함수 $y=f(x)$, $y=g(x)$의 그래프가 만나려면 오른쪽 그림과 같이 $g(4) \ge f(4)$이어야 한다.

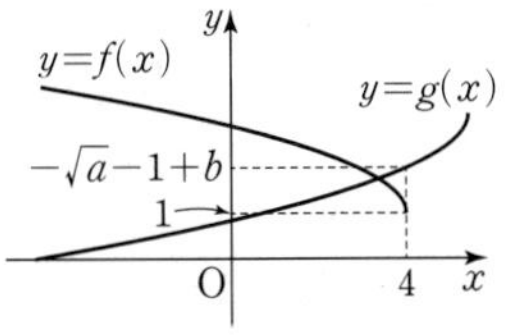

즉, $-\sqrt{a}-1+b \ge 1$에서

$b \ge \sqrt{a}+2$

이 부등식을 만족시키는 10 이하의 자연수 a, b의 순서쌍 (a, b)의 개수를 구하면 다음과 같다.

$a=1$일 때, $b \ge 3$이므로 순서쌍 (a, b)의 개수는 8

$a=2$, 3, 4일 때, $b \ge 4$이므로 순서쌍 (a, b)의 개수는 $3 \times 7=21$

$a=5$, 6, 7, 8, 9일 때, $b \ge 5$이므로 순서쌍 (a, b)의 개수는 $5 \times 6=30$

$a=10$일 때, $b \ge 6$이므로 순서쌍 (a, b)의 개수는 5

따라서 구하는 순서쌍 (a, b)의 개수는

$8+21+30+5=64$

답 ③

06

전략 함수 $g(x)$의 그래프를 x축의 방향으로 k만큼, y축의 방향으로 k만큼 평행이동한 함수의 그래프 위의 점 $(k+1, k)$가 직선 $y=x-1$ 위에 있음을 이용한다.

풀이 함수 $g(x)$의 그래프를 x축의 방향으로 k만큼, y축의 방향으로 k만큼 평행이동한 함수를 $h(x)$라 하면

$h(x)=2\sqrt{1-(x-k)}+k=2\sqrt{(k+1)-x}+k$

이때 함수 $y=h(x)$의 그래프는 항상 점 $(k+1, k)$를 지나고, 이 점은 직선 $y=x-1$ 위에 있다.

$\frac{1}{4}(x-2)^2+1=x-1$에서

$(x-2)^2+4=4x-4$, $x^2-8x+12=0$

$(x-2)(x-6)=0$

$\therefore x=2$ 또는 $x=6$

즉, 오른쪽 그림과 같이 함수 $y=f(x)$의 그래프와 직선 $y=x-1$의 교점을 A, B라 하면

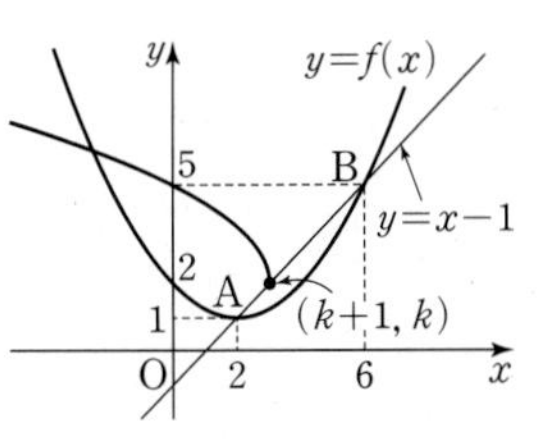

A$(2, 1)$, B$(6, 5)$

이때 함수 $h(x)$의 정의역이 $\{x|x \le k+1\}$이므로 함수 $y=h(x)$의 그래프가 함수 $y=f(x)$의 그래프와 한 점에서 만나려면 점 $(k+1, k)$가 두 점 A, B를 제외한 선분 AB 위에 있어야 한다.

즉, $2<k+1<6$에서

$1<k<5$

따라서 자연수 k의 값은 2, 3, 4이므로 그 합은

$2+3+4=9$

답 9

07

전략 $x>0$에서 함수 $y=\sqrt{x+|x|}$의 그래프와 직선 $y=mx+1$이 접할 때의 m의 값을 구한다.

풀이 직선 $y=mx+1$은 m의 값에 관계없이 점 $(0, 1)$을 지난다.

$y=\sqrt{x+|x|}=\begin{cases} \sqrt{2x} & (x \ge 0) \\ 0 & (x<0) \end{cases}$

이므로 함수 $y=\sqrt{x+|x|}$의 그래프는 오른쪽 그림과 같다.

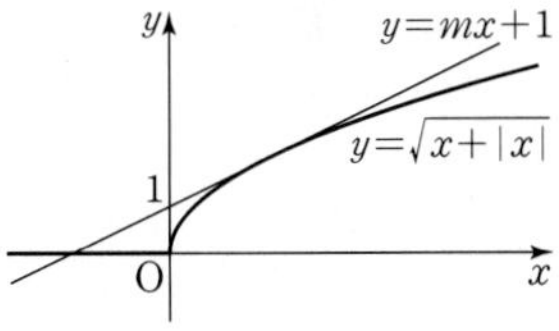

함수 $y=\sqrt{x+|x|}$의 그래프와 직선 $y=mx+1$이 서로 다른 세 점에서 만나려면 $m>0$이고, m의 값이 위의 그림과 같이 $x>0$에서 식선이 함수 $y=\sqrt{x+|x|}$의 그래프에 접할 때의 기울기보다 작아야 한다.

$x>0$에서 $y=\sqrt{x+|x|}=\sqrt{2x}$이므로

$\sqrt{2x}=mx+1$에서

$2x=m^2x^2+2mx+1$

$\therefore m^2x^2+2(m-1)x+1=0$

이 이차방정식이 중근을 가져야 하므로 이 이차방정식의 판별식을 D라 하면

$\frac{D}{4}=(m-1)^2-m^2=0$

$-2m+1=0$

$\therefore m=\frac{1}{2}$

즉, 구하는 m의 값의 범위는

$0<m<\frac{1}{2}$이므로

$\alpha=0$, $\beta=\frac{1}{2}$

$\therefore \alpha+\beta=0+\frac{1}{2}=\frac{1}{2}$

답 ④

08

전략 함수 $y=(f \circ f)(x)$의 그래프를 그려 본다.

풀이 $f(x)=\begin{cases} -2x+2 & (0 \le x \le 1) \\ x-1 & (1 \le x \le 2) \end{cases}$이므로

$(f\circ f)(x)=f(f(x))$

$$=\begin{cases}-2f(x)+2 & (0\le f(x)\le 1)\\ f(x)-1 & (1\le f(x)\le 2)\end{cases}$$

$$=\begin{cases}-2x+1 & \left(0\le x\le \frac{1}{2}\right)\\ 4x-2 & \left(\frac{1}{2}\le x\le 1\right)\\ -2x+4 & (1\le x\le 2)\end{cases}$$

함수 $y=\sqrt{x+1}+k$의 그래프 위의 점 $(-1,\ k)$는 직선 $x=-1$ 위에 있으므로 두 함수 $y=(f\circ f)(x)$, $y=\sqrt{x+1}+k$의 그래프는 다음 그림과 같다.

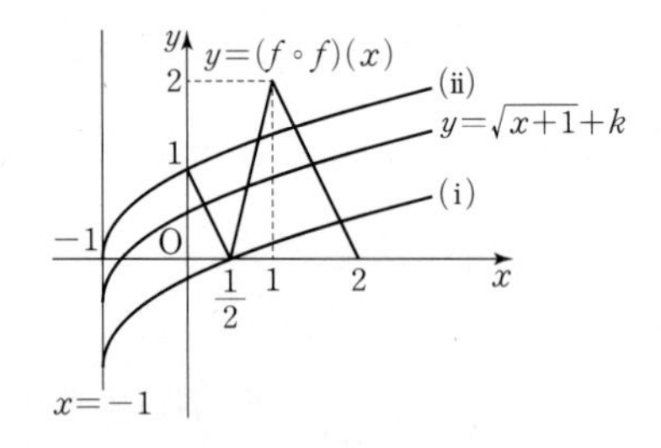

따라서 두 함수 $y=(f\circ f)(x)$, $y=\sqrt{x+1}+k$의 그래프가 서로 다른 세 점에서 만나려면 함수 $y=\sqrt{x+1}+k$의 그래프가 위의 그림의 (ii)와 같거나 (i)과 (ii) 사이에 있어야 한다.

(i) 함수 $y=\sqrt{x+1}+k$의 그래프가 점 $\left(\frac{1}{2},\ 0\right)$을 지날 때

$0=\sqrt{\frac{3}{2}}+k$에서 $k=-\frac{\sqrt{6}}{2}$

(ii) 함수 $y=\sqrt{x+1}+k$의 그래프가 점 $(0,\ 1)$을 지날 때

$1=1+k$에서 $k=0$

(i), (ii)에 의하여 조건을 만족시키는 실수 k의 값의 범위는

$-\frac{\sqrt{6}}{2}<k\le 0$

따라서 정수 k는 -1, 0의 2개이다. 답 ②

09 전략 함수 $y=\sqrt{2x}$의 그래프와 직선 $y=-x+4$의 교점의 좌표를 이용하여 점 B의 x좌표를 구한다.

풀이 $\sqrt{2x}=-x+4$에서

$2x=x^2-8x+16$, $x^2-10x+16=0$

$(x-2)(x-8)=0$

$\therefore x=2$ 또는 $x=8$

이때 $x\ge 0$이고 $-x+4\ge 0$, 즉 $0\le x\le 4$이어야 하므로 $x=2$

$\therefore \mathrm{A}(2,\ 2)$

점 D가 선분 OC의 중점이므로 점 B의 x좌표는 1이다.

$\therefore \mathrm{B}(1,\ \sqrt{k})$

이때 점 B는 직선 $y=-x+4$ 위의 점이므로

$\sqrt{k}=-1+4=3$

$\therefore k=9$ 답 9

10 전략 점 P의 좌표를 $(k^2,\ k)$로 놓으면 점 Q의 좌표는 $(8-k^2,\ k)$임을 이용한다.

풀이 $\sqrt{x}=\sqrt{8-x}$에서 $x=8-x$ $\therefore x=4$

$\therefore \mathrm{A}(4,\ 2)$, $\mathrm{H}(4,\ 0)$

점 P의 y좌표가 k이므로 점 P의 좌표를 $(k^2,\ k)$로 놓으면 두 함수 $y=\sqrt{x}$, $y=\sqrt{8-x}$의 그래프가 직선 $x=4$에 대하여 대칭이므로 점 Q의 좌표는 $(8-k^2,\ k)$이다.

$\therefore \overline{\mathrm{PQ}}=(8-k^2)-k^2=8-2k^2$

삼각형 PQH가 한 변의 길이가 $8-2k^2$인 정삼각형이고 그 높이가 k이므로

$\frac{\sqrt{3}}{2}\times(8-2k^2)=k$

$\sqrt{3}(4-k^2)=k$, $\sqrt{3}k^2+k-4\sqrt{3}=0$

$\therefore k=\frac{-1\pm\sqrt{1+4\times\sqrt{3}\times 4\sqrt{3}}}{2\sqrt{3}}=\frac{-1\pm 7}{2\sqrt{3}}$

즉, $k=\frac{6}{2\sqrt{3}}=\sqrt{3}$ 또는 $k=\frac{-8}{2\sqrt{3}}=-\frac{4\sqrt{3}}{3}$이므로

$k=\sqrt{3}$ ($\because 0<k<2$)

따라서 삼각형 PQH는 한 변의 길이가 $8-2\times 3=2$인 정삼각형이므로 그 넓이는

$\frac{\sqrt{3}}{4}\times 2^2=\sqrt{3}$ 답 ①

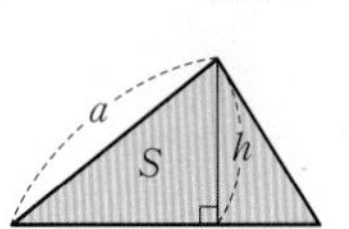

참고 한 변의 길이가 a인 정삼각형의 높이 h와 넓이 S는 다음과 같다.

(1) $h=\frac{\sqrt{3}}{2}a$ (2) $S=\frac{\sqrt{3}}{4}a^2$

다른풀이 $\sqrt{3}(4-k^2)=k$, $3(16-8k^2+k^4)=k^2$

$3k^4-25k^2+48=0$, $(k^2-3)(3k^2-16)=0$

$\therefore k^2=3$ 또는 $k^2=\frac{16}{3}$

$0<k<2$이므로 $k^2=3$ $\therefore k=\sqrt{3}$

11 전략 점 A의 y좌표를 a라 하면 $\mathrm{A}(a^2+1,\ a)$임을 이용한다.

풀이 점 A의 y좌표를 a라 하면

$\sqrt{x-1}=a$에서 $x=a^2+1$

$\therefore \mathrm{A}(a^2+1,\ a)$, $\mathrm{B}\left(\frac{1}{2}a,\ a\right)$, $\mathrm{C}(a^2+1,\ 2a^2+2)$

이때

$\overline{\mathrm{AB}}=(a^2+1)-\frac{1}{2}a=a^2-\frac{1}{2}a+1$,

$\overline{\mathrm{AC}}=(2a^2+2)-a=2a^2-a+2=2\left(a^2-\frac{1}{2}a+1\right)$

이므로 $\overline{\mathrm{AC}}=2\overline{\mathrm{AB}}$

이때 삼각형 ABC의 넓이를 S라 하면

$S=\frac{1}{2}\times\overline{\mathrm{AB}}\times\overline{\mathrm{AC}}$

$=\frac{1}{2}\times\overline{\mathrm{AB}}\times 2\overline{\mathrm{AB}}=\overline{\mathrm{AB}}^2$

즉, 선분 AB의 길이가 최소일 때, 삼각형 ABC의 넓이가 최소이다.

$\overline{\mathrm{AB}}=a^2-\frac{1}{2}a+1=\left(a-\frac{1}{4}\right)^2+\frac{15}{16}$

이므로 $a=\frac{1}{4}$일 때 선분 AB의 길이의 최솟값은 $\frac{15}{16}$이다.

따라서 이때의 점 A의 좌표는 $\left(\frac{17}{16},\ \frac{1}{4}\right)$이므로 $p=\frac{17}{16}$, $q=\frac{1}{4}$

$\therefore p+q=\frac{17}{16}+\frac{1}{4}=\frac{21}{16}$ 답 ②

12 전략 직선 AP의 기울기와 직선 AQ의 기울기의 곱이 -1이고, 직사각형의 두 대각선이 서로 다른 것을 이등분함을 이용한다.

풀이 두 점 P, Q의 x좌표를 각각 α, β $(\alpha<\beta)$라 하면

$\mathrm{P}(\alpha, \sqrt{\alpha})$, $\mathrm{Q}(\beta, \sqrt{\beta})$

조건 (가)에 의하여 $\angle\mathrm{PAQ}=90°$이므로 직선 AP와 직선 AQ의 기울기의 곱은 -1이다.

즉, $\dfrac{\sqrt{\alpha}}{\alpha-2}\times\dfrac{\sqrt{\beta}}{\beta-2}=-1$에서 $\sqrt{\alpha\beta}=-(\alpha-2)(\beta-2)$

$\sqrt{\alpha\beta}=-\alpha\beta+2(\alpha+\beta)-4$ ...... ㉠

조건 (나)에 의하여 $\alpha\beta=4$ ...... ㉡

㉠에 ㉡을 대입하면 $2=-4+2(\alpha+\beta)-4$

$\therefore \alpha+\beta=5$ ...... ㉢

㉡, ㉢을 연립하여 풀면 $\alpha=1$, $\beta=4$

따라서 $\mathrm{P}(1, 1)$, $\mathrm{Q}(4, 2)$이고, 점 $\mathrm{R}(k, \sqrt{ak})$ (k는 상수)로 놓으면 조건 (가)에 의하여 두 대각선 PQ, AR의 중점이 일치한다.

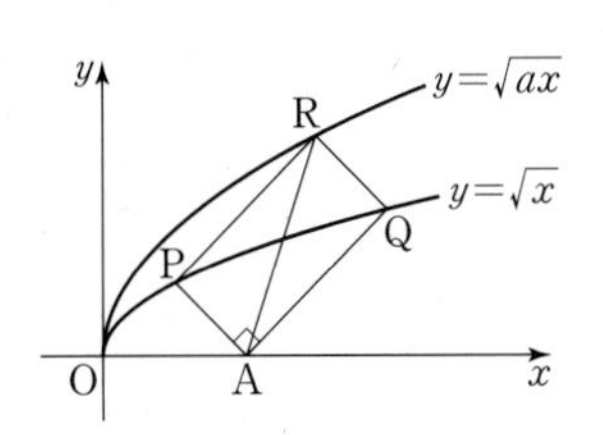

즉, $\dfrac{k+2}{2}=\dfrac{5}{2}$, $\dfrac{\sqrt{ak}}{2}=\dfrac{3}{2}$이므로

$\dfrac{k+2}{2}=\dfrac{5}{2}$에서 $k=3$

$\dfrac{\sqrt{ak}}{2}=\dfrac{3}{2}$에서 $\dfrac{\sqrt{3a}}{2}=\dfrac{3}{2}$

$\sqrt{3a}=3$, $3a=9$ $\quad\therefore a=3$

답 ②

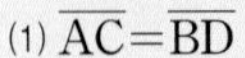

개념 연계 중학 수학 **직사각형의 성질**

직사각형의 두 대각선은 길이가 같고, 서로 다른 것을 이등분한다.

(1) $\overline{\mathrm{AC}}=\overline{\mathrm{BD}}$

(2) $\overline{\mathrm{AO}}=\overline{\mathrm{BO}}=\overline{\mathrm{CO}}=\overline{\mathrm{DO}}$

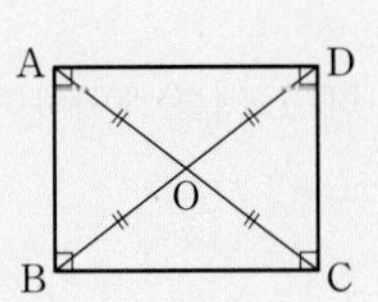

13 전략 함수 $f(x)$의 역함수가 존재하려면 함수 $f(x)$가 일대일대응이어야 함을 이용한다.

풀이 $f(1)=k^2-2$이므로 $x\geq1$에서 함수 $y=f(x)$의 그래프의 개형은 오른쪽 그림과 같다.

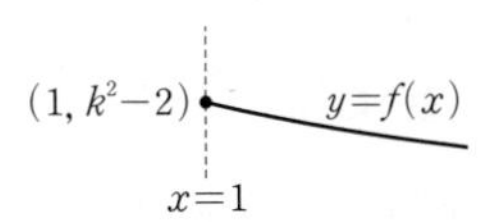

이때 함수 $f(x)$의 역함수가 존재하려면 일대일대응이어야 하므로 오른쪽 그림과 같이 함수 $y=f(x)$의 그래프가 점 $(1, k^2-2)$를 지나고 $k<0$이어야 한다.

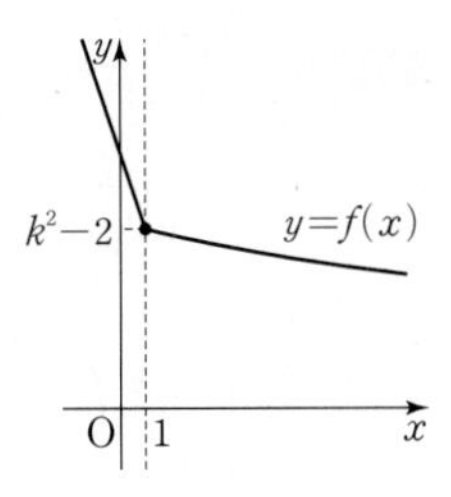

즉, $k^2-2=k+10$에서

$k^2-k-12=0$

$(k+3)(k-4)=0$

$\therefore k=-3$ 또는 $k=4$

$k<0$이므로 $k=-3$

따라서 $f(x)=\begin{cases}-\sqrt{x+3}+9 & (x\geq1)\\ -3x+10 & (x<1)\end{cases}$이므로

$f(-2)\times f(6)=16\times6=96$

답 ④

14 전략 두 점 P, Q가 직선 $y=x$에 대하여 서로 대칭임을 이용한다.

풀이 두 점 P, Q는 각각 서로 역함수 관계인 두 함수 $y=f(x)$, $y=g(x)$의 그래프 위의 점이면서 기울기가 -1인 직선 위의 점이므로 직선 $y=x$에 대하여 서로 대칭이다.

점 P의 x좌표를 a라 하면

$\mathrm{P}(a, \sqrt{a}+2)$

오른쪽 그림과 같이 점 P에서 직선 $y=x$에 내린 수선의 발을 H라 하면

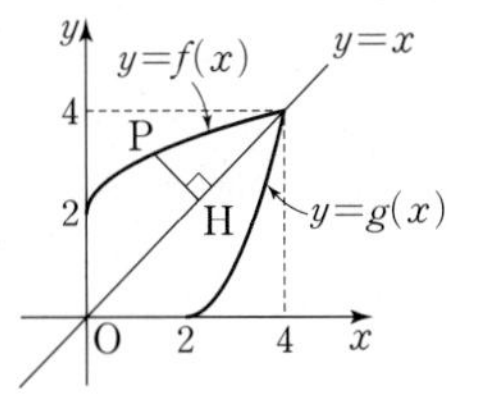

$\overline{\mathrm{PQ}}=2\overline{\mathrm{PH}}$

점 $\mathrm{P}(a, \sqrt{a}+2)$와 직선 $x-y=0$ 사이의 거리는

$\dfrac{|a-(\sqrt{a}+2)|}{\sqrt{1^2+(-1)^2}}=\dfrac{\left|\left(\sqrt{a}-\frac{1}{2}\right)^2-\frac{9}{4}\right|}{\sqrt{2}}$ ...... ㉠

이때 $0\leq a\leq4$, 즉 $0\leq\sqrt{a}\leq2$이므로

$-\dfrac{9}{4}\leq\left(\sqrt{a}-\dfrac{1}{2}\right)^2-\dfrac{9}{4}\leq0$

㉠에서 선분 PH의 길이의 최댓값은

$\dfrac{\left|-\frac{9}{4}\right|}{\sqrt{2}}=\dfrac{9\sqrt{2}}{8}$

따라서 선분 PQ의 길이의 최댓값은

$2\times\dfrac{9\sqrt{2}}{8}=\dfrac{9\sqrt{2}}{4}$

답 ②

15 전략 함수 $g(x)$를 구하고 두 함수 $y=f(x)$, $y=g(x)$의 그래프와 직선 $y=2x+k$가 각각 접할 때의 k의 값을 구한다.

풀이 $y=2\sqrt{x-2}$로 놓으면

$y^2=4(x-2)$, $x-2=\dfrac{1}{4}y^2$

$x=\dfrac{1}{4}y^2+2$ $(y\geq0)$

x와 y를 서로 바꾸면

$y=\dfrac{1}{4}x^2+2$ $(x\geq0)$

$\therefore g(x)=\dfrac{1}{4}x^2+2$ $(x\geq0)$

$x\geq2$인 모든 실수 x에 대하여 부등식 $f(x)\leq2x+k\leq g(x)$가 성립하려면 실수 k에 대하여 직선 $y=2x+k$가 오른쪽 그림과 (i), (ii)와 같거나 (i)과 (ii) 사이에 있어야 한다.

(ii) (i)
y $y=g(x)$
$y=f(x)$
2
O
2
x
$y=2x+k$

(i) 직선 $y=2x+k$가 함수 $y=f(x)$의 그래프와 접할 때

$2\sqrt{x-2}=2x+k$에서 $4(x-2)=4x^2+4kx+k^2$

$4x^2+2(2k-2)x+(k^2+8)=0$

이 이차방정식이 중근을 가져야 하므로 이 이차방정식의 판별식을 D_1이라 하면

$\dfrac{D_1}{4}=(2k-2)^2-4(k^2+8)=0$

$-8k-28=0$ $\quad\therefore k=-\dfrac{7}{2}$

(ⅱ) 직선 $y=2x+k$가 함수 $y=g(x)$의 그래프와 접할 때

$2x+k=\frac{1}{4}x^2+2$에서

$x^2-8x+(8-4k)=0$

이 이차방정식이 중근을 가져야 하므로 이 이차방정식의 판별식을 D_2라 하면

$\frac{D_2}{4}=16-(8-4k)=0$

$4k+8=0 \quad \therefore k=-2$

(ⅰ), (ⅱ)에 의하여 조건을 만족시키는 실수 k의 값의 범위는

$-\frac{7}{2}\le k\le -2$

따라서 $M=-2$, $m=-\frac{7}{2}$이므로

$M-m=(-2)-\left(-\frac{7}{2}\right)=\frac{3}{2}$ 답 ②

16 전략 함수 $y=\sqrt{x-2a}-a$의 그래프 위의 점 $(2a, -a)$가 직선 $y=-\frac{1}{2}x$ 위의 점임을 이용한다.

풀이 $y=\frac{2x}{x-1}=\frac{2(x-1)+2}{x-1}=\frac{2}{x-1}+2$

이므로 함수 $y=\frac{2x}{x-1}$의 그래프의 점근선의 방정식은

$x=1$, $y=2$

또, 함수 $y=\sqrt{x-2a}-a$의 그래프는 항상 점 $(2a, -a)$를 지나고, 이 점은 직선 $y=-\frac{1}{2}x$ 위의 점이므로 함수 $y=\sqrt{x-2a}-a$의 그래프는 오른쪽 그림과 같다.

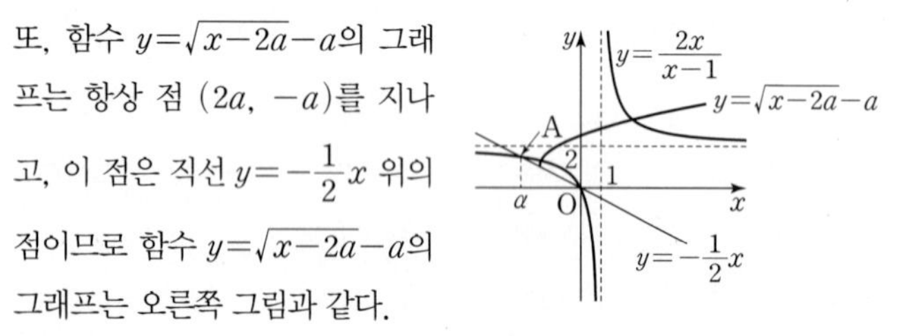

함수 $y=\frac{2x}{x-1}$의 그래프와 직선 $y=-\frac{1}{2}x$가 만나는 두 교점 중 원점이 아닌 점을 A라 하면 함수 $y=\frac{2x}{x-1}$의 그래프와 함수 $y=\sqrt{x-2a}-a$의 그래프가 서로 다른 두 점에서 만나는 경우는 위의 그림과 같이 점 $(2a, -a)$가 선분 OA 위의 점인 경우이다.

점 A의 x좌표를 α $(\alpha<0)$라 하면 방정식 $\frac{2x}{x-1}=-\frac{1}{2}x$의 두 실근 중 0이 아닌 실근이 α이다.

$x^2-x=-4x$에서 $x^2+3x=0$, $x(x+3)=0$

$x<0$이므로 $x=-3$

$\therefore \alpha=-3$

즉, $-3\le 2a\le 0$에서 $-\frac{3}{2}\le a\le 0$

따라서 $M=0$, $m=-\frac{3}{2}$이므로

$M^2+m^2=0^2+\left(-\frac{3}{2}\right)^2=\frac{9}{4}$ 답 ④

17 전략 함수 $y=f(x)$의 그래프가 점 $(1, 1)$을 지나고 직선 $y=mx+1$이 함수 $y=a\sqrt{x}+b$의 그래프와 접해야 함을 이용한다.

풀이 $y=\frac{x}{x-1}=\frac{(x-1)+1}{x-1}=\frac{1}{x-1}+1$

이므로 함수 $y=\frac{x}{x-1}$의 그래프의 점근선의 방정식은

$x=1$, $y=1$

조건 (가)에서 함수 $f(x)$가 실수 전체의 집합에서 일대일대응이고, $x<1$에서 $f(x)<1$이므로 $x\ge 1$에서 $f(x)\ge 1$이어야 한다.

즉, 함수 $y=f(x)$의 그래프가 점 $(1, 1)$을 지나야 하므로

$a+b=1$

$\therefore b=1-a$ ...... ㉠

조건 (나)에서 직선 $y=mx+1$은 m의 값에 관계없이 점 $(0, 1)$을 지나는 직선이고, 오른쪽 그림과 같이 $m=1$일 때 직선 $y=x+1$이 함수 $y=a\sqrt{x}+b$의 그래프와 접해야 한다.

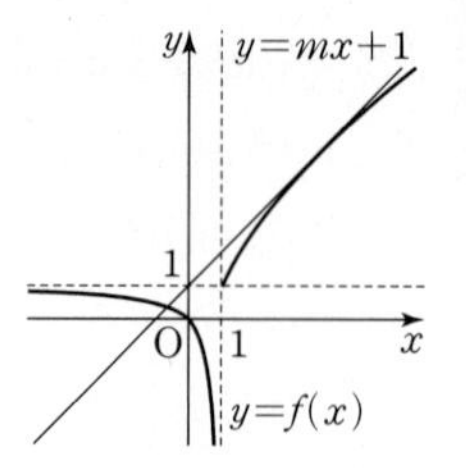

$a\sqrt{x}+b=x+1$에 ㉠을 대입하면

$a\sqrt{x}+(1-a)=x+1$

$a\sqrt{x}=x+a$

양변을 제곱하여 정리하면

$x^2+a(2-a)x+a^2=0$

이 이차방정식이 중근을 가져야 하므로 이 이차방정식의 판별식을 D라 하면

$D=a^2(2-a)^2-4a^2=0$

$a^2\{(a^2-4a+4)-4\}=0$

$a^3(a-4)=0$

$a=0$이면 조건 (나)를 만족시키지 않으므로 $a\ne 0$

$\therefore a=4$

㉠에 $a=4$를 대입하면

$b=-3$

따라서 $f(x)=\begin{cases} 4\sqrt{x}-3 & (x\ge 1) \\ \frac{x}{x-1} & (x<1) \end{cases}$이므로

$f(4)=4\times 2-3=5$ 답 5

18 전략 $\frac{2x+a}{x-2}=\frac{a+4}{x-2}+2$이므로 $a>-4$인 경우와 $a<-4$인 경우로 나누어 함수 $y=f(x)$의 그래프를 그린다.

풀이 $y=\frac{2x+a}{x-2}=\frac{2(x-2)+a+4}{x-2}=\frac{a+4}{x-2}+2$

이므로 함수 $y=\frac{2x+a}{x-2}$의 그래프의 점근선의 방정식은

$x=2$, $y=2$

(ⅰ) $a>-4$일 때

조건 (가)에 의하여 모든 실수 x에 대하여 $f(x)\le 4$이므로 함수 $y=f(x)$의 그래프는 오른쪽 그림과 같아야 한다.

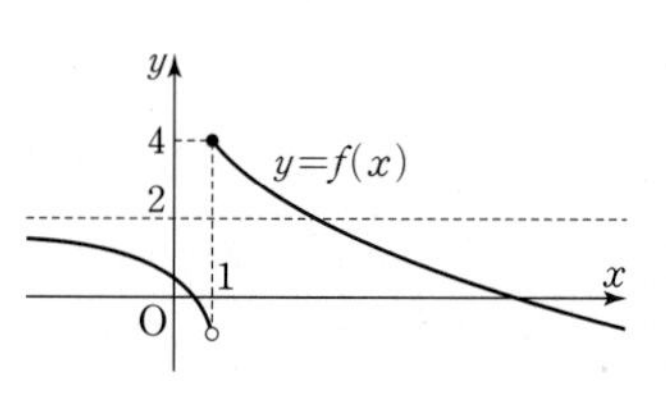

그런데 $t<2$인 어떤 실수 t에 대하여 함수 $y=f(x)$의 그래프와 직선 $y=t$의 교점의 개수가 2, 즉 $g(t)=2$인 t가 존재하므로 조건 (나)를 만족시키지 않는다.

(ii) $a<-4$인 경우

조건 (가)에 의하여 모든 실수 x에 대하여 $f(x)\le 4$이므로 함수 $y=f(x)$의 그래프는 오른쪽 그림과 같아야 한다.

또, $t\le 2$인 모든 실수 t에 대하여 함수 $y=f(x)$의 그래프와 직선 $y=t$의 교점의 개수가 1이므로 조건 (나)를 만족시킨다.

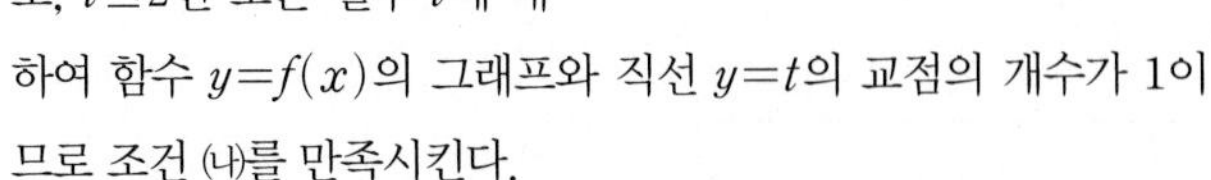

이때 함수 $y=f(x)$의 그래프가 점 $(1, 4)$를 지나야 하므로

$-\sqrt{3+b}+5=4$에서 $\sqrt{3+b}=1$

$3+b=1 \quad \therefore b=-2$

또, $\dfrac{2+a}{1-2}\le 4$에서 $2+a\ge -4$

$\therefore a\ge -6$

즉, 조건을 만족시키는 실수 a의 값의 범위는

$-6\le a<-4$

(i), (ii)에 의하여 a의 최솟값은 $a=-6$이고, 이때의 함수 $f(x)$는

$$f(x)=\begin{cases} -\sqrt{3x-2}+5 & (x\ge 1) \\ \dfrac{2x-6}{x-2} & (x<1) \end{cases}$$

방정식 $|f(x)-2|=1$에서

$f(x)-2=-1$ 또는 $f(x)-2=1$

$\therefore f(x)=1$ 또는 $f(x)=3$

(iii) $f(x)=1$일 때

$-\sqrt{3x-2}+5=1$에서 $\sqrt{3x-2}=4$

$3x-2=16 \quad \therefore x=6$

(iv) $f(x)=3$일 때

$\dfrac{2x-6}{x-2}=3$에서 $2x-6=3x-6$

$\therefore x=0$

$-\sqrt{3x-2}+5=3$에서 $\sqrt{3x-2}=2$

$3x-2=4 \quad \therefore x=2$

(iii), (iv)에 의하여 방정식 $|f(x)-2|=1$의 모든 실근의 합은

$6+0+2=8$

답 ⑤

19 전략 $a>0$인 경우와 $a<0$인 경우에 함수 $g(x)$가 일대일대응이 되도록 하는 함수 $f(x)$를 구한다.

풀이 ㄱ. 함수 $g(x)$의 정의역과 치역이 모두 실수 전체의 집합이고 함수 $g(x)$의 역함수가 존재하므로 함수 $g(x)$는 일대일대응이다.

따라서 $f(0)=1$, $f(4)=3$ 또는 $f(0)=3$, $f(4)=1$이므로

$f(0)+f(4)=4$ (참)

ㄴ. $a<0$일 때,

$g(0)=f(0)=3$, $g(4)=f(4)=1$이어야 하므로

$f(0)=b=3$

$f(4)=2a+b=1$에서 $a=-1$

$\therefore f(x)=-\sqrt{x}+3$

$h(h(x))=1$에서

$h(x)=h^{-1}(1)=g(1)=f(1)=2$

$h(k)=2$로 놓으면 $h^{-1}(2)=k$

$\therefore k=h^{-1}(2)=g(2)=f(2)=3-\sqrt{2}$ (거짓)

ㄷ. $a>0$일 때,

$g(0)=f(0)=1$, $g(4)=f(4)=3$이어야 하므로

$f(0)=b=1$

$f(4)=2a+b=3$에서 $a=1$

$\therefore f(x)=\sqrt{x}+1$

직선 $y=\dfrac{1}{2}x+k$와 함수 $y=g(x)$의 그래프의 교점의 개수가 3이 되려면 직선 $y=\dfrac{1}{2}x+k$가 오른쪽 그림의 ①과 ②의 사이에 있어야 한다.

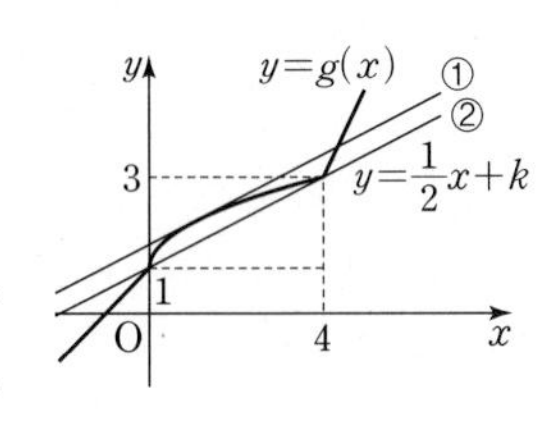

① 함수 $y=\sqrt{x}+1$의 그래프와 직선 $y=\dfrac{1}{2}x+k$가 접할 때

$\sqrt{x}+1=\dfrac{1}{2}x+k$에서

$2\sqrt{x}=x+2(k-1)$

양변을 제곱하면

$4x=x^2+4(k-1)x+4(k-1)^2$

$\therefore x^2+4(k-2)x+4(k-1)^2=0$

이 이차방정식이 중근을 가져야 하므로 이 이차방정식의 판별식을 D라 하면

$\dfrac{D}{4}=4(k-2)^2-4(k-1)^2=0$

$2k=3 \quad \therefore k=\dfrac{3}{2}$

② 함수 $y=\dfrac{1}{2}x+k$가 점 $(4, 3)$을 지날 때

$3=\dfrac{1}{2}\times 4+k$에서 $k=1$

①, ②에 의하여 조건을 만족시키는 실수 k의 값의 범위는

$1<k<\dfrac{3}{2}$ (참)

따라서 옳은 것은 ㄱ, ㄷ이다.

답 ④

20 전략 함수 $y=g(-x-a)+2=g(-(x+a))+2$의 그래프는 함수 $y=g(x)$의 그래프를 y축에 대하여 대칭이동한 후 x축의 방향으로 $-a$만큼, y축의 방향으로 2만큼 평행이동한 그래프임을 이용한다.

풀이 $y=2\sqrt{x+1}+1$로 놓으면

$2\sqrt{x+1}=y-1$, $4(x+1)=(y-1)^2$

$\therefore x=\dfrac{1}{4}(y-1)^2-1 \ (y\ge 1)$

x와 y를 서로 바꾸면

$y=\dfrac{1}{4}(x-1)^2-1 \ (x\ge 1)$

$\therefore g(x)=\dfrac{1}{4}(x-1)^2-1 \ (x\ge 1)$

한편, 함수 $y=g(-x-a)+b=g(-(x+a))+b$의 그래프는 함수 $y=g(x)$의 그래프를 y축에 대하여 대칭이동한 후 x축의 방향으로

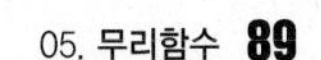

$-a$만큼, y축의 방향으로 b만큼 평행이동한 그래프이므로

$y=g(-x-a)+b=\frac{1}{4}(x+a+1)^2-1+b$

함수 $h(x)$가 실수 전체의 집합에서 정의되어야 하므로

$y=g(-x-a)+b$의 그래프의 축이 직선 $x=-1$보다 오른쪽에 있거나 직선 $x=-1$과 일치해야 한다.

즉, $-a-1\ge-1$에서 $a\le0$

또, $g(-(x+a))+b\ge-1+b$이므로 조건 (가)에 의하여

$-1+b\ge1$ $\therefore b\ge2$

조건 (나)에 의하여 함수 $y=g(-x-a)+b$의 그래프는 오른쪽 그림과 같이 점 $(-1, 1)$을 지나야 하므로

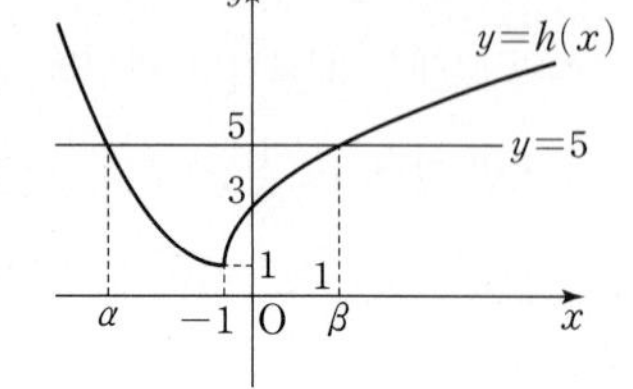

$1=\frac{1}{4}(-1+a+1)^2-1+b$

$\therefore \frac{1}{4}a^2+b-2=0$

이때 a의 최댓값은 0이므로 $b=2$

$\therefore h(x)=\begin{cases} f(x) & (x\ge-1) \\ g(-x)+2 & (x<-1) \end{cases}$

함수 $y=h(x)$의 그래프와 직선 $y=5$가 만나는 두 점의 x좌표를 α, β라 하면 α, β는 방정식 $h(x)=5$의 두 실근이다.

(i) $x\ge-1$일 때

$f(x)=5$에서 $2\sqrt{x+1}+1=5$

$\sqrt{x+1}=2$, $x+1=4$

즉, $x=3$이므로 $\beta=3$

(ii) $x<-1$일 때

$g(-x)+2=5$에서 $g(-x)=3$

함수 g는 함수 f의 역함수이므로

$-x=f(3)=5$에서 $x=-5$ $\therefore \alpha=-5$

(i), (ii)에 의하여 $\alpha=-5$, $\beta=3$

$\therefore \alpha^2+\beta^2=25+9=34$

답 34

참고 오른쪽 그림과 같은 경우 조건 (가)는 만족시키지만 방정식 $h(x)=t$는 $1\le t\le g(1-a)+b$에서 실근을 1개만 가지므로 조건 (나)를 만족시키지 않는다.

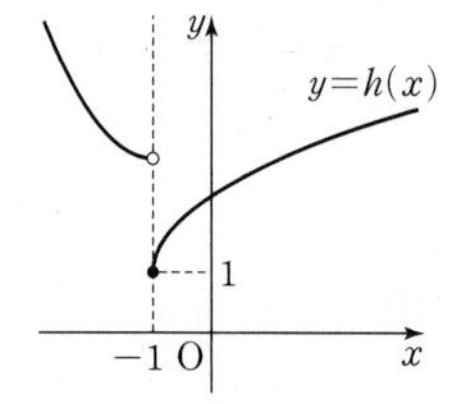

21

전략 $x\ge2$에서 두 함수 $y=x^2-4$, $y=\sqrt{x+4}$의 그래프는 서로 역함수 관계에 있으므로 직선 $y=x$에 대하여 대칭이고, $0\le x<2$에서 두 함수 $y=4-x^2$, $y=\sqrt{4-x}$의 그래프는 서로 역함수 관계에 있으므로 직선 $y=x$에 대하여 대칭임을 이용한다.

풀이 $y=|x^2-4|=\begin{cases} x^2-4 & (x\ge2) \\ 4-x^2 & (0\le x<2) \end{cases}$ 이고,

$x\ge2$에서 두 함수 $y=x^2-4$, $y=\sqrt{x+4}$의 그래프는 서로 역함수 관계에 있으므로 직선 $y=x$에 대하여 대칭이고, $0\le x<2$에서 두 함수 $y=4-x^2$, $y=\sqrt{4-x}$의 그래프는 서로 역함수 관계에 있으므로 직선 $y=x$에 대하여 대칭이다.

따라서 두 점 P, R는 직선 $y=x$에 대하여 대칭이고, 점 Q는 직선 $y=x$ 위에 있다.

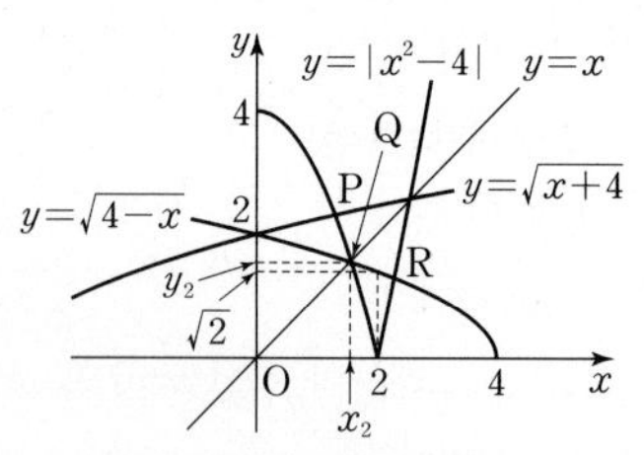

ㄱ. 점 Q가 직선 $y=x$ 위에 있으므로 $x_2=y_2$

위의 그림에서 $\sqrt{2}<y_2<2$이고, $x_2=y_2$이므로

$\sqrt{2}<x_2<2$

$\therefore 2<x_2y_2<4$ (참)

ㄴ. 두 점 P, R는 직선 $y=x$에 대하여 대칭이므로

$x_1=y_3$, $x_3=y_1$

$\therefore x_1+y_1=x_3+y_3$ (참)

ㄷ. 다음 그림과 같이 A$(4, 0)$이라 하면

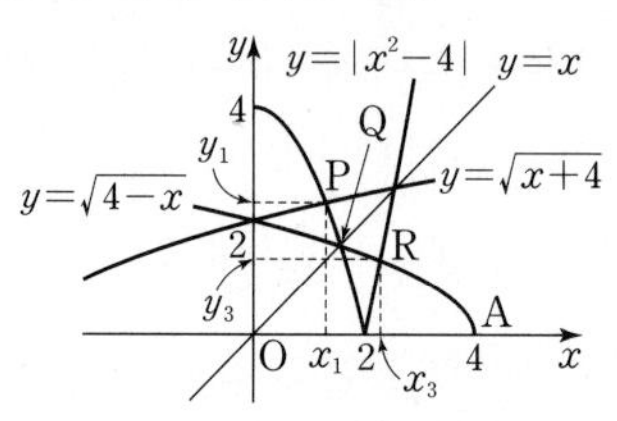

(직선 AR의 기울기)>(직선 AP의 기울기)

이다.

즉, $\frac{0-y_3}{4-x_3}>\frac{0-y_1}{4-x_1}$

이때 $4-x_1>0$, $4-x_3>0$이므로 위의 부등식의 양변에 $(4-x_1)(4-x_3)$을 곱하면

$-y_3(4-x_1)>-y_1(4-x_3)$

$y_3(4-x_1)<y_1(4-x_3)$

이때 $x_1=y_3$, $y_1=x_3$이므로

$x_1(4-y_3)<x_3(4-y_1)$ (참)

따라서 ㄱ, ㄴ, ㄷ 모두 옳다.

답 ⑤

22

전략 각 30°, 60°에 대한 삼각비의 값을 이용하여 각 선분의 길이를 구한다.

풀이 $\tan30°=\frac{\sqrt{3}}{3}$이므로 직선 l_1의 방정식은

$y=\frac{\sqrt{3}}{3}x$

$\frac{\sqrt{3}}{3}x=\sqrt{x}$에서 $\frac{1}{3}x^2=x$

$x^2-3x=0$, $x(x-3)=0$

$x\ne0$에서 $x=3$이므로 A$(3, \sqrt{3})$

$\therefore \overline{OA}=\sqrt{3^2+(\sqrt{3})^2}=2\sqrt{3}$

$\angle$AOD$=30°$이므로 직각삼각형 AOD에서

$\frac{\overline{OA}}{\overline{OD}}=\cos30°$

$\therefore \overline{OD}=\frac{\overline{OA}}{\cos30°}=2\sqrt{3}\times\frac{2}{\sqrt{3}}=4$

$\therefore$ D$(4, 0)$

한편, 오른쪽 그림과 같이 점 B에서 x축에 내린 수선의 발을 H라 하고, 선분 DH의 길이를 k라 하면 $\angle BDH = \angle ODA = 60^\circ$이므로 직각삼각형 BDH에서

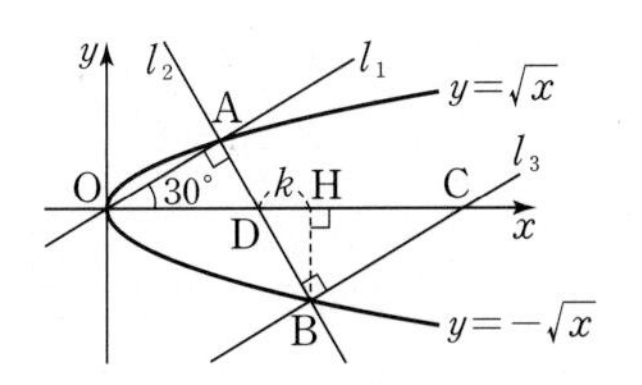

$\dfrac{\overline{BH}}{\overline{DH}} = \tan 60^\circ$

$\therefore \overline{BH} = \overline{DH}\tan 60^\circ = \sqrt{3}k$

즉, 점 $B(4+k, -\sqrt{3}k)$이고, 점 B가 함수 $y=-\sqrt{x}$의 그래프 위의 점이므로

$-\sqrt{3}k = -\sqrt{4+k}$에서 $3k^2 = 4+k$

$3k^2 - k - 4 = 0$, $(3k-4)(k+1) = 0$

$k>0$에서 $k=\dfrac{4}{3}$이므로 $\overline{DH} = \dfrac{4}{3}$

또, 직각삼각형 BDH에서

$\dfrac{\overline{DH}}{\overline{BD}} = \cos 60^\circ$

$\therefore \overline{BD} = \dfrac{\overline{DH}}{\cos 60^\circ} = \dfrac{4}{3} \times 2 = \dfrac{8}{3}$

$\triangle AOD \backsim \triangle BCD$ (AA 닮음)이고, 닮음비는

$\overline{AD} : \overline{BD} = 2 : \dfrac{8}{3} = 1 : \dfrac{4}{3}$이므로 두 삼각형의 넓이의 비는

$S_1 : S_2 = 1 : \dfrac{16}{9}$

따라서 $\dfrac{S_2}{S_1} = \dfrac{16}{9}$이므로 $p=9$, $q=16$

$\therefore p+q = 9+16 = 25$ 답 25

참고 직각삼각형 OAD에서 $\angle AOD = 30^\circ$이므로

$\overline{OD} : \overline{AD} : \overline{OA} = 2 : 1 : \sqrt{3}$

이를 이용하여 $\overline{OD}$, $\overline{AD}$의 길이를 구할 수도 있다.

즉, $\overline{OA} = 2\sqrt{3}$이므로

$\overline{OD} : 2\sqrt{3} = 2 : \sqrt{3}$에서 $\overline{OD} = 4$

$\overline{AD} : 2\sqrt{3} = 1 : \sqrt{3}$에서 $\overline{AD} = 2$

개념 연계 / 중학 수학 / 닮은 두 평면도형의 둘레의 길이의 비와 넓이의 비

닮은 두 평면도형의 닮음비가 $m : n$일 때

(1) 둘레의 길이의 비는 $m : n$

(2) 넓이의 비는 $m^2 : n^2$

Ⅲ 순열과 조합

06 순열

Step A 1등급을 위한 고난도 빈출 & 핵심 문제 본문 65쪽

01 ④	02 78	03 540	04 ②	05 ⑤
06 ③	07 ①	08 ④		

01 서로 다른 세 수 a, b, c의 합 $a+b+c$의 값이 홀수이려면 세 수가 모두 홀수이거나 세 수 중 하나만 홀수이어야 한다.

(i) a, b, c가 모두 홀수일 때

a가 될 수 있는 것은 1, 3, 5의 3가지이고 이 각각에 대하여 b, c가 될 수 있는 것도 각각 1, 3, 5의 3가지이므로 a, b, c가 모두 홀수인 경우의 수는

$3 \times 3 \times 3 = 27$

(ii) a, b, c 중 하나만 홀수일 때

a가 홀수라 하면 a가 될 수 있는 것은 1, 3, 5의 3가지이고 이 각각에 대하여 b, c는 짝수이므로 b, c가 될 수 있는 것은 각각 2, 4, 6의 3가지이다.

즉, a가 홀수인 경우의 수는

$3 \times 3 \times 3 = 27$

b가 홀수인 경우, c가 홀수인 경우도 마찬가지로 각각 27가지이므로 a, b, c 중 하나만 홀수인 경우의 수는

$27+27+27=81$

(i), (ii)는 동시에 일어날 수 없으므로 구하는 경우의 수는

$27+81=108$ 답 ④

02 (i) 지불할 수 있는 방법의 수

10원짜리 동전 3개로 지불하는 방법은

0개, 1개, 2개, 3개의 4가지

50원짜리 동전 5개로 지불하는 방법은

0개, 1개, 2개, 3개, 4개, 5개의 6가지

100원짜리 동전 1개로 지불하는 방법은

0개, 1개의 2가지

이때 0원을 지불하는 경우는 제외해야 하므로 지불할 수 있는 방법의 수는

$a = 4 \times 6 \times 2 - 1 = 47$

(ii) 지불할 수 있는 금액의 수

10원짜리 동전은 3개뿐이므로 10원짜리 동전으로 50원 또는 100원을 만들 수는 없다.

50원짜리 동전은 5개이므로 50원짜리 동전 2개로 100원을 만들 수 있다.

즉, 100원짜리 동전 1개를 50원짜리 동전 2개로 바꾸면 지불할

수 있는 금액의 수는 50원짜리 동전 7개, 10원짜리 동전 3개로 지불할 수 있는 금액의 수와 같다.

50원짜리 동전 7개로 지불할 수 있는 금액은

0원, 50원, 100원, 150원, 200원, 250원, 300원, 350원의 8가지

10원짜리 동전 3개로 지불할 수 있는 금액은

0원, 10원, 20원, 30원의 4가지

이때 0원을 지불하는 경우는 제외해야 하므로 지불할 수 있는 금액의 수는

$b=8\times4-1=31$

(i), (ii)에 의하여 $a+b=47+31=78$ 답 78

참고 ① 지불할 수 있는 방법의 수: 서로 다른 화폐의 개수가 각각 l, m, n일 때

$(l+1)(m+1)(n+1)-1$

0개, 1개, 2개, ⋯, l개의 $(l+1)$가지 / 0원을 지불하는 방법의 수

② 지불할 수 있는 금액의 수: 금액이 중복되는 경우, 큰 단위의 화폐를 작은 단위의 화폐로 바꾸어 생각한다.

03 인접한 영역이 가장 많은 C부터 색을 칠한다.

즉, C, A, B, D, E의 순서로 색을 칠한다.

C에 칠할 수 있는 색은 5가지,

A에 칠할 수 있는 색은 C에 칠한 색을 제외한 4가지,

B에 칠할 수 있는 색은 A, C에 칠한 색을 제외한 3가지,

D에 칠할 수 있는 색은 B, C에 칠한 색을 제외한 3가지,

E에 칠할 수 있는 색은 C, D에 칠한 색을 제외한 3가지이다.

따라서 구하는 경우의 수는

$5\times4\times3\times3\times3=540$ 답 540

참고 도형을 색칠하는 방법은 다음과 같이 각 영역을 칠하는 방법의 수를 구한 후, 곱의 법칙을 이용한다.

① 인접한 영역이 가장 많은 영역에 칠할 색을 먼저 정한다.

② 같은 색을 중복하여 칠할 수 있을 때, 인접하지 않은 영역은

(i) 같은 색으로 칠하는 경우 (ii) 다른 색으로 칠하는 경우

로 나누어 구한다.

다른풀이 (i) 모두 다른 색을 칠하는 경우의 수

$5\times4\times3\times2\times1=120$

(ii) A와 D에만 같은 색을 칠하는 경우의 수

$5\times4\times3\times2=120$

(iii) A와 E에만 같은 색을 칠하는 경우의 수

$5\times4\times3\times2=120$

(iv) B와 E에만 같은 색을 칠하는 경우의 수

$5\times4\times3\times2=120$

(v) A와 D, B와 E에 각각 같은 색을 칠하는 경우의 수

$5\times4\times3=60$

(i)~(v)에 의하여 구하는 경우의 수는

$120+120+120+120+60=540$

04 4대의 차를 주차하고 남는 빈 자리는 모두 5개이므로 구하는 경우의 수는 다음 그림과 같이 5개의 빈 자리 ○의 사이사이와 양 끝의 6개의 자리에 4대의 차를 하나씩 배열하는 경우의 수와 같다.

∨○∨○∨○∨○∨○∨

따라서 구하는 경우의 수는

${}_6P_4=6\times5\times4\times3=360$ 답 ②

05 세 자리 자연수가 3의 배수이려면 각 자리의 숫자의 합이 3의 배수가 되어야 하므로 다섯 개의 숫자 1, 2, 4, 5, 6에서 서로 다른 3개의 숫자의 합이 3의 배수가 되는 경우는

1, 2, 6 또는 1, 5, 6 또는 2, 4, 6 또는 4, 5, 6

(i) 1, 2, 6으로 만들 수 있는 세 자리 자연수의 개수는

${}_3P_3=3!=6$

(ii) 1, 5, 6으로 만들 수 있는 세 자리 자연수의 개수는

${}_3P_3=3!=6$

(iii) 2, 4, 6으로 만들 수 있는 세 자리 자연수의 개수는

${}_3P_3=3!=6$

(iv) 4, 5, 6으로 만들 수 있는 세 자리 자연수의 개수는

${}_3P_3=3!=6$

(i)~(iv)에 의하여 구하는 3의 배수의 개수는

$6+6+6+6=24$ 답 ⑤

1등급 노트 배수의 판정

(1) 2의 배수: 일의 자리의 숫자가 0, 2, 4, 6, 8인 수

(2) 3의 배수: 각 자리의 숫자의 합이 3의 배수인 수

(3) 4의 배수: 끝의 두 자리 수가 00 또는 4의 배수인 수

(4) 5의 배수: 일의 자리의 숫자가 0 또는 5인 수

(5) 6의 배수: 2의 배수이면서 3의 배수인 수

(6) 8의 배수: 마지막 세 자리 수가 000 또는 8의 배수인 수

(7) 9의 배수: 각 자리의 숫자의 합이 9의 배수인 수

06 다섯 개의 문자 a, b, c, d, e를 $abcde$에서 $edcba$까지 사전식으로 배열할 때

a로 시작하는 문자열의 개수는 $4!=24$

b로 시작하는 문자열의 개수는 $4!=24$

c로 시작하는 문자열의 개수는 $4!=24$

이므로 77번째에 오는 문자열은 d로 시작하는 문자열 중 5번째에 오는 문자열이다.

이때 d로 시작하는 문자열을 순서대로 나열하면

$dabce$, $dabec$, $dacbe$, $daceb$, $daebc$, $daecb$, ⋯

따라서 77번째에 오는 문자열은 $daebc$이다. 답 ③

07 적어도 한쪽 끝에 남학생을 세우는 경우의 수는 모든 경우의 수에서 양쪽 끝에 모두 여학생을 세우는 경우의 수를 뺀 것과 같다.

남학생 4명과 여학생 4명, 즉 전체 8명을 일렬로 세우는 경우의 수는 $8!$

한편, 여학생 4명 중에서 2명을 선택하여 양쪽 끝에 한 명씩 세우는 경우의 수는

${}_4P_2=12$

이 각각에 대하여 남은 여학생 2명과 남학생 4명, 즉 6명을 일렬로 세우는 경우의 수는 $6!$

즉, 양쪽 끝에 모두 여학생을 세우는 경우의 수는

$12\times6!$

따라서 구하는 경우의 수는

$8!-12\times6!=56\times6!-12\times6!$

$=44\times6!$ 답 ①

다른풀이 (i) 왼쪽 끝에 남학생 1명을 세우는 경우

남학생 4명 중에서 1명을 선택하여 왼쪽 끝에 세우고, 나머지 7명을 남은 자리에 일렬로 세우면 되므로

${}_4P_1\times7!=4\times7!$

(ii) 오른쪽 끝에 남학생 1명을 세우는 경우

남학생 4명 중에서 1명을 선택하여 오른쪽 끝에 세우고, 나머지 7명을 남은 자리에 일렬로 세우면 되므로

${}_4P_1\times7!=4\times7!$

(iii) 양쪽 끝에 모두 남학생을 세우는 경우

남학생 4명 중에서 2명을 선택하여 양쪽 끝에 세우고, 나머지 6명을 그 사이에 일렬로 세우면 되므로

${}_4P_2\times6!=12\times6!$

적어도 한쪽 끝에 남학생을 세우는 경우의 수는 (i)의 경우의 수와 (ii)의 경우의 수를 더하고 (iii)의 경우의 수를 빼면 되므로

$4\times7!+4\times7!-12\times6!=(28+28-12)\times6!$

$=44\times6!$

08 두 명의 학생 사이에 빈 의자가 적어도 하나 있도록 앉는 경우의 수는 모든 경우의 수에서 두 명의 학생 사이에 빈 의자가 하나도 없이 이웃하여 앉는 경우의 수를 뺀 것과 같다.

두 명의 학생이 빈 의자 6개 중에서 서로 다른 의자에 앉는 경우의 수는

${}_6P_2=6\times5=30$

두 명의 학생 사이에 빈 의자가 하나도 없이 이웃하여 앉으려면 두 명의 학생을 한 묶음 ☆로 생각하고 빈 의자 4개를 각각 ○로 생각할 때

☆○○○○ 또는 ○☆○○○ 또는 ○○☆○○ 또는

○○○☆○ 또는 ○○○○☆

와 같이 앉아야 한다. 이때 각각의 경우에 묶음 ☆ 안에서 두 명의 학생이 서로 자리를 바꿀 수 있으므로 두 명의 학생 사이에 빈 의자가 하나도 없이 이웃하여 앉는 경우의 수는

$5\times2!=10$

따라서 구하는 경우의 수는

$30-10=20$ 답 ④

다른풀이 두 명의 학생 사이에 빈 의자가 적어도 하나 있도록 앉는 경우는 두 명의 학생이 이웃하지 않도록 앉는 것과 같다.

즉, 두 명의 학생이 앉고 남는 빈 의자는 4개이므로 구하는 경우의 수는 다음 그림과 같이 4개의 빈 의자 ○의 사이사이와 양 끝의 5개의 자리에 두 명의 학생이 각각 앉는 경우의 수와 같다.

∨○∨○∨○∨○∨

따라서 구하는 경우의 수는

${}_5P_2=5\times4=20$

B Step 1등급을 위한 고난도 기출 VS 변형 유형 본문 66~67쪽

1 ④	1-1 666	2 840	2-1 ①	3 ③	3-1 ⑤
4 ⑤	4-1 ③	5 ⑤	5-1 ②	6 576	6-1 ④

1 전략 수형도를 이용하여 주어진 조건을 만족시키지 않는 경우의 수를 구하여 전체 경우의 수에서 뺀다.

풀이 네 개의 숫자 1, 2, 3, 4로 만들 수 있는 네 자리 자연수의 개수는

$4\times3\times2\times1=24$

$(1-a_1)(2-a_2)(3-a_3)(4-a_4)=0$에서

$a_1=1$ 또는 $a_2=2$ 또는 $a_3=3$ 또는 $a_4=4$

즉, $a_1=1$, $a_2=2$, $a_3=3$, $a_4=4$ 중 적어도 하나를 만족시켜야 한다.

이때 이를 모두 만족시키지 않는 경우, 즉 $a_1\neq1$, $a_2\neq2$, $a_3\neq3$, $a_4\neq4$인 경우를 수형도로 나타내면 다음과 같다.

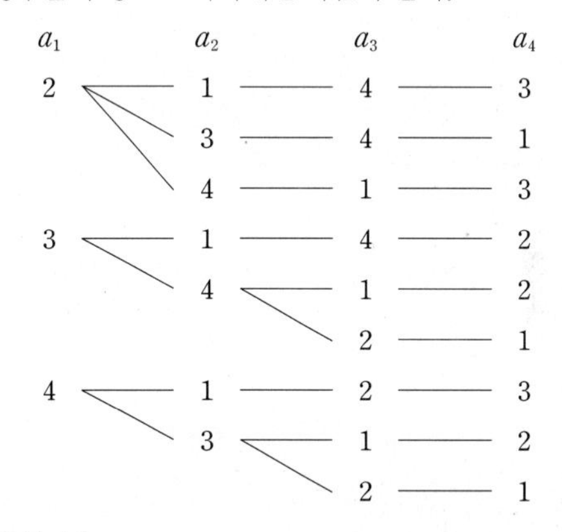

즉, 이 경우의 수는 9

따라서 구하는 자연수의 개수는

$24-9=15$ 답 ④

1-1 전략 주어진 조건을 만족시키지 않는 경우의 수를 구하여 전체 경우의 수에서 뺀다.

풀이 서로 다른 4개의 주사위를 동시에 던져서 나오는 모든 경우의 수는 $6\times6\times6\times6=1296$

$(a-b)(b-c)(c-d)(d-a)=0$에서

$a=b$ 또는 $b=c$ 또는 $c=d$ 또는 $d=a$

즉, $a=b$, $b=c$, $c=d$, $d=a$ 중 적어도 하나를 만족시켜야 한다.

이때 이를 모두 만족시키지 않는 경우, 즉 $a\neq b$, $b\neq c$, $c\neq d$, $d\neq a$인 경우는 다음과 같다.

(i) $a=c$일 때

a가 될 수 있는 눈의 수는 6가지, b가 될 수 있는 눈의 수는 a를 제외한 5가지, c는 a와 같으므로 1가지, d가 될 수 있는 눈의 수는 a를 제외한 5가지이므로 경우의 수는

$6\times5\times1\times5=150$

(ii) $a\neq c$일 때

a가 될 수 있는 눈의 수는 6가지, b가 될 수 있는 눈의 수는 a를 제외한 5가지, c가 될 수 있는 눈의 수는 a, b를 제외한 4가지, d가 될 수 있는 눈의 수는 a, c를 제외한 4가지이므로 경우의 수는

$6\times5\times4\times4=480$

(i), (ii)에 의하여 조건을 만족시키지 않는 경우의 수는

$150+480=630$

따라서 구하는 경우의 수는

$1296-630=666$ 　　답 666

다른풀이 $(a-b)(b-c)(c-d)(d-a)=0$에서

$a=b$ 또는 $b=c$ 또는 $c=d$ 또는 $d=a$

(i) 네 등식 중 하나만 성립할 때

$a=b$만 성립할 때, a가 될 수 있는 눈의 수는 6가지, c가 될 수 있는 눈의 수는 a를 제외한 5가지, d가 될 수 있는 눈의 수는 a, c를 제외한 4가지이므로 경우의 수는

$6\times5\times4=120$

$b=c$만 성립할 때, $c=d$만 성립할 때, $d=a$만 성립할 때도 마찬가지이므로 각각의 경우의 수는 120

따라서 구하는 경우의 수는

$4\times120=480$

(ii) □=△, ○=☆ 꼴의 두 등식만 성립할 때

$a=b$, $c=d$만 성립할 때, a, b가 될 수 있는 눈의 수는 6가지, c, d가 될 수 있는 눈의 수는 a를 제외한 5가지이므로 경우의 수는

$6\times5=30$

$b=c$, $d=a$만 성립할 때도 마찬가지이므로 경우의 수는 30

따라서 구하는 경우의 수는

$2\times30=60$

(iii) □=△, △=○ 꼴의 두 등식만 성립할 때

$a=b$, $b=c$만 성립하면 $a=b=c$이고 d는 다른 눈의 수이므로 a, b, c가 될 수 있는 눈의 수는 6가지, d가 될 수 있는 눈의 수는 a를 제외한 5가지이므로 경우의 수는

$6\times5=30$

$a=b$, $d=a$만 성립할 때, $b=c$, $c=d$만 성립할 때, $c=d$, $d=a$만 성립할 때도 마찬가지이므로 각각의 경우의 수는 30

따라서 구하는 경우의 수는

$4\times30=120$

(iv) 네 등식 중 세 등식만 성립하는 경우는 없으므로 이 경우의 수는 0

(v) 네 등식이 모두 성립하는 경우 $a=b=c=d$이므로 경우의 수는 6

(i)~(v)에 의하여 구하는 경우의 수는

$480+60+120+0+6=666$

2 전략 끝의 두 자리 수가 4의 배수이면 그 수는 4의 배수임을 이용한다.

풀이 조건 (가)에 의하여 비밀번호가 4의 배수가 되려면 끝의 두 자리 수가 4의 배수이어야 한다.

조건 (나)에서 다섯 자리 수는

1□□□8, 3□□□6, 5□□□4, 7□□□2, 9□□□0

꼴이다.

(i) 1□□□8 꼴일 때

십의 자리에 올 수 있는 숫자는 0, 2, 4, 6의 4개, 백의 자리에 올 수 있는 숫자는 십의 자리에 오는 숫자와 1, 8을 제외한 7개, 천의 자리에 올 수 있는 숫자는 백의 자리, 십의 자리에 오는 숫자와 1, 8을 제외한 6개이므로 비밀번호의 개수는

$4\times7\times6=168$

(ii) 3□□□6 꼴일 때

십의 자리에 올 수 있는 숫자는 1, 5, 7, 9의 4개이므로 (i)과 마찬가지로 비밀번호의 개수는

$4\times7\times6=168$

(iii) 5□□□4 꼴일 때

십의 자리에 올 수 있는 숫자는 0, 2, 6, 8의 4개이므로 (i)과 마찬가지로 비밀번호의 개수는

$4\times7\times6=168$

(iv) 7□□□2 꼴일 때

십의 자리에 올 수 있는 숫자는 1, 3, 5, 9의 4개이므로 (i)과 마찬가지로 비밀번호의 개수는

$4\times7\times6=168$

(v) 9□□□0 꼴일 때

십의 자리에 올 수 있는 숫자는 2, 4, 6, 8의 4개이므로 (i)과 마찬가지로 비밀번호의 개수는

$4\times7\times6=168$

(i)~(v)에 의하여 구하는 비밀번호의 개수는

$5\times168=840$ 　　답 840

2-1 전략 세 자리 자연수를 3으로 나누었을 때의 나머지가 0, 1, 2인 수로 분류하여 각 자리의 숫자의 합이 3의 배수가 아님을 이용한다.

풀이 0부터 9까지의 수 중 3으로 나누었을 때의 나머지가 r인 수를 원소로 하는 집합을 A_r라 하면

$A_0=\{0, 3, 6, 9\}$, $A_1=\{1, 4, 7\}$, $A_2=\{2, 5, 8\}$

이때 조건 (다)에 의하여 일의 자리의 숫자가 3 이하의 수이므로 일의 자리의 숫자는 0 또는 1 또는 2 또는 3이다.

즉, 각 자리의 숫자가 모두 다르면서 각 자리의 숫자의 합이 3의 배수가 아닌 경우는 다음과 같다.

(i) 일의 자리의 숫자가 0일 때

조건 (가)에 의하여 백의 자리 또는 십의 자리에 0은 올 수 없다.

백의 자리의 숫자가 A_0의 원소인 경우 십의 자리의 숫자는 A_1 또는 A_2의 원소이다.

백의 자리의 숫자가 A_1의 원소인 경우 십의 자리의 숫자는 A_0 또는 A_1의 원소이다.

백의 자리의 숫자가 A_2의 원소인 경우 십의 자리의 숫자는 A_0 또는 A_2의 원소이다.

즉, 이 경우의 수는

$3\times(3+3)+3\times(3+2)+3\times(3+2)=48$

(ii) 일의 자리의 숫자가 1일 때

조건 (가)에 의하여 백의 자리 또는 십의 자리에 1은 올 수 없다.

백의 자리의 숫자가 A_0의 원소인 경우 십의 자리의 숫자는 A_0 또는 A_1의 원소이다. 이때 백의 자리에는 0이 올 수 없다.

백의 자리의 숫자가 A_1의 원소인 경우 십의 자리의 숫자는 A_0 또는 A_2의 원소이다.

백의 자리의 숫자가 A_2의 원소인 경우 십의 자리의 숫자는 A_1 또는 A_2의 원소이다.
즉, 이 경우의 수는
$3\times(3+2)+2\times(4+3)+3\times(2+2)=41$

(iii) 일의 자리의 숫자가 2일 때
조건 (가)에 의하여 백의 자리 또는 십의 자리에 2는 올 수 없다.
백의 자리의 숫자가 A_0의 원소인 경우 십의 자리의 숫자는 A_0 또는 A_2의 원소이다. 이때 백의 자리에는 0이 올 수 없다.
백의 자리의 숫자가 A_1의 원소인 경우 십의 자리의 수는 A_1 또는 A_2의 원소이다.
백의 자리의 숫자가 A_2의 원소인 경우 십의 자리의 숫자는 A_0 또는 A_1의 원소이다.
즉, 이 경우의 수는
$3\times(3+2)+3\times(2+2)+2\times(4+3)=41$

(iv) 일의 자리의 숫자가 3일 때
조건 (가)에 의하여 백의 자리 또는 십의 자리에 3은 올 수 없다.
백의 자리의 숫자가 A_0의 원소인 경우 십의 자리의 숫자는 A_1 또는 A_2의 원소이다. 이때 백의 자리에는 0이 올 수 없다.
백의 자리의 숫자가 A_1의 원소인 경우 십의 자리의 숫자는 A_0 또는 A_1의 원소이다.
백의 자리의 숫자가 A_2의 원소인 경우 십의 자리의 숫자는 A_0 또는 A_2의 원소이다.
즉, 이 경우의 수는
$2\times(3+3)+3\times(3+2)+3\times(3+2)=42$

(i)~(iv)에 의하여 구하는 세 자리 자연수의 개수는
$48+41+41+42=172$ 답 ①

참고 세 집합 A_0, A_1, A_2의 원소는 각각
$3k$, $3k+1$, $3k+2$ (단, k는 0 이상의 정수)
꼴이므로 각 자리의 숫자의 합이 3의 배수가 아니려면 다음과 같아야 한다.
$3k+3k+(3k+1)=9k+1$
$3k+3k+(3k+2)=9k+2$
$(3k+1)+(3k+1)+3k=9k+2$
$(3k+1)+(3k+1)+(3k+2)=3(3k+1)+1$
$(3k+2)+(3k+2)+3k=3(3k+1)+1$
$(3k+2)+(3k+2)+(3k+1)=3(3k+1)+2$
즉, 세 자리 자연수의 각 자리의 숫자는 세 집합 A_0, A_1, A_2 중 하나의 집합에서 2개를 택하고, 다른 집합에서 1개를 택하면 된다.

1등급 노트 택한 수의 합이 3의 배수인 경우
택한 수의 합이 3의 배수인 조건이 주어진 문제는 다음과 같은 세 집합 A_0, A_1, A_2로 나누어 3의 배수가 되는 경우를 찾아 해결한다.
$A_0=\{3k\mid k$는 0 이상의 정수$\}$,
$A_1=\{3k+1\mid k$는 0 이상의 정수$\}$,
$A_2=\{3k+2\mid k$는 0 이상의 정수$\}$

3 **전략** 1이 적힌 정사각형과 6이 적힌 정사각형에는 같은 색을 칠해야 함을 이용하여 칠하는 순서를 정한다.

풀이 조건이 주어진 1, 6이 적힌 정사각형을 먼저 칠한 후 인접한 영역이 가장 많은 정사각형부터 차례로 색을 칠하면 된다.
즉, 1, 6, 2, 3, 5, 4가 적힌 정사각형의 순서로 색을 칠한다.
1이 적힌 정사각형에 칠할 수 있는 색은 4가지,
6이 적힌 정사각형에 칠할 수 있는 색은 조건 (가)에 의하여 1이 적힌 정사각형에 칠한 색과 같으므로 1가지,
2가 적힌 정사각형에 칠할 수 있는 색은 1이 적힌 정사각형에 칠한 색을 제외한 3가지,
3이 적힌 정사각형에 칠할 수 있는 색은 2, 6이 적힌 정사각형에 칠한 색을 제외한 2가지,
5가 적힌 정사각형에 칠할 수 있는 색은 2, 6이 적힌 정사각형에 칠한 색을 제외한 2가지,
4가 적힌 정사각형에 칠할 수 있는 색은 1, 5가 적힌 정사각형에 칠한 색을 제외한 2가지이다.
따라서 구하는 경우의 수는
$4\times1\times3\times2\times2\times2=96$ 답 ③

참고 2, 1, 6, 5, 3, 4 또는 5, 6, 1, 2, 3, 4 등의 순서로 칠할 수도 있다.

다른풀이 (i) 1과 6, 2와 4에 각각 같은 색을 칠하는 경우의 수
$4\times3\times2\times1=24$
(ii) 1과 6, 3과 4에 각각 같은 색을 칠하는 경우의 수
$4\times3\times2\times1=24$
(iii) 1과 6, 3과 5에 각각 같은 색을 칠하는 경우의 수
$4\times3\times2\times1=24$
(iv) 1과 6, 2와 4, 3과 5에 각각 같은 색을 칠하는 경우의 수
$4\times3\times2=24$
(i)~(iv)에 의하여 구하는 경우의 수는
$4\times24=96$

3-1 **전략** 인접한 영역이 가장 많은 영역인 E에 칠할 색을 먼저 정한다.

풀이 인접한 영역이 가장 많은 영역인 E부터 색을 칠한다. 또, A와 C, B와 D는 인접하지 않으므로 같은 색을 칠할 수 있다.
즉, E, A, B, C, D의 순서로 색을 칠한다.
E에 칠할 수 있는 색은 5가지,
A에 칠할 수 있는 색은 E에 칠한 색을 제외한 4가지,
B에 칠할 수 있는 색은 E, A에 칠한 색을 제외한 3가지이다.
(i) A와 C에 같은 색을 칠하는 경우
C에 칠할 수 있는 색은 1가지,
D에 칠할 수 있는 색은 E, A에 칠한 색을 제외한 3가지이므로 C와 D를 칠하는 경우의 수는
$1\times3=3$
(ii) A와 C에 다른 색을 칠하는 경우
C에 칠할 수 있는 색은 E, A, B에 칠한 색을 제외한 2가지,
D에 칠할 수 있는 색은 E, A, C에 칠한 색을 제외한 2가지이므로 C와 D를 칠하는 경우의 수는
$2\times2=4$
(i), (ii)에 의하여 구하는 경우의 수는
$5\times4\times3\times(3+4)=420$ 답 ⑤

다른풀이 (i) 모두 다른 색을 칠하는 경우의 수

$5\times4\times3\times2\times1=120$

(ii) A와 C에만 같은 색을 칠하는 경우의 수

$5\times4\times3\times2=120$

(iii) B와 D에만 같은 색을 칠하는 경우의 수

$5\times4\times3\times2=120$

(iv) A와 C, B와 D에 각각 같은 색을 칠하는 경우의 수

$5\times4\times3=60$

(i)~(iv)에 의하여 구하는 경우의 수는

$120+120+120+60=420$

4 **전략** 네 수의 합이 홀수이려면 네 수 중 한 개 또는 세 개가 홀수이어야 함을 이용한다.

풀이 $2b$는 짝수이므로 $abc+a+2b+3c$의 값이 홀수가 되려면 abc, a, $3c$가 모두 홀수이거나 홀수가 1개, 짝수가 2개이어야 한다.

(i) abc, a, $3c$가 모두 홀수일 때

a, b, c는 모두 홀수이므로 경우의 수는

${}_5P_3=60$

(ii) abc, a, $3c$ 중 홀수가 1개, 짝수가 2개일 때

abc가 홀수이면 a, b, c는 모두 홀수이어야 한다. 이 경우는 (i)과 중복되므로 abc는 짝수이어야 한다.

① a가 홀수인 경우

$3c$가 짝수이므로 c는 짝수이다. 이를 만족시키는 순서쌍 (a, b, c)는

(홀수, 홀수, 짝수), (홀수, 짝수, 짝수)

(홀수, 홀수, 짝수)일 때, 홀수 5개 중 2개를 택하여 나열하고, 짝수 5개 중 하나를 택하면 되므로 경우의 수는

${}_5P_2\times5=20\times5=100$

(홀수, 짝수, 짝수)일 때, 홀수 5개 중 하나를 택하고, 짝수 5개 중 2개를 택하여 나열하면 되므로 경우의 수는

$5\times{}_5P_2=5\times20=100$

즉, 이 경우의 수는

$100+100=200$

② $3c$가 홀수인 경우, 즉 c가 홀수인 경우

a가 짝수이므로 이를 만족시키는 순서쌍 (a, b, c)는

(짝수, 홀수, 홀수), (짝수, 짝수, 홀수)

이 경우의 수는 ①과 마찬가지로 200이다.

①, ②에 의하여 경우의 수는 $200+200=400$

(i), (ii)에 의하여 구하는 경우의 수는

$60+400=460$ 답 ⑤

4-1 **전략** 이웃한 두 장의 카드에 적힌 수의 합이 모두 홀수이려면 짝수와 홀수가 적힌 카드를 번갈아 나열해야 함을 이용한다.

풀이 이웃한 두 장의 카드에 적힌 수의 합이 홀수이려면 두 장의 카드가 홀수, 짝수이어야 한다.

즉, 이웃한 두 장의 카드에 적힌 수의 합이 모두 홀수이려면 일렬로 나열한 5장의 카드에 적힌 수를 차례로 a, b, c, d, e라 할 때, 순서쌍 (a, b, c, d, e)는

(짝수, 홀수, 짝수, 홀수, 짝수) 또는 (홀수, 짝수, 홀수, 짝수, 홀수)이어야 한다.

(i) (홀수, 짝수, 홀수, 짝수, 홀수)인 경우

홀수 5개 중 3개를 택하여 일렬로 나열하는 경우의 수는

${}_5P_3=60$

짝수 4개 중 2개를 택하여 일렬로 나열하는 경우의 수는

${}_4P_2=12$

즉, 이 경우의 수는

$60\times12=720$

(ii) (짝수, 홀수, 짝수, 홀수, 짝수)인 경우

짝수 4개 중 3개를 택하여 일렬로 나열하는 경우의 수는

${}_4P_3=24$

홀수 5개 중 2개를 택하여 일렬로 나열하는 경우의 수는

${}_5P_2=20$

즉, 이 경우의 수는

$24\times20=480$

(i), (ii)에 의하여 구하는 경우의 수는

$720+480=1200$ 답 ③

5 **전략** $f(2)$의 값에 따라 경우를 나누어 모든 경우의 수를 구한다.

풀이 f가 일대일대응이므로 치역이 $A=\{1, 2, 3, 4, 5\}$이다.

즉, $f(2)$의 값은 1, 2, 3, 4, 5가 될 수 있다.

(i) $f(2)=1$일 때

$|f(1)-f(2)|=1$ 또는 $|f(2)-f(3)|=1$이므로

$f(1)=2$ 또는 $f(3)=2$

$f(1)=2$이면 일대일대응인 f의 개수는

$3!=6$

$f(3)=2$이면 일대일대응인 f의 개수는

$3!=6$

즉, 이 경우의 f의 개수는

$6+6=12$

(ii) $f(2)=2$일 때

$|f(1)-f(2)|=1$ 또는 $|f(2)-f(3)|=1$이므로

$f(1)=1$ 또는 $f(1)=3$ 또는 $f(3)=1$ 또는 $f(3)=3$

이때 $f(2)=2$이면서 일대일대응인 f의 개수는

$4!=24$

$f(2)=2$, $f(1)\neq1$, $f(1)\neq3$, $f(3)\neq1$, $f(3)\neq3$이면서 일대일대응인 f는

$f(2)=2$ — $f(1)=4$ — $f(3)=5$ — $f(4)=1$ — $f(5)=3$
$f(2)=2$ — $f(1)=4$ — $f(3)=5$ — $f(4)=3$ — $f(5)=1$
$f(2)=2$ — $f(1)=5$ — $f(3)=4$ — $f(4)=1$ — $f(5)=3$
$f(2)=2$ — $f(1)=5$ — $f(3)=4$ — $f(4)=3$ — $f(5)=1$

의 4개

즉, 이 경우의 f의 개수는

$24-4=20$

(iii) $f(2)=3$일 때, (ii)와 마찬가지로 f의 개수는 20

(iv) $f(2)=4$일 때, (ii)와 마찬가지로 f의 개수는 20

(v) $f(2)=5$일 때, (i)과 마찬가지로 f의 개수는 12

(i)~(v)에 의하여 구하는 f의 개수는

$12+20+20+20+12=84$ 답 ⑤

참고 ① 일대일함수: 함수 $f: X \longrightarrow Y$에서 정의역 X의 두 원소 x_1, x_2에 대하여 $x_1 \neq x_2$이면 $f(x_1) \neq f(x_2)$가 성립하는 함수

② 일대일대응: 일대일함수이고 치역과 공역이 같은 함수

5-1 **전략** $f(2)$의 값이 될 수 있는 경우를 찾고 그 값을 주어진 식에 대입하여 모든 경우의 수를 구한다.

풀이 조건 (다)에 의하여

$\{f(1)-f(2)\} \times \{f(2)-f(3)\}=3>0$이므로

$f(1)-f(2)>0$, $f(2)-f(3)>0$ 또는 $f(1)-f(2)<0$, $f(2)-f(3)<0$이어야 한다.

이때 조건 (가)에 의하여 치역이 $X=\{1, 2, 3, 4, 5, 6\}$이므로

$1 \le f(3)<f(2)<f(1) \le 6$ 또는 $1 \le f(1)<f(2)<f(3) \le 6$ …… ㉠

즉, $f(2)$의 값은 2, 3, 4, 5가 될 수 있다.

(i) $f(2)=2$일 때

조건 (나)에 의하여

$f(f(2))=f(2)=2$

조건 (다)에 의하여 $\{f(1)-2\} \times \{2-f(3)\}=3$이므로 ㉠을 만족시키려면

$f(1)-2=3$, $2-f(3)=1$ 또는 $f(1)-2=-1$, $2-f(3)=-3$

이어야 한다.

$\therefore f(1)=5$, $f(3)=1$ 또는 $f(1)=1$, $f(3)=5$

이때 $f(4)$, $f(5)$, $f(6)$의 값을 정하는 경우의 수는 $3!$

즉, 이 경우의 f의 개수는

$2 \times 3!=2 \times 6=12$

(ii) $f(2)=3$일 때

조건 (나)에 의하여

$f(f(2))=f(3)=2$

조건 (다)에 의하여 $\{f(1)-3\} \times (3-2)=3$이므로

$f(1)=6$

이때 $f(4)$, $f(5)$, $f(6)$의 값을 정하는 경우의 수는 $3!$

즉, 이 경우의 f의 개수는

$3!=6$

(iii) $f(2)=4$일 때

조건 (나)에 의하여

$f(f(2))=f(4)=2$

조건 (다)에 의하여 $\{f(1)-4\} \times \{4-f(3)\}=3$이므로 ㉠을 만족시키려면

$f(1)-4=1$, $4-f(3)=3$ 또는 $f(1)-4=-3$, $4-f(3)=-1$

이어야 한다.

$\therefore f(1)=5$, $f(3)=1$ 또는 $f(1)=1$, $f(3)=5$

이때 $f(5)$, $f(6)$의 값을 정하는 경우의 수는 $2!$

즉, 이 경우의 f의 개수는

$2 \times 2!=2 \times 2=4$

(iv) $f(2)=5$일 때

조건 (나)에 의하여

$f(f(2))=f(5)=2$

조건 (다)에 의하여 $\{f(1)-5\} \times \{5-f(3)\}=3$이므로 ㉠을 만족시키려면

$f(1)-5=1$, $5-f(3)=3$ 또는 $f(1)-5=-3$, $5-f(3)=-1$

이어야 한다.

$\therefore f(1)=6$, $f(3)=2$ 또는 $f(1)=2$, $f(3)=6$

이때 $f(5)=2$이고 함수 f가 일대일대응이므로

$f(3) \neq 2$, $f(1) \neq 2$이어야 한다.

즉, 이 경우 함수 f는 정의되지 않는다.

(i)~(iv)에 의하여 구하는 함수 f의 개수는

$12+6+4=22$ 답 ②

6 **전략** A와 B는 이웃하여 앉는 경우의 수를 구하고, C와 D는 이웃하여 앉는 경우를 이용하여 이웃하여 앉지 않는 경우의 수를 구한다.

풀이 조건 (가)에 의하여 A와 B가 이웃하여 앉을 수 있는 2인용 의자는 가장 앞에 마부가 앉아 있는 2인용 의자를 제외한 3개이고, 2인용 의자에서 두 사람이 서로 자리를 바꿔 앉을 수 있으므로 A와 B가 같은 2인용 의자에 이웃하여 앉는 경우의 수는

$3 \times 2!=6$

남은 5개의 의자에 C와 D가 앉는 모든 경우의 수는

${}_5\mathrm{P}_2=20$

이때 C와 D가 이웃하여 앉을 수 있는 2인용 의자는 A와 B가 앉아 있는 의자와 마부가 앉아 있는 의자를 제외한 2개이고, 2인용 의자에서 두 사람이 서로 자리를 바꿔 앉을 수 있으므로 C와 D가 같은 2인용 의자에 이웃하여 앉는 경우의 수는

$2 \times 2!=4$

즉, 조건 (나)에 의하여 C와 D가 같은 2인용 의자에 이웃하여 앉지 않는 경우의 수는

$20-4=16$

남은 3개의 의자에 E, F, G가 앉는 경우의 수는

$3!=6$

따라서 구하는 경우의 수는

$6 \times 16 \times 6=576$ 답 576

6-1 **전략** C가 타는 자리에 따라 경우를 나누어 A, B, C, D가 자리에 타는 경우의 수를 구하고, E, F, G, H가 자리에 타는 경우의 수를 각각 구한다.

풀이 (i) A, B, C, D의 자리를 정하는 경우

조건 (가)에 의하여 A, B가 3개의 맨 앞자리 중 2개의 자리에 타는 경우의 수는

${}_3\mathrm{P}_2=6$

조건 (나)에 의하여 C는 A와 같은 놀이 기구에 타므로 C는 가운데 자리 또는 맨 뒷자리에 탈 수 있다.

C가 가운데 자리에 탈 때, 조건 (다)에 의하여 D가 남은 자리 중

맨 뒷자리가 아닌 자리에 타는 경우의 수는 3

C가 맨 뒷자리에 탈 때, 조건 (다)에 의하여 D가 남은 자리 중 맨 뒷자리가 아닌 자리에 타는 경우의 수는 4

즉, 이 경우의 수는

$6\times(3+4)=42$

(ii) A, B, C, D가 내린 후 E, F, G, H가 자리를 정하는 경우

조건 (가)에 의하여 G의 자리는 정해져 있으므로 경우의 수는 1

조건 (다)에 의하여 E, F가 맨 뒷자리가 아닌 자리에 타는 경우의 수는

${}_5P_2=20$

H가 자리에 타는 경우의 수는 6

즉, 이 경우의 수는

$1\times20\times6=120$

(i), (ii)에 의하여 구하는 경우의 수는

$42\times120=5040$

답 ④

C Step 1등급 완성 최고난도 예상 문제

본문 68~70쪽

01 ②	02 8	03 ④	04 ②	05 ⑤
06 ⑤	07 36	08 ④	09 ⑤	10 ③
11 ④	12 ①	13 ③	14 ⑤	15 ④

1등급 뛰어넘기

16 64　17 288

01 전략 수형도를 이용하여 경우의 수를 구한다.

풀이 $a_n\neq n$ $(n=1, 2, 3, 4, 5)$, 즉 $a_1\neq1$, $a_2\neq2$, $a_3\neq3$, $a_4\neq4$인 경우를 수형도로 나타내면 다음과 같다.

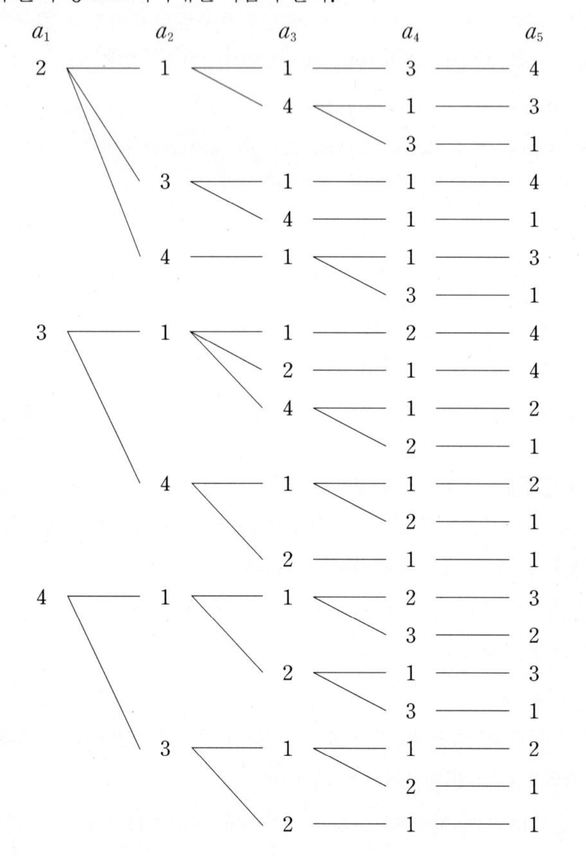

따라서 구하는 경우의 수는 21이다.

답 ②

02 전략 주어진 조건과 삼각형의 세 변의 길이 사이의 관계를 이용하여 c의 값의 범위를 구한 후 c의 값에 따라 경우를 나눈다.

풀이 삼각형의 세 변의 길이 중 c가 가장 긴 변의 길이이므로

$a+b>c$ ...... ㉠

조건 (나)에 의하여 $a+b=20-c$이므로 ㉠에 대입하면

$20-c>c$

$\therefore c<10$ ...... ㉡

또, 조건 (가)에서 $a\le b\le c$이므로

$20=a+b+c\le c+c+c=3c$

$3c\ge20$

$\therefore c\ge\frac{20}{3}$ ...... ㉢

㉡, ㉢에 의하여

$\frac{20}{3}\le c<10$

이때 c는 자연수이므로 c가 될 수 있는 값은 7, 8, 9이다.

(i) $c=7$일 때

$a+b=20-c=13$이고 $a\le b\le7$이므로 조건을 만족시키는 순서쌍 (a, b)는

$(6, 7)$의 1개

(ii) $c=8$일 때

$a+b=20-c=12$이고 $a\le b\le8$이므로 조건을 만족시키는 순서쌍 (a, b)는

$(4, 8)$, $(5, 7)$, $(6, 6)$의 3개

(iii) $c=9$일 때

$a+b=20-c=11$이고 $a\le b\le9$이므로 조건을 만족시키는 순서쌍 (a, b)는

$(2, 9)$, $(3, 8)$, $(4, 7)$, $(5, 6)$의 4개

(i), (ii), (iii)에 의하여 구하는 순서쌍 (a, b, c)의 개수는

$1+3+4=8$

답 8

03 전략 원과 직선이 서로 다른 두 점에서 만날 조건을 이용하여 순서쌍 (a, b)의 개수를 구한다.

풀이 원 $(x-a)^2+(y-b)^2=5$와 직선 $2x+y-3=0$이 서로 다른 두 점에서 만나려면 원의 중심 (a, b)와 직선 $2x+y-3=0$ 사이의 거리가 원의 반지름의 길이 $\sqrt{5}$보다 작아야 한다.

$\frac{|2a+b-3|}{\sqrt{2^2+1^2}}<\sqrt{5}$에서 $|2a+b-3|<5$

$-5<2a+b-3<5$

$\therefore -2<2a+b<8$ ...... ㉠

a, b는 5 이하의 자연수이므로

$3\le2a+b\le15$ ...... ㉡

㉠, ㉡에 의하여

$3\le2a+b<8$

(i) $2a+b=3$일 때

순서쌍 (a, b)는 $(1, 1)$의 1개

(ii) $2a+b=4$일 때

순서쌍 (a, b)는 $(1, 2)$의 1개

(iii) $2a+b=5$일 때

순서쌍 (a, b)는 $(1, 3)$, $(2, 1)$의 2개

(iv) $2a+b=6$일 때

순서쌍 (a, b)는 $(1, 4)$, $(2, 2)$의 2개

(v) $2a+b=7$일 때

순서쌍 (a, b)는 $(1, 5)$, $(2, 3)$, $(3, 1)$의 3개

(i)~(v)에 의하여 구하는 순서쌍 (a, b)의 개수는

$1+1+2+2+3=9$

답 ④

다른풀이 즉, $-5<2a+b-3<5$이므로

$-2a-2<b<-2a+8$ ...... ㉠

a의 값이 1, 2, 3, 4, 5일 때 ㉠을 만족시키는 5 이하의 자연수 b의 값은 다음과 같다.

(i) $a=1$일 때

$-4<b<6$이므로 조건을 만족시키는 b의 값은 1, 2, 3, 4, 5의 5개

(ii) $a=2$일 때

$-6<b<4$이므로 조건을 만족시키는 b의 값은 1, 2, 3의 3개

(iii) $a=3$일 때

$-8<b<2$이므로 조건을 만족시키는 b의 값은 1의 1개

(iv) $a=4$ 또는 $a=5$일 때

$b<0$이므로 조건을 만족시키는 b의 값은 존재하지 않는다.

(i)~(iv)에 의하여 구하는 순서쌍 (a, b)의 개수는

$5+3+1=9$

개념 연계 / 수학상 / **원과 직선의 위치 관계**

반지름의 길이가 r인 원의 중심과 직선 사이의 거리를 d라 하면

(1) $d<r$이면 서로 다른 두 점에서 만난다.

(2) $d=r$이면 한 점에서 만난다(접한다).

(3) $d>r$이면 만나지 않는다.

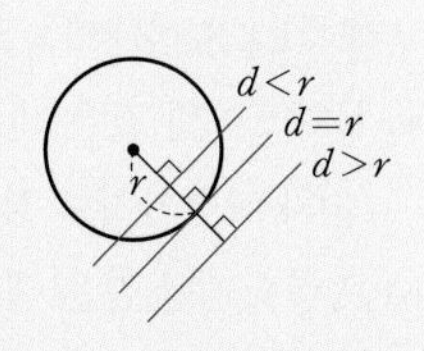

04 전략 각 자리의 숫자의 합이 3의 배수이면 그 수는 3의 배수임을 이용한다.

풀이 조건 (가)에 의하여 네 자리 자연수가 3의 배수가 되려면 각 자리의 숫자의 합이 3의 배수이어야 한다.

$b+c+d$의 값을 3으로 나눈 나머지가 0, 1, 2인 경우로 나누면 다음과 같다.

(i) $b+c+d$의 값을 3으로 나눈 나머지가 0인 경우

a는 3의 배수이어야 하므로 a에 올 수 있는 숫자는 3, 6, 9이다.

조건 (나)를 만족시키는 순서쌍 (b, c, d)는

$(4, 5, 6)$, $(4, 5, 9)$, $(4, 6, 8)$, $(4, 8, 9)$의 4개

이고, 이 각각에 대하여 a에 올 수 있는 숫자는 3, 6, 9 중 b, c, d에 포함된 수를 제외한 2개이므로 구하는 네 자리 자연수의 개수는

$4\times2=8$

(ii) $b+c+d$의 값을 3으로 나눈 나머지가 1인 경우

a는 3으로 나눈 나머지가 2이어야 하므로 a에 올 수 있는 숫자는 2, 5, 8이다.

조건 (나)를 만족시키는 순서쌍 (b, c, d)는

$(4, 5, 7)$, $(4, 6, 9)$, $(4, 7, 8)$의 3개

$(4, 5, 7)$, $(4, 7, 8)$일 때, 이 각각에 대하여 a에 올 수 있는 숫자는 2, 5, 8 중 b, c, d에 포함된 수를 제외한 2개이므로

$2\times2=4$

$(4, 6, 9)$일 때, a에 올 수 있는 숫자는 2, 5, 8의 3개이므로

$1\times3=3$

즉, 구하는 네 자리 자연수의 개수는

$4+3=7$

(iii) $b+c+d$의 값을 3으로 나눈 나머지가 2인 경우

a는 3으로 나눈 나머지가 1이어야 하므로 a에 올 수 있는 숫자는 1, 4, 7이다.

조건 (나)를 만족시키는 순서쌍 (b, c, d)는

$(4, 5, 8)$, $(4, 6, 7)$, $(4, 7, 9)$의 3개

$(4, 5, 8)$일 때, a에 올 수 있는 숫자는 1, 4, 7 중 4를 제외한 2개이므로

$1\times2=2$

$(4, 6, 7)$, $(4, 7, 9)$일 때, a에 올 수 있는 숫자는 1, 4, 7 중 4, 7을 제외한 1개이므로

$2\times1=2$

즉, 구하는 네 자리 자연수의 개수는

$2+2=4$

(i), (ii), (iii)에 의하여 구하는 네 자리 자연수의 개수는

$8+7+4=19$

답 ②

05 전략 각 자리의 숫자의 합에 따라 경우를 나누어 해결한다.

풀이 세 자리 자연수는 100부터 999까지 모두 900개이고 100의 각 자리의 숫자의 합은 1, 999의 각 자리의 숫자의 합은 27이므로 세 자리 자연수의 각 자리의 숫자의 합은 1부터 27까지 나올 수 있다.

세 자리 자연수를 $a\times100+b\times10+c$ $(a\neq0)$로 놓으면 각 자리의 숫자의 합이 같은 자연수의 개수는 다음과 같다.

(i) $a+b+c=1$인 경우는 100의 1개

(ii) $a+b+c=2$인 경우는 101, 110, 200의 3개

(iii) $a+b+c=3$인 경우는 102, 111, 120, 201, 210, 300의 6개

⋮

(iv) $a+b+c=25$인 경우는 799, 889, 898, 979, 988, 997의 6개

(v) $a+b+c=26$인 경우는 899, 989, 998의 3개

(vi) $a+b+c=27$인 경우는 999의 1개

각 자리의 숫자의 합이 2 이상 26 이하인 수는 모두 3개 이상씩 존재하므로 세 자리 자연수를 가장 많이 적으려면 각 자리의 숫자의 합이 1인 수 1번, 27인 수 1번, 2 이상 26 이하인 수를 각각 3번씩 적은 후 나머지 수 중 하나를 적으면 된다.

따라서 구하는 자연수의 개수의 최댓값은

$1+1+25\times3+1=78$

답 ⑤

06 전략 십의 자리의 숫자가 5임을 이용하여 자연수의 개수를 구하고, 각 자리에 올 수 있는 숫자의 개수를 이용하여 총합을 구한다.

풀이 백의 자리에 올 수 있는 숫자는 0, 5를 제외한 4개, 십의 자리에 올 수 있는 숫자는 5의 1개, 일의 자리에 올 수 있는 숫자는 백의 자리에 오는 숫자와 5를 제외한 4개이므로 구하는 자연수의 개수는

$n=4\times1\times4=16$

백의 자리의 숫자는 1, 2, 3, 4가 각각 4개씩이므로 백의 자리의 숫자의 합은

$4\times(1+2+3+4)\times100=4000$

십의 자리의 숫자는 모두 5이므로 십의 자리의 숫자의 합은

$(16\times5)\times10=800$

일의 자리의 숫자는 1, 2, 3, 4가 각각 3개씩이고, 0이 4개이므로 일의 자리의 숫자의 합은

$3\times(1+2+3+4)+4\times0=30$

즉, 16개의 자연수의 총합은

$S=4000+800+30=4830$

$\therefore n+S=16+4830=4846$

답 ⑤

07 전략 치역의 원소의 개수가 4이므로 치역이 아닌 원소의 개수가 1임을 이용한다.

풀이 조건 (나)에서 $x+f(x)$의 값은 홀수이므로 x가 홀수이면 $f(x)$는 짝수, x가 짝수이면 $f(x)$는 홀수이어야 한다.

이때 조건 (가)에서 함수 f의 치역의 원소의 개수가 4이므로 집합 X의 원소 중 치역의 원소가 아닌 것은 하나뿐이다.

치역의 원소가 아닌 수가 홀수이면 치역의 원소는 홀수 1개와 짝수 3개가 된다.

이때 정의역의 홀수인 원소 7, 9에 대응하는 치역의 원소는 짝수인 6, 8, 10이 되어야 하므로 f는 함수가 아니다.

즉, 치역의 원소가 아닌 수는 짝수이므로 6, 8, 10의 3가지

함수 f의 치역에는 홀수 2개, 짝수 2개의 원소가 있으므로 $f(6)$, $f(8)$, $f(10)$은 홀수 2개 중 하나에 대응되어야 한다.

즉, $f(6)$, $f(8)$, $f(10)$을 홀수 2개에 대응시키는 경우의 수는

$2\times2\times2=8$

이때 치역에 홀수 2개가 모두 포함되어야 하므로 $f(6)$, $f(8)$, $f(10)$ 모두 1개의 홀수에 대응되는 경우를 제외하면 $f(6)$, $f(8)$, $f(10)$을 정하는 경우의 수는

$8-2=6$

이 각각에 대하여 $f(7)$, $f(9)$를 짝수 2개에 각각 대응시켜야 하므로 $f(7)$, $f(9)$를 정하는 경우의 수는 2

따라서 구하는 함수 f의 개수는

$3\times6\times2=36$

답 36

주의 치역의 원소가 4개이므로 치역의 원소 중 홀수 2개는 $f(6)$, $f(8)$, $f(10)$에 모두 대응되어야 하고 짝수 2개는 $f(7)$, $f(9)$에 모두 대응되어야 한다.

08 전략 같은 색을 칠할 수 있는 영역을 파악한 후 경우를 나누어 색을 칠하는 경우의 수를 구한다.

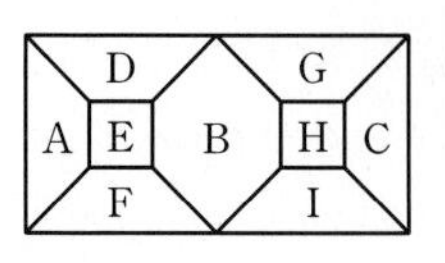

풀이 오른쪽 그림과 같이 각 영역을 A, B, C, D, E, F, G, H, I라 하고, A, B, C에 칠하는 색에 따라 다음과 같이 전체에 색을 칠하는 경우의 수를 구할 수 있다.

(i) A, B, C에 같은 색을 칠하는 경우

A에 칠할 수 있는 색은 4가지,

B와 C에 칠할 수 있는 색은 A에 칠한 색과 같으므로 1가지,

D에 칠할 수 있는 색은 A에 칠한 색을 제외한 3가지,

E에 칠할 수 있는 색은 A, D에 칠한 색을 제외한 2가지,

F에 칠할 수 있는 색은 A, E에 칠한 색을 제외한 2가지,

G에 칠할 수 있는 색은 C에 칠한 색을 제외한 3가지,

H에 칠할 수 있는 색은 C, G에 칠한 색을 제외한 2가지,

I에 칠할 수 있는 색은 C, H에 칠한 색을 제외한 2가지이므로 경우의 수는

$4\times1\times1\times3\times2\times2\times3\times2\times2=576$

(ii) A와 B에만 같은 색을 칠하는 경우

A에 칠할 수 있는 색은 4가지,

B에 칠할 수 있는 색은 A에 칠한 색과 같으므로 1가지,

C에 칠할 수 있는 색은 A에 칠한 색을 제외한 3가지,

D에 칠할 수 있는 색은 A에 칠한 색을 제외한 3가지,

E에 칠할 수 있는 색은 A, D에 칠한 색을 제외한 2가지,

F에 칠할 수 있는 색은 A, E에 칠한 색을 제외한 2가지,

G에 칠할 수 있는 색은 B, C에 칠한 색을 제외한 2가지,

H에 칠할 수 있는 색은 B, C, G에 칠한 색을 제외한 1가지,

I에 칠할 수 있는 색은 B, C, H에 칠한 색을 제외한 1가지이므로 경우의 수는

$4\times1\times3\times3\times2\times2\times2\times1\times1=288$

(iii) B와 C에만 같은 색을 칠하는 경우

(ii)와 마찬가지로 경우의 수는 288

(iv) A와 C에만 같은 색을 칠하는 경우

A에 칠할 수 있는 색은 4가지,

C에 칠할 수 있는 색은 A에 칠한 색과 같으므로 1가지,

B에 칠할 수 있는 색은 A에 칠한 색을 제외한 3가지,

D에 칠할 수 있는 색은 A, B에 칠한 색을 제외한 2가지,

E에 칠할 수 있는 색은 A, B, D에 칠한 색을 제외한 1가지,

F에 칠할 수 있는 색은 A, B, E에 칠한 색을 제외한 1가지,

G에 칠할 수 있는 색은 B, C에 칠한 색을 제외한 2가지,

H에 칠할 수 있는 색은 B, C, G에 칠한 색을 제외한 1가지,

I에 칠할 수 있는 색은 B, C, H에 칠한 색을 제외한 1가지이므로 경우의 수는

$4\times1\times3\times2\times1\times1\times2\times1\times1=48$

(v) A, B, C에 다른 색을 칠하는 경우

A에 칠할 수 있는 색은 4가지,

B에 칠할 수 있는 색은 A에 칠한 색을 제외한 3가지,

C에 칠할 수 있는 색은 A, B에 칠한 색을 제외한 2가지,

D에 칠할 수 있는 색은 A, B에 칠한 색을 제외한 2가지,

E에 칠할 수 있는 색은 A, B, D에 칠한 색을 제외한 1가지,

F에 칠할 수 있는 색은 A, B, E에 칠한 색을 제외한 1가지,

G에 칠할 수 있는 색은 B, C에 칠한 색을 제외한 2가지,

H에 칠할 수 있는 색은 B, C, G에 칠한 색을 제외한 1가지,

I에 칠할 수 있는 색은 B, C, H에 칠한 색을 제외한 1가지이므로

경우의 수는

$4\times3\times2\times2\times1\times1\times2\times1\times1=96$

(i)~(v)에 의하여 구하는 경우의 수는

$576+288+288+48+96=1296$ 답 ④

09 전략 붙어 있는 2개의 구슬을 순서쌍으로 나타내고, 학생 1명이 가져가는 순서쌍에 따라 경우를 나눈다.

풀이 오른쪽 그림과 같이 7개의 구슬을 각각 a, b, c, d, e, f, g라 하고, 붙어 있는 2개의 구슬을 순서쌍으로 나타내면

(a, b), (a, c), (b, c), (b, d), (c, d), (d, e), (d, f), (e, f), (e, g), (f, g)의 10개

즉, 붙어 있는 구슬을 각각 2개씩 가져가는 학생 2명 중 1명이 고르는 구슬에 따라 경우를 나누면 다음과 같다.

(i) 학생 1명이 (a, b) 또는 (a, c) 또는 (e, g) 또는 (f, g)를 가져가는 경우

학생 1명이 (a, b)를 가져갈 때, 다른 1명은 a, b를 포함하지 않는 순서쌍 (c, d), (d, e), (d, f), (e, f), (e, g), (f, g)의 6개 중 하나를 가지고, 나머지 3명은 남은 3개의 구슬을 각각 하나씩 나누어 가지면 된다.

붙어 있는 2개의 구슬을 하나로 생각하여 5개의 구슬을 5명의 학생이 나누어 가지는 경우의 수는

$6\times5!=6\times120=720$

(a, c), (e, g), (f, g)를 가져가는 경우에도 마찬가지이므로 경우의 수는 각각 720

즉, 이 경우의 수는

$4\times720=2880$

(ii) 학생 1명이 (b, c) 또는 (e, f)를 가져가는 경우

학생 1명이 (b, c)를 가져갈 때, 다른 1명은 b, c를 포함하지 않는 순서쌍 (d, e), (d, f), (e, f), (e, g), (f, g)의 5개 중 하나를 가지고, 나머지 3명은 남은 3개의 구슬을 각각 하나씩 나누어 가지면 된다.

붙어 있는 2개의 구슬을 하나로 생각하여 5개의 구슬을 5명의 학생이 나누어 가지는 경우의 수는

$5\times5!=5\times120=600$

(e, f)를 가져가는 경우에도 마찬가지이므로 경우의 수는 600

즉, 이 경우의 수는

$2\times600=1200$

(iii) 학생 1명이 (b, d) 또는 (c, d) 또는 (d, e) 또는 (d, f)를 가져가는 경우

학생 1명이 (b, d)를 가져갈 때, 다른 1명은 b, d를 포함하지 않는 순서쌍 (a, c), (e, f), (e, g), (f, g)의 4개 중 하나를 가지고, 나머지 3명은 남은 3개의 구슬을 각각 하나씩 나누어 가지면 된다.

붙어 있는 2개의 구슬을 하나로 생각하여 5개의 구슬을 5명의 학생이 나누어 가지는 경우의 수는

$4\times5!=4\times120=480$

(c, d), (d, e), (d, f)를 가져가는 경우에도 마찬가지이므로 경우의 수는 각각 480

즉, 이 경우의 수는

$4\times480=1920$

(i), (ii), (iii)에 의하여 구하는 경우의 수는

$2880+1200+1920=6000$ 답 ⑤

10 전략 가로줄과 세로줄이 만나는 책장에 꽂는 책의 권수를 a라 하고 가로줄과 세로줄의 책장에 꽂는 책의 권수의 합이 같음을 이용하여 식을 세운다.

풀이 오른쪽 그림과 같이 가로줄과 세로줄이 만나는 책장을 A라 하고, A에 꽂은 책의 권수를 a $(1\le a\le6)$, 가로줄의 4개의 책장에 꽂은 책의 권수의 합을 S라 하자.

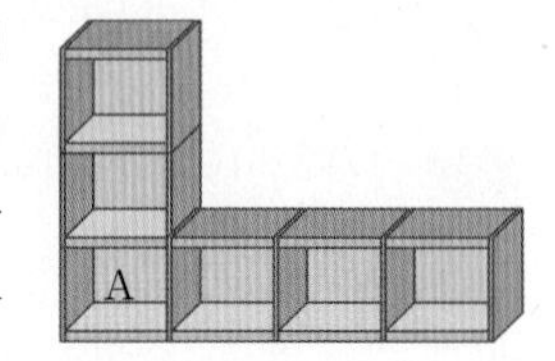

가로줄의 4개의 책장에 꽂은 책의 권수의 합과 세로줄의 3개의 책장에 꽂은 책의 권수의 합이 같으므로

$1+2+3+4+5+6+a=2S$

$\therefore S=\dfrac{a+21}{2}$

이때 S는 자연수이므로 a는 홀수이다.

(i) $a=1$일 때

$S=\dfrac{1+21}{2}=11$이므로 세로줄의 책장에서 A를 제외한 두 책장에 꽂는 책의 권수의 합과 가로줄의 책장에서 A를 제외한 세 책장에 꽂는 책의 권수의 합이 $S-a=11-1=10$이어야 한다.

따라서 세로줄의 책장에는 A를 제외하고 각각 4권, 6권을 꽂고, 가로줄의 책장에는 A를 제외하고 각각 2권, 3권, 5권을 꽂으면 된다.

세로줄의 책장에 4권, 6권을 꽂는 경우의 수는 $2!=2$

가로줄의 책장에 2권, 3권, 5권을 꽂는 경우의 수는 $3!=6$

즉, 6개의 책장에 책을 꽂는 경우의 수는

$2\times6=12$

(ii) $a=3$일 때

$S=\dfrac{3+21}{2}=12$이므로 세로줄의 책장에서 A를 제외한 두 책장에 꽂는 책의 권수의 합과 가로줄의 책장에서 A를 제외한 세 책장에 꽂는 책의 권수의 합이 $S-a=12-3=9$이어야 한다.

따라서 세로줄의 책장에는 A를 제외하고 4권, 5권을 꽂고, 가로줄의 책장에는 A를 제외하고 각각 1권, 2권, 6권을 꽂으면 된다.

세로줄의 책장에 4권, 5권을 꽂는 경우의 수는 $2!=2$

가로줄의 책장에 1권, 2권, 6권을 꽂는 경우의 수는 $3!=6$

즉, 6개의 책장에 책을 꽂는 경우의 수는

$2\times 6=12$

(iii) $a=5$일 때

$S=\frac{5+21}{2}=13$이므로 세로줄의 책장에서 A를 제외한 두 책장에 꽂는 책의 권수의 합과 가로줄의 책장에서 A를 제외한 세 책장에 꽂는 책의 권수의 합이 $S-a=13-5=8$이어야 한다.

따라서 세로줄의 책장에는 A를 제외하고 각각 2권, 6권을 꽂고, 가로줄의 책장에는 A를 제외하고 1권, 3권, 4권을 꽂으면 된다.

세로줄의 책장에 2권, 6권을 꽂는 경우의 수는 $2!=2$

가로줄의 책장에 1권, 3권, 4권을 꽂는 경우의 수는 $3!=6$

즉, 6개의 책장에 책을 꽂는 경우의 수는

$2\times 6=12$

(i), (ii), (iii)에 의하여 구하는 경우의 수는

$12+12+12=36$ 답 ③

11 **전략** 다섯 자리 이하의 자연수에서 73452보다 큰 수를 제외하여 구한다.

풀이 다섯 자리 이하의 자연수의 개수는 다음과 같다.

(i) 한 자리 자연수는 7개이다.

(ii) 두 자리 자연수인 경우

십의 자리에 올 수 있는 숫자는 0을 제외한 7개, 일의 자리에 올 수 있는 숫자는 십의 자리에 오는 숫자를 제외한 7개이므로 두 자리 자연수의 개수는

$7\times 7=49$

(iii) 세 자리 자연수인 경우

백의 자리에 올 수 있는 숫자는 0을 제외한 7개이고, 이 각각에 대하여 십의 자리와 일의 자리에는 백의 자리에 오는 숫자를 제외한 7개 중 2개를 택하여 일렬로 나열하면 되므로 세 자리 자연수의 개수는

$7\times {}_7P_2=7\times(7\times 6)=294$

(iv) 네 자리 자연수인 경우

천의 자리에 올 수 있는 숫자는 0을 제외한 7개이고, 이 각각에 대하여 백의 자리와 십의 자리, 일의 자리에는 천의 자리에 오는 숫자를 제외한 7개 중 3개를 택하여 일렬로 나열하면 되므로 네 자리 자연수의 개수는

$7\times {}_7P_3=7\times(7\times 6\times 5)=1470$

(v) 다섯 자리 자연수인 경우

만의 자리에 올 수 있는 숫자는 0을 제외한 7개이고, 이 각각에 대하여 천의 자리와 백의 자리, 십의 자리, 일의 자리에는 만의 자리에 오는 숫자를 제외한 7개 중 4개를 택하여 일렬로 나열하면 되므로 다섯 자리 자연수의 개수는

$7\times {}_7P_4=7\times(7\times 6\times 5\times 4)=5880$

(i)~(v)에 의하여 다섯 자리 이하의 자연수의 개수는

$7+49+294+1470+5880=7700$

이때 73452보다 큰 수는

73456과 7346□, 735□□, 736□□, 74□□□, 75□□□, 76□□□ 꼴이다.

(vi) 7346□ 꼴일 때

□에는 나머지 숫자 4개 중 1개를 택하면 되므로

${}_4P_1=4$

(vii) 735□□, 736□□ 꼴일 때

□□에는 나머지 숫자 5개 중 2개를 택하여 일렬로 나열하면 되므로

${}_5P_2=20$

(viii) 74□□□, 75□□□, 76□□□ 꼴일 때

□□□에는 나머지 숫자 6개 중 3개를 택하여 일렬로 나열하면 되므로

${}_6P_3=120$

(vi), (vii), (viii)에 의하여 73452보다 큰 수의 개수는

$1+4+2\times 20+3\times 120=405$

따라서 73452는 $7700-405=7295$(번째)의 수이다. 답 ④

12 **전략** 백의 자리에 올 수 있는 숫자를 구한 후 각 경우의 십의 자리와 일의 자리에 올 수 없는 숫자를 파악한다.

풀이 조건 (가)에 의하여 400보다 큰 수이므로 구하는 세 자리 자연수의 백의 자리에 올 수 있는 숫자는 4 또는 5이다.

조건 (나)에 의하여 각 자리의 숫자 중 어느 두 수의 합도 5가 아니므로 두 수의 합이 5가 되는 0과 5, 1과 4, 2와 3은 세 자리 자연수의 각 자리에 동시에 올 수 없다.

(i) 백의 자리 숫자가 4인 경우

십의 자리와 일의 자리에는 백의 자리에 오는 숫자와 1을 제외한 0, 2, 3, 5 중 2개를 택하여 나열하면 된다. 이때 0과 5, 2와 3이 동시에 올 수 없으므로 구하는 자연수의 개수는

${}_4P_2-2\times 2!=12-4=8$

(ii) 백의 자리 숫자가 5인 경우

십의 자리와 일의 자리에는 백의 자리에 오는 숫자와 0을 제외한 1, 2, 3, 4 중 2개를 택하여 나열하면 된다. 이때 1과 4, 2와 3이 동시에 올 수 없으므로 구하는 자연수의 개수는

${}_4P_2-2\times 2!=12-4=8$

(i), (ii)에 의하여 구하는 자연수의 개수는

$8+8=16$ 답 ①

13 **전략** 6이 적힌 공의 위치에 따라 경우를 나누어 각각의 경우의 수를 구한다.

풀이 8의 약수는 1, 2, 4, 8이고, 모두 2의 제곱수이므로 1, 2, 4, 8이 적힌 공끼리는 서로 이웃할 수 있다.

이때 6의 약수는 1, 2, 3, 6이므로 6이 적힌 공은 1, 2가 적힌 공과 이웃해야 한다.

6이 적힌 공의 위치에 따라 경우를 나누면 다음과 같다.

(i) 6이 적힌 공이 한쪽 끝에 오는 경우

6이 적힌 공은 왼쪽 또는 오른쪽 끝에 올 수 있으므로 이 경우의 수는 2

6이 적힌 공과 이웃하는 자리에 올 수 있는 공은 1 또는 2가 적힌

공이므로 이 경우의 수는 2

나머지 세 자리에 남은 세 개의 공을 나열하는 경우의 수는

$3!=6$

즉, 이 경우의 수는

$2\times2\times6=24$

(ii) 6이 적힌 공이 양 끝 이외의 자리에 오는 경우

6이 적힌 공은 두 번째 또는 세 번째 또는 네 번째 자리에 올 수 있으므로 이 경우의 수는 3

6이 적힌 공의 양 옆에 올 수 있는 공은 1 또는 2가 적힌 공이므로 이 경우의 수는 $2!=2$

나머지 두 자리에 4, 8이 적힌 공을 나열하는 경우의 수는

$2!=2$

즉, 이 경우의 수는

$3\times2\times2=12$

(i), (ii)에 의하여 구하는 경우의 수는

$24+12=36$

답 ③

14 **전략** A, a가 적힌 카드를 제외한 나머지 문자가 적힌 카드를 나열한 후 A, a가 적힌 카드의 자리를 찾는다.

풀이 서로 이웃하여 나열해야 하는 A와 a가 적힌 카드를 제외한 6장의 카드를 먼저 나열한 후 A와 a가 적힌 카드를 나열하는 경우를 생각한다.

다음과 같이 B, C, D가 적힌 카드를 먼저 나열하고 ∨표시가 된 곳에 b, c, d가 적힌 카드를 하나씩 나열한다.

B∨C∨D∨ 또는 ∨B∨C∨D

이때 B, C, D가 적힌 카드를 일렬로 나열하는 경우의 수는

$3!=6$

b, c, d가 적힌 카드를 일렬로 나열하는 경우의 수는

$3!=6$

즉, 6장의 카드를 나열하는 경우의 수는

$2\times6\times6=72$

다음과 같이 나열되어 있는 6장의 카드의 사이사이와 양 끝의 ∨ 표시가 된 곳에 A와 a가 적힌 카드를 이웃하도록 나열하면 된다.

∨B∨b∨C∨c∨D∨d∨

이때 각각의 위치에서 이웃한 카드에 따라 A와 a의 순서가 정해지므로 순서를 바꾸는 경우는 고려하지 않는다.

즉, A와 a가 적힌 카드를 나열하는 경우의 수는 7이다.

따라서 구하는 경우의 수는

$72\times7=504$

답 ⑤

15 **전략** 함수 f는 일대일함수임을 이용하여 함수 g의 개수를 구한다.

풀이 $(g\circ f)(x)=g(f(x))=x$이므로 모든 $a\in X$에 대하여

$f(a)=b\ (b\in Y)$이면 $g(b)=a$이어야 한다. …… ㉠

즉, ㉠이 성립하려면 함수 f는 일대일함수이어야 하므로 함수 f의 개수는

${}_5P_3=60$

이 각각에 대하여 함수 g의 정의역 Y의 원소 중 함수 f의 치역의 원소에 대한 함숫값은 ㉠에 의하여 모두 정해지므로 함수 g의 정의역의 나머지 2개의 원소를 함수 g의 공역인 집합 X의 임의의 원소에 대응시키면 된다.

이때 나머지 2개의 원소의 함숫값을 정하는 경우의 수는

$3\times3=9$

따라서 구하는 순서쌍 (f, g)의 개수는

$60\times9=540$

답 ④

16 **전략** 주어진 격자점을 원점, 축 위의 점, 축이 아닌 좌표평면 위의 점으로 나누어 각각의 경우의 수를 구한다.

풀이 주어진 9개의 격자점을 원점, 축 위의 점, 축이 아닌 좌표평면 위의 점으로 나누어 다음과 같이 세 집합 A, B, C라 하자.

$A=\{(0, 0)\}$

$B=\{(-1, 0), (0, -1), (0, 1), (1, 0)\}$

$C=\{(-1, -1), (-1, 1), (1, -1), (1, 1)\}$

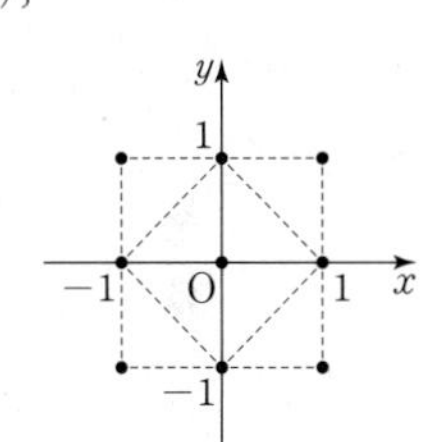

세 집합 A, B, C에 포함되는 점 중 각각 하나씩을 선택하면 어느 두 점을 선택해도 두 점을 양 끝 점으로 하는 선분의 중점이 격자점이 아니므로 조건을 만족시킨다.

집합 A에서 선택할 수 있는 원소는 1개이다.

집합 B에 포함되는 점 중 x축 위의 점에서 1개, y축 위의 점에서 1개를 택하면 조건을 만족시킨다. 즉, 집합 B에서는 각각 다른 축 위의 점을 선택하여 최대 2개의 원소를 선택할 수 있다.

집합 C에 포함되는 어느 두 점을 선택해도 두 점을 양 끝 점으로 하는 선분의 중점이 격자점이므로 조건을 만족시키지 않는다. 즉, 집합 C에서는 최대 1개의 원소만 선택할 수 있다.

$f(2)$의 경우, 세 집합 A, B, C에서 선택하는 원소는

(1개, 1개, 0개) 또는 (1개, 0개, 1개) 또는 (0개, 1개, 1개) 또는 (0개, 2개, 0개)이어야 한다.

(i) 세 집합 A, B, C에서 선택하는 원소가 (1개, 1개, 0개)인 경우

집합 A에서 택할 수 있는 원소는 1개, 집합 B에서 택할 수 있는 원소는 4개이므로 경우의 수는

$1\times4=4$

(ii) 세 집합 A, B, C에서 선택하는 원소가 (1개, 0개, 1개)인 경우

집합 A에서 택할 수 있는 원소는 1개, 집합 C에서 택할 수 있는 원소의 4개이므로 경우의 수는

$1\times4=4$

(iii) 세 집합 A, B, C에서 선택하는 원소가 (0개, 1개, 1개)인 경우

집합 B에서 택할 수 있는 원소는 4개, 집합 C에서 택할 수 있는 원소는 4개이므로 경우의 수는

$4\times4=16$

(iv) 세 집합 A, B, C에서 선택하는 원소가 (0개, 2개, 0개)인 경우

집합 B에서 택할 수 있는 원소는 x축 위의 점 2개, y축 위의 점 2개이므로 경우의 수는

$2\times2=4$

(ⅰ)~(ⅳ)에 의하여

$f(2)=4+4+16+4=28$

$f(3)$의 경우, 세 집합 A, B, C에서 선택하는 원소는

(1개, 1개, 1개) 또는 (1개, 2개, 0개) 또는 (0개, 2개, 1개)이어야 한다.

(ⅴ) 세 집합 A, B, C에서 선택하는 원소가 (1개, 1개, 1개)인 경우
집합 A에서 택할 수 있는 원소는 1개, 집합 B에서 택할 수 있는 원소는 4개, 집합 C에서 택할 수 있는 원소는 4개이므로 경우의 수는
$1\times4\times4=16$

(ⅵ) 세 집합 A, B, C에서 선택하는 원소가 (1개, 2개, 0개)인 경우
집합 A에서 택할 수 있는 원소는 1개, 집합 B에서 택할 수 있는 원소는 x축 위의 점 2개, y축 위의 점 2개이므로 경우의 수는
$1\times(2\times2)=4$

(ⅶ) 세 집합 A, B, C에서 선택하는 원소가 (0개, 2개, 1개)인 경우
집합 B에서 택할 수 있는 원소는 x축 위의 점 2개, y축 위의 점 2개, 집합 C에서 택할 수 있는 원소는 4개이므로 경우의 수는
$(2\times2)\times4=16$

(ⅴ), (ⅵ), (ⅶ)에 의하여

$f(3)=16+4+16=36$

$\therefore f(2)+f(3)=28+36=64$

답 64

17 전략 먼저 5명의 학생이 이웃하지 않도록 앉는 경우를 생각한다.

풀이 5명의 학생이 서로 이웃하지 않도록 앉으려면 한 열에 최대로 앉을 수 있는 학생은 3명이다. 즉, A열과 B열 중 한 열에는 3명, 나머지 열에는 2명이 앉아야 한다.

(ⅰ) A열에 학생 3명이 앉는 경우
3명의 학생이 이웃하지 않도록 앉는 경우는 다음 그림과 같이 1가지이다.

A열	○		○		○

이때 수정이와 현정이가 A열에 앉아야 하므로 두 명의 자리를 정하는 경우의 수는
${}_3\mathrm{P}_2=6$
B열에 2명의 학생이 이웃하지 않도록 앉는 경우는 다음 그림과 같이 6가지이다.

B열	○		○		
B열	○			○	
B열	○				○
B열		○		○	
B열		○			○
B열			○		○

이 각각에 대하여 B열에 앉을 학생 2명과 A열의 남은 한 자리에 앉을 학생 1명을 정하는 경우의 수는
$3!=6$
즉, 이 경우의 수는
$6\times(6\times6)=216$

(ⅱ) A열에 학생 2명이 앉는 경우
2명의 학생이 이웃하지 않도록 앉는 경우는 (ⅰ)의 B열의 경우와 마찬가지로 6가지이고, 이 각각에 대하여 수정이와 현정이가 앉아야 하므로 두 학생이 앉는 경우의 수는
$6\times2!=12$
B열에 3명의 학생이 이웃하지 않도록 앉는 경우는 (ⅰ)의 A열의 경우와 마찬가지로 1가지이다.
이때 3명의 학생이 앉을 자리를 정하는 경우의 수는
$3!=6$
즉, 이 경우의 수는
$12\times6=72$

(ⅰ), (ⅱ)에 의하여 구하는 경우의 수는

$216+72=288$

답 288

조합

Step A 1등급을 위한 고난도 빈출 & 핵심 문제 본문 72쪽

01 ④	02 ⑤	03 200	04 9	05 24
06 16	07 ②	08 ③		

01 짝이 맞는 장갑 한 켤레를 택하는 경우의 수는

${}_{4}C_{1}=4$

한 켤레를 제외한 장갑 6짝 중에서 2짝을 택하는 경우의 수는

${}_{6}C_{2}=15$

이때 장갑 6짝 중에서 짝이 맞는 2짝, 즉 장갑 3켤레 중에서 한 켤레를 택하는 경우의 수는

${}_{3}C_{1}=3$

즉, 장갑 6짝 중에서 짝이 맞지 않는 2짝을 택하는 경우의 수는

$15-3=12$

따라서 구하는 경우의 수는

$4\times12=48$ 답 ④

02 12개의 점 중에서 3개의 점을 택할 때, 만들어지는 삼각형의 개수는 모든 경우의 수에서 택한 3개의 점으로 삼각형이 만들어지지 않는 경우의 수를 뺀 것과 같다.

12개의 점 중에서 3개의 점을 택하는 경우의 수는

${}_{12}C_{3}=\frac{12\times11\times10}{3\times2\times1}=220$

이 중에서 택한 3개의 점으로 삼각형이 만들어지지 않는 경우는 다음과 같다.

(i) 한 직선 위에 있는 3개의 점 중에서 3개를 택하는 경우

한 직선 위에 3개의 점이 있는 직선은 오른쪽 그림과 같이 8개이다.

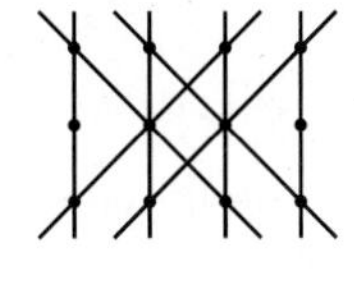

이 각각에 대하여 한 직선 위에 있는 3개의 점 중에서 3개를 택하는 경우의 수는

${}_{3}C_{3}=1$

즉, 이 경우의 수는

$8\times1=8$

(ii) 한 직선 위에 있는 4개의 점 중에서 3개를 택하는 경우

한 직선 위에 4개의 점이 있는 직선은 오른쪽 그림과 같이 3개이다.

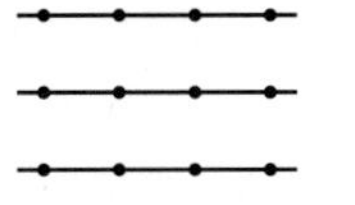

이 각각에 대하여 한 직선 위에 있는 4개의 점 중에서 3개를 택하는 경우의 수는

${}_{4}C_{3}={}_{4}C_{1}=4$

즉, 이 경우의 수는

$3\times4=12$

(i), (ii)에 의하여 삼각형이 만들어지지 않는 경우의 수는

$8+12=20$

따라서 구하는 삼각형의 개수는

$220-20=200$ 답 ⑤

03 남자 지원자와 여자 지원자가 적어도 한 명씩은 포함되도록 뽑는 경우의 수는 모든 경우의 수에서 남자 지원자만 뽑는 경우의 수와 여자 지원자만 뽑는 경우의 수를 뺀 것과 같다.

지원자 10명 중에서 4명을 뽑는 경우의 수는

${}_{10}C_{4}=\frac{10\times9\times8\times7}{4\times3\times2\times1}=210$

남자 지원자 5명 중에서 4명을 뽑는 경우의 수는

${}_{5}C_{4}={}_{5}C_{1}=5$

여자 지원자 5명 중에서 4명을 뽑는 경우의 수는

${}_{5}C_{4}={}_{5}C_{1}=5$

따라서 구하는 경우의 수는

$210-5-5=200$ 답 200

다른풀이 남자 지원자와 여자 지원자가 적어도 한 명씩은 포함되도록 뽑는 경우는 다음과 같이 나누어 생각할 수 있다.

(i) 남자 1명, 여자 3명을 뽑는 경우의 수는

${}_{5}C_{1}\times{}_{5}C_{3}={}_{5}C_{1}\times{}_{5}C_{2}=5\times10=50$

(ii) 남자 2명, 여자 2명을 뽑는 경우의 수는

${}_{5}C_{2}\times{}_{5}C_{2}=10\times10=100$

(iii) 남자 3명, 여자 1명을 뽑는 경우의 수는

${}_{5}C_{3}\times{}_{5}C_{1}={}_{5}C_{2}\times{}_{5}C_{1}=10\times5=50$

(i), (ii), (iii)에 의하여 구하는 경우의 수는

$50+100+50=200$

04 조건 (가)에서 $f(2)=4$이므로 조건 (나)에 의하여

$f(1)>4$, $f(4)<f(3)<4$

$f(1)$의 값이 될 수 있는 것은 5, 6, 7의 3가지

$f(3)$, $f(4)$의 값은 1, 2, 3 중 2개를 택하여 작은 순서대로 차례대로 $f(4)$, $f(3)$에 대응시키면 된다.

따라서 구하는 함수 f의 개수는

$3\times{}_{3}C_{2}=3\times3=9$ 답 9

1등급 노트 함수의 개수

(1) 원소의 개수가 n인 집합 X에 대하여 함수 $f: X\longrightarrow X$일 때, 일대일대응인 함수 f의 개수는

${}_{n}P_{n}=n!$

(2) 집합 $X=\{x_1, x_2, x_3, \cdots, x_m\}$에서 집합 $y=\{y_1, y_2, y_3, \cdots, y_n\}$으로의 함수 f에 대하여

① 집합 X에서 집합 Y로의 일대일함수, 즉 $x_i\neq x_j$이면 $f(x_i)\neq f(x_j)$인 함수의 개수는

${}_{n}P_{m}$ (단, $n\geq m$) ← 순열

② $x_i<x_j$이면 $f(x_i)<f(x_j)$인 함수의 개수는

${}_{n}C_{m}$ (단, $n\geq m$) ← 조합

05 $f(1)+f(3)$의 값은 홀수이므로 $f(1)$, $f(3)$의 값이 각각 홀수, 짝수이거나 짝수, 홀수이어야 한다.

(i) $f(1)$의 값은 홀수, $f(3)$의 값은 짝수인 경우

$f(1)$의 값은 1, 3 중 하나이므로 경우의 수는

${}_2C_1=2$

$f(3)$의 값은 2, 4 중 하나이므로 경우의 수는

${}_2C_1=2$

이때 $f(2)\times f(3)$의 값이 짝수이고 $f(3)$의 값이 짝수이므로 $f(2)$의 값은 짝수이어도 되고 홀수이어도 된다.

즉, $f(2)$의 값은 1, 2, 3, 4 중 하나이므로 경우의 수는

${}_4C_1=4$

따라서 이 경우의 함수 f의 개수는

$2\times2\times4=16$

(ii) $f(1)$의 값은 짝수, $f(3)$의 값은 홀수인 경우

$f(1)$의 값은 2, 4 중 하나이므로 경우의 수는

${}_2C_1=2$

$f(3)$의 값은 1, 3 중 하나이므로 경우의 수는

${}_2C_1=2$

이때 $f(2)\times f(3)$의 값이 짝수이고 $f(3)$의 값이 홀수이므로 $f(2)$의 값은 반드시 짝수이어야 한다.

즉, $f(2)$의 값은 2, 4 중 하나이므로 경우의 수는

${}_2C_1=2$

따라서 이 경우의 함수 f의 개수는

$2\times2\times2=8$

(i), (ii)에 의하여 구하는 함수 f의 개수는

$16+8=24$ 답 24

06

조건 (가), (나)에 의하여

함수 f는 집합 $\{2, 3, 4, 5, 6\}$에서 집합 $\{1, 2, 3, 4, 5\}$로의 일대일대응으로 생각할 수 있다.

조건 (다)에 의하여 $f(k)\le k$ $(k\in X,\ k\ne1)$에서 $f(2)\le2$이므로 $f(2)$의 값은 1, 2 중 하나를 택하면 된다. 즉, 이 경우의 수는

${}_2C_1=2$

또, $f(3)\le3$이고 함수 f가 일대일대응이므로 $f(3)$의 값은 1, 2, 3 중 $f(2)$의 값을 제외하고 하나를 택하면 된다. 즉, 이 경우의 수는

${}_2C_1=2$

$f(4)$, $f(5)$의 값을 정하는 경우에도 마찬가지이므로 경우의 수는 각각 ${}_2C_1=2$이고 $f(6)$의 값을 정하는 경우의 수는 1이다.

따라서 구하는 함수 f의 개수는

$2\times2\times2\times2\times1=16$ 답 16

07

운전자만 타고 가는 승용차는 없으므로 운전자를 제외한 나머지 6명을 3개의 조로 나눈 후 각 승용차에 배정해야 한다.

이때 각 승용차는 모두 운전석을 포함한 4인용이므로 운전자를 제외한 6명을 3개의 조로 나눌 때, 각 승용차에 탑승하는 인원수는 1, 2, 3 또는 2, 2, 2가 되어야 한다.

(i) 1명, 2명, 3명으로 나누는 경우의 수는

${}_6C_1\times{}_5C_2\times{}_3C_3=6\times10\times1=60$

(ii) 2명, 2명, 2명으로 나누는 경우의 수는

${}_6C_2\times{}_4C_2\times{}_2C_2\times\frac{1}{3!}=15\times6\times1\times\frac{1}{6}=15$

(i), (ii)에 의하여 6명을 3개의 조로 나누는 경우의 수는

$60+15=75$

나누어진 3개의 조를 3대의 승용차에 각각 배정하는 경우의 수는

$3!=6$

따라서 구하는 경우의 수는

$75\times6=450$ 답 ②

08

7개의 팀을 3개, 4개의 팀으로 나누는 경우의 수는

${}_7C_3\times{}_4C_4=\frac{7\times6\times5}{3\times2\times1}\times1=35$

3개의 팀을 부전승으로 올라가는 1개의 팀과 경기를 해야 하는 2개의 팀으로 나누는 경우의 수는

${}_3C_1\times{}_2C_2=3\times1=3$

4개의 팀을 2개, 2개의 팀으로 나누는 경우의 수는

${}_4C_2\times{}_2C_2\times\frac{1}{2!}=6\times1\times\frac{1}{2}=3$

따라서 구하는 경우의 수는

$35\times3\times3=315$ 답 ③

B Step 1등급을 위한 고난도 기출 VS 변형 유형

본문 73~75쪽

1 960	1-1 ③	2 ③	2-1 106	3 ⑤	3-1 ④
4 ④	4-1 ②	5 ④	5-1 120	6 ②	6-1 ③
7 ④	7-1 ③	8 18	8-1 ④	9 ②	9-1 ④

1 **전략** 1명의 학생이 받는 꽃과 초콜릿의 개수에 따라 경우를 나눈다.

풀이 꽃 4송이와 초콜릿 2개를 5명의 학생에게 남김없이 나누어 줄 때, 아무것도 받지 못하는 학생이 없으므로 1명의 학생은 반드시 두 가지를 받게 된다. 즉, 1명의 학생은

서로 다른 꽃 2송이 또는 꽃 1송이, 초콜릿 1개 또는 초콜릿 2개를 받아야 한다.

(i) 1명의 학생이 서로 다른 꽃 2송이를 받는 경우

서로 다른 4송이의 꽃 중 2송이의 꽃을 택하는 경우의 수는

${}_4C_2=6$

5명의 학생 중 택한 2송이의 꽃을 받는 학생을 정하는 경우의 수는

${}_5C_1=5$

남은 2송이의 꽃을 나누어 줄 학생을 정하는 경우의 수는

${}_4P_2=12$

꽃을 받지 못한 2명의 학생에게 각각 초콜릿을 1개씩 나누어 주는 경우의 수는 1

즉, 이 경우의 수는

$6\times5\times12\times1=360$

(ii) 1명의 학생이 꽃 1송이, 초콜릿 1개를 받는 경우

서로 다른 4송이의 꽃 중 1송이의 꽃을 택하는 경우의 수는

${}_4C_1=4$

5명의 학생 중 택한 1송이의 꽃과 초콜릿 1개를 받는 학생을 정하는 경우의 수는 ${}_5C_1=5$

남은 3송이의 꽃을 나누어 줄 학생을 정하는 경우의 수는

${}_4P_3=24$

꽃을 받지 못한 1명의 학생에게 1개의 초콜릿을 나누어 주는 경우의 수는 1

즉, 이 경우의 수는

$4\times5\times24\times1=480$

(iii) 1명의 학생이 초콜릿 2개를 받는 경우

초콜릿 2개를 받을 학생을 정하는 경우의 수는

${}_5C_1=5$

서로 다른 4송이의 꽃을 4명의 학생에게 나누어 주는 경우의 수는

${}_4P_4=24$

즉, 이 경우의 수는

$5\times24=120$

(i), (ii), (iii)에 의하여 구하는 경우의 수는

$360+480+120=960$ 답 960

1-1 **전략** 검은 바둑돌을 2개 이하로 넣어야 하므로 먼저 검은 바둑돌을 상자에 넣는 경우를 나눈다.

풀이 조건 (나)에서 각 상자에 검은 바둑돌을 2개 이하로 넣어야 하므로 검은 바둑돌을 상자에 넣는 경우는 다음과 같다.

(i) 검은 바둑돌을 6개의 상자에 2개, 1개, 1개, 1개, 1개, 1개로 나누어 넣는 경우

검은 바둑돌을 2개 넣을 상자를 택하는 경우의 수는

${}_6C_1=6$

조건 (가)에 의하여 각 상자에 바둑돌을 2개 이상 넣어야 하므로 검은 바둑돌이 1개 들어 있는 5개의 상자에 흰 바둑돌을 1개씩 넣어야 한다.

이때 나머지 흰 바둑돌 1개를 넣을 상자를 택하는 경우의 수는

${}_6C_1=6$

즉, 이 경우의 수는

$6\times6=36$

(ii) 검은 바둑돌을 5개의 상자에 2개, 2개, 1개, 1개, 1개로 나누어 넣는 경우

검은 바둑돌을 2개 넣을 상자 2개를 택하고 나머지 상자에서 검은 바둑돌을 1개 넣을 상자 3개를 택하는 경우의 수는

${}_6C_2\times{}_4C_3={}_6C_2\times{}_4C_1=15\times4=60$

조건 (가)에 의하여 각 상자에 바둑돌을 2개 이상 넣어야 하므로 비어 있는 상자에 흰 바둑돌 2개를 넣고, 검은 바둑돌이 1개 들어 있는 3개의 상자에 흰 바둑돌을 1개씩 넣어야 한다.

이때 나머지 흰 바둑돌 1개를 넣을 상자를 택하는 경우의 수는

${}_6C_1=6$

즉, 이 경우의 수는

$60\times6=360$

(iii) 검은 바둑돌을 4개의 상자에 2개, 2개, 2개, 1개로 나누어 넣는 경우

검은 바둑돌을 2개 넣을 상자 3개를 택하고 나머지 상자에서 검은 바둑돌 1개를 넣을 상자 1개를 택하는 경우의 수는

${}_6C_3\times{}_3C_1=\frac{6\times5\times4}{3\times2\times1}\times3=60$

조건 (가)에 의하여 각 상자에 바둑돌을 2개 이상 넣어야 하므로 비어 있는 두 상자에 흰 바둑돌을 2개씩 넣고, 검은 바둑돌이 1개 들어 있는 1개의 상자에 흰 바둑돌 1개를 넣어야 한다.

이때 나머지 흰 바둑돌 1개를 넣을 상자를 택하는 경우의 수는

${}_6C_1=6$

즉, 이 경우의 수는

$60\times6=360$

(i), (ii), (iii)에 의하여 구하는 경우의 수는

$36+360+360=756$ 답 ③

2 **전략** 3으로 나누었을 때의 나머지가 0, 1, 2인 홀수로 분류하여 세 수의 합이 3의 배수가 되는 경우의 수를 구한다.

풀이 1부터 25까지의 홀수 중 3으로 나누었을 때의 나머지가 r인 자연수를 원소로 하는 집합을 A_r라 하면

$A_0=\{3, 9, 15, 21\}$, $A_1=\{1, 7, 13, 19, 25\}$, $A_2=\{5, 11, 17, 23\}$

세 수의 합이 3의 배수가 되는 경우의 수는 다음과 같다.

(i) A_0의 원소 중 3개를 택하는 경우의 수는

${}_4C_3={}_4C_1=4$

(ii) A_1의 원소 중 3개를 택하는 경우의 수는

${}_5C_3={}_5C_2=10$

(iii) A_2의 원소 중 3개를 택하는 경우의 수는

${}_4C_3={}_4C_1=4$

(iv) A_0, A_1, A_2의 각각의 원소 중 1개씩을 택하는 경우의 수는

${}_4C_1\times{}_5C_1\times{}_4C_1=4\times5\times4=80$

(i)~(iv)에 의하여 구하는 경우의 수는

$4+10+4+80=98$ 답 ③

참고 세 집합의 원소는 $3k$, $3k+1$, $3k+2$ 꼴이므로

(ii) A_1의 원소 3개를 택하면 세 수의 합은

$(3k_1+1)+(3k_2+1)+(3k_3+1)=3(k_1+k_2+k_3+1)$ (k_1, k_2, k_3은 실수)이므로 3의 배수이다.

(iii) A_2의 원소 3개를 택하면 세 수의 합은

$(3k_1+2)+(3k_2+2)+(3k_3+2)=3(k_1+k_2+k_3+2)$ (k_1, k_2, k_3은 실수)이므로 3의 배수이다.

(iv) A_0, A_1, A_2의 각각의 원소 중 1개씩 택하면 세 수의 합은

$3k_1+(3k_2+1)+(3k_3+2)=3(k_1+k_2+k_3+1)$ (k_1, k_2, k_3은 실수)이므로 3의 배수이다.

1등급 노트 택한 수의 합이 3의 배수인 경우

택한 수의 합이 3의 배수인 조건이 주어진 문제는 다음과 같은 세 집합 A_0, A_1, A_2로 나누어 3의 배수가 되는 경우를 찾아 해결한다.

$A_0=\{3k \mid k$는 0 이상의 정수$\}$,

$A_1=\{3k+1 \mid k$는 0 이상의 정수$\}$,

$A_2=\{3k+2 \mid k$는 0 이상의 정수$\}$

2-1 **전략** 6의 배수, 6의 배수가 아닌 2의 배수, 6의 배수가 아닌 3의 배수, 6과 서로소인 수로 분류하여 네 수의 곱이 6의 배수가 되는 경우의 수를 구한다.

풀이 1부터 9까지의 자연수를 6의 배수, 6의 배수가 아닌 2의 배수, 6의 배수가 아닌 3의 배수, 6과 서로소인 수를 원소로 하는 집합을 각각 A_1, A_2, A_3, A_4라 하면

$A_1=\{6\}$, $A_2=\{2, 4, 8\}$, $A_3=\{3, 9\}$, $A_4=\{1, 5, 7\}$

네 장의 카드에 적힌 자연수의 곱이 6의 배수가 되려면 A_1의 원소를 포함하거나 A_2, A_3의 원소를 각각 1개 이상 포함해야 한다.

(i) A_1의 원소 중 1개, A_2, A_3, A_4의 원소 중 3개를 택하는 경우의 수는

$1\times{}_8C_3=56$

(ii) A_2의 원소 중 1개, A_3의 원소 중 1개, A_4의 원소 중 2개를 택하는 경우의 수는

${}_3C_1\times{}_2C_1\times{}_3C_2=3\times2\times3=18$

(iii) A_2의 원소 중 1개, A_3의 원소 중 2개, A_4의 원소 중 1개를 택하는 경우의 수는

${}_3C_1\times{}_2C_2\times{}_3C_1=3\times1\times3=9$

(iv) A_2의 원소 중 2개, A_3의 원소 중 1개, A_4의 원소 중 1개를 택하는 경우의 수는

${}_3C_2\times{}_2C_1\times{}_3C_1=3\times2\times3=18$

(v) A_2의 원소 중 2개, A_3의 원소 중 2개를 택하는 경우의 수는

${}_3C_2\times{}_2C_2=3\times1=3$

(vi) A_2의 원소 중 3개, A_3의 원소 중 1개를 택하는 경우의 수는

${}_3C_3\times{}_2C_1=1\times2=2$

(i)~(vi)에 의하여 구하는 경우의 수는

$56+18+9+18+3+2=106$

답 106

다른풀이 네 장의 카드에 적힌 자연수의 곱이 6의 배수가 되는 경우의 수는 모든 경우의 수에서 곱이 6의 배수가 아닌 경우의 수를 빼면 된다.

9장의 카드 중 4장의 카드를 택하는 경우의 수는

${}_9C_4=\dfrac{9\times8\times7\times6}{4\times3\times2\times1}=126$

네 장의 카드에 적힌 자연수의 곱이 6의 배수가 아닌 경우는 다음과 같다.

(i) A_2의 원소 중 1개, A_4의 원소 중 3개를 택하는 경우의 수는

${}_3C_1\times{}_3C_3=3\times1=3$

(ii) A_2의 원소 중 2개, A_4의 원소 중 2개를 택하는 경우의 수는

${}_3C_2\times{}_3C_2=3\times3=9$

(iii) A_2의 원소 중 3개, A_4의 원소 중 1개를 택하는 경우의 수는

${}_3C_3\times{}_3C_1=1\times3=3$

(iv) A_3의 원소 중 1개, A_4의 원소 중 3개를 택하는 경우의 수는

${}_2C_1\times{}_3C_3=2\times1=2$

(v) A_3의 원소 중 2개, A_4의 원소 중 2개를 택하는 경우의 수는

${}_2C_2\times{}_3C_2=1\times3=3$

(i)~(v)에 의하여 네 장의 카드에 적힌 자연수의 곱이 6의 배수가 아닌 경우의 수는

$3+9+3+2+3=20$

따라서 구하는 경우의 수는

$126-20=106$

3 **전략** 순서가 정해져 있으므로 전체 개수에서 나열할 수의 개수만큼 택하면 그 순서가 결정됨을 이용한다.

풀이 1부터 9까지의 자연수 중 3개를 택하여 a_1, a_4, a_7의 값을 정하는 경우의 수는 조건 (가)에 의하여 그 순서가 정해져 있으므로 9개의 자연수 중 3개를 택하는 경우의 수와 같다.

$\therefore {}_9C_3=\dfrac{9\times8\times7}{3\times2\times1}=84$

또, 나머지 6개의 자연수 중 3개를 택하여 a_2, a_5, a_8의 값을 정하는 경우의 수는 조건 (나)에 의하여 그 순서가 정해져 있으므로 6개의 자연수 중 3개를 택하는 경우의 수와 같다.

$\therefore {}_6C_3=\dfrac{6\times5\times4}{3\times2\times1}=20$

조건 (다)에 의하여 남은 3개의 자연수들을 a_3, a_6, a_9의 값으로 정하는 경우의 수는 1이다.

따라서 구하는 경우의 수는

$84\times20\times1=1680$

답 ⑤

3-1 **전략** 순서가 정해져 있으므로 전체 개수에서 나열할 수의 개수만큼 택하면 그 순서가 결정됨을 이용한다.

풀이 a_4, a_8의 값을 정하는 경우의 수는 조건 (다)에 의하여 그 순서가 정해져 있으므로 9개의 자연수 중 2개를 택하는 경우의 수와 같다.

$\therefore {}_9C_2=36$

조건 (가), (나)에 의하여 $a_1<a_3<a_5<a_7$이고 $a_1<a_3<a_6<a_9$이므로 6개의 자연수를 택하여 작은 순서대로 2개를 차례대로 a_1, a_3의 값으로 정하고 나머지 4개 중 2개를 a_5, a_7의 값으로 정하고 남은 2개를 a_6, a_9의 값으로 정하면 된다.

a_4, a_8의 값을 제외한 7개의 자연수 중 6개를 택하는 경우의 수는

${}_7C_6={}_7C_1=7$

6개의 수 중 작은 순서대로 2개를 차례대로 a_1, a_3의 값으로 정하고 나머지 4개를 2개씩 나누는 경우의 수는

${}_4C_2\times{}_2C_2=6\times1=6$

즉, a_1, a_3, a_5, a_6, a_7, a_9의 값을 정하는 경우의 수는

$7\times6=42$

이때 남은 1개의 자연수를 a_2의 값으로 정하는 경우의 수는 1이다.

따라서 구하는 경우의 수는

$36\times42\times1=1512$

답 ④

4 **전략** $X=X_1\cup X_2$, $X_1=X\cap(A-B)$, $X_2=X\cap(A\cap B)$로 놓고 두 집합 X_1, X_2의 개수를 각각 구한다.

풀이 $X\subset A$이므로 세 집합 A, B, X를 벤다이어그램으로 나타내면 오른쪽 그림과 같다.

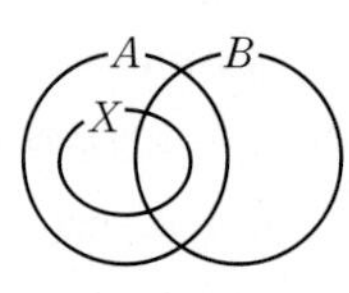

$A=\{1, 3, 5, 7, 9, 11, 13, 15, 17, 19\}$

$B=\{3, 6, 9, 12, 15, 18, 21, 24, 27, 30\}$

에서 $n(A)=10$, $n(B)=10$이고

$A-B=\{1, 5, 7, 11, 13, 17, 19\}$, $A\cap B=\{3, 9, 15\}$

$\therefore n(A-B)=7$, $n(A\cap B)=3$

이때 $X_1=X\cap(A-B)$, $X_2=X\cap(A\cap B)$로 놓으면

$X=X_1\cup X_2$, $X_1\cap X_2=\varnothing$

$n(X\cup B)=n(X_1)+n(B)=13$이고, $n(B)=10$이므로

$n(X_1)=3$

즉, 집합 X_1은 집합 $A-B$의 부분집합 중 원소의 개수가 3인 집합이므로 조건을 만족시키는 집합 X_1의 개수는

${}_7C_3=\frac{7\times6\times5}{3\times2\times1}=35$

또, 집합 X_2는 집합 $A\cap B$의 부분집합이므로 조건을 만족시키는 집합 X_2의 개수는

$2^3=8$

따라서 구하는 집합 X의 개수는

$35\times8=280$ 답 ④

4-1 전략 집합 C의 원소의 개수에 따라 경우를 나누어 집합의 개수를 구한다.

풀이 조건 (가)에서 $A\cap C=C$이므로

$C\subset A$

조건 (나)에서 $n(B\cap C)=2$이므로 집합 C는 집합 B의 원소 중 2개의 원소를 가져야 하고 이 경우의 수는

${}_3C_2={}_3C_1=3$

조건 (다)에서 $n(C)\ge4$이므로 집합 C는 집합 $A-B=\{4, 5, 6, 7\}$의 원소 중 2개 이상을 원소로 가져야 한다.

(i) $n(C)=4$일 때

4, 5, 6, 7 중 2개를 원소로 가져야 하므로 이 경우의 수는

${}_4C_2=6$

(ii) $n(C)=5$일 때

4, 5, 6, 7 중 3개를 원소로 가져야 하므로 이 경우의 수는

${}_4C_3={}_4C_1=4$

(iii) $n(C)=6$일 때

4, 5, 6, 7의 4개를 모두 원소로 가져야 하므로 이 경우의 수는

${}_4C_4=1$

따라서 구하는 집합 C의 개수는

$3\times(6+4+1)=33$ 답 ②

5 전략 어린이 2명과 짝을 지어 앉을 어른 2명을 정한 후 4명이 앉을 자리를 정하는 경우의 수를 구한다.

풀이 어른 4명 중 어린이와 같이 앉을 2명을 정하는 경우의 수는

${}_4C_2=6$

5줄 중 어린이와 어른이 짝을 지어 앉을 2줄을 택하는 경우의 수는

${}_5C_2=10$

이때 어른 2명이 자리를 정하는 경우의 수는 2줄 중 한 줄을 택하여 앉은 후 각 줄에서 2개의 자리 중 하나를 택해야 하므로

$2!\times2!\times2!=8$

어린이 2명이 자리를 정하는 경우의 수는

$2!=2$

나머지 3줄 중 남은 어른 2명이 앉을 1줄을 택하는 경우의 수는

${}_3C_1=3$

이때 어른 2명이 서로 자리를 바꾸는 경우의 수는

$2!=2$

따라서 구하는 경우의 수는

$6\times10\times8\times2\times3\times2=5760$ 답 ④

다른풀이 어른 2명을 택하여 어린이 2명과 짝을 짓는 경우의 수는

${}_4P_2=12$

짝을 지은 어른과 어린이가 각각 자리를 정하는 경우의 수는

$2!\times2!=4$

남은 어른 2명이 자리를 정하는 경우의 수는

$2!=2$

5줄에서 짝을 지은 세 쌍이 3줄을 택하여 앉는 경우의 수는

${}_5P_3=60$

따라서 구하는 경우의 수는

$12\times4\times2\times60=5760$

5-1 전략 3학년 학생들이 1, 2, 3열에 이웃하여 앉는 경우로 나누어 구한다.

풀이 3학년 학생 2명이 같은 열에 이웃하여 앉는 경우는 다음과 같다.

(i) 3학년 학생 2명이 1열에 앉는 경우

① 2열에 2학년 학생 3명이 이웃하여 앉는 경우

3열에는 1학년 학생 4명이 앉으면 된다.

이때 각 학년 학생들은 서로 자리를 바꿀 수 있으므로 이 경우의 수는

$2!\times3!\times4!=12\times4!$

② 3열에 2학년 3명이 이웃하여 앉는 경우

2학년 학생의 자리를 정하는 경우의 수는

${}_2C_1=2$

1학년 학생은 남은 자리에 앉으면 된다.

이때 각 학년 학생들은 서로 자리를 바꿀 수 있으므로 이 경우의 수는

$2!\times(2\times3!)\times4!=24\times4!$

①, ②에 의하여 이 경우의 수는

$12\times4!+24\times4!=36\times4!$

(ii) 3학년 학생 2명이 2열에 앉는 경우

3학년 학생의 자리를 정하는 경우의 수는

${}_2C_1=2$

2학년 학생 3명은 3열에 앉아야 하므로 2학년 학생의 자리를 정하는 경우의 수는

${}_2C_1=2$

1학년 학생은 남은 자리에 앉으면 된다.

이때 각 학년 학생들은 서로 자리를 바꿀 수 있으므로 이 경우의 수는

$(2\times 2!)\times(2\times 3!)\times 4!=48\times 4!$

(iii) 3학년 학생 2명이 3열에 앉는 경우

3학년 학생의 자리를 정하는 경우의 수는

${}_3C_1=3$

2학년 학생 3명은 2열에 앉아야 하고, 1학년 학생은 남은 자리에 앉으면 된다.

이때 각 학년 학생들은 서로 자리를 바꿀 수 있으므로 이 경우의 수는

$(3\times 2!)\times 3!\times 4!=36\times 4!$

(i), (ii), (iii)에 의하여 구하는 경우의 수는

$36\times 4!+48\times 4!+36\times 4!=120\times 4!$

$\therefore k=120$

답 120

6 **전략** 첫째 자리 문자가 a인 경우와 b인 경우로 나누어 경우의 수를 구한다.

풀이 조건 (가)에서 b는 연속해서 나올 수 없으므로 a를 먼저 나열하고 a 사이사이에 b를 배치한다.

조건 (나)에 의하여 첫째 자리 문자가 b이면 마지막 자리는 a로 정해지므로 첫째 자리 문자가 a인 경우와 b인 경우로 나누어 생각할 수 있다.

(i) 첫째 자리 문자가 a인 경우

$a\square a\square a\square a\square a\square a\square a\square a\square$

8개의 a를 나열하는 경우의 수는 1

4개의 b를 a 사이사이에 배치하는 경우의 수는

${}_8C_4=\frac{8\times 7\times 6\times 5}{4\times 3\times 2\times 1}=70$

즉, 이 경우의 문자열의 개수는

$1\times 70=70$

(ii) 첫째 자리 문자가 b인 경우

두 번째 자리 문자와 마지막 자리 문자는 a이므로

$ba\square a\square a\square a\square a\square a\square a$

7개의 a를 나열하는 경우의 수는 1

3개의 b를 a 사이사이에 배치하는 경우의 수는

${}_7C_3=\frac{7\times 6\times 5}{3\times 2\times 1}=35$

즉, 이 경우의 문자열의 개수는

$1\times 35=35$

(i), (ii)에 의하여 구하는 문자열의 개수는

$70+35=105$

답 ②

6-1 **전략** 트로피 사이사이에 비어 있는 칸을 1개씩 놓고 나머지 6개의 비어 있는 칸의 자리를 정하는 경우의 수를 구한다.

풀이 조건 (가)에서 트로피는 서로 이웃한 칸에 동시에 넣을 수 없으므로 트로피 사이에 적어도 하나의 비어 있는 칸이 있어야 한다.

7개의 트로피를 일렬로 나열하고 트로피 사이사이에 비어 있는 칸을 1개씩 놓는 경우의 수는 1이다.

이때 조건 (나)에 의하여 양 끝과 트로피 사이사이에 나머지 6개의 비어 있는 칸을 추가로 놓는 경우를 다음과 같이 나누어 생각할 수 있다.

(i) 트로피 사이 6개의 자리에 6개의 비어 있는 칸을 추가하는 경우

6개의 자리에 비어 있는 칸을 1개씩 추가하는 경우의 수는

${}_6C_6=1$

(ii) 양 끝 중 한 자리에 비어 있는 칸 1개를 놓고 트로피 사이 5개의 자리를 정하여 5개의 비어 있는 칸을 추가하는 경우

양 끝 2개의 자리 중 1개의 자리를 정하는 경우의 수는

${}_2C_1=2$

이 각각에 대하여 트로피 사이 6개의 자리 중 5개의 자리를 정하는 경우의 수는

${}_6C_5={}_6C_1=6$

즉, 이 경우의 수는

$2\times 6=12$

(iii) 양 끝에 비어 있는 칸 2개를 놓고 트로피 사이 4개의 자리를 정하여 4개의 비어 있는 칸을 추가하는 경우

양 끝 자리에 각각 1개씩 2개를 놓는 경우의 수는 1

양 끝 중 한쪽 끝에 2개를 놓는 경우의 수는

${}_2C_1=2$

즉, 양 끝에 비어 있는 칸 2개를 놓는 경우의 수는

$1+2=3$

이 각각에 대하여 트로피 사이 6개의 자리 중 4개의 자리를 정하는 경우의 수는

${}_6C_4={}_6C_2=15$

즉, 이 경우의 수는

$3\times 15=45$

(iv) 양 끝에 비어 있는 칸 3개를 놓고 트로피 사이 3개의 자리를 정하여 3개의 비어 있는 칸을 추가하는 경우

양 끝 자리에 각각 1개씩 2개를 놓고 나머지 1개의 자리를 정하는 경우의 수는

${}_2C_1=2$

이 각각에 대하여 트로피 사이 6개의 자리 중 3개의 자리를 정하는 경우의 수는

${}_6C_3=\frac{6\times 5\times 4}{3\times 2\times 1}=20$

즉, 이 경우의 수는

$2\times 20=40$

(v) 양 끝에 비어 있는 칸 4개를 놓고 트로피 사이 2개의 자리를 정하여 2개의 비어 있는 칸을 추가하는 경우

양 끝 자리에 각각 2개씩 4개를 놓는 경우의 수는 1

트로피 사이 6개의 자리 중 2개의 자리를 정하는 경우의 수는

${}_6C_2=15$

즉, 이 경우의 수는

$1\times 15=15$

(i)~(v)에 의하여 구하는 경우의 수는

$1\times(1+12+45+40+15)=113$

답 ③

7 **전략** 주어진 도형에서 가로줄과 세로줄 중에서 각각 2개씩 택하면 직사각형 하나를 만들 수 있음을 이용한다.

풀이 다음 그림과 같이 주어진 도형의 가로줄을 위에서부터 a, b, c, d라 하면

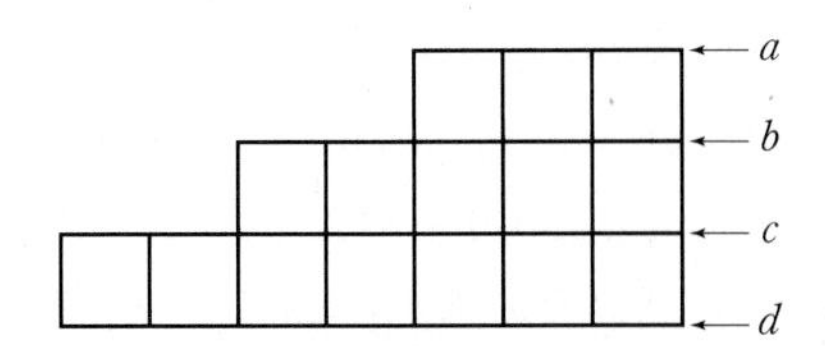

직사각형의 윗변과 아랫변을 택하는 경우에 따라 다음과 같이 나누어 생각할 수 있다.

(i) 직사각형의 윗변과 아랫변이 각각 a, b인 경우
택할 수 있는 세로줄은 4개이고 그중 2개의 변을 택하면 직사각형을 만들 수 있으므로 만들어지는 직사각형의 개수는
${}_4C_2=6$

(ii) 직사각형의 윗변과 아랫변이 각각 a, c인 경우
택할 수 있는 세로줄은 4개이고 그중 2개의 변을 택하면 직사각형을 만들 수 있으므로 만들어지는 직사각형의 개수는
${}_4C_2=6$

(iii) 직사각형의 윗변과 아랫변이 각각 a, d인 경우
택할 수 있는 세로줄은 4개이고 그중 2개의 변을 택하면 직사각형을 만들 수 있으므로 만들어지는 직사각형의 개수는
${}_4C_2=6$

(iv) 직사각형의 윗변과 아랫변이 각각 b, c인 경우
택할 수 있는 세로줄은 6개이고 그중 2개의 변을 택하면 직사각형을 만들 수 있으므로 만들어지는 직사각형의 개수는
${}_6C_2=15$

(v) 직사각형의 윗변과 아랫변이 각각 b, d인 경우
택할 수 있는 세로줄은 6개이고 그중 2개의 변을 택하면 직사각형을 만들 수 있으므로 만들어지는 직사각형의 개수는
${}_6C_2=15$

(vi) 직사각형의 윗변과 아랫변이 각각 c, d인 경우
택할 수 있는 세로줄은 8개이고 그중 2개의 변을 택하면 직사각형을 만들 수 있으므로 만들어지는 직사각형의 개수는
${}_8C_2=28$

(i)~(vi)에 의하여 구하는 직사각형의 개수는
$6+6+6+15+15+28=76$ **답** ④

참고 m개의 가로줄과 n개의 세로줄이 서로 수직으로 만날 때, 이 선들로 이루어질 수 있는 직사각형의 개수는
${}_mC_2\times{}_nC_2$

7-1 **전략** 주어진 도형에서 가로줄과 세로줄 중 각각 2개씩 택하면 직사각형 하나를 만들 수 있음을 이용한다.

풀이 색칠한 부분을 포함하는 직사각형의 모양에 따라 다음과 같이 경우를 나누어 생각할 수 있다.

(i) 정사각형이 가로로 2개, 세로로 4개인 직사각형에서 변을 택하는 경우

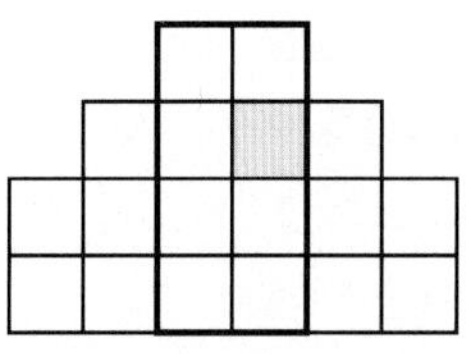

오른쪽 그림에 표시된 직사각형에서 색칠한 부분의 위의 가로줄 2개 중 하나를 윗변으로, 아래 가로줄 3개 중 하나를 아랫변으로 택한 후 왼쪽 세로줄 2개 중 하나를 택하고 맨 오른쪽 세로줄을 택하면 직사각형을 만들 수 있으므로 색칠한 부분을 포함하는 직사각형의 개수는
$({}_2C_1\times{}_3C_1)\times({}_2C_1\times1)=12$

(ii) 정사각형이 가로로 4개, 세로로 3개인 직사각형에서 변을 택하는 경우

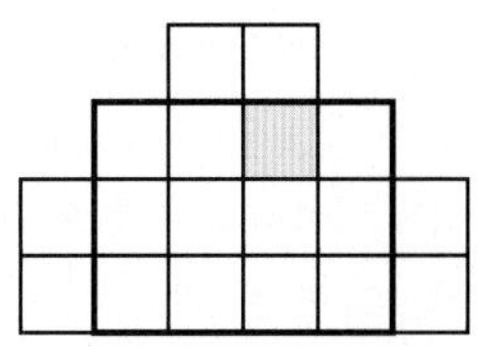

오른쪽 그림에 표시된 직사각형에서 색칠한 부분의 맨 위의 가로줄을 윗변으로, 아래 가로줄 3개 중 하나를 아랫변으로 택한 후 왼쪽 세로줄 3개 중 하나, 오른쪽 세로줄 2개 중 하나를 택하면 직사각형을 만들 수 있으므로 색칠한 부분을 포함하는 직사각형의 개수는
$(1\times{}_3C_1)\times({}_3C_1\times{}_2C_1)=18$

(iii) 정사각형이 가로로 2개, 세로로 3개인 직사각형에서 변을 택하는 경우

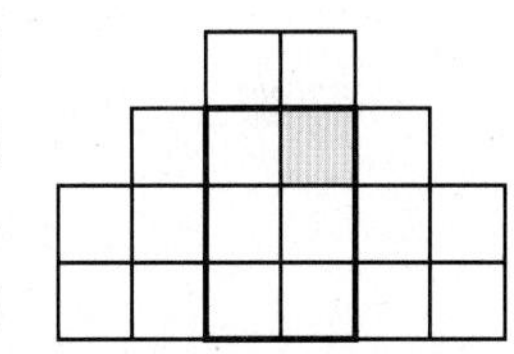

오른쪽 그림에 표시된 직사각형에서 색칠한 부분의 맨 위의 가로줄을 윗변으로, 아래 가로줄 3개 중 하나를 아랫변으로 택한 후 왼쪽 세로줄 2개 중 하나를 택하고 맨 오른쪽 세로줄을 택하면 직사각형을 만들 수 있으므로 색칠한 부분을 포함하는 직사각형의 개수는
$(1\times{}_3C_1)\times({}_2C_1\times1)=6$

(i), (ii), (iii)에 의하여 구하는 직사각형의 개수는
$12+18-6=24$ **답** ③

8 **전략** 함숫값의 순서가 정해져 있으므로 함숫값에 대응되는 원소를 순서에 관계없이 뽑은 후 대응시키면 된다.

풀이 조건 (나)에 의하여
$n=1$일 때, $f(2)<f(1)<f(3)$
$n=2$일 때, $f(4)<f(2)<f(6)$
$f(4)<f(2)<f(1)<f(3)$이고 $f(2)<f(6)$이므로 공역 X의 6개의 원소 중 5개를 택하여 $f(1)$, $f(2)$, $f(3)$, $f(4)$, $f(6)$에 대응시키면 남는 1개의 원소는 $f(5)$에 대응된다.
택한 5개의 원소에서 작은 순서대로 두 원소를 차례대로 $f(4)$, $f(2)$에 대응시키고 이 원소 2개를 제외한 나머지 3개의 원소 중 1개를 택하여 $f(6)$에 대응시키면 $f(1)$, $f(3)$에 대응시킬 원소도 정해진다.
6개의 원소 중 5개의 원소를 택하는 경우의 수는
${}_6C_5={}_6C_1=6$
$f(4)$, $f(2)$에 대응시킬 원소 2개를 제외한 나머지 3개의 원소 중 $f(6)$에 대응시킬 원소 1개를 택하는 경우의 수는
${}_3C_1=3$
따라서 구하는 함수 f의 개수는
$6\times3=18$ **답** 18

8-1 **전략** 함수 f와 합성함수 $f\circ f$의 치역의 원소의 개수를 구한다.

풀이 함수 f와 합성함수 $f\circ f$의 치역을 각각 A, B라 하자.

$n(A)=7$이면 함수 f는 일대일대응이고, 합성함수 $f\circ f$도 일대일대응이므로

$n(B)=7$

또, $n(A)\le5$이면 $B\subset A$이므로

$n(B)\le5$

따라서 $n(A)=6$, 즉 $B=A$인 경우만 생각하면 된다.

$n(A)=6$인 공역 X의 부분집합 A를 택하는 것은 7개의 원소 중 6개를 택하는 것과 같으므로 이 경우의 수는

${}_7C_6={}_7C_1=7$

이때 택하지 않은 원소를 k라 하면 $f(k)$는 A의 원소 중 하나이어야 하므로 이 경우의 수는

${}_6C_1=6$

택한 6개의 원소를 각각 a_1, a_2, a_3, a_4, a_5, a_6이라 하면 $A=B$이므로 $f(a_1)$, $f(a_2)$, $f(a_3)$, $f(a_4)$, $f(a_5)$, $f(a_6)$의 값은 a_1, a_2, a_3, a_4, a_5, a_6에 각각 하나씩 대응되어야 한다.

즉, 이 경우의 수는 집합 A에서 집합 A로의 일대일대응의 개수와 같으므로 $6!$

따라서 구하는 경우의 수는 $7\times6\times6!=42\times6!$이므로

$k=42$

답 ④

9 **전략** 먼저 분할하는 경우의 수를 구한 후 분배하는 경우의 수를 구한다.

풀이 전체 학생이 8명이고 각 조에는 적어도 3명을 배정하려면 각 조의 학생은 각각 3명, 5명 또는 4명, 4명이 되어야 한다.

(i) 3명, 5명으로 나누는 경우

각 조에 남학생과 여학생을 각각 최소 1명씩 배정해야 하므로 다음과 같은 경우를 생각할 수 있다.

① 3명인 조에 남학생 1명, 여학생 2명인 경우의 수는

${}_4C_1\times{}_4C_2=4\times6=24$

② 3명인 조에 남학생 2명, 여학생 1명인 경우의 수는

${}_4C_2\times{}_4C_1=6\times4=24$

①, ②에 의하여 이 경우의 수는

$24+24=48$

(ii) 4명, 4명으로 나누는 경우

각 조에 남학생과 여학생을 각각 최소 1명씩 배정해야 하므로 다음과 같은 경우를 생각할 수 있다.

① 한 조에 남학생 1명, 여학생 3명인 경우의 수는

${}_4C_1\times{}_4C_3={}_4C_1\times{}_4C_1=4\times4=16$

② 한 조에 남학생 2명, 여학생 2명인 경우의 수는

${}_4C_2\times{}_4C_2\times\frac{1}{2!}=6\times6\times\frac{1}{2}=18$

③ 한 조에 남학생 3명, 여학생 1명인 경우의 수는

${}_4C_3\times{}_4C_1={}_4C_1\times{}_4C_1=4\times4=16$

①, ②, ③에 의하여 이 경우의 수는

$16+18+16=50$

(i), (ii)에 의하여 학생을 2개의 조로 나누는 경우의 수는

$48+50=98$

이때 2개의 조를 2곳의 봉사활동 장소에 배정하는 경우의 수는

$2!=2$

따라서 구하는 경우의 수는

$98\times2=196$

답 ②

9-1 **전략** 먼저 분할하는 경우의 수를 구한 후 분배하는 경우의 수를 구한다.

풀이 각 상자에 적어도 2개의 공을 담으려면 각 상자에 담는 공은 각각 2개, 2개, 4개 또는 2개, 3개, 3개이어야 한다.

(i) 2개, 2개, 4개로 나누는 경우의 수는

${}_8C_2\times{}_6C_2\times{}_4C_4\times\frac{1}{2!}=28\times15\times1\times\frac{1}{2}=210$

(ii) 2개, 3개, 3개로 나누는 경우의 수는

${}_8C_2\times{}_6C_3\times{}_3C_3\times\frac{1}{2!}=28\times20\times1\times\frac{1}{2}=280$

(i), (ii)에 의하여 공을 나누는 경우의 수는

$210+280=490$

이때 서로 다른 3개의 상자에 담는 경우의 수는

$3!=6$

따라서 구하는 경우의 수는

$490\times6=2940$

답 ④

C Step 1등급 완성 최고난도 예상 문제

본문 76~78쪽

01 ⑤	**02** ④	**03** ④	**04** 452	**05** 560
06 ②	**07** ⑤	**08** ②	**09** ④	**10** ①
11 ②	**12** ②	**13** ①	**14** ⑤	**15** ①

1등급 뛰어넘기

16 351	**17** 230

01 **전략** ${}_nC_r=\frac{n!}{r!(n-r)!}$임을 이용한다.

풀이 ${}_{x+1}C_y=\frac{(x+1)!}{y!(x+1-y)!}=56$ ······ ㉠

${}_xC_{y-1}=\frac{x!}{(y-1)!(x-y+1)!}=7y$ ······ ㉡

㉠을 ㉡으로 나누면

$\frac{(x+1)!}{y!(x+1-y)!}\div\frac{x!}{(y-1)!(x-y+1)!}=\frac{56}{7y}$

$\frac{(x+1)!(y-1)!}{x!y!}=\frac{8}{y}$

$\frac{x+1}{y}=\frac{8}{y}$, $x+1=8$ ($\because y\ge4$)

즉, $x=7$이므로

${}_8C_y=56$, ${}_7C_{y-1}=7y$

이때 ${}_8C_3={}_8C_5=56$이고 $y\ge4$이므로

$y=5$

$y=5$일 때, ${}_7C_{y-1}=7y$에서

$${}_7C_4={}_7C_3=\frac{7\times6\times5}{3\times2\times1}=35$$

가 성립한다.

$\therefore x+y=7+5=12$ 답 ⑤

02 전략 적어도 남자 1명과 여자 2명을 포함하여 대표 4명을 선출하는 경우의 수를 이용하여 식을 세워 해결한다.

풀이 $n=1$이면 적어도 두 명의 여자가 포함되도록 대표를 선출할 수 없으므로 조건을 만족시키지 않는다.

$n=2$이면 대표에 여자 2명이 모두 포함되어야 하므로 남자 중 2명을 선출하는 경우의 수는

${}_4C_2=6$

이 경우 주어진 조건을 만족시키지 않는다.

$\therefore n\geq3$

적어도 남자 1명과 여자 2명을 포함하여 대표 4명을 선출하는 경우는 남자 1명과 여자 3명 또는 남자 2명과 여자 2명을 선출하는 경우와 같으므로 이 경우의 수는

$$\begin{aligned}{}_4C_1\times{}_nC_3+{}_4C_2\times{}_nC_2&=4\times\frac{n(n-1)(n-2)}{3\times2\times1}+6\times\frac{n(n-1)}{2\times1}\\&=\frac{2}{3}n(n-1)(n-2)+3n(n-1)\\&=\frac{1}{3}n(n-1)(2n+5)\end{aligned}$$

즉, $\frac{1}{3}n(n-1)(2n+5)=392$에서

$n(n-1)(2n+5)=3\times392=8\times7\times21$

$\therefore n=8$ 답 ④

03 전략 칠하는 선분의 개수에 따라 경우를 나누어 경우의 수를 구한다.

풀이 (i) 선분 1개 또는 2개를 빨간색으로 칠하는 경우

선분 1개 또는 2개를 빨간색으로 칠하면 네 개의 꼭짓점을 모두 연결할 수 없다.

(ii) 선분 3개를 빨간색으로 칠하는 경우

[그림 1]과 같이 6개의 선분 중 3개를 색칠하면 네 개의 꼭짓점을 연결할 수 있다. 그런데 [그림 2]와 같이 색칠하는 3개의 선분이 삼각형의 세 변이 되는 경우 네 꼭짓점이 연결되지 않는다.

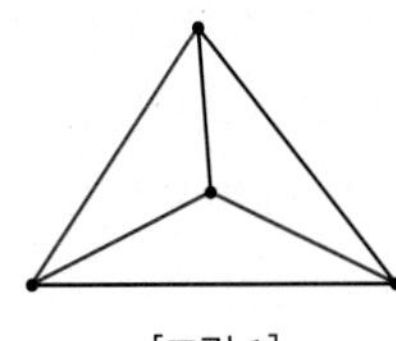
[그림 1]

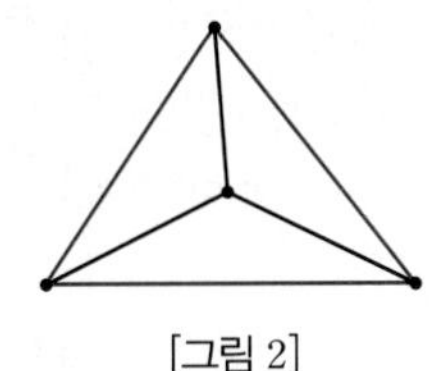
[그림 2]

6개의 선분 중 3개를 택하는 경우의 수는

$${}_6C_3=\frac{6\times5\times4}{3\times2\times1}=20$$

색칠하는 3개의 선분이 삼각형의 세 변이 되는 경우의 수는 4

즉, 이 경우의 수는

${}_6C_3-4=20-4=16$

(iii) 선분 4개를 빨간색으로 칠하는 경우

선분 4개를 빨간색으로 칠하면 항상 네 개의 꼭짓점이 연결되므로 이 경우의 수는

${}_6C_4={}_6C_2=15$

(iv) 선분 5개를 빨간색으로 칠하는 경우

선분 5개를 빨간색으로 칠하면 항상 네 개의 꼭짓점이 연결되므로 이 경우의 수는

${}_6C_5={}_6C_1=6$

(v) 선분 6개를 빨간색으로 칠하는 경우

선분 6개를 빨간색으로 칠하면 항상 네 개의 꼭짓점이 연결되므로 이경우의 수는

${}_6C_6=1$

(i)~(v)에 의하여 구하는 경우의 수는

$0+16+15+6+1=38$ 답 ④

04 전략 $b_0+b_1+b_2+\cdots+b_6=0$의 의미를 파악한다.

풀이 다항식 $a_0x^2+a_1x+a_2$가 이차식이 되려면 a_0의 값은 -1, 1의 2개 중 하나이어야 하므로 이 경우의 수는

${}_2C_1=2$

또, a_1, a_2의 값은 -1, 0, 1의 3개 중 하나이므로

${}_3C_1\times{}_3C_1=3\times3=9$

즉, 만들 수 있는 이차식의 개수는

$2\times3\times3=18$

$b_0+b_1+b_2+\cdots+b_6=0$은 $b_0x^6+b_1x^5+b_2x^4+\cdots+b_5x+b_6=0$에 $x=1$을 대입한 것과 같으므로 만들 수 있는 이차식 중 $x=1$을 대입했을 때 식의 값이 0이 되는 식을 찾으면 된다.

$x=1$을 대입했을 때 식의 값이 0이 되는 이차식은 $x-1$을 인수로 가지므로 가능한 식은

$x(x-1)$, $-x(x-1)$, $(x-1)(x+1)$, $-(x-1)(x+1)$

의 4개이다.

이 중에서 1개 이상을 택하고 나머지 14개의 식 중에서 남은 개수만큼 택하면 된다.

(i) $x-1$을 인수로 갖는 4개의 식이 적힌 공 중 1개, 나머지 14개의 식이 적힌 공 중 2개를 택하는 경우

${}_4C_1\times{}_{14}C_2=4\times91=364$

(ii) $x-1$을 인수로 갖는 4개의 식이 적힌 공 중 2개, 나머지 14개의 식이 적힌 공 중 1개를 택하는 경우

${}_4C_2\times{}_{14}C_1=6\times14=84$

(iii) $x-1$을 인수로 갖는 4개의 식이 적힌 공 중 3개를 택하는 경우

${}_4C_3={}_4C_1=4$

(i), (ii), (iii)에 의하여 구하는 경우의 수는

$364+84+4=452$ 답 452

05 전략 8개의 표적에 1부터 8까지의 순서를 부여하는 경우의 수를 구한다.

풀이 8번의 사격으로 8개의 표적을 맞혀야 하므로 각각의 표적에 1부터 8까지의 순서를 부여할 수 있다.

첫 번째 줄의 표적 A, B, C에 3개의 순서를 부여하려면 1부터 8까지 8개의 숫자 중 3개를 택하여 맨 아래쪽부터 빠른 순서를 부여하면

되므로 이 경우의 수는

${}_8C_3=\frac{8\times7\times6}{3\times2\times1}=56$

같은 방법으로 두 번째 줄의 표적 D, E에 2개의 순서를 부여하는 경우의 수는

${}_5C_2=10$

같은 방법으로 세 번째 줄의 표적 F, G, H에 3개의 순서를 부여하는 경우의 수는

${}_3C_3=1$

따라서 구하는 경우의 수는

$56\times10\times1=560$ 답 560

06 **전략** 짝수와 홀수를 각각 원소로 가지는 경우로 나누어 부분집합의 개수를 구한다.

풀이 집합 U의 부분집합 중 짝수인 원소를 포함하는 부분집합과 홀수인 원소를 포함하는 부분집합으로 나누어 그 각각의 개수를 구하면 다음과 같다.

(i) 짝수를 원소로 가지는 부분집합의 개수

집합 U의 부분집합 중 원소의 개수가 3이고 2를 원소로 가지는 집합의 개수는 2를 제외한 나머지 원소 중 2개를 선택하면 되므로

${}_6C_2=15$

마찬가지로 원소의 개수가 3이고 4, 6을 각각 원소로 가지는 부분집합의 개수도 15이다.

(ii) 홀수를 원소로 가지는 부분집합의 개수

집합 U의 부분집합 중 원소의 개수가 3이고 1을 원소로 가지는 집합의 개수는 1을 포함한 부분집합 중 홀수만 있는 부분집합을 제외하면 되므로

${}_6C_2-{}_3C_2=15-3=12$

마찬가지로 원소의 개수가 3이고 3, 5, 7을 각각 원소로 가지는 부분집합의 개수도 12이다.

(i), (ii)에 의하여 구하는 모든 부분집합의 원소들의 총합은

$15\times(2+4+6)+12\times(1+3+5+7)$

$=15\times12+12\times16=372$ 답 ②

07 **전략** 집합 A가 정해지면 집합 B가 정해지므로 집합 A의 원소의 개수에 따라 나누어 경우의 수를 구한다.

풀이 조건 (가)에 의하여 $n(A\cap B)=1$이므로 집합 $A\cap B$의 원소를 택하는 경우의 수는

${}_5C_1=5$

또, 조건 (나)에 의하여 $A\cup B=U$이므로 집합 A가 정해지면 나머지 원소들은 집합 B의 원소가 된다.

집합 A의 원소의 개수에 따라 다음과 같이 나누어 생각할 수 있다.

(i) $n(A)=1$일 때

$A=A\cap B$이므로 이 경우의 수는 1이다.

(ii) $n(A)=2$일 때

집합 $A\cap B$의 원소를 제외한 4개의 원소 중 1개를 택하는 경우의 수이므로

${}_4C_1=4$

(iii) $n(A)=3$일 때

집합 $A\cap B$의 원소를 제외한 4개의 원소 중 2개를 택하는 경우의 수이므로

${}_4C_2=6$

(iv) $n(A)=4$일 때

집합 $A\cap B$의 원소를 제외한 4개의 원소 중 3개를 택하는 경우의 수이므로

${}_4C_3={}_4C_1=4$

(v) $n(A)=5$일 때

$A=U$이므로 이 경우의 수는 1이다.

따라서 구하는 순서쌍 (A, B)의 개수는

$5\times(1+4+6+4+1)=80$ 답 ⑤

다른풀이 조건 (가)에서 $n(A\cap B)=1$이므로 집합 $A\cap B$의 원소를 택하는 경우의 수는 ${}_5C_1=5$

조건 (나)에서 $A\cup B=U$이므로 집합 $A\cap B$의 원소를 제외한 4개의 원소를 2개의 집합으로 나누어 집합 A, B에 분배하면 된다.

(i) 0개, 4개로 나누어 두 집합에 분배하는 경우

${}_4C_0\times{}_4C_4\times2!=2$

(ii) 1개, 3개로 나누어 두 집합에 분배하는 경우

${}_4C_1\times{}_3C_3\times2!=4\times1\times2=8$

(iii) 2개, 2개로 나누어 두 집합에 분배하는 경우

$\left\{{}_4C_2\times{}_2C_2\times\frac{1}{2!}\right\}\times2!=\left(6\times1\times\frac{1}{2}\right)\times2=6$

(i), (ii), (iii)에 의하여 4개의 원소를 두 집합 A, B에 분배하는 경우의 수는

$2+8+6=16$

따라서 구하는 순서쌍 (A, B)의 개수는

$5\times16=80$

08 **전략** 모든 경우의 수에서 4장의 카드가 서로 연속하지 않는 경우의 수를 뺀다.

풀이 12장의 카드에서 4장의 카드를 선택하는 경우의 수는

${}_{12}C_4=\frac{12\times11\times10\times9}{4\times3\times2\times1}=495$

연속하지 않는 자연수가 적힌 4장의 카드를 뽑는 경우의 수는 뽑지 않은 8장의 카드를 나열하고 각 카드의 사이 또는 양 끝에 뽑은 4장의 카드를 나열한 후 차례대로 1부터 12까지의 자연수를 쓴 경우의 수와 같다.

∨□∨□∨□∨□∨□∨□∨□∨□∨

즉, ∨ 표시한 9곳 중 4곳을 뽑으면 되므로 이 경우의 수는

${}_9C_4=\frac{9\times8\times7\times6}{4\times3\times2\times1}=126$

따라서 구하는 경우의 수는

$495-126=369$ 답 ②

09 **전략** 중복되는 직선의 개수를 구한 후 직선 위에 있는 점이 3개 이상인 경우를 이용하여 직선의 개수의 최댓값을 구한다.

풀이 12개의 점 중 2개를 택하면 한 직선이 결정되므로 직선의 개수의 최댓값은

${}_{12}C_2=66$

그런데 직선의 개수가 51이므로 중복되는 직선의 개수는

$66-51=15$

직선 위에 있는 점이 3개 이상인 경우에 중복되는 직선의 개수는 다음과 같다.

(i) 직선 위에 3개의 점이 있는 경우

$\quad {}_3C_2-1={}_3C_1-1=3-1=2$

(ii) 직선 위에 4개의 점이 있는 경우

$\quad {}_4C_2-1=6-1=5$

(iii) 직선 위에 5개의 점이 있는 경우

$\quad {}_5C_2-1=10-1=9$

(i), (ii), (iii)에 의하여 51개의 직선 중 3개 이상의 점을 지나는 직선의 개수로 가능한 경우는

3개의 점을 지나는 직선 5개, 4개의 점을 지나는 직선 1개

또는 3개의 점을 지나는 직선 3개, 5개의 점을 지나는 직선 1개

또는 4개의 점을 지나는 직선 3개

이므로 구하는 직선의 개수의 최댓값은

$5+1=6$

답 ④

10 **전략** 십각형과 공유하는 변이 있는 삼각형의 개수를 이용한다.

풀이 십각형과 공유하는 변이 하나도 없는 삼각형의 개수는 십각형의 꼭짓점 중 3개를 택하여 만들 수 있는 삼각형의 개수에서 십각형과 공유하는 변이 있는 삼각형의 개수를 빼면 된다.

십각형의 꼭짓점 중 3개를 택하여 만들 수 있는 삼각형의 개수는

${}_{10}C_3=\dfrac{10\times9\times8}{3\times2\times1}=120$

십각형과 공유하는 변이 있는 삼각형의 개수는 다음과 같이 나누어 구할 수 있다.

(i) 십각형과 1개의 변만을 공유하는 경우

10개의 변 중 1개를 택하고 이웃하는 두 꼭짓점을 제외한 나머지 6개의 꼭짓점 중 1개를 택하면 되므로 삼각형의 개수는

${}_{10}C_1\times{}_6C_1=10\times6=60$

(ii) 십각형과 2개의 변을 공유하는 경우

한 꼭짓점에 대하여 양쪽의 변을 택할 때마다 하나씩 생기므로 삼각형의 개수는

${}_{10}C_1=10$

(i), (ii)에 의하여 십각형과 공유하는 변이 있는 삼각형의 개수는

$60+10=70$

따라서 구하는 삼각형의 개수는

$120-70=50$

답 ①

11 **전략** ㄷ. 팔각형의 변과 대각선에 의해 삼각형이 만들어지는 경우는 8개의 꼭짓점 중 3개, 4개, 5개, 6개를 택하는 경우로 나눌 수 있다.

풀이 ㄱ. 팔각형의 대각선의 개수는 8개의 꼭짓점 중 2개를 택하는 경우의 수에서 팔각형의 변 8개를 빼면 되므로

${}_8C_2-8=28-8=20$ (참)

ㄴ. 팔각형의 대각선의 교점은 오른쪽 그림과 같이 꼭짓점 4개를 택할 때마다 한 개씩 생기게 된다.

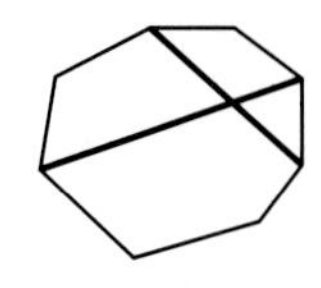

따라서 팔각형의 대각선의 교점의 개수는

${}_8C_4=\dfrac{8\times7\times6\times5}{4\times3\times2\times1}=70$ (참)

ㄷ. 팔각형의 변과 대각선에 의하여 삼각형이 만들어지는 경우는 8개의 꼭짓점 중 3개, 4개, 5개, 6개를 택하는 경우로 나눌 수 있다.

(i) 8개의 꼭짓점 중 3개를 택하는 경우

서로 다른 삼각형을 만들 수 있는 경우는 오른쪽 그림과 같다.

즉, 이 경우의 수는

${}_8C_3=\dfrac{8\times7\times6}{3\times2\times1}=56$

(ii) 8개의 꼭짓점 중 4개를 택하는 경우

8개의 꼭짓점 중 4개를 택하였을 때, 만들 수 있는 서로 다른 삼각형의 개수는 다음 그림과 같이 4이다.

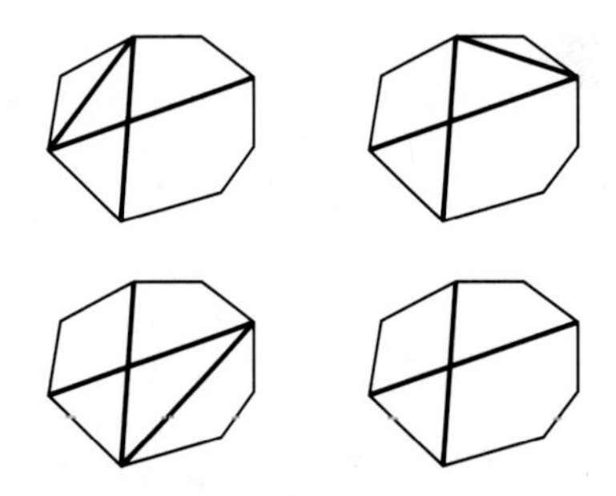

즉, 이 경우의 수는

$4\times{}_8C_4=4\times\dfrac{8\times7\times6\times5}{4\times3\times2\times1}=280$

(iii) 8개의 꼭짓점 중 5개를 택하는 경우

8개의 꼭짓점 중 5개를 택하였을 때, 만들 수 있는 서로 다른 삼각형의 개수는 다음 그림과 같이 5이다.

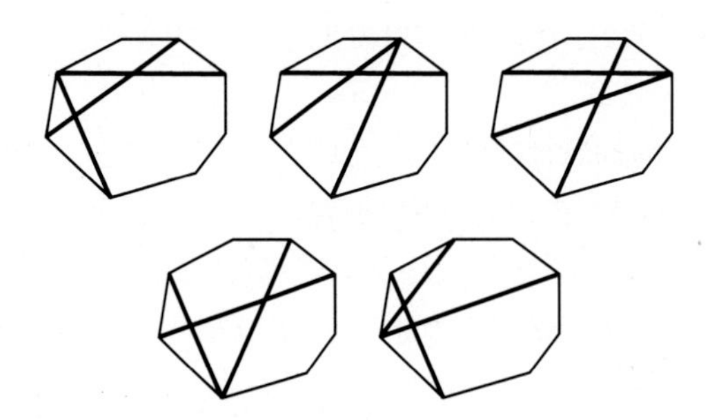

즉, 이 경우의 수는

$5\times{}_8C_5=5\times{}_8C_3=5\times\dfrac{8\times7\times6}{3\times2\times1}=280$

(iv) 8개의 꼭짓점 중 6개를 택하는 경우

삼각형을 만들 수 있는 경우는 오른쪽 그림과 같다.

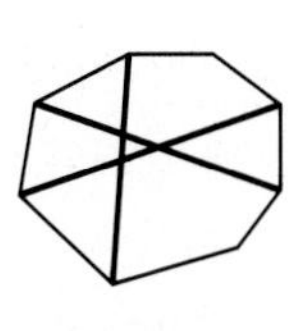

즉, 이 경우의 수는

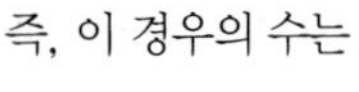

${}_8C_6={}_8C_2=28$

(i)~(iv)에 의하여 구하는 삼각형의 개수는

$56+280+280+28=644$ (거짓)

따라서 옳은 것은 ㄱ, ㄴ이다. 답 ②

참고 n각형의 대각선의 개수는 n개의 꼭짓점 중 2개를 택하여 만들 수 있는 선분의 개수에서 변의 개수인 n을 뺀 것과 같으므로

${}_{n}C_{2}-n$

12 전략 $f(3)$의 값에 따라 경우를 나누어 나머지 함숫값을 정하는 경우의 수를 구한다.

풀이 조건 (가), (나)에 의하여 $f(2)>f(3)$이고 $f(3)<f(4)<f(5)$이므로 $f(3)$의 값에 따라 $f(2)$, $f(4)$, $f(5)$의 값을 정하면 된다.

이때 $f(3)$의 값보다 큰 값이 공역에 2개 이상 있어야 하므로

$f(3)\le 4$

(i) $f(3)=1$일 때

$f(2)$의 값을 정하는 경우의 수는

${}_{5}C_{1}=5$

$f(4)$, $f(5)$의 값을 정하는 경우의 수는

${}_{5}C_{2}=10$

즉, $f(2)$, $f(4)$, $f(5)$의 값을 정하는 경우의 수는

$5\times10=50$

(ii) $f(3)=2$일 때

$f(2)$의 값을 정하는 경우의 수는

${}_{4}C_{1}=4$

$f(4)$, $f(5)$의 값을 정하는 경우의 수는

${}_{4}C_{2}=6$

즉, $f(2)$, $f(4)$, $f(5)$의 값을 정하는 경우의 수는

$4\times6=24$

(iii) $f(3)=3$일 때

$f(2)$의 값을 정하는 경우의 수는

${}_{3}C_{1}=3$

$f(4)$, $f(5)$의 값을 정하는 경우의 수는

${}_{3}C_{2}={}_{3}C_{1}=3$

즉, $f(2)$, $f(4)$, $f(5)$의 값을 정하는 경우의 수는

$3\times3=9$

(iv) $f(3)=4$일 때

$f(2)$의 값을 정하는 경우의 수는

${}_{2}C_{1}=2$

$f(4)$, $f(5)$의 값을 정하는 경우의 수는

${}_{2}C_{2}=1$

즉, $f(2)$, $f(4)$, $f(5)$의 값을 정하는 경우의 수는

$2\times1=2$

(i)~(iv)에 의하여 $f(2)$, $f(3)$, $f(4)$, $f(5)$의 값을 정하는 경우의 수는

$50+24+9+2=85$

이때 $f(1)$의 값을 정하는 경우의 수는 6이므로 구하는 함수 f의 개수는

$6\times85=510$ 답 ②

13 전략 210의 소인수를 2개의 묶음으로 나누어 경우의 수를 구한다.

풀이 $210=2\times3\times5\times7$이므로 1, 2, 3, 5, 7을 2개의 묶음으로 나누어 작은 값을 m, 큰 값을 n으로 정하면 된다.

(i) $m=1$일 때, $n=210$이므로 순서쌍 (m, n)의 개수는 1이다.

(ii) $m>1$일 때

2, 3, 5, 7의 4개의 자연수를 1개, 3개 또는 2개, 2개로 나누어 곱이 작은 값을 m, 큰 값을 n으로 정한다.

① 1개, 3개로 나누는 경우의 수는

${}_{4}C_{1}\times{}_{3}C_{3}=4\times1=4$

② 2개, 2개로 나누는 경우의 수는

${}_{4}C_{2}\times{}_{2}C_{2}\times\frac{1}{2!}=6\times1\times\frac{1}{2}=3$

①, ②에 의하여 순서쌍 (m, n)의 개수는

$4+3=7$

(i), (ii)에 의하여 구하는 순서쌍 (m, n)의 개수는

$1+7=8$ 답 ①

14 전략 먼저 6장의 문서를 분할하는 경우의 수를 구한 후 3개의 도장에 분배하는 경우의 수를 구한다.

풀이 A, B, C 중 1개의 도장은 2번 이하로 찍으려면 6장의 문서를 2장, 4장 또는 3장, 3장 또는 1장, 2장, 3장 또는 2장, 2장, 2장으로 나누어 찍어야 한다.

(i) 2장, 4장으로 나누는 경우의 수는

${}_{6}C_{2}\times{}_{4}C_{4}=15\times1=15$

(ii) 3장, 3장으로 나누는 경우의 수는

${}_{6}C_{3}\times{}_{3}C_{3}\times\frac{1}{2!}=\frac{6\times5\times4}{3\times2\times1}\times1\times\frac{1}{2}=10$

(iii) 1장, 2장, 3장으로 나누는 경우의 수는

${}_{6}C_{1}\times{}_{5}C_{2}\times{}_{3}C_{3}=6\times10\times1=60$

(iv) 2장, 2장, 2장으로 나누는 경우의 수는

${}_{6}C_{2}\times{}_{4}C_{2}\times{}_{2}C_{2}\times\frac{1}{3!}=15\times6\times1\times\frac{1}{6}=15$

(i)~(iv)에 의하여 문서를 나누는 경우의 수는

$15+10+60+15=100$

이때 서로 다른 도장 3개를 찍는 경우의 수는

$3!=6$

따라서 구하는 경우의 수는

$100\times6=600$ 답 ⑤

15 전략 정의역의 원소를 분할하는 경우의 수를 구하고, 치역의 원소에 대응시키는 경우의 수를 구한다.

풀이 조건 (나)에 의하여 함수 f의 치역의 원소의 개수가 3이므로 공역의 원소 3개를 선택한 후 정의역의 원소를 3개의 조로 분할하여 선택한 3개의 원소에 대응시키는 경우를 생각하면 된다.

공역에서 치역의 원소를 정하는 경우의 수는

${}_{5}C_{3}={}_{5}C_{2}=10$

정의역의 원소를 3개의 조로 분할하는 경우는

(1개, 1개, 3개), (1개, 2개, 2개)

(i) (1개, 1개, 3개)로 분할하는 경우

$f(1)=f(2)$이므로 $f(1)$과 $f(2)$는 3개인 조에 들어가야 한다. $f(1)$, $f(2)$와 같은 값에 대응되는 원소 1개를 선택하고 나머지 2개를 2개의 조로 분할하면 되므로 이 경우의 수는

$_3C_1\times{_2C_1}\times{_1C_1}\times\frac{1}{2!}=3$

(ii) (1개, 2개, 2개)로 분할하는 경우

$f(1)$과 $f(2)$를 한 조로 나누고 나머지 3개의 원소를 (1개, 2개)로 분할하면 되므로 이 경우의 수는

$_3C_1\times{_2C_2}=3\times1=3$

(i), (ii)에 의하여 정의역의 원소를 3개의 조로 분할하는 경우의 수는

$3+3=6$

이 각각에 대하여 각 조를 공역에서 선택한 3개의 원소에 대응시키는 경우의 수는

$3!=6$

따라서 구하는 함수 f의 개수는

$10\times6\times6=360$ 답 ①

16 **전략** 숫자 1의 개수에 따라 경우를 나눈 후 1 사이에 적어도 0이 하나는 들어가야 하는 조건을 이용하여 경우의 수를 구한다.

풀이 조건 (가)에 의하여 숫자 1 사이에 숫자 0이 하나씩 올 때 전송할 수 있는 숫자 1의 개수의 최댓값은 10이고, 조건 (나)에 의하여 숫자 1 사이에 숫자 0이 2개 올 때 전송할 수 있는 숫자 1의 개수의 최솟값은 6이다.

(i) 전송된 숫자 1의 개수가 6인 경우

숫자 1 사이에는 숫자 0이 적어도 하나씩 있어야 하므로 먼저 숫자 1 여섯 개와 그 사이에 숫자 0 다섯 개를 배열한 후 나머지 숫자 0 여덟 개를 배열하면 된다.

∨ 1 0 1 0 1 0 1 0 1 0 1 ∨

숫자 0은 양 끝의 ∨ 표시한 2곳에 2개, 0이 있는 곳에 1개까지 배열할 수 있다.

① 양쪽 ∨에 각각 0이 2개씩 오는 경우

가운데 0이 있는 다섯 자리 중 4곳에 0을 하나 더 배열할 수 있으므로 이 경우의 수는

$_5C_4={_5C_1}=5$

② 한쪽 ∨에 0이 2개 오는 경우

양 끝 2개의 자리 중 1곳을 정하는 경우의 수는

$_2C_1=2$

나머지 6곳에 0 여섯 개를 배열하는 경우의 수는

$_6C_6=1$

즉, 이 경우의 수는

$2\times1=1$

①, ②에 의하여 이 경우의 수는

$5+2=7$

(ii) 전송된 숫자 1의 개수가 7인 경우

먼저 숫자 1 일곱 개와 그 사이에 숫자 0 여섯 개를 배열한 후 나머지 숫자 0 여섯 개를 배열하면 된다.

∨ 1 0 1 0 1 0 1 0 1 0 1 0 1 ∨

① 양쪽 ∨에 각각 0이 2개씩 오는 경우

가운데 0이 있는 여섯 자리 중 2곳에 0을 하나 더 배열할 수 있으므로 이 경우의 수는

$_6C_2=15$

② 한쪽 ∨에 0이 2개 오는 경우

양 끝 2개의 자리 중 1곳을 정하는 경우의 수는

$_2C_1=2$

나머지 7곳에 0 네 개를 배열하는 경우의 수는

$_7C_4={_7C_3}=\frac{7\times6\times5}{3\times2\times1}=35$

즉, 이 경우의 수는

$2\times35=70$

③ 8곳 중 6곳에 0이 하나씩 오는 경우의 수는

$_8C_6={_8C_2}=28$

①, ②, ③에 의하여 이 경우의 수는

$15+70+28=113$

(iii) 전송된 숫자 1의 개수가 8인 경우

먼저 숫자 1 여덟 개와 그 사이에 숫자 0 일곱 개를 배열한 후 나머지 숫자 0 네 개를 배열하면 된다.

∨ 1 0 1 0 1 0 1 0 1 0 1 0 1 0 1 ∨

① 양쪽 ∨에 각각 0이 2개씩 오는 경우의 수는 1이다.

② 한쪽 ∨에 0이 2개 오는 경우

양 끝 2개의 자리 중 1곳을 정하는 경우의 수는

$_2C_1=2$

나머지 8곳에 0 두 개를 배열하는 경우의 수는

$_8C_2=28$

즉, 이 경우의 수는

$2\times28=56$

③ 9곳 중 4곳에 0이 하나씩 오는 경우의 수는

$_9C_4=\frac{9\times8\times7\times6}{4\times3\times2\times1}=126$

①, ②, ③에 의하여 이 경우의 수는

$1+56+126=183$

(iv) 전송된 숫자 1의 개수가 9인 경우

먼저 숫자 1 아홉 개와 그 사이에 숫자 0 여덟 개를 배열한 후 나머지 숫자 0 두 개를 배열하면 된다.

∨ 1 0 1 0 1 0 1 0 1 0 1 0 1 0 1 0 1 ∨

① 한쪽 ∨에 0이 2개 오는 경우의 수는

$_2C_1=2$

② 10곳 중 2곳에 0이 하나씩 오는 경우의 수는

$_{10}C_2=45$

①, ②에 의하여 이 경우의 수는

$2+45=47$

(v) 전송된 숫자 1의 개수가 10인 경우

숫자 1 열 개와 그 사이에 숫자 0 아홉 개를 배열하는 경우의 수는 1이다.

(i)~(v)에 의하여 구하는 숫자열의 개수는

$7+113+183+47+1=351$ 답 351

17 **전략** $f(1)=f(2)$일 때와 $f(1)\neq f(2)$일 때로 경우를 나누어 함수의 개수를 구한다.

풀이 조건 (가)에 의하여 $f(1)\times f(2)$의 값이 홀수이므로 $f(1)$, $f(2)$의 값은 홀수이다.

이때 공역에서 홀수는 1, 3의 2개이므로 $f(1)$, $f(2)$의 값을 정하는 경우는 $f(1)=f(2)$일 때와 $f(1)\neq f(2)$일 때로 나누어 생각할 수 있다.

(i) $f(1)=f(2)$일 때

$f(1)=f(2)=1$이면 공역과 치역이 같아야 하므로 정의역의 원소 3, 4, 5, 6 중 적어도 하나를 공역의 원소 2, 3에 대응시키면 된다.

① 정의역의 원소 3, 4, 5, 6이 공역의 원소 2, 3에만 대응되는 경우

정의역의 4개의 원소를 공역의 2개의 원소에 적어도 1개를 분배하는 경우와 같다.

1개, 3개로 나누는 경우의 수는

${}_4C_1\times{}_3C_3=4\times1=4$

2개, 2개로 나누는 경우의 수는

${}_4C_2\times{}_2C_2\times\frac{1}{2!}=6\times1\times\frac{1}{2}=3$

즉, 4개의 원소를 2개의 묶음으로 나누는 경우의 수는 $4+3=7$

이때 공역의 원소 2, 3에 분배하는 경우의 수는

$2!=2$

따라서 정의역의 원소 3, 4, 5, 6이 공역의 원소 2, 3에만 대응되는 경우의 수는

$7\times2=14$

② 정의역의 원소 3, 4, 5, 6이 공역의 원소 1, 2, 3에 대응되는 경우

정의역의 4개의 원소를 공역의 3개의 원소에 적어도 1개를 분배하는 경우와 같다.

1개, 1개, 2개로 나누는 경우의 수는

${}_4C_1\times{}_3C_1\times{}_2C_2\times\frac{1}{2!}=6$

이때 공역의 원소 1, 2, 3에 분배하는 경우의 수는

$3!=6$

따라서 정의역의 원소 3, 4, 5, 6이 공역의 원소 1, 2, 3에 대응되는 경우의 수는

$6\times6=36$

①, ②에 의하여 $f(1)=f(2)=1$일 때의 개수는

$14+36=50$

마찬가지로 $f(1)=f(2)=3$일 때의 함수 f의 개수도 50이다.

따라서 $f(1)=f(2)$일 때 구하는 함수 f의 개수는

$50+50=100$

(ii) $f(1)\neq f(2)$일 때

$f(1)$, $f(2)$의 값을 정하는 경우의 수는 2이다.

치역과 공역이 같으려면 정의역의 원소 3, 4, 5, 6 중 적어도 하나가 2에 대응시키면 된다.

이때 모든 경우의 수는

$3^4=81$

정의역의 원소 3, 4, 5, 6이 모두 2에 대응하지 않는 경우의 수는

$2^4=16$

즉, 정의역의 원소 3, 4, 5, 6 중 적어도 하나가 2에 대응시키는 경우의 수는

$81-16=65$

따라서 $f(1)\neq f(2)$일 때 구하는 함수 f의 개수는

$2\times65=130$

(i), (ii)에 의하여 함수 f의 개수는

$100+130=230$ 답 230

참고 함수 $f: X \longrightarrow Y$에서 집합 X, Y의 원소의 개수가 각각 m, n일 때, 함수 f의 개수는

$$\underbrace{n\times n\times n\times\cdots\times n}_{m\text{개}}=n^m$$

MEMO

1등급을 위한 고난도 유형 공략서

HIGH-END

내신 하이엔드

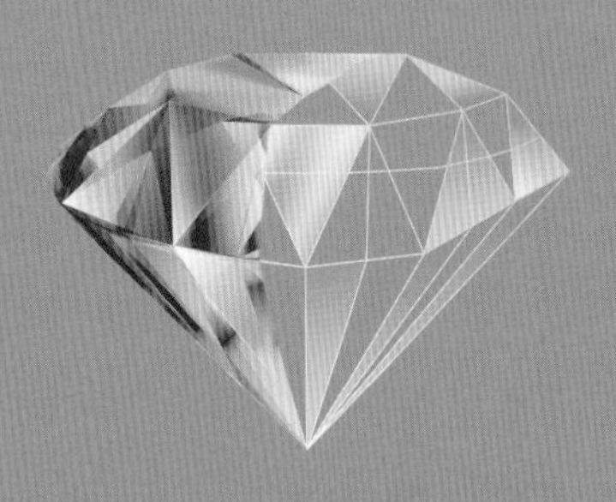